MACHINES A VAPEUR

ET

MACHINES THERMIQUES DIVERSES

TOURS. — IMPRIMERIE DESLIS PÈRE, R. ET P. DESLIS

BIBLIOTHÈQUE DU CONDUCTEUR DE TRAVAUX PUBLICS

MACHINES A VAPEUR

ET

MACHINES THERMIQUES DIVERSES

PAR

J. DEJUST

INGÉNIEUR DES ARTS·ET MANUFACTURES
RÉPÉTITEUR A L'ÉCOLE CENTRALE
PROFESSEUR A LA FÉDÉRATION DES MÉCANICIENS ET CHAUFFEURS
ATTACHÉ AU SERVICE DES MACHINES ÉLÉVATOIRES DE LA VILLE DE PARIS

PARIS

Vᵛᵉ Ch. DUNOD, ÉDITEUR

LIBRAIRE DES PONTS ET CHAUSSÉES, DES MINES
ET DES CHEMINS DE FER
49, Quai des Grands-Augustins, 49

1899

BIBLIOTHÈQUE DU CONDUCTEUR DE TRAVAUX PUBLICS

PUBLIÉE SOUS LES AUSPICES

DE MM. LES MINISTRES DES TRAVAUX PUBLICS
DES POSTES ET TÉLÉGRAPHES
DE L'AGRICULTURE, DU COMMERCE ET DE L'INDUSTRIE
DE L'INSTRUCTION PUBLIQUE, DE LA JUSTICE
DE L'INTÉRIEUR, DE LA GUERRE, DES COLONIES

Comité de patrouage

BIBLIOTHÈQUE DU CONDUCTEUR DE TRAVAUX PUBLICS

Pierre JOLIBOIS, FONDATEUR.

Ancien Directeur et Président du Comité de Rédaction, ancien Conseiller municipal
de Paris, ancien Conseiller général de la Seine
ancien Président de l'Association des Personnels de travaux publics

Comité de rédaction

Bureau :

PRÉSIDENT :

BONNAL   Directeur de la Compagnie des Tramways à vapeur du
département de l'Aude, ancien Professeur à l'Association
philotechnique.

VICE-PRÉSIDENTS :

DACREMONT   Ingénieur des Ponts et Chaussées.

FALCOU   Inspecteur en chef du service des Beaux-Arts de la ville de
Paris et du département de la Seine.

LANAVE   Ancien ingénieur en chef des chemins de fer éthiopiens.

VIDAL   Inspecteur principal de l'exploitation commerciale des Chemins de fer.

SECRÉTAIRES :

BONDU   Commissaire du contrôle de l'État sur les Chemins de
fer.

DIÉBOLD   Sous-Inspecteur de l'Assainissement de Paris.

DUFOUR (Ph.)   Adjoint technique principal des Ponts et Chaussées, Lauréat
de l'Académie française.

LEMARCHAND   Conseiller municipal de Paris, conseiller général de
Seine.

Membres du Comité :

MACHINES A VAPEUR

PREMIÈRE PARTIE

GÉNÉRALITÉS
SUR LES MACHINES THERMIQUES

PRÉLIMINAIRES

La chaleur transmise par le soleil est la source la plus importante d'énergie mise par la nature à la disposition de l'homme.

C'est sous l'action de la chaleur solaire que s'évaporent les eaux des mers qui, transformées en nuages, retombent en pluie sur les continents où elles forment les fleuves et rivières, dont les forces vives sont utilisées dans les *machines hydrauliques*. C'est ici la pesanteur qui sert d'intermédiaire en provoquant l'écoulement de ces eaux vers les points bas.

C'est aussi la chaleur solaire qui, chauffant inégalement les masses gazeuses composant l'atmosphère de la terre, provoque le déplacement des couches d'air et crée la puissance motrice du vent, que l'on utilise dans les divers systèmes de *moteurs à vent* ou *éoliens*.

C'est la chaleur solaire enfin, qui, emmagasinée par les végétaux pendant leur vie, a formé les différentes variétés de combustibles naturels résultant de leur carbonisation. Cette source d'énergie, que constituent les combustibles, est une des plus importantes dont on puisse disposer. Pour l'utiliser, il faut à nouveau dégager la chaleur emmagasinée dans le combustible et la transformer en travail ; les appareils chargés d'opérer cette transformation portent le nom de *machines thermiques*.

Transformation de la chaleur en travail. — Intermédiaires employés. — La chaleur une fois produite par la combustion n'est pas immédiatement utilisable comme travail mécanique.

Une transformation doit avoir lieu ; elle nécessite un intermédiaire. Dans les machines thermiques, cet intermédiaire est un gaz ou une vapeur.

La méthode employée consiste à donner à ce gaz ou à cette vapeur, sous l'influence de la chaleur, une force élastique déterminée d'après le travail à produire. Cette force élastique est ensuite utilisée de façons diverses, par exemple pour vaincre un obstacle, tel qu'une paroi mobile, de quelque nature ou de quelque forme qu'elle soit d'ailleurs. C'est cet appareil d'utilisation de la force élastique de la vapeur ou du gaz pour la transformation en travail mécanique qui constituera la machine thermique.

Les intermédiaires qu'on emploie ou qu'on a tenté d'employer sont très variés ; mais il en est un qui prime tous les autres, et qui est de beaucoup le plus répandu : c'est la *vapeur d'eau*. Les machines thermiques qui emploient cet intermédiaire portent le nom de machines à vapeur.

Les autres intermédiaires qui ont tour à tour été employés avec ou sans succès sont : l'air, l'alcool, l'éther, le chloroforme, le gaz ammoniac, l'acide carbonique, le gaz d'éclairage, le pétrole, etc.

Parmi ces derniers, les moteurs à gaz et à pétrole ont pris, dans ces dernières années, une extension considérable.

Les transformations physiques subies par ces différents gaz pendant qu'ils jouent leur rôle de transformateurs de la chaleur en travail sont régies par des lois communes dont l'ensemble constitue la *thermodynamique* ou *théorie mécanique de la chaleur*.

L'étude des machines thermiques se trouve alors naturellement tracée : une première partie, comprenant des *généralités sur les machines thermiques*, contiendra l'historique rapide de ces dernières et un rappel de la partie de la thermodynamique qui leur est applicable; une deuxième partie, renfermant l'étude des *machines à vapeur;* enfin une troisième partie, comprenant l'étude des *machines thermiques diverses* autres que la machine à vapeur, et dans laquelle seront plus spécialement traitées les machines à air, à gaz et à pétrole.

CHAPITRE I

HISTORIQUE DES MACHINES THERMIQUES

§ 1. — LA MACHINE A VAPEUR

Historique. — Il faut remonter à deux mille ans, vers l'an 120 avant l'ère chrétienne, pour trouver le premier vestige d'emploi de la vapeur d'eau comme force motrice, dont l'histoire ait conservé la trace.

Dans un traité intitulé *Spiritalia*, Héron, savant de l'École d'Alexandrie, décrit des appareils destinés à manifester certains effets curieux de l'air et de l'eau. L'un d'eux, appelé *boule d'Éole*, ou éolipyle (porte d'Éole ou porte du vent), se compose (*fig.* 1) d'une sphère creuse en cuivre S, communiquant avec un vase fermé, plein d'eau, par deux tubes recourbés *a*, *b*, dont l'un, plein, sert de tourillon, et dont l'autre, creux, pénètre dans la sphère.

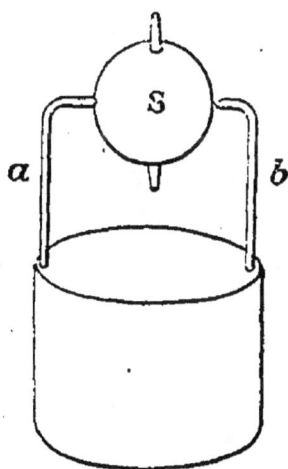

Fig. 1.

Celle-ci porte, de plus, deux petits tubes coudés, placés aux extrémités d'un même diamètre vertical, et dont les ouvertures extérieures sont dirigées en sens inverse. Le vase fermé étant chauffé, la vapeur arrive par le tube creux dans la sphère, s'échappe par les deux tubulures et provoque un mouvement de rotation de la sphère dû à la réaction de la vapeur sur la paroi opposée.

La vapeur agit donc dans cet appareil par sa puissance vive.

Il démontre effectivement qu'on peut se servir de la vapeur comme puissance motrice, mais il ne peut être considéré comme le germe d'où est sortie la machine à vapeur actuelle, dont le fonctionnement repose sur un principe différent. Cependant on retrouve l'application du principe de l'éolipyle de Héron dans les turbines à vapeur qui tendent à être employées aujourd'hui, surtout quand on a besoin de vitesses considérables. On verra, en effet, que ces appareils utilisent la réaction de la vapeur comme puissance motrice.

Pendant seize cents ans, l'histoire n'enregistre aucune recherche nouvelle sur la vapeur d'eau; il faut arriver au XVIe siècle pour voir l'Italien *Léonard de Vinci* (1452-1519) proposer de lancer des boulets au moyen de vapeur comprimée dans un canon. Il appelait sa machine *architonnerre*, et en rapportait l'invention à Archimède.

En 1543, d'après Arago, l'Espagnol *Blasco de Garay* tente, à Barcelone, un essai d'application de la vapeur à la propulsion des navires. Il s'agissait, selon toute probabilité, d'un éolipyle de grandes dimensions.

En 1608, *J.-B. Porta*, de Naples, dans sa *Pneumatique*, propose de faire monter un liquide au-dessus de son niveau, par la pression de la vapeur d'eau sur sa surface. Ce principe est encore appliqué, de nos jours, dans les monte-jus.

En 1615, le Français *Salomon de Caus*, ingénieur de Louis XIII, dans son volume *les Raisons des forces mouvantes*, indique les principales propriétés de la vapeur. Il connaît la condensation et sait que le volume d'eau produit par cette dernière est égal au volume qui avait été vaporisé. Il sait qu'une boule, remplie d'eau et fermée hermétiquement, éclate avec fracas quand elle est violemment chauffée. Enfin il décrit un appareil destiné à élever l'eau plus haut que son niveau, sous l'influence de la pression de la vapeur.

L'appareil (*fig.* 2) se compose d'un ballon de cuivre à deux tubulures : l'une, munie d'un entonnoir et d'un robinet servant à l'introduction de l'eau; l'autre, munie d'un tube vertical descendant près du fond du ballon. Si on chauffe le ballon plein d'eau, la vapeur produite, ne pouvant s'échapper, presse sur la surface du liquide et le force à jaillir par le tube vertical avec une force variable avec la pression.

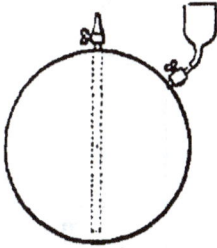

Fig. 2.

En 1629, l'Italien *Giovanni Branca*, dans son volume intitulé *le Machine del Sig. Branca*, décrit une machine consistant en une tête creuse servant de chaudière, dont la bouche lance un jet de vapeur sur les augets d'une roue à palettes, qui prend un mouvement de rotation.

Vers 1650, le beau-frère de Cromwell, évêque de Chester, *Jean Wilkins*, modifie cet appareil et propose d'envoyer un jet de vapeur sur les voiles d'une roue destinée à mouvoir un tourne-broche.

En 1663, le marquis *de Worcester*, reprend les expériences de Salomon de Caus ; c'est ainsi qu'il fait éclater, en le chauffant, un canon rempli d'eau et bouché, montrant, de cette façon, la force expansive de la vapeur.

En 1670, *Otto de Guericke*, bourgmestre de Magdebourg, inventait la machine pneumatique, et, en 1676, le physicien anglais *Robert Boyle* montrait la nature de la vapeur d'eau, tandis que, deux ans plus tard, en 1678, l'abbé français *Jean Hautefeuille* proposait d'élever l'eau destinée aux bassins de Versailles à l'aide d'une machine à poudre. Dans cette machine, la déflagration de la poudre produisait le vide dans une caisse munie d'un tube plongeant dans le liquide, qui s'élevait par suite de la pression atmosphérique.

En 1680, le Hollandais *Huyghens*, fixé à Paris, où il avait été attiré par Colbert, construisit la première machine, dans laquelle un piston mobile pouvait se mouvoir dans un cylindre. Cette machine était une machine à poudre. Elle se composait (*fig. 3*) d'un cylindre vertical ouvert à sa partie supérieure, et dans l'intérieur duquel se mouvait un piston auquel était attachée une corde passant sur une poulie. A cette corde était fixé le poids à élever. A la partie supérieure étaient disposées deux poches de cuir munies de soupapes s'ouvrant de dedans en dehors et destinées à donner issue aux gaz de la combustion ; au bas du cylindre, une petite boîte était destinée à recevoir la poudre. L'explosion de celle-ci projetait le piston à la partie supérieure, et rejetait par les poches l'air du cylindre ; les soupapes se refermaient aussitôt sous la pression atmosphérique, qui, agissant aussi sur le piston, provoquait la montée du poids.

C'est alors que le Français *Denis Papin*, qui avait aidé le célèbre Huyghens à construire sa machine, ayant remarqué que l'air ne pouvait jamais être chassé complètement de l'appareil, et qu'il en restait un cinquième environ, ce qui perdait la force et rendait décroissante la puissance de descente du piston, eut l'idée de remplacer la poudre à canon par de la vapeur d'eau, afin d'obtenir, après la condensation, un vide parfait.

C'est cette idée véritablement géniale qui constitua le germe d'où est sortie la machine à vapeur moderne.

Denis Papin, l'inventeur de la machine à vapeur, naquit en 1647, à Blois, de famille protestante. D'abord médecin à Paris, il fut en rapport avec Huyghens, puis partit pour Londres où il fut en relations avec le physicien Robert Boyle, qui le fit nommer membre de la Société royale de Londres (1680). Il quitta Londres en 1681, pour se rendre à Venise, où il fit partie d'une Académie de perfectionnement des sciences, fondée par Sarroti, qu'il quitta deux ans plus tard pour retourner en Angleterre.

C'est en 1681 que Papin inventa son *digesteur*, ou cuiseur de viandes, embryon des *autoclaves* actuels, et qu'il le munit de la *soupape de sûreté*, telle qu'on la retrouve à peu de chose près aujourd'hui sur les chaudières à vapeur.

Ne pouvant rentrer en France à cause de la révocation de l'édit de Nantes, il alla, en 1687, occuper à l'Université de

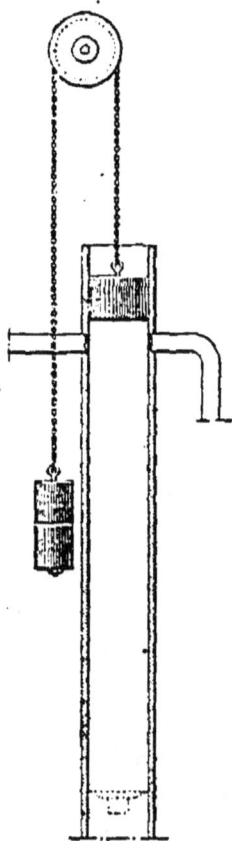

Fig. 3.

Marbourg, en Allemagne, une chaire de mathématiques, que lui avait offerte le landgrave Charles, électeur de Hesse. C'est là qu'il fit la découverte qui immortalisa sa mémoire et qui fut publiée au mois d'août 1690, dans les actes de Leibnitz sous le titre de : *Nouvelle méthode pour obtenir à bas prix des forces motrices considérables.*

Voici la description de cet appareil, qui renferme le principe de la machine à vapeur.

Un cylindre de cuivre A (*fig.* 4), ouvert par le haut et contenant un peu d'eau à sa partie inférieure, est parcouru par un piston B muni d'un petit trou *a* permettant à l'air du cylindre de s'échapper et au piston de s'abaisser une première fois. Cet abaissement obtenu, on bouche ce trou avec la tige *t*.

L'eau, étant chauffée, se vaporise, soulève le piston et le pousse au haut de sa course. Cela fait, on pousse un cliquet *e* qui, s'enfonçant dans une rainure de la tige *d* du piston, maintient celui-ci soulevé. On enlève le feu, la vapeur se condense, et le vide se fait dans l'appareil ; on retire le cliquet *e*, et le piston, sous l'influence de la pression atmosphérique, descend au fond du cylindre en entraînant les poids qui lui sont fixés. Il suffit de recommencer l'opération pour avoir un mouvement alternatif de bas en haut. La même eau peut servir indéfiniment.

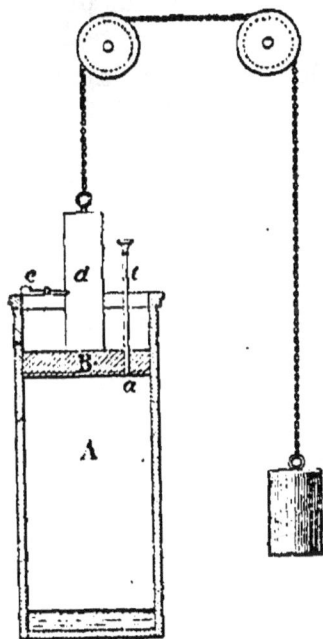

Fig. 4.

Cet appareil, accueilli par une indifférence générale, fut abandonné par Papin qui, en 1707, essaya sur la Fulda un mode de propulsion des bateaux basé sur l'élévation d'une certaine quantité d'eau par un procédé quelque peu analogue à celui que l'Anglais Savery avait imaginé. Cette eau retombait sur les aubes d'une roue hydraulique qui devait servir à la propulsion. Les bateliers du Weser détruisirent le bateau et l'appareil (25 septembre 1707). Il faut noter que c'est à cet appareil que Papin appliqua pour la première fois la soupape de sûreté qu'il avait imaginée pour son digesteur.

Denis Papin mourut pauvre et ignoré, vers l'an 1714. On ne connaît ni la date exacte ni le lieu de sa mort.

Il est à remarquer que des perfectionnements insignifiants, tels que la fabrication de la vapeur dans un récipient spécial et le refroidissement ultérieur de cette vapeur par un jet d'eau froide dans le cylindre, par exemple, auraient suffi pour faire de l'appareil décrit plus haut le moteur le plus puissant de l'époque.

Avec Papin est terminée la période d'essais, et la période d'application commence.

Machine de Savery. — En 1696, l'Anglais Savery construit la

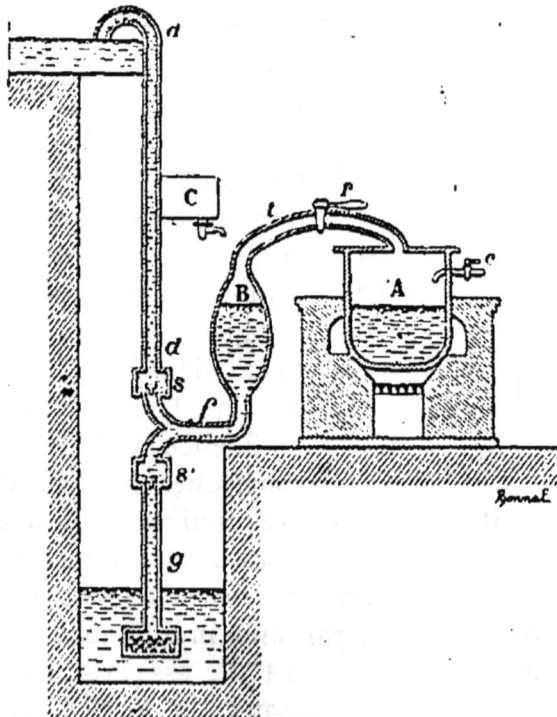

Fig. 5.

première machine qui ait fonctionné. Elle servait de pompe d'épuisement. En voici la description : une chaudière A (*fig. 5*)

communique avec le réservoir B par le tuyau *t* muni du robinet *r*. Ce réservoir B se prolonge par un tube *f* qui se bifurque en deux branches, l'une ascendante *dd*, l'autre *g* plongeant dans l'eau à élever.

L'eau étant introduite dans la chaudière par le tube *c*, et le robinet *r* étant fermé, on produit de la vapeur; puis on ouvre *r*, la vapeur remplit le réservoir B et sort par le tuyau *fd* en entraînant l'air. On ferme alors le robinet *r* et l'on condense la vapeur du réservoir B en l'aspergeant d'eau froide, à l'aide du petit réservoir C, alimenté par la conduite montante. C'est le principe de la condensation par surface. Le vide se faisant en B, l'eau à épuiser monte, la soupape *s* s'ouvrant et la soupape *s'* se fermant. Il reste à ouvrir le robinet *r* pour que la pression de la vapeur fasse remonter l'eau dans le réservoir supérieur.

Le pulsomètre actuel est fondé sur le même principe que la machine de Savery.

Machine de Newcommen. — C'est en 1705 que Newcommen et Cawley, artisans de Darmouth, perfectionnant la machine embryonnaire de Papin, imaginèrent la première machine industrielle connue sous le nom de *machine atmosphérique*. Elle fut construite en 1711, près Birmingham.

Elle se composait d'une chaudière hémisphérique C (*fig.* 6), munie de la soupape de sûreté. Cette chaudière envoyait de la vapeur dans un cylindre A, par le tuyau à robinet *t*. Le piston P, recouvert d'une certaine quantité d'eau pour assurer l'étanchéité, était fixé par une chaîne à l'extrémité d'un balancier BB, qui, à son autre extrémité, portait une autre chaîne reliée à l'extrémité supérieure des tiges des pompes d'épuisement F. La vapeur agissant sous le piston soulevait celui-ci et les tiges F descendaient par leur propre poids. On fermait alors le robinet *t* et l'on condensait la vapeur par un jet d'eau froide. La pression atmosphérique faisait descendre le piston et relevait les tiges en faisant fonctionner les pompes. Au début, la condensation s'obtenait en faisant tomber de l'eau sur le piston; mais, une fuite s'étant déclarée dans celui-ci, amenant l'introduction de quelques gouttes d'eau dans le cylindre, les inventeurs s'aperçurent

que la condensation se faisait très rapidement et que le
nombre de coups de pistons par minute augmentait.

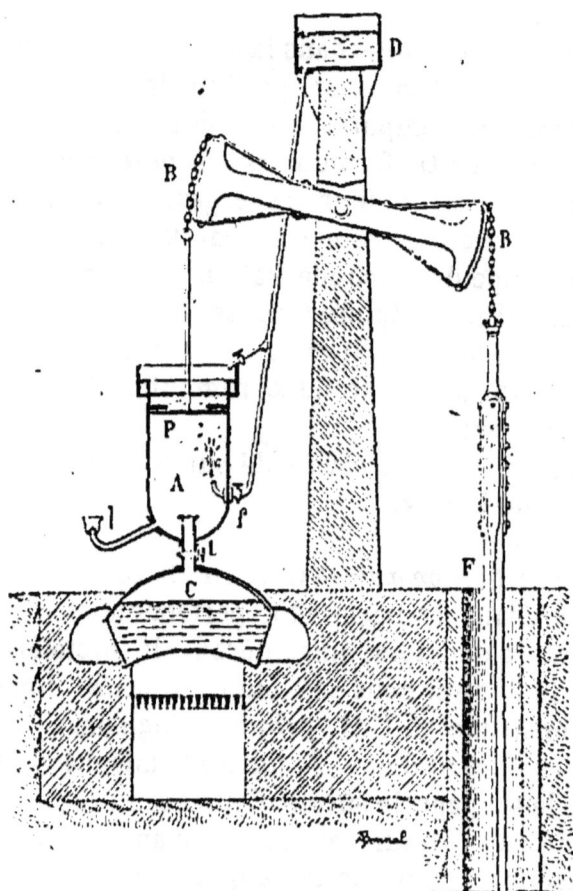

Fɪɢ. 6.

La condensation par mélange était découverte ; ils injec-
tèrent alors l'eau à l'intérieur du cylindre par le robinet f, qui
devait être ouvert au moment voulu. L'eau s'écoulait par le
tuyau l au moment de la descente du piston ; un clapet empê-
chait la rentrée de l'air pendant l'ascension du cylindre. Les
robinets t et f devaient donc être manœuvrés spécialement à
un instant déterminé. La légende raconte qu'en 1713 le
jeune *Humphry Patter*, ayant remarqué une corrélation entre
les positions du balancier et la manœuvre des robinets, com-

manda automatiquement ceux-ci par des ficelles attachées au balancier, afin de pouvoir aller jouer avec ses camarades.

Ce dispositif fut perfectionné, en 1718, par *Beighton*, qui remplaça les ficelles par des tringles à chevilles.

C'est en 1758 que le mécanicien *Fitz-Gerald* imagina le moyen de transformer le mouvement vertical alternatif en un mouvement circulaire continu, à l'aide de roues dentées, et recommanda l'emploi du volant comme régulateur de mouvement.

En 1760, *Brindley* imagina le flotteur régulateur d'alimentation des chaudières.

Enfin, en 1764, les géniales inventions de l'Anglais *James Watt* résolurent d'une façon complète le problème général de la machine à vapeur.

Ces découvertes furent perfectionnées par les études d'Amantons (1694), de Newton (1701) et de Fahrenheit (1714) sur le thermomètre ; de Black (1762), de Cavendish (1766), de Priestley (1774), sur la nature et les propriétés des vapeurs et des gaz.

James Watt naquit en 1736, à Greenock en Écosse, fut d'abord ouvrier mécanicien, puis fabricant d'instruments de mathématiques à Glasgow. Il coopéra aux travaux des canaux et des ports d'Écosse, fut en 1785, membre de la Société royale de Londres et associé de l'Institut de France, en 1808. Il mourut, le 25 août 1819, à quatre-vingt-trois ans, à Heathfield, près Birmingham.

Ayant eu à réparer un modèle d'une machine de Newcommen Watt entreprit son perfectionnement. Il inventa d'abord le *condenseur isolé*, permettant de faire la condensation en dehors du cylindre. Il évitait ainsi de refroidir le cylindre et économisait la moitié du combustible employé. C'est qu'en effet Watt avait reconnu que la tension de la vapeur contenue dans un vase était égale à celle qui correspondait à la température de la partie la plus froide des parois du vase ; il suffisait donc, pour condenser instantanément et complètement la vapeur du cylindre, de mettre, à fin de course, le cylindre en communication avec un condenseur rempli d'eau froide.

Pour se débarrasser au fur et à mesure de l'eau, qu'exigeait en grande quantité le *condenseur*, et de l'air contenu dans la vapeur, provenant de l'eau condensante, il imagina la *pompe à air*, commandée par le balancier lui-même.

Cependant cette machine était toujours une machine atmosphérique; Watt changea le principe moteur et se servit de la force élastique de la vapeur seule. Il construisit alors la machine à simple effet.

Machine à simple effet de Watt. — La chaudière était placée dans un bâtiment spécial, et la vapeur était prise le plus haut

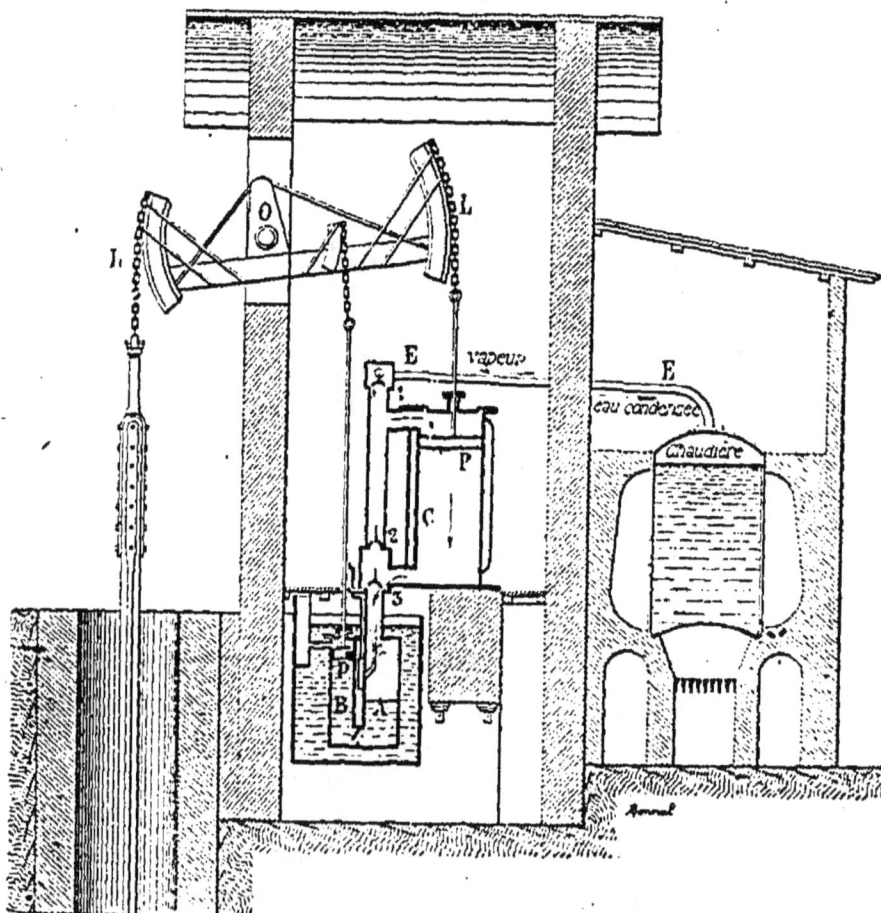

Fig. 7.

possible, afin d'avoir de la vapeur sèche. Une conduite inclinée E (*fig.* 7), servant de retour d'eau condensée, menait la vapeur au cylindre C.

Le cylindre était en fonte alésée; Watt inventa, pour le construire, la *machine à aléser;* il était entouré d'une *double enveloppe* où arrivait la vapeur affluante, afin de maintenir les parois à une température élevée. Watt est donc l'inventeur de la *double enveloppe.* L'appareil latéral d'admission au cylindre se composait d'un conduit communiquant, haut et bas, avec le cylindre et contenant trois soupapes : la soupape 1, d'admission; 3, d'échappement; et 2, d'équilibre.

Le cylindre était fermé à ses deux extrémités et la tige du piston traversait, par conséquent, le fond supérieur; pour assurer l'étanchéité, Watt inventa le *presse-étoupe*, ou *stuffing-box.*

Le piston métallique était relié, par une chaîne s'enroulant sur un secteur, au balancier LL à bras inégaux, oscillant autour de l'axe O; un excès de poids du côté des tiges de pompe permettait au piston de rester à la partie supérieure du cylindre. En A était le *condenseur*, avec son jet d'eau pulvérisée, en B la pompe à air, qui n'était autre chose qu'une pompe élévatoire, dont le piston *p* était mû par l'intermédiaire d'une tige, attachée par une chaîne à un secteur secondaire du balancier.

Les soupapes 1 et 3 étant fermées, et 2 étant ouverte, la vapeur agissait sur les deux faces; l'excès de poids des tiges des pompes agissait seul sur le piston et le maintenait à la partie haute. Les soupapes 1 et 3 s'ouvrant, la face supérieure du piston était pressée par la vapeur, tandis que la face inférieure communiquait avec le condenseur; le piston descendait. La soupape 2 se rouvrant, 1 et 3 se fermant, la vapeur primitivement motrice passait sous le piston, qui redevenait équilibré et remontait sous l'influence du poids des tiges.

L'eau servant à la condensation, et qui, par suite, était échauffée, était évacuée par la pompe à air au fur et à mesure, puis reprise par une pompe spéciale et envoyée à la chaudière. Watt est donc encore l'inventeur de ce système d'alimentation des chaudières avec de l'eau déjà échauffée.

Cette machine, réalisant sur celle de Newcommen un énorme progrès, n'était pas vendue, mais donnée par Watt et son associé Boulton aux industriels qui la demandaient. Les deux associés se réservaient seulement de toucher le tiers de la somme annuellement économisée sur le combustible. On chiffrait cette somme d'après le nombre de coups de piston de la machine enregistrés par un compteur, inventé par Watt, après avoir déterminé par expérience le combustible brûlé pour un certain nombre de coups de piston.

En réalité, cette combinaison, en apparence généreuse, faisait revenir les machines à un prix exorbitant. C'est ainsi que les propriétaires des mines de Chacewater, où l'on employait trois pompes à feu, payaient à Boulton-Watt, la somme de 60.000 francs par an.

Enfin, vers 1776, Watt chercha le moyen de rendre la vapeur motrice à l'aller et au retour du piston. Il inventa alors la machine à double effet et en fit le moteur universel.

Pour permettre le passage de la vapeur, tantôt en dessus, tantôt au-dessous du piston, il appliqua à la machine le *tiroir* inventé, en 1801, par son contremaître Murray, et imagina la commande automatique de ce tiroir par l'*excentrique*.

Il fallut aussi imaginer un procédé nouveau de liaison entre le piston et le balancier, afin de profiter de l'effort moteur ascendant. Après avoir essayé un système composé de crémaillère et d'engrenages, Watt inventa le *parallélogramme articulé*, permettant de transformer le mouvement rectiligne du piston en mouvement circulaire du balancier.

Pour transformer le mouvement du balancier en mouvement circulaire du volant, Watt songea à la manivelle dont l'invention était très vieille. Un de ses concurrents, Washbrough, ayant fait breveter ce dispositif, Watt imagina la disposition connue sous le nom de *roue solaire et planétaire*, qu'il abandonna d'ailleurs, dès qu'il le put, pour revenir à la manivelle.

Machine à double effet de Watt. — La figure 8 représente la machine de Watt à double effet. Le balancier oscille autour de l'axe O. En C se trouve le cylindre à vapeur, et en *aa*, l'appareil de distribution à soupapes. Le condenseur est placé en R et puise l'eau par le tube *t* dans la bâche H, en partie remplie d'eau. L'eau, continuellement échauffée dans le condenseur, est enlevée au fur et à mesure par la pompe à air P, mue par la tige *f*, qui prend son mouvement sur le balancier; cette eau se dirige dans le réservoir S, d'où elle est puisée par la pompe alimentaire U, mue également par le balancier à l'aide de la tige *f₁*. Cette eau est renvoyée à la chaudière.

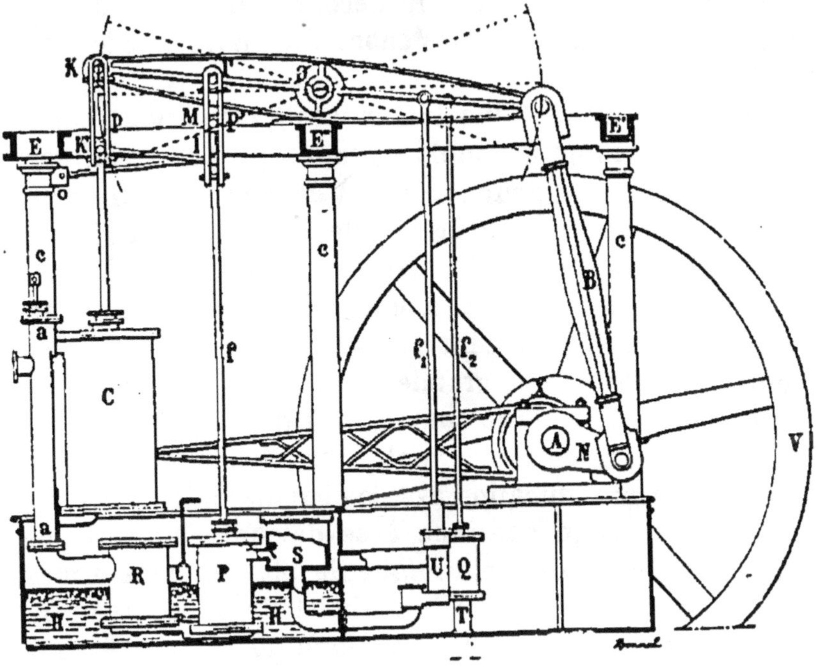

Fig. 8.

Enfin on voit en Q une pompe mue par la tige *f₂*, qui aspire par le tuyau T, dans un puits par exemple, l'eau nécessaire à l'alimentation de la bâche H. En V se trouve le volant calé sur l'arbre moteur A, mis en mouvement par la bielle B et la manivelle N par l'intermédiaire du balancier. En X se trouve l'excentrique de commande du distributeur *aa*; ce dernier sera décrit au chapitre de la *Distribution*.

Pour régulariser la marche de la machine, Watt inventa plus tard son *gouverneur*, connu aujourd'hui sous le nom de *régulateur à force centrifuge*. Dans cet appareil, qui emprunte son mouvement à la machine même, la force centrifuge agissant sur deux boules suspendues par des bielles coudées agit sur le papillon d'entrée de vapeur dans le cylindre et en

augmente ou en diminue la quantité introduite, suivant que
la machine ralentit ou accélère son mouvement. Cet appareil sera décrit plus loin.

Enfin Watt découvrit l'emploi de la *détente de la vapeur*,
qui apporta un si grand perfectionnement à la machine à
vapeur; le célèbre inventeur n'eut pas occasion d'appliquer
beaucoup cette remarquable découverte. Il ne l'utilisa, en
1769, que pour atténuer les chocs du piston sur le fond du
cylindre.

Ce n'est qu'en 1804 que *Arthur Woolf*, constructeur anglais,
réalisa la machine à double cylindre qui porte son nom et
dans laquelle la vapeur se détend dans un cylindre spécial.

Voici en quoi consiste la détente : si on laisse arriver dans
le cylindre la vapeur à pleine pression pendant toute la
course, le piston, soumis à une force constante, prend un
mouvement uniformément accéléré et arrive à la fin de sa
course avec une assez grande vitesse, ce qui occasionne des
chocs. Pendant toute la course, on emprunte de la vapeur à
la chaudière. Si on interrompt, à un certain moment de la
course, la communication avec la chaudière, la vapeur enfer-
mée sous le piston continue à se détendre en vertu de sa
force élastique, laquelle diminue de plus en plus à mesure
que le piston arrive vers l'extrémité de sa course ; il en
résulte que ce dernier arrive au fond du cylindre sans choc
avec une vitesse réduite. La consommation de vapeur étant
plus faible, il s'en suit également une économie de combustible.

Jusqu'à ce moment toutes ces machines fonctionnaient à
basse pression, c'est-à-dire que la pression de la vapeur dépassait peu la pression atmosphérique et qu'il fallait, pour que
le piston fonctionnât, faire le vide au condenseur.

Le physicien allemand *Leupold*, en 1725, puis l'Américain
Olivier Evans, en 1782, et enfin les Anglais *Trevithick* et *Vivian*
en 1801, employèrent la vapeur à une pression supérieure à
celle de l'atmosphère, ce qui leur permettait de la rejeter
dans l'air après lui avoir fait produire son effet moteur, et de
se passer de condenseur. Ces appareils, appelés *machines à
haute pression*, ne se répandirent en Angleterre que vers 1825
à 1830.

A cette époque, le constructeur Mandslay remplaça l'énorme balancier de Watt par une bielle articulée.

Ces machines pouvaient également marcher avec le condenseur et fonctionner avec ou sans détente.

Depuis ce temps, la machine à vapeur n'a fait que se perfectionner jusqu'à nos jours. La dépense de charbon par cheval-vapeur produit, descendue vers 1830, dans les machines de Cornouailles, à 1 kilogramme, s'abaissa encore jusqu'à descendre à 0ᵏᵍ,700 dans les machines marines. Le tableau ci-dessous donne un aperçu de la décroissance rapide de la quantité de charbon brûlé par cheval.

MACHINES	CHARBON BRULÉ par heure et par cheval
Savery........................	13 kilogr.
Newcommen (à condensation)......	9 —
Watt (à condensation)...........	4ᵏᵍ à 3ᵏᵍ,600
Machines de moyenne puissance à condensation....................	1ᵏᵍ,500
Machines à grande puissance à condensation....................	1 kilogr.
Machines marines................	0ᵏᵍ,900 à 0ᵏᵍ,700

Les procédés de distribution et de détente furent portés à la perfection dans les systèmes Meyer, Farcot, Corliss, Sulzer et leurs dérivés.

Avec les machines compound à triple et quadruple expansion, on augmente encore les résultats de la détente, de telle façon que la machine à vapeur à mouvement alternatif peut être considérée comme parfaite.

Pour terminer cette notice historique, il y a lieu d'ajouter que la machine à vapeur fut introduite en France par les *frères Perrier*, vers 1778 environ, qui construisirent la pompe à feu de Chaillot, destinée à la distribution de l'eau dans Paris, et le moulin à vapeur de Harfleur.

Entre temps, en 1769, *Cugnot* essayait l'application de la vapeur à la locomotive sur route et construisait une voiture à vapeur, précurseur des automobiles, que l'on voit encore au Conservatoire des Arts et Métiers

En 1783, le marquis *de Jouffroy* lança sur la Saône le premier bateau à vapeur qui ait réellement fonctionné.

En 1817, *Manby* en Angleterre et *Cavé* en France construisirent les *machines oscillantes* destinées à supprimer la bielle et à articuler directement la tige du piston sur la manivelle.

On imagina également les machines *rotatives* supprimant tout intermédiaire entre le piston et l'arbre moteur. Ces dispositifs sont provisoirement abandonnés, bien que le principe en soit bon.

A signaler enfin les *turbines à vapeur*, dans lesquelles la vapeur agit par réaction, et qui permettent d'obtenir de très grandes vitesses.

Telle est l'histoire de la machine à vapeur, qui représente pour la France, y compris l'Algérie, d'après les statistiques officielles, une force de 5 millions de chevaux-vapeur correspondant au travail de près de 100.000.000 d'hommes.

§ 2. — MACHINES THERMIQUES EMPLOYANT UN AUTRE AGENT QUE LA VAPEUR

Depuis un certain nombre d'années, on a essayé de remplacer l'eau par un autre liquide ou même par un gaz dont la puissance d'expansion est également provoquée par la chaleur. De là les machines thermiques connues sous le nom de machines à *vapeurs combinées*, à *air chaud*, à *gaz*, à *pétrole*, etc.

Les principes de la thermodynamique montreront que le coefficient économique d'une machine dépend uniquement des températures extrêmes entre lesquelles elle fonctionne. La nature du liquide employé n'entre pas en jeu ; comme c'est la chaleur dépensée seule qui se convertit en travail, c'est d'elle que dépend le travail de la machine. Il y a donc avantage à employer un liquide se vaporisant à une température inférieure à celle de l'eau. L'éther, qui bout à 37°, remplit très bien ces conditions. De plus, la vapeur d'échappement d'une machine à vapeur ordinaire peut très bien porter l'éther a l'ébullition, de sorte que cet éther vaporisé peut servir à faire fonctionner une deuxième machine annexée à la première.

Machines à vapeurs combinées d'eau et d'éther. — C'est en 1840 que M. *du Trembley*, ingénieur français, imagina sa *machine à vapeurs combinées d'eau et d'éther*, qui a été installée sur des paquebots faisant le service régulier d'Alger à Marseille.

Dans cette machine, la vapeur d'eau, sortant du cylindre à vapeur, passait dans un condenseur clos traversé par une série de tubes verticaux contenant de l'éther. La vapeur d'eau, en abandonnant sa chaleur de vaporisation, vaporisait l'éther qui était admis dans un cylindre spécial et agissait sur un piston dont la tige était reliée à l'arbre de la machine à vapeur, de façon à y ajouter son travail. La vapeur d'éther d'échappement était condensée dans un récipient refroidi, puis refoulée dans un réservoir situé à la partie inférieure des tubes.

Ces machines étaient dangereuses à cause de l'inflammabilité de l'éther. Elles furent longtemps expérimentées, puis finalement abandonnées.

M. *Lafont*, officier de Marine, substitua le chloroforme à l'éther; mais la vapeur de ce liquide est asphyxiante; M. *Ellis* employa aussi les vapeurs combinées d'eau et de sulfure de carbone.

Machines à air chaud. — Dans les machines à air chaud on communique, à l'aide de la chaleur, une force élastique à une certaine masse d'air qui, en se dilatant, fournit un travail déterminé.

Les premiers essais remontent, paraît-il, à *Montgolfier*. J. *Niepce* s'occupa aussi du problème. En 1816, *Robert Stirling* construisit une machine, perfectionnée ensuite par *James Stirling*, dont la description sera donnée au moment où seront étudiés les moteurs à air chaud.

Le capitaine *Ericsson* reprit la question et construisit, en 1852, la machine à air chaud qui porte son nom.

En 1855, M. Franchot présenta à l'Exposition universelle un type d'*aéro-moteur* à deux cylindres, que M. Ryder améliora plus récemment.

M. Laubereau construisit également une machine à air chaud destinée aux petites forces.

Enfin on peut citer les aéro-moteurs de Belou (1860), de Hoche, de Bénier, etc.

Les machines à air ont un coefficient économique théorique supérieur à celui des machines à vapeur. A certains points de vue elles ont des avantages marqués : en effet, l'air se trouve partout et ne coûte rien ; il n'en est pas de même de l'eau. Sa composition est constante. Il n'exige pas de chaudière, et les explosions de machines à air présentent un danger insignifiant. La mise en pression est très rapide. En revanche, les machines à air présentent moins d'étanchéité, l'air étant plus subtil que la vapeur ; l'air chaud détériore les garnitures, calcine les graisses, facilite les grippements, oxyde les métaux.

Malgré ses réels avantages, la machine à air chaud ne s'est pas développée, du moins sur le continent. En revanche, elle a joui d'une très grande vogue en Amérique.

Moteurs à gaz et à pétrole. — Dans le moteur à air chaud on brûle toujours du combustible sur une grille, afin d'échauffer l'air qui va fournir le travail moteur dans une capacité séparée du foyer. Pour éviter la perte de chaleur résultant de cet état de choses, après plusieurs perfectionnements de la machine à air, on a cherché à effectuer la combustion dans le cylindre même.

Pour cela, on amène le combustible à un état de division extrême pour assurer une union intime avec l'oxygène de l'air.

Si le combustible est gazeux, on a le *moteur à gaz;* s'il est liquide, on a le *moteur à pétrole;* s'il est solide, on a le moteur à *poussière de charbon*.

Les deux premiers, surtout le moteur à gaz, sont de beaucoup les plus répandus.

Les premiers essais de moteur à gaz d'éclairage, qui ont pris de nos jours un essor considérable, remontent à la fin du siècle dernier.

En 1799, Lebon, ingénieur des Ponts et Chaussées, chercha un gaz qui, mélangé à l'air en certaines proportions, pût faire explosion ; il trouva le gaz d'éclairage et abandonna l'étude des machines pour se livrer à l'éclairage des villes.

Tour à tour *Rivaz* en 1807, Samuel Brown en 1827, Demiohélis et Monnier, Talbot et Christoforis, étudièrent la question. Elle devait être résolue par M. Hugon, en 1858, et par M. Lenoir, en 1859. La machine de M. Otto, en 1877, rendait le moteur à gaz véritablement industriel et lui permettait de lutter même avec la machine à vapeur.

Depuis, le moteur à gaz s'est perfectionné considérablement et est devenu d'un usage courant, à cause de son extrême commodité.

Les moteurs à pétrole sont d'usage beaucoup plus récent. Ils tendent de plus en plus à se répandre de nos jours.

On sait l'avenir que paraît leur réserver l'industrie de l'automobilisme.

Machines thermiques diverses. — On signalera, pour mémoire, et simplement pour qu'ils ne soient pas omis dans l'historique des machines thermiques, certains moteurs qui n'ont qu'un intérêt rétrospectif.

C'est ainsi que *Cartwright*, en 1797, et plus récemment MM. *Tissot, Beghin, Herr*, ont proposé des machines à vapeur d'alcool et d'éther.

On a employé aussi le *gaz ammoniac liquéfié* et la *vapeur de pétrole* agissant comme la vapeur d'eau et non de la même façon que les moteurs à pétrole précités, dans lesquels l'air est chauffé par l'injection de pétrole.

A mentionner aussi les essais de *Ghilliano* et *Cristin*, en 1855, avec l'acide carbonique liquide. Ces essais furent repris sans succès par M. *Marquis* et aussi plus récemment (en 1884) par M. *Mékarski*.

Un essai original a été fait par M. Frot, ingénieur de la Marine, à l'aide du *gaz ammoniac* employé d'une façon particulière.

Une dissolution de gaz dans l'eau est fonction de la température et de la pression. Le gaz ammoniac, en particulier, se dissout avec une très grande facilité dans l'eau, qui, à 15°, en absorbe 743 fois son volume avec une extrême rapidité. Si on chauffe cette dissolution, la pression de l'ammoniaque qui se dégage peut être employée comme force motrice. La vapeur d'eau que ce dégagement entraîne intervient pour son propre compte. Le mélange, après avoir agi, passe dans un condenseur à surface et se liquéfie, puis une pompe le refoule dans la chaudière.

Un moteur semblable a été construit par M. Pietro Cordenous, à Rovigo.

Fulmi-moteurs. — Les fulmi-moteurs utilisent comme force motrice la déflagration des explosifs.

L'abbé Hautefeuille en a anciennement proposé fort vaguement l'emploi.

En 1682, *Huyghens*, de Zulichen, construisit avec Papin la machine à poudre atmosphérique, qui devait être remplacée par la machine à vapeur.

Successivement, Gros, en 1865, avec sa *machine-revolver*, Debriat, avec son *dynamophone*, employèrent aussi la poudre comme moteur.

M. *Thomas Shaw*, ingénieur américain, appliqua cet appareil à l'enfoncement des pilotis. Une cartouche étant placée sur la tête du pieu, le mouton, en tombant, en provoque la déflagration, détermine l'enfoncement du pieu, puis est projeté comme un projectile vers le déclic qui le retient suspendu. Le colonel autrichien *Prodanovie*, reprenant la même idée, obtenait cinq coups à la minute avec un mouton de 750 kilogrammes tombant de 3 mètres. Ces appareils portent le nom de *sonnettes balistiques*.

MM. Hureau de Villeneuve et Pénaud proposèrent l'emploi des explosifs azotés. M. Renoir préconisa la nitro-glycérine.

Sauf la *sonnette balistique*, aucun de ces appareils n'a donné de résultats satisfaisants.

Moteurs solaires. — Ces moteurs se distinguent des autres machines thermiques par le mode de chauffage. La chaleur y est empruntée au rayonnement-solaire ; la source en est donc inépuisable. Du jour où l'on saura, par des moyens simples et pratiques, utiliser cette chaleur et la transformer en énergie, il n'y aura plus lieu de se préoccuper des combustibles dont l'approvisionnement voit son terme fixé presque d'avance.

Quoi qu'il en soit, les moteurs solaires sont encore en enfance, et leurs applications effectives se réduisent à la machine de *Mouchot*, perfectionnée par M. *Abel Piffre*, dont la description sera donnée dans la troisième partie du volume.

CHAPITRE II

LA THERMODYNAMIQUE APPLIQUÉE AUX MACHINES THERMIQUES

Préliminaires. — Les premiers inventeurs n'avaient vu, dans les manifestations des effets de la vapeur d'eau, que la puissance mécanique du feu. Cependant de nombreux faits physiques avaient fait reconnaître qu'il devait y avoir, entre la chaleur dépensée et le travail mécanique accompli, une certaine relation. On savait que, si le travail des machines a pour source la chaleur, inversement le travail mécanique, par le frottement, le choc, etc., produisait de la chaleur ; *Rumfort* avait essayé même de déterminer la chaleur produite par le forage des canons. Au commencement du siècle, les physiciens pensaient que chaque fois qu'il y avait production de chaleur par le travail ou inversement, il y avait échange de chaleur d'un corps chaud à un corps froid, mais que la quantité de chaleur restait la même.

Mayer d'Heilbronn, en mai 1842 (*Annales de Wölher et Liebig*), posa clairement ce principe pour la première fois : *Que, toutes les fois qu'il y avait travail produit, une certaine quantité de chaleur disparaissait et que la quantité de chaleur disparue était proportionnelle au travail produit.* Ce principe, comme on le verra plus loin, n'est autre que le premier principe de la thermodynamique dont les lois régissent toutes les machines thermiques.

La vérification de ce principe fut faite par Regnault, Hirn et surtout Joule qui, à l'aide d'appareils très précis, établit l'équivalent mécanique de la chaleur.

En 1824, Sadi-Carnot, né en 1796, mort en 1832, dans son ouvrage intitulé *Réflexions sur la puissance motrice du feu et sur les machines propres à développer cette puissance*, avait posé ce que l'on appelle aujourd'hui le deuxième principe de la thermodynamique, ou principe de Carnot, et qui était ainsi conçu : *Toutes les fois qu'il y a travail produit par l'évolution d'un corps, il se fait un passage de chaleur d'un corps chaud à un corps froid, et la quantité de travail produit correspond à la quantité de chaleur transportée : cette quantité ne dépend pas de la matière du corps évoluant, mais seulement des températures du corps chaud et du corps froid entre lesquels se fait l'évolution.*

Les travaux de Clausius, de Hirn, de Zeuner ont depuis fait faire de grands pas à la théorie mécanique de la chaleur. Dans cette étude, on n'aura à considérer, en général, que ce qui a rapport aux machines thermiques.

§ 1. — ÉTAT D'UN GAZ. — ÉVOLUTION

L'état d'un gaz et, en général, d'un corps quelconque, est caractérisé par son volume, sa température et sa pression. Si l'on fait subir à ce gaz des modifications dans son état, la chaleur qu'il contient produit du travail, ou inversement. Une succession de ces modifications, opérée d'ailleurs suivant une loi quelconque, s'appelle *évolution*.

On admet en général que, pour tous les corps, il existe une relation

$$F(p, v, t) = 0$$

entre la pression, le volume et la température, de sorte que, quand on connaît deux des éléments, on peut déterminer le troisième et on connaît, par suite, l'état du corps.

Pour les corps solides ou liquides, la relation ci-dessus est inconnue; mais, pour les *gaz parfaits*, on peut la déduire des lois de Mariotte et de Gay-Lussac.

On sait que ces lois donnent la relation:

$$\frac{pv}{_0v_0} = \frac{1 + at}{1 + at_0},$$

pvt et $p_0v_0t_0$ étant les pressions, volumes et températures pour deux états quelconques du corps différents, l'un de l'autre.

Cette expression peut s'écrire :

$$\frac{pv}{p_0v_0} = \frac{\frac{1}{\alpha} + t}{\frac{1}{\alpha} + t_0} ;$$

α est le coefficient commun de dilatation de tous les gaz ; c'est donc une constante de la nature·

$$\alpha = 0,003665.$$

Donc :

$$\frac{1}{\alpha} = 273 = a ;$$

et l'on a :

(1)
$$\frac{pv}{p_0v_0} = \frac{a + t}{a + t_0}·$$

On peut poser :

$$a + t = 273 + t = T,$$
$$a + t_0 = 273 + t_0 = T_0.$$

Les températures T et T_0 seraient les températures du corps aux deux états considérés, comptées à partir d'un zéro fictif appelé *zéro absolu*, situé à 273° au-dessous du zéro normal (température de fusion de la glace). On les appelle *températures absolues* du corps.

La formule définissant l'état d'un gaz sera donc :

$$\frac{pv}{p_0v_0} = \frac{T}{T_0}·$$

La pression du gaz est, en général, celle du milieu qui l'entoure de toutes parts, et exerce sur sa surface une tension par mètre carré, contre laquelle le corps réagit avec une intensité égale.

Le volume v est, en mètres cubes, le volume de 1 kilogramme du gaz étudié. C'est le *volume spécifique* $v = \dfrac{1}{\delta}$,

δ étant le *poids spécifique*, ou poids de l'unité de volume.

Si l'on suppose que :

$$t_0 = 0,$$

que :

$$p_0 = H,$$

pression atmosphérique $= 10.334^{kg},00$ par mètre carré, et que:

$$v_0 = \frac{1}{\delta_0},$$

δ_0 étant la densité du gaz à 0° sous la pression H, l'expression (1) ci-dessus devient :

$$\frac{pv}{\dfrac{H}{\delta_0}} = \frac{a + t}{a};$$

d'où :

$$pv = \frac{H}{\delta_0 a} (a + t).$$

Mais la valeur $\dfrac{H}{\delta_0 a}$ est une quantité fixe et connue pour chaque gaz et qui n'est fonction que de la densité de ce gaz.

On peut donc poser $\dfrac{H}{\delta_0 a} = R$.

Comme, d'autre part, on a :

$$a + t = T, \text{ température absolue,}$$

il en résulte que l'expression générale des lois de Mariotte et de Gay-Lussac peut se mettre sous la forme:

$$pv = RT.$$

Pour les gaz qui, se rapprochent le plus des gaz parfaits, les valeurs de R sont les suivantes :

	VALEURS DE δ_0	VALEURS DE R
Air................................	1,29318	29,272
Azote	1,2566	30,134
Oxygène....................	1,4298	26,475
Hydrogène...	0,0895	422,66 [1]
Acide carbonique..........	1,9772	19,15
Oxyde de carbone..........	1,2500	30,28

[1] Cette valeur se rapproche beaucoup de celle de l'équivalent mécanique de la chaleur (424).

Représentation graphique de l'évolution d'un gaz. — L'état d'un gaz pouvant être déterminé par deux éléments, la suite des modifications qu'il subit en son *évolution* peut être représentée graphiquement comme l'a indiqué Clapeyron.

Sur les deux axes rectangulaires ox, oy (*fig.* 9), on porte en abscisses les volumes, et en ordonnées les pressions. A deux valeurs déterminées de v et de p correspond un état du corps déterminé par le point M. L'état se modifiant, le corps évolue, et le point M se déplace

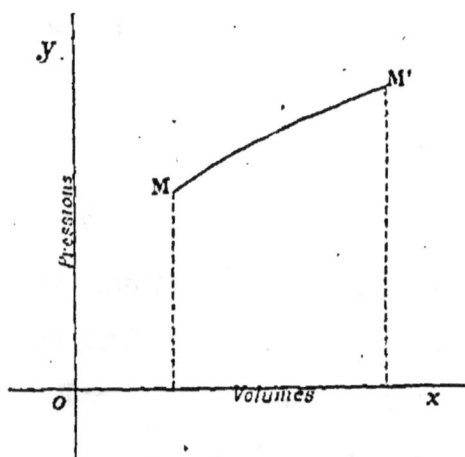

Fig. 9.

suivant une courbe, d'ailleurs quelconque, qui est la reproduction graphique de l'évolution. Cette courbe prend le nom de *cycle*, et on dit que l'évolution se fait suivant le cycle MM'.

Parmi tous les cycles, il en est qui sont dignes de remarque; tels sont :

1° Le cycle de *volume constant*, représenté par une parallèle à l'axe des y; et le cycle de *pression constante*, représenté par une parallèle aux x;

2° Le cycle *isotherme*, ou de *température constante :* pour les gaz, l'équation générale étant $pv = RT$, si T est constant, la ligne représentative de l'évolution sera une hyperbole équilatère ; .

3° Le cycle de *chaleur constante*, ou ligne *adiabatique*, suivant l'expression due à Rankine : dans cette évolution, l'état du gaz se modifie sans perdre ni gagner de la chaleur.

Son équation, comme on le verra plus loin est : $pv^k = C^{te}$.

§ 2. — CHALEUR ABSORBÉE PAR UNE TRANSFORMATION ÉLÉMENTAIRE QUELCONQUE D'UN GAZ

L'équation générale définissant l'état d'un gaz étant :

$$pv = RT,$$

on a, en prenant la différentielle,

$$RdT = pdv + vdp,$$

ou :

$$dT = \frac{pdv}{R} + \frac{vdp}{R}.$$

Une variation quelconque dT de température est donc accompagnée de deux phénomènes : une variation de volume et une variation de pression.

La quantité de chaleur nécessaire pour produire une variation de température à pression constante est, pour l'unité, représentée par C, *chaleur spécifique à pression constante;* et la quantité de chaleur nécessaire pour produire une variation de température à volume constant est c, *chaleur spécifique à volume constant.*

Pour la variation partielle de température $\frac{pdv}{R}$ pour laquelle le volume varie et la pression est constante, la quantité de chaleur sera donc :

$$\frac{Cpdv}{R},$$

et pour la variation partielle de température vdp, pour laquelle le volume est constant et la pression varie, la quantité de chaleur sera :

$$\frac{cvdp}{R};$$

d'où il résulte que la variation totale de température sera produite par une variation de chaleur.dq ayant pour valeur ·

$$(1) \qquad dq = \frac{Cpdv}{R} + \frac{cvdp}{R}.$$

Cette équation peut se mettre sous d'autres formes
En effet :

$$vdp = RdT - pdv ;$$

d'où :

$$dq = \frac{Cpdv}{R} + \frac{c}{R}(RdT - pdv),$$

ou bien :

$$(2) \qquad dq \doteq cdT + \frac{C-c}{R} pdv.$$

D'autre part:

$$pdv = RdT - vdp.$$

Donc on a :

$$dq = \frac{C}{R}(RdT - vpd) + \frac{cvdp}{R},$$

ou bien :

$$(3) \qquad dq = CdT - \frac{C-c}{R} vdp.$$

Telles sont les trois formes, (1), (2), (3), par lesquelles on peut exprimer la valeur de dq, chaleur absorbée par la transformation élémentaire d'un gaz.

L'équation (2), qui est la plus intéressante, montre qu'une quantité de chaleur dq, communiquée au gaz, sert, d'une part, à produire une variation de température et, d'autre part, une variation de volume qui demeure disponible pour produire un travail externe.

On a vu, dans le traité de *Mécanique, Hydraulique et Thermodynamique,* qu'en communiquant une certaine quantité de chaleur à un corps quelconque une première partie est employée à élever la température : c'est la *chaleur sensible;* une deuxième partie est employée pour fournir un certain *travail interne* destiné à modifier les forces moléculaires d'agrégation. L'ensemble de ces deux parties constitue *l'énergie interne.* Enfin une troisième partie de la chaleur transmise provoque une dilatation de la masse susceptible d'être employée utilement : c'est le *travail externe.*

Dans les gaz parfaits, les forces d'agrégation sont nulles, et, par suite, la deuxième partie n'existe pas. L'*énergie interne* ne se compose alors que de la *chaleur sensible,* et son équation différentielle se compose de la première partie de l'équation (2) :

$$dq = cdT,$$

ou, en intégrant entre les limites T_0 et T_1 par exemple,

$$Q = c\,(T_0 - T_1).$$

La deuxième partie de l'équation (2) traduit la dilatation de la masse.

Expression du travail d'un gaz qui se dilate. — Soit un cylindre (*fig.* 10), dans lequel se meut un piston imaginaire soumis à une pression extérieure *p* par unité de surface. Soit *s* la surface du piston; si l'on examine le travail élémentaire, en appelant *dz* le déplacement élémentaire du piston, on peut, pendant ce déplacement, considérer la pression *p* comme constante. La pression sur le piston sera *ps*, et le travail sera par suite *psdz*, c'est-à-dire le produit de la force par le chemin parcouru.

sdz est l'augmentation infiniment petite de volume résultant du déplacement élémentaire *dz*; donc on peut écrire :

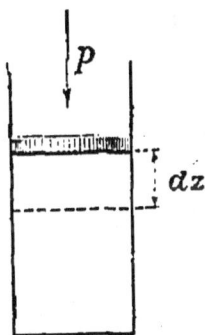

FIG. 10.

$$sdz = dv.$$

Par suite, le travail élémentaire $d\varpi$ a pour valeur :

$$d\varpi = pdv \ ;$$

d'où on tire, en intégrant,

$$\varpi = \int pdv.$$

Si la variation de volume a lieu entre les limites v_0 et v_1, on a d'une façon générale :

$$(4) \qquad \varpi = \int_{v_0}^{v_1} pdv.$$

C'est l'expression générale du travail des gaz dans les machines thermiques.

Représentation graphique du travail externe. — Si un gaz évolue suivant un cycle MM' (*fig.* 11), à un certain moment son volume est $v = op$, et sa pression $p = \mathrm{P}p$.

Pour une variation infiniment petite, son volume augmente de $dv = pp'$, et l'on sait que le travail externe produit a pour expression pdv ; c'est donc l'aire du trapèze PP'p'p. Pour l'évolution totale de M en M', le travail $\int_{M}^{M'} pdv$ sera

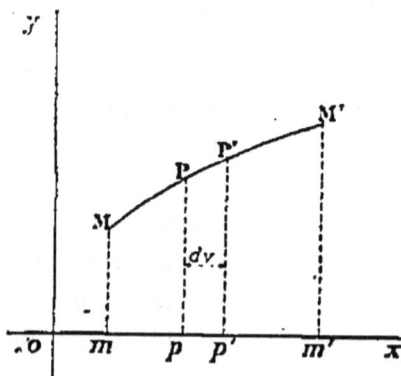

Fig. 11.

représenté par l'aire du rectangle MM'm'm.

On remarquera, en outre, que ce travail externe est fonction de la forme de la courbe d'évolution, et, par suite de la manière dont celle-ci s'effectue, puisque la surface du trapèze PP'p'p varierait si la courbe affectait une autre forme entre M et M'. Il faut donc connaître la loi d'évolution pour connaître le travail externe.

Le travail interne, au contraire, comme on l'a vu plus haut, n'est fonction que de l'état initial et de l'état final et ne dépend pas du tout de la voie employée pour passer d'un état à l'autre.

Un cycle quelconque peut être parcouru par un gaz; il suffit, en faisant varier son volume, de déterminer dans la masse la pression correspondante du cycle en lui donnant ou lui enlevant de la chaleur.

§ 7 — Premier principe de la thermodynamique

En comparant l'équation du travail (4) avec l'équation (2) de façon à chercher le rapport existant entre le travail produit et la chaleur dépensée, on a:

$$dq = cdT + \frac{C - c}{R} d\varpi,$$

puisque $d\varpi = pdv$.

Si l'on suppose que toute la chaleur transmise soit transformée en travail, il faut admettre, par là même, que la température du gaz ne s'élève pas; car, sans cela, une certaine quantité de chaleur serait employée à élever la température.

Par suite, il faut que $dT = 0$ et que l'on ait:

$$dq = \frac{C - c}{R} d\varpi.$$

On a donc, en intégrant:

$$Q = \frac{C - c}{R} \varpi,$$

ou :

$$\frac{Q}{\varpi} = \frac{C - c}{R}.$$

Le deuxième membre de cette équation est une constante. On peut donc poser :

$$\frac{C - c}{R} = A ;$$

d'où :

$$\frac{Q}{\mathfrak{G}} = A ;$$

c'est-à-dire que le rapport entre la quantité de chaleur dépensée et la quantité de travail produite est une quantité constante.

Inversement :

$$\frac{\mathfrak{G}}{Q} = \frac{1}{A} = E.$$

E est l'*équivalent mécanique* de la chaleur ;
A, l'*équivalent calorifique* du travail.

Une moyenne des expériences de Joule, Hirn, etc., a donné pour valeur de E le nombre 424.

Donc :

$$A = \frac{1}{E} = \frac{1}{424} = 0,0023585.$$

Il en résulte que 1 kilogrammètre exige 0^{cal},0023585.

D'autre part, il faut 424 kilogrammètres pour produire 1 calorie.

On peut **donc** énoncer le premier principe de la thermodynamique.

Chaque fois que la chaleur, agissant sur un corps, donne lieu à un travail mécanique, il disparaît une quantité de chaleur proportionnelle à ce travail. Inversement, chaque fois qu'un travail mécanique est opéré, il doit apparaître une quantité de chaleur proportionnelle à ce travail. Le rapport existant entre le travail produit ou absorbé et la chaleur consommée ou produite est constant et ne dépend aucunement de la nature des corps soumis à la chaleur ou à l'action mécanique.

L'équivalent **mécanique** de la chaleur peut se déduire, d'ailleurs, par la formule précédente par le calcul.

En effet, si l'on envisage l'air, par exemple, on a vu que R = 29,272.

Or la chaleur spécifique à pression constante C a pour valeur, pour l'air :

$$C = 0,2375$$

Le rapport $\gamma = \dfrac{C}{c}$ des deux chaleurs spécifiques est, pour les gaz parfaits, une constante générale de la nature, qui a été pratiquement trouvée égale à 1,41.

Donc :

$$c = \frac{C}{\gamma} = \frac{0,2375}{1,41} = 0,1684.$$

Par suite, l'équivalent mécanique de la chaleur a pour valeur :

$$E = \frac{1}{A} = \frac{R}{C - c} = \frac{29,272}{0,0691} = 424 \text{ kilogrammètres,}$$

$$A = \frac{1}{E} = 0,0023585$$

§ 4. — DES DIVERSES LIGNES D'ÉVOLUTION

On peut, à l'aide des équations différentielles (1), (2) et (3), établies précédemment, étudier les cycles ou lignes d'évolution à *volume constant, pression constante, isotherme* et *adiabatique*, dont il a été parlé plus haut.

1° *Ligne de volume constant.* — D'après l'équation (2) on a :

$$dq = cdT + \frac{C - c}{R} pdv$$

Or, comme v est constant, dv est nul, et l'on a :

$$dq = cdT ;$$

d'où, en intégrant,

$$Q = c \left(T_2 - T_1 \right),$$

T_1 et T_2 étant les températures limites entre lesquelles se fait l'évolution.

La ligne de volume constant est évidemment une parallèle aux y :

$$v = C^{te}.$$

2° *Ligne de pression constante.* — L'équation (3) donne :

$$dq = CdT - \frac{C - c}{R} vdp.$$

Comme p est constante, $dp = 0$.
Donc :

$$dq = CdT ;$$

d'où, en intégrant,

$$Q = C(T_2 - T_1).$$

La ligne de pression constante est une parallèle aux x :

$$p = C^{te}$$

3° *Courbe isotherme ou de température constante.* — Pour maintenir la température constante, il faut fournir ou absorber une certaine quantité de chaleur pendant l'évolution. C'est cette quantité que l'on va calculer

L'équation (2) donne :

$$dq = cdT + \frac{C - c}{R} pdv.$$

Puisque T est constant, on a $dT = 0$; d'où

$$dq = \frac{C - c}{R} pdv.$$

Or on a, d'autre part :

$$pv = RT ;$$

d'où :

$$p = \frac{RT}{v};$$

d'où en substituant,

$$dq = \frac{C-c}{R} \frac{RT}{v} dv,$$

et comme :

$$\frac{C-c}{R} = A,$$

on a :

$$dq = ART \frac{dv}{v}.$$

T étant constant, le produit ART est constant
Donc, en intégrant, on a :

$$Q = ART \int \frac{dv}{v}$$

Si l'on fait l'intégrale entre les volumes limites v_1 et v_2, on a :

$$Q = ART \log nép \frac{v_2}{v_1}.$$

C'est la quantité cherchée en fonction des volumes limites. Si maintenant on remplace AR par C — c, qui lui est égal, et $\frac{v_2}{v_1}$ par $\frac{p_1}{p_2}$ (loi de Mariotte), on a :

$$Q = (C - c) T \log nép \frac{p_1}{p_2}.$$

C'est la quantité de chaleur nécessaire pour faire passer 1 kilogramme de gaz de la pression p_2 à la pression p_1 à température constante. L'équation des courbes isothermes est $pv = RT$, quand T est constant; c'est donc une hyperbole équilatère.

4° *Courbe adiabatique ou de chaleur constante.* — *Équation de Laplace.* — Dans ce cas, l'évolution se fait sans addition ni soustraction de la chaleur au corps.

Par suite :

$$Q = C^{te}, \qquad dq = 0.$$

L'équation (1) donne :

$$dq = \frac{Cpdv}{R} + \frac{cvdp}{R}.$$

Donc, dans le cas considéré, on a :

$$\frac{Cpdv}{R} + \frac{cvdp}{R} = 0,$$

ou bien :

$$Cpdv + cvdp = 0.$$

En divisant par pvc, on a :

$$\frac{C}{c}\frac{dv}{v} + \frac{dp}{p} = 0.$$

En intégrant et en remarquant que $\frac{C}{c} = \gamma$, on a :

$$\log \text{nép } p + \log \text{nép } v^\gamma = C^{te},$$

ou bien :

$$\log \text{nép } pv^\gamma = C^{te},$$

ou bien encore :

$$pv^\gamma = C^{te}.$$

Cette équation est connue sous le nom d'équation de *Laplace* ou de *Poisson*. Elle est analogue à la loi de Mariotte et lie les volumes et les pressions d'une masse gazeuse, quand la quantité de chaleur reste constante. C'est l'expression de la détente sans variation de chaleur.

Cette équation $pv^\gamma = C^{te}$ est donc l'équation des courbes adiabatiques.

Si, pour certaines variations de volume, on calcule les pressions d'abord par l'équation $pv = RT = C^{te}$ (courbe isothermique), ensuite par l'équation $pv^\gamma = C^{te}$ (courbe adiabatique), on remarque que la pression baisse plus rapidement dans la courbe adiabatique que dans la courbe isothermique.

On a donc, pour les deux courbes comparées, la figure 12.

La courbe adiabatique se trouve donc toujours au-dessous de la courbe isothermique.

On peut se proposer de rechercher quelle relation il y a entre les températures et les pressions ou entre les températures et les vo-

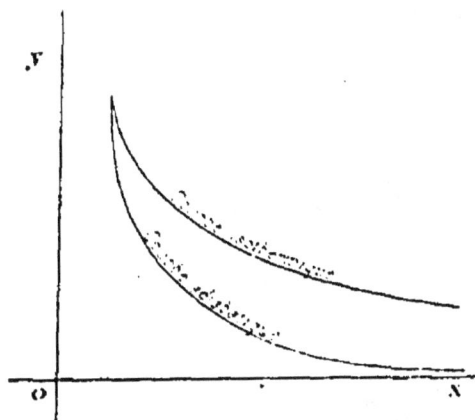

Fig. 12.

lumes dans l'évolution adiabatique.

L'équation de Laplace peut s'écrire évidemment :

$$p_1 v_1{}^\gamma = p_0 v_0{}^\gamma,$$

pour deux états quelconques du gaz $p_1 v_1$ et $p_0 v_0$; ou bien :

$$p_1 v_1 v_1{}^{\gamma-1} = p_0 v_0 v_0{}^{\gamma-1}.$$

Or :

$$p_1 v_1 = RT_1 \qquad \text{et} \qquad p_0 v_0 = RT_0.$$

Donc on a, en remplaçant p_1 et p_0 par leur valeur $\dfrac{RT_1}{v_1}$ et $\dfrac{RT_0}{v_0}$,

$$RT_1 v_1{}^{\gamma-1} = RT_0 v_0{}^{\gamma-1} ;$$

d'où l'on tire :

$$\frac{T_1}{T_0} = \left(\frac{v_0}{v_1}\right)^{\gamma-1}.$$

C'est l'équation qui relie les températures et les volumes. Elle peut s'écrire :

$$T_1 v_1{}^{\gamma-1} = T_0 v_0{}^{\gamma-1},$$

ou bien, en général,

$$T v^{\gamma-1} = C^{te}.$$

Comme $\gamma = 1,41$, $\gamma - 1 = 0,41$.

Donc :

$$Tv^{0,41} = C^{te}.$$

Si on cherchait la relation entre les températures et les pressions, on trouverait de même :

$$\frac{T_i}{T_0} = \left(\frac{p_i}{p_0}\right)^{\frac{\gamma-1}{\gamma}} = \left(\frac{p_i}{p_0}\right)^{0,29}$$

qu'on peut également écrire :

$$T_i p_0^{\frac{\gamma-1}{\gamma}} = T_0 p_i^{\frac{\gamma-1}{\gamma}}$$

ou plus généralement :

$$Tp^{\frac{\gamma-1}{\gamma}} = C^{te}.$$

Travail des gaz dans leurs diverses évolutions. — 1° *A volume constant.* — Dans ce cas il n'y a pas de travail externe

La relation :

$$Q = c\,(T_2 - T_1)$$

donne, pour expression du travail interne :

$$\mathfrak{E} = \frac{Q}{A} = \frac{c}{A}(T_2 - T_1)$$

Comme, d'autre part, on a :

$$\frac{1}{A} = \frac{R}{C - c},$$

$$\frac{c}{A} = \frac{cR}{C - c},$$

et comme :

$$\frac{C}{c} = \gamma,$$

on a :

$$\frac{c}{A} = \frac{R}{\gamma - 1}.$$

Donc le travail

$$\mathfrak{E} = \frac{R}{\gamma - 1}\,(T_2 - T_1).$$

2° *A pression constante.* — Le travail externe seul disponible produit par la dilatation du gaz a pour expression $\int_{v_2}^{v_1} p\,dv$.

Comme p est constant, c'est :

$$\mathfrak{E} = p\,(v_2 - v_1).$$

Or :

$$pv_1 = RT_1 \qquad et \qquad pv_2 = RT_2.$$

Donc :

$$\mathfrak{E} = p\,(v_2 - v_1) = R\,(T_2 - T_1).$$

3° *A température constante (évolution isothermique).* — Dans ce cas il n'y a pas de chaleur sensible et, par suite, de travail interne. Tout le travail est externe.

Les relations :

$$Q = ART \, \log \text{nép} \, \frac{v_2}{v_1},$$

et

$$\mathfrak{E} = \frac{Q}{A},$$

donnent :

$$\mathfrak{E} = RT \, \log \text{nép} \, \frac{v_2}{v_1},$$

T étant la température absolue constante de l'évolution.

On peut aussi, en réduisant les logarithmes népériens en logarithmes vulgaires, écrire :

$$\mathfrak{E} = 2{,}3026\,RT \, \log \frac{v_2}{v_1}.$$

4° *A chaleur constante (évolution adiabatique).* — Pendant cette évolution, dans laquelle le gaz doit travailler sur lui-même sans donner ni recevoir de la chaleur, il transforme en travail externe une certaine quantité de son énergie interne pour passer de la température T_0 à la température T_1.

On sait que l'énergie interne dans les gaz est représentée par :

$$c(T_0 - T_1),$$

c'est-à-dire qu'elle se confond avec la chaleur sensible, puisqu'il n'y a pas de travail interne de désagrégation des molécules.

Le travail aura donc pour valeur :

$$\tau = \frac{c}{A}(T_0 - T_1) = \frac{R}{\gamma - 1}(T_0 - T_1).$$

Et comme on a eu pour relation entre les températures et les volumes ou les pressions les deux équations suivantes :

$$\frac{T_1}{T_0} = \left(\frac{v_0}{v_1}\right)^{\gamma - 1} = \left(\frac{v_0}{v_1}\right)^{0,41}$$

et

$$\frac{T_1}{T_0} = \left(\frac{p_1}{p_0}\right)^{\frac{\gamma-1}{\gamma}} = \left(\frac{p_1}{p_0}\right)^{0,29},$$

ce qui peut s'écrire :

$$1 - \frac{T_1}{T_0} = 1 - \left(\frac{v_0}{v_1}\right)^{0,41}$$

et

$$1 - \frac{T_1}{T_0} = 1 - \left(\frac{p_1}{p_0}\right)^{0,29};$$

il s'ensuit qu'on aura, en fonction des volumes,

$$\tau = \frac{R}{0,41} T_0 \left[1 - \left(\frac{v_0}{v_1}\right)^{0,41}\right],$$

ou bien, en fonction des pressions,

$$\tau = \frac{R}{0,41} T_0 \left[1 - \left(\frac{p_1}{p_0}\right)^{0,29}\right].$$

Variation de la température dans la détente adiabatique. —Les équations ci-dessus permettent de déterminer la variation de température pendant la détente adiabatique.

En effet de ces équations on tire :

$$T_0 - T_1 = T_0 \left[1 - \left(\frac{v_0}{v_1}\right)^{0,41} \right] = T_0 \left[1 - \left(\frac{p_1}{p_0}\right)^{0,29} \right].$$

Cette chute de température ne pouvait se calculer avant que la théorie mécanique de la chaleur fût établie.

Pendant la détente, il y a refroidissement du gaz. Dans certains cas, ce refroidissement est tel qu'il peut congeler la vapeur d'eau de l'air.

Évolution suivant un cycle fermé. — Une évolution ayant été accomplie suivant un cycle ACB (*fig. 13*), on peut ramener le gaz à son état initial A, en lui faisant parcourir en sens inverse un cycle BCA. A chaque instant, le signe de la pression étant égal et de signe contraire à celle qui avait lieu dans le cycle primitif, le travail externe final est nul. Mais on peut ramener le corps à l'état initial A par une autre évolution BDA. Dans ce cas, le travail externe est égal à la différence de surface des deux aires ACB et BDA, c'est-à-dire précisément égal à l'aire ACBD du cycle fermé.

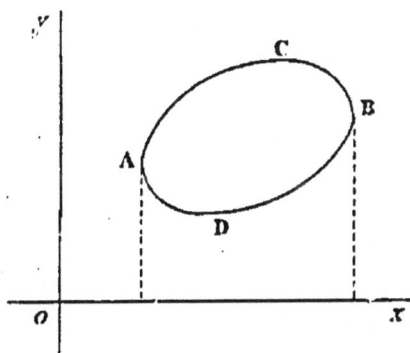

Fig. 13.

Comme on revient à la température initiale, la chaleur sensible est nulle et, par suite, le travail interne aussi.

Si Q_0 est la chaleur fournie dans l'évolution ACB ; et Q_1, la chaleur restituée suivant BDA ; on a donc :

$$Q_0 - Q_1 = \mathfrak{E}A = A \int_{v_0}^{v_1} p\,dv = AS,$$

S étant la surface du cycle.

Un cycle étant donné (*fig. 14*), on peut connaître les volumes limites d'évolution, en menant deux tangentes parallèles aux y.

De même, deux tangentes parallèles aux x donneront les pressions limites.

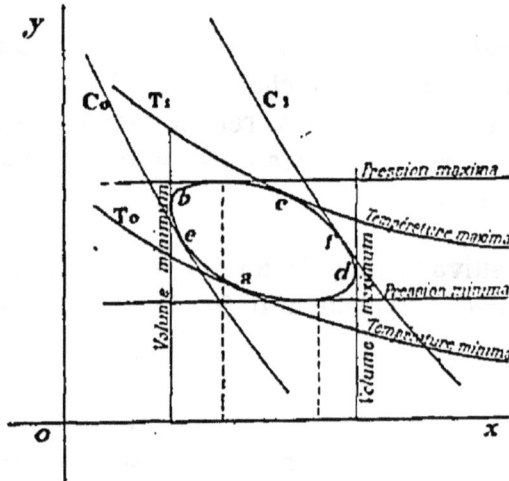

Fig. 14.

On obtient les températures limites, en menant deux isothermes T_1 et T_0 tangentes au cycle, de sorte que la température augmente suivant abc et diminue suivant cda.

Enfin, si on mène deux adiabatiques C_0 et C_1 tangentes au cycle, le corps reçoit de la chaleur suivant $ebcf$ et en restitue suivant $fdae$.

Cycles réversibles. — Le sens de l'évolution dépend du sens de la différence des pressions et des températures. Si le corps évolue à une pression ou à une température plus faible que celle des corps extérieurs, il se comprime ou il reçoit de la chaleur. Si c'est le contraire, il se dilate ou il donne de la chaleur.

On peut concevoir que les pressions et les températures du corps évoluant et des corps extérieurs soient bien peu différentes l'une de l'autre, de sorte qu'il suffira d'un très léger excès d'un côté, pour provoquer l'évolution dans un sens plutôt que dans l'autre. On dit alors que le cycle est *réversible*, c'est-à-dire qu'il peut être parcouru indifféremment dans un sens ou dans l'autre.

Entropie. — Si l'on reprend l'équation (1) :

$$dq = \frac{Cpdv}{R} + \frac{cvdp}{R},$$

ou bien :

$$Rdq = Cpdv + cvdp,$$

et qu'on la divise par $RT = pv$, on a :

$$\frac{dq}{T} = c\left(\frac{dp}{p} + \frac{C}{c}\frac{dv}{v}\right) = c\left(\frac{dp}{p} + \gamma\frac{dv}{v}\right)$$

ou, en intégrant,

$$\int \frac{dq}{T} = c \cdot \log \text{ nép } pv^\gamma.$$

Cette fonction $\int \dfrac{dq}{T}$ des variables p et v, qui ne dépend que des valeurs extrèmes de l'évolution et nullement des états intermédiaires par lesquels a pu passer le corps évoluant, a été désigné par *Clausius* sous le nom d'*entropie*.

En intégrant entre les limites p_1v_1, p_2v_2, on a pour un cycle quelconque :

$$\int_{p_2v_2}^{p_1v_1} \frac{dq}{T} = c \log \text{ nép } \frac{p_2\,v_2^\gamma}{p_1\,v_1^\gamma}.$$

Or, pour un cycle fermé, $p_2v_2 = p_1v_1$.
Donc on a pour un cycle fermé :

$$\int \frac{dq}{T} = c \log \text{ nép } 1 = 0.$$

C'est l'équation de *Clausius*.
Elle démontre que, pour les *gaz parfaits* évoluant suivant un *cycle fermé quelconque*, l'entropie est nulle

Il faut remarquer aussi que, tout le long d'une adiabatique, on a : $dq = 0$, puisqu'il n'y a pas de variation de chaleur. Donc, pour ces sortes de courbes, l'entropie est aussi nulle.

Cycle de Carnot. — Sadi-Carnot fait subir au corps un cycle particulièrement remarquable connu sous le nom de *cycle de Carnot,* et qui est le plus important de tous les cycles.

Il est composé de deux lignes *isothermes* et de deux lignes *adiabatiques.*

Soit a (*fig* 15) l'état initial déterminé par le volume v_0 et la température p_0, de sorte qu'on ait :

$$oa' = v_0,$$
$$aa' = p_0.$$

On fournit au corps une certaine quantité de chaleur Q_0 au moyen d'une source de chaleur supposée indéfinie et à température T_0. Le corps se dilate suivant une

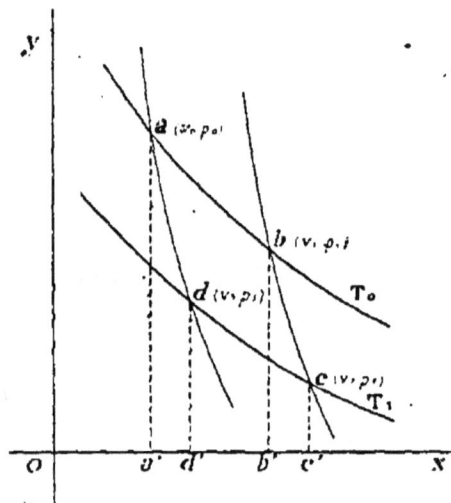

Fig. 15.

courbe *isotherme*, de telle façon qu'en un certain point b sa pression est devenue $p_1 = bb'$, et son volume $v_1 = ob'$, sa température restant égale à T_0.

A partir de ce moment, on supprime l'action de la source chaude ; le corps continue à se dilater et, pendant cette dilatation, il ne reçoit ni ne donne aucune quantité de chaleur. Son évolution se fait donc suivant une *courbe adiabatique bc.*

Sa pression diminue jusqu'à une valeur $p_2 = cc'$, et son volume augmente jusqu'à $v_2 = oc'$; la température en c est devenue T_1.

On comprime ensuite le corps, en le maintenant à la température constante T_1, à l'aide d'une source absorbante de chaleur (c'est-à-dire un réfrigérant), supposée indéfinie et à

la température T_1. Le corps évolue suivant une ligne isotherme. On continue la compression jusqu'à la rencontre
de cette isotherme avec l'adiabatique *ad* menée par le
point *a*.

Le volume et la pression en *d* sont devenus $p_3 = dd'$ et
$v_3 = od'$. La chaleur absorbée par la source sera Q_1.

Enfin on continue à comprimer le corps, suivant l'*adiabatique da*, c'est-à-dire sans lui enlever ni lui fournir de la
chaleur ; il revient donc en *a*, avec sa pression et son
volume initials.

Le cycle est donc fermé ; c'est, de plus, un cycle *réversible*,
car il peut être parcouru par le corps indifféremment dans
un sens ou dans l'autre.

§ 5. — DEUXIÈME PRINCIPE DE LA THERMODYNAMIQUE OU PRINCIPE DE CARNOT

Le cycle de Carnot appliqué aux gaz parfaits donne les résultats suivants :

1° Suivant l'isotherme *ab*, les équations établies en étudiant les diverses lignes d'évolution donnent pour expression de la chaleur fournie au gaz :

(α) $$Q_0 = ART_0 \log \text{nép} \frac{v_1}{v_0}.$$

2° Suivant l'adiabatique *bc*, la chaleur fournie est nulle, et
l'on a pour relation, entre les températures T_0 et T_1 et les
volumes v_1 et v_2 :

(β) $$\frac{T_0}{T_1} = \left(\frac{v_2}{v_1}\right)^{\gamma-1}.$$

3° Suivant l'isotherme *cd*, on aura pour valeur de la chaleur
absorbée par le réfrigérant :

(γ) $$Q_1 = ART_1 \log \text{nép} \frac{v_2}{v_3}.$$

4° Enfin, suivant l'adiabatique *da*, on aura pour relation entre les volumes et les températures :

(δ) $$\frac{T_0}{T_1} = \left(\frac{v_3}{v_0}\right)^{\gamma-1}$$

En égalant les équations β et δ, on obtient :

$$\left(\frac{v_2}{v_1}\right)^{\gamma-1} = \left(\frac{v_3}{v_0}\right)^{\gamma-1}$$

ou :

$$\frac{v_2}{v_1} = \frac{v_3}{v_0};$$

d'où :

$$\frac{v_2}{v_3} = \frac{v_1}{v_0}.$$

En divisant maintenant membre à membre les deux équations α et γ, on aura :

$$\frac{Q_0}{Q_1} = \frac{T_0}{T_1} \frac{\log \text{nép} \frac{v_1}{v_0}}{\log \text{nép} \frac{v_2}{v_3}} = \frac{T_0}{T_1}.$$

Donc : *Quand un gaz évolue suivant un cycle de Carnot, le rapport des quantités de chaleur fournies ou absorbées par les sources chaude ou froide est égal au rapport des températures absolues des deux sources.* C'est la première partie du principe de Carnot.

On aurait pu démontrer facilement cette première partie, en appliquant au **cycle de Carnot** l'équation de l'entropie de Clausius :

$$\int \frac{dq}{T} = 0.$$

Toute la chaleur employée par le corps dans son évolution suivant le cycle de Carnot a été transformée en travail. Ce travail est, comme on le sait, représenté par l'aire du cycle *abcd*.

Cette chaleur employée est égale à la chaleur fournie Q_0, diminuée de la chaleur Q_1 absorbée par le réfrigérant.

On aura alors pour expression du travail, d'après le principe de l'équivalence :

$$Q_0 - Q_1 = A\tau.$$

Or on a :

$$\frac{Q_0}{Q_1} = \frac{T_0}{T_1};$$

d'où :

$$\frac{Q_0 - Q_1}{T_0 - T_1} = \frac{Q_1}{T_1} = \frac{Q_0}{T_0}.$$

En remplaçant, on obtient :

$$\tau = \frac{Q_1}{A} \frac{T_0 - T_1}{T_1} = \frac{Q_0}{A} \frac{T_0 - T_1}{T_0}.$$

On a ainsi, en fonction des chaleurs absorbée ou fournie et des températures des sources, la valeur du travail produit. On voit qu'il est proportionnel à $T_0 - T_1$.

Donc : *Le travail produit est proportionnel à la différence de température existant entre les deux sources chaude et froide.*

C'est là la deuxième partie du principe de Carnot. Le principe de Carnot qui a été établi pour les gaz parfaits en le déduisant du principe de l'équivalence, a été démontré pour tous les corps par Clausius.

Théorème du coefficient économique. — La source chaude a fourni au corps une quantité Q_0 de chaleur ; la quantité transformée en travail a été $Q_0 - Q_1$.

Le rapport $\frac{Q_0 - Q_1}{Q_0}$ de la chaleur utilisée à la chaleur totale fournie sera donc le coefficient économique, et l'on aura :

$$\frac{Q_0 - Q_1}{Q_0} = \frac{T_0 - T_1}{T_0};$$

d'où ce théorème :

Dans tout cycle de Carnot, le coefficient économique, ou

*fraction utilisée de la chaleur dépensée, est égal au rappor.
de la chute de température à la température absolue la plu.
élevée.*

C'est là la conséquence capitale et dominante du principe
de Carnot pour les machines thermiques; la fraction de
chaleur utilisée sera d'autant plus grande que l'écart des
températures de l'évolution sera lui-même plus grand. Il
faudra toujours se préoccuper de cette conclusion, quand on
voudra améliorer le rendement d'une machine en utilisant
le mieux possible la chaleur.

Le principe de Carnot fait connaître aussi l'équivalence de
tous les corps au point de vue du rendement en travail,
puisque la capacité calorifique n'intervient pas dans les
formules.

Le travail produit est également indépendant de toutes les
circonstances de l'évolution, excepté de la valeur des températures des deux sources.

Coefficient économique maximum. — Deux températures
extrêmes étant données, parmi tous les cycles qui fonction-
neront entre ces deux températures, le cycle de Carnot est
celui qui donnera le coefficient économique maximum.

En effet, soit un cycle
quelconque ABCD (*fig.* 16),
parcouru par un gaz entre
les températures T_0 et T_1.
Si l'on mène un cycle de
Carnot tangent à ce cycle
en *abcd*, AB et CD seront
les deux isothermes à températures T_0 et T_1, et BC
et AD les deux adiaba-
tiques.

En décomposant les deux
cycles en cycles élémen-

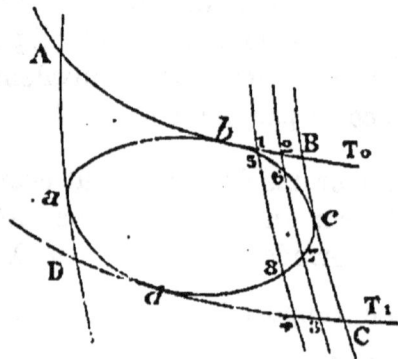

Fig. 16.

taires par une série d'adiabatiques, au cycle 1, 2, 3, 4 correspondra le cycle 5, 6, 7, 8. La température diminue de *b*
vers *c*. Donc la température t_0 en 5 est plus petite que T_0, et
la température t_1 en 8 est plus grande que T_1.

Donc :

$$\frac{t_0}{t_1} < \frac{T_0}{T_1} \quad \text{ou} \quad \frac{T_0 - T_1}{T_0} > \frac{t_0 - t_1}{t_0} ;$$

d'où le coefficient économique $\frac{Q_0 - Q_1}{Q_0} = \frac{T_0 - T_1}{T_0}$ est plus grand pour le cycle élémentaire du cycle Carnot que pour le cycle inscrit. Cette inégalité, existant pour tous les cycles élémentaires, est vraie pour les deux cycles complets considérés.

Donc : *Pour utiliser le mieux possible la chaleur fournie, il y a avantage, entre deux températures données d'avance, à faire évoluer le gaz, dont la dilatation doit produire le travail, suivant un cycle de Carnot.*

Ceci termine les notions générales de thermodynamique dont on se servira dans le cours de l'ouvrage.

Connaissant la manière de déterminer le travail produit par la dilatation des gaz parfaits, on peut maintenant étudier l'application de ces principes à la *vapeur d'eau*, étude qui, tout en servant d'exemple, sera utile quand on s'occupera des machines à vapeur.

§ 6. — ÉVOLUTION DE LA VAPEUR D'EAU SUIVANT UN CYCLE DE CARNOT

Si l'on applique le cycle de Carnot à la vapeur d'eau, la quantité de chaleur nécessaire à la vaporisation est fonction de la température ; il faut faire par conséquent une hypothèse sur le mode de formation de la vapeur ; on admettra que, pendant toute la période pendant laquelle on élève la température θ_0 à la valeur θ_1, l'eau restera à l'état liquide, et que la vapeur ne se formera qu'à la température θ_1 la plus élevée.

On tracera le cycle rapporté à deux axes rectangulaires oX et oY (*fig.* 17).

Au point b, la vapeur est à la pression initiale bb' et à la température haute θ_1.

Pour avoir, à la suite de b, une courbe isotherme, il faut nécessairement que la capacité dans laquelle se produit l'évolution de la vapeur soit en communication constante

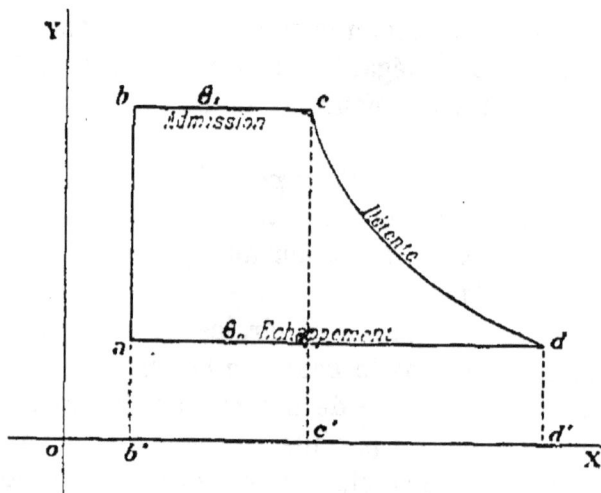

Fig. 17.

avec le générateur de vapeur, qui seul peut maintenir la température constante ; on supposera, bien entendu, de la vapeur saturée, mais non surchauffée. On appellera donc *période d'admission de vapeur* celle qui correspond à l'isotherme bc. La pression y sera constante, puisque ce sera constamment celle du générateur. La ligne bc sera donc une parallèle à l'axe des x.

A partir de c on supprime la source de chaleur, c'est-à-dire la communication avec le générateur ; la vapeur va se détendre suivant l'adiabatique cd, dont on déterminera plus tard le tracé. On a donc, suivant cd, une période de *détente*.

Au point d, la vapeur communique avec le *réfrigérant* qui se trouve à la température θ_0 constante et qui maintiendra également constante la pression de la vapeur. L'isotherme ad sera donc une parallèle à l'axe des x, et l'on aura une période d'échappement.

Puisque l'on a supposé que l'eau restait liquide entre les températures θ_0 et θ_1 et que la vapeur ne se produisait qu'à cette dernière température, on pourra négliger la variation de volume que subit l'eau pour passer de θ_0 à θ_1. Il s'ensuit que, suivant ab, le volume sera constant, c'est-à-dire que ab est une parallèle à l'axe des y. La pression et le volume augmenteront de a à b. Ce sera la deuxième *adiabatique*.

Le cycle de Carnot est ainsi réalisé.

Il reste à tracer cd. Théoriquement, pour les gaz, c'est une courbe adiabatique d'équation :

$$pv^\gamma = C^{te}.$$

Mais, pour la vapeur d'eau, le problème es t us complexe, car il s'agit d'une vapeur saturée pour laquelle il existe une relation entre la pression et la température $\varphi(p, t) = 0$ indépendamment de la relation $\gamma(p, v, t) = 0$ commune à tous les gaz.

De plus, l'eau liquide, qui est toujours entraînée par la vapeur, vient, par sa présence, compliquer encore le problème. Il devient très difficile d'expliquer strictement, dans ce cas, les principes de la thermodynamique. D'ailleurs on verra que cela n'est pas indispensable.

En réalité, on ne connaît pas la forme réelle de la fonction $\varphi(p, t) = 0$. Mais M. Regnault, par des expériences très nombreuses et très exactes, faites jusqu'à une pression de 27 atmosphères et 230° de température, a déterminé les valeurs correspondantes de p et de t.

Regnault relia les résultats obtenus par la formule empirique :

$$\log F = a - b\alpha^x - c\beta^x.$$

Dans cette formule F est la pression cherchée :

$$a = 6,2640348,$$
$$\log b = 0,1397743,$$
$$\log c = 0,6924351,$$
$$\log \alpha = 1,99404929,$$
$$\log \beta = 1,99834386,$$
$$x = t + 20°,$$

t étant la température à la pression considérée.

Cette formule est applicable dans les limites des expériences faites, c'est-à-dire jusqu'à la pression de 27 atmosphères et la température de 230°.

Biot a transformé la formule de Regnault en la suivante :

$$\log F = a + b\alpha^t + c\beta^t.$$

Les valeurs de $c\beta^t$ y sont d'ailleurs très petites, et l'on peut se contenter de la formule suivante :

$$\log F = a + b\alpha^t,$$

dans laquelle on a :

$$a = 5,4233177,$$
$$b = -4,81015,$$
$$\log \alpha = 1,9972311,$$

F est donné en millimètres de mercure. La pression en kilogrammes par mètre carré s'obtiendra donc en multipliant par 13,59.

Ces calculs sont très longs. Aussi a-t-on dressé une table des valeurs de F et de t d'après les expériences de Regnault. On trouvera ces résultats consignés dans le tableau ci-après, qui donne les pressions et les températures de la vapeur. Les pressions y sont absolues, c'est-à-dire qu'on part, à l'origine, d'une pression nulle. Les températures sont comptées en degrés centigrades.

Le volume spécifique V de la vapeur, ou volume de 1 kilogramme de vapeur, a longtemps été calculé avec la formule

$$pv = RT,$$

déduite pour les gaz permanents des lois de Mariotte et de Gay-Lussac.

On trouvera, dans le tableau suivant, les valeurs calculées d'après cette méthode, qui n'est qu'approchée.

La formule précédente donne :

$$v = R \frac{T}{p}.$$

TABLEAU DES TEMPÉRATURES, DES PRESSIONS, DES VOLUMES SPÉCIFIQUES ET DES DENSITÉS DE LA VAPEUR D'EAU SATURÉE.

Température de la vapeur	Pression absolue de la vapeur		Volume de la vapeur en met. cub.	Densité ou poids du m.cub. en kilogr.	Volume de la vapeur en m.cub.	Densité poids du m.c.en K°	Température de la vapeur	Pression absolue de la vapeur		Volume de la vapeur en m.cub.	Densité ou poids du m.c. en Kilogram.	Volume de la vapeur en m.cub.	Densité ou poids du m.c.en K°
	en atmosphères	en Kilogram par cm²	calculé par la formule de dilat^on pv=RT=R(a+θ)	calculé d'après les formules de thermodynamique	calculé d'après les formules de thermodynamique			en atmosphères	en Kilogram par cm²	calculé par la formule de dilat^on pv=RT=R(a+θ)	calculé d'après les formules de thermodynamique	calculé d'après les formules de thermodynamique	
1	2	3	4	5	6	7	1	2	3	4	5	6	7
0.00	0.006	0.006255	.	.			163.88	6.75	6.9751	0.296	3.38148		
17.83	0.02	0.020666	66.1436	0.01512517			165.54	7.00	7.2330	0.284938	3.509307	0.2648	3.776
29.35	0.04	0.041335	34.3649	0.02909000			166.17	7.25	7.4921	0.277	3.60606	0.2563	3.902
33.27	0.05	0.051636	27.63253	0.03530307			168.15	7.50	7.7497	0.269	3.71783	0.2483	4.027
37.38	0.0625	0.06469	22.57831	0.04430600			169.50	7.75	8.0088	0.261	3.82907	0.2409	4.152
42.66	0.0833	0.08603	17.23227	0.05803375			170.81	8.00	8.2663	0.252423	3.920636	0.2338	4.277
46.21	0.1	0.103349	14.51564	0.06892666	15.3044	0.063	172.10	8.25	8.5255	0.247	4.05198	0.2271	4.403
60.40	0.2	0.20666	7.58297	0.13185937	7.5256	0.133	173.35	8.50	8.7833	0.240	4.16123	0.2209	4.527
65.36	0.25	0.25635	6.15662	0.16240770			174.57	8.75	9.0422	0.234	4.27182	0.2150	4.651
81.71	0.5	0.51663	3.22712	0.30383570	3.1654	0.316	175.77	9.00	9.2996	0.226771	4.407700	0.2094	4.775
92.18	0.75	0.77505	2.21512	0.45141000			176.94	9.25	9.5589	0.223	4.47955	0.2042	4.897
100.00	1.00	1.03329	1.696000	0.5913	1.6460	0.607	178.08	9.50	9.8173	0.217	4.59875	0.1993	5.023
106.33	1.25	1.2917	1.580541	0.7243000			179.21	9.75	10.0756	0.212	4.73858	0.1944	5.144
111.77	1.50	1.5480	1.167228	0.8567000	1.1235	0.890	180.31	10.00	10.3349	0.206238	4.848454	0.1899	5.266
116.50	1.75	1.8084	1.012619	0.9875250			181.38	10.25	10.5923			0.1855	5.391
120.60	2.00	2.0666	0.895462	1.116717	0.8571	1.167	182.43	10.50	10.8507			0.1814	5.513
124.36	2.25	2.3249	0.798033	1.253057			183.48	10.75	11.1090			0.1775	5.634
127.80	2.50	2.5832	0.729563	1.370875	0.6949	1.439	184.50	11.00	11.3571	0.189189	5.283250	0.1737	5.757
130.97	2.75	2.8415	0.668363	1.496207			185.50	11.25	11.6257			0.1701	5.879
133.91	3.00	3.0999	0.616697	1.620384	0.5856	1.708	186.49	11.50	11.8941			0.1667	5.898
136.66	3.25	3.3582	0.573576	1.743400			187.46	11.75	12.1424			0.1534	6.120
139.25	3.50	3.6165	0.534694	1.865826	0.5067	1.973	188.41	12.00	12.4008	0.174352	5.714250	0.1602	6.242
141.68	3.75	3.8748	0.503167	1.987318			190.27	12.50	12.9175			0.1543	6.481
144.00	4.00	4.1335	0.475320	2.108285	0.4471	2.337	192.08	13.00	13.4342	0.164	6.107	0.1487	6.725
146.19	4.25	4.3915	0.448860	2.227800			193.83	13.50	13.9509			0.1436	6.964
148.29	4.50	4.6498	0.426093	2.346833	0.4003	2.503	195.53	14.00	14.4676	0.153	6.527	0.1388	7.205
150.30	4.75	4.9081	0.405507	2.466055			200.00	15.35	15.8626	0.138717	7.317166	.	.
152.22	5.00	5.1665	0.386060	2.584176	0.3627	2.757	205.00	17.04	17.6081	0.127594	7.842800	.	.
154.07	5.25	5.4248	0.370170	2.701352			210.00	18.84	19.4713	0.116464	8.581600	.	.
155.85	5.50	5.7057	0.354778	2.812250	0.3318	3.014	215.00	20.26	20.9408	0.106716	9.369000	.	.
157.56	5.75	5.9414	0.340669	2.934600			220.00	22.86	23.6532	0.097865	10.20628	.	.
159.22	6.00	6.1997	0.327779	3.050785	0.3058	3.270	225.00	25.12	25.9569	0.090041	11.09589	.	.
160.82	6.25	6.4584	0.317	3.15513	.	.	228.92	27.00	27.889	0.7672	13.038		
162.37	6.50	6.71765	0.306	3.26828	0.2838	3.523							

Comme :

$$R = \frac{p_0 v_0}{T_0} \qquad \text{et} \qquad v_0 = \frac{1}{\delta_0} = \frac{1}{0,804} = 1,2437,$$

on a :

$$R = \frac{10334 \times 1,2437}{273} = 47,09.$$

Il vient donc définitivement :

$$v = 47,09 \, \frac{T}{p}.$$

Les résultats de cette formule sont exacts pour les faibles pressions. Mais, dès que la pression devient plus forte, on doit calculer le volume spécifique par les formules exactes de la thermodynamique.

Le résultat de ces calculs est consigné dans la colonne 6 du tableau précédent. On peut constater que, pour la même pression, le volume calculé par la loi de Mariotte est plus grand que le volume calculé par la théorie mécanique de la chaleur. La courbe déterminée par la loi de Mariotte se tiendra donc toujours au-dessus de l'*adiabatique théorique*.

Si donc on calcule le travail de la vapeur en admettant la loi de Mariotte, on obtiendra un travail plus grand que le travail réel produit, et la machine sera, par conséquent, trop faible.

En réalité, il n'en est pas ainsi, et le problème de la détente de la vapeur d'eau dans une machine à vapeur est beaucoup plus complexe et va être examiné de plus près.

Détente adiabatique de la vapeur. — D'une façon générale, on sait que la quantité de chaleur λ à fournir à 1 kilogramme d'eau à 0° pour le vaporiser à 0° est donnée par la formule :

$$\lambda = 606,5 + 0,305\theta.$$

C'est donc la chaleur contenue dans la vapeur à cette température.

Cette quantité de chaleur se décompose en deux parties :
1° La chaleur nécessaire pour chauffer l'eau de 0° à 0°. Soit q cette quantité de chaleur.

D'après Regnault, on a :

$$q = 0 + 0{,}2 \left(\frac{\theta}{100}\right)^2 + 0{,}3 \left(\frac{\theta}{100}\right)^3.$$

Elle diffère peu de θ jusqu'à 100°.

En différenciant, on obtient la chaleur spécifique de l'eau :

$$c = \frac{dq}{d\theta} = 1 + 0{,}000040 + 0{,}009 \left(\frac{\theta}{100}\right)^2.$$

2° La chaleur nécessaire pour faire passer l'eau de l'état liquide à l'état gazeux, à la température constante 0°.

Soit ρ cette quantité de chaleur.

On a :

$$\rho = \lambda - q,$$

ou :

$$(1) \qquad \rho = 606{,}5 - 0{,}6950 - 0{,}2 \left(\frac{\theta}{100}\right)^2 - 0{,}3 \left(\frac{\theta}{100}\right)^3.$$

Dans la pratique on se limite aux deux premiers termes. C'est la chaleur totale de vaporisation.

Cette quantité de chaleur connue, on peut se rendre compte de ce qui se passe dans la détente adiabatique.

Pour cela, on exprime, en l'appliquant à la vapeur d'eau, que pour le cycle de Carnot l'entropie est nulle, c'est-à-dire que :

$$\int \frac{dq}{T} = 0, \qquad \text{ou bien} \qquad \int \frac{dq}{a + t} = 0.$$

Il suffit d'établir la valeur de $\dfrac{dq}{a + t}$ pour chacune des lignes du cycle et d'établir que leur somme est nulle.

Tout le long de l'isotherme bc (fig. 18), la température est constante et égale à θ_1. Soit ρ_1 la valeur correspondante de ρ.

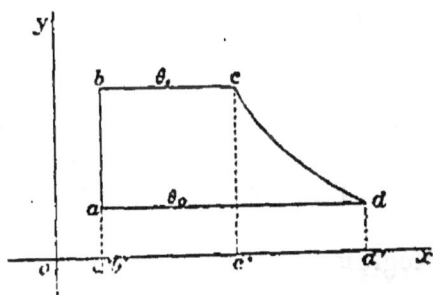

Fig. 18.

Si p_1 est la quantité de vapeur saturée sèche employée

dans l'évolution, on a :

$$\frac{dq}{a+0} = \frac{p_1 \rho_1}{a+\theta_1}.$$

Elle est positive, car il s'agit de chaleur fournie

Suivant l'adiabatique *cd*, on sait que l'on a : $dq = 0$; par suite :

$$\frac{dq}{a+0} = 0.$$

Suivant l'isotherme *da*, la source réfrigérante recueille un quantité de chaleur ρ_0. Si ρ_0 est le poids de vapeur sèche saturée qui a fourni la chaleur, on a :

$$\frac{dq}{a+0} = -\frac{p_0 \rho_0}{a+\theta_0}.$$

Elle est négative, car il s'agit de chaleur absorbée.

Enfin, pour *ab*, on a supposé que l'eau conservait l'état liquide, depuis le moment où l'eau est prise à θ_0 jusqu'au moment où la vapeur se forme à la température θ_1.

Ici :

$$\frac{dq}{a+0} = \int_{\theta_0}^{\theta_1} \frac{dq}{a+0},$$

et l'on aura :

$$(2) \qquad \frac{x_1 \rho_1}{a+\theta_1} - \frac{x_0 \rho_0}{a+\theta_0} + \int_{\theta_0}^{\theta_1} \frac{dq}{a+0} = 0.$$

On peut faire une application de cette équation à une machine à vapeur en prenant des chiffres moyens :

Soit 1 kilogramme de vapeur sèche saturée à 5 kilogrammes de pression absolue, se détendant à 1 kilogramme de pression ; on a :

$$x_1 = 1 \text{ kilogramme.}$$

La température θ, correspondant à 5 kilogrammes, sera :

$$\theta_1 = 151$$
$$a + \theta_1 = 273 + 151 = 424°.$$

On déduit de la formule (1) (p. 58) :

$$\rho_1 = 500^{cal},1.$$

La température θ_0, correspondant à 1 kilogramme de pression absolue, sera :

$$\theta_0 = 99°,1$$
$$a + \theta_0 = 273 + 99,1 = 372°,1.$$

On en déduit comme précédemment :

$$\rho_0 = 537^{cal},1.$$

En effectuant l'intégrale $\int_{\theta_0}^{\theta_1} \dfrac{dq}{a+\theta}$, on trouve : $0^{cal},135$.

De la formule précédente (2) (p. 59) on tire :

$$x_0 = \frac{372,1}{537,1}\left(\frac{500,1}{424} + 0,135\right) = 0^{kg},91.$$

Il y a donc $0^{kg},09$ de vapeur sèche qui ne se retrouvent plus : cela prouve que, *pendant la période adiabatique, il y a eu une certaine quantité de vapeur condensée.*

Ce fait a été démontré analytiquement par Clausius et expérimentalement par Hirn. Il est vrai pour tous les cas dans lesquels fonctionnent pratiquement les machines à vapeur.

Expérience de Hirn. — Pour démontrer expérimentalement la condensation pendant la détente, M. Hirn prit un manchon en verre A (*fig.* 19), muni d'une tubulure T d'admission de vapeur et d'une tubulure T' d'échappement.

Ces deux tubulures sont munies chacune de robinets r et r'. Les robinets r et r' étant ouverts, la vapeur introduite se condense d'abord sur la paroi froide et lui fournit de la chaleur; puis, la température de la paroi étant devenue

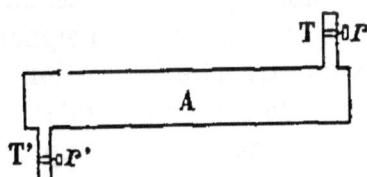

Fig. 19.

égale à celle de la vapeur, celle-ci devient translucide et sèche, et la condensation cesse.

On ferme alors le robinet *r* d'admission et on laisse le robinet *r'* ouvert. La détente se fait immédiatement et l'on constate que la vapeur devient nuageuse, preuve manifeste d'une condensation partielle.

En principe, cette condensation est favorable, puisque toute la chaleur de volatilisation, mise en liberté par la partie condensée, est rendue disponible dans le cylindre de la machine et travaille sur le piston.

En pratique, il peut n'en pas être ainsi, car le fait se complique, dans les moteurs industriels, de plusieurs circonstances étrangères.

On a en effet supposé jusqu'ici que les parois étaient d'une adiabaticité parfaite, c'est-à-dire inertes ou imperméables à la chaleur, en un mot, ne pouvant ni en absorber ni en céder. Il est loin d'en être ainsi en pratique.

Dès que la vapeur pénètre dans le cylindre, elle rencontre des parois à température basse et se condense de suite. Quand les parois ont acquis une température égale à celle de la vapeur, la condensation cesse. On évacue l'eau accumulée en *purgeant* le cylindre; mais l'eau n'est jamais complètement entraînée. Dans la course rétrograde, le cylindre communique avec le condenseur pendant l'échappement, l'eau restant dans le cylindre va se vaporiser, et cette vaporisation enlève de la chaleur aux parois en fonte du cylindre. A l'admission suivante, une condensation nouvelle aura donc lieu, afin de remettre la paroi en équilibre avec la température de vapeur, et la chaleur absorrée par la paroi sera égale à celle fournie par la paroi à l'échappement précédent.

Pendant la détente, le phénomène de condensation signalé plus haut va se produire; mais, d'un autre côté, la pression et la température diminuant, une partie de la vapeur condensée pendant l'admission va se vaporiser de nouveau en empruntant, bien entendu, de la chaleur aux parois. Cette vaporisation est donc préjudiciable; elle équilibre en partie l'effet produit par la condensation.

Il peut donc y avoir vaporisation au lieu de **condensation** pendant la détente; il se peut aussi que la condensation con-

tinue à se produire au sein de la masse, et que la vaporisation se fasse près des parois.

On conçoit qu'il est nécessaire, autant que possible, de
diminuer la condensation pendant l'admission et, par suite, le
refroidissement des parois pendant l'échappement. C'est dans
ce but qu'on emploie les enveloppes de vapeur que Watt a
mises en usage le premier; mais elles ne donnent, en général,
d'économie que pour les détentes peu étendues (9 fois le
volume introduit environ). Au delà, il y a perte.

On voit, en résumé, que la courbe réelle de détente de la
vapeur n'est pas du tout la courbe adiabatique théorique;
l'expérience seule peut l'établir

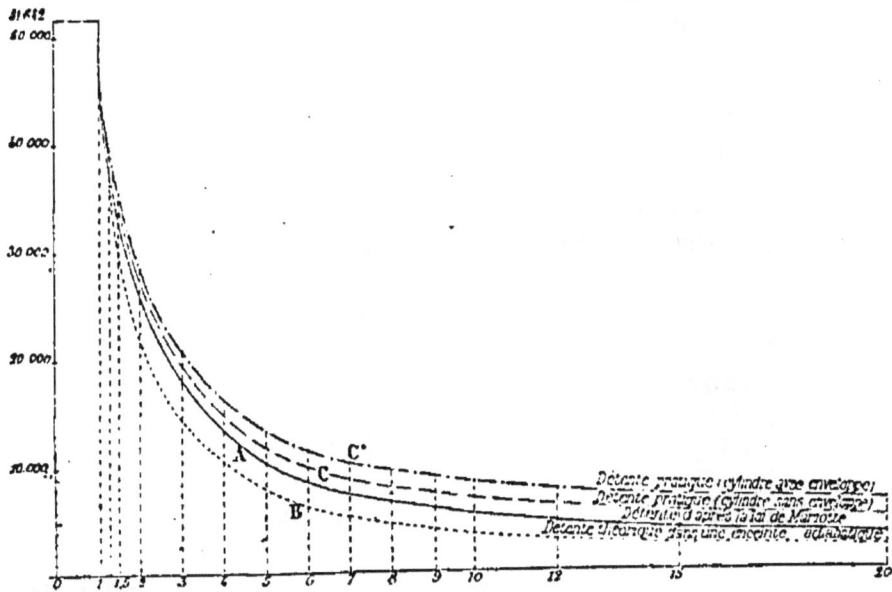

Fig. 20.

Les courbes adiabatiques réelles, relevées directement sur
la machine à l'aide d'appareils spéciaux, se tiennent au-
dessus de celles établies par la loi de Mariotte, de sorte que
les positions respectives des courbes de détente diverses
peuvent être représentées par la figure 20.

On voit que la courbe A de la loi de Mariotte se rapproche
plus de la vérité que l'adiabatique théorique B. On voit aussi
que l'emploi de l'enveloppe de vapeur relève la courbe de

détente pratique C jusqu'en C' et augmente, par suite, le travail.

On calculera donc la détente dans les machines à vapeur en employant la loi de Mariotte; les machines ainsi établies seront susceptibles de développer un travail plus grand que celui pour lequel elles auront été calculées, ce qui n'est pas un inconvénient.

Cela revient, dans la formule générale des adiabatiques, $pv^k = C^{te}$, à faire l'exposant $k = 1$.

Formules approximatives et renseignements utiles. — On a cherché à établir des relations plus précises que la loi de Mariotte entre les pressions et les volumes pendant la détente de la vapeur.

Rankine propose pour valeur de k :

$$k = \frac{10}{9} = 1,11.$$

Zeuner fait dépendre l'exposant k de la proportion m de vapeur sèche, et il donne la formule :

$$k = 1,035 + 0,100\ m,$$

avec la condition :

$$m \text{ compris entre } 0,70 \text{ et } 1,$$

m étant le poids de vapeur par kilogramme de mélange à l'origine.

Mais, en général, on se sert plus volontiers de la loi de Mariotte.

Zeuner donne, d'autre part, la formule approximative suivante pour le calcul du volume spécifique de la vapeur d'eau saturée :

$$pv^a = 1,704,$$

p, pression en atmosphères;
v, volume spécifique;
$a = 1,0646.$

Le tableau suivant donne quelques coefficients numériques relatifs à divers gaz usuels se rapprochant des gaz parfaits:

d, densité, celle de l'air étant prise pour unité ;

v, volume spécifique à 0° et 76 centimètres de mercure ;

c, chaleur spécifique sous pression constante.

	DENSITÉS	VOLUMES	CHALEURS
Air....................	1,00	0^{m3}.7736	0,238
Azote................	0,971	0 796	0,244
Oxygène.............	1,1056	0 6993	0,218
Hydrogène	0,06926	11 162	3,409
Acide carbonique......	1,529	0 506	0,216
Oxyde de carbone.....	0,968	0 80	0,245

DEUXIÈME PARTIE
MACHINES A VAPEUR

CLASSIFICATION

On entend par machine à vapeur tout appareil susceptible d'employer la force élastique de la vapeur pour lui faire produire un travail, quelle que soit, d'ailleurs, la manière dont cette vapeur produit son action.

Si l'on considère la façon dont la vapeur agit, on a deux grandes classes de machines:

Les machines où la vapeur agit par la *pression;*

Les machines où la vapeur agit par sa *puissance vive.*

1º **Machines à pression.** — La vapeur peut agir par sa pression par l'intermédiaire d'un piston se mouvant dans un cylindre droit fixe. Le piston prend alors un mouvement alternatif que l'on conserve ou que l'on transforme en mouvement circulaire, suivant les besoins. On a alors une machine à pression et à *mouvement alternatif.* Ce groupe constitue l'énorme majorité des moteurs industriels.

Le cylindre, au lieu d'être fixe, peut être oscillant pour faciliter la transformation du mouvement alternatif en mouvement circulaire. On a alors les machines à mouvement alternatif *oscillantes,* qui ne sont plus guère employées aujourd'hui. On en dira quelques mots pour mémoire.

Le piston, au lieu d'avoir un mouvement alternatif, peut être *rotatif* et réaliser ainsi, de suite, le mouvement circulaire; on a alors les machines *rotatives.*

Enfin la vapeur peut agir directement sans aucun intermédiaire, pour élever des fluides par exemple, en pressant sur leur surface.

Tels sont les *monte-jus, pulsomètres,* etc.

Les machines à pression peuvent être *à condensation* ou *sans condensation*. Dans les premières, la vapeur vient, après avoir agi sur le piston, s'échapper dans le condenseur où elle se liquéfie; ce sont les plus économiques, puisqu'elles créent la plus grande chute de chaleur. On les emploie chaque fois que l'on a de l'eau froide à sa disposition.

Dans les machines *sans condensation*, l'échappement a lieu à l'air libre. Chacun de ces groupes de machines peut être lui-même à détente ou sans détente, quoique les machines de ce dernier type ne soient plus employées. La manière de déterminer et de régler la *détente* est réalisée par les *appareils de distribution de la vapeur*.

On aura donc, dans les machines à pression, à étudier tour à tour : les *organes essentiels*, leur disposition, la détermination de leurs dimensions; puis la *condensation;* enfin la *distribution*.

Les machines oscillantes et rotatives n'ayant pas donné jusqu'à présent les résultats qu'on en attendait et, d'autre part, les machines à pression directe sans piston ayant un fonctionnement particulier, ces diverses études ne seront faites que pour les moteurs à pression et à mouvement alternatif qui constituent la généralité des machines.

On aura encore à étudier le rendement et un certain nombre d'applications industrielles particulières des machines à pression.

2° **Machines fonctionnant par la puissance vive de la vapeur.** — Dans ces machines, où la vapeur agit en vertu de sa vitesse, on trouvera les diverses catégories d'injecteurs et d'éjecteurs, les turbines à vapeur, etc.

Les considérations précédentes permettent de dresser le tableau suivant pour le classement des chapitres de cette deuxième partie de l'ouvrage.

- **I. MACHINES OÙ LA VAPEUR AGIT PAR SA PRESSION.**
  - *A.* — MACHINES A PISTON
    - **a.** — *Machines à mouvement alternatif et à un ou plusieurs cylindres fixes.*
      - Étude du fonctionnement de la machine et détermination des dimensions............. Chapitre III.
      - Organes de la machine à cylindre unique...... Chapitre IV.
      - Distribution et détente dans les machines à cylindre unique......................... Chapitre V.
      - Distribution et détente dans les machines à plusieurs cylindres...................... Chapitre VI.
      - Étude de la condensation..................... Chapitre VII.
      - Classification des machines au point de vue du travail à produire et étude de machines spéciales.............................. Chapitre VIII.
      - Rendement des machines. — Conduite et entretien.............................. Chapitre IX.
    - **b.** — *Machines à mouvement alternatif et à cylindre oscillant :* machines oscillantes.................................. } Chapitre X.
    - **c.** — *Machines à mouvement rotatif*.............................. } Chapitre X.
  - *B.* — MACHINES SANS PISTON. — Monte-jus, pulsomètres à pression directe....... } Chapitre X.
- **II. — MACHINES OÙ LA VAPEUR AGIT PAR SA PUISSANCE VIVE.**
  - Injecteurs et éjecteurs...... } Chapitre XI.
  - Turbines à vapeur.......... } Chapitre XI.

NOTA. — On ne s'est pas préoccupé si la division en chapitres était normale ou non, cette dernière étant faite simplement pour présenter convenablement l'ouvrage. Le tableau ci-dessus donne une classification véritablement logique ainsi que sa concordance avec les chapitres.

CHAPITRE III

ÉTUDE DU FONCTIONNEMENT D'UNE MACHINE A VAPEUR
A MOUVEMENT ALTERNATIF
DÉTERMINATION DES DIMENSIONS

---

§1. — TRAVAIL ACCOMPLI PAR LA VAPEUR
DANS LE CYLINDRE

Une machine à mouvement alternatif se compose essen-
tiellement d'un cylindre C (*fig.* 21) destiné à renfermer la
vapeur sortant du générateur G, d'un piston P qui reçoit et
transmet le travail produit, d'un appareil de distribution T
qui règle le passage de la va-
peur d'un côté ou de l'autre
du piston, enfin d'un modérateur M qui règle la quantité de vapeur admise dans
le distributeur de la machine.

Dans la figure 21, l'appareil de distribution est représenté schématiquement par
un robinet à quatre voies;
l'échappement indiqué en E
peut communiquer avec le
condenseur ou avec l'air libre, suivant que la machine est ou
n'est pas à condensation.

Le mouvement alternatif est le plus souvent transformé
par bielle et manivelle en mouvement circulaire. Dans ce
cas, à un tour de la manivelle correspondent un aller et un

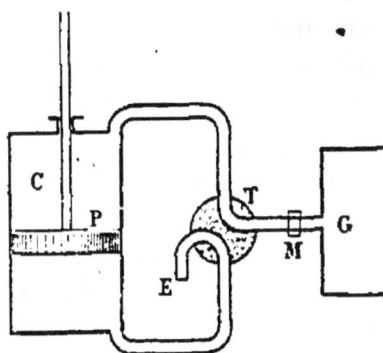

FIG. 21.

retour du piston. Dans d'autres cas on conserve le mouvement alternatif du moteur. Cela dépend évidemment du genre de travail à fournir.

Expression de la puissance d'une machine. — Le travail $\mathfrak{T}_p$ recueilli sur le piston n'est pas recueilli intégralement, car le mécanisme qui transmet le mouvement absorbe une fraction $\mathfrak{T}_f$ du travail ; c'est ce qu'on nomme le travail des *résistances passives*.

Le travail utile $\mathfrak{T}_u$ réellement disponible est égal à $\mathfrak{T}_p - \mathfrak{T}_f$. On doit chercher à obtenir évidemment la plus grande valeur possible pour $\mathfrak{T}_u$, par suite chercher à diminuer $\mathfrak{T}_f$.

Les valeurs de $\mathfrak{T}_p$, $\mathfrak{T}_u$, $\mathfrak{T}_f$ s'expriment par seconde en chevaux-vapeur de 75 kilogrammètres le plus généralement ; mais cette définition du cheval-vapeur n'est pas universellement adoptée ; c'est ainsi que, dans le Nord, on compte parfois la puissance des machines en chevaux de 100 kilogrammètres, et que, dans l'Ouest, la valeur du cheval-vapeur est portée à 150 kilogrammètres. Ces chiffres tiennent alors compte de tout ou partie des transmissions intermédiaires qui existent entre la machine motrice et les machines-outils qu'elle actionne.

Quelquefois, dans les machines élévatoires par exemple, on évalue le travail d'un moteur à vapeur en eau montée.

Si P est le poids d'eau montée à la hauteur H, on a :

$$\mathfrak{T}_u = PH.$$

La puissance $\mathfrak{T}_p$ à fournir devra alors être égale à la valeur de $\mathfrak{T}_u$ augmentée de toutes les résistances, à savoir : $\mathfrak{T}_f$ de la machine, $\mathfrak{T}_f'$ de la pompe, $\mathfrak{T}_f''$ des conduites et du travail $\mathfrak{T}_f'''$ perdu par les fuites.

Enfin, dans les *machines marines*, on compte la puissance en *travail nominal*. Ce travail s'obtient par la formule :

$$F = \frac{D^2 C N}{0,59},$$

dans laquelle :

D est le diamètre du cylindre en mètres ;

C, la course du piston en mètres ;

N, le nombre de tours par minute de l'arbre moteur.

La puissance exprimée de cette façon en chevaux nomi-
naux est plus de cinq fois inférieure à ce qu'elle devrait
être, si elle était exprimée en chevaux de 75 kilogrammètres.

Cycle réalisé par la vapeur dans le cylindre. — Soient deux
axes rectangulaires *ox*, *oy* (*fig.* 22) et un cylindre LL' de
longueur indéfinie et d'axe parallèle à l'axe des *x*, dans lequel
se meut un piston. Sur l'axe des *x* on compte les volumes
engendrés par le piston, et sur l'axe *oy* les pressions en chaque

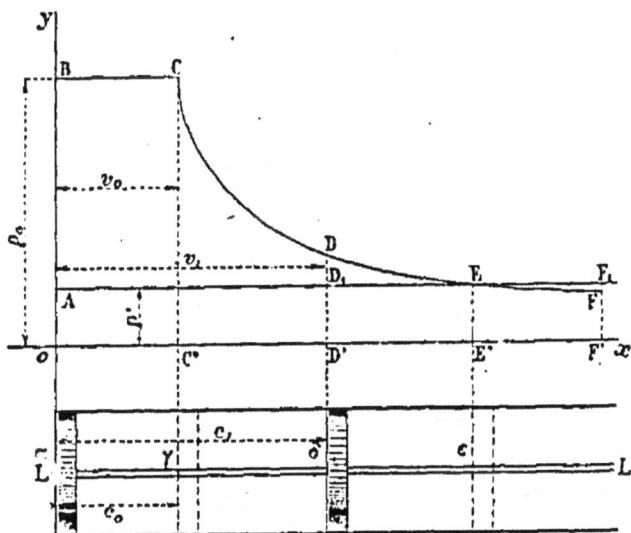

Fig. 22.

point de la course de ce dernier. On suppose qu'à l'origine on a d'un côté du piston une pression p_0 d'admission,
et de l'autre une pression nulle. Si l'on porte sur l'axe des *y*
une longueur $oB = p_0$, la courbe isotherme d'admission
est la parallèle BC à l'axe des *x*, puisque la pression est
constante. On suppose que la surface du piston est égale à
l'unité, de sorte qu'à chaque instant le volume décrit est
égal à la course, c'est-à-dire d'une façon générale $v = c$. Si
l'admission a lieu jusqu'en γ pendant la fraction de course c_0,
c'est-à-dire pendant que le piston décrit le volume $v_0 = c_0$,

le travail pendant l'admission est représenté par la surface BCC'o. A partir du point C, on supprime l'arrivée de vapeur du générateur. La vapeur contenue dans le cylindre se détend suivant la courbe adiabatique CDEF. Puisqu'on admet que la détente suit la loi de Mariotte, cette courbe est une hyperbole équilatère.

Si la course du piston se termine en δ, le volume qu'il a décrit depuis l'origine étant $v_1 = c_1$, la détente produite sera définie par le rapport du volume final v_1 au volume initial v_0 au commencement de la détente, c'est-à-dire :

$$\text{détente} : \frac{v_1}{v_0} = \frac{c_1}{c_0}.$$

Le rapport inverse : $\frac{v_0}{v_1} = \frac{c_0}{c_1}$ sera la fraction d'admission qui sera, bien entendu, plus petite que 1.

C'est ainsi que les détentes 1, 2, 3, ..., 10 correspondront aux fractions d'admission $1, \frac{1}{2}, \frac{1}{3}, \ldots, \frac{1}{10}$.

Le travail effectué pendant la période de détente sera représenté par la surface CC'D'D. Or cette surface est comprise entre l'hyperbole équilatère et l'axe des x. Elle augmentera donc avec la détente jusqu'à l'infini, pourvu que la détente se prolonge, mais seulement dans l'hypothèse d'une pression nulle sur l'autre face du piston. Ce cas ne peut être réalisé dans la pratique, et il existe toujours, sur l'autre face du piston, une pression résistante ou *contre-pression*, dont la valeur varie suivant que la machine est ou n'est pas à condensation. Soit p' la valeur de cette contre-pression ; on sait qu'elle est constante ; elle sera donc représentée sur la figure par une parallèle à l'axe des x à une distance $oA = p'$. Si la course du piston est limitée en δ, le travail résistant de la contre-pression sera représenté par le rectangle $AD_1D'o$. Le travail réel obtenu est donc représenté par :

$$oBCC' + CDD'C - AD_1D'o = ABCDD_1.$$

Si l'on considère maintenant le point E, où l'isotherme de contre-pression et l'adiabatique de détente se coupent, en ce point qui correspond à la position ε du piston, la pression est égale sur les deux faces du piston et a pour valeur EE'; il n'y a donc plus de force motrice. Si la détente se prolongeait, la contre-pression deviendrait supérieure à la pression de détente.

Le travail total obtenu en supposant la détente prolongée jusqu'en E sera égal à la surface *o*BCEE', diminué du travail de la contre-pression AEE'*o*, c'est-à-dire ABCE. La détente se prolongeant, le travail résistant de la contre-pression devient supérieur au travail moteur. Jusqu'en F par exemple, on obtiendrait un travail négatif représenté par l'aire du petit triangle EF$_1$F.

La limite théorique de la détente est donc fixée par le point d'égale pression E.

Dans les machines à condensation, ce point d'égale pression est plus éloigné que dans les machines sans condensation, puisque la contre-pression est plus faible; il en résulte que les détentes peuvent être plus étendues.

Pratiquement on ne peut prolonger la détente jusqu'au point E d'égale pression, car il n'y aurait plus aucun excès de pression permettant à la vapeur de s'échapper au condenseur ou à l'atmosphère. On doit donc limiter la détente à un certain point D tel que la vapeur détendue ait un léger excès de pression, représenté par DD$_1$, sur la contre-pression. Cet excédent, qui doit tenir compte aussi des résistances passives du mécanisme, est généralement de $\frac{1}{3}$ à $\frac{1}{4}$ d'atmosphère. On n'a donc jamais, de cette manière, de travail négatif.

En résumé, le travail obtenu est représenté par l'aire ABCDD$_1$. C'est cette aire qu'il faut exprimer pour avoir le travail de la machine.

Deux cas se présentent :

1° La machine n'existe pas, et il faut l'établir;

2° La machine existe et l'on veut mesurer le travail qu'elle produit.

Expression du travail d'une machine à établir. — On peut considérer trois parties différentes dans le travail accompli pendant la course du piston, savoir :

Le travail d'*admission* $\mathfrak{E}_a$;

Le travail de *détente* $\mathfrak{E}_d$;

Le travail de *contre-pression* $\mathfrak{E}_c$.

On aura pour expression du travail recueilli sur le piston par coup de piston :

$$\mathfrak{E}_{p'} = \mathfrak{E}_a + \mathfrak{E}_d + \mathfrak{E}_c.$$

L'expression générale du travail d'un gaz qui se dilate est, comme on l'a vu :

$$\mathfrak{E} = \int p dv.$$

Comme dv peut être remplacé par dc, c désignant la course, en supposant que la surface du piston égale l'unité, on a :

$$\mathfrak{E} = \int p dc.$$

Pour le travail d'admission on a :

$$\mathfrak{E}_a = \int p dc = p_0 c_0.$$

Pour le travail de détente on applique la loi de Mariotte :

$$p_0 c_0 = pc,$$

p étant la pression en un point quelconque à distance c (*fig. 23*) de l'origine.

On tire de là :

$$p = \frac{p_0 c_0}{c} = p_0 c_0 \frac{1}{c}.$$

Alors on a :

$$\mathfrak{E}_d = \int p dc = \int_{c_0}^{c_1} p_0 c_0 \frac{dc}{c}.$$

$$\mathfrak{E}_d = p_0 c_0 \int_{c_0}^{c_1} \frac{dc}{c},$$

ou, en intégrant :

$$\varpi_d = p_0 c_0 \log \text{nép } \frac{c_1}{c_0}.$$

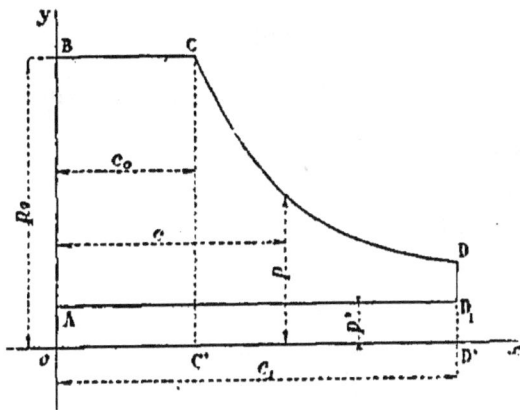

FIG. 23.

Enfin le travail de contre-pression a pour valeur :

$$\varpi_c = \int_{c_1}^{0} p\, dc = -\, p' c_1.$$

Il est négatif.

Le travail total $\varpi_{p'}$ a donc pour expression :

$$\varpi_{p'} = \varpi_a + \varpi_d + \varpi_c = p_0 c_0 + p_0 c_0 \log \text{nép } \frac{c_1}{c_0} - p' c_1;$$

d'où :

$$\varpi_{p'} = p_0 c_0 \left[1 + \log \text{nép } \frac{c_1}{c_0} - \frac{p'}{p_0} \frac{c_1}{c_0} \right].$$

C'est la valeur du travail pour une course du piston, en supposant un piston de surface égale à l'unité. Si le piston a une
surface S, le travail devient :

$$\varpi_{p'} = S p_0 c_0 \left(1 + \log \text{nép } \frac{c_1}{c_0} - \frac{p'}{p_0} \frac{c_1}{c_0} \right).$$

On peut remplacer $S c_0$ par V_0 qui est le volume de vapeur admis pendant l'admission :

$$\mathfrak{C}_{p}{'} = V_0 p_0 \left(1 + \log \text{nép} \frac{c_1}{c_0} - \frac{p'}{p_\cdot} \frac{c_1}{c_0} \right).$$

On voit donc que le travail est fonction du volume de vapeur admis, de la pression initiale et de la détente $\frac{c_1}{c_0}$.

Pour des valeurs déterminées de V_0 et de p_0, on peut avoir l'expression donnant le maximum de travail en annulant la dérivée. On aura ainsi :

$$\frac{d\,\frac{c_1}{c_0}}{\frac{c_1}{c_0}} - \frac{p'}{p_0}\, d\,\frac{c_1}{c_0} = 0,$$

d'où :

$$p' = p_0\, \frac{c_0}{c_1};$$

ce qui donne :

$$\mathfrak{C}_{pmax}{'} = V_0 p_0 \left(1 + \log \text{nép} \frac{c_1}{c_0} - 1 \right) = V_0 p_0 \log \text{nép} \frac{c_1}{c_0}.$$

Puisqu'on a : $p' = p_0 \frac{c_0}{c_1}$ ou $p'c_1 = p_0 c_0$, cela prouve que les deux rectangles $oBCC'$ et $AD_1D'o$ sont égaux, c'est-à-dire que le travail de la contre-pression égale celui de l'admission. Or cette valeur de p' est égale à la pression d'admission multipliée par la fraction de détente; c'est donc la pression à la fin de la détente, c'est-à-dire celle correspondant au point E de la courbe de détente (*fig.* 22), commun à celle-ci et à l'isotherme de contre-pression. On ne peut donc obtenir le travail maximum qu'à la condition de prolonger la détente jusqu'au point d'égale pression, ce qui a été reconnu pratiquement irréalisable.

En résumé, l'expression du travail par coup de piston est :

$$\mathfrak{C}_{p}{'} = V_0 p_0 \left(1 + \log \text{nép} \frac{c_1}{c_0} - \frac{p'}{p_0} \frac{c_1}{c_0} \right),$$

expression qui, transformée en logarithmes vulgaires, devient :

$$\mathfrak{S}_{p}' \doteq V_0 p_0 \left(1 + 2,3026 \log \frac{c_1}{c_0} - \frac{p'}{p_0} \frac{c_1}{c_0} \right).$$

Si la course c_1 est effectuée en une seconde, $\mathfrak{S}_{p}'$ devient le travail $\mathfrak{S}_p$ par seconde, et V_0 devient le volume V admis par seconde. D'une façon générale, on aura :

$$\mathfrak{S}_{p} = V p_0 \left(1 + 2,3026 \log \frac{c_1}{c_0} - \frac{p'}{p_0} \frac{c_1}{c_0} \right),$$

V étant le volume admis par seconde.

Expression du travail d'une machine existante. — La machine étant exécutée, la méthode employée consiste à relever directement les courbes par des appareils spéciaux et à mesurer le *travail*.

Les appareils qui servent à relever les courbes de pression s'appellent des *indicateurs de pression*.

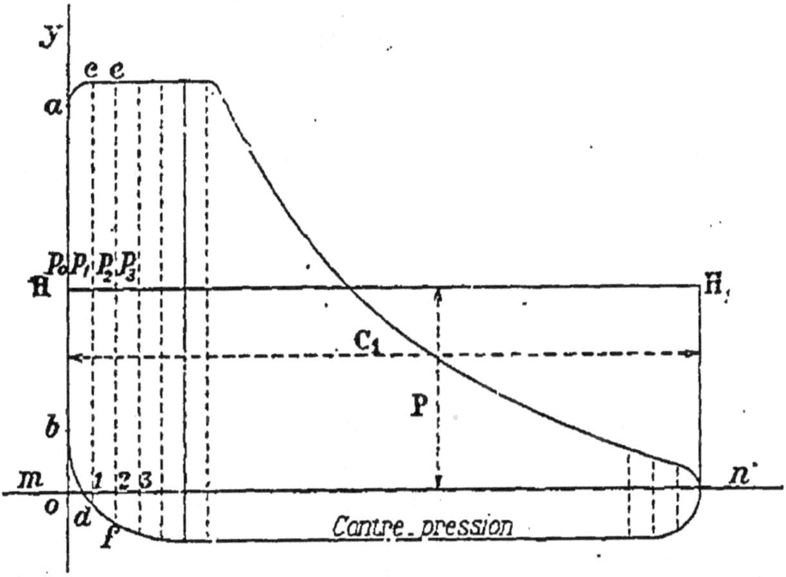

Fig. 24.

Ils donnent les relations en chaque point de la course entre la pression agissant dans le cylindre et les volumes décrits. La courbe qui en résulte s'appelle un *diagramme* et n'a pas de forme mathématique. Elle diffère à chaque instant de la marche pour la même machine.

On verra plus loin comment fonctionnent les indicateurs de pression, en donnant plusieurs exemples de ces appareils.

Quand le cylindre ne contient pas de vapeur, l'appareil décrit une ligne horizontale *mn* (*fig.* 24) représentant la pression-atmosphérique. La courbe a l'allure représentée sur la figure qui n'est que la reproduction du cycle reproduit précédemment, sauf certaines particularités, telles que les arrondis des angles, dont on verra plus loin la cause.

Pour obtenir le travail, on évalue la surface du *diagramme* soit à l'aide du planimètre d'Amsler, soit par la méthode des trapèzes. La distance comprise entre les tangentes verticales extrêmes donne la valeur de la course. On divise cette distance en dix, vingt ou *n* parties égales, et par les points de division 1, 2, 3, etc., ..., *n*, on mène des parallèles à l'axe des *y*.

On a ainsi les valeurs des pressions $p_0 = ab$, $p_1 = cd$, $p_2 = ef$, etc., ..., $p_n = 0$.

La distance d'une division à l'autre est égale à $\frac{C_1}{n}$, et la surface totale aura pour expression :

$$\Omega = \frac{C_1}{n}\left(\frac{p_0}{2}+p_1+p_2+...+\frac{p_n}{2}\right) = C_1 \frac{\left(\frac{p_0}{2}+p_1+p_2+...+\frac{p_n}{2}\right)}{n}$$

Comme il peut y avoir indécision sur la mesure de p_0, à cause du grand nombre de points communs qu'il peut y avoir entre la tangente *oy* et la courbe, on préfère souvent opérer ainsi :

La distance portée sur *pq* et égale à la course C_1 (*fig.* 25), étant divisée en *n* parties égales par les points 1, 2, 3, 4, 5, etc., ..., *n* — 1, par les milieux de *p*1, 12, 23, etc., on mène des perpendiculaires dont les parties *ab*, *cd*, *ef*, comprises entre les courbes du diagramme, donnent les valeurs des pressions.

Il y a moins d'indécision dans la détermination de p_0 que précédemment.

En appelant $p'_0 = ab$, $p'_1 = cd$, $p'_2 = cf$. ..., $p'_{n-1} = rs$, ces pressions, la formule donnant la surface deviendra avec ce procédé :

$$\Omega = \frac{C_1}{n}\,(p'_0 + p'_1 + p'_2 + \cdots + p'_{n-1})$$

ou bien :

$$\Omega = C_1\left(\frac{p'_0 + p'_1 + p'_2 + \cdots + p'_{n-1}}{n}\right).$$

Fɪɢ. 25.

Quel que soit le procédé employé, la parenthèse indique une *pression moyenne* P représentée sur la figure 24 par la parallèle HH, à l'axe des x menée à une distance P de cet axe. P est *l'ordonnée moyenne* du diagramme.

De sorte qu'on peut écrire :

$$\Omega = C_1 P.$$

Cette pression moyenne peut donc être représentée par la hauteur du rectangle ayant pour base la course C_1 du piston, et pour surface celle même du diagramme de la machine ; c'est la pression qu'il faudrait à une machine sans détente pour produire le même travail que la machine considérée.

Le travail par unité de surface sera le même pour toutes les machines ayant même course et même ordonnée moyenne.

Si S est la surface du piston, l'expression du travail pourra alors se mettre sous la forme :

$$\mathfrak{E}_p' = SC_1 P = V_1 P,$$

V_1 étant le volume SC_1 décrit par le piston.

C'est le travail par coup de piston. On peut avoir l'expression du travail en fonction de la détente réalisée.

En effet, on a eu (p. 71) :

$$\frac{V_1}{V_0} = \frac{C_1}{C_0} ;$$

d'où :

$$V_1 = V_0 \frac{C_1}{C_0},$$

$\frac{C_1}{C_0}$ étant la détente, et V_0 le volume de vapeur admis.

Donc :

$$\mathfrak{E}_p' = V_0 \frac{C_1}{C_0} P = V_1 P.$$

Si la machine fait N tours par minute, comme il y a deux coups de piston par tour, le travail par *seconde* aura pour valeur :

$$\mathfrak{E}_p = \mathfrak{E}_p' \times \frac{2N}{60},$$

ou bien :

$$\mathfrak{E}_p = V_0 \frac{C_1}{C_0} P \frac{2N}{60}.$$

C'est la valeur du travail en fonction du volume admis, de la valeur et de la pression moyenne mesurée sur le diagramme relevé.

Or on a trouvé ci-dessus pour expression du travail par coup de piston :

$$\mathfrak{E}_p' = V_0 p_0 \left(1 + \log \text{ nép } \frac{C_1}{C_0} - \frac{p}{p_0} \frac{C_1}{C_0} \right).$$

Donc on a, en égalant les deux valeurs du travail par coup de piston :

$$\frac{C_1}{C_0}\, P = p_0 \left(1 + \log \text{nép} \frac{C_1}{C_0} - \frac{p'}{p_0}\frac{C_1}{C_0} \right);$$

d'où l'on tire pour valeur de la pression moyenne P :

$$P = \frac{C_0}{C_1}\, p_0 \left(1 + \log \text{nép} \frac{C_1}{C_0} \right) - p'.$$

On voit que cette pression moyenne dépend seulement de la pression initiale, de la contre-pression et de la détente.

§ 2. — Appareils destinés a la mesure du travail des machines

On a vu que l'on avait d'une façon générale :

$$\mathfrak{T}_p = \mathfrak{T}_u + \mathfrak{T}_f.$$

On peut mesurer le travail $\mathfrak{T}_u$, réellement recueilli, à l'aide du frein de Prony, jusqu'à concurrence d'une puissance de 100 chevaux environ. Pour les machines d'une puissance supérieure à 100 chevaux, on mesure $\mathfrak{T}_p$ au moyen des *indicateurs de pression* qui permettent, ainsi qu'on l'a vu, de trouver le travail à l'aide du diagramme relevé. On obtient ainsi ce qu'on appelle la puissance en *chevaux indiqués*. La valeur de $\mathfrak{T}_f$ est alors évaluée par expérience.

Mesure du travail effectif au frein. — Le *frein dynamométrique* inventé par Prony sert à transformer en frottement la puissance d'une machine, au lieu de se servir de cette puissance pour effectuer un travail.

Pour obtenir ce résultat, on serre entre deux mâchoires en bois *ff* (*fig.* 26) soit l'arbre moteur, soit un manchon, soit une poulie calée sur cet arbre. Le serrage est obtenu au moyen de deux boulons cc' munis d'écrous à manette. Comme les deux mâchoires seraient entraînées évidemment dans la rotation de l'arbre en raison du serrage, on s'oppose à cette rotation au moyen d'un levier L muni d'un plateau chargé de poids en nombre voulu.

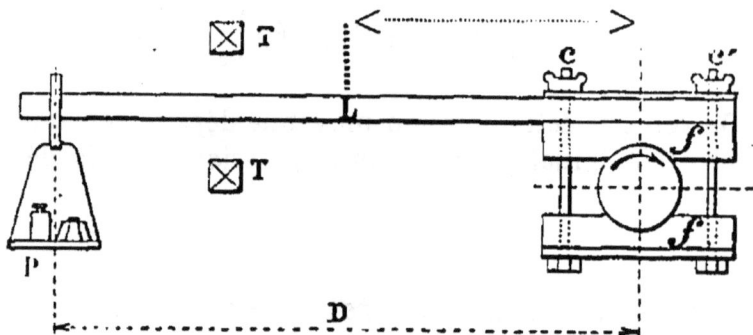

FIG. 26.

Deux buttoirs T empêchent le levier d'être enlevé ou de retomber. Quand le levier se tient horizontalement en équilibre pour une vitesse normale de la machine, il est évident que le frottement fait exactement équilibre au poids du levier, du plateau et des poids additionnels.

Le poids p du levier est appliqué en son centre de gravité L à une distance d du centre de l'arbre; celui P du plateau et des poids additionnels agit à la distance D.

Le travail de la machine est le même que si la machine enroulait sur un tambour de rayon D le poids P et sur un tambour de rayon d le poids p. Si on ramène le poids p à la distance D, on a :

$$p'D = pd, \qquad p' = \frac{pd}{D},$$

et l'on n'aura plus qu'à considérer le poids $P + p'$ à la distance D.

Le travail par tour de la machine aura alors pour expression :

$$F = 2\pi D (P + p') \text{ kilogrammètres.}$$

Si la machine fait n tours par minute, le travail par seconde sera :

$$\mathfrak{S}_u' = \frac{2\pi D (P + p') \times n}{60} \text{ kilogrammètres}$$

La puissance exprimée en chevaux sera :

$$\mathfrak{S}_u = \frac{\mathfrak{S}_u'}{75} = \frac{2\pi D (P + p') \times n}{60 \times 75}.$$

On dispose souvent les poulies de frein ainsi qu'il est indiqué
sur la figure 27. Le frottement est produit sur une poulie

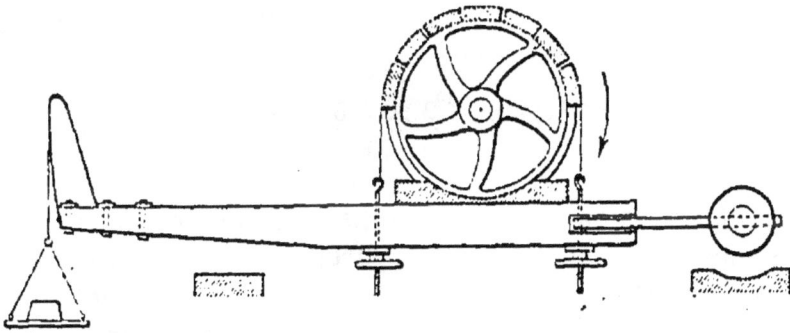

Fig. 27.

spéciale au moyen d'une bande de fer munie de tasseaux de
bois dur qui frottent sur la jante de la poulie. Le serrage
s'effectue au moyen de petits volants à main. Le levier étant
équilibré par un contrepoids, son poids n'intervient plus
dans le calcul. Il se termine par un arc ayant pour centre
celui de l'arbre, afin que le poids agissant à l'extrémité soit
toujours à la même distance de l'arbre.

Les poulies de grand diamètre sont préférables, le réglage
est plus facile, et le mouvement plus régulier. Pour empêcher
l'échauffement des pièces en contact, il faut avoir soin de
graisser fortement les surfaces. Sans cette précaution, elles
se gripperaient très vite ; les bois pourraient même s'enflammer. On se sert, pour graisser, de savon vert ou, mieux,
d'eau de savon (1 kilogramme par 10 litres).

La poulie doit être parfaitement cylindrique, et les surfaces de frottement bien rodées. Si la poulie est à gorge, les bois ne risquent pas de glisser ; mais, s'il s'agit d'une poulie ordinaire, ceux-ci devront être munis de saillies pour qu'il ne puisse y avoir aucun déplacement.

EXEMPLE. — Si l'on suppose que le poids P ait été trouvé de 50 kilogrammes, que D = 2 mètres, que le poids p du levier soit 30 kilogrammes, et que le centre de gravité soit à une distance $d = 1$ mètre de l'axe de l'arbre, on aura :

$$p' = \frac{pd}{D} = \frac{30 \times 1}{2} = 15 \text{ kilogrammes.}$$

Si la machine fait 70 tours par minute, la puissance de la machine en chevaux sera :

$$\mathcal{C}_v = \frac{2 \times 3,1416 \times 2 \times (50 + 15)\, 70}{60 \times 75} = 12^{ch},71.$$

Indicateurs de pression. — Les indicateurs de pression, comme on l'a vu, sont des appareils enregistrant à chaque instant de la course la pression dans le cylindre moteur. Ils fournissent les diagrammes sur lesquels on mesure la pression moyenne qui permet d'établir la valeur du travail produit par coup de piston et la puissance de la machine.

Indicateur Watt. — Cet indicateur se composait d'un petit piston qui se mouvait dans un cylindre communiquant avec le cylindre à vapeur, de façon que ce piston soit toujours en équilibre de pression avec le piston moteur, et qu'il ait, par suite, des déplacements proportionnels aux pressions.

La tige du piston soumise à l'action d'un ressort antagoniste portait un crayon pouvant tracer une ligne sur une planchette. Cette planchette pouvait se mouvoir dans une glissière de quantités proportionnelles aux déplacements du piston auquel elle était indirectement reliée. Il en résultait que la figure tracée était un diagramme dont la surface était proportionnelle au travail.

L'indicateur Watt a été perfectionné par *Garnier*.

Indicateur Garnier (fig. 28). — Dans cet appareil on retrouve le cylindre C et le piston P qui reçoit l'action de la vapeur sur sa face inférieure et dont l'autre face est soumise à la pression atmosphérique. Pour limiter sa course, on le soumet à l'action de ressorts de compression.

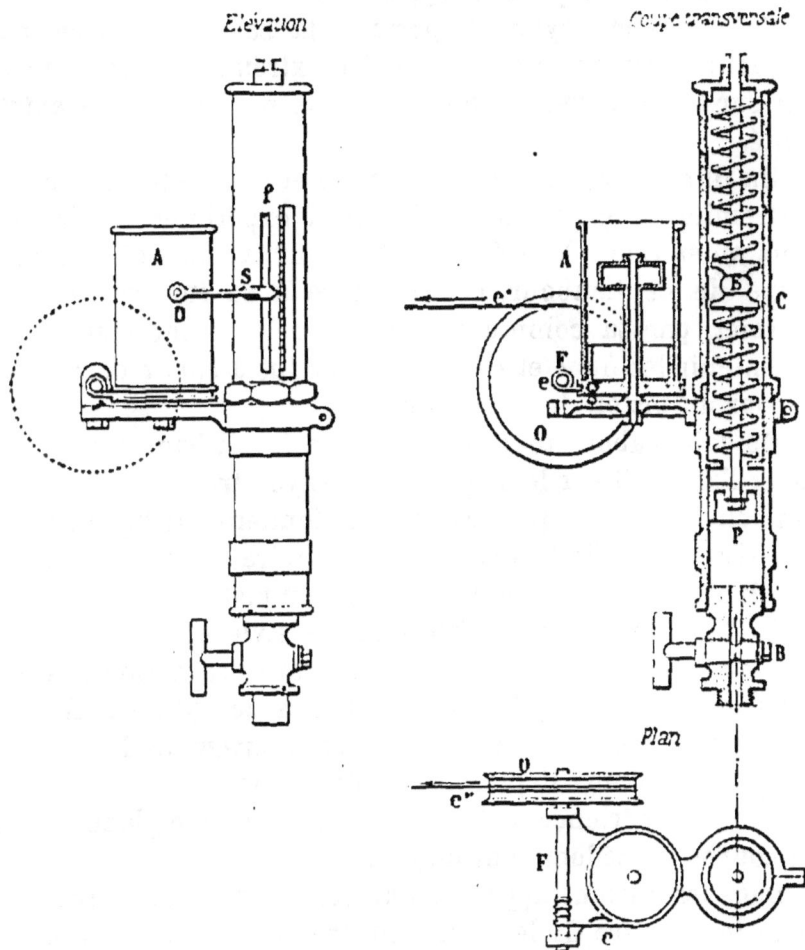

Élévation   Coupe transversale

Plan

FIG. 28. — Indicateur Garnier.

Il faut évidemment tarer ces ressorts pour avoir l'échelle des pressions, car c'est la compression du ressort proportionnelle à l'élévation du piston qui est utilisée pour indiquer la tension de la vapeur.

L'appareil est fixé sur le cylindre à vapeur par sa partie inférieure filetée B.

Le déplacement du piston est indiqué au dehors sur une échelle par un style S, fixé en E à sa tige et qui traverse la fente longitudinale *f*. Ce style porte un cra on D qui vient laisser sa trace sur le papier enroulé autour d'un tambour vertical A, pouvant tourner sur un axe fixé à un support qui fait corps avec le premier cylindre C.

Ce deuxième cylindre porte à la base une gorge sur laquelle passe un fil *e*, dont l'autre extrémité vient s'enrouler sur le petit treuil F, qui porte une poulie O à son extrémité.

Un fil *c'* s'enroule sur cette poulie et est fixé par son autre extrémité au piston de la machine à expérimenter. Un ressort en spirale, placé dans le tambour A, fixé d'un côté à l'axe de ce tambour, et de l'autre à sa surface interne, permet, par sa compression et sa détente successives, de maintenir les fils *e* et *c'* toujours tendus à l'aller comme au retour du piston de la machine.

On fait d'abord tourner à la main le tambour A avant de fixer l'appareil sur le cylindre ; le crayon trace sur le papier une circonférence qui, développée, donnera une ligne droite. On visse alors l'indicateur sur le cylindre, on ouvre le robinet B et l'on attache le fil *c'* à la tige du piston.

La tige du piston de l'appareil, le style et, par suite, le crayon, auront des mouvements verticaux proportionnels aux pressions, tandis qu'en même temps le cylindre A, par l'intermédiaire des fils *e* et *c'*, aura un mouvement de rotation proportionnel aux déplacements du piston.

Après l'expérience, la bande de papier rendue plane donne la courbe précédemment indiquée.

Dans les anciens appareils Garnier il y avait deux ressorts dans le cylindre C ; le ressort supérieur travaillait à la compression, quand le piston recevait une pression plus grande que la pression atmosphérique. Le ressort inférieur indépendant travaillait à la tension pour les pressions moindres que l'atmosphère ; de cette façon, la tare du ressort comprimé n'était pas exposée à varier. Aujourd'hui on ne met qu'un seul ressort travaillant alternativement à la tension et à la compression.

Cet appareil convient très bien pour les machines lentes,

c'est-à-dire pour celles dont la vitesse ne dépasse pas 20 à 25 tours. Si le nombre de tours augmente, la puissance vive du piston de l'appareil entre en jeu; le piston dépasse les positions d'équilibre, puis le ressort le ramenant dépasse à son tour la position en sens inverse; il s'ensuit une série d'oscillations telles que celles indiquées sur la figure 29, qui rendent difficile la lecture du diagramme.

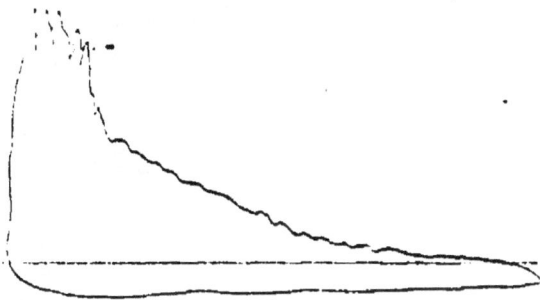

Fig. 29.

Aussi, pour les vitesses plus considérables, emploie-t-on des appareils plus perfectionnés.

Indicateur Richard (fig. 30). — Dans cet appareil on emploie des ressorts très raides n'ayant qu'un déplacement de 7 à 8 millimètres par kilogramme et par centimètre carré. Les courbes dessinées sont alors très exiguës. On les amplifie à l'aide d'un dispositif spécial.

Au cylindre C sont fixés deux supports portant deux points d'articulation S et S'. En S est fixé un balancier SN relié à la tige du piston par une double bielle très courte B. Le crayon est fixé en D sur le balancier MN articulé en M et N, et décrit sensiblement une génératrice du cylindre porte-papier A, quand celui-ci est immobile.

Si l'on communique comme précédemment au cylindre A un mouvement proportionnel à celui du piston de la machine, l'appareil décrit le diagramme d'une façon nette et sans irrégularité dans le tracé. L'amplification des ordonnées a lieu dans le rapport des bras de levier en balancier. Cet appareil donne d'excellents résultats tant que la vitesse de

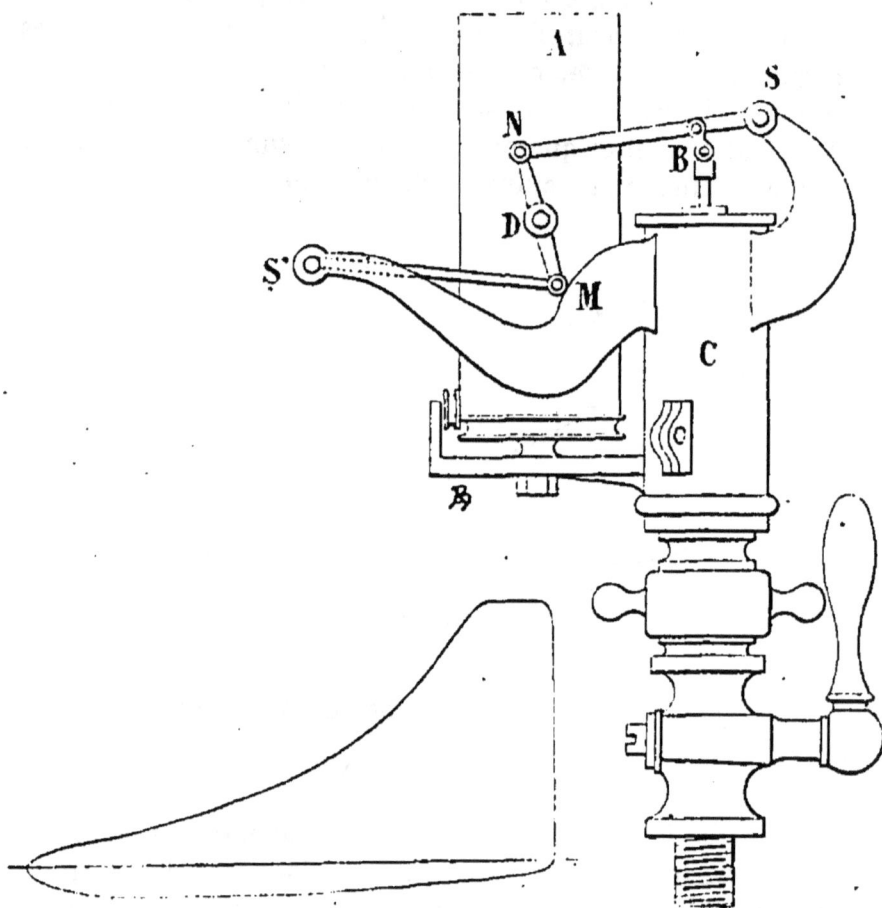

Fig. 30. — Indicateur Richard. — Diagramme obtenu.

la machine ne dépasse pas 70 à 80 tours. Quand l'allure devient plus rapide, on emploie l'appareil suivant.

Indicateur Richard-Thompson (fig. 31). — Dans cet appareil, la course est extrêmement réduite et le piston est très allégé. La tige T de ce piston est très courte et surmontée d'un cylindre creux C où peut se mouvoir la bielle de suspension, reliée au balancier B par une articulation et à la tige du piston par une rotule sphérique permettant les mouvements de la bielle dans tous les sens.

Le balancier oscille lui-même autour de l'axe O faisant

partie de la fourche oscillante F. En P se trouve un autre point d'articulation décrivant une circonférence autour du point fixe Q. Dans ces conditions, le point D, extrémité du balancier où est placé le crayon, décrit sensiblement une ligne droite sur le cylindre enregistreur.

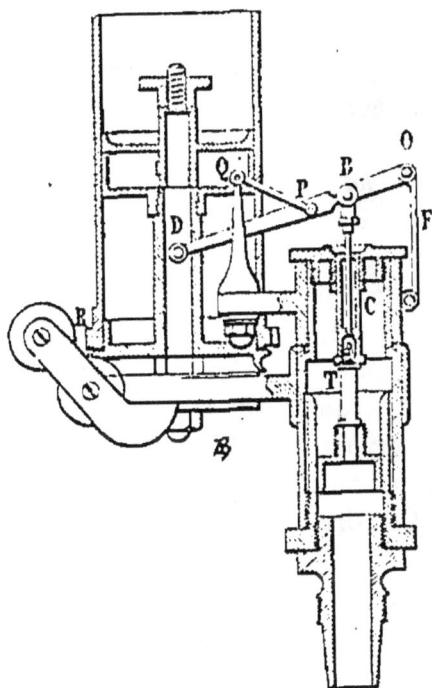

Fig. 31.

L'appareil est muni, en outre, d'un débrayage en cours de marche. Pour cela, le cylindre enregistreur porte à la base une denture R avec laquelle peut engrener un cliquet que l'on amène en contact à l'aide d'un ressort. Le cliquet une fois embrayé, le cylindre reste immobile et le mouvement peut continuer ans entraîner ledit cylindre.

Le ressort de pression, qui est supposé enlevé sur la figure 31, est représenté à part (*fig. 32*).

Quel que soit le système employé, il faut toujours opérer la *tare* du ressort, c'est-à-dire mesurer sa flexion. A cet effet, le piston de l'appareil est chargé de poids successifs, et, les flexions correspondant à chaque poids étant mesurées, on a par millimètre de flexion le nombre k de kilogrammes.

Pour 1 millimètre de flexion, si p est la pression par centimètre carré, et ω la section en centimètres carrés du piston de l'appareil, on a évidemment :

Fig. 32.

$$k = p\omega$$

ou bien :

$$p - \frac{k}{\omega}.$$

Pour une ordonnée quelconque de a millimètres de lon gueur, la pression en ce point sera de :

$$pa = \frac{ka}{\omega}.$$

Quand on tire un diagramme, on fait d'abord fonctionner l'indicateur quelques instants seul, pour qu'il se mette bien en équilibre de température, puis on intercepte le passage de la vapeur et on laisse le crayon tracer une ligne droite qui représente la *pression atmosphérique*. Cette ligne sert de repère. Enfin on admet de nouveau la vapeur et l'on met en mouvement l'enregistreur. On tire alors un ou plusieurs diagrammes.

Les diagrammes doivent être relevés sur les deux faces du piston; cela est surtout important pour les machines verticales. On doit en même temps relever la pression dans la boîte à vapeur, dans le condenseur, et le nombre de tours de la machine à l'aide d'un compteur de tours. Les diagrammes sont pris toutes les demi-heures environ, et l'essai total doit porter sur dix ou douze heures. On note également avec soin si le diagramme est pris à l'arrière ou à l'avant.

On évalue alors la surface du diagramme soit par les méthodes des trapèzes, comme on l'a vu plus haut, soit par le planimètre d'Amsler.

On en déduit ensuite l'ordonnée moyenne et, par suite, la pression moyenne.

Planimètre d'Amsler. — Les figures 33 et 33 *bis* représentent un planimètre du système Amsler-Laffon, souvent employé pour la mesure des surfaces des diagrammes.

On commence par fixer le diagramme sur une planchette plane et l'on règle le planimètre de façon que la distance comprise entre les pointes OO soit exactement la longueur du diagramme; on serre la vis a pour immobiliser les positions.

On pose alors l'appareil sur la planchette et l'on fixe la
pointe c; puis on promène le traçoir sur le diagramme, et la
roulette R se meut en entraînant le compteur. Ayant mis

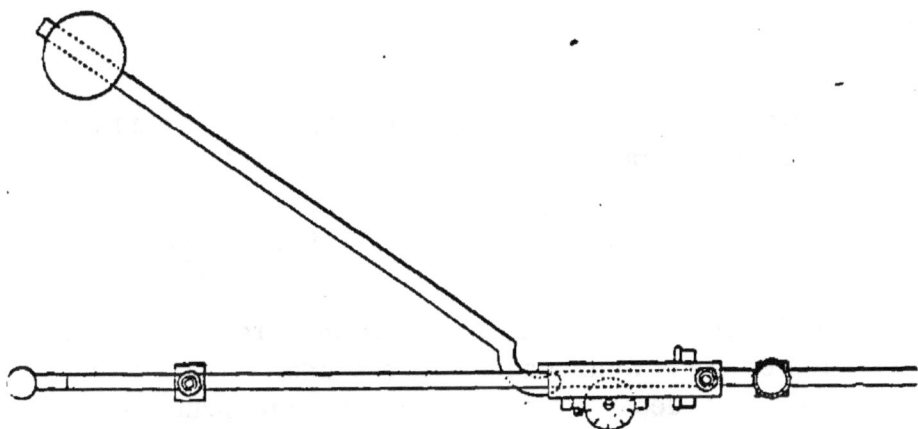

Fig. 33.

cette roulette au zéro avant l'opération, il suffit de lire, après,
les indications du compteur, de la division de la roulette et
de son vernier.

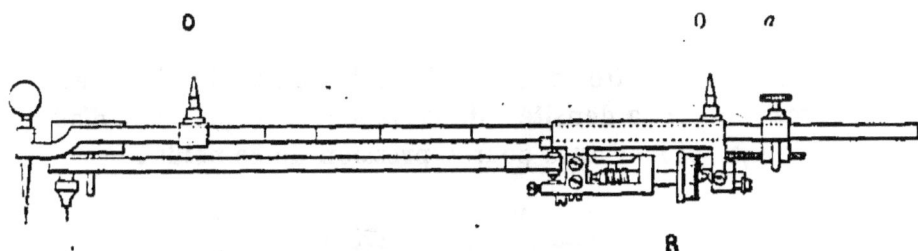

Fig. 33 bis.

Si le compteur indique une division entre 1 et 2, que la
roulette R marque 58 et le vernier 7, le nombre trouvé
sera 1587.

On trouve alors la hauteur moyenne du diagramme en
millimètres, en divisant ce nombre par 20, soit $\frac{1587}{20} = 79,35$.

On en déduit de suite, d'après la tare préalable, la valeur
de la pression moyenne.

§ 3. — QUANTITÉ DE VAPEUR DÉPENSÉE POUR PRODUIRE LE TRAVAIL.

Expression du poids de vapeur dépensée. — On a eu pour expression du travail :

$$\mathfrak{G}_p = Vp_0 \left(1 + 2{,}3026 \log \frac{c_1}{c_0} - \frac{p'}{p_0}\frac{c_1}{c_0} \right).$$

$\mathfrak{G}_p$ représente le travail en kilogrammètres par seconde, V représente le volume admis par seconde.

Le volume dépensé par kilogrammètre aura pour valeur :

$$\frac{V}{\mathfrak{G}_p}.$$

Par cheval-heure, ce volume aura pour valeur :

$$\frac{V}{\mathfrak{G}_p} \times 3600^s \times 75 \text{ kilogrammètres.}$$

Le poids de cette vapeur s'obtiendra en multipliant cette expression par la densité δ de la vapeur à la pression d'admission p_0, et l'on aura pour expression de ce poids.

$$Q = \frac{V}{\mathfrak{G}_p} \times \delta \times 270.000.$$

Si l'on remplace dans cette expression $\mathfrak{G}_p$ par sa valeur, on a :

$$Q = \frac{\delta}{p_0} \times \frac{270.000}{1 + 2{,}3026 \log \frac{c_1}{c_0} - \frac{p'}{p_0}\frac{c_1}{c_0}},$$

expression que l'on conserve sous cette forme quand on a une machine à établir.

Influences de la détente, de la pression initiale et de la contre-pression sur le poids de vapeur dépensé. — Pour qu'une machine soit économique, il faut évidemment que, pour un travail déterminé, elle dépense le poids de vapeur le plus faible possible. On est donc amené à étudier les conditions de fonctionnement donnant le plus faible poids de vapeur.

Dans l'expression précédente, les variables sont : la pression initiale p_0, la détente $\frac{c_1}{c_0}$ et la contre-pression p'

Si la contre-pression est négligeable, comme dans les *machines à condensation*, Q ne dépend plus que de $\frac{\delta}{p_0}$ et de la détente. Le rapport $\frac{\delta}{p_0}$ variant très peu dans les limites entre lesquelles les machines fonctionnent industriellement, le poids de vapeur Q dépend de la détente $\frac{c_1}{c_0}$. Si on effectue les calculs des poids de vapeur correspondant à des divers degrés de détente, on constate que le poids de vapeur diminue quand la détente augmente, et que cette diminution est rapide jusqu'aux détentes 9 à 10 environ; au delà, la diminution continue, mais très faiblement. Il n'y a donc pas intérêt à adopter des détentes supérieures à ces chiffres.

Si la contre-pression est importante comme dans les machines sans condensation, où l'on peut avoir $p' = 1$, le poids de vapeur dépend non seulement de $\frac{\delta}{p_0}$ et de $\frac{c_1}{c_0}$, mais aussi de p_0 qui se trouve en dénominateur.

La plus grande valeur de la détente est limitée par l'existence de la contre-pression p'.

A la limite on aura :

$$p' = \frac{c_0}{c_1}\, p_0, \qquad \frac{1}{c_0} = \frac{p_0}{p'}.$$

La détente sera donc d'autant plus grande que la pression initiale sera plus grande.

Pour avoir une machine sans condensation économique, il y a donc intérêt, pour diminuer le poids de vapeur dépensé, à augmenter la pression initiale.

Si cette pression initiale était suffisamment élevée, la machine sans condensation deviendrait plus économique que la machine à condensation ; mais, en général, on ne dépasse guère 12 kilogrammes de pression, et l'avantage économique reste aux machines à condensation. Le tableau ci-après donne, pour divers degrés de détente, les poids de vapeur dépensés dans le cas de $p_0 = 5$ kilogrammes avec $p' = 0^{kg},1$ et $p' = 1$ kilogramme, et dans le cas où $p_0 = 10$ kilogrammes avec $p' = 1$ kilogramme.

Si $p_0 = 5$ kilogrammes et $p' = 1$ kilogramme, la détente maxima a pour valeur :

$$\frac{c_1}{c_0} = \frac{p_0}{p'} = 5.$$

Si $p_0 = 10$ kilogrammes et $p' = 1$ kilogramme, la détente maxima est de 10.

POIDS DE VAPEUR par cheval de 75 kgm.	DEGRÉS DE DÉTENTE $\frac{c_1}{c_0}$									
	1	2	3	4	5	6	7	8	9	10
$p_0 = 5^k$ $\begin{cases} p' = 1^k.. \\ p' = 0^k,1. \end{cases}$	16,68 13,82	10,44 8,20	9,01 6,64	8,51 5,87	8,37 5,4	5,06	4,82	4,62	4,44	4,37
$p_0 = 10^k$ $p' = 1^k..$	14,12	8,50	7,06	6,4	6,01	5,79	5,64	5,61	5,52	5,50

Pratiquement, la dépense en vapeur des machines bien construites varie de 7 à 10 kilogrammes.

Rendement théorique d'une machine à vapeur. — La quantité de chaleur totale contenue dans la vapeur est :

$$\lambda = 606,5 + 0,305\theta.$$

Le poids Q contiendra une quantité de chaleur égale à $Q\lambda$ calories. Cette quantité produisant 270.000 kilogrammètres à l'heure, le travail réel fourni par calorie aura pour valeur $\dfrac{270.000}{Q\lambda}$.

Pour une machine à condensation économique, fonctionnant avec $p_0 = 5$ kilogrammes et $p' = 0^{kg},1$, on aura :

$$\theta = 152°, \qquad \lambda = 652.$$

On trouve, pour une détente 10, $Q = 4^{kg},35$ par cheval. Il en résulte pour valeur du travail fourni par calorie :

$$\mathfrak{E} = \frac{270.000}{4,35 \times 652} = 95^{kgm},2.$$

Or théoriquement 1 calorie doit fournir 425 kilogrammètres ; l'utilisation théorique est donc :

$$\frac{95,2}{425} = 0,224.$$

Ce coefficient d'utilisation est très faible, et la machine à vapeur paraît, à première vue, être un mauvais moteur. En réalité, il n'en est pas ainsi ; car, dans le calcul, on rapporte tout au zéro absolu $\theta_0 = -273°$, tandis qu'on ne devrait considérer que la chute de chaleur comprise entre les températures θ et θ_0' du cycle parcouru.

Si l'on suppose comme précédemment :

$$p_0 = 5 \text{ kilogrammes}, \quad p = 0^{kg},1, \quad \theta = 152°, \quad \theta_0' = 50°,$$

on trouve 0,95 comme rendement théorique.

Il n'en est pas moins vrai que la majeure partie de la chaleur est employée pour transformer l'état physique de la vapeur, ce qui est une mauvaise condition économique. La vapeur est donc un intermédiaire médiocre, et il serait à désirer que l'on en trouvât un autre employant moins de chaleur pour transformer son état physique.

§ 4 — ÉTUDE DES PERTES INHÉRENTES AU FONCTIONNEMENT DE LA MACHINE

Diverses causes, dues au fonctionnement même de la machine amènent des pertes de vapeur et, par suite, de chaleur et de travail.

Ces pertes sont dues :

1º A l'espace mort : ce sont les plus importantes.

Elles proviennent de la quantité de vapeur qui sert à remplir divers espaces existant dans le cylindre quand le piston commence sa course, tels que les conduites d'admission et le jeu existant entre le cylindre et les fonds. Cette vapeur ne travaille pas à pleine pression, mais seulement par sa détente.

2º A l'eau entraînée mécaniquement ;

3º Aux condensations par refroidissement dans les conduites et dans le cylindre, et aussi par suite de la pénétration des tiges de piston refroidies à l'extérieur ;

4º Aux fuites ;

5º Aux condensations à l'intérieur du cylindre par suite du fonctionnement même de la machine.

Ces diverses causes de pertes vont être successivement étudiées.

Pertes dues à l'espace mort. — La longueur du cylindre ne peut pas être mathématiquement égale à la course. En effet, les articulations des transmissions s'usant et prenant du jeu, au bout d'un certain temps de fonctionnement, le piston viendrait frapper le fond du cylindre en raison de sa puissance vive. Il est donc nécessaire de laisser un certain espace dont la valeur, dans les machines bien exécutées, s'abaisse à 4 ou 5 millimètres seulement. Ce jeu peut atteindre 8 à 10 millimètres dans les machines d'exécution moyenne. Ce n'est donc pas une fraction déterminée de la course. On conçoit *a priori* que l'espace mort aura sur le fonctionnement d'autant moins d'influence que le cylindre aura plus de longueur.

A cet espace s'ajoutent les conduits d'amenée, compris entre l'orifice distributeur et le cylindre.

La vapeur qui remplit l'espace mort, ne travaillant que par
sa détente, est donc perdue dans les machines sans détente. En
offet, soient C le cylindre (*fig.* 34) et *e* l'espace mort ; la vapeur

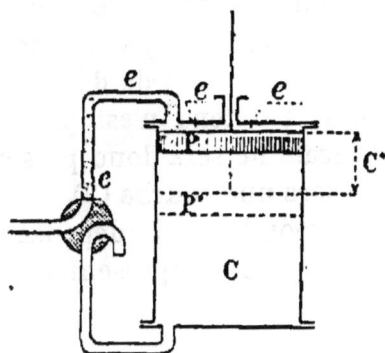

ne commence seulement son
action sur le piston que quand
cet espace est rempli, et,
jusque-là, le travail est nul.
A la course rétrograde, toute
cette vapeur qui n'a pas tra-
vaillé passe à l'échappement
et est perdue. Au contraire, si
la machine est à détente, ce
qui est le cas général, la vapeur qui a rempli l'espace
mort ne travaille pas pendant

Fig. 34.

l'admission, mais se détend comme la fraction de vapeur
admise au moment où la détente commence ; elle produit
donc un certain travail.

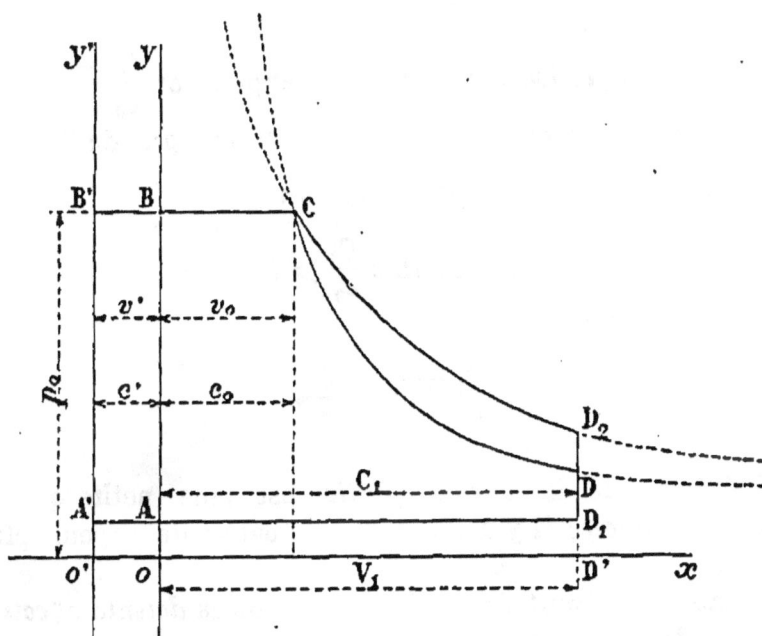

Fig. 35.

*Modification du diagramme en tenant compte de l'espace
mort.* — En reprenant le diagramme normal ABCD (*fig.* 35)

rapporté aux axes rectangulaires ox et oy, où l'on connaît la signification des notations inscrites, si l'on appelle v' le volume de l'espace mort, on pourra le faire apparaître sur la figure en portant la valeur c' proportionnelle à v', à gauche de oy; c' sera la course correspondant au volume v' de l'espace mort. La ligne isotherme d'admission sera B'B, prolongement de BC représentant la pression p_0. La courbe de détente se modifiera; en effet, le volume qui se détend n'est plus v_0, mais $v_0 + v'$: son asymptote verticale ne sera donc plus oy, mais $o'y'$, et la courbe de détente sera une courbe CD_2 située au-dessus de CD. Il y a donc, correspondant à la dépense de vapeur v', une augmentation de travail représentée par l'aire CD_2D.

Expression de la détente. — La détente aura pour expression $\dfrac{V_1 + v'}{v_0 + v'}$; or on a (*fig. 35*) :

$$\frac{V_1 + v'}{v_0 + v'} = \frac{C_1 + c'}{c_0 + c'}.$$

La *détente effective* aura donc pour expression $\dfrac{C_1 + c'}{c_0 + c'}$.

La *détente nominale* qui ne tient pas compte de l'espace mort a, comme on sait, pour expression $\dfrac{C_1}{c_0}$.

C_1 est supérieur à c_0, et l'on a $\dfrac{C_1}{c_0} > 1$.

On aura aussi :

$$\frac{C_1 + c'}{c_0 + c'} < \frac{C_1}{c_0},$$

c'est-à-dire que la *détente effective* est plus petite que la *détente nominale*; il y a donc une dépense de vapeur plus grande.

Le tableau suivant donne les valeurs de la *détente effective* et de la détente nominale pour des valeurs de l'espace mort égales aux $\dfrac{2}{10}$, aux $\dfrac{5}{100}$ et aux $\dfrac{2}{100}$ du cylindre.

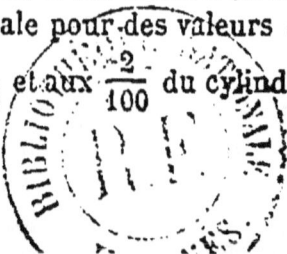

DÉTENTES NOMINALES $\dfrac{C_1}{c_0}$		1,5	2	4	6	8	10	15	20
Détentes effectives $\dfrac{C_1 + c'}{c_0 + c'}$	$v' = \dfrac{2}{10} V_1 \ldots$	1,154	1,172	2,66	3,27	3,69	4,00	4,50	4,80
	$v' = \dfrac{5}{100} V_1 \ldots$	1,46	1,92	3,50	4,86	6,00	7,00	8,21	10,50
	$v' = \dfrac{2}{100} V_1 \ldots$	1,487	1,96	3,85	5,48	6,34	8,50	11,86	14,50

Ces valeurs montrent que plus la détente nominale est
élevée, plus la perte devient considérable, puisque la détente
effective s'écarte de plus en plus de la détente nominale.
L'écart se fait surtout sentir à partir des détentes 8 et 10. Il
y a donc intérêt à limiter la détente à ces chiffres. On a déjà
reconnu qu'il n'y avait pas intérêt à les dépasser quand on a
étudié l'influence de la détente et de la pression initiale sur
le poids de vapeur.

Expression du travail. – Quelle est la modification apportée
dans la formule du travail par suite de la présence de l'espace mort?

Le travail se compose (*fig.* 36) :

1° Du travail d'admission à pleine pression qui reste $V_0 p_0$;

2° Du travail de détente qui est égal, comme on l'a vu, au
produit du volume qui se détend par la pression et par le
logarithme népérien de la détente, c'est-à-dire :

$$(V_0 + V') \, p_0 \, \log \, \text{nép} \, \frac{C_1 + c'}{C_0 + c'}.$$

3° Du travail de la contre-pression, qui est égal à $- V_1 p'$.
Or on a :

$$V_1 = V_0 \, \frac{C_1}{C_0}.$$

Donc :

$$- V_1 p' = - V_0 \, \frac{C_1}{C_0} \, p'.$$

L'expression du travail sera donc :

$$\mathfrak{T}_p = V_0 p_0 + (V_0 + V) p_0 \log \text{nép} \frac{C_1 + C'}{C_0 + C'} - V_0 \frac{C_1}{C_0} p',$$

ou bien :

$$\mathfrak{T}_p = V_0 p_0 \left[1 + \frac{V_0 + V'}{V_0} \log \text{nép} \frac{C_1 + C'}{C_0 + C'} - \frac{C_1}{C_0} \frac{p'}{p_0} \right],$$

ou, en réduisant en logarithmes vulgaires :

$$\mathfrak{T}_p = V_0 p_0 \left[1 + 2,3026 \frac{V_0 + V'}{V_0} \log \frac{C_1 + C'}{C_0 + C'} - \frac{C_1}{C_0} \frac{p'}{p_0} \right].$$

Poids de vapeur dépensé. — On peut considérer deux cas, suivant que la machine est ou n'est pas à condensation.

Si la machine est à condensation, p' est très faible, et, au moment de l'admission, l'espace mort est sensiblement vide de vapeur, le volume de vapeur admis est $V_0 + V'$; par suite, son poids est :

$$(V_0 + V') \delta \text{ pour } \mathfrak{T}_p \text{ kilogrammètres par seconde.}$$

Donc par cheval-heure ce poids a pour valeur :

$$Q_1 = \frac{(V_0 + V') \delta}{\mathfrak{T}_p} \times 75 \times 3.600 = \frac{(V_0 + V') \delta}{\mathfrak{T}_p} \times 270.000 \; ;$$

d'où l'on déduit, en remplaçant $\mathfrak{T}_p$ par sa valeur,

$$Q_1 = \frac{\delta}{p_0} \times \frac{V_0 + V'}{V_0} \times \frac{270.000}{1 + 2,3026 \dfrac{V_0 + V'}{V_0} \log \dfrac{C_1 + C'}{C_0 + C'} - \dfrac{C_1}{C_0} \dfrac{p'}{p_0}}.$$

Si la machine n'est pas à condensation, on a alors pour p' une certaine valeur non négligeable, et l'espace mort se trouve, au moment de l'admission, rempli par de la vapeur à cette pression p'. Cette vapeur va se comprimer alors à la pression p_0 pendant l'admission et va, par suite, occuper un volume plus petit V'', tel qu'on aura :

$$V'' p_0 = V' p' \; ;$$

d'où :

$$V'' = \frac{V'p'}{p_0}.$$

Le volume réel de vapeur qui sera nécessaire pour remplir l'espace mort aura pour valeur $V' - V''$, c'est-à-dire :

$$V' - V'' = V'\left(1 - \frac{p'}{p_0}\right).$$

Pour avoir la valeur du poids de vapeur dépensé Q^2, il suffit de remplacer dans la formule précédente $V_0 + V'$ par $V_0 + V'\left(1 - \frac{p'}{p_0}\right)$ au numérateur. Le terme $V_0 + V'$, qui apparaît au dénominateur, reste constant; car il provient de l'expression du travail de détente, et c'est bien toujours le volume $V_0 + V'$ qui se détend.

L'expression du poids de vapeur dépensé sera donc dans ce cas :

$$Q_2 = \frac{\delta}{p_0} \times \frac{V_0 + V'\left(1 - \frac{p'}{p_0}\right)}{V_0} \times \frac{270.000}{1 + 2,3026\frac{V_0 + V'}{V_0}\log\frac{C_1 + C'}{C_0 + C'} - \frac{C_1}{C_0}\frac{p'}{p_0}}.$$

DÉTENTES nominales	DÉPENSE DE VAPEUR PAR CHEVAL. — PRESSION INITIALE $p_0 = 5$					
	contre-pression $p' = 0,2$ machine à condensation			contre-pression $p' = 1$ machine sans condensation		
	$V' = 0$	$V' = 2\,0/0$	$V' = 5\,0/0$	$V' = 0$	$V' = 2\,0/0$	$V' = 5\,0/0$
1	14,06	14,34	14,76	16,68	17,01	17,51
2	8,36	8,67	9,13	10,45	10,81	11,44
3	6,92	7,26	7,80	9,02	9,42	10,00
4	6,06	6,41	6,91	8,53	8,92	9,48
5	5,60	6,00	6,52	8,39	8,83	9,38
6	5,29	5,58	6,24			
7	5,05	5,49	6,08			
8	4,89	5,32	5,92			
10	4,65	5,11	5,75			

On peut se rendre compte, d'après le tableau précédent, des poids de vapeur par cheval pour les différentes détentes avec des espaces morts, d'abord nuls, puis de 2 0/0 et de 5 0/0. Les chiffres sont établis dans le cas d'une pression initiale p_0 de 5 kilogrammes, d'abord avec une contre-pression de 0,2 (machine à condensation), puis d'une contre-pression égale à l'unité (machine sans condensation).

On voit que, dans les deux cas, la dépense de vapeur est augmentée par la présence de l'espace mort pour un même travail.

On remarquera, par exemple, que, pour une machine à condensation, la dépense de vapeur est à peu près la même, avec une détente 10 et des espaces morts de 5 0/0, qu'avec une détente 5 et des espaces morts nuls.

De même, pour une machine sans condensation, la dépense de vapeur est supérieure avec une détente 5 et des espaces morts de 5 0/0 à une détente 3 et des espaces morts nuls.

Emploi de la compression. — Avance à la fermeture de l'échappement. — Si, au moment de l'admission, l'espace mort était rempli de vapeur à la pression p_0, il n'y aurait évidemment aucune quantité de vapeur à fournir pour remplir cet espace. On peut facilement réaliser ce *desideratum*. En effet, on peut supposer (*fig.* 34) que le piston soit en P' et qu'il lui reste, par suite, à parcourir l'espace C' pour arriver à fin de course.

Théoriquement, on laissait l'échappement ouvert jusqu'à la fin ; si, au contraire, on ferme l'échappement à ce moment, il y aura au-dessus du piston un volume composé de V' volume de l'espace mort et de V" volume correspondant à la course C'. Ce volume V' + V" sera à la pression p' de l'échappement.

A la fin de la course, ce volume a été comprimé par le piston jusqu'à devenir V', à une certaine pression $p"$, voisine de celle d'admission. Il faut donc qu'on ait :

$$(V' + V")\, p' = V'p" ;$$

d'où :

$$p" = p' \left(\frac{V' + V"}{V'} \right) = p' \left(1 + \frac{V"}{V'} \right).$$

Cette pression, qui est évidemment fonction de V″, c'est-à-dire du point de fermeture, pourrait être choisie de façon à ce qu'elle soit exactement égale à p_0. On peut se rendre compte que cette condition serait souvent inapplicable.

En effet, pour une valeur de $p' = 0,1$ et de $p_0 = 5$, avec un espace mort égal à 2 0/0, on aurait :

$$\frac{p'}{p'} = 1 + \frac{V''}{V'} = \frac{p_0}{p'} = \frac{5}{0,1} = 50 ;$$

d'où :

$$\frac{V''}{V'} = 49.$$

Si V′ = 0,02 de la course, V″ = 49 × 0,02 = 0,98 de la course, c'est-à-dire qu'il faudrait fermer l'échappement presque au moment où il vient de s'ouvrir, ce qui est inadmissible.

Il faudra donc que p' soit toujours inférieur à p_0. On pourrait réaliser la compression totale, de façon à faire $p'' = p_0$, dans les machines à échappement libre, comme on pourrait s'en assurer, par un calcul analogue au précédent, en faisant $p' = 1$, par exemple ; en réalité, la compression est toujours plus faible.

On a donc évité la perte de vapeur due au remplissage de l'espace mort ; mais on a dépensé un certain travail résistant pour comprimer la vapeur dans l'espace mort.

Quelle sera la nouvelle expression du travail ?

Si l'on ferme l'échappement quand la course restant à parcourir est C″ (*fig.* 36), le volume correspondant est V″. On a ainsi le point n′ ; à partir du point correspondant n, la pression de l'isotherme AD₁ d'échappement va se relever progressivement jusqu'à ce que la pression devienne p''. On a ainsi le point m sur la ligne AB. Le nouveau diagramme devient donc BCD₂D₁nm. La surface représentative du travail de la machine se trouve donc diminuée de la surface hachurée Amn.

Or on a :

$$Amn = omnn' - oAnn'$$

Si l'on appelle $\mathfrak{T}_c$ le travail de compression, on a donc :

$$\mathfrak{T}_c = omnn' - oAnn'.$$

La courbe mn, qui, allant de n vers m, est une courbe de compression, peut être considérée comme une courbe de détente en allant de m vers n. Le volume qui se détendra

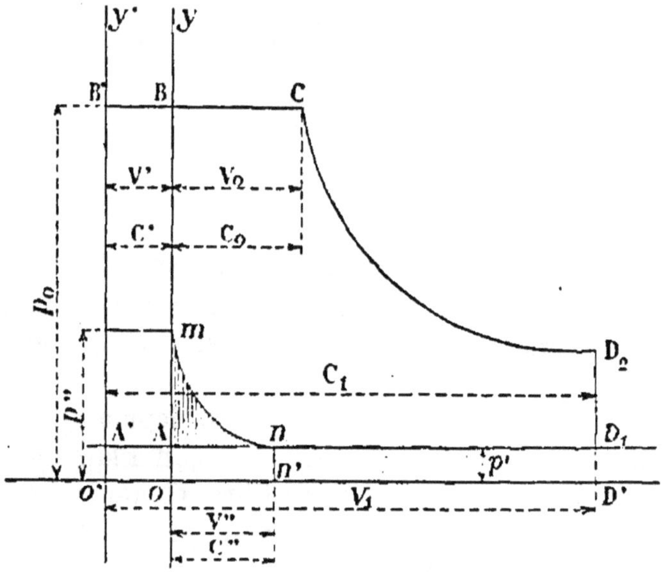

Fig. 36.

sera alors V' ; ce volume deviendra après la détente $V' + V''$. On sait que, d'une façon générale, l'expression du travail de détente est égale au volume qui se détend, multiplié par la pression d'origine, qui est ici p', et par le logarithme népérien de la détente. Ce sera la valeur de $omnn'$, et l'on aura :

$$omnn' = V'p' \log \text{nép} \frac{V' + V''}{V'}.$$

D'autre part :

$$oAnn' = V''p'.$$

Donc :

$$\mathfrak{T}_c = V'p' \log \text{nép} \frac{V' + V''}{V'} - V''p'.$$

Or on a trouvé précédemment :

$$(V' + V'')\, p' = V'p''.$$

On tire de là la valeur de V″, c'est-à-dire :

$$V'' = \frac{V'(p'' - p')}{p'} \qquad \text{et aussi} \qquad \frac{V' + V''}{V'} = \frac{p''}{p'}.$$

En remplaçant dans l'expression du travail $\mathfrak{S}_c$ de compression, on a :

$$\mathfrak{S}_c = V'p'' \log \text{nép} \frac{p''}{p'} - V'(p'' - p'),$$

ou, en mettant $V'p''$ en facteur,

$$\mathfrak{S}_c = V'p'' \left(\log \text{nép} \frac{p''}{p'} - \frac{p'' - p'}{p''} \right).$$

Cette valeur doit être retranchée de la valeur de $\mathfrak{S}_p$, obtenue précédemment en tenant compte de l'espace mort, c'est-à-dire de :

$$\mathfrak{S}_p = V_0 p_0 \left[1 + \frac{V_0 + V'}{V_0} \log \text{nép} \frac{C_1 + C'}{C_0 + C'} - \frac{C_1}{C_0} \frac{p'}{p_0} \right];$$

on a donc :

$$\mathfrak{S}_p' = V_0 p_0 \left[1 + \frac{V_0 + V'}{V_0} \log \text{nép} \frac{C_1 + C'}{C_0 + C'} - \frac{C_1}{C_0} \frac{p'}{p_0} \right.$$
$$\left. - \frac{V' p''}{V_0 p_0} \left(\log \text{nép} \frac{p''}{p'} - \frac{p'' - p'}{p''} \right) \right],$$

formule que l'on peut traduire, comme précédemment, en logarithmes vulgaires.

Poids de vapeur employé en tenant compte de la compression. — Au moment de l'admission, le volume V′ de l'espace mort, qui a été ramené par la compression à la pression p', doit reprendre la pression p_0; son volume devient, par suite :

$$V'' = \frac{V'p'}{p_0}.$$

La quantité de vapeur que la chaudière devra fournir

aura donc pour valeur :

$$V' - \frac{V'p'}{p_0} = V'\left(1 - \frac{p'}{p_0}\right).$$

Le volume total de vapeur admis dans le cylindre pendant l'admission sera donc, pour une cylindrée,

$$V_0 + V'\left(1 - \frac{p'}{p_0}\right).$$

Le poids de la vapeur par cheval-heure sera :

$$Q_3 = \left[V_0 + V'\left(1 - \frac{p'}{p_0}\right)\right]\eth \times \frac{270.000}{\varpi_{p'}}.$$

expression dans laquelle il suffit de remplacer $\varpi_{p'}$ par sa valeur.

Perte par l'eau entraînée mécaniquement. — Chaque fois que le fonctionnement de la machine provoque un appel de vapeur de la chaudière, il y a, en général, provocation d'une ébullition tumultueuse et entraînement de gouttelettes d'eau mêlées à la vapeur. Une ouverture brusque peut même provoquer l'entraînement d'un mélange d'eau et de vapeur tel que la conduite d'amenée fasse siphon et vide la chaudière dans la machine. Les eaux mousseuses facilitent les entraînements de gouttelettes liquides avec la vapeur. Si l'eau est rendue visqueuse par des tartrifuges à base de campêche, la vapeur, entraînant des gouttelettes de teinture, provoque la formation, avec les graisses, de laques qui se déposent dans les coudes et peuvent amener l'obstruction des conduites.

Les moyens d'éviter les entraînements mécaniques d'eau par la vapeur sont de plusieurs natures :

Il faut d'abord éviter d'ouvrir brusquement la prise de vapeur, afin d'éviter les dépressions brusques.

Il faut que la chaudière ait un réservoir de vapeur aussi grand que possible, afin que les variations de pression y soient faibles et que, par suite, l'ébullition n'y soit jamais tumultueuse.

Il faut, pour la même raison, avoir une surface aussi grande que possible pour le plan d'eau.

Il faut éviter les eaux savonneuses provoquant la formation de mousses qui favorisent l'entraînement.

Enfin on devra employer les divers systèmes de *séparateurs* qui ont été décrits dans le traité de *Chaudières à vapeur*, pour séparer la vapeur de l'eau entraînée.

Les machines perfectionnées, dans lesquelles on cherche à obtenir l'ouverture et la fermeture rapides des organes de distribution sont susceptibles, en raison de cette brusquerie même des manœuvres, de provoquer l'entraînement abondant de l'eau. Aussi y a-t-il toujours au moins 5 0/0 d'eau entraînée mécaniquement avec la vapeur.

La perte de chaleur qui en résulte dépasse 1 0/0.

L'eau recueillie par les séparateurs est renvoyée à la chaudière soit par la gravité, si la machine est à un niveau supérieur, soit par une pompe dans le cas contraire.

Perte due à l'eau condensée dans les conduites et dans le cylindre. — Une conduite peut condenser jusqu'à $1^{kg},50$ et 2 kilogrammes de vapeur par mètre carré et par heure. Les pertes sont évidemment très variables avec la longueur des canalisations.

On devra employer des calorifuges efficaces, recouvrir les conduites d'un petit toit pour les garantir de l'humidité quand elles sont exposées à la pluie.

Les divers calorifuges et isolants de conduites ont été étudiés dans le traité de *Chaudières à vapeur*. Toutefois il y a lieu de rappeler que le liège, la paille, la laine de scories donnent de bons résultats.

Quand les conduites atteignent de grandes longueurs, on les prend de petit diamètre, afin de diminuer la surface de refroidissement; on produit alors dans la chaudière une pression suffisamment élevée pour vaincre la perte de charge qui en résulte. La grande vitesse résultant de cet excès de pression produit contre les parois un frottement énergique qui compense les pertes produites par le refroidissement extérieur. Une conduite semblable prend le nom de *conduite forcée.*

Pour les locomotives, on prend des précautions spéciales pour protéger les conduites d'amenée de vapeur contre le refroidissement extérieur; souvent ces conduites passent dans l'intérieur même de la chaudière.

En ce qui concerne les cylindres, on combat le refroidissement extérieur en les enveloppant de liège ou de mastics calorifuges, recouverts ensuite de douves en bois ou d'enveloppes métalliques, avec interposition d'un matelas d'air.

Les fonds des cylindres, qui sont plus difficiles à préserver, sont garantis par des enveloppes en tôle vernissée ou en laiton poli ou nickelé.

Pertes dues aux pénétrations des tiges de piston et de tiroir. — Ces pertes sont peu considérables. Elles proviennent de ce fait que les tiges, se refroidissant dans l'air, provoquent dans le cylindre, en y pénétrant, des condensations partielles. Ces condensations ne peuvent pas s'éviter absolument. D'ailleurs il faut remarquer que le frottement produit par le presse-étoupe compense en partie le refroidissement de la tige.

Perte due aux fuites. — Des fuites peuvent se produire dans les joints des canalisations de vapeur; elles sont visibles, et l'on peut facilement y remédier en serrant les joints. Ces pertes et les moyens d'y parer ont été étudiés avec les chaudières à vapeur. La vapeur peut aussi s'échapper par les soupapes de sûreté, si le siège n'est pas parfaitement rodé; la chaudière doit toujours être timbrée à une pression supérieure à la pression usuelle, afin que les soupapes ne tendent pas à s'ouvrir pendant le fonctionnement.

Les fuites de vapeur au pourtour du piston sont plus importantes et ne sont pas visibles au dehors; mais on peut se rendre compte de leur existence par l'examen du diagramme.

En effet, dans ce cas, la pression d'admission s'abaisse pendant la période d'admission, et la courbe de détente se tient, par suite, au-dessous de la courbe normale en s'en écartant de plus en plus; la figure du nouveau diagramme, par rapport à l'ancien, offre donc l'allure ABC_1D_1 (*fig.* 37), au lieu de la forme normale ABCD.

Si la fuite est produite par un défaut d'alésage ou par une rayure du cylindre, la fuite a lieu en un point déterminé, au lieu d'être continue ; il s'ensuit une chute brusque de la pres-

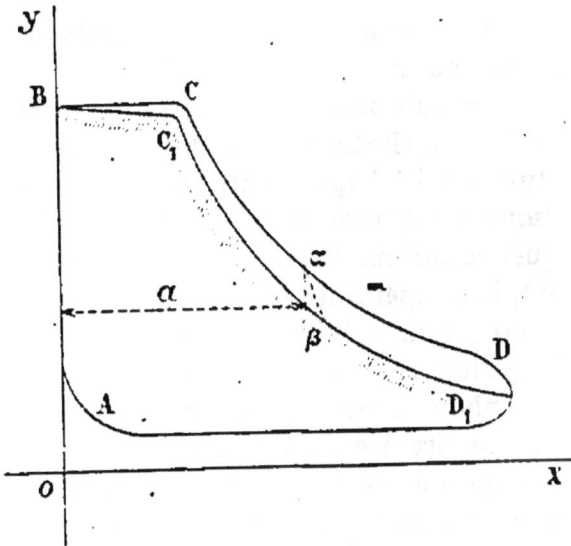

Fig. 37.

sion, visible sur le diagramme en αβ, par exemple. On peut, sur la figure, mesurer la distance a où la fuite s'est produite et retrouver de suite sur le cylindre le point défectueux.

Les pertes produites par ces fuites autour du piston peuvent atteindre un chiffre important.

Une fuite de $\frac{1}{10}$ de millimètre au pourtour d'un piston de $0^m,50$ de diamètre donne comme surface de passage :

$$0,0001 \times 3,1416 \times 0,50 = 0^m,000157.$$

Si $p_0 = 5$ kilogrammes, et $p' = 0^{kg},2$, la vitesse d'écoulement de la vapeur atteint 620 mètres par seconde, et le poids de vapeur perdu par seconde sera donc :

$$620^m \times 0,000157 \times 2^{kg},7 = 0^{kg},2628.$$

Ce poids de vapeur sera par heure :

$$0,2628 \times 3.600 = 946 \text{ kilogrammes,}$$

ce qui représente une perte de plus de 100 chevaux par heure.

Perte due au fonctionnement de la vapeur dans le cylindre. — Au moment où la vapeur d'admission arrive dans le cylindre, il se produit une condensation d'un poids π d'eau, par suite de la température basse des parois, qui étaient à la température de l'échappement. Le cylindre et le piston agissent comme un réfrigérant ; de l'eau se dépose sur les parois, lesquelles lui empruntent de la chaleur. La détente se produisant, la température s'abaisse jusqu'à atteindre celle de l'eau déposée qui, ensuite, commence à se revaporiser, bien que le piston recouvre de plus en plus une surface refroidie, et le phénomène se poursuit jusqu'à l'échappement qui établit la température du condenseur.

La pression étant alors très faible, la vaporisation de l'eau déposée sur les parois atteint son maximum, et le refroidissement de ces dernières s'accentue. Il y a donc chaleur transportée directement au condenseur et, par suite, perdue. C'est ce que *Hirn*, qui a le premier découvert le phénomène, a appelé le *refroidissement au condenseur*.

La vapeur qui se forme pendant la détente fournit par cette détente même un certain travail sur le piston. Dans un moteur sans détente, ce fait ne se produirait évidemment pas ; toute la chaleur contenue dans l'eau vaporisée au moment de l'échappement irait se perdre sans travail au condenseur.

Le poids d'eau qui est ainsi condensé ne se vaporise pas complètement ; il en reste toujours une certaine quantité qui irait en s'accumulant dans le cylindre, s'il ne se produisait au bout d'un certain temps un régime défini. Il est bien difficile de mesurer directement cette quantité d'eau. Elle dépend uniquement de l'importance de la surface refroidissante et de la différence de température des parois métalliques.

On a admis qu'il se condensait $0^{kg},600$ d'eau par unité

de surface et par degré de différence de température, de
sorte que, si S est la surface refroidissante, on a pour poids
d'eau condensée :

$$E = 0,6S \, (t_1 - t_0).$$

Cette surface S se compose des deux fonds, de la surface
latérale du piston et de sa tige, c'est-à-dire :

$$\frac{2\pi d^2}{4} + \pi dl + \frac{\pi d' l}{2}.$$

On peut donc calculer approximativement la valeur de la
perte, en comparant le poids de vapeur condensée à celui
qui est admis dans le cylindre.

Cette perte atteint de 12 à 14 0/0. Mais, comme il a été
dit, s'il s'agit d'une machine à détente, cette eau condensée
fournit de la vapeur qui se détend et travaille par la suite.

Il est à remarquer qu'une machine sans condenseur perd
moins par les condensations, l'écart de température étant
plus faible.

Enveloppes de vapeur. — C'est pour combattre les condensations intérieures qu'on a imaginé les *enveloppes*, ou *chemises
de vapeur*. Elles consistent, comme on l'a vu, à faire circuler
la vapeur de la chaudière dans une double paroi entourant le
cylindre. La consommation de vapeur nécessaire à l'enveloppe
augmenterait notablement si l'on prolongeait trop loin la détente ; c'est encore une raison pour se limiter au chiffre 9 ou 10
de détente. En général, on chauffe la surface latérale et les
fonds : il est difficile et compliqué de chauffer le piston et
les tiges. Il faut avoir soin d'éviter la stagnation de la vapeur,
ce qui diminue l'efficacité de l'enveloppe et peut amener des
condensations. On verra plus loin les détails de construction
de ces enveloppes de vapeur.

On a essayé, et l'on essaie encore, de remplacer la circulation de vapeur par une circulation d'air chaud ; c'est ainsi
que M. Donkin enveloppe le cylindre d'une flamme de gaz
Bunsen sur la moitié de son étendue et atténue le rayonnement extérieur par une enveloppe d'amiante.

Vapeur surchauffée. — Pour obtenir de la vapeur sèche à fin de détente, on a employé de la vapeur chauffée à une température plus élevée que celle correspondant à sa pression, ce qui s'obtient économiquement, la capacité calorifique de la vapeur étant 0,48 seulement. Cette vapeur a l'avantage de ne pas fournir de chaleur au moment de la détente ou de l'échappement; mais sa température est instable, et des grippements peuvent se produire par défaut de lubrification à partir de 250 à 300°. Il faut aussi veiller à ce que, pendant les arrêts, cette vapeur, généralement surchauffée dans les conduits de fumée des générateurs, ne s'échauffe pas jusqu'à atteindre la température des gaz combustibles. En général, il faut éviter de surchauffer au-delà de 200°.

Résumé des pertes. — En récapitulant toutes les pertes qui viennent d'être étudiées, on voit que :

L'espace mort produit une perte variant de 10 à 12 0/0 ;

L'eau entraînée mécaniquement amène une perte de 1,5 0/0.

Les condensations dans les conduites et le long du cylindre sont très variables, surtout les premières ; elles ne dépassent cependant pas 3 0/0 en général.

Les condensations intérieures sont les plus importantes et atteignent de 12 à 14 0/0. Le total de ces pertes donne en chiffres ronds 30 0/0.

C'est la quantité dont il faudra majorer la vapeur utile calculée par les formules établies précédemment.

Si Q est ce poids théorique calculé, on prendra :

$$Q_1 = Q \times 1,30.$$

Si la dépense Q_1 dépasse ce chiffre, la machine est mal construite ou fonctionne mal. Cette perte s'abaisse à 20 0/0 dans les machines système Woolf, dont la détente s'effectue dans un cylindre spécial, et à 16 ou 18 0/0 dans les machines à triple expansion.

§ 5. — CALCUL DES DIMENSIONS DU CYLINDRE D'UNE MACHINE A CYLINDRE UNIQUE

On connaît la puissance utile en chevaux-vapeur, F, à produire. La puissance en kilogrammètres est donc :

$$\mathfrak{G}_u = F \times 75.$$

Pour avoir $\mathfrak{G}_p$, il faut connaître $\mathfrak{G}_f$, travail des résistances passives ; ce chiffre ne peut être établi que par comparaison. En général on adopte un certain coefficient : $K = \dfrac{\mathfrak{G}_u}{\mathfrak{G}_p}$, et l'on a :

$$\mathfrak{G}_p = \frac{1}{K} \, \mathfrak{G}_u = \frac{1}{K} \, F \times 75.$$

Les valeurs de ce coefficient K sont indiquées à la page 391.

Première expression du volume du cylindre. — La valeur de $\mathfrak{G}_p$ donnée par la formule (p. 91) devient :

$$\mathfrak{G}_p = V p_0 \left(1 + 2,3026 \log \frac{C_1}{C_0} - \frac{p'}{p_0} \frac{C_1}{C_0} \right) = \frac{1}{K} \, F \times 75 ;$$

ce qui donne :

$$V = \frac{\dfrac{1}{K} \, F \times 75}{p_0 \left(1 + 2,3026 \log \dfrac{C_1}{C_0} - \dfrac{p'}{p_0} \dfrac{C_1}{C_0} \right)}.$$

Le volume V est le volume de vapeur admis par seconde. Par coup de piston, le volume admis est donc :

$$V_0 = \frac{V \times 60}{2N},$$

et le volume total de la cylindrée égale cette expression multipliée par la détente, soit :

$$\frac{V \times 60}{2N} \times \frac{C_1}{C_0},$$

et l'on a pour expression du volume du cylindre :

$$V_1 = \frac{\frac{1}{K} F \times 75}{p_0 \left(1 + 2,3026 \log \frac{C_1}{C_0} - \frac{p'}{p_0} \frac{C_1}{C_0}\right)} \times \frac{60}{2N} \times \frac{C_1}{C_0}.$$

Le coefficient K doit tenir compte des espaces morts dont l'influence a été déterminée.

Ce volume V_1 étant connu, une infinité de diamètres et de longueurs répondent à la question ; le rapport $\frac{l}{d} = \alpha$ de la longueur au diamètre est déterminé par des considérations diverses dans chaque cas particulier.

Plus le diamètre est grand, plus la pression est élevée et plus le travail de frottement des transmissions est considérable ; il y a intérêt à diminuer ces frottements et, par suite, le diamètre. D'autre part, les condensations de vapeur sont d'autant plus réduites que la surface des refroidissements est plus faible.

En général, on a intérêt à augmenter la course. Dans les machines à tiroir, $l = 1,5d$; dans celles à quatre distributeurs, on allonge la course de façon à avoir $l = 2$ à $2,5d$. Dans les machines de mines, $l = 3$ à $4d$.

Dans les machines marines, au contraire, la course égale le diamètre et lui est même inférieure ($l = 0,6$ à $0,5d$). Très souvent, dans les cylindres à détente, on fait $l = d$.

Ce rapport répond à la surface minima refroidissante, correspondant au volume nécessaire.

Cette longueur l du cylindre doit évidemment être augmentée de l'épaisseur du piston et de deux fois l'espace mort compris entre le piston et le fond du cylindre.

Deuxième expression du volume du cylindre. — Si l'on connaît d'avance le diagramme et l'ordonnée moyenne P, le travail par cylindrée ou coup de piston a pour expression :

$$\mho_p' = V_1 P,$$

V_1 étant le volume cherché.

Par seconde on a :

$$\mathfrak{S}_p = V_1 P \times \frac{2N}{60}.$$

Donc :

$$V_1 P \times \frac{2N}{60} = \frac{1}{K} F \times 75;$$

d'où l'on tire :

$$V_1 = \frac{\frac{1}{K} \times F \times 75}{P} \times \frac{60}{2N}$$

On a, d'autre part, trouvé pour valeur de P (p. 80) :

$$P = \frac{C_0}{C_1} p_0 \left(1 + \log \text{nép } \frac{C_1}{C_0}\right) - p',$$

ou bien :

$$P = \frac{C_0}{C_1} p_0 \left(1 + 2{,}3026 \log \frac{C_1}{C_0}\right) - p'.$$

Cette valeur de P ne dépendant que de la pression initiale, de la détente et de la contre-pression, on peut d'avance établir des tables où cette valeur est calculée en fonction des trois variables. La formule précédente permet alors de déterminer de suite la valeur de V_1.

Détermination du nombre de tours N. — Dans les formules précédentes, le nombre de tours N de la machine a été supposé connu et constant. Ce nombre de tours est déterminé, en général, par la nature du travail à fournir. En effet, la machine à vapeur actionne des machines opératoires dont la vitesse est déterminée à l'avance. Donc, au point de vue mécanique, la vitesse de la machine est déterminée.

En ce qui concerne le volume de la machine, on remarquera que le diamètre du cylindre est inversement proportionnel au nombre de tours et que, par suite, le volume en sera d'autant plus faible que ce nombre de tours sera plus grand.

On peut admettre comme moyens les chiffres ci-dessous suivant les différents cas :

13 à 40 tours pour commandes de pompes ;

40 à 70 tours pour ateliers de construction ;

150 tours en moyenne pour les bateaux ;

200 à 400 tours pour les locomotives et la commande des machines électriques ;

1.500 à 2.000 tours pour les essoreuses.

Au point de vue calorifique, on peut déterminer la vitesse pour qu'il y ait le minimum de pertes de vapeur au pourtour du piston et par la condensation. Pour cela, la formule :

$$V_1 = \frac{\frac{1}{K} F \times 75}{P} \times \frac{60}{2N}$$

donne, en remplaçant V_1 par sa valeur,

$$\frac{\pi d^2 l}{4} = \frac{\frac{1}{K} F \times 75}{P} \times \frac{60}{2N}.$$

Si l'on pose $l = \alpha d$, on tirera de l'équation précédente :

$$d^3 = \frac{\frac{1}{K} F \times 75}{\alpha \times \frac{\pi}{4} P} \times \frac{60}{2N}.$$

En supposant α constant, on peut écrire :

$$d^3 = R \times \frac{1}{N}.$$

Pour un nombre de tours choisi N' différent de N. on aurait :

$$d'^3 = R \times \frac{1}{N'} ;$$

d'où :

$$\frac{d}{d'} = \sqrt[3]{\frac{N'}{N}}.$$

Or les fuites au pourtour du piston sont proportionnelle
au diamètre et, si l'on désigne ces fuites par γ et γ', on a :

$$\frac{\gamma}{\gamma'} = \frac{d}{d'} = \sqrt[3]{\frac{N}{N'}}.$$

Ces fuites, au pourtour du piston, sont proportionnelles au
nombre de tours. Les pertes par condensation δ sont proportionnelles à la surface de condensation, c'est-à-dire à :

$$\frac{\pi d^2}{4} + \frac{\pi d^2}{4} + \pi l d$$

(fonds et surface cylindrique), ou bien, en faisant $l = \alpha d$:

$$\pi d^2 \left(\alpha + \frac{1}{2} \right).$$

En appelant R' la quantité constante $\pi \left(\alpha + \frac{1}{2} \right)$, on peut
donc poser :

$$S = R' d^2.$$

On aurait de même :

$$S' = R' d'^2.$$

On en déduit :

$$\frac{S}{S'} = \frac{d^2}{d'^2} = \sqrt[3]{\frac{N'^2}{N^2}}.$$

L'influence de la vitesse est donc encore plus grande pour
les condensations que pour les fuites.

On voit donc que l'on a intérêt à augmenter la vitesse des
machines.

Si, par exemple, de 60 tours on porte la vitesse à 120 tours,
on a :

$$\frac{\gamma'}{\gamma} = \frac{d'}{d} = \sqrt[3]{\frac{1}{2}} = 0,79 ;$$

d'où : $\gamma' = 0,79\gamma$. La perte devient, pour les fuites seules, les
$\frac{8}{10}$ de ce qu'elle était.

D'autre part, on a :

$$\frac{S'}{S} = \sqrt[3]{\frac{1}{4}} = 0{,}629\,;$$

d'où : $S' = 0{,}629S$; les pertes par condensation deviennent donc moins des deux tiers de ce qu'elles étaient auparavant.

Quoi qu'il en soit, on ne peut augmenter indéfiniment cette vitesse, car le piston, dont la vitesse varie à chaque instant pendant la course, doit avoir aux extrémités une vitesse nulle ; il faut donc limiter sa vitesse moyenne à une certaine valeur.

La vitesse moyenne a pour expression :

$$V_1 = \frac{2Nl}{60}.$$

l étant la course, et N le nombre de tours.

Quelle sera la vitesse maxima pendant la course ?

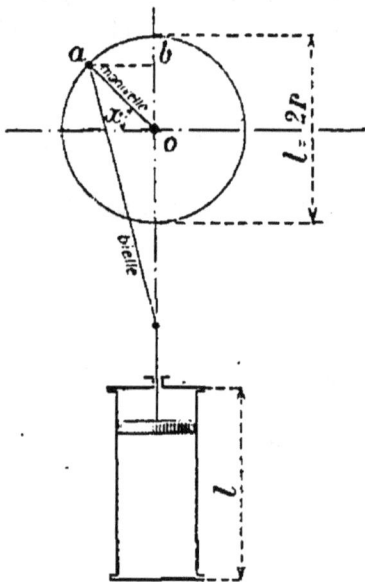

Fio. 38.

Soit oa (*fig.* 38) une position de la manivelle.

L'expression de l'espace parcouru ob par le piston est, d'une façon générale,

$$e = ob = r \sin x.$$

La vitesse $\frac{de}{dt}$ sera :

$$V = \frac{de}{dt} = \frac{dr \sin x}{dt};$$

$$V = r \cos x \frac{dx}{dt}.$$

Or $\frac{dx}{dt}$ n'est autre chose que l'expression de la vitesse angulaire.

Cette vitesse angulaire est égale à $\dfrac{2\pi N}{60}$, et l'on a :

$$V = \dfrac{2\pi r N}{60}\cos x = \dfrac{\pi l N}{60}\cos x.$$

Le maximum de cette expression a lieu pour $x = 90°$, où $\cos x = 1$.

On a alors :

$$V_{max} = \dfrac{\pi l N}{60}.$$

Le rapport de la vitesse maxima à la vitesse moyenne sera :

$$\dfrac{V_{max}}{V_1} = \dfrac{\pi l N}{2Nl} = \dfrac{\pi}{2};$$

d'où :

$$V_{max} = \dfrac{\pi}{2} \times V_1.$$

On a ainsi le rapport existant entre la vitesse maxima et la vitesse moyenne du piston.

La faible vitesse du piston au moment de l'admission de la vapeur permet à celle-ci d'agir complètement sur lui. Une grande vitesse au départ pourrait amener une perte de pression, d'autant plus qu'à ce moment le distributeur serait peu ouvert, puisqu'il ne démasque que graduellement l'orifice d'admission. Cela arrive surtout pour les distributeurs à tiroir; les machines pourvues de ce genre de distributeur devront avoir, par suite, une vitesse moyenne de piston réduite. Cela donnera d'avance pour $\dfrac{2Nl}{60}$ et, par suite, pour l une certaine valeur qui permettra déjà de fixer à peu près le rapport α de la course au diamètre.

Les machines à quatre distributeurs dans lesquelles l'ouverture se fait plus brusquement pourront, pour la raison inverse, avoir une vitesse moyenne plus considérable.

Si, dans les machines à condensation, le piston de la pompe à air est commandé par le prolongement du piston à vapeur, la vitesse de ce dernier est forcément limitée, car le mouvement de l'eau dans la pompe à air exige une vitesse faible.

Les chiffres qui suivent donnent les vitesses moyennes usuelles pour les différents cas qui se présentent industriellement :

Moteurs d'ateliers mécaniques..........	1ᵐ,00 à 1ᵐ,25
Locomobiles.........................	1ᵐ,00 à 1ᵐ,50
Machines à quatre distributeurs.........	1ᵐ,60 à 2ᵐ,00
Commande de machines électriques.....	2ᵐ,80 à 3ᵐ,00
Machines de bateaux	2ᵐ,80 à 3ᵐ,00
Locomotives.........................	3ᵐ,50 à 3ᵐ,80

Ces nombres peuvent d'ailleurs varier, pour la même machine, qui peut marcher à des allures très différentes.

CHAPITRE IV

ORGANES DE LA MACHINE A VAPEUR A MOUVEMENT ALTERNATIF ET A CYLINDRE UNIQUE

§ 1. — TYPES DES MACHINES A CYLINDRE UNIQUE

Les machines à mouvement alternatif peuvent se distinguer par la manière dont le piston est relié à l'arbre moteur. C'est ainsi que l'on distingue les machines à *balancier*, dans lesquelles le piston n'agit sur la bielle que par l'intermédiaire d'un organe appelé *balancier* et les machines *à connexion directe*, dans lesquelles la tige du piston est directement reliée à la manivelle de l'arbre par une bielle. On peut distinguer encore les *machines à fourreau* et quelques autres dispositions spéciales.

Machines à balancier. — Les premières machines à balancier datent de Newcommen et de Watt. Le mouvement du piston est transmis au balancier à l'aide d'un parallélogramme ; le balancier transmet le mouvement de rotation à l'arbre par l'intermédiaire d'une bielle et d'une manivelle.

Pour que le balancier prenne une inclinaison égale et minima de part et d'autre de *XX'* (*fig.* 39), il est nécessaire de mettre l'axe de la tige du piston suivant TT' passant par le milieu de CC'.

Quand le piston agit de haut en bas, la résistance tend à tirer aussi le balancier de haut en bas, à l'extrémité opposée, et le massif d'appui du point A est appliqué sur sa base ; si, au contraire, le piston moteur agit de bas en haut sur une extré-

mité du balancier avec une puissance P, la résistance placée
à l'autre extrémité agit dans le même sens à l'autre extrémité ;
il s'ensuit que le point A et, par suite, le massif auquel l'articulation est fixée tendent à être soulevés par un effort 2P. Il
faut donc ancrer ce massif ou lui donner un poids supérieur

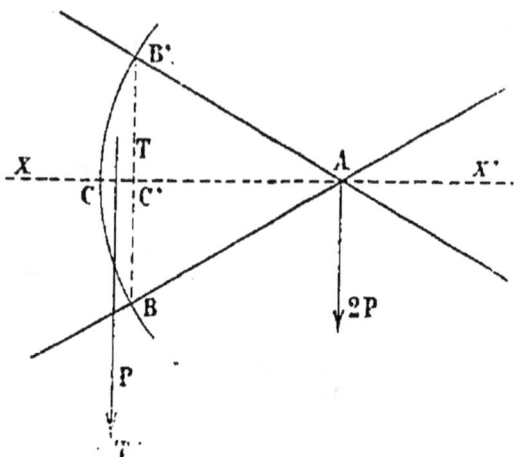

Fig. 39.

à 2P ; on prend généralement 3P. De plus, les pierres qui le
forment doivent être ancrées les unes dans les autres, de
façon à ce qu'une partie du massif ne vienne pas à se déta-
cher sous l'influence de la poussée verticale.

En général, le balancier est placé à la partie supérieure de
la machine, emplacement qu'il peut occuper sans gêner les
autres organes. C'est le cas de la machine à rotation de Watt,
décrite plus haut. Mais il a parfois été déplacé, comme dans
les cas suivants.

Machines marines à balanciers inférieurs doubles (fig. 40). —
Les anciennes machines marines, étant construites à balancier, occupaient une hauteur très considérable dans la
cale du bateau, ce qui avait le double inconvénient de
relever le centre de gravité et de donner prise au vent. Aussi
songea-t-on à dédoubler le balancier en deux flasques et à le
mettre à la partie inférieure.

La tige du piston commande une traverse T agissant sur

deux bielles projetées l'une derrière l'autre en B et actionnant chacune une flasque F du balancier qui commande
à son tour la bielle D et l'arbre O.

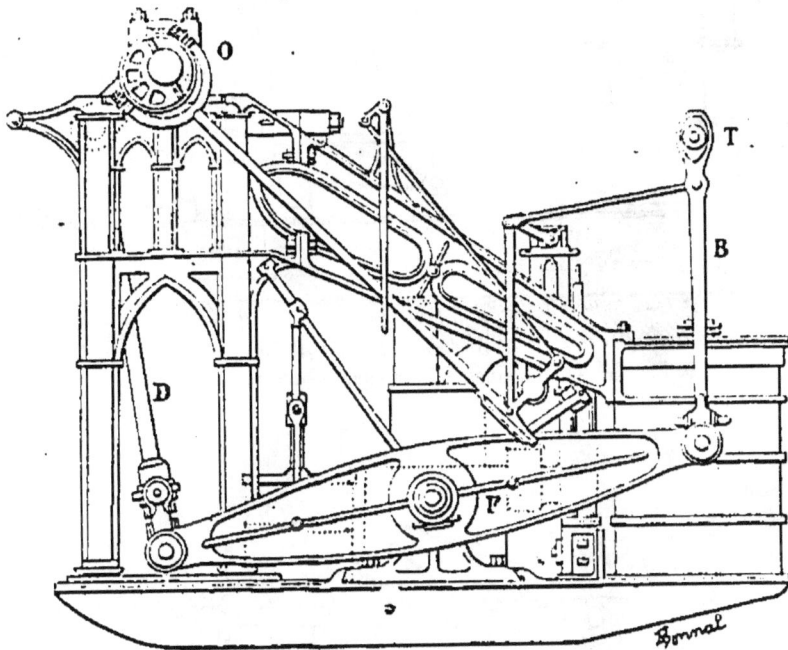

FIG. 40. — Machine à balancier inférieur.

La bielle D devant avoir quatre fois la longueur de la manivelle
environ, pour donner un bon fonctionnement, la machine
avait une hauteur encore trop considérable pour la navigation fluviale. Aussi employa-t-on la disposition suivante.

Machine à balancier d'équerre. — Le balancier, mû de la
même façon que précédemment à l'une de ses extrémités, se
retourne d'équerre de façon à actionner une bielle horizontale, qui peut alors avoir toute la longueur nécessaire.

Ces dispositifs sont aujourd'hui à peu près abandonnés.

Les balanciers sont en effet difficiles à exécuter; ils sont
lourds, coûteux et toujours sujets à rupture, s'ils sont en
fonte, par suite de l'inégalité des dilatations et du changement d'état de la fonte.

Le fer forgé, que l'on a essayé de substituer à la fonte, a
dû être abandonné par suite de son prix.

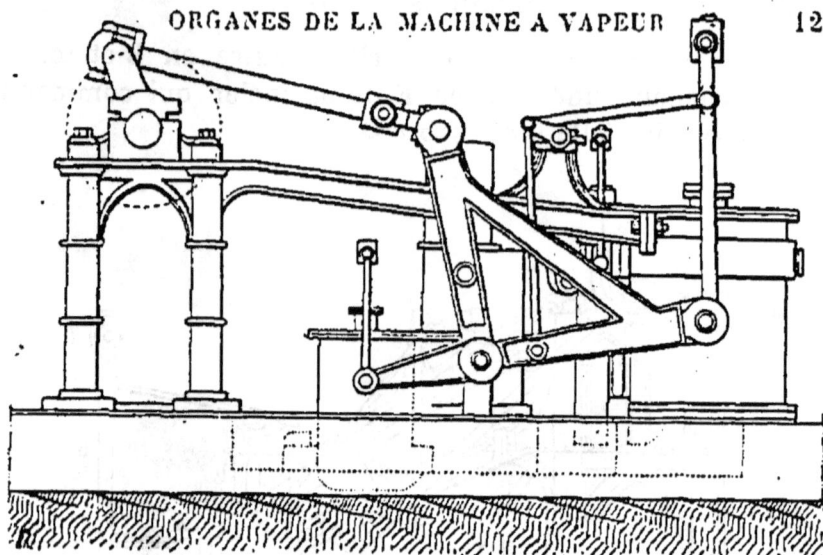

Fig. 41. — Machines à balancier d'équerre.

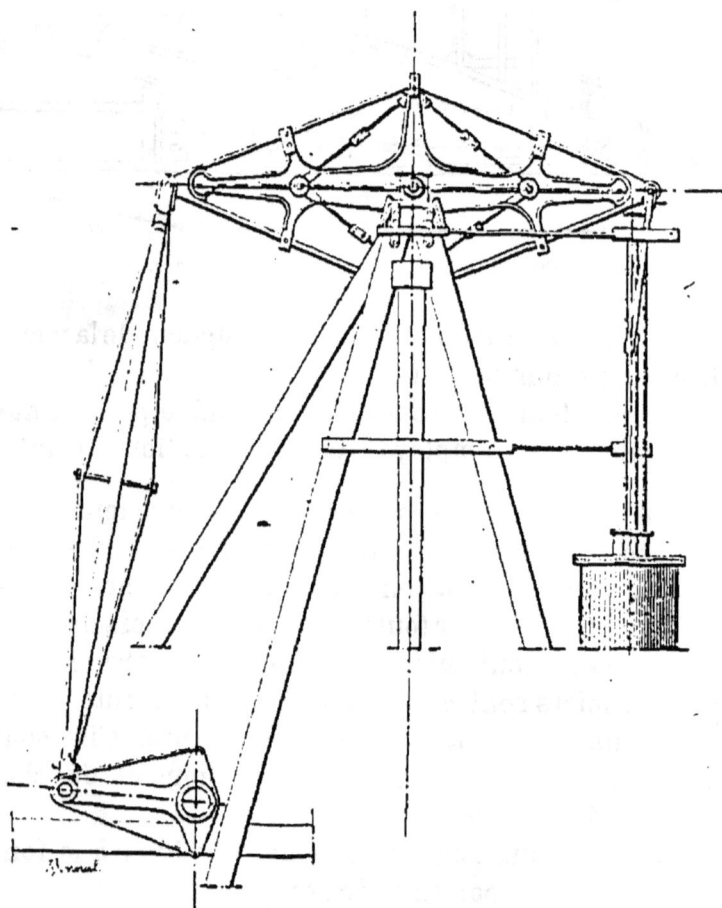

Fig. 42. — Balancier américain.

Balancier américain (fig. 42). — Ce balancier est relié par une bielle au piston de la machine; il est composé de pièces tendues en fer et de pièces comprimées en fonte.

En général, le fonctionnement des machines à balancier est forcément très lent; on ne peut guère dépasser 25 à 30 tours par minute. Ces faibles vitesses impliquent nécessairement des cylindres à vapeur volumineux pour une puissance déterminée. A égalité de puissance, les machines à connexion directe sont préférables.

Machines à connexion directe (fig. 43). — En principe, la transmission d'une machine à connexion directe se compose

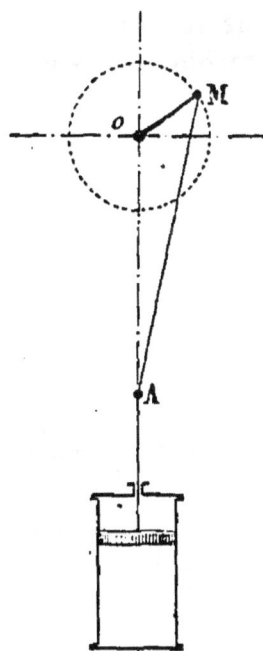

d'une bielle AM articulée, d'une part, à la tête de la tige du piston, en A, et, d'autre part, à une manivelle oM qui transforme en mouvement circulaire le mouvement de va-et-vient de la bielle. La longueur oM de la manivelle est évidemment égale à la demi-course. La bielle a une longueur qui varie entre quatre et cinq fois celle de la manivelle.

On verra plus loin le dispositif des articulations et le mode de transmission des efforts.

La disposition des machines à connexion directe est très variable. Le cylindre peut, en particulier, être *vertical*, *incliné* ou *horizontal*.

Si l'on prend pour base de la classification l'inclinaison, la position du cylindre, la disposition de la transmission entre la tige du piston et

FIG. 43.

l'arbre moteur, on a le tableau suivant :

A. — MACHINES VERTICALES	I LA TIGE DU PISTON SORT PAR LA PARTIE SUPÉRIEURE	1° Arbre moteur supérieur au cylindre.	Bielle à action directe.....	Type Saulnier.
			Bielle en retour	Type Clocher.
		2° Arbre moteur inférieur au cylindre.	Double bielle en retour...	Type Maudslay.
			Bielle à cadre.	Type Beslay.
	II. — LA TIGE DU PISTON SORT PAR LA PARTIE INFÉRIEURE.— Machines-pilons.			

B. — MACHINES A CYLINDRE INCLINÉ. — Bielle à action directe. — Système Delpech.

C. — MACHINES HORIZONTALES	MACHINES ACTIONNANT UN ARBRE HORIZONTAL	1° Bielle à action directe.	A arbre coudé et volant en porte-à-faux.
			A manivelle.
			Deux machines accouplées.
		2° Bielle en retour. — Machines pour bateaux.	

II. — MACHINES ACTIONNANT UN ARBRE VERTICAL.

A. Machines verticales. — Dans les premières machines construites, le cylindre fut placé verticalement, le presse-étoupe à la partie supérieure, de façon que le piston sorte par le côté supérieur du cylindre. L'attaque de la manivelle de l'arbre moteur se fit par bielle directe, de sorte que l'arbre se trouvait à la partie supérieure de la machine et au-dessus du cylindre.

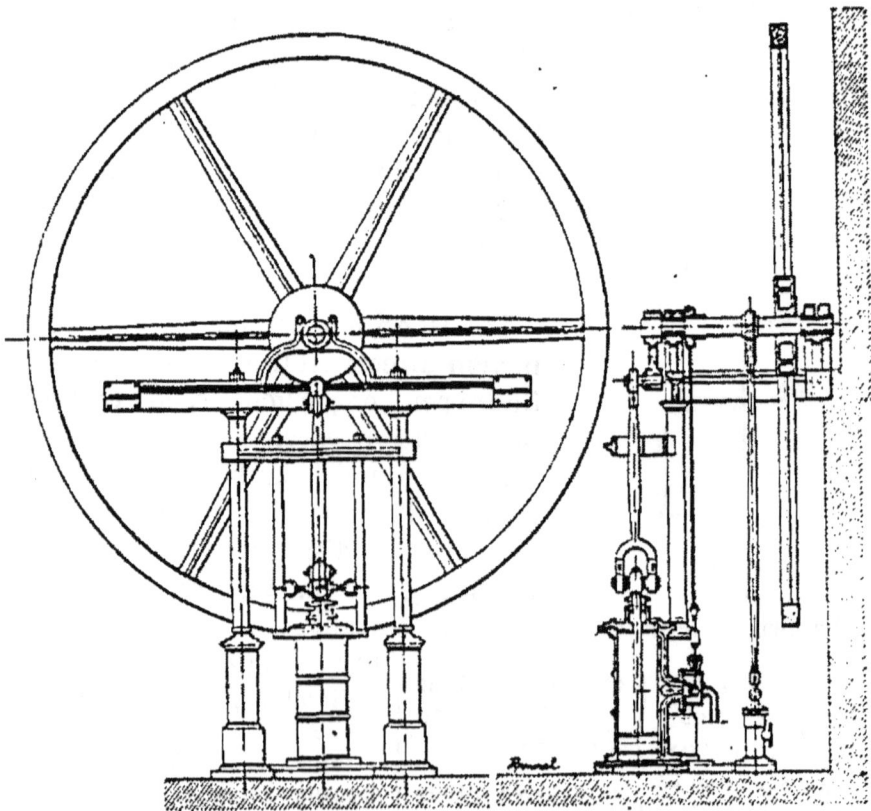

Fig. 44. — Machine Saulnier.

Machine Saulnier (fig. 44. — La machine Saulnier est de ce

Vue de côté

ne de face

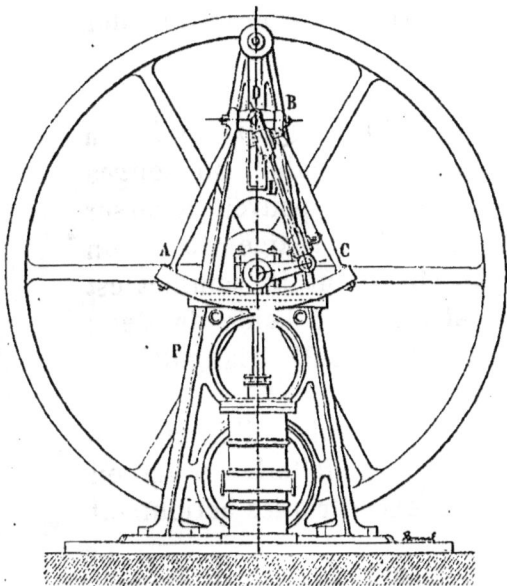
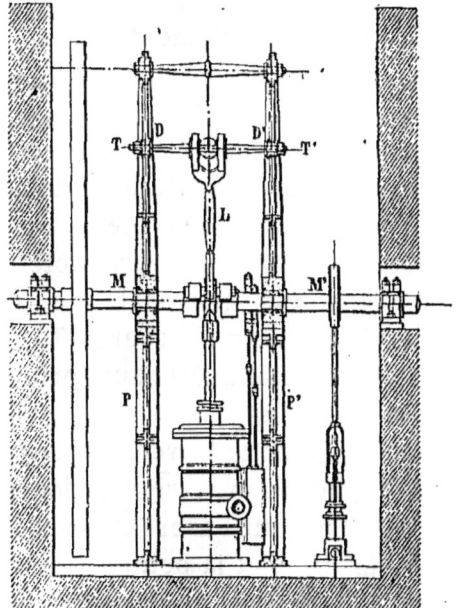

Fig. 45. — Machines à bielles en retour.

type. L'arbre moteur portant le volant est supporté par deux paliers.

Le *palier-manivelle*, voisin de la manivelle, est supporté par deux fortes colonnes verticales en fonte. Près de ce palier se trouve l'*excentrique* commandant le tiroir du cylindre. Le volant se trouve placé près de l'autre palier, appelé *palier-volant*, qui peut être soutenu par la maçonnerie du mur vertical voisin. Un excentrique spécial commande la pompe alimentaire. Le piston est guidé par deux galets de roulement. Ces machines, en raison même de leur disposition, exigent une grande hauteur. Le centre de gravité étant très élevé, la machine est instable. De plus, les paliers étant inégalement chargés, le palier-volant supporte un poids plus fort que le palier-manivelle.

Machine à bielles en retour (fig. 45). — Pour rendre la hauteur plus faible et la machine plus stable, on songea à employer la bielle en retour, afin de pouvoir abaisser le niveau de l'arbre moteur. A cet effet, la tige du piston actionne une sorte de triangle ABC, dont le sommet est fixé sur une traverse TT', qui est guidée à l'aide de deux coulisseaux DD', supportés par des pylônes PP' triangulaires, en fonte.

Sur cette traverse, qui est animée, par suite, d'un mouvement de va-et-vient, vient s'articuler la bielle L qui agit en retour sur l'arbre moteur MM'. Des excentriques actionnent le tiroir et la pompe.

Machine Maudslay (fig. 46). — Dans ce type de machine, la hauteur est encore plus réduite. L'arbre moteur est placé en M au-dessous du cylindre moteur C, et la bielle ne peut plus être dans le prolongement de la tige du piston.

Celle-ci actionne alors une traverse TT' guidée à l'aide de deux galets roulant entre leurs glissières ; cette traverse agit sur deux bielles LL' passant de part et d'autre du cylindre et donnant le mouvement à l'arbre moteur en A, à l'aide d'un coude, et en B, à l'aide d'une manivelle. Le volant se trouve reporté au-delà du palier. La machine exige donc trois paliers ; la commande du tiroir se complique par cette dispo-

Vue de côté

Vue de face

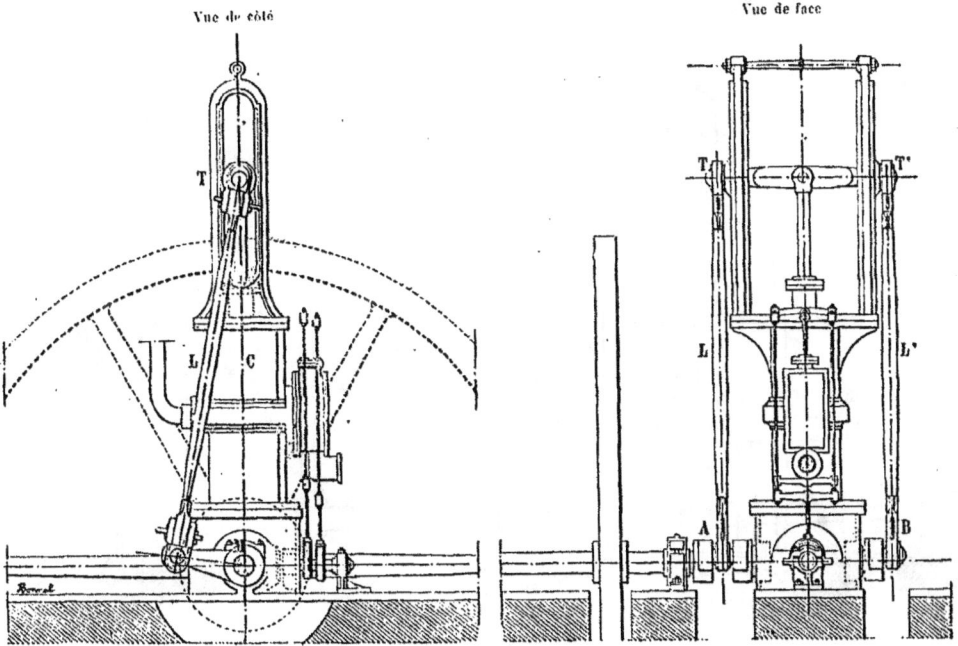

Fig. 46. — Machine Maudslay.

Vue de côté

Vue de face

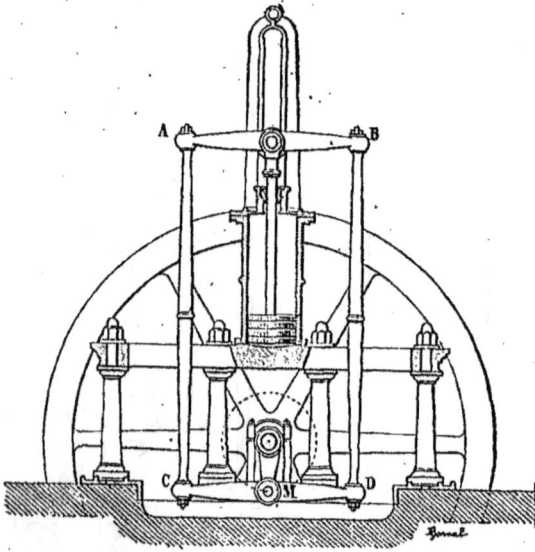
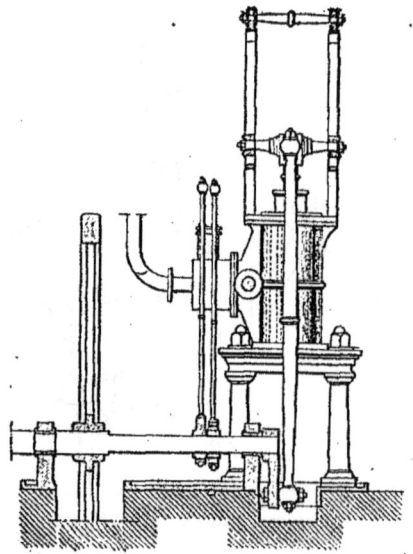

Fig. 47. — Machine Beslay.

sition, car elle doit se faire parallèlement à l'arbre moteur,
ce qui exige un renvoi de mouvement par engrenage.

Machine Beslay (fig. 47). — Dans ce type on a évité l'inconvénient qui vient d'être signalé, et la commande du tiroir se
fait directement par un excentrique actionné par l'arbre moteur. Le piston agit sur un véritable cadre ABCD, composé de deux bielles et de deux traverses. La manivelle
s'articule au point M de la traverse inférieure. Ce cadre est
construit en fer forgé, mais il ne pourrait supporter des efforts
considérables sans exiger de grandes dimensions; on se
trouverait alors obligé de l'équilibrer. La machine n'exige
que deux paliers, entre lesquels se trouve placé le volant.

Machines-pilons (fig. 48). — Ces machines diffèrent des précédentes en ce que la tige du piston, au lieu de sortir par un
presse-étoupe placé à la partie supérieure du cylindre verti-

Vue de face.   Vue de côté

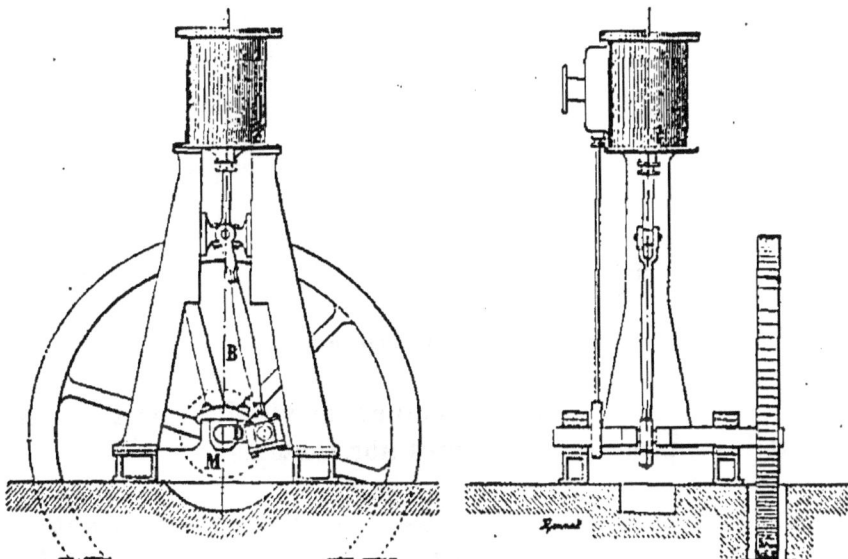

FIG. 48. — Machine-pilon.

cal, sort par le fond inférieur. Le cylindre se trouve donc
surélevé sur un bâti qui prend la forme d'un A. L'arbre
moteur M, placé à la partie inférieure, est directement

actionné par la bielle B et la manivelle D. La tige du piston
est guidée par des glissières ménagées dans le bâti même
disposé à cet effet.

Deux paliers supportent l'arbre, et le volant est placé en
porte-à-faux; l'excentrique de commande du tiroir prend
son mouvement sur l'arbre moteur.

Les machines marines sont presque exclusivement aujour-
d'hui des machines-pilons. Elles sont très stables et tiennent
peu de place; elles permettent d'actionner facilement l'arbre
de l'hélice, qui se trouve toujours à la partie basse.

B. **Machines inclinées** (*fig.* 49). — Ces machines peuvent
être considérées comme formant la transition entre les
machines verticales et horizontales.

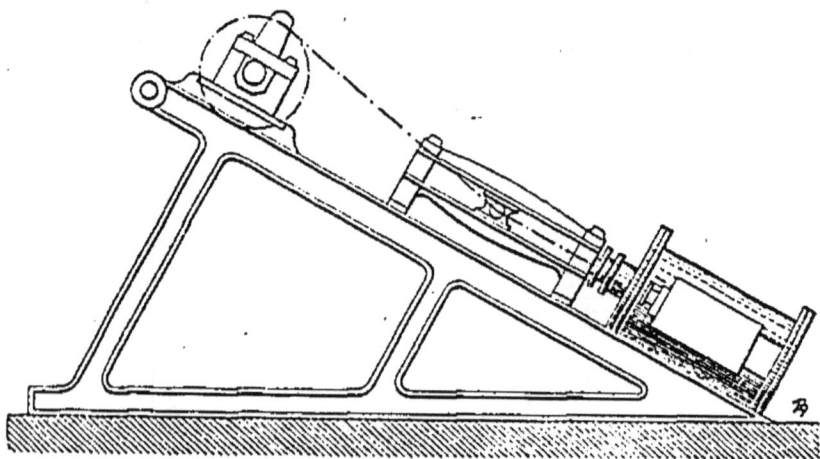

Fig. 49. — Machine inclinée.

C'est à la suite de ces machines à cylindre incliné qu'on
installa les premières machines horizontales.

C. **Machines horizontales.** — Les machines horizontales
sont placées sur un châssis qui les rend indéformables.
Le montage peut en être fait avec la plus grande exactitude
La surveillance et le graissage en sont extrêmement com-
modes. On craignait auparavant que le poids du piston, par
suite de l'usure continue qu'il provoque sur la paroi du
cylindre ne vienne à occasionner des fuites de vapeur. Si le

piston est convenablement maintenu, cette crainte ne se réalise pas.

Machine à arbre coudé (fig. 50). — La bielle agit directement sur un arbre coudé supporté par deux paliers. Le

Élévation.

Plan

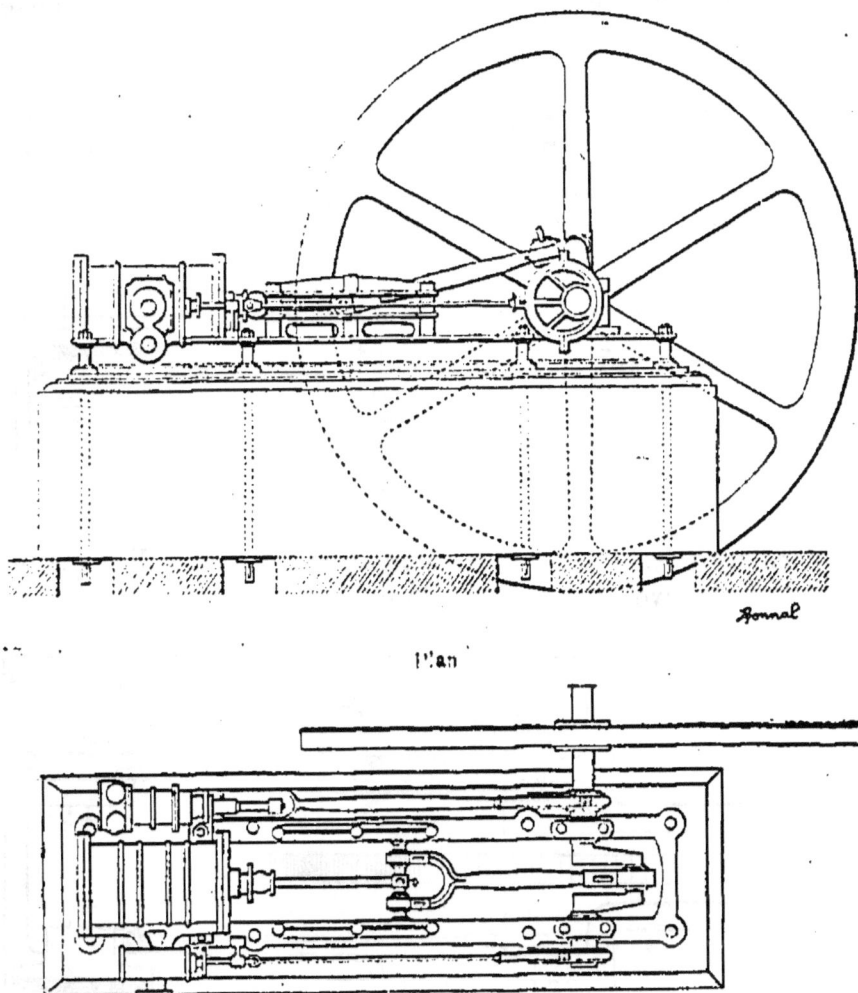

Fig. 50. — Machine horizontale à arbre coudé.

volant se trouve en porte-à-faux; des excentriques commandent la pompe alimentaire et le tiroir de la machine.

Cette disposition du volant en porte-à-faux est acceptable pour des machines de faible puissance. Si la puissance devient ùn peu importante, il faut mettre un troisième palier. La commande par arbre coudé s'emploie quand on doit faire des prises de puissance à la fois aux deux extrémités de l'arbre moteur. Sinon, on peut employer la disposition qui suit.

Machine à manivelle (fig. 51). — La bielle attaque directement la manivelle de l'arbre moteur, et le volant se trouve

Plan.

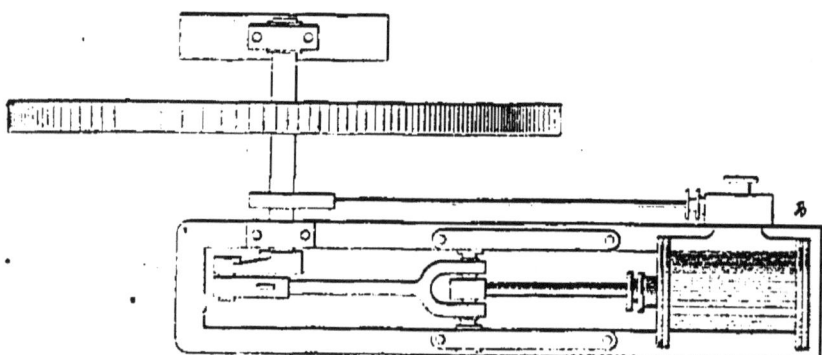

Fig. 51. — Machine horizontale à manivelle.

placé entre les deux paliers. De l'autre côté du palier-manivelle se trouve l'excentrique de commande du tiroir.

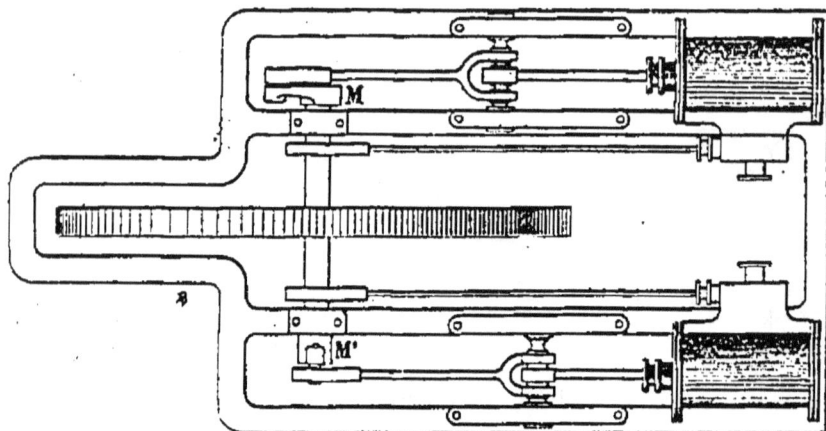

Fig. 52. — Machines horizontales à manivelles, accouplées.

Cette disposition de machine est extrêmement répandue. Pour obtenir une très grande régularité de marche, il arrive fréquemment qu'on accouple deux machines à vapeur sur le même arbre (*fig.* 52).

Dans ce cas on a soin de caler à 90° les deux manivelles M, M'; on régularise ainsi beaucoup la marche; car, tandis que l'un des pistons est à son minimum de vitesse, l'autre est à son maximum, de sorte qu'il y a compensation. Ce dispositif n'exige que deux paliers, et le volant se trouve tout naturellement placé entre les deux machines.

Les machines horizontales ainsi disposées donnent d'excellents résultats au point de vue du travail de frottement. Elles présentent l'inconvénient d'exiger en plan beaucoup de surface pour leur installation. C'est pour parer à cet inconvénient qu'on a imaginé les *machines-pilons* dont il a été parlé plus haut et qui ne sont que des machines horizontales renversées.

Machines horizontales à bielles en retour (fig. 53). — Cette

Plan

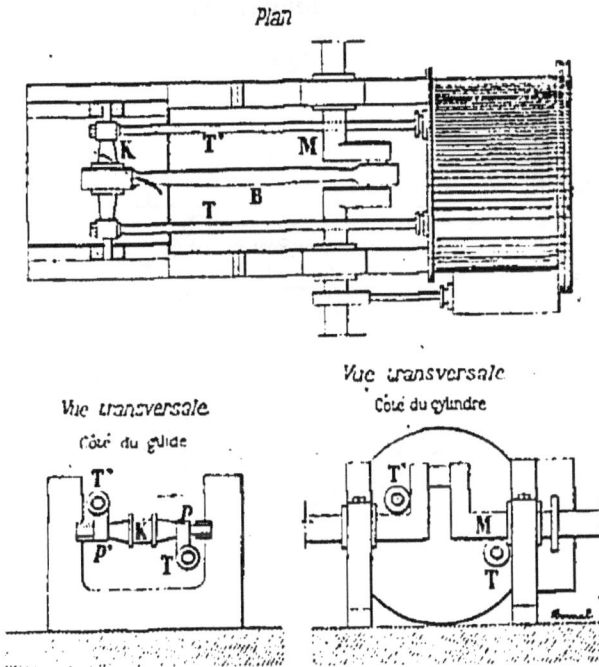

Fig. 53. — Machine horizontale à bielles en retour.

disposition a été adoptée pour les machines marines, en vue d'économiser de la place. La tige du piston est dédoublée, et les deux tiges TT' se trouvent dans un plan incliné de manière à laisser passer l'arbre moteur. Chaque tige vient se fixer sur une traverse à coulisseaux horizontale K à l'aide des pièces p et p'. La bielle B s'articule sur cette traverse et revient vers le cylindre actionner l'arbre moteur, qui est coudé. La place occupée est minima.

Machine actionnant un arbre vertical. — Toutes les machines que l'on vient de décrire actionnent des arbres horizontaux; mais on peut disposer aussi les machines horizontales pour actionner des arbres verticaux. Il suffit simplement que les glissières de la tête du piston soient disposées de manière à résister aux efforts nouveaux qu'elles ont à subir. Quelques mots de ces dispositifs seront dits dans l'étude détaillée des organes.

Machines à pistons sans tiges ou machines à fourreaux (*fig.* 54 et 55). — Dans ces machines, la bielle est directe-

Élévation.

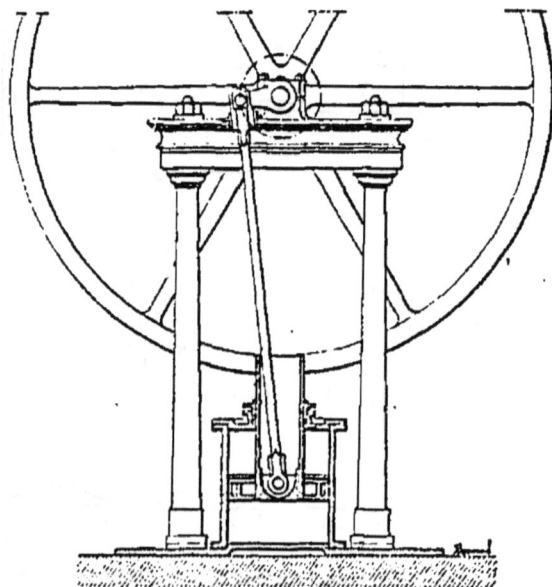

FIG. 54. — Machine à fourreau simple.

ment articulée au centre du piston, et la tige du piston est.

par suite, supprimée, ce qui permet de rapprocher beaucoup
l'arbre du cylindre. La figure 54 donne un exemple de machine verticale à *fourreau simple*.

Ces machines ont l'inconvénient de développer un effort
très inégal sur les deux faces du piston, par suite de la différence notable de leurs surfaces. De plus, le passage du fourreau dans le fond supérieur exige un presse-étoupe de
grandes dimensions, et occasionne, par suite, un frottement
considérable.

Élévation.

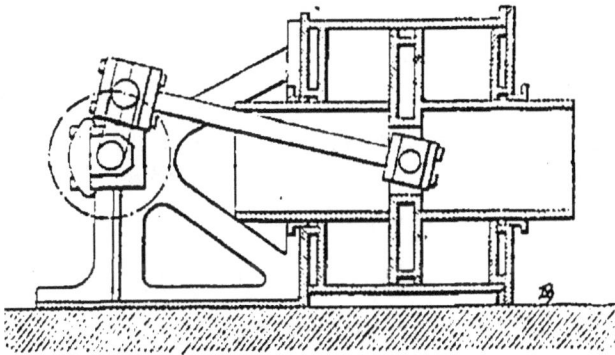

Fig. 55. — Machine à double fourreau, type Penn.

Pour rendre le travail égal sur les deux faces, on a alors
créé la machine à *double fourreau* (*fig.* 55), type Penn. Le
frottement est doublé, à cause de la nécessité des deux
presse-étoupes ; de plus, les condensations y sont très importantes, par suite des grandes surfaces refroidissantes.

Les inconvénients que présentent ces machines sont considérables par rapport au léger avantage qu'elles présentent.

Machines mi-fixes. — Les machines mi-fixes forment une
classe spéciale de moteurs solidaires de leur générateur de
vapeur et sont fixées avec lui sur un bâti commun. Ces types
exigent des fondations peu importantes et ne demandent pas
de monteurs spéciaux pour leur mise en place. Ils sont tout
indiqués quand, pour une cause ou pour une autre, le point
où doit être établie la force motrice doit être déplacé, comme
dans le cas d'épuisements, de submersions, de travaux de
mines. Pour certaines industries, ces types conviennent par

faitement; ils sont, plus que d'autres, capables d'être réem-
ployés à d'autres usages. Le générateur peut être amovible
ou fixé d'une manière invariable à la machine proprement
dite. Les dispositions de ces machines sont très diverses
(horizontales, verticales, etc.), mais dérivent toujours des
types qui ont été étudiés.

Machines diverses. — Dans d'autres chapitres traitant des
applications de la machine à mouvement alternatif, sont
décrites quelques machines spéciales, telles que les *machines
à simple effet* des types *Westinghouse, Brotherhood*, etc., destinées à produire des mouvements de rotation très rapide,
et les *servo-moteurs*, les *machines de chocs*, certaines *machines
de commande de pompes,* etc., etc., qui, tout en étant des
machines à vapeur à mouvement alternatif et à piston, ne
rentrent pas dans les catégories énumérées ci-dessus, lesquelles constituent des types généraux de moteurs.

§ 2. — Fondations et batis des machines

Fondations. — Les machines fixes reposent sur des constructions en maçonneries appelées *massifs*, qui doivent être
absolument stables; le moindre tassement pourrait amener
des suppléments de frottements, des efforts imprévus, qui
pourraient gravement compromettre le fonctionnement régulier de la machine.

Pour obtenir cette stabilité, les fondations doivent être
extrèmement soignées; de plus, elles doivent être disposées
pour amortir, autant que possible, les vibrations transmises
au sol et, par suite, aux corps environnants.

Les fondations sont, en conséquence, établies sur le sol
résistant, ou, à son défaut, sur un sol fortement damé, sur
lequel on établit tantôt un plancher formé de pièces de chêne
de fort équarrissage, tantôt un massif de béton.

Sur ces fondations on établit le massif lui-même, qui doit
être, autant que possible, en fortes pierres de taille. Si le
massif est en moellons, il est bon de recouvrir ceux-ci par

une table de pierre de taille, sur laquelle viendra se fixer le bâti de la machine.

Certains constructeurs disposent parfois, sous les fondations mêmes, des substances variées, élastiques et incorruptibles, destinées à amortir les vibrations produites.

Bâti. — Les divers organes dont se compose la machine sont reliés ensemble par un bâti indéformable, ordinairement en fonte. Tous les organes fixes de la machine sont boulonnés sur ce bâti. Ce dernier est fixé au massif par des boulons de fondation, filetés à leur partie supérieure, pour que l'on puisse placer les écrous de fixage, et munis, à leur partie inférieure, de clavettes et de plaques venant reposer sur des sommiers fixés à la maçonnerie, de façon à rendre le bâti solidaire du massif.

La forme du bâti est loin d'être indifférente. Il y a intérêt à répartir le mieux possible la matière, suivant la manière dont les efforts agissent. Il faut aussi tenir compte des dilatations; à cet effet, le cylindre est quelquefois boulonné en porte-à-faux, à l'extrémité de la plaque de fondation, comme dans les machines Corliss. L'assemblage du cylindre avec la plaque se fait au moyen de boulons dont le trou est oblong, pour permettre les dilatations.

L'assiette du bâti doit être très étudiée, surtout si le sol est sujet à des affaissements, comme, par exemple, pour les installations faites sur des travaux de mines. On tend alors à diminuer le nombre de points d'appui; un bâti reposant sur trois points reste toujours stable, quelles que soient les variations du sol; s'il y a un plus grand nombre de points d'appui, il peut y avoir, au contraire, des porte-à-faux. Quelquefois les points d'appui du bâti se réduisent à un seul, ce qui assure évidemment l'équilibre dans tous les cas.

Les machines destinées à fournir de petites forces peuvent ne pas être placées sur le sol. On en trouve souvent fixées aux murs des usines, ou même à des supports, à l'aide de consoles de formes appropriées.

Chaque cas différent comporte évidemment une solution différente. On trouvera, d'ailleurs, des exemples à citer dans les descriptions qui suivront.

§ 3. — DES CYLINDRES A VAPEUR
CONSTRUCTION ET DISPOSITIONS DIVERSES

Métaux employés et construction. — Le métal employé pour les cylindres de machines à vapeur est la fonte grise dure, à grain serré. Elle doit être d'excellente qualité. Certains ateliers possèdent, à cet effet, des fonderies spéciales.

Le cylindre, une fois fondu, est placé sur le tour et *alésé* avec beaucoup de soin jusqu'au diamètre précis qui a été calculé. La surface intérieure doit en être parfaitement polie, ainsi que la tablette où s'ouvrent les lumières d'introduction ou d'échappement de la vapeur.

L'épaisseur du cylindre doit satisfaire à des considérations de fonderie et de résistance. Parfois on donne un supplément d'épaisseur en prévision des alésages futurs ; mais il faut remarquer que, si le cylindre est muni d'une double enveloppe, cette précaution peut être nuisible à la transmission de la chaleur.

Le *fond* du cylindre, son *couvercle*, c'est-à-dire le fond qui est traversé par la tige du piston, les pièces de l'enveloppe et la glace du tiroir sont boulonnés après le cylindre. Les joints entre les pièces assemblées se font de la même manière que pour les joints de vapeur, c'est-à-dire au minium, à la céruse, ou bien encore entre surfaces métalliques parfaitement dressées ; on emploie aussi le caoutchouc, l'amiante ou carton d'amiante, et même certains alliages qui se ramollissent par la chaleur.

Cylindres sans enveloppe (*fig.* 56). — La distribution s'effectue à l'aide d'un tiroir T, qui permet à la vapeur de s'échapper successivement par les orifices d'admission A et A' et par l'orifice E. La partie MM formant la glace G du tiroir est rapportée au cylindre. Dans la vue de côté, cette partie se trouve privée de son couvercle CC_1, le tiroir étant également enlevé.

En principe, le conduit d'échappement doit quitter de suite le cylindre, pour ne pas être exposé à un réchauffement.

Vue du côté dela glace.   **Coupe longitudinale.**

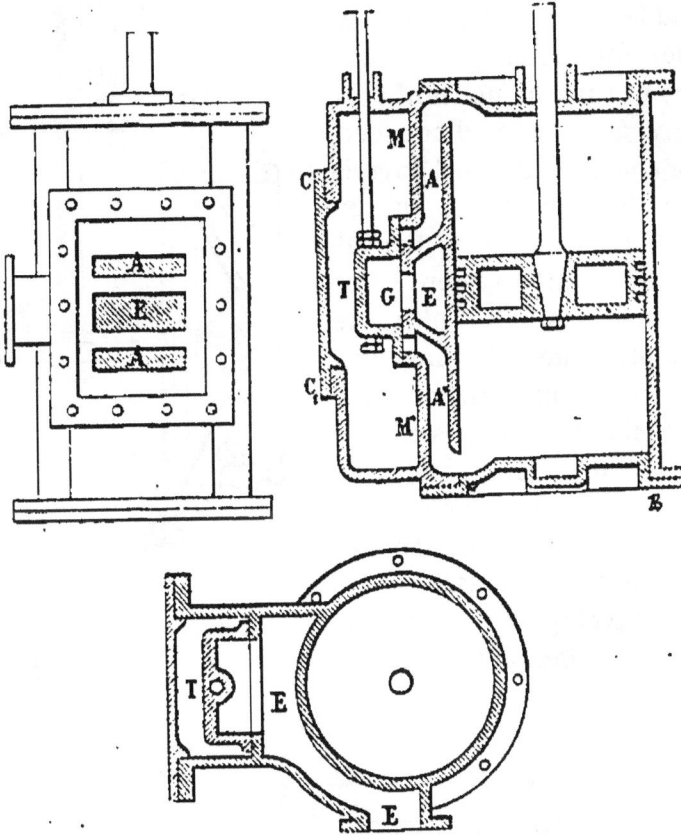

FIG. 56. — Cylindre sans enveloppe.

On voit, sur la figure, que les fonds sont rapportés, ainsi que le couvercle de la *boîte à vapeur*, CC_1, la glace du tiroir, et les orifices d'admission et d'échappement.

Cylindres à enveloppe de vapeur. — Les enveloppes de vapeur peuvent être venues de fonte avec la partie principale du cylindre. L'ajustage est alors très simplifié ; mais, en revanche, le travail de fonderie est beaucoup plus délicat.

La figure 57 donne l'exemple d'un cylindre à double enveloppe comportant un fond fixe.

La difficulté d'exécution consiste dans la confection d'un noyau de 2 centimètres d'épaisseur. On ménage dans les brides des évidements destinés à permettre l'enlèvement du sable qui a servi à la confection du noyau.

Les noyaux ne pouvant descendre au-dessous d'une certaine épaisseur, on est parfois obligé de donner une surlargeur de diamètre à l'enveloppe, ce qui augmente les condensations. De plus, le sable provenant des noyaux, et qui reste toujours en partie attaché au métal, s'en détache et peut être introduit dans le cylindre, qu'il raye ainsi très rapidement en occasionnant des fuites.

Les enveloppes venues de fonte ne s'emploient, en général, que pour les petites

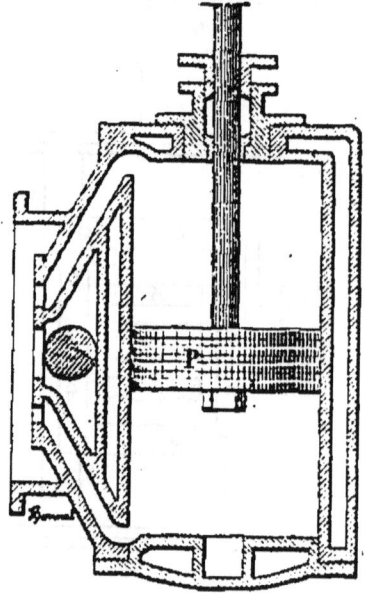

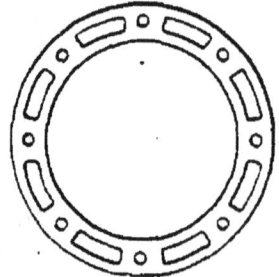

Fig. 57. — Cylindre avec enveloppe venue de fonte.

forces. On se sert presque toujours d'enveloppes rapportées.

Quand l'enveloppe du cylindre est rapportée, on

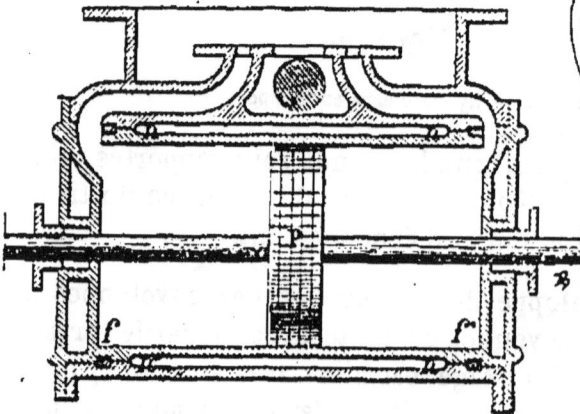

Fig. 58. — Cylindre à enveloppe rapportée.

a l'avantage de pouvoir mettre un tube de frottement plus

dur à l'intérieur; l'enveloppe extérieure, qui n'a aucun frottement à subir peut, sans inconvénient, être d'autre qualité.

La figure 58 représente un type de cylindre à double enveloppe rapportée, munie d'un couvercle et d'un fond amovible. Le contact entre le tube de frottement et sa double enveloppe a lieu suivant les nervures n.

Comme la vapeur ne doit pas pouvoir pénétrer de la double enveloppe dans le cylindre à vapeur par ces nervures, on fait le joint de la façon suivante (*fig.* 59) :

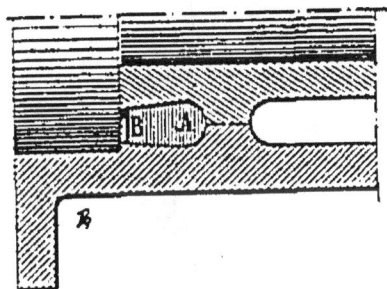

FIG. 59.

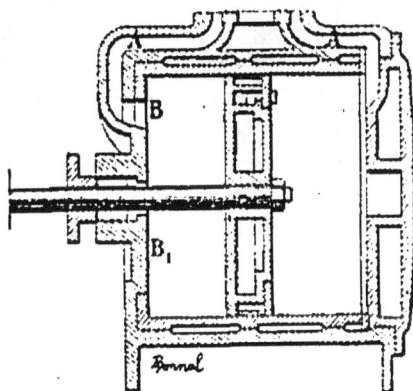

FIG. 60. — Cylindre à machine marine.

Les nervures sont taillées de façon que, les deux surfaces étant appliquées l'une contre l'autre, il reste disponible une cavité annulaire A. Dans cette cavité A on coule du mastic de fonte qui empêche tout passage. Comme ce mastic se décompose par la chaleur, on le protège par une bague en bronze, B. En *f* et *f'* (*fig.* 58), les fonds doivent toucher exactement le cylindre, afin qu'il n'y ait pas de déplacements possibles du tube de frottement. On effectue le serrage à chaud, afin de ménager l'espace nécessaire à la dilatation.

Dans les machines marines importantes, dans lesquelles le frottement devient considérable, pour éviter qu'il se produise du jeu, on munit le tube de frottement d'une bride BB₁ (*fig.* 60), qui est vissée sur le fond du cylindre avec joints au mastic de fonte. Aucun déplacement ne peut alors se produire. Les conduits d'amenée de vapeur A, A se trouvent légèrement allongés, par le fait qu'ils doivent déboucher à l'intérieur de la bride BB₁.

Dans les machines à quatre distributeurs (*fig.* 61), les *boîtes*

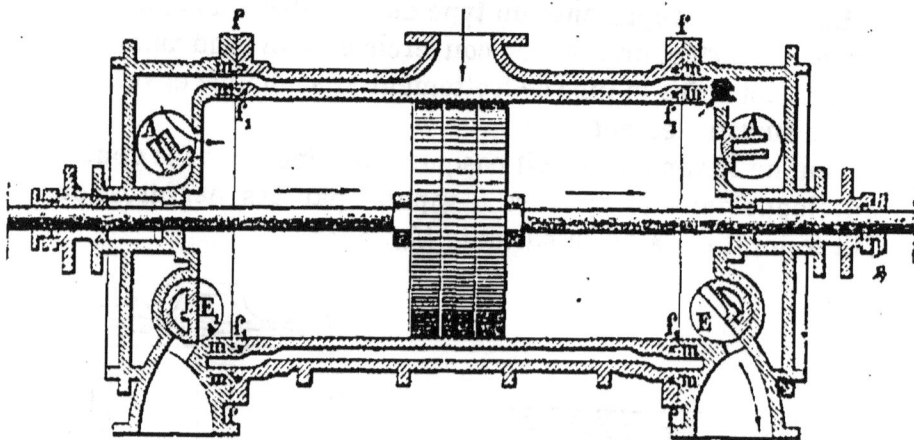

Fig. 61. — Cylindre de machine à quatre distributeurs.

de vapeur sont placées aux extrémités du cylindre, et la dis-

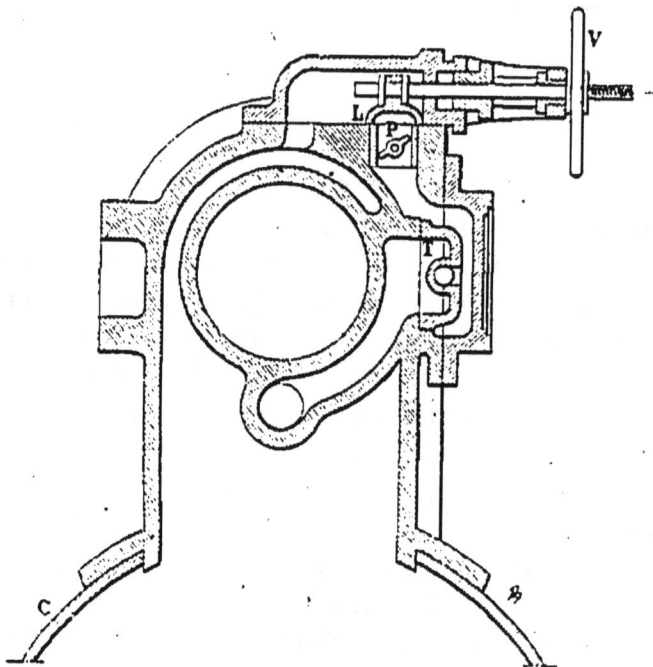

Fig. 62. — Cylindre de locomobile.

tribution se fait par les robinets d'admission A, A₁ et d'échappement E, E₁. Le tube de frottement et l'enveloppe sont

munis tous deux de mortaises annulaires *m*, pratiquées sur les faces d'about *f*, *f₁*, parfaitement dressées. Les boîtes à vapeur ont leurs faces correspondantes munies d'un tenon circulaire pénétrant dans les rainures *m*. Une bande de caoutchouc, interposée au fond, forme joint. Il suffit, pour cela, de serrer les boulons des brides.

Quelquefois, comme dans les locomobiles, pour éviter les refroidissements, le cylindre est logé dans le dôme de vapeur qui forme lui-même double enveloppe (*fig.* 62). L'eau de condensation produite dans le cylindre retombe directement dans la chaudière. La disposition adoptée peut être celle indiquée sur la figure 62; T est le tiroir, P la prise de vapeur actionnée par le tiroir L, à l'aide du volant V. Le dôme est en fonte et se fixe sur la chaudière C, à l'aide d'une collerette.

Dimensions du cylindre. — Soit D le diamètre du cylindre en millimètres :

L'épaisseur de la paroi est :

$$e = \frac{D}{100} + 20 \text{ ou } 25 ;$$

l'épaisseur des brides est :

$$b = \left(\frac{9}{8} \text{ à } \frac{4}{3} \right) e ;$$

la bride du couvercle a pour épaisseur *e*; le diamètre de l'emboîtement du couvercle est :

$$D' = D + 10 \text{ à } 15.$$

Le jeu à fond de course entre le piston et le cylindre est de 4 à 5 millimètres pour les petites machines et 8 à 10 millimètres pour les grandes.

Le diamètre des boulons qui assemblent les fonds du cylindre est égal à *e*.

Purgeurs. — On a vu qu'il pouvait y avoir, à un moment donné, dans le cylindre, accumulation d'eau provenant des condensations et du primage. Cette eau peut causer de graves accidents de fonctionnement par son incompressibilité, indépendamment de l'action néfaste que sa présence exerce au point de vue économique, et de la gêne au mouvement du piston qu'elle provoque. Il est donc indispensable de l'extraire.

Dans ce but, on munit le cylindre de *deux robinets purgeurs* placés sur le couvercle et sur le fond. Un troisième robinet, placé sur la paroi du cylindre et en général au point haut, sert à introduire de l'huile ou les matières grasses destinées à la lubrification du piston pour éviter les grippements et échauffements.

On peut se débarrasser naturellement de l'eau contenue, en plaçant l'orifice d'échappement sur la génératrice inférieure du cylindre, si celui-ci est horizontal. L'eau qui s'accumule dans le conduit, en raison de son poids, est chassée à chaque coup de piston.

Les *robinets purgeurs* sont non seulement nécessaires sur le cylindre, mais aussi sur la double enveloppe, s'il y en a une; ils sont manœuvrés par le mécanicien, quand celui-ci le juge utile, et quand le bruit particulier de l'eau dans le cylindre indique que la purge devient nécessaire.

Pour éviter cette sujétion, on a imaginé des *purgeurs automatiques* qui fonctionnent dès que la quantité d'eau atteint un volume dangereux. Ils n'ont pas toujours donné les résultats attendus, d'autant plus que le mécanicien, comptant alors sur leur fonctionnement, ralentit sur ce point sa surveillance. Quelques-uns de ces purgeurs sont analogues aux purgeurs à flotteurs ou à dilatation, qui ont été décrits dans le volume de *Chaudières à vapeur*; ils servent d'ailleurs à remplir le même but.

§ 4. — PISTONS ET GARNITURES

Les pistons, qui constituent la paroi mobile sur laquelle agit la vapeur, se composent de trois parties distinctes: le *corps* du piston, formant la cloison proprement dite; la *tige*, destinée à transmettre le mouvement du piston au dehors; et la *garniture*, qui assure l'étanchéité du joint au pourtour du piston, entre celui-ci et le cylindre.

Corps du piston. — Le corps du piston, qui est toujours en fonte, peut être formé d'une seule pièce ou de deux pièces rapportées. La figure 71 donne un exemple de piston fait en deux pièces munies de nervure, et qui, une fois réunies, laisse un vide nécessaire à l'emplacement de la garniture.

Si le piston est fondu d'une seule pièce (*fig.* 69), le vide intérieur compris entre les deux cloisons du piston ne peut être obtenu que par des noyaux qu'il faut enlever après la coulée. A cet effet, des trous sont ménagés dans les cloisons; on ferme ces trous ensuite par des bouchons taraudés.

La figure 65 donne encore un exemple de piston, fait d'une seule pièce, mais dans lequel la garniture est maintenue par une plaque annulaire *a*, serrée par des boulons.

Pour les machines à grande vitesse, le piston doit être aussi léger que possible; on emploie alors un piston formé d'une seule cloison, ou *piston suédois* (*fig.* 63). La surface latérale de ce piston est suffisamment large pour recevoir la garniture; il en résulte alors un espace *c*, qui constituerait un espace mort considérable, si l'on ne prenait la précaution de munir le cylindre d'une

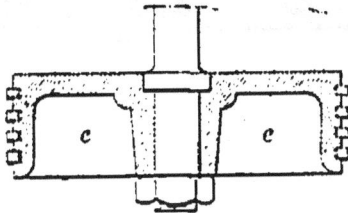

Fig. 63. — Piston suédois.

encoche circulaire, destinée à recevoir la partie correspondante du piston. Quand les pistons suédois sont employés dans des machines verticales, il faut toujours avoir soin de diriger vers le bas la partie creuse du piston pour empêcher l'accumulation de l'eau provenant de condensations. Ce dépôt d'eau incompressible pourrait amener, en effet, la rupture du fond du cylindre.

Les pistons creux ont donné parfois lieu à des explosions, assez rares d'ailleurs, dont on ne s'explique pas bien la nature. On suppose que des matières grasses ont pu pénétrer, par capillarité, dans l'intérieur du piston à travers la paroi, et par leur décomposition ont provoqué la rupture.

Garnitures de piston. — Le chanvre et le bois, employés
autrefois pour garnir les pistons, sont abandonnés aujour-
d'hui. Les garnitures actuelles sont exclusivement métalliques : en fonte, en acier ou en bronze. Elles peuvent être
formées de bagues ou segments de bagues, fondues en
même temps que le tube de frottement et pressées contre
la paroi du cylindre, par des coins ou des ressorts.

La figure 64 donne un exemple de ces dispositifs. Des
coins c, pressés par des res-
sorts r, repoussent contre la
paroi les segments S. Pour
empêcher la vapeur de passer

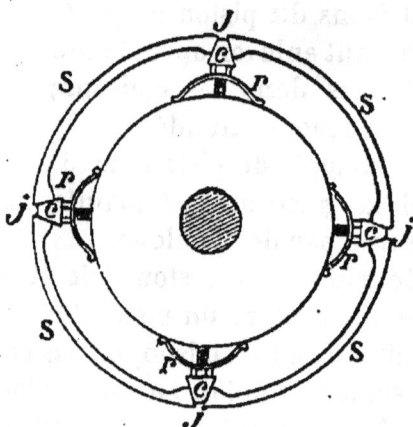

Fig. 64.

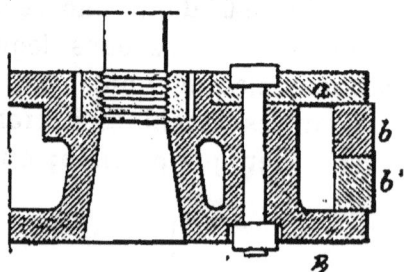

Fig. 65.

par les joints j, on a soin de superposer deux bagues b, b'
(fig. 65) en croisant les joints. Les bagues sont serrées l'une
contre l'autre, par la pièce a maintenue par des boulons. Il
faut qu'il y ait étanchéité entre les deux segments et entre le
segment et le piston ; ce serrage doit donc être suffisant, sans
être trop considérable, afin de permettre le jeu des ressorts.

Piston Lancastre (fig. 66). — Dans ce piston, la garniture
est pressée contre les pa-
rois par une série de ressorts circulaires que l'on
voit dans la figure.

On emploie plus géné-
ralement aujourd'hui des
bagues de section rectan-
gulaire formant ressort

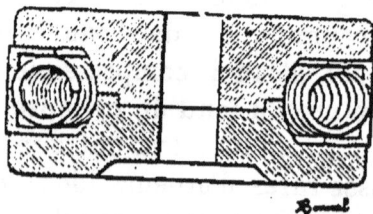

Fig. 66. — Piston Lancastre.

naturel. Ces bagues sont coupées dans un cylindre vertical

dont l'épaisseur est variable (*fig.* 67); on les coupe ensuite suivant leur section minima, et elles s'écartent alors naturellement, en pressant les parois du cylindre.

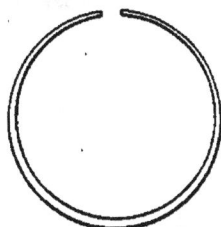

Fig. 67.

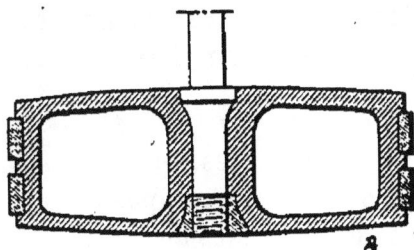

Fig. 68. — Piston à bagues excentrées.

La figure 68 donne un exemple de cette disposition à bagues excentrées, appliquée à un piston creux. On met généralement deux bagues l'une au-dessus de l'autre.

Garniture Ramsbottom (*fig.* 69). — Dans ce système, les bagues sont de section constante, c'est-à-dire qu'elles sont coupées dans un cylindre d'épaisseur constante et dont le diamètre est plus grand que celui du cylindre à vapeur. Elles sont en fonte dure et leur hauteur varie de 20 à 25 millimètres. On en dispose plusieurs au-dessus l'une de l'autre.

Élévation.

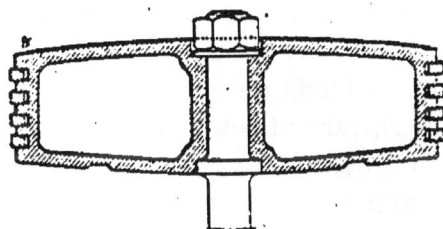

Fig. 69. — Piston Ramsbottom.

Plan

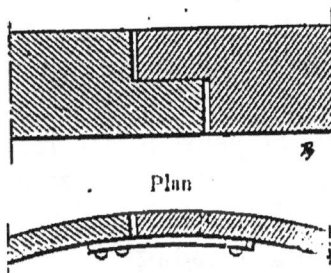

Fig. 70. — Joint brisé.

Le joint de ces sortes de bagues est un joint brisé indiqué sur la figure 70 et destiné à assurer l'étanchéité. Derrière le joint se trouve disposée une petite plaque qui est fixée à l'une des extrémités et coulisse sur l'autre.

On conçoit que la vapeur qui viendrait à fuir au pourtour d'une bague se détendrait entre celle-ci et la suivante, en perdant de sa pression et que, par suite, l'importance de la fuite diminuera de bague en bague jusqu'à devenir nulle à la dernière. Quatre bagues suffisent généralement à assurer l'étanchéité complète.

Piston Sulzer (fig. 71). — Dans ce système, le piston est en deux pièces, et la garniture se compose de deux bagues *aa*, en fonte, pressées contre la surface du cylindre par une bague en acier *b*. Les deux bagues de fonte sont pressées l'une contre l'autre par suite du serrage effectué à l'aide de l'écrou *c* de la tige sur l'embase conique *c*.

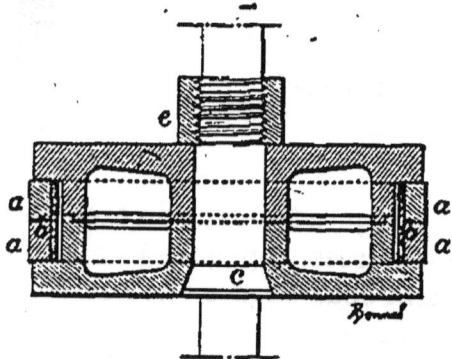

Fig. 71. — Piston Sulzer.

Épaisseur du piston. — L'épaisseur du piston varie généralement en même temps que le diamètre; mais ce qui le détermine repose plus sur une nécessité de résistance que sur une condition d'étanchéité.

Mise en place des pistons. — Pour mettre en place les pistons, on se sert d'une lame en fer feuillard (*fig.* 72) capable d'entourer le piston et sa garniture; les bords du cercle ainsi formé peuvent être rapprochés à l'aide de boulons. A l'aide de ces boulons, on serre la garniture et on la ramène à un diamètre plus petit que celui du cylindre à vapeur. On peut alors introduire le piston entouré de son *frein* (c'est ainsi que l'on nomme cet appareil) dans le cylindre; à cet effet, à l'entrée, on a ménagé dans ce dernier une surlargeur *a*, indiquée sur la figure, et que l'on appelle l'*entrée* du cylindre. Cette *entrée* a pour but, d'abord, comme on vient de le dire, de faciliter l'introduction du piston dans le cylindre, ensuite de permettre les alésages futurs sans avoir à changer le

fonds. Les brides du frein du piston ont une hauteur plus
petite que la hauteur du feuillard lui-même, de façon que le
piston et son enveloppe puissent pénétrer dans le cylindre
de la quantité *h'*. On doit veiller à ce que, pendant le fonction-

Élévation.

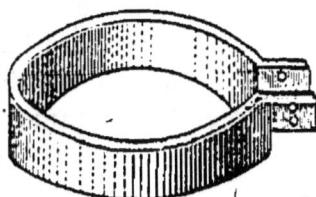
Perspective

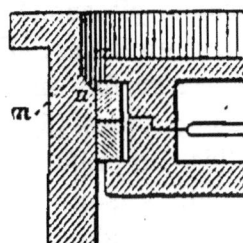

Fig. 72. — Frein pour mise en place des pistons.   Fig. 73.

nement du piston, l'arête supérieure *m* (*fig*. 73) du segment
dépasse le bord *n* du plan incliné de l'entrée, afin d'éviter la
formation d'un redan par suite de l'usure. Ce redan produirait des chocs, dès que les
articulations des transmissions viendraient à prendre
un peu de jeu.

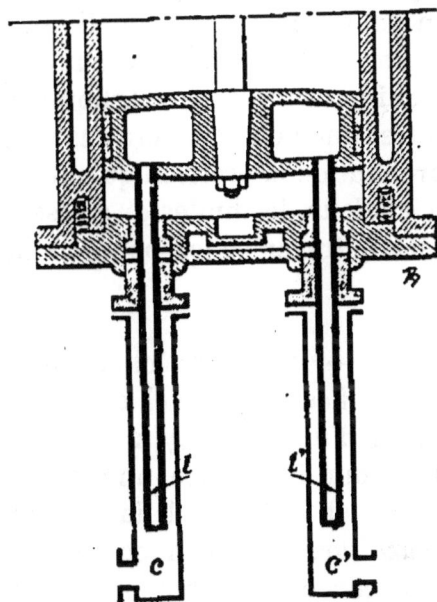

L'étanchéité du piston
est complète au bout d'un
certain temps de service,
car les surfaces en contact
ont eu le temps de se polir
parfaitement par leur frottement réciproque. On peut,
du reste, s'en rendre
compte par l'examen des
bagues formant la garni-
ture. Elles doivent être
parfaitement brillantes ;
toute partie mate corres-
pondrait à une fuite.

Fig. 74. — Piston à circulation de vapeur.

Pistons à circulation de vapeur (*fig*. 74). — A titre de curiosité, il y a lieu de citer une disposition de piston à circulation de vapeur pour combattre, comme pour les parois du cylindre, les condensations intérieures. La vapeur est amenée par les conduites c, c' et passe de là dans les tubes t; t', qui traversent les fonds par des presse-étoupes. Cette disposition, qui a été essayée, avait l'inconvénient de présenter une grande complication, d'amener des fuites et d'augmenter encore le frottement.

Tiges de pistons. — Les tiges des pistons sont presque toujours en acier. Elles sont assemblées de différentes manières. Parfois on les fixe au corps du piston à l'aide de portées coniques (*fig.* 65 et 71), serrées par des boulons goupillés. On préfère aujourd'hui forcer la tige munie d'une portée dans son logement cylindrique ou conique au dixième, à l'aide d'une pression hydraulique. On a soin, d'ailleurs, de toujours boulonner cette tige. L'assemblage se fait à 200°, c'est-à-dire à une température voisine de celle du fonctionnement de la machine.

Pour procéder à une réparation et séparer la tige du piston, on a l'habitude de chauffer le piston sur un feu de bois et de refroidir la tige. La séparation peut alors s'effectuer. Il faut, avant cette opération, avoir soin, si le piston est creux, de déboucher les trous taraudés qui ont servi à l'extraction des noyaux, ou bien d'en forer d'autres que l'on bouchera ensuite, afin d'éviter les explosions provenant de la pression qu'atteindraient, sous l'influence de la chaleur, les huiles et graisses ou l'eau ayant pu, par capillarité, traverser les pores de la fonte.

Presse-étoupes ou stuffing-box. — Pour empêcher toute fuite de vapeur entre la tige et l'orifice par lequel elle sort du cylindre, le couvercle est muni d'une *boîte* cylindrique b (*fig.* 75) venue de fonte avec lui autour de l'orifice; on remplit le vide compris entre cette boîte et la tige à l'aide d'une matière élastique m, appelée *garniture*, que l'on comprime suffisamment au moyen d'un *chapeau c* et de boulons pour que la vapeur ne puisse pas s'échapper.

Les orifices du cylindre et du chapeau sont garnis de

tubes en bronze appelés *grains*, *g*, pour adoucir le frottement entre le fer ou l'acier de la tige et la fonte du chapeau ou du cylindre. Les grains sont munis d'épanouissements qui pénètrent dans la boîte pour se maintenir fixes et dont les faces externes sont concaves pour que le serrage chasse la garniture contre la tige.

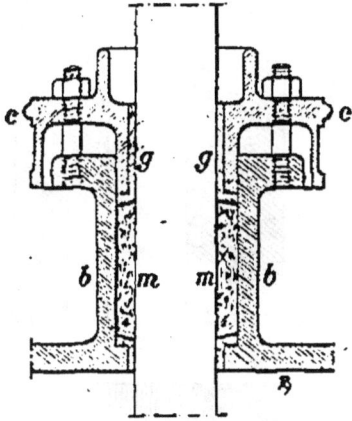

FIG. 75. — Presse-étoupe.

Les garnitures se font en étoupe, en chanvre, en coton, en amiante tressée, en amiante avec âme en caoutchouc, en fils de cuivre tressés (*garniture Duval*). Ces matières doivent être imprégnées de matières grasses (suif fondu ou huiles) pour éviter leur usure rapide.

On emploie beaucoup aussi des garnitures en rondelles de bronze ou de métal antifriction. Ces rondelles sont fendues suivant une ou deux génératrices pour permettre leur mise en place ; dans la boîte, on a soin de croiser les joints des rondelles.

Les boîtes à étoupes ont 8 à 20 centimètres de longueur utile au minimum ; au delà elles produiraient trop de frottement.

Le serrage de la garniture doit être arrêté juste au moment où la vapeur cesse de fuir.

Garniture Brockett (fig. 76). — Cette garniture se compose de rondelles métalliques décroissantes, appliquées l'une contre l'autre et contre la tige au moyen d'un siège conique repoussé par des ressorts com-

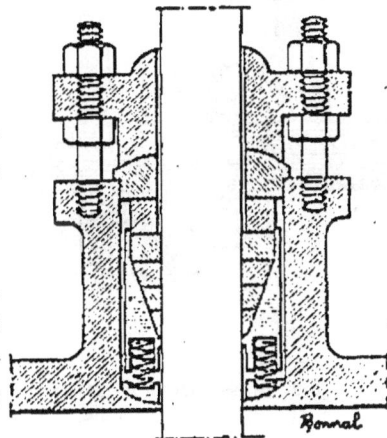

FIG. 76. — Presse-étoupe à garniture Brockett.

primés plus ou moins, suivant nécessité, à l'aide du chapeau.

Garniture Kubler. — Dans ce
système (*fig.* 77) les rondelles
métalliques sont formées chacune d'un cône annulaire em-
boîté dans un cône creux et em-
pilées les unes sur les autres.
Elles peuvent être serrées contre
la tige à l'aide du chapeau. Les
surfaces coniques glissent plus
ou moins l'une sur l'autre, de
façon à assurer l'étanchéité.

Les bagues sont fendues suivant un diamètre, de manière à
laisser un jeu de 1 millimètre
et demi environ, ce qui facilite
beaucoup le démontage.

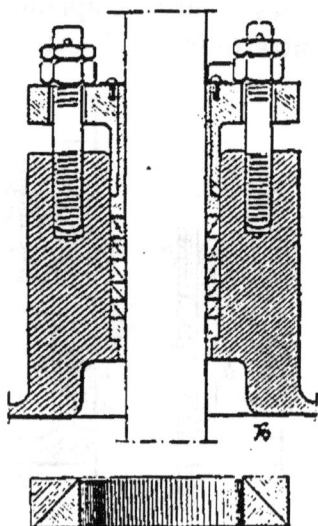

Fɪɢ. 77. — Garniture Kubler.

Graissage des presse-étoupes. — Si le presse-étoupe se
trouve à la partie supérieure d'un cylindre vertical, le graissage est très facile; on peut employer la disposition de la
figure 75 consistant à placer l'huile dans un godet supérieur.

Si la machine est horizontale, on peut employer le système

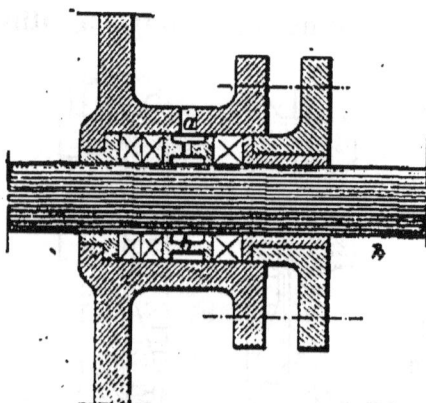

Fɪɢ. 78. — Bague à graisser.

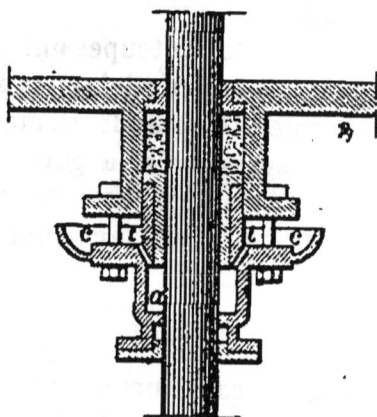

Fɪɢ. 79.
Presse-étoupes de machines-pilons.

indiqué dans la figure 78, dans lequel l'huile, introduite par
l'ouverture *a*, vient au contact de la tige, par l'intermédiaire
de la bague à graisser, *b*, qui est en bronze et constitue

une sorte d'anneau creux dans lequel se tient l'huile, le graissage s'effectue au milieu de la garniture.

S'il s'agit des machines-pilons, dans lesquelles le piston sort par la partie inférieure du cylindre, on emploie la disposition indiquée dans la figure 79. Le chapeau porte une collerette c, dans laquelle on met l'huile, qui descend par les petits conduits t, t, dans une petite capacité annulaire a, au contact de la tige.

On emploie pour le graissage les huiles grasses non siccatives et des corps gras solides à la température ordinaire, tels que les suifs de bœuf, de mouton et de bouc. On emploie des huiles fluides pour le graissage des presse-étoupes, et des huiles épaisses pour le graissage des cylindres.

Les suifs doivent être bien épurés et surtout ne pas contenir d'acides pour éviter l'attaque du métal. Les huiles minérales, dérivées des naphtes, telles que les *huiles russes*, les huiles *valvoline*, les huiles *valve-oïl*, sont préférables aux huiles végétales (colza) ou animales (pied de bœuf, pied de mouton, phoque), parce qu'elles ne produisent pas de cambouis ni d'acides gras sous l'influence de la chaleur.

La qualité des matières graissantes ayant une grande importance sur la durée et le fonctionnement d'une machine, les grandes administrations la soumettent à des conditions physiques et chimiques dont le cahier des charges de la Ville de Paris, indiqué à l'*Appendice*, donne un exemple.

§ 5. — ORGANES DE TRANSMISSION

Les organes qui servent à transformer le mouvement rectiligne alternatif du piston en mouvement circulaire sont les *balanciers*, les *parallélogrammes articulés*, les *bielles*, les *manivelles* et les *excentriques*. On doit y ajouter les *glissières* et *guides* destinés à assurer le mouvement rectiligne du piston.

Balanciers et parallélogrammes articulés. — La disposition des balanciers a été indiquée dans le paragraphe 1 du présent chapitre.

La figure 80 donne, en plan, coupe et élévation, un balancier en fonte tel qu'on les construit ordinairement. Dans
une machine à simple effet, le piston pourrait se relier direc-

Coupe transversale.   Élévation.

Plan.

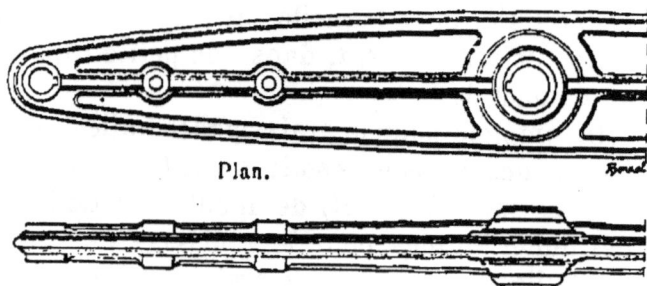

Fig. 80. — Balancier en fonte.

tement à l'extrémité du balancier par un organe flexible
comme une chaîne; mais, dans une machine à double effet,
il faut un organe rigide pour que le piston puisse pousser
et tirer le balancier; cet organe est le *parallélogramme articulé de Watt.*

Parallélogramme de Watt. — Son principe est le suivant :

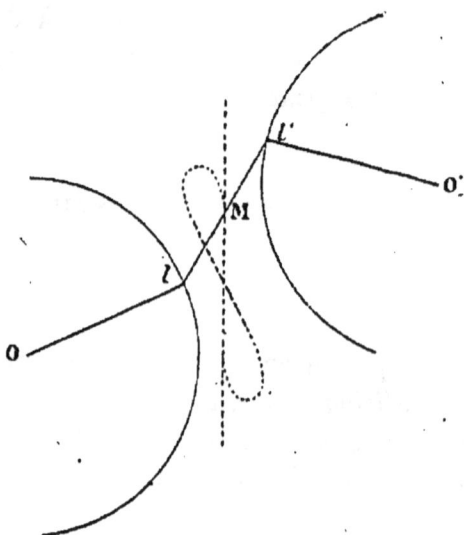

Fig. 81.

Si deux leviers O*l*, O'*l'* (*fig.* 81) sont réunis par une bielle *ll'*,

à condition que les déplacements angulaires ne soient pas
considérables, le point M, milieu de *ll'*, peut être considéré
comme décrivant une ligne droite. En réalité, la courbe
a la forme d'un 8; mais, pour de faibles amplitudes et des
positions convenables, la trajectoire décrite est sensiblement
rectiligne.

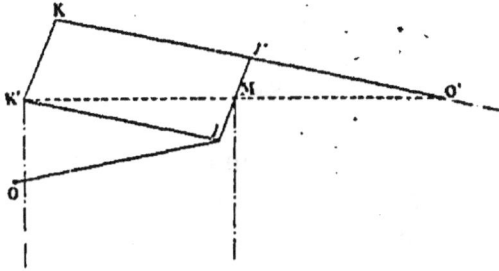

Fig. 82.

Si on prolonge O'*l'* (*fig.* 82) d'une quantité *l'*K = O'*l'*, si l'on
forme ensuite un parallélogramme *ll'*KK' sur les deux
côtés K*l'* et *ll'* et que les points K, K' et *l* soient des articulations, la ligne K'O' passe par le point M milieu de *ll'*; le
point M est au milieu de K'O'. Le point K' décrira une
courbe semblable à M par rapport à O, c'est-à-dire, pour
de faibles déplacements angulaires, une ligne droite.

On attache alors au point K' la tige du piston à vapeur et au
point M la tige du piston de la pompe à air. La ligne KO' est,
en l'espèce, l'axe du balancier, et le point *l'* est le milieu du
demi-balancier. On retrouvera, sur la figure 8, donnant
l'ensemble de la machine à double effet de Watt, la réalisation du parallélogramme de Watt (p. 16).

Le colonel du génie Peaucellier a résolu rigoureusement
le problème dont Watt n'avait qu'approximativement donné
la solution, à l'aide d'un système articulé de cinq tiges; son
appareil est peu employé.

Crosse et glissières du piston. — La tige du piston se
termine par une traverse perpendiculaire à son axe, appelée
crosse ou crossette. Les figures 83, 84 et 85 en donnent des
exemples. Les formes et les dispositions des crossettes sont,
d'ailleurs, variables. C'est après la crossette que vient se fixer

la fourche de la bielle. Elle porte à ses extrémités des coulisseaux qui se meuvent dans des glissières appropriées.

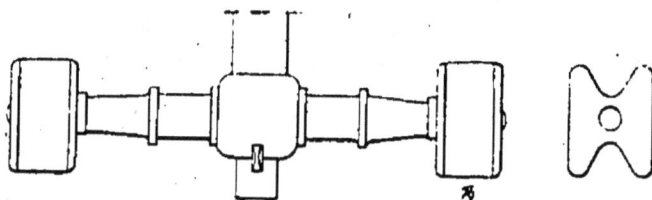

Fig. 83.

D'autres fois la tête du piston est fixée sur un patin (*fig.* 85)
pris dans une glissière qui l'étreint complètement. La surface
inférieure de ce patin est formée par une plaque mobile,

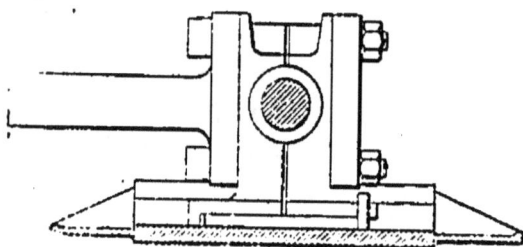

Fig. 84.

taillée en forme de demi-coin et dont la position est maintenue par une vis de réglage.

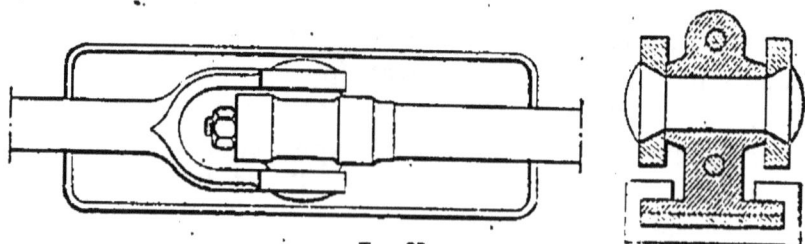

Fig. 85.

On peut se rendre compte des efforts que subissent les
glissières et les coulisseaux.

Soient OM (*fig.* 86) la manivelle, MN la bielle dans une
position quelconque; *xy* la surface de la glissière, et NQ la

tige du piston. Celle-ci transmet une pression R que l'on peut décomposer suivant les deux forces $NB = \dfrac{R}{\cos \alpha}$ et $NG = R \, tg\, \alpha$, l'une comprimant la bielle, l'autre agissant normalement sur la glissière.

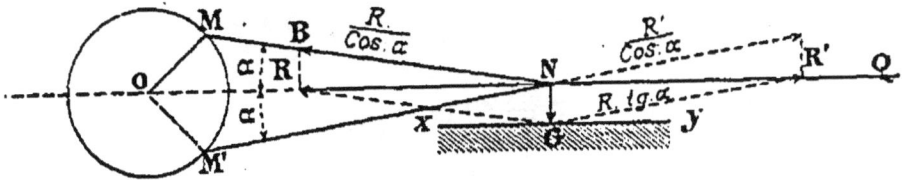

Fig. 86.

Dans la course rétrograde du piston, l'effort sur la bielle change de sens et devient R'; la position symétrique de la bielle et de la manivelle donne OM'N, et l'on a un effort de traction $\dfrac{R'}{\cos \alpha}$ sur la manivelle et le même effort $R \, tang\, \alpha$ de pression sur la glissière. Cet effort ne changeant pas de sens, une seule glissière suffirait si le sens de rotation était constamment le même. Comme la machine doit pouvoir changer le sens de sa marche, on met deux guides, ou bien on prend une glissière de forme spéciale emprisonnant le patin, comme dans l'exemple précédent (fig. 85).

Si la manivelle tourne de M à M', on dit que la machine *pioche*; dans le cas contraire, on dit qu'elle *fouille*.

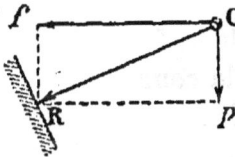

Fig. 87.

Lorsque la machine est disposée pour actionner un arbre vertical, la manivelle ou l'arbre coudé se déplace dans un plan horizontal. Si O (fig. 87) est la projection verticale de la tige, la tête de celle-ci exerce pour un certain sens de marche un effort horizontal *f*, qui, avec le poids de la tête et des coulisseaux, *p*, donnent une résultante OR. La glissière devra être normale à cette résultante.

Le travail de frottement produit par les glissières est une partie importante du travail résistant total. En effet, soient *dc* un élément de course, *f* le coefficient de frottement, en remarquant que la force agissante est $R \tang \alpha$, on a pour expression du travail élémentaire de frottement :

$$d\varpi = fR \tang \alpha \, dc.$$

Le travail total de frottement a donc pour expression :

$$\varpi = \int_0^{c_1} fR \tang \alpha \, dc,$$

$$\varpi = fP \tang \alpha_m c_1,$$

en faisant $\int R$ égale à la pression moyenne P, $\int dc$ égale à la course c_1, et α égale à sa valeur moyenne α_m.

Ce frottement produit une certaine usure u des surfaces La quantité de métal enlevé e est proportionnelle à u et inversement proportionnelle à la surface d'appui ω, de sorte que l'on a :

$$e = A \frac{u}{\omega},$$

A étant un coefficient de proportionnalité.

D'autre part, l'usure u est proportionnelle au travail de frottement, et l'on a :

$$u = K\varpi,$$

d'où :

$$e = \frac{AKfP \tang \alpha_m c_1}{\omega}.$$

Cette usure est proportionnelle à l'angle α. Elle sera nulle pour $\alpha = 0$ et maxima vers le milieu de la course.

Donc la glissière s'usera plus en ce point, et l'on aura des chocs au bout d'un certain temps. Il faut alors procéder à un nouveau dressage, ce qui oblige au démontage de la machine. Pour éviter cela, on fait souvent les coulisseaux de tête du piston en métal doux, afin de reporter sur lui toute l'usure ; on emploie, dans ce but, du bronze tendre ou du métal antifriction (4 parties de cuivre, 20 parties d'antimoine, 76 parties d'étain).

Les glissières se font, au contraire, en acier.

Le frottement des glissières a aussi un effet calorifique. La quantité de chaleur Q dégagée est proportionnelle au travail du frottement.

La température qui en résulte est directement proportionnelle à la chaleur produite, et inversement proportionnelle à la surface d'appui. Cette température favorise la fluidité des huiles, à condition, bien entendu, qu'elle ne s'élève pas au-delà d'une certaine limite.

Bielles et manivelles. — Arbres coudés. — La bielle se fixe, d'une part, à la crosse du piston et, de l'autre, à la manivelle,

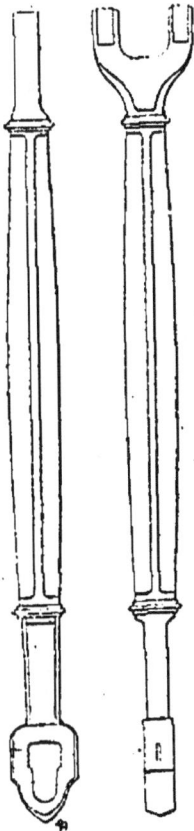
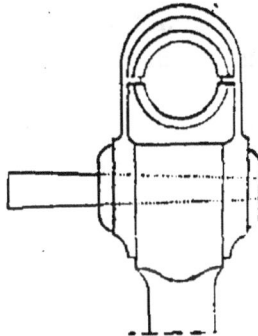

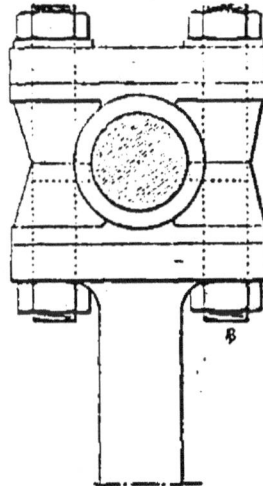

Fig. 90.

Fig. 91.

Fig. 88.   Fig. 89.

Fig. 92.

à l'aide des *têtes de bielles*, qui ne sont que des modifications du *palier graisseur*. Les figures 88 et 89 donnent le dessin d'une bielle.

On peut remarquer que la bielle, travaillant à la fois à la tension et à la compression, prend la forme d'un solide d'égale résistance. La bielle représentée sur la figure a une section en forme de croix ; mais on peut lui donner une section circulaire à diamètre variable, plus fort vers le milieu.

Les figures 90 et 91 donnent le détail d'une tête de bielle à chape, fixée sur l'extrémité du corps de la bielle à l'aide d'une clavette, et emprisonnant les deux coussinets qui enserrent le manneton de la manivelle. Ces coussinets se font généralement en bronze dur garni de métal blanc.

La figure 92 donne un autre exemple de tête de bielle en deux parties réunies par des boulons.

Manivelle. — La figure 93 représente une manivelle telle qu'on les construit ordinairement.

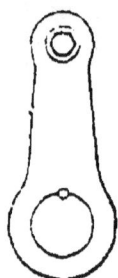

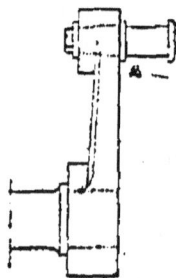

Fig. 93.

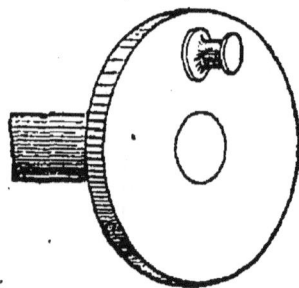

Fig. 94. — Plateau-manivelle.

L'assemblage sur l'arbre se fait au moyen d'une clavette ; mais on peut aussi le faire par un serrage à la presse hydraulique. Pour cela, on chauffe au préalable l'anneau de la manivelle, on le met en place sur le tourillon de l'arbre moteur et l'on opère le serrage à la presse. Le refroidissement ultérieur augmente encore ce serrage. Cet assemblage a l'avantage de permettre, en cas de choc, une rotation de l'anneau de la manivelle sur l'arbre, tandis que l'assemblage par clavette entraînerait une rupture des pièces.

On remplace parfois la manivelle par un *plateau-manivelle* (*fig.* 94) plein, qui a l'avantage d'être complètement équilibré et qui supprime, de plus, la résistance de l'air.

Arbres coudés. — Quand l'arbre moteur, au lieu d'être actionné à l'une de ses extrémités, l'est sur un point quel-conque de sa longueur, la transmission se fait à l'aide d'un coude.

La figure 95 donne un exemple d'arbre coudé.

La distance du coude à l'arbre correspond au rayon de la manivelle

FIG. 95. — Arbre coudé.

dans une transmission à manivelle ; elle est, par suite, égale à la demi-course du piston.

Excentriques et cames. — L'excentrique (*fig. 96*) se compose d'un disque métallique, fixé sur un arbre, mais dont l'axe est excentré par rapport à celui de l'arbre. Ce disque est entouré d'un collier, mobile autour de lui et relié, par l'intermédiaire d'une tige, avec un piston ou un tiroir.

Quand l'arbre tourne, il entraîne le disque qui éloigne ou rapproche le collier et sa tige. On peut donc ainsi obtenir un mouvement

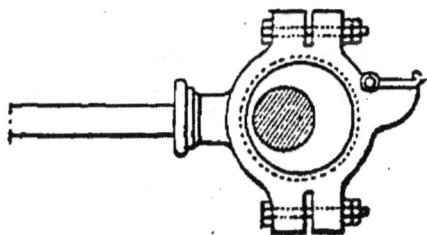

FIG. 96. — Excentrique.

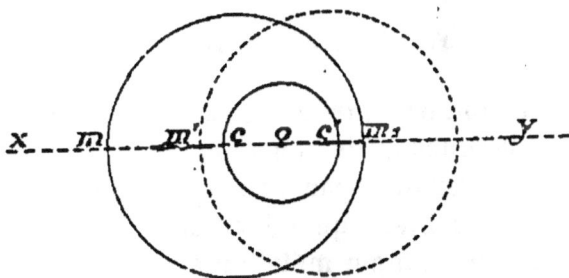

FIG. 97.

alternatif dont l'amplitude est facile à calculer. Le centre de l'arbre moteur (*fig.* 97) étant en *o*, et celui du disque entraîné étant en *c* pour la position extrême de gauche, la position extrême de droite après une demi-rotation sera celle dessinée en pointillé et aura pour centre *c'*.

Le déplacement horizontal suivant *xy* sera *mm'* = *cc'*.

La course est donc égale à deux fois la distance des centres des deux cercles.

Or :

$$mm' = om - m'o = om - om_1.$$

Donc la course est aussi égale à la différence des deux rayons du disque d'excentrique.

L'excentrique agit comme une manivelle qui serait calée sur l'arbre de centre *o* et qui aurait pour centre de son manneton le centre *c* du disque d'excentrique.

Cet organe donne évidemment plus de frottement qu'une manivelle ou un arbre coudé; mais il a l'avantage de pouvoir se caler en un point quelconque de l'arbre.

La manœuvre des tiroirs, ainsi qu'on le verra plus loin, est souvent dirigée par un excentrique.

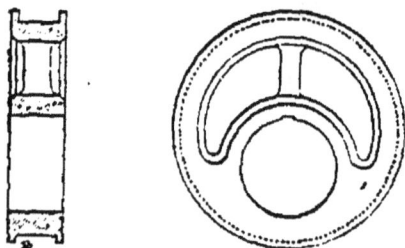

Fig. 98 et 99. — Excentrique évidé.

Quand le disque excentré atteint de grandes dimensions, on l'élégit par quelques évidements (*fig.* 98 et 99).

Le collier est terminé par une tige actionnant l'organe à faire mouvoir, ou bien, quand celui-ci est à une certaine distance, par un triangle métallique armé, analogue à celui qui est représenté dans le croquis de la machine de Watt (*fig.* 8).

Cames. — Les cames sont parfois employées pour produire

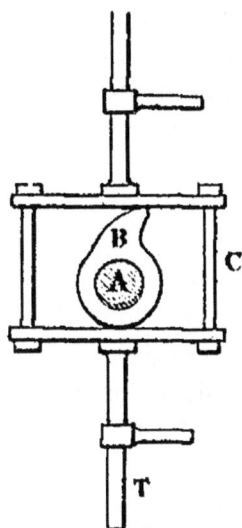

un mouvement alternatif discontinu et périodique. Elles peuvent affecter les formes les plus diverses déterminées dans chaque cas particulier.

La figure 100 donne l'exemple d'une came. Elle est constituée par un bossage B, de saillie et de forme choisies, fixé sur un arbre A.

A chaque rotation, la came éloigne, puis rapproche un cadre C et produit, par suite, un mouvement alternatif de la tige T.

Fig. 100.

§ 6. — ORGANES DE RÉGULARISATION

Les organes de régularisation sont les volants et les régulateurs.

Volant. — L'effort tangentiel exercé sur la manivelle par la bielle croît du point mort à la moitié de la course et décroît ensuite jusqu'à l'autre point mort. Le mouvement de la manivelle tend donc à s'accélérer pendant la première demi-course et à se retarder ensuite pendant l'autre. La rotation de l'arbre ne serait donc pas uniforme si on n'employait pas un organe spécial appelé *volant*.

On sait que, pour faire acquérir à une masse m une vitesse v, il faut lui fournir un travail égal à sa force d'inertie : $\frac{1}{2} mv^2$,

et, inversement, que, pour arrêter cette masse en mouvement, il faut absorber un travail égal à sa puissance vive : $\frac{1}{2} mv^2$.

Ce principe est appliqué par le volant pour régulariser le mouvement de la manivelle. Il est formé par une grande roue dont l'axe est calé sur l'arbre de la machine et dont la jante est très lourde, c'est-à-dire possède une grande masse. Quand le mouvement de la manivelle tend à s'accélérer, la force d'inertie du volant tend à la retarder; au contraire, quand il tend à se retarder, la force vive du volant tend à l'accélérer. Dans la première phase, le volant augmente de vitesse, mais d'autant moins que sa masse est plus grande; dans la seconde, il se ralentit également dans la même proportion; mais la variation de vitesse peut être insensible à l'œil.

Les volants se font généralement en fonte, en un ou plusieurs morceaux assemblés par clavettes et boulons. Jusqu'à 3 mètres de diamètre, ils sont en deux morceaux. De 3 à 7 mètres, on les fait en quatre parties. Au delà, les bras sont assemblés au moyeu et à la jante, celle-ci étant elle-même faite en plusieurs parties.

Le volant sert souvent de poulie de transmission; sa jante est alors tournée, ou bien elle porte un certain nombre de gorges dans lesquelles se logent les câbles.

Le volant s'engage généralement en partie dans une fosse qui doit être entourée d'une balustrade.

On pratique parfois des trous dans la jante pour permettre, à l'aide de leviers ou de crics, de provoquer le démarrage quand la machine est au point mort, c'est-à-dire quand le piston est à l'extrémité d'une course ; ou bien la jante porte une denture dans laquelle on peut engrener le pignon d'un treuil, appelé *vireur*. Enfin le volant porte parfois un frein d'autant plus puissant que le rayon du volant est plus considérable.

Calcul d'un volant. — Le calcul d'un volant comprend :
1° La détermination de son poids et de son rayon ;
2° La vérification de sa résistance.

On détermine le poids P et le rayon R à l'aide de la formule:

$$\frac{PV^2}{g} = n\,(\mathcal{C}_{max} - \mathcal{C}_{min}).$$

V est la vitesse de la jante ;

$\mathcal{C}_{max}$, la somme algébrique des travaux des forces agissant depuis une position prise pour origine jusqu'au moment où la vitesse angulaire ω est maximum;

$\mathfrak{S}_{min}$, la somme des travaux des forces agissant depuis la même position initiale jusqu'au moment où la vitesse angulaire, ω, du volant est minimum.

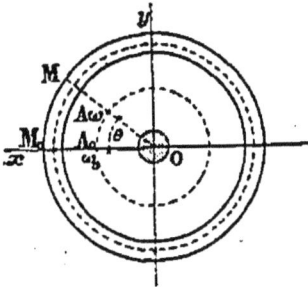

Cette formule s'obtient en appliquant le théorème des forces vives entre deux positions M_0 et M (*fig.* 101) d'un point du volant au bout du temps t.

Comme le mouvement est une rotation, ce théorème s'écrit :

Fig. 101

$$\tfrac{1}{2} I (\omega^2 - \omega_0^2) = \Sigma\mathfrak{S} \text{ de } M_0 \text{ à } M.$$

Il faut calculer I en fonction de la vitesse maxima ω_1 et de la vitesse minima ω_2 du volant :

Puisque le système est à liaisons complètes, $\Sigma\mathfrak{S}$ et ω sont fonctions de θ, c'est-à-dire de t ; le maximum de $\mathfrak{S}$ a lieu quand ω est maximum et pour une certaine valeur de θ. Il en est de même pour le minimum. Donc on a :

$$\tfrac{1}{2} I (\omega_1^2 - \omega_0^2) = \Sigma\mathfrak{S}_{max},$$

$$\tfrac{1}{2} I (\omega_2^2 - \omega_0^2) = \Sigma\mathfrak{S}_{min};$$

ω_0 étant éliminé, il reste :

$$\tfrac{1}{2} I (\omega_1^2 - \omega_2^2) = \Sigma\mathfrak{S}_{max} - \Sigma\mathfrak{S}_{min}.$$

On peut calculer le deuxième membre en fonction des données de la machine.

Enfin on s'arrange pour que la variation entre les vitesses soit une fraction $\dfrac{1}{n}$ de la vitesse de régime Ω :

$$\omega_1 - \omega_2 = \tfrac{1}{n}\,\Omega,$$

n variant généralement de 30 à 50.

De plus, la vitesse de régime est généralement la moyenne des vitesses extrêmes :

$$\Omega = \tfrac{1}{2}(\omega_1 + \omega_2).$$

Ces deux dernières équations donnent :

$$\frac{1}{2}(\omega_1^2 - \omega_2^2) = \frac{1}{n}\Omega^2.$$

Donc on a :

$$I\frac{\Omega^2}{n} = \Sigma\tau_{max} - \Sigma\tau_{min}.$$

Comme :

$$I = \frac{P}{g}R^2$$

et

$$R\Omega = V,$$

cette équation devient :

$$\frac{PV^2}{g} = n(\Sigma\tau_{max} - \Sigma\tau_{min}).$$

Si on se donne la vitesse V de la jante, on en déduit son poids P, et inversement.

Dans la pratique on met cette formule sous une forme plus commode, qui est la suivante :

$$PV^2 = ng\left(\frac{\Sigma\tau_{max} - \Sigma\tau_{min}}{\tau_u}\right)\tau_u,$$

τ_u étant le travail utile maximum pendant un tour, et l'on a, en appelant N le nombre de tours par minute, et F le nombre de chevaux-vapeur par seconde :

$$PV^2 = 60 \times 75 \times g\frac{(\Sigma\tau_{max} - \Sigma\tau_{min})}{\tau_u} \times \frac{Fn}{N},$$

ou :

$$PV^2 = \alpha\frac{Fn}{N},$$

dans laquelle :

$$\alpha = 44.140\frac{\Sigma\tau_{max} - \Sigma\tau_{min}}{\tau_u}$$

La vérification de la résistance a pour but d'examiner si l'effort moléculaire T développé, dans la section Ω du volant, par la force centrifuge, ne dépasse pas la limite de sécurité. Elle se fait en appliquant la formule :

$$\frac{T}{\Omega} = \frac{\varpi}{3.600g}\pi^2N^2D^2,$$

D étant le diamètre, et N le nombre de tours par minute du volant, et ϖ la densité du métal employé.

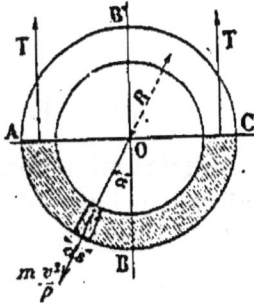

Comme pour la fonte,

$$\varpi = 7.200,$$

cette formule devient:

$$\frac{T}{\Omega} = \frac{2\pi^2 N^2 D^2}{g}$$

Fig. 102.

ou, sensiblement,

$$\frac{T}{\Omega} = 2N^2D^2.$$

Cette formule s'obtient en exprimant que la moitié ABC (fig. 102) du volant est en équilibre sous l'action de la force centrifuge et des efforts moléculaires T en A et C.

Il faut pour cela que la somme des projections de ces forces sur BB' soit nulle :

$$\int m \frac{v^2}{\rho} \cos \alpha - 2T = 0,$$

α étant l'angle formé par une tranche infiniment petite de la jante.

En remarquant que :

$$m = \Omega ds \frac{\varpi}{g}$$

et

$$\frac{v^2}{\rho} = \frac{\left(\frac{\pi R N}{30}\right)^2}{R} = \frac{\pi^2 R N^2}{900},$$

on a :

$$\frac{\varpi}{g} \cdot \frac{\pi^2 R N^2}{900} \int_0^\pi ds \cos \alpha = 2 \frac{T}{\Omega}.$$

Or :

$$\int_0^\pi ds \cos \alpha = 2R.$$

Donc, en simplifiant :

$$\frac{\varpi}{3.600 g} \cdot \pi^2 N^2 D^2 = \frac{T}{\Omega}.$$

Comme $\varpi = 7.200$, on a :

$$\frac{T}{\Omega} = 2N^2D^2.$$

Il faut prendre pour $\frac{T}{\Omega}$ une valeur plus faible que la limite de sécurité admise pour le métal employé, afin de tenir compte de l'action des bras et des variations de vitesse, qui modifient sensiblement la répartition des efforts moléculaires. Elle varie de 1 kilogramme à $1^{kg},50$ par millimètre carré.

Dans ces limites, la vitesse linéaire de la jante :

$$V = \frac{\pi DN}{60},$$

déduite de l'équation précédente, ainsi exprimée :

$$V = \sqrt{\frac{T}{\Omega} \cdot \frac{g}{\varpi}},$$

varie de 36 mètres à 45 mètres par seconde.

Pour la vérification, il suffit donc de voir si les valeurs de D ou de N donneront une vitesse inférieure à ces nombres.

EXEMPLES. — *1° Calcul d'un volant d'une machine à simple effet.* — Soit Q (*fig.* 103) l'effort appliqué à la circonférence

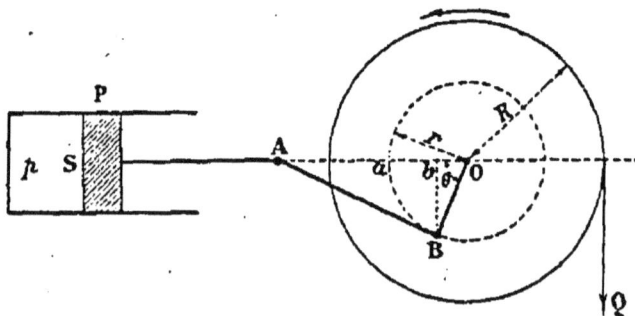

Fig. 103.

d'une poulie, de rayon R, calée sur l'arbre O actionné par une manivelle de longueur r, la manivelle étant mise en mouvement par un piston P de surface S qui subit l'action de la vapeur à la pression p.

Dans l'équation (p. 167) :

$$PV^2 = \alpha \frac{F_n}{N},$$

on connaît N, le nombre de tours de la machine, F, le nombre de chevaux par seconde, et n, le coefficient de régularisation ; il faut calculer α :

$$\alpha = 44.140 \frac{\Sigma \mathfrak{G}_{max} - \Sigma \mathfrak{G}_{min}}{\mathfrak{G}_u}.$$

Or :

$$\Sigma \mathfrak{G} = \mathfrak{G}_p - \mathfrak{G}_r.$$

Pour connaître le maximum et le minimum de $\Sigma \mathfrak{G}$, il faut exprimer cette valeur entre une position initiale, a, de la manivelle, et une position quelconque B, faisant un angle θ avec la première. On a donc :

$$\mathfrak{G}_p = pS \times \overline{ab} = pSr (1 - \cos \theta)$$

et

$$\mathfrak{G}_r = QR\theta$$
$$\Sigma \mathfrak{G}_a^B = pSr (1 - \cos \theta) - QR\theta.$$

Or, pour la périodicité du mouvement, il faut que, pendant un tour, le travail moteur soit égal au travail résistant, c'est-à-dire que :

$$pS \cdot 2r = Q \cdot 2\pi R$$

ou

$$pSr = \pi QR$$

(cette équation permet de calculer la section du piston ou la pression de la vapeur).

On a donc :

$$\Sigma \mathfrak{G}_a^B = \pi QR \left(1 - \cos \theta - \frac{\theta}{\pi} \right).$$

La dérivée par rapport à θ donne :

$$\alpha \cdot \Sigma \mathfrak{G}_a^B = \pi QR \left(\sin \theta - \frac{1}{\pi} \right).$$

Pour qu'elle soit nulle, il faut que :

$$\sin 0 = \frac{1}{\pi},$$

et l'on voit que :

$\Sigma \bar{c}$ est minimum pour $0 = 18° 33' 36' = 0_1$
$\Sigma \bar{c}$ est maximum pour $0 = 180° - 0_1 = 0_2$;

donc :

$$\Sigma \bar{c}_{max} = \pi QR \left(1 - \cos 0_2 - \frac{0_2}{\pi} \right)$$

$$\Sigma \bar{c}_{min} = \pi QR \left(1 - \cos 0_1 - \frac{0_1}{\pi} \right).$$

Or :

$$\bar{c}_u = 2\pi QR.$$

Par suite, la valeur α (p. 170) devient :

$$\alpha = \frac{1}{2} \left(2 \cos 0_1 + \frac{0_1 - 0_2}{\pi} \right) \times 44.140$$

ou :

$$\alpha = 24.300.$$

Finalement on a :

$$PV^2 = 24.300 \frac{F_n}{N}.$$

Il reste à se donner le diamètre, à en déduire V et à calculer P, poids de la jante.

2° *Calcul d'un volant d'une machine à double effet.* — En suivant la même marche que pour le cas précédent, on a .

$$\bar{c}_p = pSr (1 - \cos 0)$$
$$\bar{c}_r = QR0$$
$$\Sigma \bar{c}_a^B = pSr (1 - \cos 0) - QR0.$$

Or, puisque, dans un tour, $\bar{c}_m = \bar{c}_r$, on a :

$$pS . 4r = Q . 2\pi R,$$

ou :

$$pSr = \frac{1}{2} Q\pi R.$$

Donc :

$$\Sigma \mathfrak{C}_a^B = \frac{Q\pi R}{2}\left(1 - \cos\theta - \frac{2\theta}{\pi}\right).$$

Cette expression est minimum pour :

$$\theta = 30°22'24" = \theta_1$$

et maximum pour :

$$\theta = 180° - \theta_1 = \theta_2.$$

Par suite :

$$\Sigma \mathfrak{C}_{max} - \Sigma \mathfrak{C}_{min} = \frac{Q\pi R}{2}\left[2\cos\theta_1 + \frac{2(\theta_1 - \theta_2)}{\pi}\right]$$

et :

$$\frac{\Sigma \mathfrak{C}_{max} - \Sigma \mathfrak{C}_{min}}{\mathfrak{C}_u} = \frac{1}{4}\left[2\cos\theta_1 + \frac{2(\theta_1 - \theta_2)}{\pi}\right]$$

et :

$$PV^2 = 4.645\,\frac{F_n}{N}.$$

3° *Calcul du volant d'une machine à double effet avec deux*

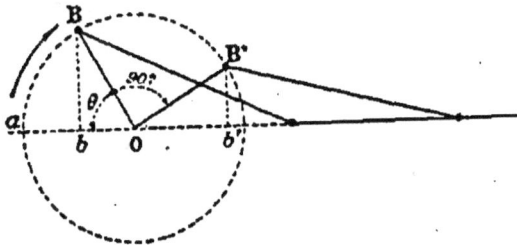

Fig. 104.

manivelles calées à 90° (*fig.* 104). — La même méthode donne

$$\mathfrak{C}_p = pSr\left[(1 - \cos\theta) + (1 + \sin\theta)\right]$$
$$\mathfrak{C}_r = Q . 2\pi R,$$

et, puisque $\mathfrak{C}_m = \mathfrak{C}_r$:

$$8pSr = Q . 2\pi R ;$$

donc :

$$\Sigma\mathfrak{T}_a^\mathrm{B} = \frac{\pi QR}{4}\left[2 + \sin\theta - \cos\theta - \frac{4\theta}{\pi}\right].$$

Cette expression est minimum pour :

$$\theta = 19^\circ\,12' = \theta_1,$$

et maximum pour :

$$\theta = 90^\circ - \theta_1 = \theta_2;$$

d'où :

$$PV^2 = 468\,\frac{F_n}{N}.$$

4° *Calcul du volant d'une machine quelconque.* — On examine, d'après le genre de machine considéré, quelle est celle de la puissance ou de la résistance qui a la plus longue période; puis, pendant cette période, on calcule l'effort moteur et l'effort résistant à chaque instant, en les supposant appliqués au manneton de la manivelle.

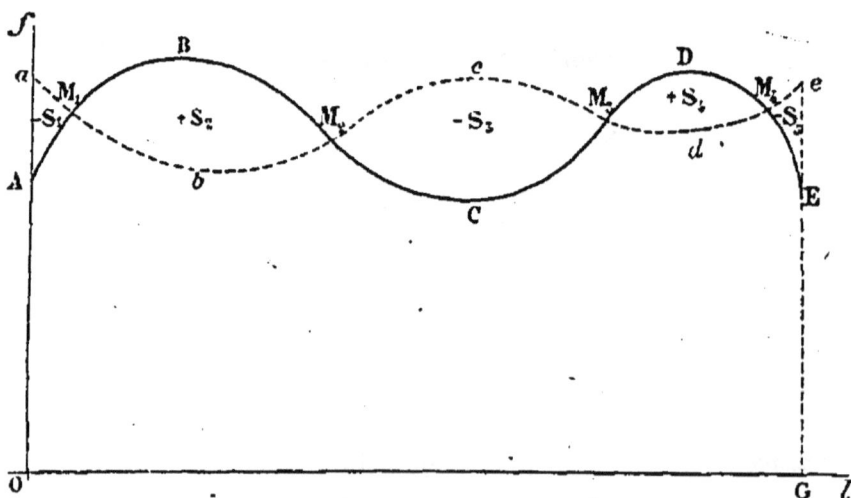

Fig. 105.

Alors sur deux axes rectangulaires O*l* et O*f* (*fig.* 105) on porte en abscisses les angles décrits ou les chemins parcourus par le manneton et en ordonnées les efforts; on obtient deux courbes, ABCDE, *abcde*, dont les aires représentent le travail moteur et le travail résistant pendant la période considérée. Ces deux aires sont évidemment égales.

Ces deux courbes se coupent en un certain nombre de points M_1, M_2, M_3, M_4, ... Lorsque la courbe de la puissance est au-dessus de celle de la résistance, le travail τ est positif, et inversement il est négatif, puisque :

$$\tau = \tau_m - \tau_r,$$

le maximum de τ correspondant à l'un des points M_2 et M_4, car à droite de ces points la somme $\tau_m - \tau_r$ va en augmentant, tandis qu'à gauche elle va en diminuant.

De même, le minimum de τ correspond à l'un des points M_1 et M_3.

On évalue donc chacune des aires comprises entre les deux courbes. Soient $- S_1$, $+ S_2$, $- S_3$, $+ S_4$ et $- S_5$ ces aires prises avec leurs signes.

Jusqu'en M_2 on a :

$$\Sigma\tau = - S_1 + S_2.$$

Jusqu'en M_4 on a :

$$\Sigma\tau = - S_1 + S_2 - S_3 + S_4.$$

Soit A la plus grande de ces deux sommes :

$$\Sigma\tau_{máx} = A.$$

Jusqu'en M_1 on a :

$$\Sigma\tau = - S_1.$$

Jusqu'en M_3 on a :

$$\Sigma\tau = - S_1 + S_2 - S_3.$$

Jusqu'en M_5 on a :

$$\Sigma\tau = - S_1 + S_2 - S_3 + S_4 - S_5.$$

Soit B la plus grande de ces trois sommes :

$$\Sigma\tau_{mín} = B.$$

D'autre part, le travail utile est représenté par l'aire de la résistance :

$$\mathfrak{T}_u = \text{aire } OabcdeG.$$

Par suite, on a :

$$\frac{\Sigma\mathfrak{T}_{max} - \Sigma\mathfrak{T}_{min}}{\mathfrak{T}_u} = \frac{A - B}{\text{aire } OabcdeG}$$

Puis on applique la formule générale.

Régulateurs ou modérateurs. — Les régulateurs ou modérateurs de mouvement sont destinés à faire varier la puissance motrice de la machine, de façon à la maintenir constamment égale au travail résistant qu'elle doit vaincre.

Une machine développant une force donnée, si l'on augmente la charge qu'elle supporte, elle tend à s'arrêter ; inversement, si l'on diminue sa charge, elle tourne de plus en plus vite, ou, pour mieux dire, elle tend à *s'emballer*. On évite l'arrêt en augmentant la pression ou la quantité de vapeur fournie par tour, et l'on évite l'emballement en les réduisant. Quand la machine est sans détente, on ne peut agir que sur la pression, et pour cela on étrangle plus ou moins la vapeur en un point de sa conduite à l'aide d'une *valve* ou d'un *papillon* : quand elle est à détente, on augmente ou l'on diminue la détente, ce qui revient à diminuer ou augmenter la quantité de vapeur admise.

Tous les régulateurs employés sont basés sur l'action de la force centrifuge. On sait, en effet, qu'un corps tournant autour d'un axe tend à être écarté de cet axe par une force qu'on appelle la force centrifuge, dont l'intensité est proportionnelle au carré de la vitesse du corps.

Un bon régulateur doit maintenir constante la vitesse de la machine, tout en équilibrant le travail moteur et le travail résistant. Mais il doit être insensible aux variations de puissance tolérées par le volant ; sinon, il fonctionnerait pendant chaque tour et contrarierait la régularité de la marche.

Régulateurs à force centrifuge.— Watt est le premier qui ait imaginé un appareil conçu dans ce sens ; il inventa ce qu'il appela le *gouverneur* (*fig.* 106) ou pendule conique. Cet appareil comprend deux boules fixées à deux tiges T et T', suspendues à une articulation O placée sur un axe vertical.

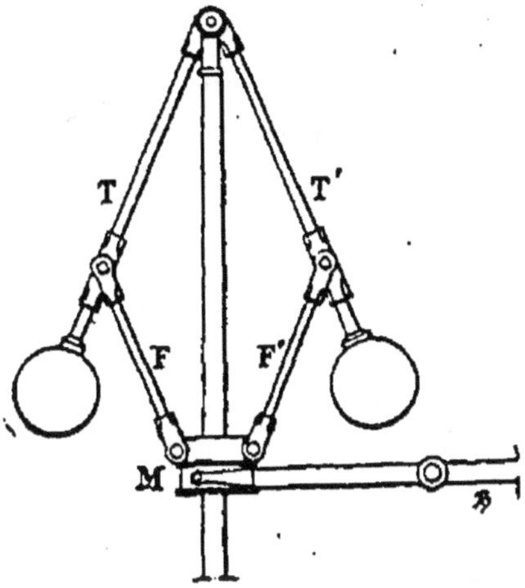

Deux tringles F, F' relient ces tiges de suspension au manchon M, qui peut ainsi monter et descendre le long de l'axe vertical, si les boules s'écartent par suite de la force centrifuge. Ce mouvement de va-et-vient est utilisé, à l'aide d'une tige à fourche, pour ouvrir ou fermer la valve d'admission, suivant que la vitesse se ralentit ou s'accélère.

Fig. 106. — Régulateur ou gouverneur de Watt.

Dans le régulateur de Watt, la position des boules est indépendante de leur poids et ne dépend que de leur vitesse angulaire.

En effet, soient :

Q, le poids du manchon ;

p, la résistance à l'ouverture de la valve d'admission ;

P, le poids d'une boule ;

w, la vitesse angulaire du régulateur.

Dans une position d'équilibre, la vitesse angulaire est constante, et les boules sont uniquement soumises à l'action de la force centrifuge :

$$\frac{mv^2}{r} = \frac{P}{g} w^2 r$$

et à leur poids, car l'accélération tangentielle $\frac{dw}{dt}$ est nulle.

D'après le principe du travail virtuel, on a :

$$2P\delta\overline{OD} + 2\frac{P}{g} w^2 r \delta r + (Q \pm p)\delta\overline{OD} \qquad (\textit{fig. } 107),$$

ou, en simplifiant,

$$- 2Pa + 2\frac{p}{g} w^2 a^2 \cos\alpha - (Q \pm p) b \left(1 + \frac{b \cos\alpha}{\sqrt{c^2 - b^2 \sin^2\alpha}}\right) = 0;$$

d'où :

$$(A) \quad w = \sqrt{\frac{g}{a \cos\alpha}} \sqrt{1 + \frac{Q \pm p}{2Pa} b \left(1 + \frac{b \cos\alpha}{\sqrt{c^2 - b^2 \sin\alpha}}\right)};$$

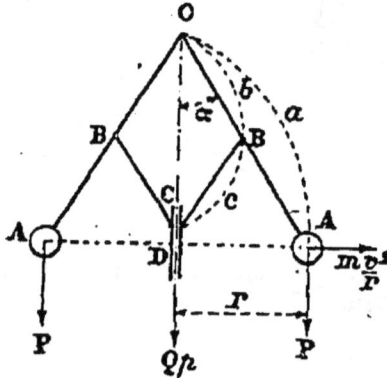

Fig. 107.

en développant en série, on a très sensiblement :

$$(A) \quad w = \sqrt{\frac{g}{a \cos\alpha}} \left[1 + \frac{Q \pm p}{4Pa} b \left(1 + \frac{b \cos\alpha}{\sqrt{c^2 - b^2 \sin^2\alpha}}\right)\right].$$

Or, dans le régulateur de Watt, on a :

$$b = c$$

et

$$Q = 0 \text{ (sensiblement)};$$

l'équation (A) devient donc :

$$(B) \qquad w = \sqrt{\frac{g}{a \cos\alpha}} \left[1 \pm \frac{pb}{2Pa}\right].$$

Lorsque la vitesse de la machine est constante, le régulateur n'agit plus sur la valve, donc $p = 0$, et l'on a :

(C)
$$w = \sqrt{\frac{g}{a \cos \alpha}}.$$

On voit donc bien que, dans le cas où la machine a une allure régulière, la position des boules ne dépend que de leur vitesse angulaire.

Le poids des boules n'influe que sur la sensibilité du régulateur.

On appelle *sensibilité* le rapport de la variation de vitesse que peuvent subir les boules sans manœuvrer la valve à la vitesse normale correspondant à la position de ces boules. Soit w_0 la vitesse angulaire correspondant à une position α_0, w_2 la vitesse minima qui pourra être atteinte sans ouvrir la valve, w_1 la vitesse maxima à atteindre pour la fermer, la sensibilité est donnée par le rapport :

$$\frac{w_1 - w_2}{w_0} = \frac{1}{n}.$$

Or :

$$w_0 = \sqrt{\frac{g}{a \cos \alpha_0}}.$$

On a donc :

(D) $$\frac{w_1 - w_2}{w_0} = \frac{pb}{2Pa}\left(1 + \frac{b \cos \alpha_0}{\sqrt{c^2 - b^2 \sin^2 \alpha_0}}\right) = \frac{1}{n'},$$

et, comme $c = b$,

(E) $$\frac{w_1 - w_2}{w_0} = \frac{pb}{Pa} = \frac{1}{n'}.$$

Pour que le volant n'influe pas sur le régulateur, il faut que son coefficient de sensibilité, $\frac{1}{n}$, soit plus grand que celui $\frac{1}{x}$ du régulateur, ou :

$$\frac{1}{n'} < \frac{1}{n}.$$

Ces équations permettent de *calculer le régulateur.*

On se donne l'angle α (40 à 45°) correspondant à la vitesse normale de la machine; l'équation (C) donne la vitesse angulaire *w* correspondante, et l'on en déduit le nombre de tours par minute.

Puis on se donne le coefficient de sensibilité -

$$\frac{1}{n'} = \frac{1}{20} \text{ à } \frac{1}{30}$$

et, à l'aide de l'équation (E), on calcule le poids P des boules.

Pour déterminer les positions d'ouverture et de fermeture complète de la valve, on se donne les vitesses angulaires *w''* et *w'* correspondantes, et l'on calcule les angles α'' et α' qui en résultent, à l'aide de la formule (A). en y faisant Q = 0.

La résistance de l'air agit fortement sur les boules du régulateur, aussi a-t-on d'abord cherché à diminuer cette résistance en faisant des masses pesantes de forme lenticulaire, telles

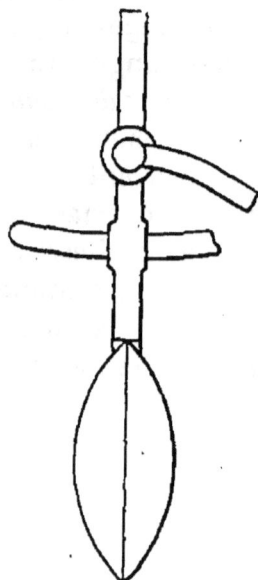

Fig. 108.

que celles indiquées dans la figure 108. Ces boules occasionnent évidemment moins de frottement que les boules sphériques.

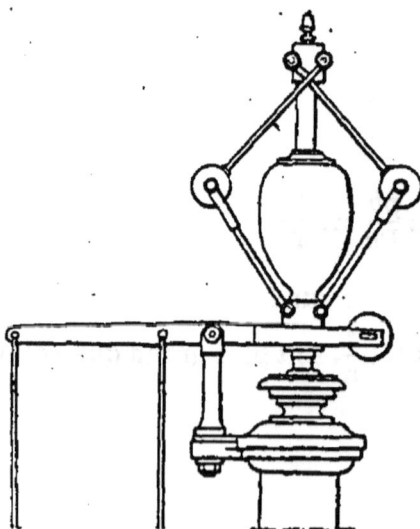

Fig. 109. — Régulateur Porter.

Régulateur Porter. — Dans le modérateur Porter (*fig.* 109), les deux boules du régulateur sont de faible volume, et une masse additionnelle pesante, placée concentriquement à l'axe, s'élève et s'abaisse avec elles. Le frottement de l'air est ainsi considérablement réduit.

Isochronisme. — Les régulateurs de Watt et de Porter ont l'inconvénient de ne pas maintenir constante la vitesse de la machine. En effet, si, la machine fonctionnant à sa vitesse de régime, la résistance vient à augmenter, la vitesse diminue et les boules se rapprochent jusqu'à ce que l'admission de vapeur ait augmenté suffisamment pour que la puissance égale la résistance. Si, au contraire, la résistance diminue, la vitesse de la machine augmente et fait écarter les boules pour diminuer l'admission de vapeur jusqu'à ce qu'il y ait équilibre entre la puissance et la résistance. En outre, la force vive acquise par les boules pendant ces changements de position leur fait dépasser la position d'équilibre et cause une série d'oscillations qui rend encore la vitesse plus irrégulière.

Pour remédier à ce grave inconvénient, on a cherché à obtenir l'*isochronisme* des boules, c'est-à-dire à leur conserver la même vitesse angulaire, w, quel que soit l'écartement de l'axe. Il faut donc que :

$$w = \sqrt{\frac{g}{a \cos \alpha}} = C^{te},$$

ou :

$$a \cos \alpha = C^{te};$$

or :

$$a \cos \alpha = OD \quad (\textit{fig. } 107),$$

et cette ligne OD est la sous-normale de la courbe décrite par une boule ; donc il faut que cette courbe soit un arc de parabole.

Mais les régulateurs mathématiquement isochrones auraient l'inconvénient de subir de grandes oscillations, par suite de l'équilibre indifférent des boules et des variations de puissance de la machine.

Pratiquement, on se contente de faire déplacer les boules suivant deux arcs de cercle dont les centres sont de chaque côté de l'axe.

Régulateurs paraboliques. — Dans ces appareils (*fig.* 110 et 111), les boules sont réunies à l'axe par des bielles à glissières BB', CC', capables de s'allonger ou de se raccourcir pour permettre aux boules d'occuper d'autres positions que celles d'un arc de cercle. Les boules se déplacent sur un

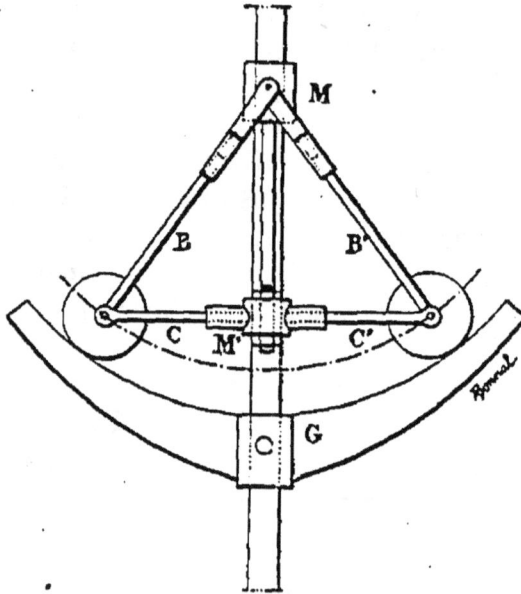

Fig. 110.

guide parabolique G, qui réalise le mouvement cherché. Le papillon de manœuvre ou l'appareil de détente peuvent être

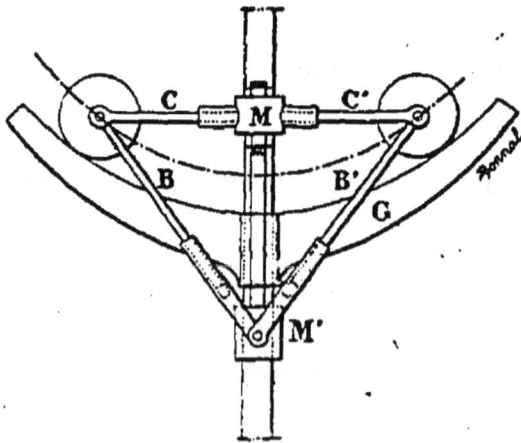

Fig. 111.

reliés indifféremment aux points M ou M', solidaires l'un de l'autre.

Ces régulateurs offrent, à cause des nombreuses glissières, un frottement assez considérable. De plus, ils manquent de sensibilité.

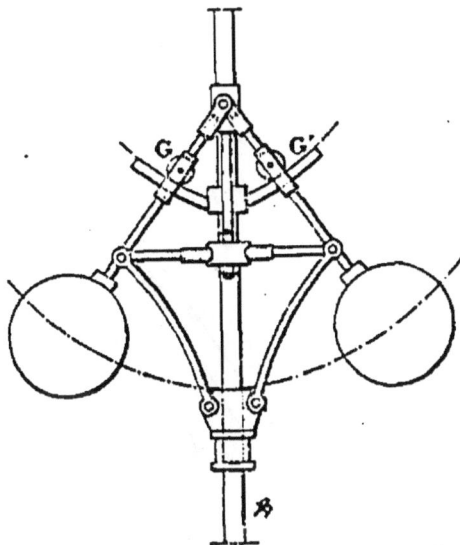

Fig. 112.

On a aussi assujetti un point seulement des bielles de suspension à parcourir un arc de parabole, de façon à faire décrire aux boules un mouvement semblable. Dans ce but (fig. 112), deux galets GG' glissent sur les glissières paraboliques et entraînent le mouvement des boules. Le frottement de l'appareil est encore important.

Comme on n'a pas intérêt à obtenir l'isochronisme parfait, les régulateurs isochrones pouvant aller aux points extrêmes de leur course dès que la vitesse varie, on se contente de solutions approximatives. Dans cet ordre d'idées on peut citer le *régulateur Farcot à bielles croisées* et le *régulateur Buss* ou *régulateur Cosinus*.

Régulateur Farcot à bielles croisées. — Dans cette disposition imaginée par Farcot père, on remplace à partir de son sommet l'arc de parabole par une série d'arcs de cercle. Les bielles sont suspendues en un point de la *développée* de cette courbe, c'est-à-dire en un point de l'enveloppe de ces nor-

males. Dans la figure 113, par exemple, on prend ab, égale
à la hauteur dont l'appareil doit se lever pour ouvrir ou fermer l'admission ; puis on porte $aa' = bb' = l$, hauteur du
régulateur que l'on a calculée d'avance ; et on divise ab et

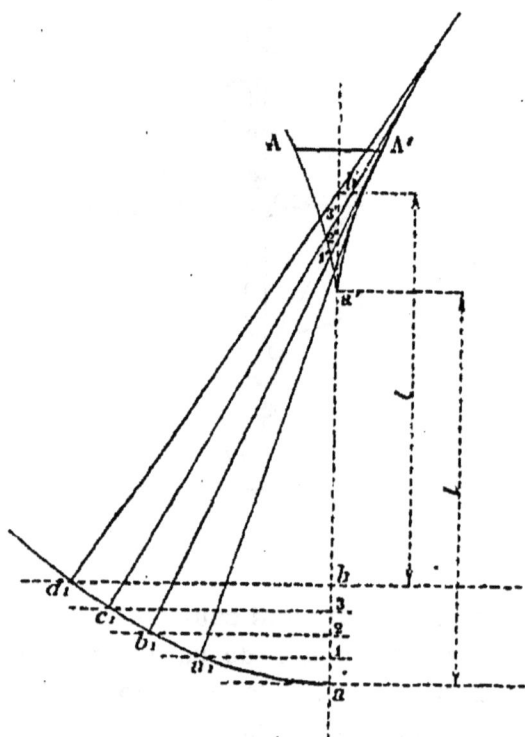

Fig. 113.

$a'b'$ en un même nombre de parties égales par les points
123, 1'2'3' ; de a' comme centre avec le rayon aa' on décrira
l'arc aa_1 limité en a_1 ; puis de 1' avec le rayon $1'a_1$, on décrit
l'arc a_1b_1 ; puis de 2' comme centre avec le rayon $2'b_1$ on
décrit l'arc b_1c_1, et ainsi de suite. On prolonge les rayons
$a_1 1'$, $b_1 2'$, etc., de manière à former la développée de la
courbe, et on y choisit les deux points AA' centres de cour-
bures pour les positions moyennes des deux boules, afin d'y
suspendre les bielles de support qui se croisent ainsi sur
l'axe, de sorte que l'aspect de l'appareil est celui indiqué sur
la figure 114. Le mouvement des boules est dirigé par un
guide GG' composé des arcs de cercle décrits plus haut. Deux

contre-bielles CC' réunies par la traverse T participent aux
mouvements des bielles croisées BB' et agissent par l'inter-

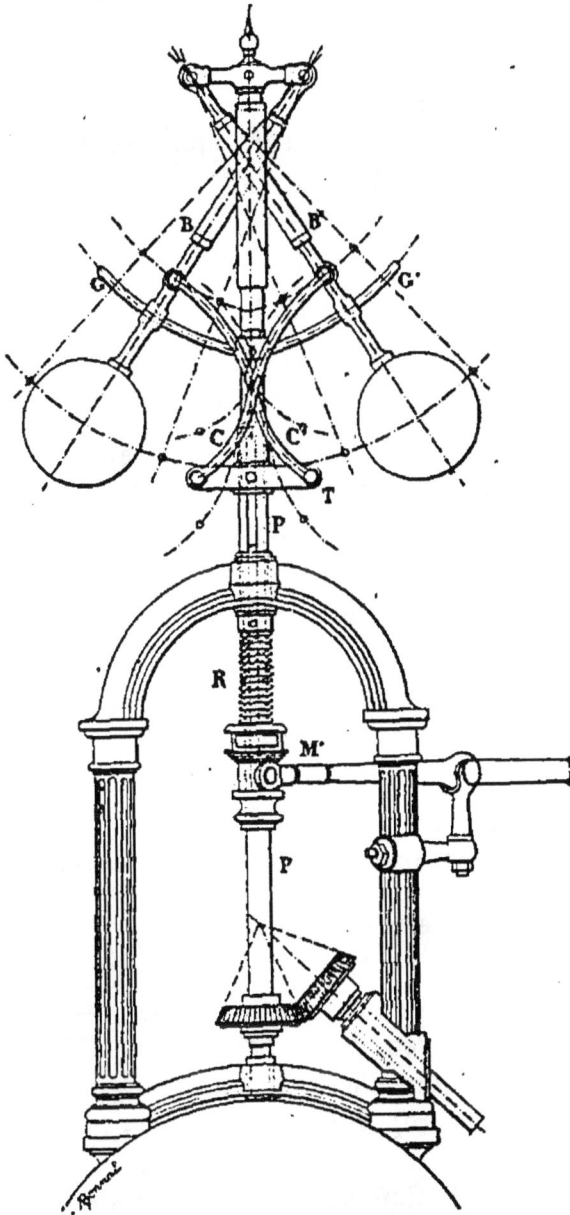

FIG. 114. — Régulateur Farcot.

médiaire de leviers convenables sur l'appareil de détente de
la machine. Ici la traverse T agit sur une tige pleine passant

à l'intérieur de l'arbre creux PP du régulateur. Cette tige
vient actionner le manchon M', fixé à l'arbre plein intérieur,
par une goupille ou clavette qui peut se mouvoir de haut en
bas à l'aide d'une rainure de l'arbre creux.

Le manchon M', en montant quand la vitesse s'accélère,
comprime un ressort à boudin R et restitue ensuite une partie de l'effort employé. Ce ressort équilibre donc en partie le
manchon et ses dépendances.

On peut avoir facilement la hauteur h du modérateur;
en effet, on a trouvé :

$$a \cos \alpha = l = \frac{g}{\omega^2} ;$$

d'où $\omega^2 = \frac{g}{l}$. Or $\omega = \frac{2\pi n}{60}$. n étant le nombre de tours de
l'appareil que l'on peut déterminer en connaissant le
nombre normal de tours de la machine et les données de la
transmission de mouvement au modérateur.

On déduit de là :

$$\frac{g}{l} = \frac{\pi^2 n^2}{30^2} ;$$

d'où :

$$l = \frac{30^2 g}{\pi^2 n^2} = \frac{894,45}{n^2}.$$

On peut donc déterminer l.

On peut, au contraire, se donner l a priori et en déduire la
valeur de n. Dans ce cas on a : $n = \frac{30}{\pi} \sqrt{\frac{g}{l}}$.

Régulateur de Buss ou régulateur Cosinus. — Ce régulateur
est très employé avec deux dispositions différentes, l'une
ancienne, l'autre nouvelle. L'ancienne disposition peut être
schématiquement représentée dans la figure ci-après.
(*fig.* 115).

Un manchon M, fixé sur l'axe de rotation, porte deux
branches B et B' descendantes et terminées par les axes a
et a'. En ces points sont articulées les petites bielles f, f',
reliées aux branches courbes C et C', terminées chacune à la
partie supérieure par une petite masse sphérique S ou S' et

en bas par une masse plus grosse T ou T'. Quand le modérateur se met en mouvement, les boules décrivent des arcs
de cercle autour des points a et a', les boules S et S' à peu
près dans un plan horizontal, et les
boules T et T' à peu près dans un
plan vertical. Ces dernières servent
de contrepoids aux boules supérieures. Un bras agit sur le coulisseau pour actionner le manchon et
sa surcharge. L'appareil est représenté (*fig.* 116).

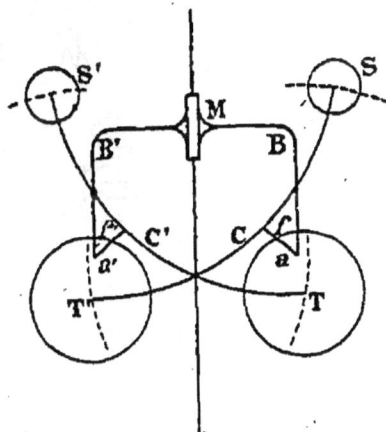

Fig. 115.

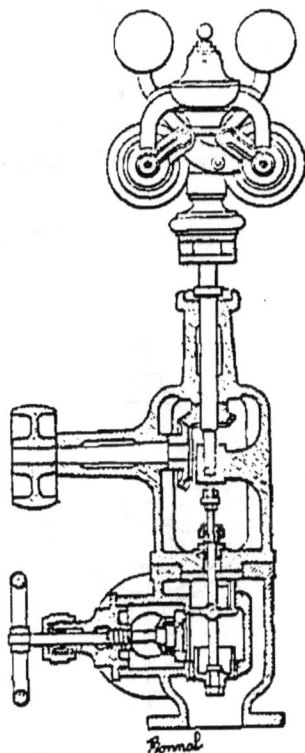

Fig. 116. — Ancien régulateur de Buss.

Dans le nouveau brevet, la disposition est différente ; elle
est schématiquement indiquée (*fig.* 117). Chaque boule B est
équilibrée par une masse M, et l'ensemble peut osciller
autour de l'axe a. Les masses M sont reliées par un bras c à
un galet g légèrement excentré, qui peut se mouvoir horizontalement sur un plan horizontal p fixé à l'arbre et qui
sert de point d'appui à tout le système. Les axes a sont
fixés à une sphère creuse S servant de contrepoids, qui
coulisse sur l'arbre P et manœuvre le manchon et ses dépendances.

La figure 118 donne le dessin de l'appareil tel qu'on le
construit actuellement.

Le plateau forgé avec l'arbre porte une goupille verticale qui s'engage dans un trou de la sphère, afin d'entraîner celle-ci dans le mouvement de rotation de l'arbre.

Quand la sphère monte et descend par suite du mouvement des boules, cette goupille peut glisser dans l'ouverture ménagée.

On conçoit aisément que le régulateur ainsi construit peut donner le degré d'isochronisme qu'on désire.

Son nom de régulateur *Cosinus*,

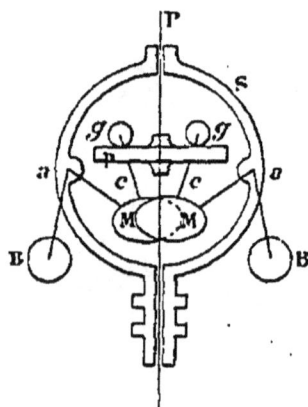

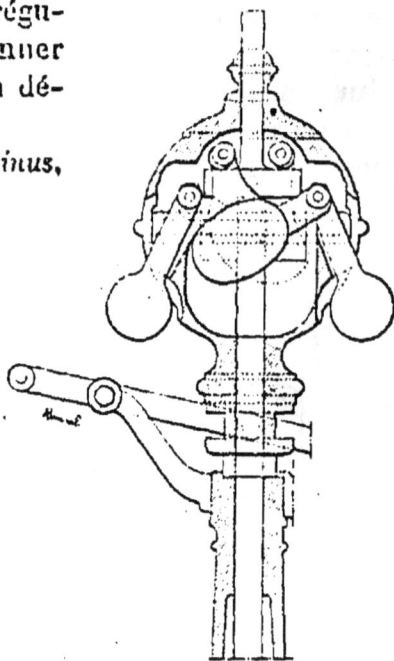

Fig. 117.   Fig. 118. — Nouveau régulateur de Buss.

qui pourrait d'ailleurs s'appliquer à tous les isochrones, vient de ce que le travail de la force centrifuge reste proportionnel au cosinus de l'écart.

Cet appareil est très sensible; aussi n'agit-il sur la détente que par l'intermédiaire d'un appareil destiné à modérer la rapidité de ses mouvements et qu'on appelle la *cataracte*.

Cataractes. — Les cataractes agissent comme des sortes de freins destinés à tempérer les mouvements du régulateur. On les fait à *air comprimé* ou à liquide. Le liquide employé peut être l'huile, la glycérine, etc.

La figure 119 représente une *cataracte à air*. Le levier, mû par le manchon du régulateur, agit en D sur le piston P sans

garniture qui se meut dans le cylindre C parfaitement alésé.
Des trous perforant le piston sont fermés par des vis V
fendues dans la longueur, afin d'offrir à l'air un très faible
passage. On conçoit que ce laminage de
l'air au moment où se produisent les mouvements du piston puisse causer une gêne
importante aux mouvements du régulateur et diminuer ainsi leur importance.

La *cataracte à huile* (*fig.* 120) donne un
résultat plus énergique et un fonctionnement plus régulier. Le cylindre et le piston de l'appareil sont en bronze. Le piston
porte deux ouvertures A et B, la première
fermée par une soupape ramenée sur
son siège par un ressort de rappel, la

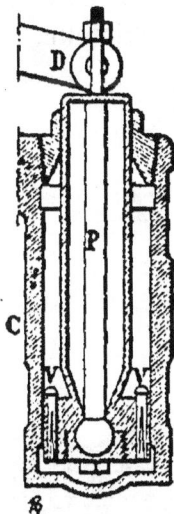

deuxième réglée par un
petit tiroir maintenu
par une vis. Ce tiroir
règle le passage de
l'huile de la partie inférieure vers la partie su-
périeure.

Quand le piston
monte, le mouvement
peut, sans inconvénient,
être rapide, car le régu-
lateur tend à ralentir
la vitesse. L'huile passe
alors de la partie supé-
rieure à la partie infé-
rieure par le clapet A.
Quand le piston baisse,

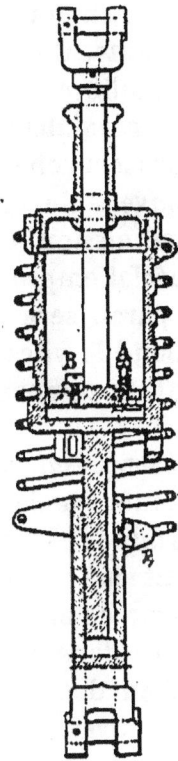

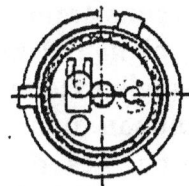

Fig. 119.
Cataracte à air.

Fig. 120.
Cataracte à huile.

l'action est fort atténuée par le passage plus ou moins grand
de l'huile à travers le tiroir réglé. Pour augmenter encore cet
effet de ralentissement, un ressort à boudin est fixé, d'une
part, à la partie supérieure du cylindre par l'intermédiaire
d'un écrou réglable, et, d'autre part, à sa partie inférieure, à
une tige creuse dans laquelle peut coulisser la tige fixée au
cylindre de la cataracte. La tension du ressort peut être

réglée facilement. On est donc maître de diriger le fonctionnement de l'appareil.

Tous ces régulateurs agissent, en définitive, plus ou moins
directement sur la valve d'admission de vapeur ou sur la
détente. On a vu que la constance de la vitesse angulaire et
l'équilibre constant de l'appareil n'étaient obtenus que par
les régulateurs isochrones. Si le régulateur employé n'est
pas isochrone, on peut cependant obtenir un fonctionnement
convenable en rendant celui-ci indépendant de la valve
d'admission et en faisant commander celle-ci par un appareil
spécial empruntant son mouvement à la machine même. Cet
appareil sera seulement mis en marche par le régulateur
quand la vitesse s'écartera de la vitesse de régime. C'est le
but du compensateur Denis.

Compensateur Denis. — La tige T (*fig.* 121), capable de
monter ou de descendre sous l'impulsion du régulateur, est
terminée à sa base par un
petit manchon ou toc F en
forme de croix. Cette tige pénètre dans un cylindre creux
CC' en deux parties formant
les moyeux de deux engre-
nages coniques horizontaux E,
E, constamment en prise avec
le pignon P mû par la roue
d'angle extérieur R empruntant son mouvement à la machine. Les deux roues E, E'
tournent donc en sens inverse.
Chacune des parties C et C' du
cylindre creux est munie de
nervures verticales N s'arrê-
tant à une certaine distance
du plan de séparation des deux
engrenages, précisément à
l'emplacement normal du toc

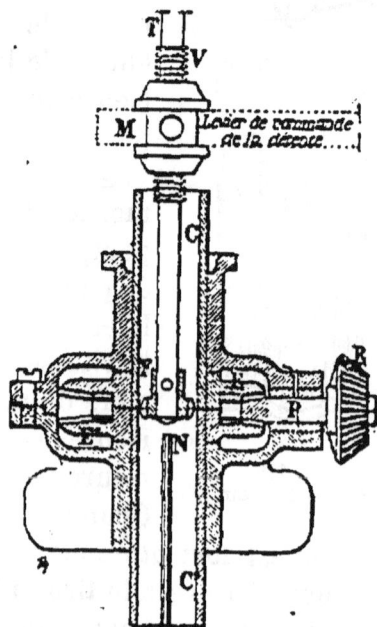

Fig. 121. — Compensateur Denis.

F (sur la figure, les nervures du cylindre C sont cachées
derrière la tige T). Si, par suite du mouvement du régulateur,

la tige T s'abaisse entraînant son toc, celui-ci, si le déplacement est suffisamment prolongé, vient en prise avec les nervures N qui tournent avec l'engrenage E'; la tige T, maintenue par le régulateur, se met donc à tourner, et la vis sans fin V qu'elle porte provoque, en se vissant en lui, la montée ou la descente du manchon-curseur M, qui agit sur la détente ou sur la valve pour ramener la machine à la vitesse de régime. Le régulateur ayant repris la vitesse normale, la tige T redescend; le levier de commande maintenant alors le manchon M, la vis sans fin V se visse en sens inverse et le toc F reprend la position intermédiaire. Si la tige T s'élève au lieu de s'abaisser, le mouvement inverse se produit; c'est dans le sens de l'engrenage E que se fait le mouvement, et le toc engrène avec les nervures du cylindre creux supérieur.

On voit donc que, le pendule n'étant d'ailleurs nullement isochrone, l'action sur la détente et sur la valve n'est produite que pendant la période de variation. Dès que la vitesse varie, la détente est modifiée par l'intermédiaire du toc, des nervures et du manchon M; la vitesse étant redevenue normale, le régulateur se replace dans sa position d'équilibre, et l'action qui s'exerçait sur la détente cesse aussitôt. On a de plus l'avantage d'emprunter à la machine la force nécessaire à la manœuvre des appareils de détente, au lieu de la demander à la force centrifuge, souvent insuffisante.

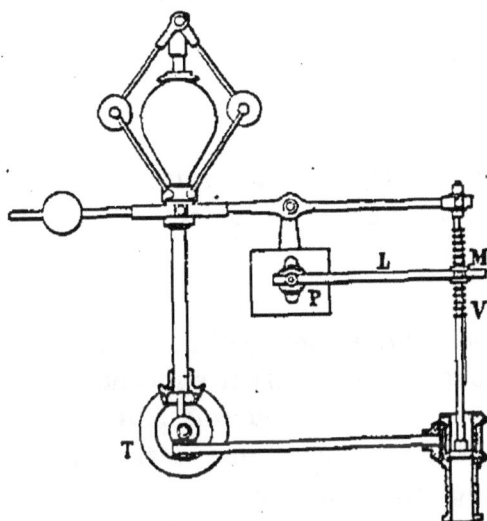

Fig. 122. — Régulateur Porter avec compensateur Denis.

La figure 122 représente l'ensemble de l'appareil appliqué à un modérateur Porter.

P est le papillon d'admission, et L le levier de commande mû par le manchon M et la vis sans fin V. On voit en T la transmission au compensateur, d'une part, et au régulateur, de l'autre.

En résumé, avec ce système, le régulateur est indépendant du mécanisme qui agit sur la détente et n'influe sur lui qu'au moment utile. Il reprend ensuite sa place primitive en laissant le mécanisme dans sa nouvelle position.

Régulateurs à force centrifuge et à ressort (fig. 123). — On a cherché à obtenir l'isochronisme des régulateurs en combinant les actions de la force centrifuge et des ressorts. Tel est le régulateur Foucault. Le point F est fixe et le manchon M est mobile. C'est donc l'inverse du gouverneur de Watt. Le point S d'articulation est le milieu de MB. Dans ces conditions, la boule B reste sur l'horizontale BF. La pesanteur a donc une action nulle. Le ressort BP, attaché au point fixe P, a pour longueur normale FP, et peut s'allonger de BF; il est calculé pour équilibrer à chaque instant la force centri-

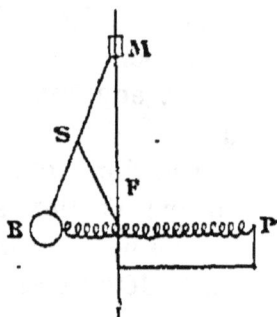

Fio. 123.

fuge. Il y aura donc toujours équilibre et la vitesse restera constante. L'isochronisme sera réalisé.

Il existe encore diverses dispositions remarquables de régulateurs à ressorts, que le cadre étroit de cet ouvrage ne permet pas de décrire.

Poulie régulatrice système Armington. — La commande des régulateurs ordinaires se fait toujours par engrenage pour éviter les dangers de glissement des courroies. Dès que la vitesse dépasse 150 tours, cette transmission devient défectueuse. Pour la commande des machines à grande vitesse, on préfère alors installer les masses soumises à la force centrifuge sur l'arbre moteur même, et on les loge ordinairement dans le volant. On peut disposer ainsi de masses considérables sous un petit volume, et, par suite, l'action régularisatrice peut être très puissante. L'emplacement même de l'appareil écarte tout danger.

La figure 124 représente la poulie régulatrice système *Armington et Sims*.

Les deux masses MM', articulées en A et A' sur les bras de la poulie-volant, peuvent s'écarter, sous l'influence de la force centrifuge, de l'arbre moteur X, vers lequel elles se rapprochent au repos. Leur course est limitée par les butées T, T', fixées à deux autres bras du volant et garnies de caoutchouc.

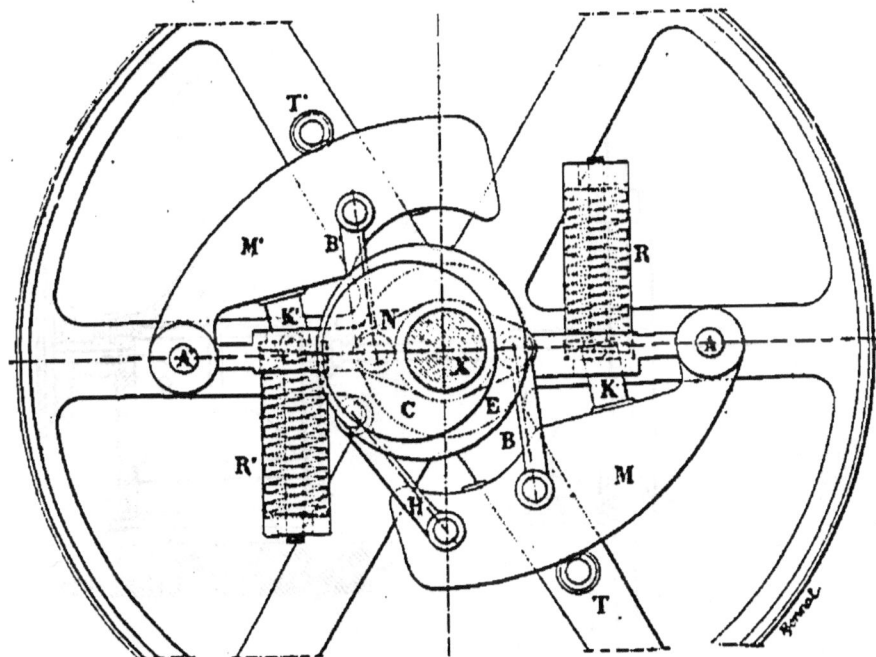

Fig. 124. — Régulateur Armington et Sims.

Ces masses sont reliées par des bielles doubles B, B' attachées, au tiers de leur longueur, à la transmission qui doit agir sur la détente. Dans le cas présent, les masses pesantes agissent, par l'intermédiaire d'un manchon N fou sur l'arbre X, sur l'excentrique qui commande la distribution. Ce manchon pourrait évidemment agir aussi bien sur une valve de distribution ou tout autre appareil.

Les masses pesantes sont reliées, d'autre part, par les bielles K, K' à deux ressorts à boudin R, R' travaillant à la compression et modérant les effets de la force centrifuge.

Régulateur Larivière à air raréfié. — On a employé des régulateurs basés sur d'autres principes que celui de la force centrifuge. Tel est le régulateur Larivière (*fig.* 125). Cet appareil
se compose d'un cylindre C, dans lequel peut se mouvoir un
piston P, assez lourd, dont la tige est terminée par une boule
en cuivre B. L'air arrive par l'orifice *a* et s'échappe par l'orifice D, qui est mis en communication avec une pompe aspirante, mue directement par la machine à vapeur, par l'intermédiaire d'une bielle attachée en F

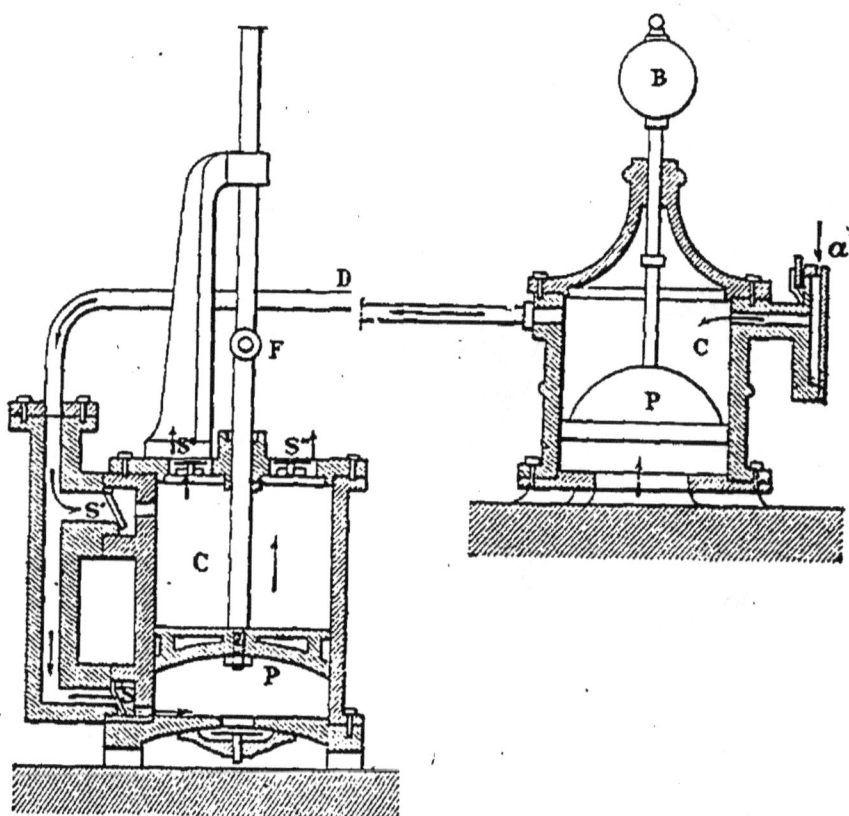

Fig. 125. — Régulateur Larivière.

Cette pompe aspire à l'aller et au retour l'air du récipient C
par les soupapes S, S'. L'air s'échappe chaque fois dans
l'atmosphère par les soupapes S". Le degré de vide qui exis-
tera dans l'intérieur du cylindre C sera évidemment proportionnel à la vitesse de la pompe pneumatique, c'est-à-dire à

celle du moteur. D'autre part, la quantité d'air rentrant en *a*
varie peu avec la pression intérieure. Si la vitesse de la
machine (et, par suite, celle de la pompe) s'accélère, par
exemple, il sortira plus d'air par le tube D qu'il n'en ren-
trera en *a* ; le piston P montera, par suite de la dépression
ainsi provoquée, et fermera les orifices d'admission. Les
~~noses se passeront inversement, s'il s'agit
d'une diminution de vitesse.

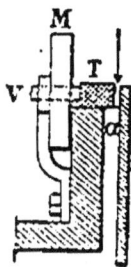

La sensibilité de l'appareil est réglée par
la diminution de l'ouverture *a* du sifflet
d'entrée, qui permet à l'air de rentrer plus
ou moins rapidement, et de rétablir la pression intérieure. A cet effet (*fig.* 126), un petit
tiroir T peut ouvrir ou fermer l'orifice en se
déplaçant le long de la vis V qui est fixe et
dont il forme l'écrou. La manœuvre de cette
dernière se fait au moyen d'un petit volant M calé sur la vis.

Fig. 126.

Le réglage de la sensibilité de cet appareil peut donc être
effectué en cours de marche, ce qui ne peut avoir lieu avec
le modérateur de Watt. Le réglage de sensibilité de celui-ci
ne peut effectivement se faire qu'après démontage.

D'autres appareils analogues ont été établis pour fonctionner par l'air comprimé.

Mode d'action des régulateurs. — Les régulateurs peuvent
agir :

1° En modifiant la pression de la vapeur ;

2° En modifiant la quantité de vapeur admise, et par suite
la détente.

Quel est le meilleur de ces deux modes d'action ? Pour le
savoir, on considérera le diagramme normal *abcde* (*fig.* 127),
dans lequel la pression d'admission est représentée par $ob = p_0$.
A cette pression, la valve d'admission doit être ouverte en
grand, car on emploie comme pression d'admission celle
de la chaudière. S'il s'agit d'*augmenter le travail*, le régulateur ne pourra pour cela agir sur la valve, puisque celle-
ci donne déjà sa pression maxima. Il faudra nécessairement
agir sur la détente, en la diminuant et augmentant par suite
l'admission, ce qui augmentera le travail.

S'il s'agit de *diminuer le travail*, on peut agir soit sur la valve, en diminuant la pression par suite du rétrécissement de la section, soit sur la détente, que l'on augmente en diminuant l'admission.

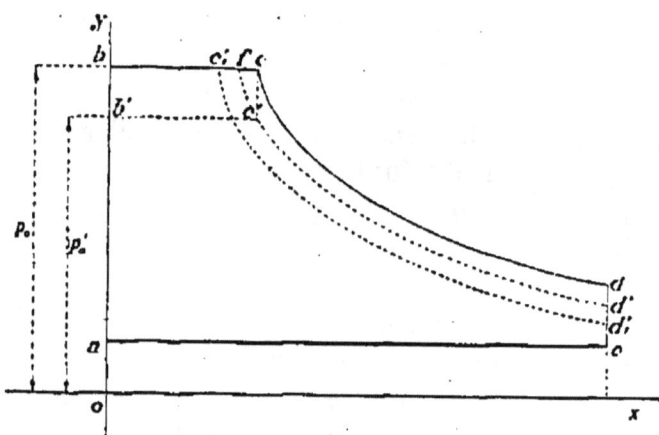

FIG. 127.

Si l'on agit sur la valve, la pression $p_0 = ob$ devient $p_0' = ob'$ Le volume d'admission reste constant, la détente étant la même. Le diagramme devient $ab'c'd'e$. Le travail est diminué, mais le volume de vapeur dépensé est le même. Prolongeons $d'c'$ en f. Pour le même poids de vapeur dépensé, si on avait agi sur la détente, on aurait eu le diagramme $bfd'ea$, tandis qu'on a le diagramme $ab'c'd'e$ en agissant sur le papillon. Pour tous les points de l'hyperbole adiabatique, en effet, les poids de vapeur sont égaux.

Donc il y a intérêt à agir sur la détente ; on diminuera donc le travail en réalisant une courbe adiabatique $c'_1 d'_1$ obtenue en diminuant la détente. Cette courbe déterminera un diagramme $abc'_1 d'_1 e$ équivalant à $ab'c'd'e$, et la quantité de vapeur dépensée sera moindre.

On verra, en étudiant les appareils de détente, de quelles façons on dispose les mécanismes d'action du régulateur.

Le résultat précédent est bien conforme aux principes de thermodynamique ; l'action sur la détente réalise, en effet, le fonctionnement économique qui donne la plus grande chute de chaleur.

ÉTUDE DES DIVERS SYSTÈMES DE DISTRIBUTION ET DE DÉTENTE DES MACHINES A CYLINDRE UNIQUE

§ 1. — ORIFICES ET CONDUITS DE DISTRIBUTION

Les divers organes de la machine à vapeur à mouvement alternatif viennent d'être étudiés, moins les organes de distribution de la vapeur. Ces appareils présentent un très grand nombre de variétés qui seront décrites plus loin. Aux appareils de distribution proprement dits, c'est-à-dire aux organes destinés à permettre l'entrée et la sortie de la vapeur dans le cylindre, sont intimement liés les appareils annexes destinés à limiter la quantité de vapeur à introduire, en un mot à réaliser la *détente*.

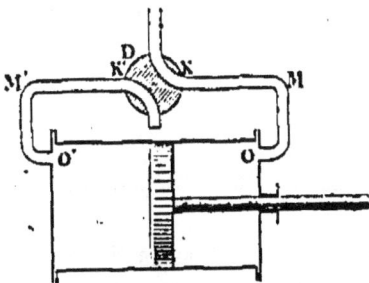

Fig. 128.

Les diverses classes d'appareils de distribution et de détente seront étudiées dans les divers paragraphes du présent chapitre. Mais, avant de passer aux appareils eux-mêmes, il est bon de fixer les dimensions des conduits et orifices mettant en communication le cylindre à vapeur avec ces organes.

En principe, le distributeur étant en D, les conduites de distribution seront KMO, K'M'O' (*fig.* 128), et les *orifices* ou *lumières* seront K et K'.

Soient ω la section de ces orifices, et V la vitesse par seconde de la vapeur qui y passe.

Si la machine est *sans détente*, tout le volume du cylindre est rempli par la vapeur et, en appelant d son diamètre, l sa longueur, et N le nombre de tours, on a pour volume décrit par seconde:

$$\frac{\pi d^2}{4} \times \frac{2Nl}{60}.$$

Ce volume doit être égal à ωV produit de la section des orifices par la vitesse de passage par seconde.

Donc on a:

$$\omega V = \frac{\pi d^2}{4} \times \frac{2Nl}{60}.$$

Or $\frac{\pi d^2}{4}$ est la section S du piston et $\frac{2Nl}{60}$ peut être considérée comme la vitesse moyenne v; on a donc:

$$\omega V = Sv, \qquad \text{ou bien} \qquad \frac{S}{\omega} = \frac{V}{v}.$$

Pour une machine sans détente on fait généralement:

$$\omega_1 = \frac{1}{30} Sv, \qquad \text{ce qui fait } V = 30v.$$

Si le piston a une vitesse moyenne de 1 mètre, cela fait 30 mètres pour vitesse de la vapeur.

Il faut remarquer que, la machine étant sans détente, la section d'admission est égale à celle d'échappement, puisqu'il y passe les mêmes volumes de vapeur.

Dans les machines *à détente* on augmente un peu la vitesse de passage, car l'admission se produit au moment où le piston a une vitesse faible, puisqu'il est au commencement de sa course.

En général, on prend:

$$\omega_2 = \frac{1}{40} Sv;$$

d'où : $V = 40v$. Si $v = 1$ mètre, $V = 40$ mètres.

Cette fois l'échappement devra être prévu pour laisser écouler un volume de vapeur détendue supérieur au volume admis.

En général, on prend pour l'échappement : $\omega' = \frac{1}{20} Sv$.

Les conduites d'amenée ou de retour de la vapeur allant des orifices au cylindre devront avoir une section un peu plus grande que les orifices eux-mêmes, pour tenir compte des frottements, des changements de section et aussi des dépôts qui s'y forment peu à peu.

En général, on leur donne une section égale à celle des orifices augmentée de $\frac{1}{15}$ ou de $\frac{1}{20}$.

On cherche à avoir le moindre affaiblissement de pression possible entre la chaudière et le cylindre. Or la vitesse de la vapeur ne peut être produite que par une dépression. En général, les dépressions sont moindres de $\frac{1}{20}$ d'atmosphère, et les vitesses correspondantes sont inférieures à 50 mètres.

On se donne quelquefois la vitesse dans le tuyau d'amenée au distributeur.

Quand il s'agit de *machines à tiroir*, on prend cette vitesse égale à environ 40 mètres pour les machines très fortes, car on réduit ainsi les dimensions du tiroir et, par suite, son frottement.

Les orifices ont alors une section plus grande que ce tuyau d'amenée, afin de tenir compte de son ouverture progressive ; on prend cette section égale à 1,20 ou 1,25 de celle du tuyau.

Le tuyau d'échappement pour les machines à détente sera d'une section double de celle du tuyau d'amenée.

Dans les *machines à soupapes* ou *à quatre distributeurs*, au contraire, on prend une vitesse de 30 mètres, et la section du tuyau se fait égale à la section des orifices.

Il faut toujours établir la dimension des orifices de distribution pour les conditions les plus défavorables.

Si la machine est à même de supprimer sa détente, il faudra évidemment que les orifices d'admission soient établis pour la marche à pleine admission. S'il arrive, comme dans les machines à tiroir, que le même orifice serve à la fois et successivement à l'admission et à l'échappement, l'orifice devra évidemment être établi pour satisfaire à l'échappement. L'appareil de distribution devra alors être disposé pour ne découvrir cet orifice que de la quantité nécessaire au moment de l'admission.

Résumé. — En résumé, pour calculer la section des orifices, on peut, connaissant la vitesse du piston v et sa section S, employer les formules : pour l'admission :

$$\begin{cases} \omega_1 = \dfrac{1}{30} Sv \text{ pour les machines sans détente,} \\ \omega_2 = \dfrac{1}{40} Sv \text{ pour les machines à détente ;} \end{cases}$$

pour l'échappement : $\omega' = \dfrac{1}{20} Sv$; ou bien on peut se donner la vitesse dans le tuyau d'amenée, suivant que les machines sont faibles ou puissantes et en déduire la section Ω, connaissant le volume à fournir par seconde ; on prend alors pour dimensions des orifices d'admission : $\omega = 1,20$ à $1,25$ de Ω, pour les machines à tiroirs, et $\omega = \Omega$, pour les machines à soupapes ou à quatre distributeurs.

L'orifice d'échappement aura une section double.

Dans les deux cas, la chute de pression sera très faible entre la chaudière et le cylindre et restera toujours inférieure à $\dfrac{1}{20}$ d'atmosphère, chiffre absolument négligeable.

Influence des conduits de distribution sur la valeur de l'espace mort. — On a vu que l'espace mort se compose du volume compris entre le piston et le fond du cylindre et du volume des conduits de distribution.

En ce qui concerne la première partie, on a vu que sa hauteur était en général constante et égale, au minimum, à 5 ou 6 millimètres, quelle que soit la longueur du cylindre.

Il y a donc, de ce côté, intérêt à augmenter cette longueur et à choisir un diamètre restreint.

En ce qui concerne la deuxième partie, il y a deux cas à considérer, suivant que la machine est à distributeurs séparés ou à un seul distributeur. Dans le premier cas, ces distributeurs sont placés aux deux extrémités du cylindre, soit latéralement, soit sur les fonds ; les conduits d'amenée ou de départ sont donc très courts et constants en volumes, quelle que soit la longueur du cylindre ; on pourra donc adopter des courses aussi grandes qu'on le voudra, et effectivement elles atteignent deux fois ou deux fois et demie le diamètre. Dans le deuxième cas, l'unique distributeur est relié aux fonds du cylindre par des conduits qui doivent au moins avoir, pour longueur totale, la longueur de celui-ci.

La valeur de la section de ces conduits est toujours de la forme :

$$\omega = \frac{1}{k}\, Sv,$$

S étant la surface du piston, et v sa vitesse.

La surface S du piston correspond à une certaine longueur L du cylindre.

Que devient la section ω quand on change le rapport $\frac{S}{L}$?

On a dans tous les cas :

$$SL = S'L' ;$$

d'où :

$$S' = S\, \frac{L}{L'}.$$

La vitesse v, qui était égale à $\frac{2NL}{60}$ (N étant le nombre de tours par seconde), deviendra :

$$v' = \frac{2NL'}{60} = v\, \frac{L'}{L},$$

et l'on aura pour valeur de la nouvelle section ω' des conduits :

$$\omega' = \frac{1}{k} S'v = \frac{1}{k} S \frac{L}{L'} \times v \frac{L'}{L} = \frac{1}{k} Sv$$

On a donc :

$$\omega' = \omega.$$

Par conséquent, si on augmente la course par exemple, la valeur de la section des conduits de distribution ne change pas, et, comme la longueur augmente avec cette course, le volume de cette deuxième partie de l'espace mort augmente aussi. Il y a donc avantage à réduire la course.

Or on a vu que la première partie de l'espace mort diminuait quand on augmentait la course. Il y a donc à vérifier s'il y a compensation. Le volume total de l'espace mort peut être exprimé par la formule :

$$E = Sa + \omega\lambda.$$

Si on augmente la longueur du cylindre, S devient $S' = S \frac{L}{L'}$, et ω reste constant, tandis que λ se trouve amplifié dans le rapport $\frac{L'}{L}$. On a donc commé nouvelle valeur de l'espace mort :

$$E' = Sa \frac{L}{L'} + \omega\lambda \frac{L'}{L}.$$

Or, si L' est plus grand que L, $\omega\lambda \frac{L'}{L}$ est plus grand que $\omega\lambda$, mais $Sa \frac{L}{L'}$ est plus petit que Sa, a étant la valeur du jeu (5 à 6 millimètres), et λ la longueur des conduits.

Si la première partie de l'espace mort a été diminuée dans une certaine proportion, la deuxième partie a été augmentée dans la même proportion. Mais, comme cette deuxième partie a toujours un volume plus grand que la première, il y a, en définitive, augmentation de l'espace mort quand on allonge la course. C'est une des raisons pour lesquelles, dans les machines à un seul distributeur on ne choisit pas de courses supérieures à une fois et demie le diamètre.

§ 2. — CLASSIFICATION DES DIVERS SYSTÈMES
D'APPAREILS DISTRIBUTEURS

D'une façon générale, un distributeur est destiné à démasquer, à un moment déterminé, un orifice de forme quelconque, afin de donner issue dans le cylindre, à la vapeur amenée de la chaudière.

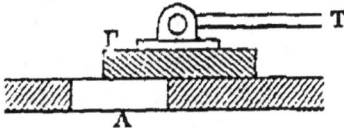

FIG. 129.

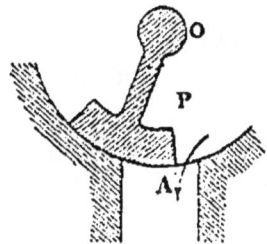

FIG. 130.

Un orifice A peut se fermer et s'ouvrir à l'aide d'une plaque glissante P (*fig.* 129) animée d'un mouvement alternatif par l'intermédiaire d'une tige T.

Cette plaque peut être plane ou courbe et avoir un mouvement alternatif rectiligne, ou bien elle peut être cylindrique (*fig.* 130), et avoir un mouvement rotatif autour de son axe O. Ce mouvement peut être alternatif ou continu, mais presque tous les distributeurs ont un mouvement alternatif.

FIG. 131.

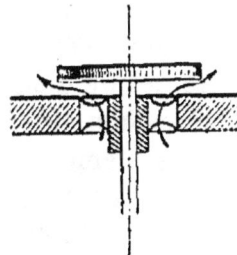

FIG. 132.

Dans les deux cas, les distributeurs sont à *surfaces glissantes.*

Une autre façon de fermer et d'ouvrir un orifice est d'employer des soupapes ou obturateurs mobiles qui s'élèvent au-dessus de lui soit en tournant autour d'un axe (*fig.* 131), soit en se déplaçant à l'aide de guides parallèlement au plan de l'ouverture (*fig.* 132). Cette catégorie constitue celle des *distributeurs à soupapes.*

Ces appareils affectent les dispositifs les plus variés. Ils doivent non seulement donner issue à la vapeur, mais encore régler la quantité à admettre, telle qu'elle a été calculée d'avance, réaliser la détente choisie et les différentes phases de l'évolution.

A cet effet, les appareils de distribution comportent divers dispositifs mécaniques de détente dont les variétés sont très nombreuses.

Ces dispositifs de détente doivent, de plus, être réglables à volonté, c'est-à-dire que l'on doit pouvoir faire varier à volonté la fraction d'admission et, par suite, la puissance de la machine entre les limites déterminées.

A l'étude des appareils de distribution eux-mêmes est intimement liée celle de leurs organes de commande, qui interviennent eux-mêmes pour modifier les conditions de fonctionnement.

En résumé, l'étude d'un appareil de distribution comprend non seulement la description de l'organe distributeur, mais la détermination exacte de sa forme et de ses dimensions, afin d'assurer la réalisation des diverses phases prévues à l'avance pour le fonctionnement de la machine. Elle comprend aussi la détermination de la nature, de la forme et des dimensions des organes de commande.

Pour faciliter l'étude de la distribution, on divise les divers systèmes de distributeurs en trois classes présentant des caractères communs, et qui sont : les systèmes à tiroirs uniques, les systèmes à tiroirs superposés et les systèmes à quatre distributeurs. Le tableau de classification qui suit indique dans quelle catégorie rentre chaque type de distributeur étudié.

Le cadre de cet ouvrage ne permet d'étudier qu'une faible partie des systèmes de distribution adoptés, car l'étude complète exigerait plusieurs volumes ; il suffit d'ailleurs d'en exposer les divers principes et d'en donner quelques exemples.

A

TIROIRS UNIQUES.

a. — TIROIRS SANS RECOUVREMENTS. — Détente nulle.

b. — TIROIRS A RECOUVREMENTS.

I
Commande par excentrique circulaire. Détente fixe.

- A orifices multiples. { Tiroir à coquille à recouvrements.
  - Tiroir à orifices multiples
  - Tiroir Trick.
- Tiroirs compensés. { A compensateur.
  - Dawe.
  - A dos percé.
  - A piston compensateur.
- Tiroirs équilibrés. { Watt.
  - A piston.
  - Cylindrique.

II
Commande par deux excentriques et par coulisses. Changement de marche et détente variable.

1º Becs de cane ;

2º Stephenson ;

3º Renversée ou de Gooch ;

4º Allan et Trick.

III
Commande par excentrique unique avec dispositifs spéciaux de changement de marche et de détente variable.

1º Excentrique à toc ;

2º Changement de calage par engrenages coniques ;

3º Changement de calage par clavette filetée ;

4º Changement de calage par le régulateur Armington ;

5º Emploi des coulisses. { Pius Finck.
- Heusinger von Waldegg
- Solms et Marshall.

IV
Commande sans excentrique.

1º Distribution Pichaut ;

2º Coulisse de Joy.

B
TIROIRS SUPERPOSÉS OU SYSTÈMES A TUILES DE DÉTENTE.

I

II
Tuiles de détente à buttoirs.

III
Tuiles de détente à excentriques. Meyer et dérivés.

- Détente Saulnier.
- Détente Farcot.
- Farcot modifiée. { Thomas et Laurens.
  - Herlay.
  - Société de Pantin.
- Détente Meyer.
- — Bietrix.
- — Rider.
- Distribution Marcel Deprez.
- — Polonceau.

C
MACHINES A QUATRE DISTRIBUTEURS TOURNANTS, GLISSANTS OU LEVANTS.

Quatre tiroirs cylindriques tournants ou robinets.

- Rappel par ressort. — Corliss.
- — par air raréfié. — Creuzot.
- — par la vapeur. — Farcot.
  - Cail.
  - Wheelock

Quatre tiroirs plans glissants.

- Système Wheelock.
- — Wannieck et Kœppner.
- Sulzer (deux systèmes).
- Société de l'Horme.

Quatre soupapes.

- Lecointe.
- Machine de la Société d'Anzin.
- Système Audemar.

§ 3. — DISTRIBUTION PAR TIROIRS A RECOUVREMENTS COMMANDÉS PAR EXCENTRIQUE CIRCULAIRE. — DÉTENTE FIXE

Le plus simple des tiroirs à recouvrement est le *tiroir à coquille* (*fig.* 133 à 137).

Il se compose d'une boîte B animée d'un mouvement alternatif que lui communique la tige T mue par la machine, et se déplaçant devant les orifices A, A', E d'admission et d'échappement. La surface de frottement parfaitement polie G s'appelle la *glace du tiroir*.

La vapeur arrive par le tuyau K d'amenée dans une *boîte à vapeur* H. Dans la figure 133, le tiroir permet le passage de cette vapeur par le conduit A' à gauche du piston P, représenté partiellement

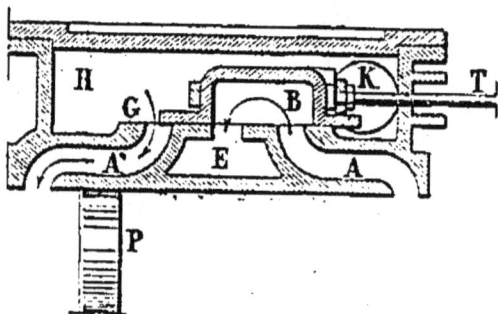

Fig. 133.

et le pousse vers la droite. La vapeur qui était à droite du piston passe par le conduit A et sort par l'échappement E.

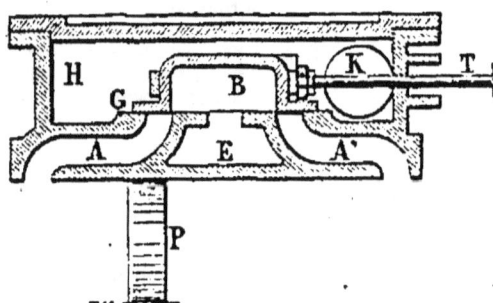

Fig. 134.

Dans la figure 134 le tiroir se trouve dans sa position moyenne.

Pour que la course et, par suite, le frottement soient minima, il faut que la hauteur des orifices soit très faible, et, comme leur section est donnée, il faut donc que leur largeur soit relativement grande. Elle ne peut cependant dépasser les 3/4 du diamètre, car au delà elle devient difficile à loger.

La figure 135 indique le plan du tiroir recouvrant les ori-fices. On voit dans la figure 136 la coupe transversale du

Fig. 135.

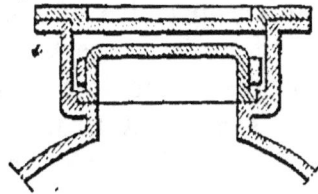

Fig. 136.

tiroir dans le sens de la longueur des orifices. C'est une boîte creuse dont les surfaces frottantes sont rabotées et dressées au

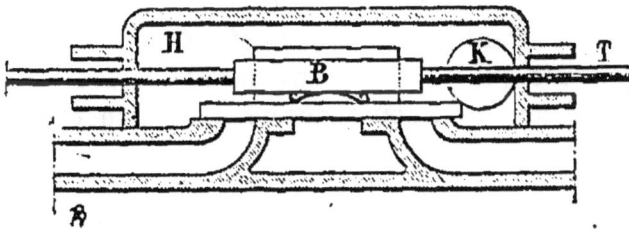

Fig. 137.

grattoir et qui porte des rebords ou *recouvrements extérieurs et intérieurs* dont on étudiera l'utilité, ainsi que la manière d'en fixer les dimensions (*fig*. 138).

Les recouvrements R, R' sont appelés *recouvrements extérieurs ou à l'admission;* R₁, R₁' sont les *recouvrements intérieurs ou à l'échappement.*

On voit que l'extérieur du tiroir est toujours

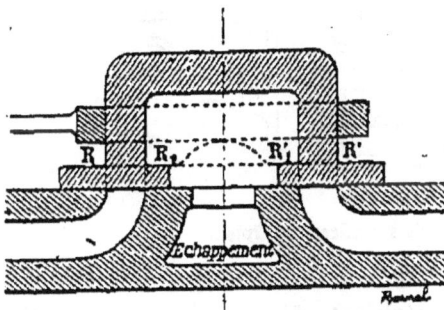

Fig. 138.

soumis à la pression de la vapeur affluante, tandis que l'intérieur est toujours soumis à la pression d'échappement.

Le tiroir est donc appliqué énergiquement contre sa glace
et s'use. Il faut que la tige T soit reliée au tiroir par un
organe souple permettant à celui-ci d'être maintenu constamment contre sa glace, malgré l'usure. Pour cela, on se sert
d'un collier ou cadre entourant complètement la boîte et
réuni à la tige. Des ressorts placés entre ce cadre et le rebord
du tiroir pressent ce dernier contre la glace. La figure 137
montre l'élévation du tiroir avec cette disposition. La tige du
tiroir sort à l'extérieur en traversant la boîte à vapeur par un
presse-étoupe et se trouve reliée à l'appareil de commande.

Le frottement du tiroir est toujours très considérable, de
sorte qu'à la mise en marche on doit, pour le vaincre, agir
parfois à l'aide de leviers sur le volant. Dans certaines
machines marines de grande puissance on se sert même
d'appareils à vapeur secondaires pour mettre le tiroir en mouvement. Aussi a-t-on cherché à diminuer ce travail de frottement en réduisant l'un ou l'autre et même l'un et l'autre des
deux facteurs qui le composent, savoir : la course et la pression. Cette considération a donné naissance aux dispositifs
suivants.

Tiroirs à orifices multiples (*fig.* 139). — Si l'on multiplie
le nombre des orifices par où passe la vapeur, on pourra

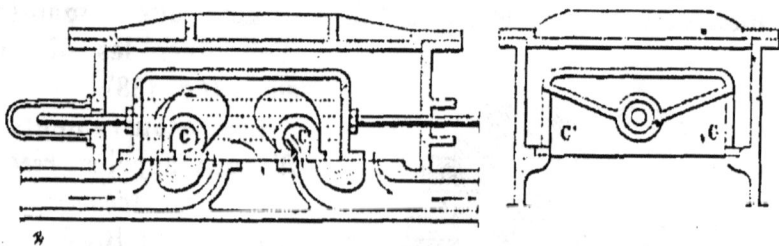

Fig. 139. — Tiroir à orifices multiples.

évidemment, pour le même résultat, diminuer la course dans
la même proportion ; en général, on double le nombre des
orifices.

La figure représente un tiroir de ce système, dans lequel
la vapeur arrive par les extrémités du tiroir comme dans le

tiroir à coquille ordinaire, et passe de plus par des conduits
C, C', percés dans les parois latérales.

Les conduits de vapeur sont dédoublés, et la figure fait
clairement comprendre le fonctionnement à l'admission et à
l'échappement.

Tiroir Allen Trick. — Ce tiroir est basé sur le même principe que le précédent. La vapeur peut pénétrer à la fois

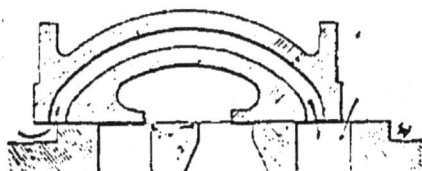

Fig. 140. — Tiroir Allen Trick.

par le bord du recouvrement extérieur et par un conduit
intérieur, de façon à aboutir au même conduit d'amenée du
cylindre.

Tiroirs compensés. — Dans les tiroirs compensés on cherche
à diminuer le frottement en réduisant la pression sur la
glace du tiroir, pression qui est toujours égale au produit de
la tension de la vapeur par la projection du tiroir sur sa glace,
en tenant compte du sens dans lequel agissent ces pressions

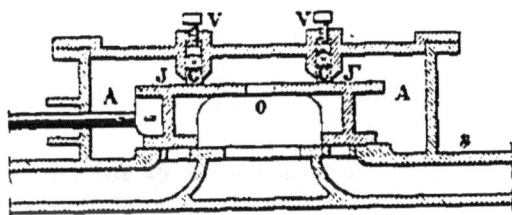

Fig. 141. — Tiroir compensé.

La figure 141 donne un exemple de ce genre d'appareils. On voit que la pression ne s'exerce pas sur la surface
totale du dos du tiroir, et que la majeure partie de cette surface communique, au contraire, avec l'échappement par l'ouverture O. La vapeur d'admission n'est cantonnée que dans les

espaces A ; la surface sur laquelle elle agit se trouve bien
réduite. Il faut qu'en J, J' soient disposés des joints étanches.
Ces joints sont réalisés par un cadre en bronze frottant CC,
qui peut être appliqué sur le dos du tiroir par les vis V et
une garniture en chanvre.

Tiroir Dawe. — Dans le tiroir Dawe (*fig.* 142), la vapeur
arrivant en A peut agir sur un diaphragme D, de façon à équi-

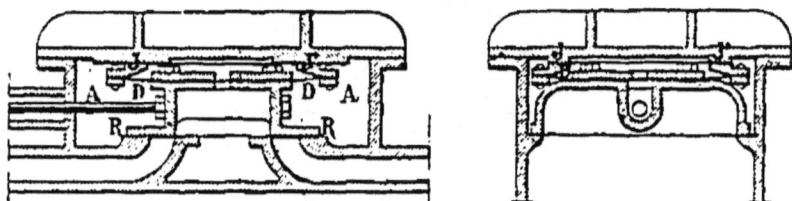

Fig. 142. — Tiroir Dawe.

librer la pression qu'elle exerce sur les rebords R du tiroir.
Ce diaphragme est serré sur le dos du tiroir par une contre-
plaque. Le cadre JJ' forme joint étanche.

Tiroir à dos percé (*fig.* 143). — Ce système de tiroir consiste
à faire l'échappement
par le dos du tiroir, de
sorte qu'il n'y a plus, à
proprement parler, de
pression sur cette sur-
face. Le joint est fait
contre le ciel de la boîte
à vapeur au moyen d'une

Fig. 143. — Tiroir à dos percé.

sorte de cuvette frottante élastique et maintenue constamment en contact par des ressorts.

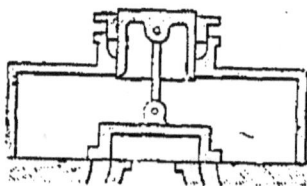

Fig. 144. — Tiroir à piston
compensateur.

Tiroir à piston compensateur
(*fig.* 144). — La figure représente
un tiroir relié par une bielle à
un piston sur lequel agit la vapeur et qui peut se mouvoir
dans une sorte de tube vertical.
Le tiroir est ainsi sous la contre-pression en sens inverse.

Tiroirs équilibrés. — Dans ce type de tiroir, la pression agissant sur le tiroir pour l'appliquer sur sa glace est complètement supprimée. Tel est le *tiroir à piston Jobin* (*fig.* 145).

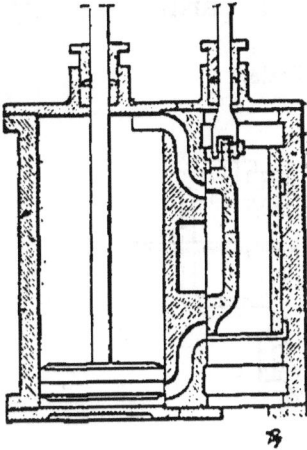

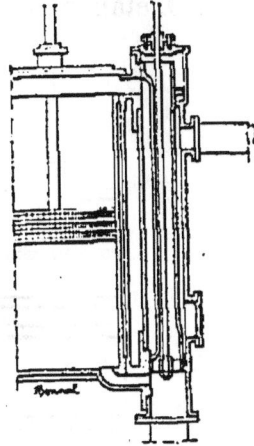

Fio. 145. — Tiroir à piston Jobin.   Fio. 146. — Tiroir de Watt.

Le tiroir est un véritable piston creux dans lequel passe la vapeur, et qui glisse dans une gaine alésée. On peut rapprocher de ce type le tiroir imaginé par Watt (*fig.* 146), qui avait l'avantage de réduire au minimum l'espace nuisible.

Tiroir cylindrique (*fig.* 147). — Dans ce système le tiroir est remplacé par deux pistons cylindriques P, P' glissant à frotte-

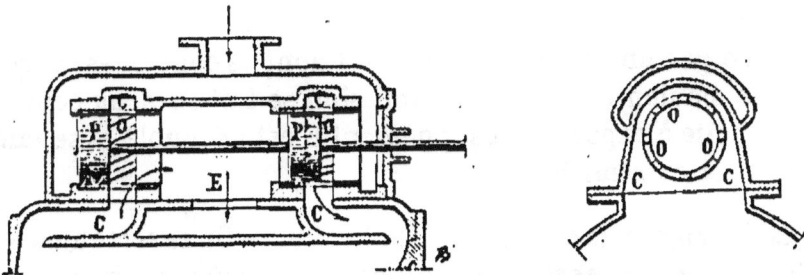

Fio. 147. — Tiroir cylindrique équilibré.

ment dans des tubes en bronze, percés sur une certaine longueur d'une série d'ouvertures obliques O, qui donnent accès à la vapeur dans une gorge annulaire C communiquant avec le cylindre. L'échappement se fait en E entre les deux pistons.

Tiroir en D (*fig.* 148). — Le tiroir, dans ce type, a la forme d'un D. L'étanchéité le long de la partie cylindrique est

Coupe longitudinale.

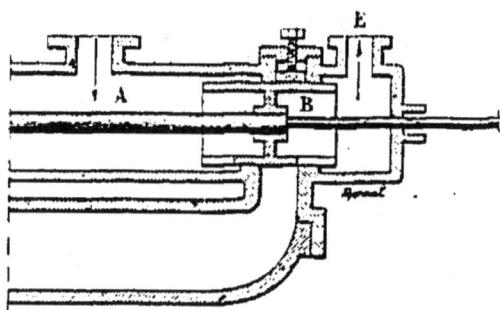

Plan.   Coupe transversale.

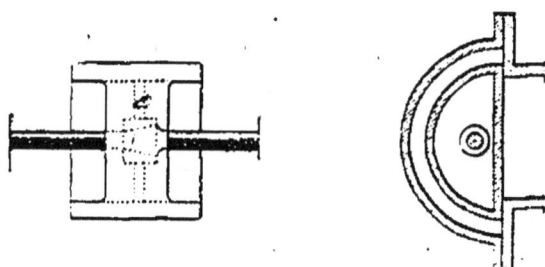

Fig. 148. — Tiroir en D.

assurée par une bague en bronze B dont le contact est réglé par un boulon extérieur. L'admission se fait en A au centre de la boîte à vapeur; l'échappement E est dédoublé et se fait aux deux extrémités.

Excentriques de commande des tiroirs. — On se sert aujourd'hui presque exclusivement des *excentriques circulaires* décrits précédemment, bien que ce système donne de grands frottements. Pour atténuer cet inconvénient, on donne d'ailleurs au tiroir les plus faibles courses possibles (12 à 15 centimètres). La transmission se fait par une tige rigide articulée avec la tige du tiroir et guidée par un coulisseau près de ce point d'articulation. En général, l'excentrique est

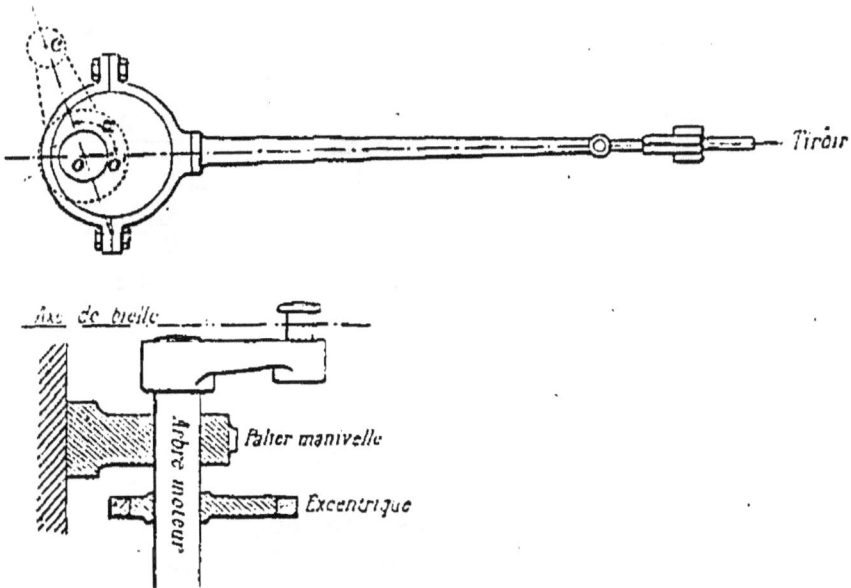

Fig. 149. — Commande par excentrique.

placé près du palier-manivelle et du côté opposé à la manivelle de la machine (*fig.* 149).

Commande par contre-manivelle (*fig.* 150). — Si la disposition précédente ne peut être adoptée, on applique parfois le dispositif à contre-manivelle. Le manneton M de la manivelle motrice se prolonge de façon à former une petite manivelle P ramenée vers le centre de l'arbre et possédant son manneton propre R. C'est à ce manneton R qu'on attache la bielle du tiroir. On conçoit qu'ainsi le centre de ce manneton décrira une circonférence de rayon CC'. Quelquefois, dans les locomotives, l'axe de cette contre-manivelle est ramené en projection de l'axe de la manivelle motrice ; on fixe alors sur lui l'excentrique de commande du tiroir et non la bielle.

L'axe *oo'* de l'excentrique (*fig.* 149) fait toujours avec l'axe *oc* de la manivelle motrice un certain angle α qu'on appelle l'*angle de calage de l'excentrique*, et dont on verra l'influence sur a distribution. La longueur *oo'* s'appelle

l'excentricité. La course du tiroir est égale, évidemment, à
2 . *oo'*, c'est-à-dire à deux fois l'excentricité.

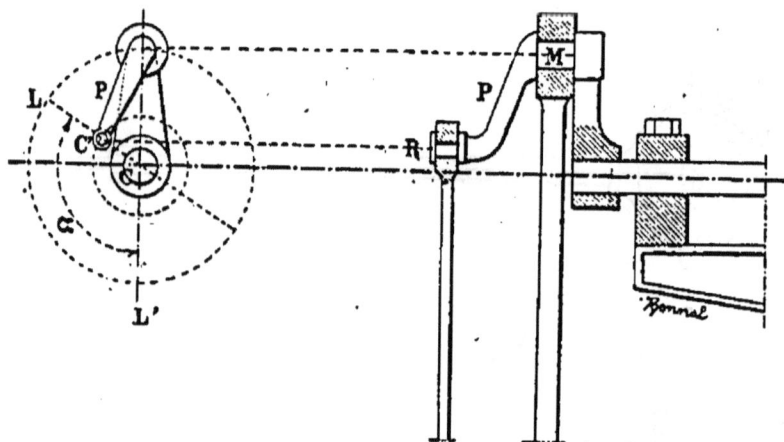

FIG. 150. — Commande par contre-manivelle.

Dans la commande par contre-manivelle, l'angle de calage
sera l'angle LCL' = α indiqué sur la figure 150.

A un angle de calage déterminé correspond évidemment,
pour une distribution par tiroir unique à recouvrement, une
distribution constante, puisque les phases se reproduisent
identiquement à chaque tour de manivelle. Cette distribution
ainsi réglée déterminera donc une détente fixe.

Tiroir normal. — Détente nulle. — Un tiroir sans recouvrements est appelé *tiroir normal*. Des patins ont les mêmes

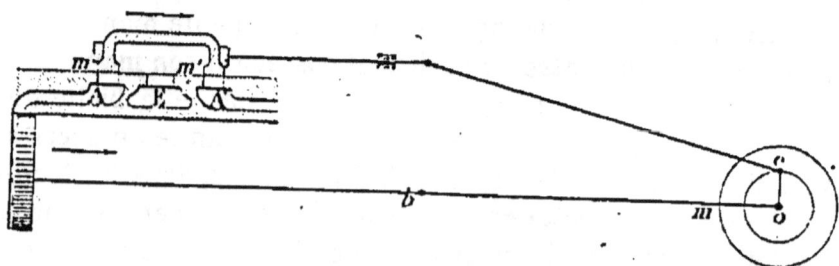

FIG. 151.

dimensions que les orifices de la glace. Son fonctionnement
dépend de la position des bords latéraux de la coquille, qui
admettent ou *suppriment* la vapeur.

Dans la position indiquée sur la figure 151, le tiroir est dans sa position moyenne ou normale, et ses patins recouvrent exactement les lumières d'admission. L'orifice E fait communiquer l'intérieur de la coquille avec le condenseur ou l'atmosphère, suivant que la machine est ou non à condensation. Cet orifice ne doit évidemment jamais communiquer avec la boîte à vapeur; il doit donc être toujours recouvert par la coquille. Si l'on suppose que le mouvement de rotation de l'arbre moteur et le mouvement du tiroir se font dans le sens des flèches de la figure, l'arête m du tiroir va découvrir la *lumière d'admission* de gauche, dès que le mouvement va continuer. Le piston se trouve donc, à ce moment, à l'un de ses points morts, c'est-à-dire à fin de course (côté gauche de la figure); la tige du piston, la bielle bm, et la manivelle mo sont donc en ligne droite. A ce moment, le tiroir se trouve au milieu de sa course, donc sa manivelle doit se trouver, suivant oe, à 90° de mo; si le tiroir est conduit, comme cela est le plus fréquent, par un *excentrique*, oe est la ligne qui joint le centre du disque d'excentrique au centre de l'arbre moteur. Donc l'*angle de calage* doit être de 90°.

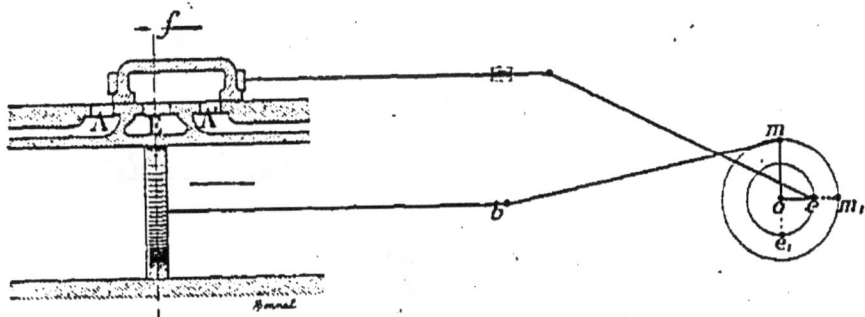

FIG. 152.

Le volant fait passer le point mort, et la vapeur est admise en A. Le piston marche dans le sens de la flèche et, en même temps que le tiroir découvre l'admission, le conduit A' communique avec l'échappement.

L'ouverture des conduits A, A' augmente progressivement, jusqu'à ce que les deux lumières soient ouvertes complètement, moment auquel l'excentrique du tiroir arrive à son point mort. Il se trouve alors dans la position *oe* de la figure 152, et le piston se trouve à mi-course, la manivelle motrice étant en retard de 90° sur l'excentrique.

A partir de ce moment, le tiroir revient sur ses pas suivant la flèche *f*, tandis que le piston continue sa course; les patins du tiroir referment progressivement les lumières d'admission et d'échappement, de telle façon que, quand le piston est arrivé à son point mort de droite et sa manivelle en om_1, le tiroir se retrouve dans sa position moyenne et l'excentrique en oe_1.

La course inverse recommence alors : le mouvement du piston change de sens, tandis que le tiroir achève sa course. Les mêmes phases se reproduisent.

Donc l'*angle de calage* de l'excentrique par rapport à la manivelle doit être de 90°. C'est ce que l'on appelle le calage normal.

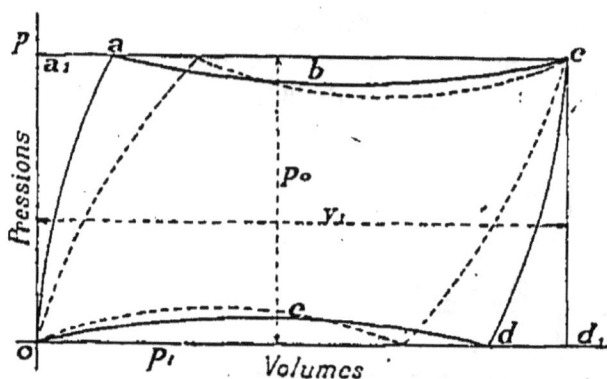

Fig. 153.

Dans un pareil tiroir on peut remarquer que la vapeur agit pendant toute la course à pleine pression, c'est-à-dire sans aucune détente. Si on porte, sur deux axes de coordonnées (*fig.* 153), en ordonnées les pressions et en abscisses les volumes, on pourra dessiner la courbe figurative du fonctionnement, c'est-à-dire le diagramme.

Le piston partant de son point mort, le volume décrit est nul au départ, et la pression nulle aussi. Le tiroir démasquant la lumière d'admission, la pression monte rapidement, suivant la courbe *oa*, jusqu'à sa valeur normale *p*. Mais pendant la montée en pression le piston a parcouru le trajet a_1a. La vitesse du piston va en augmentant, puisque la manivelle s'éloigne du point mort. Pour cette raison, l'équilibre de pression ne s'établit pas facilement, et la pression s'abaisse de façon que la courbe s'infléchisse suivant *ab*, d'autant plus que l'orifice n'est encore ouvert qu'en partie pendant cette fraction de course. Arrivé en *b*, le piston tend, de plus en plus, jusqu'à son point mort de droite, à ralentir l'allure; l'équilibre de pression se rétablit, et la pression remonte jusqu'au point *c*. L'échappement, qui commence à se produire alors, cause une chute de pression suivant la courbe *cd*, pendant laquelle le piston a parcouru le trajet dd_1.

Un phénomène inverse du précédent se produit ensuite : l'échappement ne s'ouvre que progressivement, tandis que le piston augmente sa vitesse, sans donner le temps à la vapeur de se mettre en équilibre avec le condenseur; il y a donc un certain relèvement de la pression, suivant la courbe *dc*; puis, le piston ralentissant sa course, tandis que l'échappement se trouve pleinement ouvert, la pression du condenseur s'établit peu à peu derrière le piston. Le cycle se trouve fermé, et la figure *oabcdeo* forme le *diagramme* de la machine à tiroir normal.

Or le diagramme théorique qu'il aurait fallu réaliser pour avoir le travail maximum était le rectangle oa_1cd_1. La perte de travail est représentée par les surfaces comprises entre le *diagramme réel* et le *diagramme théorique*.

Si la vitesse du piston venait à augmenter, les longueurs aa_1, dd_1 augmenteraient évidemment; de plus, les effets signalés s'amplifieraient, car l'équilibre des pressions derrière les faces du piston s'effectuerait moins bien encore et, par suite, les courbes *abc*, *deo* s'accentueraient davantage. On aurait alors des diagrammes analogues à celui qui est indiqué en pointillé sur la figure 153. On voit donc que les pertes iraient en augmentant avec la vitesse du piston. Aussi la vitesse maxima du piston était-elle limitée à 1 mètre, dans les machines à *tiroir normal*. On n'emploie plus, d'ailleurs, ce dispositif, toutes les machines construites étant aujourd'hui à détente.

Tiroir à avance angulaire et à recouvrements. — Si avec un tiroir à coquille on veut permettre un certain degré de détente, il faut que, pendant un temps déterminé, l'admission de la vapeur soit supprimée, c'est-à-dire que le patin du tiroir persiste à recouvrir la lumière d'admission, malgré le mouvement du tiroir. Ceci ne peut évidemment avoir lieu que si le patin est plus grand que l'orifice; car, pendant un certain temps de marche, il pourra glisser sur la lumière sans la découvrir. Le tiroir, dans sa position moyenne, aura donc la disposition indiquée sur la figure 154.

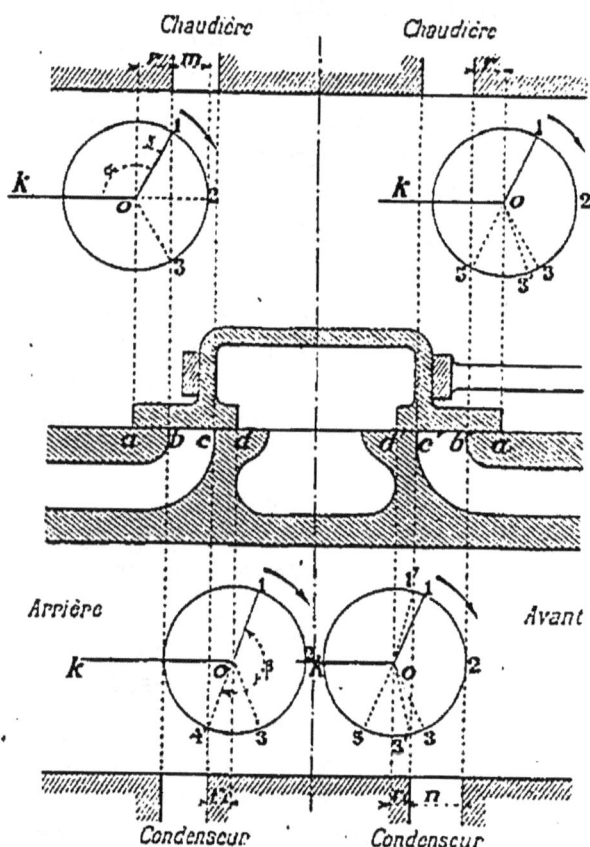

Fig. 154.

ab, **a'b'** seront les *recouvrements extérieurs* ou à l'*admission ;* **cd, c'd'**, les *recouvrements intérieurs* ou à l'échappement. La manivelle et l'excentrique se trouvant d'un côté déterminé du cylindre (à droite sur la figure 154), on appelle, pour fixer les idées, *avant-cylindre*, la partie située du côté de ces organes, et *arrière-cylindre*, la partie opposée. Cette distinction permet de fixer d'un mot les positions et le sens de marche du piston.

Influence des recouvrements. — Pour étudier l'influence des recouvrements, on suppose : 1° que ceux de l'admission sont égaux entre eux ; 2° que ceux de l'échappement sont aussi égaux ; 3° que les bielles du piston et du tiroir sont toujours parallèles à la tige du piston.

L'influence de l'obliquité de la bielle du tiroir est à peu près nulle d'ailleurs, car sa longueur est très grande par rapport à l'*excentricité*. On suppose donc les *bielles infinies*, et l'on étudie ensuite les modifications qu'entraîne leur obliquité.

Dès que le piston est au point mort, l'admission doit être ouverte, pour qu'il y ait de suite action motrice en sens inverse.

Donc le tiroir ne peut pas être à ce moment dans sa position moyenne. Il faut, au contraire, que l'arête *a* soit arrivée en *b*, c'est-à-dire que, pendant la dernière partie de la course du piston, le tiroir ait glissé vers l'*avant* de la quantité *ab* (*fig.* 154).

Au lieu d'envisager la position de l'excentrique, on peut, puisque l'on suppose une barre d'excentrique de longueur infinie, considérer la position d'un point quelconque du tiroir qui aura évidemment les mêmes déplacements que le centre du disque d'excentrique.

Sur des lignes menées à l'aplomb des arêtes *a, d, a', d'* des patins, on trace des cercles ayant pour rayons le *rayon d'excentricité ;* on peut évidemment suivre, sur chacun de ces cercles, les positions de l'excentrique correspondant aux différentes positions de ces arêtes.

Le mouvement s'effectue dans le sens des flèches.

Si, pour plus de clarté, on reporte vis-à-vis de chaque cercle d'excentricité, la position des orifices, on peut voir de combien l'orifice est ouvert pour une position donnée du centre d'excentricité.

La partie supérieure de la figure concerne la communication avec la chaudière ou l'admission, et la partie inférieure concerne la communication avec le condenseur ou l'échappement.

L'admission commençant pour l'arrière, l'arête *a* doit se trouver en *b*, et le centre d'excentrique se trouvera en 1 sur le rayon d'excentricité; le mouvement continuant, l'orifice d'admission se démasque graduellement et s'ouvre jusqu'à ce que le centre d'excentrique soit arrivé à la fin de sa course, c'est-à-dire en 2. L'orifice est alors ouvert de la quantité maxima *m*, qui doit être égale à la largeur calculée pour l'orifice d'admission.

A partir de ce moment, la course rétrograde du tiroir commence; l'orifice se referme graduellement, l'occlusion sera complète quand le centre d'excentrique sera revenu au point 3 du cercle. L'admission est supprimée, et la détente commence.

Pendant ce temps, du côté de l'*avant*, l'échappement s'est produit; tandis que le recouvrement à l'admission glissait de *a* en *b*, le recouvrement à l'échappement parcourait la distance *d'c'* et s'ouvrait au moment où le centre d'excentrique était en 1', c'est-à-dire avant que l'admission ne fût ouverte; puis de 1' à 2 l'orifice d'échappement s'ouvre graduellement, et il faut qu'en 2 il soit complètement découvert, c'est-à-dire que le point *d'* soit arrivé en *b'*, puisque la largeur *n* de l'orifice a été calculée pour l'échappement. A partir de ce moment, le tiroir commence sa course rétrograde, et l'échappement se retrouve complètement fermé quand le centre d'excentrique est revenu au point 3'; l'échappement ne pouvant plus s'effectuer, la vapeur se comprime derrière le piston. Le tiroir continuant son mouvement vers l'arrière, le point *d* arrive en *c* quand le centre d'excentrique est en 4', et l'échappement commence alors pour l'avant-cylindre avec les mêmes phases que précédemment. La détente a donc lieu pendant le temps que le centre d'excentrique aura mis pour aller du point 3 (fermeture de l'admission) au point 4' (ouverture de l'échappement). L'arête *a'* arrivant en *b'*, l'admission commence pour l'*avant-cylindre* quand le centre d'excentrique arrive en 5. La période de *compression* de la vapeur aura donc duré pendant le temps que le centre

d'excentrique aura mis à aller du point 3' (fermeture de
l'échappement arrière) au point 5 (ouverture de l'admission
arrière). A partir de ce moment, les mêmes phases se reproduisent dans le même ordre.

Pour avoir tous les éléments du fonctionnement, il reste à
rapprocher des mouvements du tiroir les positions du piston
à chaque instant de la course.

Si l'admission commence sitôt que le piston est à son point
mort arrière, il faut que l'arête *a* soit en *b*, c'est-à-dire que le
centre d'excentrique soit en 1. Or à ce moment, la manivelle
occupe, par rapport au rayon d'excentrique, une position
telle que *ok*. On voit donc que, pour que l'admission ait lieu
au moment voulu, il faut que l'*angle de calage* α soit cette fois
supérieur à 90° de la valeur γ indiquée sur la figure 154.
Cet angle γ s'appelle l'*angle d'avance*.

En réalité, l'angle d'avance est pris supérieur à l'angle
théorique nécessaire pour que l'admission s'ouvre au moment
où le piston est à son point mort. De cette façon, quand cette
position du piston est atteinte, le tiroir a déjà découvert
l'admission d'une certaine quantité. C'est ce qu'on appelle
l'*avance à l'admission*, ou *admission anticipée*. Elle a pour but
de mettre la vapeur en contact avec le piston avant la fin de
la course pour atténuer le choc et permettre de suite l'action
motrice de la vapeur.

L'admission une fois effectuée, le piston se mouvant de
l'arrière vers l'avant, l'orifice d'admission se démasque graduellement ; le centre d'excentrique arrive en 2 et le tiroir
rétrograde ; l'admission se referme graduellement jusqu'en
3, et la détente commence. Enfin, quand l'excentrique arrive
en 4', l'échappement s'ouvre pour l'arrière.

Mais, à ce moment, le piston ne doit pas être encore au
bout de sa course ; le centre d'excentrique a parcouru l'arc de
cercle 14' (cercle de l'orifice du condenseur arrière sur
l'épure), et les choses doivent être réglées pour que cet arc
soit plus petit que 180°. La position de la manivelle motrice
correspondant à la position o1 de l'excentrique était *ok* (point
mort arrière). Comme cette manivelle décrit, dans le même
temps, le même angle que l'excentrique, au moment où
l'échappement s'ouvre, elle n'aura pas encore décrit 180°, et

le piston ne sera pas encore à son point mort. Cette période d'échappement faite à l'avance s'appelle l'*avance à l'échappement* ou *échappement anticipé*. La valeur du recouvrement intérieur *cd* règle évidemment la valeur de cette période. La compression, comme on l'a vu, a lieu pendant que le centre de l'excentrique parcourt l'arc 34'. Si on diminue le recouvrement intérieur, l'avance à l'échappement augmente, puisqu'elle se fait plutôt, et on diminue d'autant la période de compression.

On peut sur une seule épure se rendre compte des positions relatives du piston et du tiroir et suivre les différentes phases de la distribution ; plusieurs constructions ont ainsi été imaginées dans ce même but.

Épure circulaire de Rech ou Reuleaux. — On trace un cercle égal au rayon d'excentrique et l'on suppose que ce cercle représente aussi celui décrit par le bouton de manivelle, à une échelle évidemment différente et égale au rapport des deux rayons.

La ligne horizontale TT' (*fig.* 155) représente l'axe du cylindre, et on marque sur elle les diverses positions du piston.

Pour une position M de la manivelle sur le cercle, le piston occupe la position correspondante M', projection du point M sur la ligne XX'. A ce

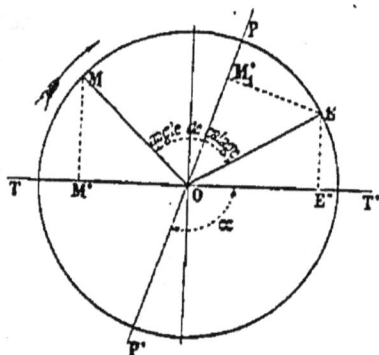

Fig. 155.

moment, le centre d'excentrique est au delà dans le sens du mouvement, en un point E tel que l'angle EOM = α = l'*angle de calage*, qui, comme on le sait, est supérieur à 90°. La position correspondante du tiroir sera donc en E'.

Si l'on imagine maintenant qu'on fasse tourner le point M autour de O, de manière à l'amener en E, la ligne TT' devient PP', de manière que T'OP' = α.

Quelle que soit la position du point M, on retrouvera toujours la même ligne PP', sur aquelle on pourra marquer les

positions du piston. La nouvelle projection de M sera la projection de E sur PP', c'est-à-dire M'₁.

Le même point E représentera à la fois la position du
centre du bouton de manivelle et du centre d'excentrique,
et ses projections sur PP' et sur TT' donneront les positions
correspondantes du piston et du tiroir.

Ces préliminaires étant établis, on peut étudier la distribution.

Reprenant le cercle (*fig.* 155), qui représente à la fois la
trajectoire des centres du bouton de manivelle et d'excentrique, l'angle POT est égal à l'angle de calage α.

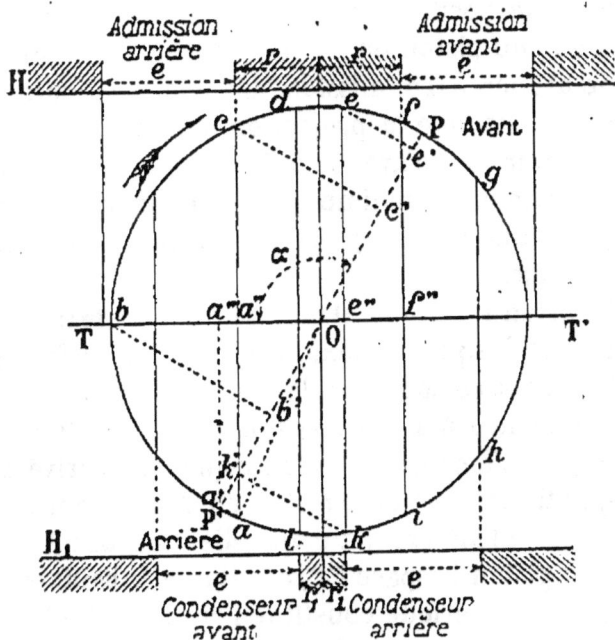

Fig. 156.

Si l'on se reporte à l'épure précédente (*fig.* 154), on remarque
que les distances marquées r et r'₁ comprises entre les verticales passant par les cercles d'excentrique et les bords
extérieurs ou intérieurs des orifices, sont précisément égales
aux valeurs des *recouvrements extérieurs* ou *intérieurs*. On
peut alors superposer ces quatre figures sur l'épure ci-contre
(*fig.* 156) et porter de part et d'autre de la verticale de l'axe O,

sur les horizontales H et H₁ les valeurs des recouvrements, les uns du côté réservé à l'étude de l'admission de la chaudière, les autres du côté de l'échappement au condenseur. On porte, à la suite, les largeurs c des orifices, calculées comme on le sait pour l'échappement. L'admission arrière et l'échappement avant, se faisant dans la même course, se trouveront du même côté de l'épure ; de même pour l'admission avant et l'échappement arrière.

Le mouvement ayant lieu dans le sens de la flèche, au moment où le tiroir va découvrir l'admission vers l'arrière, l'excentrique se trouve en a ; mais la manivelle a encore à parcourir l'arc aP', avant que le piston soit à son point mort arrière, la position du piston est en a'. Pendant toute la course $a'P'$ du piston ou aP' du bouton de manivelle, il y aura donc avance à l'admission. L'angle aOa' sera l'*avance angulaire*, tandis que la projection $a''a'''$ de aP' est l'*avance linéaire du tiroir*. Cette avance à l'admission est toujours très faible et n'augmente que d'une façon insignifiante le travail résistant, tandis qu'elle présente divers avantages, ainsi qu'on va le voir.

En P' le piston est au point mort ; de P' en b le tiroir s'ouvre graduellement jusqu'au maximum, puis se referme peu à peu de b en c ; à ce moment, le piston se trouve en c' et la détente commence à l'*arrière-cylindre*. Cette détente va se prolonger jusqu'à ce que l'excentrique soit arrivé en e et, par suite, le tiroir en e'' et le piston en e', moment où s'ouvre l'échappement à l'arrière. La manivelle a encore à parcourir l'arc eP, et le piston l'espace $e'P$, avant que le *point mort avant* soit atteint. Cette période constitue l'*avance à l'échappement*. L'échappement commence alors pour l'*arrière-cylindre ;* en f se produit l'*avance à l'admission* pour l'*avant*, absolument comme dans la phase précédente. En g l'échappement arrière est ouvert en grand, et reste démasqué pendant tout le temps que mettent les manivelles à parcourir l'arc gh ; ce n'est que quand les manivelles seront en k que la fermeture de l'échappement aura lieu ; à ce moment, le piston sera en k' et le tiroir en e''. La vapeur se comprime donc derrière le piston, qui continue sa course vers l'arrière et doit encore parcourir la distance $k'P'$ avant d'arriver au point mort ; mais la détente a commencé en *i* pour l'avant-cylindre, et la puissance tend à diminuer, tandis que la compression à l'arrière-cylindre augmente la résistance. Les forces d'inertie du volant font achever la course du piston. En *l* se produit pour l'avant-cylindre l'ouverture anticipée de l'échappement, et on retrouve enfin, en *a*, l'avance à l'admission qui inaugure un cycle nouveau.

On voit que l'admission de vapeur motrice dure pendant tout le déplacement angulaire P'*bc*, ou bien pendant le déplacement linéaire P'*c'* du piston. La détente est le rapport de $\frac{P'c'}{P'e'}$, puisque l'échappement commence quand le piston est en *e'*.

On remarque que la période de détente qui dure pendant tout le parcours des arcs *ce* ou *il*, est précisément égale à la période de compression, qui se produit pendant tout le parcours des mêmes arcs, mais seulement si les mouvements sont égaux.

Dans la course directe du piston on peut donc distinguer trois périodes :

> L'admission proprement dite ;
> La détente ;
> L'échappement anticipé.

Dans la course rétrograde on peut également distinguer trois périodes :

> L'échappement proprement dit ;
> La compression ;
> L'admission anticipée.

La détente et la compression s'accomplissent pendant une même course ; l'admission et l'échappement participent à la fois de la course directe et de la course rétrograde. Ces six périodes dépendent exclusivement de la valeur des *recouvrements* et de la valeur de l'*angle de calage*.

Influence de la variation des recouvrements. — Si l'on suppose sur l'épure ci-contre (*fig.* 157), que l'on augmente l'un des recouvrements extérieurs, du côté arrière par exemple, et que r devienne r', l'admission anticipée, qui aurait eu lieu quand le piston était en a', n'aura plus lieu que quand le piston sera en a'_1; il y aura donc diminution de l'admission anticipée. Si la valeur de r est suffisamment augmentée, cette avance à l'admission peut devenir un retard; car le piston peut avoir commencé sa course rétrograde.

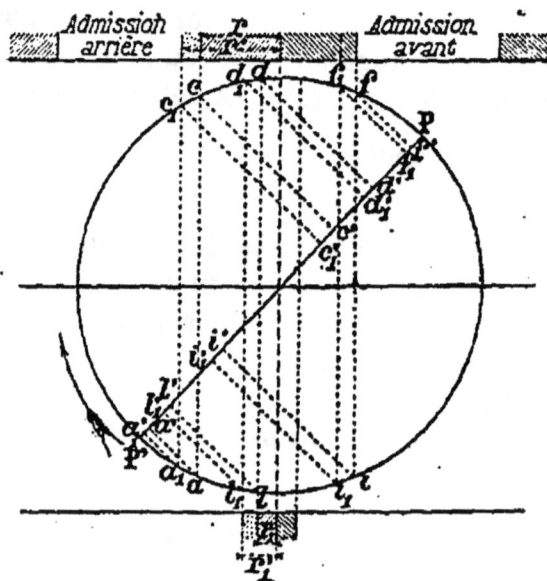

Fio. 157.

L'admission du côté avant ne sera nullement affectée par la modification.

Il faut remarquer aussi que les manivelles parcourent l'arc $a_1P'c_1$ au lieu de l'arc $aP'c$. L'admission sera donc fermée plutôt que dans le premier cas, et la détente augmentera.

On pourra de même constater sur l'épure (côté de l'admission avant) qu'une diminution du recouvrement extérieur produit l'effet inverse, c'est-à-dire augmente à la fois l'avance à l'admission et l'admission, mais diminue la détente.

Si l'on augmente maintenant un recouvrement intérieur du côté *condenseur avant*, par exemple, et que r_1 devienne r'_1, l'échappement qui devait s'ouvrir quand l'excentrique est en l et le piston en l' ne s'ouvrira qu'en l_1 quand le piston sera en l'_1; il y aura donc diminution de l'avance à l'échappement. De plus, quand le piston reviendra vers l'avant, l'échappement se fermera quand le piston sera en d''_1, au lieu de se fermer quand il est en d'. Il se fermera donc plus tôt, et la compression sera augmentée.

Inversement, si l'on diminue la longueur du recouvrement intérieur, on augmente l'avance à l'échappement et la période d'échappement proprement dit, et l'on diminue la compression.

On peut donc résumer l'influence des variations des recouvrements dans le tableau suivant :

Augmentation des recouvrements.
- extérieurs.
  - Diminution de l'avance à l'admission.
  - Diminution de l'admission proprement dite.
  - Augmentation de la détente.
- intérieurs.
  - Diminution de l'avance à l'échappement.
  - Diminution de l'échappement proprement dit.
  - Augmentation de la compression.

Diminution des recouvrements.
- extérieurs.
  - Augmentation de l'avance à l'admission.
  - Augmentation de l'admission.
  - Diminution de la détente.
- intérieurs.
  - Augmentation de l'avance à l'échappement.
  - Augmentation de l'échappement.
  - Diminution de la compression.

Influence de la variation de l'angle de calage (fig. 158). — On sait que l'angle de calage est représenté sur l'épure par $ToP' = \alpha$. Si l'on augmente cet angle, la ligne PP' sur laquelle on marque les déplacements du piston devient $P_1P'_1$, et cette disposition, les recouvrements restant constants, va évidemment modifier la distribution.

Du côté arrière, l'avance à l'admission, qui commençait quand le piston était en a', commence maintenant quand il est en a'_1; elle est donc augmentée. L'admission qui avait lieu pendant la course Pc' a lieu pendant la course $P_1c'_1$; elle est donc diminuée. De même, la période de détente a lieu pendant le parcours $c'_1e'_1$ au lieu de $c'c'$, et a augmenté.

Enfin, du côté avant, l'avance à l'échappement qui durait pendant le parcours $l'P$ dure pendant le parcours l'_1P_1 et augmente par conséquent.

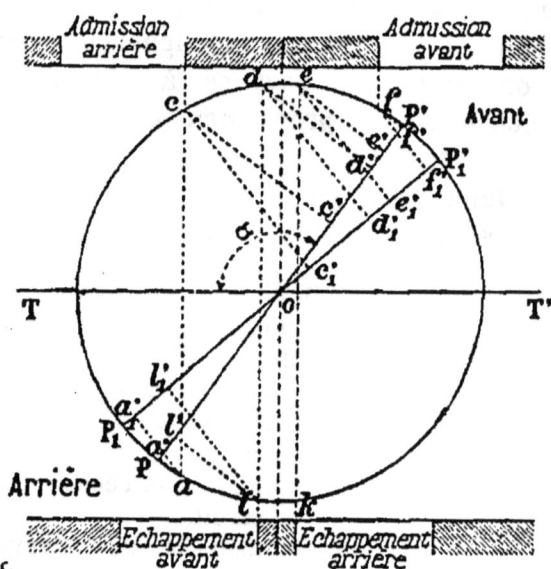

Fig. 158.

La compression se produit maintenant pendant le parcours $d'_1f'_1$, jusqu'au moment où commence l'admission anticipée. Elle est donc augmentée.

Si on diminue, au contraire, l'angle de calage, les phénomènes inverses se produisent. Le tableau suivant résume ces influences :

Augmentation de l'angle de calage.	Augmentation de l'avance à l'admission. Diminution de l'admission. Augmentation de la détente. Augmentation de l'avance à l'échappement. Augmentation de la compression.
Diminution de l'angle de calage.	Diminution de l'avance à l'admission. Augmentation de l'admission. Diminution de la détente. — l'avance à l'échappement. — la compression.

Si l'on agit à la fois sur les recouvrements et sur le calage, on peut modifier la distribution comme on le veut.

Ainsi, par exemple, une augmentation du recouvrement
extérieur et de l'angle de calage donnera une augmentation
de détente, tandis que l'avance à l'admission, diminuée par le
premier procédé et augmentée par le second, pourra rester la
même.

De même, la diminution d'un recouvrement intérieur et de
l'angle de calage pourra, tout en maintenant la même avance
à l'échappement, diminuer la période de compression. On
pourra réaliser, en définitive, la distribution désirée en faisant
varier ces divers facteurs.

Influence de la course du tiroir. — **Par un moyen quel-**
conque on peut faire varier la course du tiroir, tout en maintenant constants les recouvrements et l'angle de calage Si

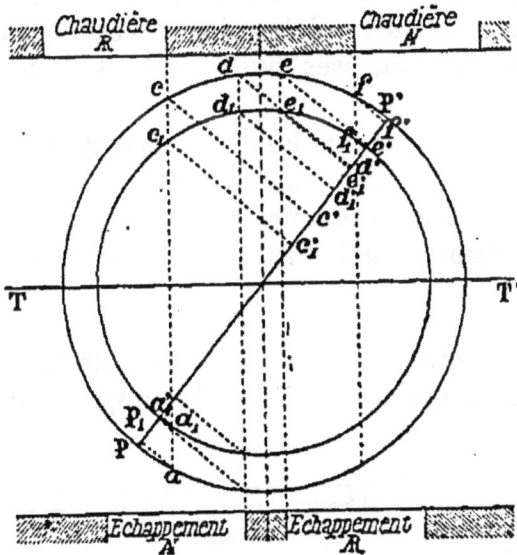

Fig. 159.

on la diminue par exemple, cette modification se traduira
sur l'épure par une diminution de la course d'excentrique :
le rayon du cercle diminuera.

On pourra alors constater (*fig.* 159), en tenant compte de
la nouvelle échelle de course de la manivelle, que l'avance à
l'admission et l'admission ont diminué, tandis que la détente
a augmenté. La constatation peut se faire de suite en com-

parant les arcs décrits par les boutons de manivelle ou d'excentrique. Il est bien évident, en effet, que l'arc Pc, pendant lequel l'admission se produit dans le premier cas, est plus grand que l'arc P_1c_1 pendant lequel elle se produit dans le second cas, et ainsi de suite.

En ce qui concerne l'échappement, l'avance à l'échappement sera diminuée; la période d'échappement proprement dite sera également diminuée, et la période de compression sera augmentée.

Si l'on compare ces résultats avec ceux obtenus en étudiant l'influence des recouvrements, on peut constater qu'ils sont identiques à ceux obtenus, en augmentant simultanément les recouvrements intérieurs et extérieurs.

Donc on peut, sans toucher aux recouvrements, rien qu'en modifiant le calage de l'excentrique et la course du tiroir, obtenir une distribution déterminée. C'est ce qui est réalisé par l'emploi des coulisses, qui seront étudiées ultérieurement.

On peut en tout cas conclure que, pour un tiroir donné, la détente est toujours absolument fixe.

Il reste à étudier l'influence que peut avoir l'obliquité de la bielle du piston dans la distribution. On négligera, comme on le fait presque toujours, celle de la barre d'excentrique.

Influence de l'obliquité de la bielle. — Pour une position OM (fig. 160) de la manivelle, la bielle supposée infinie et de

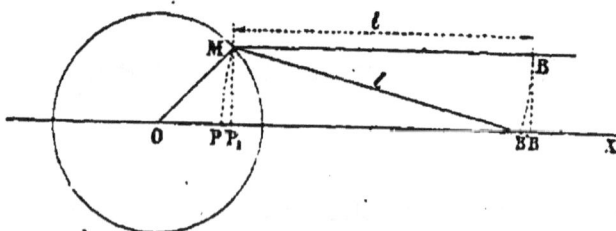

Fig. 160.

longueur l serait dans la position MB. Mais, en réalité, son articulation se trouve sur l'axe OX. Donc elle se trouve en B' de telle façon que MB' $= l$; la véritable position de la bielle est donc MB'. Sur l'épure on pourra avoir la position du piston correspondant à OM, non plus en projetant M sur OX, mais en décrivant de B' l'arc de cercle MP.

On peut se rendre compte des perturbations qu'apporte, dans la distribution, l'obliquité des bielles.

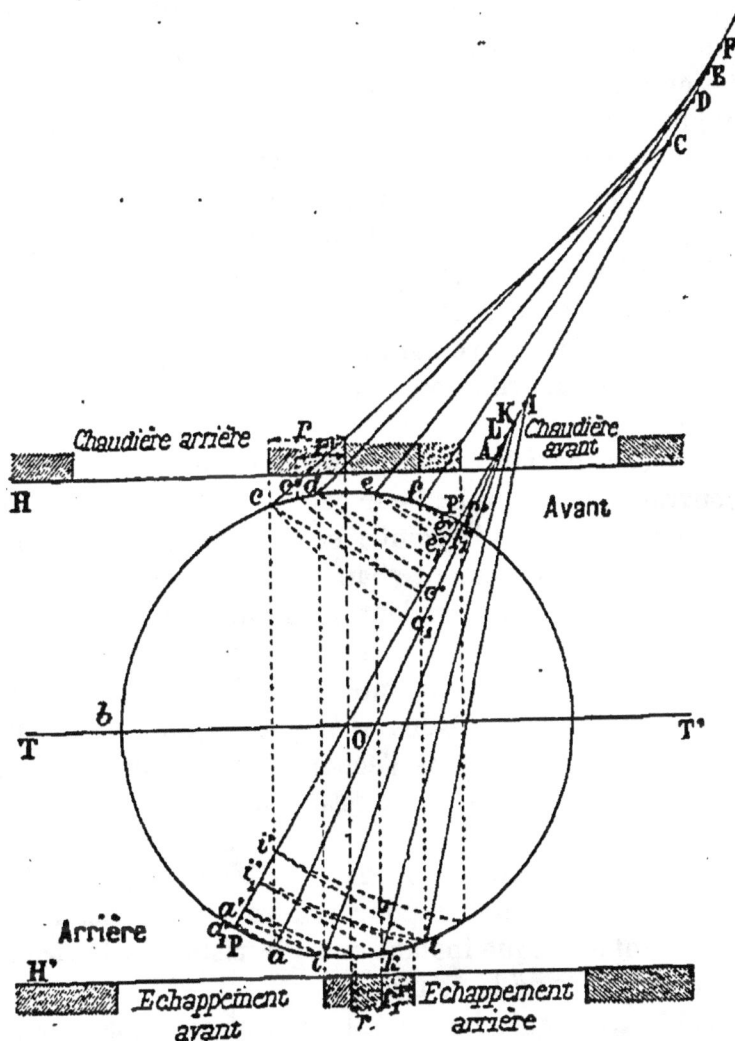

Fig. 161.

Si l'on reprend encore l'épure circulaire, des points *acdef* (*fig.* 161), etc., qui sont les positions remarquables de la manivelle, on marquera, sur le prolongement de la ligne PP' des déplacements du piston, les points A, L, K, I, etc..., C, D, E, F, qui représenteront pour chaque position de la manivelle les positions de l'articulation. On aura de suite en a'_1, c'_1, c'_1, etc., les nouvelles et réelles positions du piston différentes des positions a', c', c', etc., qu'on avait obtenues en supposant les bielles infinies. Pour l'arrière-cylindre, l'admission, qui avait lieu de P à c', a lieu pendant Pc_1', donc elle est diminuée ; la détente $c e'$ devient $c_1e'_1$ et augmente ; l'avance à l'admission diminue, ainsi que l'avance à l'échappement. Enfin la compression est augmentée et l'échappement diminué.

Pour l'avant-cylindre, au contraire, l'examen de l'épure montrera que l'admission augmente ($P'i_1$, au lieu de $P'i'$) et que la détente diminue, que l'avance à l'admission augmente ainsi que l'avance à l'échappement, enfin que la période de compression diminue et que celle d'échappement augmente.

Il résulte de ces remarques que l'obliquité des bielles réalise deux distributions différentes pour chaque course simple du piston.

On peut remédier à cet inconvénient en faisant varier les recouvrements du tiroir. Pour cela, il suffit de relever par la construction inverse le point c' en c'', sur le cercle ; on a ainsi le nouveau recouvrement r' au lieu de r pour l'admission arrière : on voit qu'il devient plus faible. Le recouvrement extérieur d'admission avant se trouvera, au contraire, augmenté. Le recouvrement intérieur d'échappement arrière augmente pour des raisons analogues et devient r'_1 au lieu de r_1, tandis que celui de l'échappement avant diminue et peut même devenir négatif, c'est-à-dire découvrir l'orifice.

Diagramme polaire de Zeuner. — D'autres procédés graphiques ont été indiqués pour rendre compte des relations qui existent à chaque instant entre le piston et le tiroir aux différents points de la course.

Voici le tracé qu'a imaginé M. le professeur Zeuner et qui se recommande par sa précision, puisqu'il n'y a aucun tracé de parallèles et qu'on n'y emploie que la règle et le compas. Le cercle OM_1 (fig. 162), représentant comme précédemment le cercle décrit par le bouton de manivelle et le centre d'excentrique, et la droite TT' faisant avec $M_1M'_1$ l'angle de calage a, si l'on trace sur OT, OT' comme diamètres deux

circonférences QT, Q'T', on va démontrer, d'après Zeuner,
que, pour une position OM quelconque de la manivelle, la
longueur dont le tiroir s'est déplacé est représentée par le

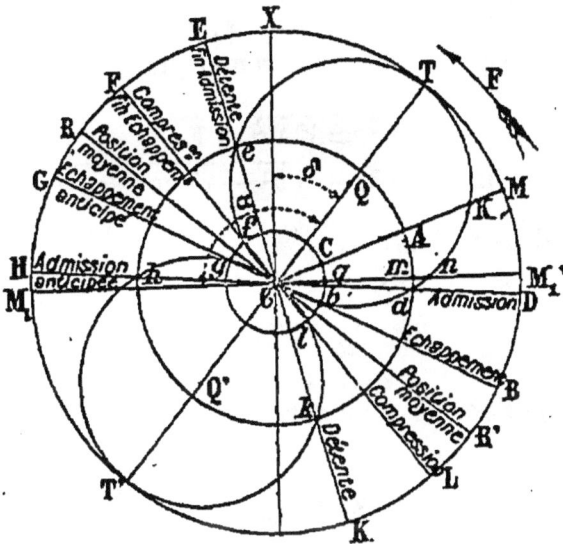

Fig. 162.

segment de droite, OK, compris dans l'un des petits cercles.
Ces cercles, d'un rayon égal à la moitié du rayon d'excentrique, sont appelés les cercles de Zeuner.

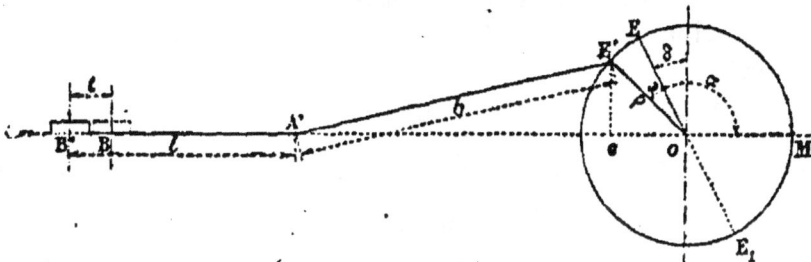

Fig. 163.

Soit oE (fig. 163) la position du rayon d'excentrique pour
la position oM de la manivelle; α est l'angle de calage,
et δ l'angle d'avance; oE' une deuxième position, l'angle de
déplacement étant ω. L'axe du tiroir, dont la position moyenne
est en B, se trouve en B' correspondant à la position E' de

l'excentrique, et à une distance t de sa position moyenne ; la bielle d'excentrique a pour longueur b, et la distance de l'axe du tiroir à l'articulation d'extrémité est l.

Le déplacement t du tiroir $= oB' - oB$.

La distance $oB' = oe + eA' + A'B'$, c'est-à-dire, en appelant ρ le rayon d'excentricité et en remarquant que :

$$\overline{eA'^2} = \overline{EA'^2} - \overline{E'e^2},$$

$$oB' = \rho \sin(\omega + \delta) + \sqrt{b^2 - \rho^2 \cos^2(\omega + \delta)} + l.$$

Le radical peut s'écrire :

$$b - \frac{\rho^2}{2b} \cos^2(\omega + \delta).$$

En effet, si l'on élève au carré cette quantité, on aura :

$$\left[b - \frac{\rho^2}{2b} \cos^2(\omega + \delta) \right]^2 = b^2 + \frac{\rho^4}{4b^2} \cos^4(\omega + \delta) - \rho^2 \cos^2(\omega + \delta).$$

Si l'on remarque que ρ est très petit par rapport à b, la quantité $\frac{\rho^4}{4b^2}$ sera très petite et, de plus, multipliée par la quatrième puissance d'un cosinus, valeur plus petite que 1. Le deuxième terme est donc absolument négligeable par rapport aux deux autres, et l'on retrouve pour valeur de ce carré l'expression $b^2 - \rho^2 \cos^2(\omega + \delta)$, qui est celle placée sous le radical.

On aurait pu, d'ailleurs, développer cette expression en série, en remarquant qu'elle est de la forme $(x - a)^{\frac{1}{2}}$; en ne prenant que le premier terme de cette série et négligeant les autres, on trouverait le même résultat.

En définitive, on a :

$$oB = \rho \sin(\omega + \delta) + b - \frac{\rho^2}{2b} \cos^2(\omega + \delta) + l.$$

La valeur de oB sera la moyenne des deux valeurs de oB' correspondant à $\omega = 0$ et à $\omega = 180°$. Pour ces deux angles, en effet, l'excentrique occupe deux positions symétriques oE, oE_1, et, en passant de l'un à l'autre, l'axe du tiroir aura parcouru une course complète ; parti d'une certaine position, il aboutira, par rapport à sa situation moyenne, dans une position symétrique. La distance oB de cette situation moyenne à l'axe de l'arbre sera donc la demi-somme des deux valeurs de oB' correspondant aux positions oE et oE_1 de l'excentrique :

Pour $\omega = 0$, on a :

$$OB_1' = \rho \sin \delta + b - \frac{\rho^2}{2b} \cos^2 \delta + l$$

Pour $\omega = 180°$, on a :

$$oB_2' = - \rho \sin \delta + b - \frac{\rho^2}{2b} \cos^2 \delta + l;$$

d'où :

$$oB = \frac{oB_1' + oB_2'}{2} = b - \frac{\rho^2}{2b} \cos^2 \delta + l.$$

Dès lors la valeur de $t = oB' - oB$ deviendra :

$$t = oB' - oB = \rho \sin (\omega + \delta) + \frac{\rho^2}{2b} [\cos^2 \delta - \cos^2 (\omega + \delta)].$$

Si l'on développe la dernière parenthèse, on a :

$$\cos^2 \delta - \cos^2 (\omega + \delta) = \sin^2 (\omega + \delta) - \sin^2 \delta$$
$$= [\sin (\omega + \delta) + \sin \delta] [\sin (\omega + \delta) - \sin \delta].$$

Or on sait qu'on a :

$$\sin \alpha + \sin \beta = 2 \sin \frac{\alpha + \beta}{2} \cos \frac{\alpha - \beta}{2}$$

et

$$\sin \alpha - \sin \beta = 2 \cos \frac{\alpha + \beta}{2} \sin \frac{\alpha - \beta}{2}.$$

Donc l'expression précédente devient :

$$2 \sin \left(\frac{\omega + 2\delta}{2} \right) \cos \frac{\omega}{2} \times 2 \cos \left(\frac{\omega + 2\delta}{2} \right) \sin \frac{\omega}{2}$$

Or:

$$2 \sin \frac{\omega}{2} \cos \frac{\omega}{2} = \sin \omega$$

et

$$2 \sin \left(\frac{\omega + 2\delta}{2} \right) \cos \left(\frac{\omega + 2\delta}{2} \right) = \sin (\omega + 2\delta).$$

Donc on a:

$$t = \rho \sin (\omega + \delta) + \frac{\rho^2}{2b} \sin \omega \sin (\omega + 2\delta)$$

$$= \rho \sin \omega \cos \delta + \rho \sin \delta \cos \omega + \frac{\rho^2}{2b} \sin \omega \sin (\omega + 2\delta).$$

L'angle δ est fixe, ainsi que ρ. La seule variable est ω.
Si on pose:

$$\rho \cos \delta = Q,$$
$$\rho \sin \delta = P,$$

et $\frac{\rho^2}{2b} \sin \omega \sin (\omega + 2\delta) = R$, qui sera une variable, on aura:

$$t = P \cos \omega + Q \sin \omega + R.$$

Cette équation représente la courbe des déplacements du tiroir. Elle a la forme d'un huit tant qu'on ne néglige pas R; mais, pratiquement, on peut négliger ce terme, qui n'intervient alors que comme correction, et l'équation se réduit à:

$$t = P \cos \omega + Q \sin \omega.$$

Elle représente, en coordonnées polaires, deux cercles tangents au pôle. En effet, soient O et O_1 deux cercles, et P le pôle (*fig. 163 bis*).

Les coordonnées du centre O sont: $PA = OB = a$ et $PB = b$; r est le rayon.

A l'angle ω correspondra le rayon vecteur $PM = t$.

Or on a:

$$OS^2 + SM^2 = OM^2 = r^2$$
$$(BS - OB)^2 + (MK - SK)^2 = r^2$$

ou bien:

$$(PK - OB)^2 + (MK - SK)^2 = r^2$$
$$= (t \cos \omega - a)^2 + (t \sin \omega - b)^2 = r^2$$
$$= t^2 (\cos^2 \omega + \sin^2 \omega) + a^2 + b^2 - 2at \cos \omega - 2bt \sin \omega = r^2$$

et comme :

$$\cos^2 \omega + \sin^2 \omega = 1,$$

et que :

$$a^2 + b^2 = r^2,$$

on a :

$$t = 2a \cos \omega + 2b \sin \omega.$$

Fig. 163 bis.

Si on rapproche cette équation de l'équation (1) précédente, on voit qu'elles sont toutes deux identiques. Donc cette équation (1) représente bien deux cercles, et l'on a :

$$2a = P \qquad \text{et} \qquad 2b = Q.$$

Le déplacement du tiroir t sera donc représenté par le rayon vecteur PM pour chaque déplacement angulaire ω de l'excentrique. Si le mouvement s'opérait en sens inverse de celui qu'on a étudié, on aurait trouvé :

$$t = P \cos \omega - Q \sin \omega,$$

équation représentant deux cercles symétriques des précédents par rapport à XX'.

Les coordonnées a et b auront pour valeur :

$$a = \frac{P}{2} = \frac{\rho \sin \delta}{2}; \qquad b = \frac{Q}{2} = \frac{\rho \cos \delta}{2}.$$

Le rayon du cercle a pour valeur :

$$r^2 = a^2 + b^2 = \frac{\rho^2}{4}(\sin^2 \delta + \cos^2 \delta) = \frac{\rho^2}{4};$$

d'où :

$$r = \frac{\rho}{2}.$$

Il est donc égal à la moitié du rayon d'excentrique.
Enfin l'angle $\varphi = $ YPO peut se déterminer facilement.
On a en effet :

$$\tan \varphi = \frac{a}{b} = \frac{\sin \delta}{\cos \delta} = \tan \delta;$$

d'où :

$$\varphi = \delta.$$

Donc l'angle φ n'est autre que l'angle d'avance.
La construction énoncée au début est donc justifiée.
Si l'on se reporte, en effet, à la figure 162, on constate que l'on a en XOT l'angle δ et que les circonférences QQ' ont bien pour rayon la moitié du rayon d'excentrique. On a donc bien suivant OK le déplacement du tiroir.
On peut très facilement mettre en place les cercles de Zeuner en faisant la remarque suivante :
Quand la manivelle occupe la position PX' au point mort, la direction du rayon d'excentrique est PR (*fig. 163 bis*), et comme PR $= \rho = 2r = $ PT, on voit que le point R est symétrique du point T. Donc l'extrémité du diamètre du cercle de Zeuner est le point symétrique du centre d'excentrique correspondant au point mort de la manivelle, par rapport à la perpendiculaire YY' sur l'axe des points morts.
On peut maintenant se rendre compte du fonctionnement du distributeur par l'inspection de l'épure.
Si l'on trace du point O comme centre (*fig. 162*), avec des rayons égaux aux recouvrements intérieurs et extérieurs

les deux cercles OC et OA, ils interceptent sur les cercles de
Zeuner des segments dont les cordes représenteront les
déplacements que le tiroir devra effectuer pour découvrir
les orifices d'admission ou d'échappement.

La ligne RR' indique la position de l'excentrique correspondant à la position moyenne du tiroir, puisque, pour cette
position, le déplacement t est nul. A partir de cette position,
si la manivelle tourne dans le sens de la flèche, le tiroir
devra se déplacer de Ob (longueur du recouvrement intérieur) avant de commencer l'échappement. Comme le piston
n'arrive à son point mort que quand la manivelle est en OM'₁,
on voit qu'à ce moment le tiroir sera déjà ouvert de qn, qui
est l'*avance linéaire à l'échappement*.

Quand la manivelle est passée en D, le tiroir s'est déplacé
de Od, c'est-à-dire de la quantité nécessaire pour découvrir
l'admission. Au point mort OM'₁, le tiroir sera déjà découvert de mn, qui est l'*avance linéaire à l'admission*.

L'admission a lieu jusqu'à ce que la manivelle soit en E,
moment auquel le tiroir se referme et où la détente commence. En OfF, l'échappement se referme et la compression
commence; puis on retrouve de nouveau dans l'ordre les
phases énumérées précédemment. On peut donc très facilement, à l'aide de ce diagramme, déterminer les éléments d'une
distribution.

Pour les valeurs $\omega = 0$ et $\omega = 180°$, le piston est au point
mort, et on voit par l'équation (1) que, dans ce cas,

$$t = P = \rho \sin \delta,$$

puisqu'à ce moment la manivelle motrice est en M (*fig.* 163).

C est la valeur de On sur l'épure représentée (*fig.* 162).

Enfin le tiroir est dans sa position extrême, quand t est
maximum, c'est-à-dire quand la manivelle est en E.

Dans ce cas :

$$\omega = 90° - \delta.$$

On peut avoir facilement et à chaque instant la vitesse v du
tiroir; en effet, cette vitesse est représentée par $\dfrac{dt}{d\theta}$.

Or·

$$dt = - P \sin \omega \,.\, d\omega + Q \cos \omega \,.\, d\omega.$$

Divisant par $d\theta$, on a :

$$v = \frac{dt}{d\theta} = - P \sin \omega \, \frac{d\omega}{d\theta} + Q \cos \omega \, \frac{d\omega}{d\theta} \,;$$

$\frac{d\omega}{d\theta} =$ la vitesse angulaire supposée constante et égale à A.

On a donc :

$$v = AQ \cos \omega - AP \sin \omega,$$

et, en remplaçant P et Q par leurs valeurs :

$$v = A\rho \cos (\delta + \omega),$$

équation qui représente deux cercles en coordonnées polaires.

Ces cercles γ, γ ont pour rayon $\frac{A\rho}{2}$; l'angle que fait
avec XX' le rayon polaire des centres est égal à l'angle 90° — δ,
porté au-dessus de cette ligne (*fig.* 163 *bis*). Pour un déplacement quelconque PM = t du tiroir, la vitesse sera $v =$ PK
correspondant à l'angle ω. On voit que cette vitesse, qui est
maxima quand le tiroir est dans sa position moyenne, devient nulle quand il atteint ses positions extrêmes.

On peut, avec l'épure de Zeuner, étudier facilement les
modifications produites par un changement de calage ou une
modification des recouvrements. Il suffit de tracer les cercles
correspondants.

**Diagramme elliptique de Reech et Fauveau. — Courbe en
œuf** (*fig.* 164). — On peut encore représenter les mouvements du tiroir et du piston en portant les déplacements de
celui-ci en abscisses et ceux du tiroir en ordonnées.

On obtient ainsi une courbe sur laquelle on peut étudier
commodément toutes les phases de la distribution.

On trace à des échelles quelconques deux cercles concentriques représentant les trajectoires des boutons de mani-

velle et d'excentrique et ayant, par suite, pour diamètre les courses de ces deux organes. On trace ensuite le diamètre MM' sur lequel on comptera les déplacements du piston. On construit avec OM l'angle de calage α de l'excentrique. On aura, suivant le rayon Oc, la position de l'excentrique quand la manivelle est en OM.

Si, à partir de M, on divise la circonférence du bouton de manivelle en un certain nombre de parties égales par les points 1, 2, 3, 4, etc., on aura les positions correspondantes du centre d'excentrique en divisant, *à partir du point c*, le cercle d'excentrique en un même nombre de par-

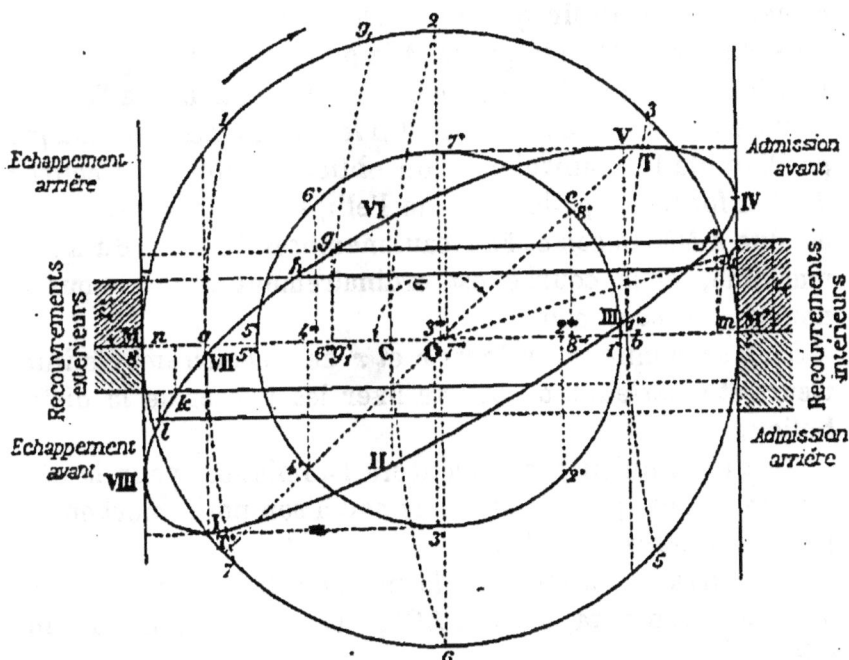

Fig. 164.

ties égales, par les points 1', 2', 3', 4', etc., de telle sorte que l'excentrique sera en 1' quand la manivelle sera en 1, etc. Pour avoir les positions du piston sur l'axe des abscisses, il suffit, pour tenir compte de l'obliquité de la bielle, de décrire avec un rayon égal à la longueur de celle-ci, un arc de cercle passant par les divers points de divisions 1, 2, 3, etc., et ayant son centre sur l'axe des abscisses.

Les points extrêmes M et 4 restent fixes. Les autres points 1, 7, — 2, 6, — 3, 5, sont rabattus en a, C, b, qui sont les positions exactes du piston. On a donc en abscisses les déplacements du piston. Les déplacements du tiroir se mesureront sur MM' en prenant les distances de O aux diverses projections 1″, 2″, 3″, …, 6″, 7″ des points de division 1', 2', 3', …, 6', 7'. Ces distances seront portées sur les verticales des points représentant les positions du piston. La verticale de O donne l'axe du tiroir dans sa position moyenne ; on doit donc compter les déplacements, à partir de O, et les porter de part et d'autre de MM'. Ainsi, à la position a du piston correspondant à la position 1 de la manivelle, correspondra le déplacement O1″ du tiroir qu'on portera en a1, et ainsi de suite. Lors de la course rétrograde, à la position a correspondra la position 7 de la manivelle et, par suite, la position 7' de l'excentrique et la course O7″ = aVII. On fera de même pour chaque position de la manivelle, et on obtiendra ainsi une courbe dont la forme rappelle celle de l'ellipse. Cette construction est due à MM. Reech et Fauveau, membres du Corps du Génie maritime, et la courbe est ordinairement connue sous le nom de *courbe en œuf*.

Si on se donne les valeurs r et r' des recouvrements intérieurs et extérieurs, on pourra fixer les phases de la distribution.

C'est ainsi qu'en f commencera l'admission pour le côté arrière, avant que le piston ne soit à son point mort en IV. *L'avance linéaire* sera donc m.

On pourra retrouver en f_1 la position de la manivelle à ce moment, et on aura, suivant f_1Of', l'avance angulaire à l'admission.

En IV le piston commence sa course rétrograde d'arrière en avant. En T le tiroir est ouvert au maximum ; l'admission finira en g, et la détente commencera, la position du piston étant g_1' et celle de la manivelle Og_1. En h se fermera l'échappement côté avant ; ce sera le commencement de la compression pour le côté avant. Au point k l'échappement anticipé se produit, tandis que le piston a encore à parcourir la longueur n. Au point VIII le piston est à son point mort avant ; mais auparavant l'admission anticipée s'est produite au point *l*, et le recouvrement extérieur est déplacé déjà de l'avance linéaire *m*. Les phases se reproduisent de nouveau. On peut donc très facilement suivre sur un pareil diagramme les diverses phases de la distribution. On peut obtenir de la courbe autant de points qu'on le voudra; les points de tangence VIII et IV aux verticales s'obtiennent immédiatement en plaçant la manivelle aux points morts M et 4; l'excentrique se trouve alors aux points *e* et 4', qui sont d'ailleurs des points de l'épure.

Les points de tangence T et T' aux horizontales marquent les extrémités de course du tiroir; il faut donc qu'à ces moments le centre de l'excentrique soit aux points morts. On retrouvera alors facilement les positions correspondantes de la manivelle en la reculant d'un angle égal à l'angle de calage, et on en déduira de suite la position du piston sur MM', par suite les points T et T'.

On peut simplifier la construction de la courbe : en effet, on remarquera que si, pour une position de la manivelle OM (*fig.* 165), l'excentrique se trouve en OE, MOE étant l'angle de calage, le déplacement du tiroir qu'il faudra porter pour avoir un point de la courbe sur la verticale du point représentant la position du piston à ce moment est égal à O*e*. En tenant compte de l'obliquité de la bielle, la position vraie du piston pour la position M de la manivelle sera en P. On portera donc PL = O*e*, et le point L sera le point correspondant de la courbe.

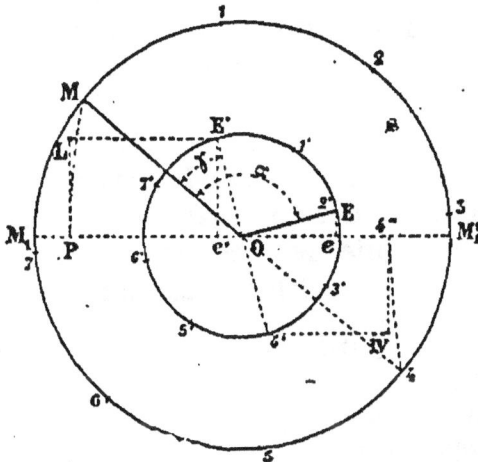

Fig. 165.

Menons alors OE' perpendiculaire à OE. L'angle MOE' sera égal à α — 90°; ce sera l'angle d'avance; si on abaisse la perpendiculaire E'*e*' à M₁M₁', on remarquera, dans les deux triangles égaux OE*e*, OE₁'*e*', que E'*e*' = O*e*, c'est-à-dire que LE' est parallèle à M_1M_1'. D'où cette construction : soit OM une position de la manivelle : on trace l'angle MOE' égal à γ, l'angle d'avance, ce qui revient à mettre le rayon d'excentrique à 90° en retard de sa position réelle. Puis, à partir de M, on divise la circonférence de manivelle en parties égales par les points 1, 2, 3,..., 7 ; on opère de même pour le cercle d'excentrique, mais en partant de E', on a ainsi 1', 2', 3', etc. On cherche alors les positions du piston correspondant à ces diverses positions de la manivelle : pour le point 4 par exemple, on obtient 4″ en tenant compte de l'obliquité de la bielle. De chacun de ces nouveaux points analogues à 4″, on mène des verticales, tandis qu'on mène des horizontales des positions correspondantes 4' du cercle d'excentrique ; on obtient ainsi les points IV de la courbe en œuf, qu'on peut construire avec précision.

On peut encore trouver rapidement les valeurs des ordonnées représentant les déplacements du tiroir, en traçant de suite sur l'épure les cercles de Zeuner, qui ont donné les valeurs des déplacements du tiroir.

Il existe encore d'autres systèmes de représentation graphique des positions relatives du piston et du tiroir ; mais les trois procédés indiqués ci-dessus sont de beaucoup les plus employés.

Influence des phases de la distribution sur le diagramme. — Avant de construire un tiroir destiné à réaliser une distribution déterminée, il est utile de préciser le rôle des diverses phases dont on a signalé l'existence, savoir :

> L'admission anticipée ;
> La détente ;
> L'échappement anticipé ;
> La compression.

Admission et échappement anticipés. — L'admission et l'échappement anticipés, ou les *avances à l'admission* et *à l'échappement*, ont pour but de supprimer les chocs que pourrait produire l'arrivée du piston à son point mort sous l'influence de la pression motrice et de la vitesse acquise. A cet effet, on crée un travail résistant sur sa face avant en admettant la vapeur à contre-sens, et on annule la pression sur sa face arrière, en faisant communiquer cette face avec le condenseur.

Les valeurs de ces avances constituent une donnée de la machine à construire ; elles sont basées sur l'expérience.

En général, les avances à l'admission se prennent soit en degrés (ce sont alors les *avances angulaires* de la manivelle), soit en millimètres (ce sont les *avances linéaires* du tiroir). Leur valeur peut varier de 6 à 10° pour l'avance angulaire et de 1 à 4 millimètres pour l'avance linéaire. En général, l'avance à l'admission est d'autant plus importante que la vitesse du piston est plus considérable ; c'est ainsi que l'avance linéaire du tiroir dans les locomotives atteint 4 millimètres. On conçoit, en effet, que, la puissance vive à détruire étant plus élevée, il y ait intérêt à développer cette phase de la distribution.

Les avances à l'échappement se donnent également en degrés ou en fractions de course du piston ; pour les mêmes raisons que celles qui viennent d'être exposées, ces avances sont d'autant plus considérables que la vitesse du piston est plus grande. D'autre part, elles doivent, toujours pour atténuer les chocs, être d'autant plus importantes que la pression à fin de course est plus grande, c'est-à-dire que la détente est moins grande. Elles varient donc en raison inverse de la détente. Angulairement elles varient de 15° à 35°, 15° correspondant aux très grandes détentes. Linéairement, elles peuvent osciller entre $\frac{1}{10}$ et $\frac{3}{10}$ de la course du piston.

L'admission et l'échappement anticipés peuvent se traduire sur le diagramme. C'est ainsi que sur la figure 166, l'avance à l'admission se traduit par la courbe *ga* commençant à droite de la ligne A*a*, c'est-à-dire avant l'arrivée du piston à son point mort de gauche, et les choses sont telles que la pression motrice est normalement établie en *a*, quand le piston commence sa course rétrograde. Le rectangle hachuré concerne l'espace mort.

L'avance à l'échappement se traduit par la chute *cd* à la suite de la détente ; on voit que la pression de l'échappement est en partie établie à la fin de la course du piston. S'il n'y

a pas d'avance à l'admission ou à l'échappement, on
a un diagramme analogue à celui de la figure 167. La

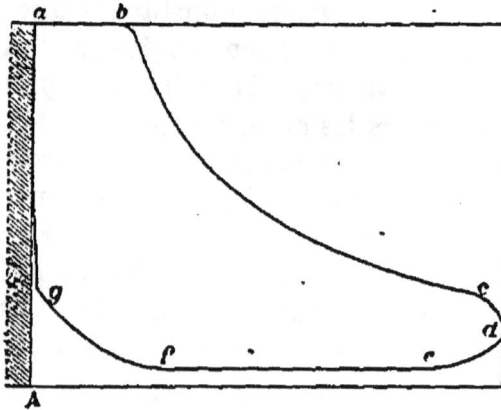

Fig. 166.

droite *ga* devient *ga'*, et le piston a déjà commencé sa course
rétrograde quand la pression s'est établie. Si la vitesse du

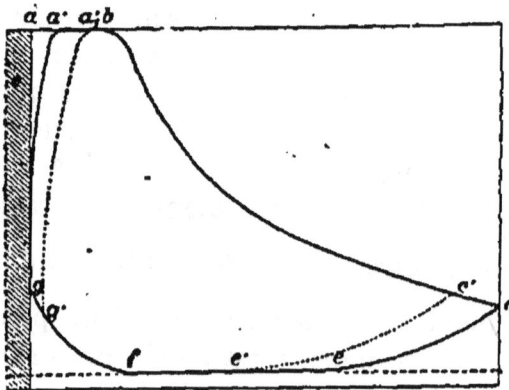

Fig. 167.

piston est grande, la surface *gaa* peut devenir importante.
En ce qui concerne l'échappement, l'avance étant nulle, la
détente se produira jusqu'à fin de course, et la pression de
l'échappement ne s'établira que vers le point *e*, qui sera
d'autant plus éloigné que le piston ira plus vite.

Des avances exagérées à l'admission et à l'échappement

donnent le diagramme de la figure 168. On voit que, dans
ce cas, on peut avoir des pertes de travail importantes. De
plus, on renverse complètement le sens de la pression
motrice, et on peut produire précisément les chocs que l'on
voulait éviter.

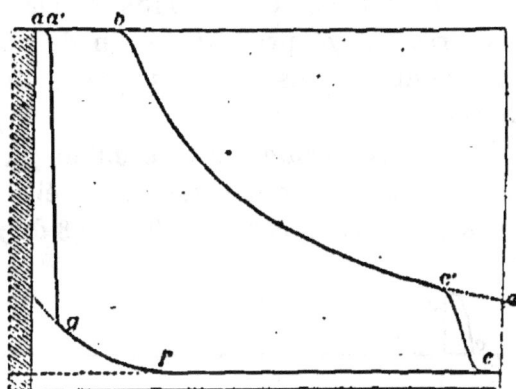

FIG. 168.

Des retards à l'admission et à l'échappement aggrave-
raient les défauts du diagramme de la figure 167 et don-
neraient la forme $g'a'_i bc'c'f$, indiquée en pointillé. L'admission et l'échappement s'ouvriraient en g' et c', le piston ayant
déjà commencé sa course de retour. Il en résulterait de
grands chocs et une perte de travail considérable.

Détente. — On a vu qu'il n'y avait guère avantage à prolonger la détente au-delà du chiffre 9 ou 10; car, à partir de
ce chiffre, l'accroissement de travail est de plus en plus
faible, bien que le parcours s'allonge notablement, ce qui
augmente, outre les frais d'établissement, les pertes par
rayonnement, frottement, etc. De plus, l'augmentation de
détente entraîne l'augmentation d'avance à l'échappement
et, par suite, une augmentation des condensations intérieures
dues au refroidissement prolongé des parois.

Enfin l'échappement anticipé, s'il est trop important à fin
de course, peut provoquer des chocs et rendre l'allure irrégulière.

Compression. — Dans l'étude des pertes on a vu que la compression est destinée à atténuer l'influence de l'espace mort; on a déterminé le travail qu'elle absorbe et le poids de vapeur correspondant. La compression a, de plus, l'avantage de ralentir le piston quand il arrive vers son point mort et d'atténuer ainsi les chocs possibles. Quand les contrepressions sont très faibles, comme dans les machines à condensation, la pression p' produite à fin de course par la compression atteint au plus les trois quarts de la pression initiale d'admission p_0.

En général, elle reste égale à 0,4 ou 0,5 de p_0.

Pour les machines sans condensation on élève cette pression p' et on la fait parfois égale à 0,7 et 0,8 de p_0.

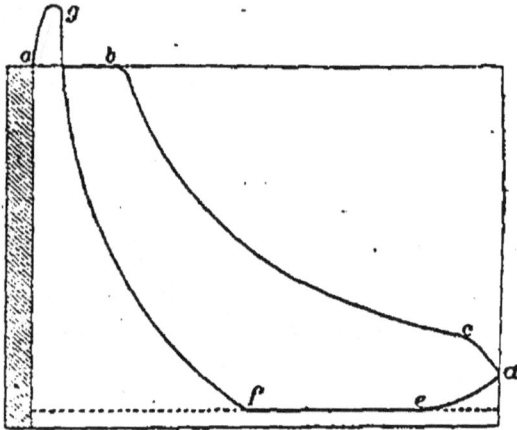

FIG. 169.

Si la compression est exagérée, le diagramme affecte la forme indiquée sur la figure 169. Comme on le voit, la perte de travail peut être très considérable et la pression de fin de course peut dépasser la pression d'admission ; il se produit alors au diagramme une boucle *ag*.

Un tel fonctionnement est donc économiquement très mauvais. De plus, au point de vue mécanique, il donne des chocs très violents; le tiroir, soumis par-dessous à une pression supérieure à celle de la chaudière, se soulève de son siège et peut même être projeté dans la boîte à vapeur.

Une compression convenable présente encore un autre

avantage que celui qui consiste à remplir l'espace mort de vapeur comprimée ; elle ne met en relation avec l'échappement les parois du cylindre que pendant un temps limité et, par suite, ne permet pas à l'équilibre de température le temps de se produire avec le condenseur. Il y aura donc moins de condensation à la prochaine admission.

Construction d'un tiroir à recouvrements destiné à produire une détente fixe. — Les données de la question sont :

> La fraction d'admission et, par suite, le degré de détente ;
> L'avance à l'admission ;
> L'avance à l'échappement ;
> La compression ;
> Les largeurs des orifices d'admission et d'échappement.

Les inconnues sont :

> Les valeurs des recouvrements extérieurs et intérieurs ;
> L'angle de calage ;
> La course du tiroir.

On emploie le tracé de l'épure circulaire (*fig.* 170).

Avec le diamètre horizontal AA′ (*fig.* 170) d'un cercle O de rayon quelconque, on forme un angle au centre bOA égal à l'angle d'avance à l'admission β, et l'on porte une longueur AM égale à la fraction d'admission, en supposant que AA′ représente la course totale du piston. L'arc bc obtenu en élevant la perpendiculaire Mc au diamètre AA′ donne la course de la manivelle ; on rend cet arc horizontal, en $b'c'$, et l'on trace la droite P′P faisant avec $b'O$ l'angle β ; l'angle de calage est obtenu ainsi en POA.

Par suite de l'obliquité de la bielle, quand le piston est en M, la manivelle est en c'_1, et l'arc d'admission se réduit à b'_1, c'_1, l'angle d'avance à l'admission diminue légèrement et devient $\beta' = b'_1, OP$.

Le recouvrement à l'admission avant est donné par l'horizontale $c'_1 b'_1$ prolongée.

On obtient le recouvrement arrière en portant sur la

ligne PP' la longueur $OM_2 = OM_1$, qui ouvre l'égalité des périodes d'admission et en traçant une horizontale par le point d, position de la manivelle eu égard à l'obliquité de la bielle.

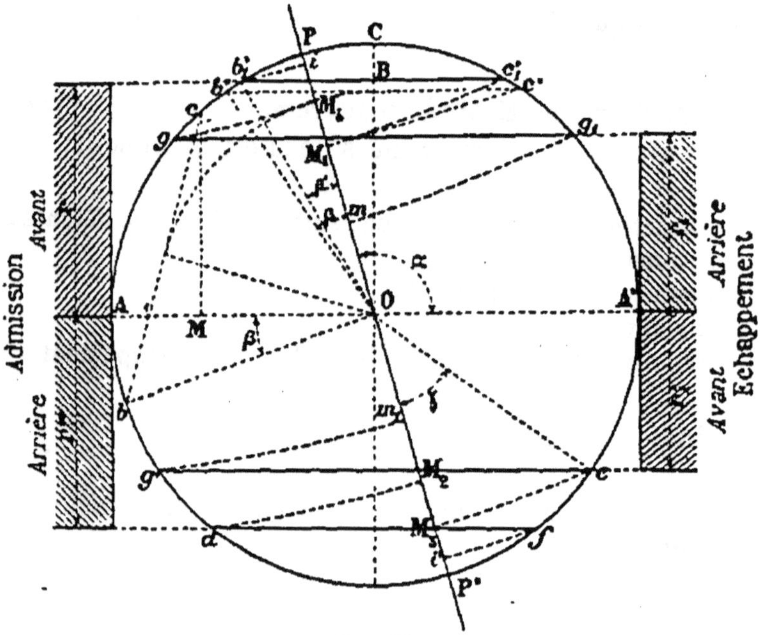

Fig. 170.

Pour avoir le recouvrement à l'échappement avant, on trace avec la ligne PP' un angle au centre P'Oe égal à l'angle γ d'avance à l'échappement, et par le point e on mène une horizontale. A ce point correspond la position M_3 du piston.

Le recouvrement à l'échappement arrière s'obtient en portant sur P'P une longueur $PM_4 = P'M_3$, afin d'obtenir une même avance linéaire, et l'on mène une horizontale par le point g, position de la manivelle correspondant à la position M_4 du piston.

La course du tiroir doit être telle que la longueur BC dont l'orifice d'admission avant est découvert soit égale à la hauteur l de l'orifice.

Donc le rayon ρ de l'excentrique est :

$$\rho = r + l;$$

or :

$$r = \text{OB} = \text{O}b'_1 \sin [180° - (\alpha + \beta')] = -\rho \sin (\alpha + \beta').$$

Par suite :

$$l = \rho - r = \rho [1 + \sin (\alpha + \beta')];$$

d'où :

$$\rho = \frac{l}{1 + \sin (\alpha + \beta')}.$$

Quelques constructeurs donnent à ce rayon une valeur un peu plus grande, afin de tenir compte de l'usure qui peut se produire dans les pièces de commande.

On peut donc cette fois tracer l'épure en vraie grandeur ou à une échelle connue et déterminer la valeur vraie du recouvrement r. Si l'angle d'avance β' était différent pour les deux courses, et cela peut avoir lieu, comme on le verra, il faudra choisir la valeur de β' qui donne le rayon ρ maximum pour que l'orifice d'admission soit découvert au moins de la largeur l.

L'épure est' ainsi terminée, et on peut procéder à la construction même du tiroir.

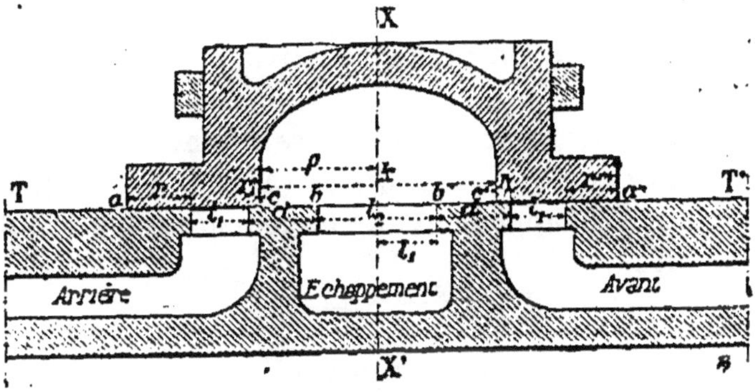

Fig. 171. — Tracé du tiroir.

La ligne TT' (*fig.* 171) représentant la glace, on trace la perpendiculaire XX' qui représente l'axe du tiroir supposé placé dans sa position moyenne.

Il faut déterminer la distance d existant entre les bords

des orifices d'admission et d'échappement, la largeur l_2 de ce dernier et la distance k entre les bords des recouvrements intérieurs du tiroir.

Le tiroir étant dans sa position moyenne, r et r'_1 sont les recouvrements extérieurs et intérieurs arrière, et r'', r, les recouvrements avant; le recouvrement r'' donnera, comme on l'a vu, une avance à l'admission égale à celle de l'admission arrière.

Les orifices d'admission auront, comme on l'a vu, les largeurs l_1 calculées pour l'échappement.

On remarquera tout d'abord que les arêtes a ne devront jamais, pendant la course du tiroir, dépasser les bords intérieurs b' de l'orifice d'échappement, sous peine de faire communiquer l'échappement et la boîte à vapeur. Or la distance des arêtes a et a' à leur position extrême vers l'axe du tiroir est nécessairement égale à la demi-course, ou rayon d'excentrique ρ, puisque le tiroir a été supposé dans sa position moyenne.

Donc on a les relations:

$$r + l_1 + d > \rho,$$
$$r'' + l_1 + d > \rho.$$

La valeur $d = \frac{1}{2}\,r + 10$, en millimètres, satisfera généralement à l'équation. On prend pour r la valeur du plus grand recouvrement.

D'un autre côté, quand l'arête c se déplace à droite jusqu'à sa position extrême, c'est-à-dire du rayon ρ, il faut qu'il reste encore pour l'échappement une largeur libre l_1; il faut donc que l'on ait :

$$l_2 + d = r'_1 + \rho + l_1$$

Du côté de l'arête c' on aurait :

$$l_2 + d = r_1 + \rho + l_1.$$

Cela fait deux équations pour donner la valeur de l_2. Il faudra évidemment prendre celle qui donne la plus grande valeur de l_2, c'est-à-dire la deuxième, puisque r_1 est supérieur à r'_1.

La valeur k de la distance comprise entre les bords des recouvrements intérieurs a donc pour expression :

$$k = l_2 + 2d - r_i - r'_i.$$

Le tiroir est ainsi complètement déterminé.

Diagramme. — L'épure de la distribution étant faite, on peut tracer le diagramme que donnera la machine. Il suffit

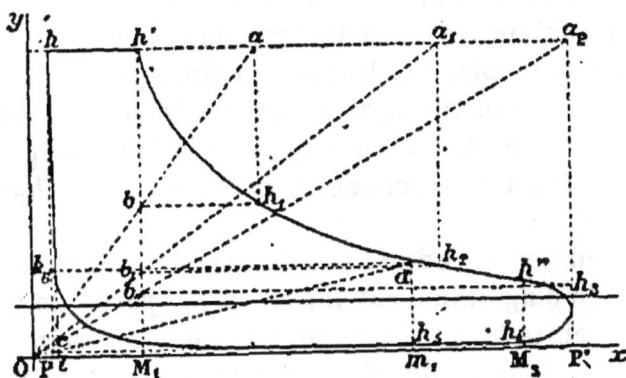

Fic. 172.

pour cela de reporter sur une droite Ox (*fig.* 172) les longueurs :

> Pi, avance à l'admission ;
> PM_1, période d'admission ;
> M_1M_3, détente ;
> M_3P', avance à l'échappement ;
> $P'm_1$, échappement ;
> et m_1i, compression,

le point P étant à une distance du point O telle que la longueur OP représente l'espace mort ; puis sur des perpendiculaires élevées en chacun des points P, M_1, M_3, m_1 et P', on porte des longueurs proportionnelles aux pressions de la vapeur, lorsque le piston occupe les positions qu'ils représentent.

En P et M_1 la pression est celle de la chaudière ; à partir de M_1 elle décroît suivant la loi de Mariotte ; on la détermine graphiquement pour une position quelconque du piston, a, par exemple, en joignant Oa et en déterminant l'intersection de la verticale menée par a avec l'horizontale menée par b, point de rencontre de Oa avec la verticale M_1h'. On obtient ainsi les points h_1, h_2 et h_3, à fin de courbe, qui permettent de tracer la courbe de détente

En M_3, la vapeur passe au condenseur, .a pression tombe en h_4; mais sa décroissance, quoique rapide, n'est pas instantanée, et elle atteint son maximum après que le piston a dépassé le point mort, aux environs de M_3.

En h_5, l'échappement est fermé, la compression commence; la pression s'élève suivant la loi de Mariotte, et l'on trace la courbe en faisant le tracé inverse de la courbe de détente; ainsi, par exemple, on obtient le point h_6 à fin de course à l'aide de l'horizontale h_6d menée par le point d obtenu par l'intersection de la verticale h_5d avec la ligne Oc prolongée, le point c étant à la rencontre de l'horizontale h_5c avec la verticale Ph.

En i commence l'admission, la pression remonte rapidement, et le diagramme est formé de la partie de droite ih comprise entre la courbe de compression et l'horizontale hh'.

Ce sont toujours des diagrammes de cette forme qu'on trouve à l'aide des indicateurs de pression, et à simple inspection on peut reconnaître si le fonctionnement de la machine est bon ou mauvais.

Ces deux diagrammes donneront chacun une ordonnée moyenne. Pour obtenir le travail par seconde, on fera le produit de la course V_1 par la moyenne de ces deux ordonnées, et on multipliera par $\dfrac{2N}{60}$, N étant le nombre de tours; on aura ainsi :

$$\mathfrak{S}_p = V_1 \left(\frac{P + P'}{2} \right) \times \frac{2N}{60}.$$

En résumé, le tiroir à recouvrements mû par excentrique circulaire pourra donner les phases de distribution que l'on désirera. On remarquera cependant que plus la détente augmente, plus les recouvrements deviennent considérables; comme le rayon d'excentrique et, par suite, la course augmentent avec le recouvrement extérieur ($\rho \geqq r + l$), il s'ensuit que, pour des détentes un peu étendues, la course du tiroir et, par suite, les frottements de ce dernier deviendraient très considérables. On emploie alors les tiroirs à orifices multiples déjà décrits, qui permettent de diminuer la course; mais, quoi qu'il en soit, l'emploi des tiroirs à recouvrements reste limité aux petites détentes, car les compressions restent très importantes quand la détente augmente.

§ 4. — TIROIRS A RECOUVREMENTS COMMANDÉS PAR DEUX EXCENTRIQUES ET PAR COULISSES. — CHANGEMENT DE MARCHE, CRAN D'ARRÊT ET DÉTENTE VARIABLE.

Détente variable. — Changement de marche. — Cran d'arrêt. — La distribution par tiroir à recouvrements, qui vient d'être étudiée, réalise une détente fixe et une marche continue dans le même sens. Certains moteurs peuvent s'accommoder de ce fonctionnement très simple; mais il en existe un grand nombre d'autres pour lesquels il est nécessaire de faire varier la puissance motrice et, par suite, la détente. C'est ainsi qu'une locomotive remorquant un convoi a besoin de produire un grand effort en gravissant une rampe, tandis qu'elle peut progresser en palier avec une fraction d'admission faible, en maintenant sa vitesse. Une machine d'atelier doit augmenter l'admission au fur et à mesure des besoins et suivant le nombre d'outils embrayés. Il en est de même pour une machine d'épuisement dont la puissance doit être proportionnelle à la venue d'eau, etc.

On pourrait évidemment, pour faire varier l'admission, agir sur la valve d'admission de la vapeur; mais c'est là un moyen peu sûr et qui ne pourrait produire que de faibles variations de puissance. On a vu, au contraire, qu'en faisant varier l'angle de calage et les recouvrements on pouvait facilement modifier la détente.

Les variations de l'angle de calage produisent des perturbation simportantes dans les avances à l'admission : si l'angle de calage diminue, celle-ci peut devenir négative, ce qui occasionne des chocs qu'il faut éviter. Si donc on ne veut pas modifier profondément la distribution, les variations de détente produites par les changements de calage seront très limitées. Néanmoins on emploie parfois ce procédé.

Le changement dans les recouvrements donne, au contraire, des variations importantes de la détente, tout en influant fort peu sur l'avance à l'admission.

Or les recouvrements, dans un tiroir construit, constituent évidemment une partie fixe et invariable; mais on a vu qu'une variation de la course du tiroir produisait exactement les mêmes effets.

Il faudra donc employer un mécanisme permettant de faire varier à volonté la course du tiroir.

Indépendamment de la variation de détente, certaines catégories de machines, telles que les locomotives, les machines marines, les machines d'extraction, doivent pouvoir réaliser le changement de marche, c'est-à-dire permettre, à un moment donné, de changer le sens de la marche et de fonctionner en sens inverse. Ces catégories de machines doivent pouvoir, du repos, partir indifféremment dans un sens ou dans l'autre; de plus, elles doivent, étant en marche, pouvoir s'arrêter et repartir sans interruption en sens inverse.

Enfin il faut pouvoir mettre la distribution au *cran d'arrêt*. Cette manœuvre consiste à supprimer l'introduction de la vapeur, tout en permettant à la machine de continuer à tourner jusqu'à extinction de la puissance vive accumulée par la masse en mouvement, qu'il s'agisse de machines fixes ou de locomotives. La fermeture de la valve réaliserait ce désidératum; mais elle est généralement peu étanche et on préfère posséder dans l'appareil de distribution le moyen de supprimer l'admission.

Le tiroir possédant des recouvrements, il suffira de réduire suffisamment la course pour que les recouvrements ne puissent jamais découvrir la lumière d'admission; de cette manière, la vapeur ne pourra pénétrer dans le cylindre, et le résultat cherché sera obtenu. Le *tiroir normal sans recouvrement* devrait, au contraire, être maintenu dans une immobilité complète pour que l'admission soit supprimée. On voit donc que le *cran d'arrêt* peut être obtenu comme la **variation** de détente par une diminution suffisante de la course du tiroir.

En résumé, ce qu'il faut réaliser maintenant consiste :

1° En un appareil permettant de faire varier la course du tiroir, de manière à obtenir la *variation de détente* et le cran d'arrêt ;

2° En un dispositif permettant de *changer de marche*, soit en partant du repos, soit en pleine marche.

On se rendra compte d'abord si le tiroir à recouvrements, mû par excentrique circulaire tel qu'il vient d'être étudié, peut satisfaire au *changement de marche*.

Marche à contre-vapeur. — On examinera de nouveau l'épure circulaire (*fig.* 156, p. 222) et on vérifiera si, avec l'angle de calage α d'avance sur la manivelle, la marche en sens opposé pourra se produire. En *a*, le tiroir va se refermer du côté admission arrière, et le piston va d'arrière en avant. La pression est motrice puisque, du côté de l'avant, l'échappement est aussi ouvert. De *a* en *l* une détente du côté arrière s'est produite, et en *l* l'échappement avant se ferme ; par suite, une compression commence qui crée une résistance, d'autant plus que, la détente continuant à se produire du côté arrière, la puissance motrice diminue. En *k*, l'échappement arrière se produit, tandis que la compression continue ; la pression motrice est annulée, et la machine ne peut théoriquement fonctionner. Si, à partir de ce moment, la marche dans le même sens persiste, il se produit ce qu'on appelle la *marche à contre-vapeur*. En *i* l'*admission avant* s'ouvre, bien que le piston marche toujours d'arrière vers l'avant, donc la vapeur qui devrait refouler le piston se trouve repoussée par lui dans la chaudière, et la machine se transforme en pompe de compression de la vapeur ; l'énergie dépensée augmente la pression dans la chaudière.

Du côté arrière, au contraire, l'échappement étant resté ouvert, le piston aspire de l'air. En P le piston commence sa marche rétrograde, et un léger effort moteur de la vapeur d'admission se produit pendant l'arc P*f* ; en *f* l'admission ferme, et une détente de la faible quantité de vapeur admise s'effectue. L'échappement arrière étant resté ouvert, le piston refoule l'air depuis son point mort jusqu'au point c, moment de fermeture de l'échappement arrière. De e en d l'air qui reste se comprime; en d l'échappement avant s'ouvre et le piston aspire de nouveau au condenseur, tandis qu'en c, l'*admission arrière* s'ouvrant, le piston refoule dans la chaudière l'air comprimé et la vapeur affluente. Avec la course rétrograde recommencent les mêmes phases.

Une machine ne peut donc changer de marche avec l'excentrique placé ainsi; car la résistance créée par la vapeur refoulée ne tarderait pas à arrêter la machine; mais ce fonctionnement anormal est cependant utilisé dans certaines circonstances. Il faut d'abord remarquer que si, par un moyen quelconque, on renverse brusquement le sens de la distribution, tout en forçant la machine à continuer son mouvement dans le sens primitif, on obtiendra absolument le même résultat qu'en la forçant à changer de marche, tout en conservant le sens de la distribution; on obtiendra donc également la *marche à contre-vapeur*.

Cette marche à *contre-vapeur* est employée dans les locomotives. On conçoit que, si l'on renverse brusquement le sens de la distribution, le train ne pourra cependant s'arrêter immédiatement; les roues motrices de la locomotive continueront donc à tourner dans le même sens, et, par suite, la marche à contre-vapeur aura lieu. On créera donc une résistance considérable au mouvement en combattant la puissance motrice de la vapeur; on pourra ainsi annuler les effets de l'inertie, en combinant l'action de la contre-vapeur et celle des freins. Dans la descente d'une pente rapide on peut, en marchant à contre-vapeur, annuler ainsi à chaque instant l'accélération due à la pesanteur. Ce même résultat ne serait atteint avec les freins qu'au prix d'une usure des bandages que l'on doit éviter. On dit alors que le mécanicien *renverse la vapeur* ou *bat contre-vapeur*.

La marche à contre-vapeur peut évidemment se produire avec une machine fixe. Dans ce cas ce sont les forces d'inertie des pièces en mouvement qui forcent la machine à continuer le mouvement dans le sens primitif, malgré le renversement de la distribution.

Dans les locomotives il faut, au moment de battre

contre-vapeur, réduire l'admission de façon à ne pas créer de résistance trop grande.

Il est à remarquer que l'aspiration a lieu par l'échappement qui, dans les locomotives, se fait par la cheminée pour activer le tirage. Il y aura donc introduction de gaz brûlés et d'air chaud dans le cylindre, ce qui peut amener la destruction des presse-étoupes et des lubrifiants, et provoquer l'encrassement et les rayures des parois. De plus, ces gaz aspirés sont comprimés et refoulés dans la chaudière où ils entravent le jeu du giffard.

Pour éviter ces inconvénients, au moment de battre contre-vapeur, on envoie à la sortie du tuyau d'échappement, par un tube appelé *tube d'inversion*, un certain volume de vapeur de la chaudière, de manière à aspirer celle-ci à la place des gaz brûlés. Cette vapeur, aspirée et comprimée dans la chaudière, s'y liquéfie purement et simplement. On envoie même, à la place de la vapeur de l'eau liquide ou un mélange d'eau et de vapeur, afin de diminuer la température. Cette eau se volatilise à son arrivée dans le cylindre sous l'influence de la diminution de pression produite par l'aspiration et rafraîchit, par suite, les surfaces. Ce perfectionnement simple et ingénieux est dû à *Le Châtelier*, inspecteur général des Mines.

La marche à *contre-vapeur* dans les machines fixes ou dans les locomotives roulant en palier, par exemple, provoquera, quoi qu'il en soit, l'arrêt de la machine au bout d'un certain temps; comme à ce moment la distribution renversée sera toute disposée pour la marche en arrière, la machine repartira en sens inverse, et le *changement de marche* sera obtenu. On va voir comment on le réalise.

Changement de marche à deux excentriques par becs-de-cane. — En supposant que l'excentrique de rayon OE (*fig.* 173), au lieu d'être calé d'un angle α d'avance sur la manivelle, dans le sens du mouvement primitif, c'est-à-dire de la flèche F, soit au contraire calé en arrière du même angle α, on refait l'épure circulaire, mais pour la marche arrière, c'est-à-dire dans le sens de la flèche F₁ (*fig.* 174).

Il faut chercher la nouvelle position de la ligne PP sur

laquelle on compte les déplacements du piston; on fera cette fois coïncider le point M avec le point E' au lieu du point E, en opérant une rotation, dans le sens du mouvement arrière F_1. Dans ces conditions, la ligne PP de l'épure deviendra P_1P_1 symétrique de PP par rapport à la ligne TT'. A chaque position M de la manivelle et du centre d'excentrique correspondra un déplacement du tiroir compté sur TT et un déplacement compté sur P_1P_1.

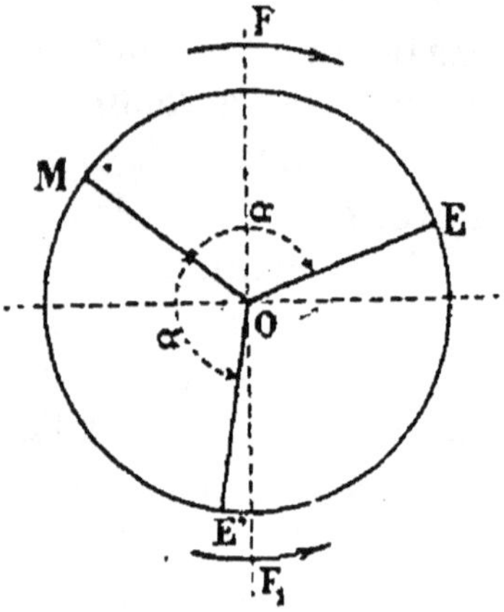

Fig. 173.

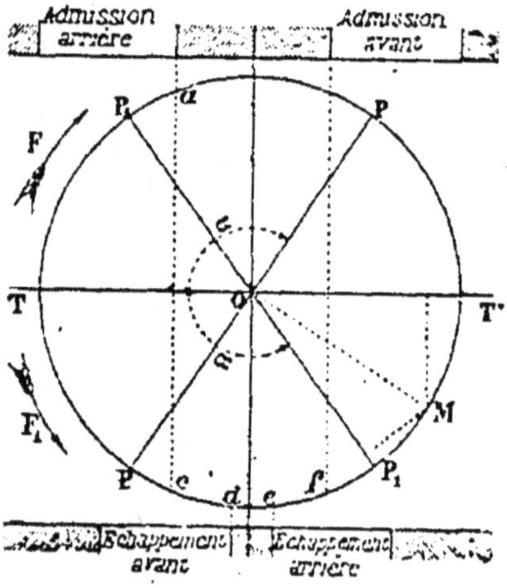

Fig. 174.

On peut alors vérifier facilement que la nouvelle position de l'excentrique satisfait à la marche arrière.

L'avance à l'admission aura lieu pendant le parcours de l'arc aP_1; l'admission arrière complète de a en c; la détente de c en e; la fermeture anticipée de l'échappement avant en d; la compression à l'avant de d en f; l'avance à l'admission avant de f en P_1, et ainsi de suite.

En résumé, si l'on veut réaliser la marche avant et la marche arrière, il faudra commander le tiroir successivement par un excentrique calé en avant de l'angle α par rapport à la manivelle, qui sera l'excentrique de *marche avant* et par un excentrique calé en arrière du même angle qui sera l'excentrique de *marche arrière*. En définitive, le rayon d'excentrique devra toujours se trouver en avant d'un angle α *dans le sens du mouvement*.

La manivelle occupera toujours le prolongement OM
(*fig.* 175) de la bissectrice OM' de l'angle EOE′ = 360° — 2α
formé par les deux rayons d'excentrique.

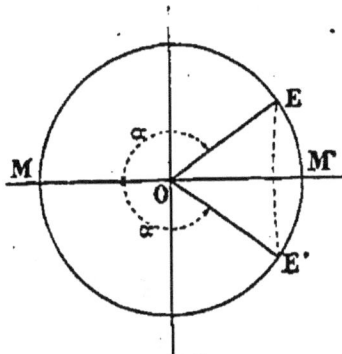

Fig. 175.

S'il s'agissait d'un tiroir normal sans recouvrement, le
calage serait évidemment de 90° en sens opposé pour le
deuxième excentrique, et les deux rayons d'excentricité
seraient en prolongement.

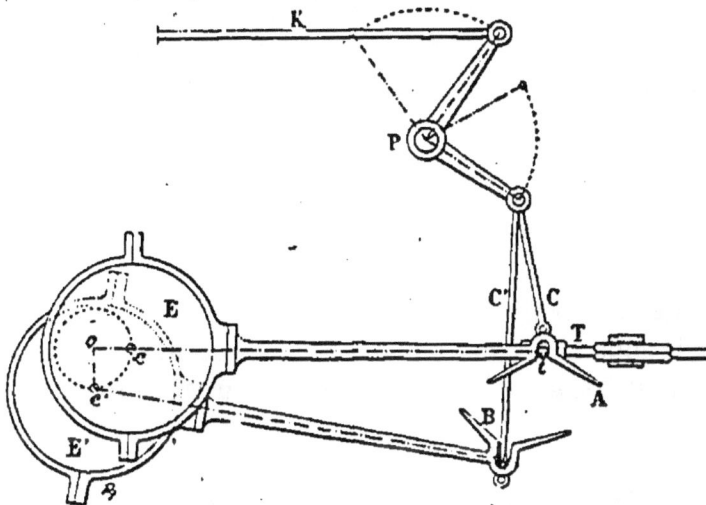

Fig. 176.

La manœuvre est réalisée par l'appareil représenté dans
les figures 176 et 177. E, E′ sont les deux excentriques de
marche avant et de marche arrière. Ils peuvent être reliés à
la tige T du tiroir au moyen de becs-de-cane A ou B qui

viennent enfourcher tour à tour la petite traverse *t* de la tige du tiroir. Pour cela, les deux becs-de-cane sont reliés au moyen de bielles C et C' à un levier coudé oscillant autour de l'axe fixe P et commandé par la tige K que manœuvre le

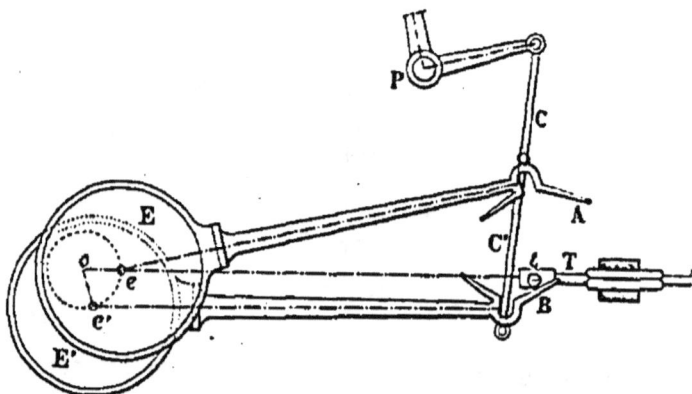

Fig. 177.

mécanicien. Ce dernier peut donc à volonté amener en prise l'un ou l'autre des becs-de-cane avec la tige du tiroir; celui-ci est donc, suivant le besoin, commandé par l'un ou l'autre des deux excentriques. Les deux becs sont extrêmement évasés, de façon à ce que l'extrémité de tige du tiroir ne puisse échapper à la prise, malgré le mouvement.

Le *changement de marche* est donc réalisé, mais on ne peut avec cet appareil ni rester au cran d'arrêt, ni varier la détente.

Ces deux dernières conditions ont été réalisées de la façon la plus heureuse par l'emploi des *coulisses*. L'appareil à bec-de-cane, aujourd'hui complètement abandonné, a servi de transition.

Changement de marche, cran d'arrêt et détente variable par coulisses. — Stephenson eut l'idée de réunir les becs-de-cane entre eux par une liaison rigide, de façon à constituer une sorte de cadre courbe appelé *coulisse*, dans lequel est emprisonné le bouton de la tige du tiroir (*fig.* 178) qui prend le nom de *coulisseau*. La coulisse est, comme les fourches précédentes, relevée ou abaissée à l'aide d'une bielle pen-

dante actionnée par un levier coudé CTL que manœuvre le
mécanicien. Il est bien évident que, suivant que le bouton
du tiroir se trouvera à la partie supérieure ou inférieure

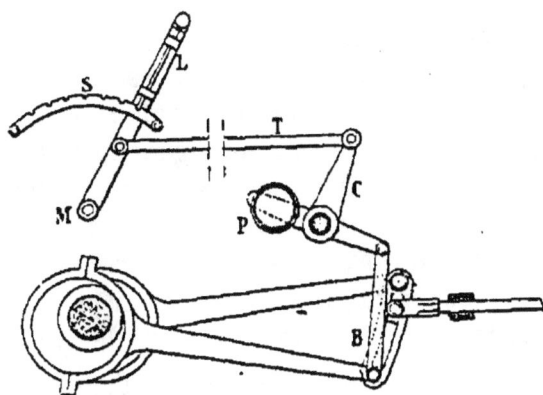

Fig. 178.

de la coulisse, c'est-à-dire que celle-ci sera abaissée ou
relevée, ce sera l'un ou l'autre des deux excentriques qui
communiquera son mouvement au tiroir, absolument comme
dans l'appareil précédent. Le *changement de marche* est donc
obtenu à l'aide de la coulisse. Si l'on suppose maintenant
qu'on ne relève la coulisse qu'à moitié, le bouton du tiroir
va se trouver au milieu de la coulisse. Quel est le mouvement qui va se produire?

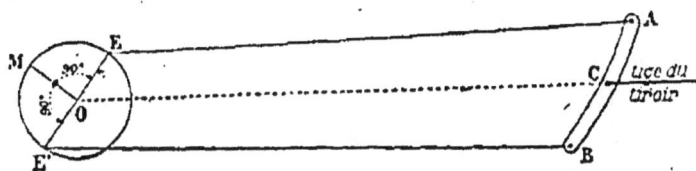

Fig. 179.

S'il s'agit d'un tiroir normal sans recouvrements, les
excentriques de marche avant et de marche arrière sont calés
à 90° en avant et en arrière de la manivelle. Pour une position OM de la manivelle (*fig.* 179), les centres d'excentricité
seront situés en E et E' aux extrémités d'un même diamètre.
Le coulisseau C, placé au milieu de la coulisse AB, subit de
la part de ces excentriques des actions égales et opposées;

par suite, il reste fixe, et la tige du tiroir qui est solidaire du coulisseau est immobile, et le tiroir aussi. Cette position du coulisseau s'appelle le *point mort*, et le *cran d'arrêt* se trouve réalisé.

Si le tiroir est à recouvrements et, par suite, si l'angle de calage est plus grand que 90°, ce qui est le cas général, les centres d'excentriques E et E' ne sont plus aux extrémités d'un même diamètre ; la somme algébrique des projections de leurs vitesses ne sera donc pas nulle, comme elle l'était précédemment, et le coulisseau ne restera pas immobile. Il n'en est pas moins vrai que ses déplacements seront très faibles et, en tous les cas, insuffisants pour permettre au tiroir de découvrir les lumières, de sorte que le *cran d'arrêt* sera pratiquement obtenu. C'est ce qu'on appelle la *marche au point mort*.

Si le coulisseau occupe des positions diverses entre le point mort et les extrémités de la coulisse, le tiroir passera de la quasi-immobilité à la marche avant ou arrière sous la direction exclusive de l'un ou l'autre des excentriques. Dans l'intervalle de ces deux positions extrêmes, soit du côté de l'excentrique avant, soit du côté de l'excentrique arrière, le déplacement du coulisseau variera suivant sa position dans la coulisse ; la course du tiroir pourra donc être augmentée ou diminuée à volonté dans l'un ou l'autre des deux sens de marche. On sait que cette variation de course produit la *variation de détente*. On peut donc réaliser avec la coulisse les différentes conditions de marche.

Indépendamment de la variation de course, le déplacement du coulisseau dans la coulisse équivaut à un changement de calage. En effet, si l'on suppose le coulisseau C (*fig.* 180) à l'extrémité de la coulisse, le tiroir se trouve commandé par l'excentrique E, absolument comme s'il n'y avait pas de coulisse. L'angle de calage est α pour la marche normale en avant par exemple. La course du tiroir sera égale à celle de l'excentrique. Si l'on suppose maintenant la coulisse à demi relevée et le coulisseau C_1 placé, par suite, en son milieu, c'est-à-dire au *cran d'arrêt*, la position extrême de droite de la coulisse sera AB, et celle de gauche A_1B_1, correspondant à la position E_1OE_1' des excentriques dont les barres $A_1E_1B_1E_1'$

se seront croisés par suite de la rotation. La course au point
mort sera donc $C_1C'_1$, et la distribution se sera effectuée absolument comme si le tiroir avait été conduit par un excen-

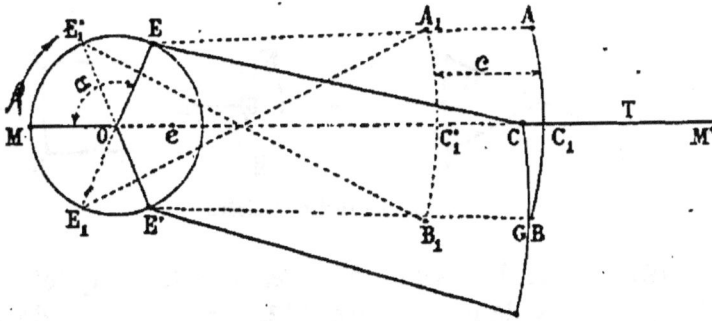

Fig. 180.

trique fictif de rayon égal à $\frac{c}{2}$ et calé à 180° de la manivelle.

Son rayon d'excentricité est en Oe, quand la manivelle est
en OM.

Entre ces deux positions extrêmes, le tiroir pourra être
considéré comme commandé, pour les diverses situations
du coulisseau, par un excentrique à angle de calage croissant
et à course décroissante.

Les coulisses sont de plusieurs sortes; on les divise en
deux catégories : les coulisses à *bielles ouvertes* ou à *barres
ouvertes*, et les coulisses *à bielles croisées*.

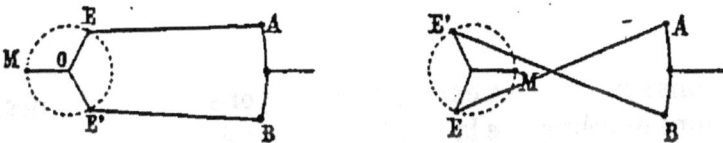

Fig. 181. — Bielles ouvertes.

Les bielles des deux systèmes pouvant être alternativement ouvertes ou croisées suivant les mouvements des excentriques, on définira par *coulisses à bielles ouvertes* celles pour
lesquelles les bielles seront ouvertes, c'est-à-dire sensiblement
parallèles, quand l'angle EOE' (*fig.* 181), égal à 360° — 2α,

que forment les deux rayons d'excentriques sera tourné vers la coulisse ; les coulisses seront *à bielles croisées* quand, pour la même position de l'angle des rayons d'excentriques, les bielles se couperont en projection. C'est ainsi que, dans la

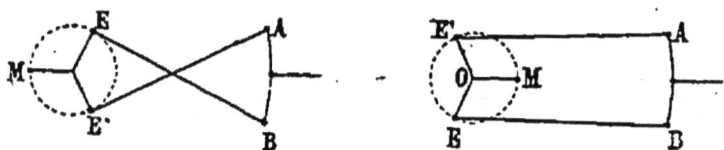

Fig. 182. — Bielles croisées.

figure 181, les coulisses sont à *bielles ouvertes* et qu'elles sont à *bielles croisées* dans la figure 182, bien que ces dénominations ne se rapportent pas toujours à l'aspect de la figure.

Coulisses à bielles ouvertes. — Si l'on suppose le coulisseau placé au point mort, OF, OE' et OE_1, OE'_1 (*fig.* 183) étant les

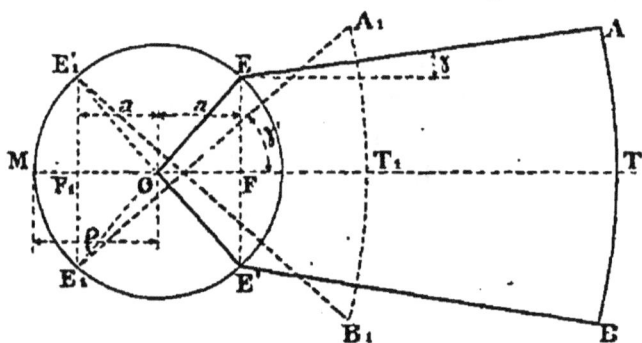

Fig. 183.

positions symétriques extrêmes des rayons d'excentriques, les positions extrêmes de la coulisse seront AB, A_1B_1, et la course du tiroir sera TT_1.

Or on a :

$$TT_1 = OT - OT_1.$$

D'autre part :

$$OT = OF + FT \quad \text{et} \quad OT_1 = F_1T_1 - OF_1.$$

Si l'on désigne OF, qui est connue, par a, la longueur des

bielles par l, et par γ et γ' les angles de ces bielles avec
l'axe MM', on aura :

$$OT = a + l \cos \gamma$$
$$OT_1 = l \cos \gamma' - a;$$

d'où :

$$TT_1 = OT - OT_1 = 2a + l (\cos \gamma - \cos \gamma').$$

Comme γ' est plus grand que γ, $\cos \gamma'$ est plus petit que
$\cos \gamma$. Donc $\cos \gamma - \cos \gamma'$ est toujours positif, et l'on a toujours $TT_1 > 2a$. D'un autre côté la course maxima, qui s'ob-
tient quand le coulisseau est à l'une des extrémités A ou B
de la coulisse, a pour valeur 2ρ, ρ étant le rayon d'excentricité. Les variations de courses seront donc comprises entre
2ρ et $2a$. Elles seront donc très limitées.

Coulisses à bielles croisées. — On prouverait de la même
manière que, dans le cas des bielles croisées, la valeur de
$(\cos \gamma - \cos \gamma')$ est toujours négative et que, par suite, au
point mort la course est toujours plus petite que $2a$. Les
variations de courses seront donc plus étendues que dans le
premier cas.

Coulisse de Stephenson. — La coulisse de Stephenson,
représentée figure 178, a la forme d'un arc de cercle dont la
concavité est tournée vers les excentriques moteurs. Le centre
de cet arc est sur l'axe de l'arbre moteur ; son rayon de
courbure est égal à la longueur des barres d'excentrique
mesurée jusqu'à l'axe de la coulisse, afin que le centre d'oscillations soit invariable, quelle que soit la position de la coulisse. Celle-ci est supportée par une bielle B suspendue à
l'extrémité d'un levier coudé C muni d'un contrepoids P qui
équilibre le système. C'est ce levier coudé que manœuvre le
mécanicien au moyen de la barre T reliée au levier de commande L oscillant autour du point M. Les positions de ce
levier qui correspondent aux détentes diverses sont assu-
rées sur le secteur gradué et crénelé S au moyen d'une sorte
de clavette pénétrant dans le cran voulu du secteur et que le
mécanicien relève quand il doit déplacer le levier.

Sur ce secteur crénelé (*fig.* 178), la division zéro est placée au milieu de l'arc et correspond au point mort, tandis que les points extrêmes correspondent aux positions extrêmes du coulisseau dans la coulisse; les deux intervalles entre le zéro et les crans d'extrémité sont divisés en un certain nombre de parties égales. Rien n'est donc plus simple que de trouver les positions du coulisseau correspondant à chaque position du levier. Ce qu'il faut connaître, c'est la modification apportée à la distribution par une variation de position de ce coulisseau. Soient *cc'* une position de la coulisse correspondant aux positions E, E' des centres d'excentrique; OT étant la direction de la tige du tiroir, on appellera *s* la distance TK, le point K étant le milieu de la

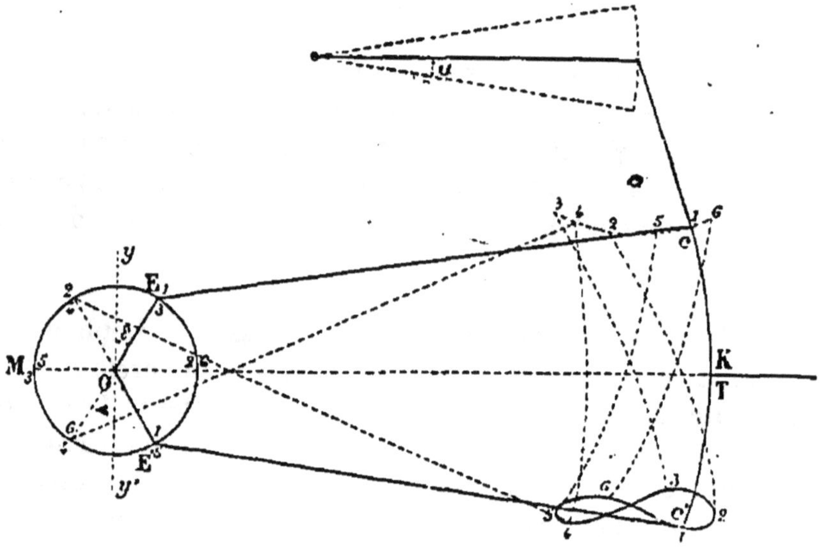

Fig. 184.

coulisse. Cette quantité *s* sera considérée comme positive ou négative, suivant que le point K sera au-dessus ou au-dessous du point T. L'angle d'avance est δ; OE_1 représente la position de l'excentrique quand la manivelle est au point mort M. Si l'on appelle enfin $2c$ la longueur de la coulisse, on démontre, comme par l'épure de Zeuner, qu'on a pour expression de la quantité *t* dont s'est déplacé le tiroir, pour une variation angulaire ω de l'excentrique :

$$t = \rho \left(\sin \delta + \frac{c^2 - s^2}{cb} \cos \delta \right) \cos \omega + \frac{s\rho}{c} \cos \delta \sin \omega$$
$$+ \frac{\rho^2}{2b} \left(\cos 2\delta \sin \omega + \frac{s}{c} \sin 2\delta \cos \omega \right) \sin \omega,$$

équation qui devient de la forme :

$$t = P \cos \omega + Q \sin \omega + R,$$

en posant :

$$P = \rho \sin \delta + \frac{c^2 - s^2}{cb} \cos \delta,$$

$$Q = \frac{s\rho}{c} \cos \delta,$$

$$R = \frac{\rho^2}{2b} \left(\cos 2\delta \sin \omega + \frac{s}{c} \sin 2\delta \cos \omega \right) \sin \omega.$$

Cette forme de l'équation est identique à celle trouvée en étudiant l'épure de Zeuner (p. 235).

Le terme R pouvant être négligé, on retrouve les cercles de Zeuner, qui ont alors pour équation générale :

$$t = P \cos \omega \pm Q \sin \omega.$$

Le signe — s'applique au cas des bielles croisées, le signe + à celui des bielles ouvertes.

Les coordonnées du centre sont :

$$a = \frac{P}{2} = \frac{\rho}{2} \left(\sin \delta + \frac{c^2 - s^2}{cb} \cos \delta \right)$$
$$b = \frac{Q}{2} = \frac{\rho s}{2c} \cos \delta,$$

valeurs qui sont fonction de s, c'est-à-dire de la position de la coulisse.

Si on élimine s entre ces deux équations, de façon à avoir une relation entre a et b, c'est-à-dire l'équation de la courbe des centres, on trouve une parabole dont la concavité est tournée vers le centre O (fig. 185), pour une coulisse à barres ouvertes. Dans ce dernier cas, son équation, si on la

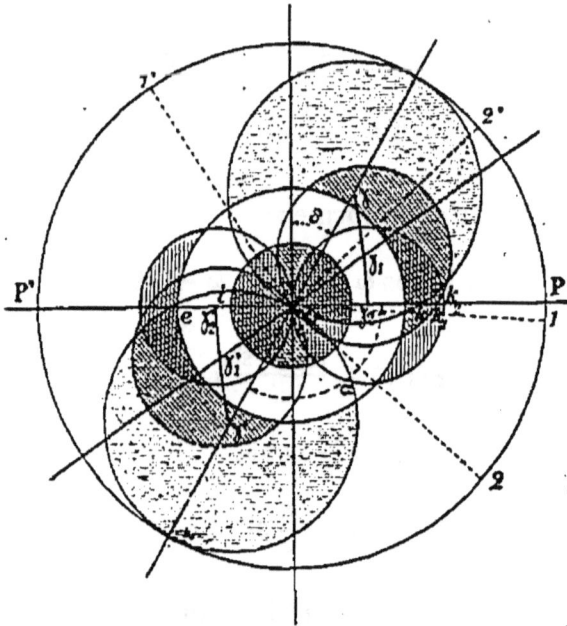

Fig. 185.

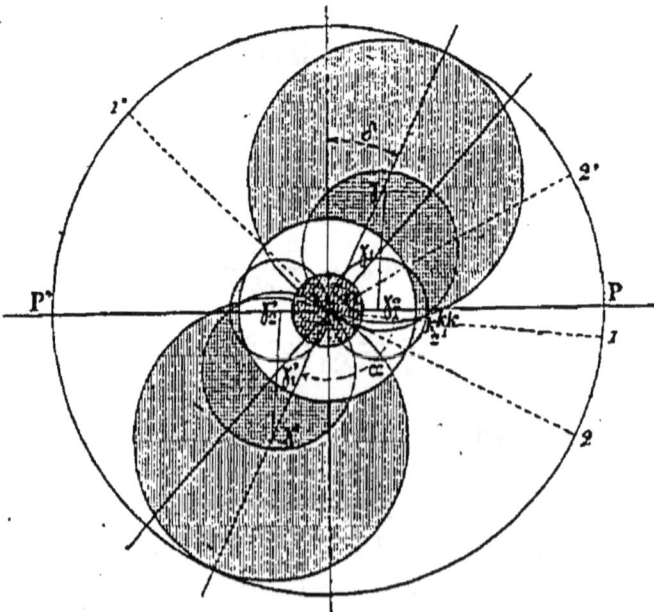

Fig. 186.

rapporte à son axe et à la tangente au sommet, est :

$$y = \frac{\rho b}{2c} \cos \delta x;$$

son paramètre est donc $\frac{\rho b}{2c} \cos \delta$.

Son sommet est situé à une distance de O égale à :

$$\frac{\rho}{2} \left(\frac{c}{b} \cos \delta + \sin \delta \right).$$

S'il s'agit, au contraire, de barres croisées (*fig.* 186), c'est la convexité de la courbe qui est tournée vers le point O, et la distance de ce point au sommet devient :

$$\frac{\rho}{2} \left(\sin \delta - \frac{c}{b} \cos \delta \right).$$

Pour chaque valeur différente de *s*, on aura donc une paire de cercles différents. Pour la valeur de *s* maxima, le tiroir sera commandé par l'excentrique comme s'il n'y avait pas de coulisse. On aura le cercle γ, de diamètre égal au rayon d'excentrique, δ étant l'angle d'avance, et α celui de calage.

Puis, à mesure que la coulisse se relèvera et que le coulisseau se rapprochera du point mort, l'angle d'avance augmentera de δ jusqu'à 90°; à ce moment, l'angle de calage sera de 180°, et l'on aura le cercle γ₂.

Si l'on a les cercles O*i*, O*e* des recouvrements intérieurs et extérieurs comme dans l'épure de Zeuner, on pourra constater que dans l'épure ci-dessus (*fig.* 185), faite pour des barres ouvertes, l'admission va en diminuant quand le coulisseau se rapproche du point mort et que, par suite, la détente augmente. En effet, l'angle 1O1', pendant lequel s'effectue l'admission et qui correspond au cercle γ, est plus grand que l'angle 2O2' correspondant au cercle γ₂ ; mais en même temps l'avance angulaire à l'admission qui était 1,P augmente et devient 2,P. L'avance linéaire du tiroir augmente évidemment aussi ; elle est comptée sur OP et aura successivement les valeurs *k, k₁, k₂* de l'épure tandis que le coulisseau s'approchera du point mort. S'il s'agit, au contraire, de barres croisées (*fig.* 186), les avances angulaires à l'admission augmentent bien encore avec les détentes, quoique moins rapidement ; mais les avances linéaires k, k_1, k_2 diminuent.

Cette variation des avances à l'admission est un assez grave inconvénient des coulisses de Stephenson à bielles ouvertes.

On a cherché à rendre ces avances constantes pour toutes les détentes, et l'on y est parvenu en donnant des angles de calage différents aux deux excentriques ; mais alors on rend la marche arrière d'autant plus mauvaise qu'on améliore plus la marche avant.

Quand s devient négatif, c'est-à-dire que le coulisseau se trouve dans la partie inférieure de la coulisse, l'angle d'avance δ doit être porté à gauche de la verticale yy' (*fig.* 184) ; les cercles de Zeuner se trouvent alors symétriquement placés par rapport à cette verticale pour les positions symétriques du coulisseau.

Tracé graphique. — On peut tracer graphiquement les cercles de Zeuner pour les différentes positions du coulisseau. Zeuner démontre, en effet, que, pour avoir la position des centres tels que γ_1 (*fig.* 186) correspondant aux N divisions du secteur crénelé, il suffit de diviser en N parties égales l'écart $\gamma\gamma_2$ compris entre le cercle de position extrême et le cercle de point mort. Or on a déterminé les éléments de la distribution, recouvrement, angle de calage et course pour les pleines marches avant et arrière. On connaît donc le rayon du cercle γ ; il est égal à la moitié de celui d'excentrique, puisqu'il s'agit du cercle de Zeuner relatif à la position du coulisseau à l'extrémité de la coulisse. On connaît aussi ce cercle en position, puisqu'on a δ l'angle d'avance.

Le rayon du cercle γ_2 qui correspond au point mort peut se trouver graphiquement en traçant les diverses positions de la coulisse par une rotation des centres d'excentriques (*fig.* 187).

Pour cela, on trace le rayon d'excentrique, on se donne la longueur b de la bielle qui dépend des positions respectives des organes de la machine, et la longueur $2c$ de la coulisse

qui se prend ordinairement égale à quatre fois la course du
tiroir. La coulisse a la forme d'un arc de cercle ayant pour
rayon la longueur EC des barres d'excentrique, ainsi qu'on
l'a vu ; elle est suspendue, par sa partie inférieure, par
exemple, à l'extrémité d'une bielle MC' articulée en M au
levier coudé décrit plus haut. L'extrémité inférieure de la
coulisse décrit donc autour de M l'arc H.

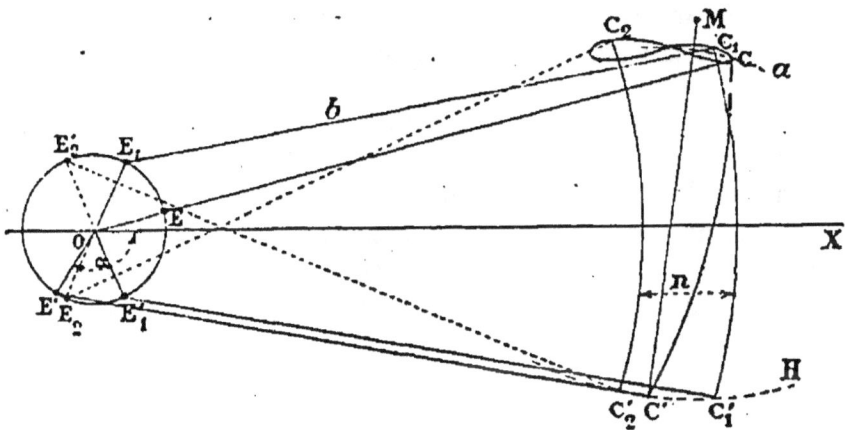

Fio. 187.

Soit EOE' une position quelconque des excentriques
EOE' égale l'angle de calage α. L'extrémité inférieure de la coulisse sera en C' sur l'arc H, à condition que E'C' = b. On doit
de même avoir EC = b et CC' = 2c. On a donc en CC' la
position de la coulisse. En faisant de même pour toutes les
positions d'excentrique, on constatera que la partie supérieure de la coulisse décrit une courbe en forme de huit. Il
faut remarquer que dans cette épure on suppose la coulisse
suspendue toujours à la même hauteur et le coulisseau
mobile, tandis que c'est le contraire qui a lieu. On remarque
aussi que la position du coulisseau n'est pas invariable par
rapport à la coulisse, pour une position donnée; mais les
variations produites par ces causes dans le mouvement du
tiroir sont négligeables.

Pour les positions symétriques $E_1OE'_1$, $E_2OE'_2$, des rayons
d'excentrique, on aura les positions $C_1C'_1$, $C_2C'_2$ de la coulisse ; si le coulisseau est au point mort, la course décrite

sera n; le rayon d'excentrique correspondant sera $\frac{n}{2}$, et cette valeur sera aussi celle du diamètre du cercle de Zeuner γ_2. On aura donc (*fig.* 186) le sommet γ_2 de la parabole des centres qu'on pourra tracer, puisqu'on en connaît un autre point γ. Ayant cette parabole, on divisera $\gamma\gamma_2$ en autant de divisions qu'il y en a sur le secteur crénelé, et l'on aura pour chacune des positions du levier le cercle de Zeuner, qui permettra d'étudier les variations dans la distribution. On a vu comment on lisait de semblables épures.

Bielle de suspension de la coulisse. — Le point d'attache de la coulisse décrit un arc de cercle autour du point d'articulation M de la bielle de suspension. Il faut, autant que possible, que les cordes des arcs de cercles décrits soient parallèles à la tige du tiroir, afin que les oscillations soient peu importantes. On démontre que, pour réaliser cette condition, il

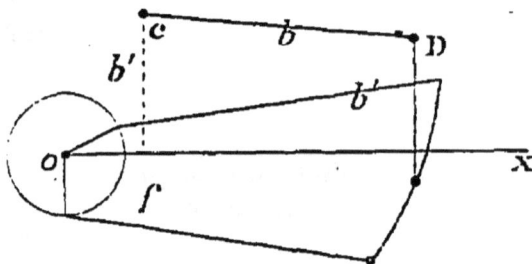

Fio. 188.

faut que la longueur de la branche cD (*fig.* 188) du levier coudé qui supporte la bielle de suspension, soit égale à celle des barres d'excentriques, et que le centre d'articulation de ce levier soit à une distance verticale de l'axe ox d'une quantité égale à la longueur b' de la bielle de suspension. Cela est vrai, que la coulisse soit ou non suspendue par son milieu. Dans la plupart des cas, la longueur de la branche cD du levier coudé est bien inférieure à b. Le mouvement du tiroir est alors irrégulier. Il faut, en tous les cas, donner à b', longueur de la barre de suspension, la plus grande valeur possible.

En résumé, la coulisse de Stephenson constitue un moyen

commode de distribution, bien qu'elle fournisse des avances
variables. Elle permet d'avoir des barres d'excentrique
longues, et sa simplicité de fonctionnement la fait employer
de préférence pour les locomotives. On remarquera que le
déplacement de coulisse destiné à produire une augmentation de détente provoque en même temps une diminution
graduelle de la section des orifices d'admission. Il y a donc
laminage de la vapeur.

On a alors intérêt à augmenter la largeur des orifices
pour que ce défaut se fasse moins sentir.

Coulisse de Gooch, ou renversée (*fig.* 189). — Cette coulisse
permet de conserver des avances constantes malgré les
variations de détente. La convexité est cette fois tournée
vers l'arbre, et le rayon moyen de la coulisse est égal à la
longueur de la bielle CA ; la coulisse ne peut se relever

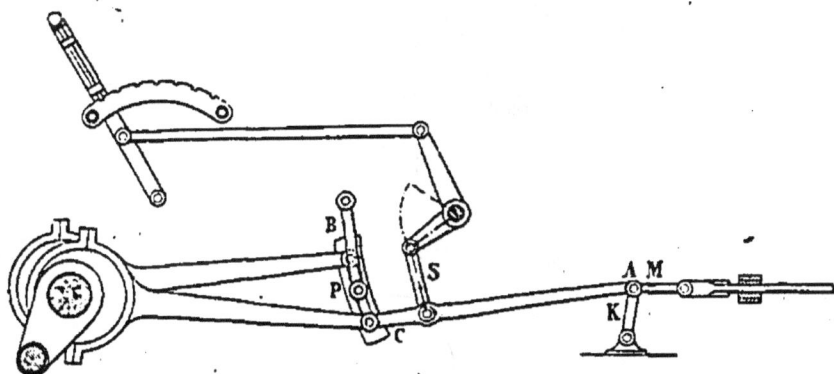

Fig. 189. — Coulisse de Gooch.

ni se descendre. Elle est articulée en son point mort à une
bielle B oscillant autour d'un axe fixe. C'est la bielle CA
qui commande la tige du tiroir, qui peut être relevée ou
abaissée au moyen d'un système de leviers par le mécanicien. La commande du tiroir se fait par l'intermédiaire d'une
petite bielle secondaire M, articulée à la tige du tiroir. Le
point A oscille autour du point fixe K.

Le rayon de la coulisse étant égal à la bielle CA et le coulisseau décrivant l'arc de la coulisse, la position du tiroir ne

variera pas, quelle que soit la position du coulisseau. Au moment du passage de la manivelle au point mort, la coulisse a sa corde située verticalement; un déplacement quelconque de la bielle CA de relevage du coulisseau ne déplace en aucune façon le point A ni le tiroir Comme à ce moment c'est l'avance à l'admission qui serait affectée, on en conclut qu'elle reste constante.

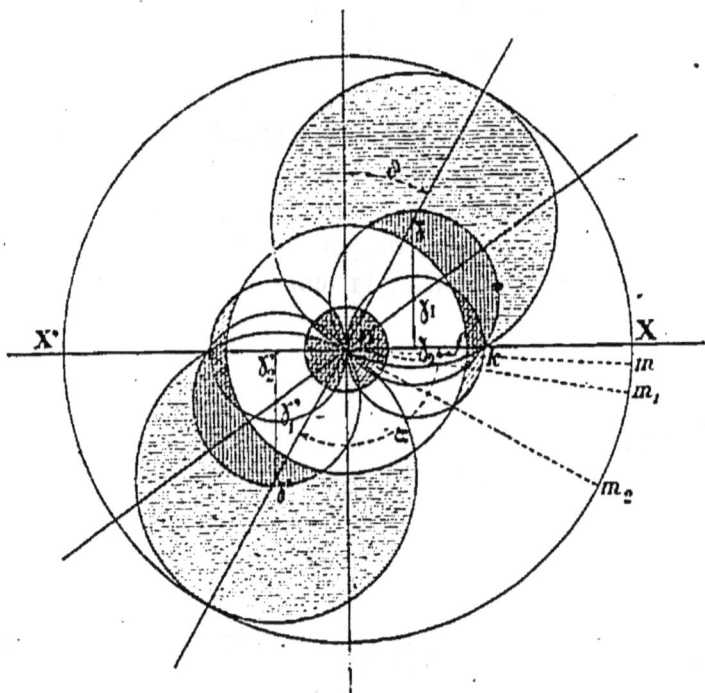

Fig. 190.

Le lieu des centres des cercles de Zeuner devient, dans ce cas, une ligne droite $\gamma\gamma_2$ (fig. 190) perpendiculaire à OX, que l'on peut tracer facilement. Tous les cercles de Zeuner correspondant aux diverses détentes se coupent non seulement à l'origine, mais aussi au point k, déterminant l'avance linéaire constante à l'admission. Si on trace le cercle Of de recouvrement extérieur, cette avance linéaire sera fk.

On pourra de suite obtenir graphiquement le rayon Oγ_2, connaissant le point γ centre du cercle de Zeuner correspondant à la marche à admission maxima.

La coulisse de Gooch a l'inconvénient d'allonger considérablement la longueur comprise entre l'arbre moteur et le
tiroir, ou bien exige le raccourcissement des bielles, ce qui
modifie la distribution. Cet inconvénient devient grave pour
les locomotives; aussi préfère-t-on dans ce cas la coulisse
Stephenson. On choisit alors des coulisses de longueur faible
et de longues barres d'excentriques ; on influe aussi, comme
on l'a vu, sur les angles de calage.

Les tiges de suspension de la coulisse et de la bielle
doivent, comme précédemment, avoir la plus grande longueur possible.

Coulisse d'Allan et Trick (*fig.* 191). — Les coulisses courbes
ne pouvant être exécutées facilement, *Allan* en Angleterre,
et *Trick* en Allemagne, imaginèrent simultanément la coulisse droite, qui peut s'exécuter facilement à la machine à
raboter.

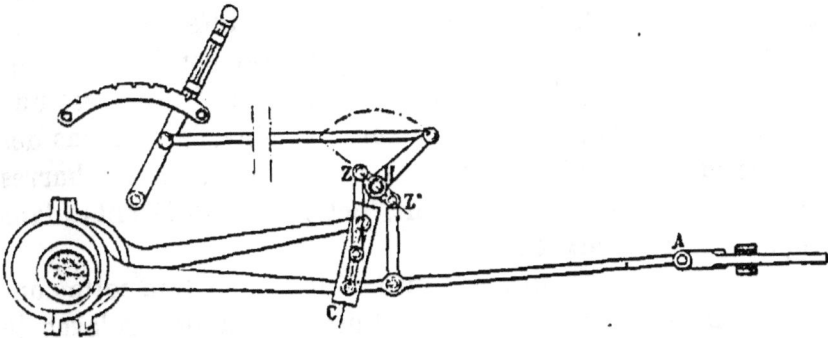

FIG. 191. — Coulisse d'Allan et Trick.

La tige CA de relevage du coulisseau ainsi que la coulisse peuvent être manœuvrées simultanément au moyen
d'un balancier ZZ' pouvant osciller autour d'un axe sous l'influence du levier de manœuvre commandé par le mécanicien. La coulisse d'Allan et Trick participe donc à la fois
des coulisses de Stephenson et de Gooch.

Si on appelle a (*fig.* 192) la longueur du levier ZP auquel
est suspendue la coulisse, et a' la longueur du levier Z'P de

manœuvre de la tige, on démontre que l'on doit avoir :

$$\frac{a'}{a} = \frac{l}{b}\left(1 + \sqrt{1 + \frac{b}{l}}\right),$$

b étant la longueur des barres d'excentrique, et l celle de la bielle qui réunit la coulisse à la tige du tiroir.

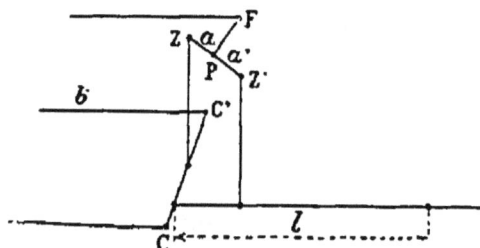

Fig. 192.

Ce rapport varie entre 2,30 et 2,80.

La coulisse peut se faire à bielles ouvertes ou croisées; on peut étudier la distribution pour les différentes parties du coulisseau, comme on l'a fait pour les coulisses précédentes. La courbe des centres des cercles de Zeuner est une parabole de concavité tournée vers l'origine, dans le cas des barres ouvertes, et inversement tournée dans celui des barres croisées ; les paramètres sont, cette fois, différents dans chacun de ces deux cas.

Les avances ne sont pas tout à fait égales avec cette coulisse; mais les différences sont moins grandes qu'avec la coulisse Stephenson.

Elles diminuent quand la détente augmente pour les bielles croisées, et inversement pour les bielles ouvertes.

La coulisse d'Allan a l'inconvénient d'occuper une trop grande longueur sur la machine.

§ 5. — Tiroir a recouvrements commandé par excentrique unique avec dispositifs réalisant la détente variable et le changement de marche, ou l'une de ces deux conditions seulement.

Le frottement produit par les deux excentriques est une fraction importante du travail perdu ; aussi, certains constructeurs ont-ils cherché à réaliser avec un seul excentrique les différentes conditions de marche d'une machine.

Changement de marche par excentrique à toc (*fig.* 193). — C'est l'une des premières dispositions d'excentrique permettant le changement de marche. L'arbre moteur porte une saillie, ou toc, *tt'*, ayant pour développement angulaire l'angle de calage α. L'excentrique, qui peut glisser à frottement doux sur l'arbre au lieu d'être calé invariablement, porte le toc *kk'* qui a le même développement. Dans la figure 193 l'excentrique tournera par exemple dans le sens *t'kk'* entraîné par le toc *tt'* de l'arbre. Son calage sera α, et sa position réalisera la marche avant. Si

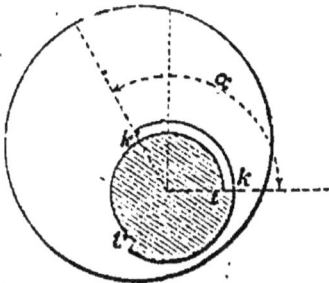

Fig. 193. — Excentrique à toc.

l'on déclenche le mécanisme de commande de la tige du tiroir par la bielle d'excentrique, et si l'on ramène le tiroir à la position de marche arrière, le toc change de contact, et le point *k'* vient au contact de *t'*. L'excentrique occupera alors la position compatible avec la marche arrière.

Cet appareil, aujourd'hui abandonné, ne permet pas de faire varier la détente. Les appareils dont la description va être donnée permettent, au contraire, la variation de détente, mais ne réalisent pas tous le changement de marche, qui n'est d'ailleurs utile que dans certaines catégories de machines. Dans certains dispositifs ces variations sont produites exclu-

sivement par changement de calage de l'excentrique ; dans
d'autres, les résultats cherchés sont obtenus en faisant varier
le calage et la course du tiroir

Changement de l'angle de calage par engrenages coniques
(*fig.* 194). — Le mouvement est donné au tiroir par un excentrique E fou sur l'arbre et venu de fonte avec une roue
dentée conique C. Le mouvement de l'arbre moteur est
transmis par deux engrenages coniques, dont l'un, D, claveté
sur cet arbre, entraîne l'autre, F, qui est fou sur le levier L
de manœuvre et peut osciller autour de l'arbre moteur à
l'aide du manchon M. Le levier de manœuvre peut être fixé
à l'aide d'une vis V, en différentes positions, sur un arc à coulisse ; la rotation de ce levier de manœuvre autour de l'arbre
moteur entraîne la rotation de la roue F et, par suite, le changement de calage.

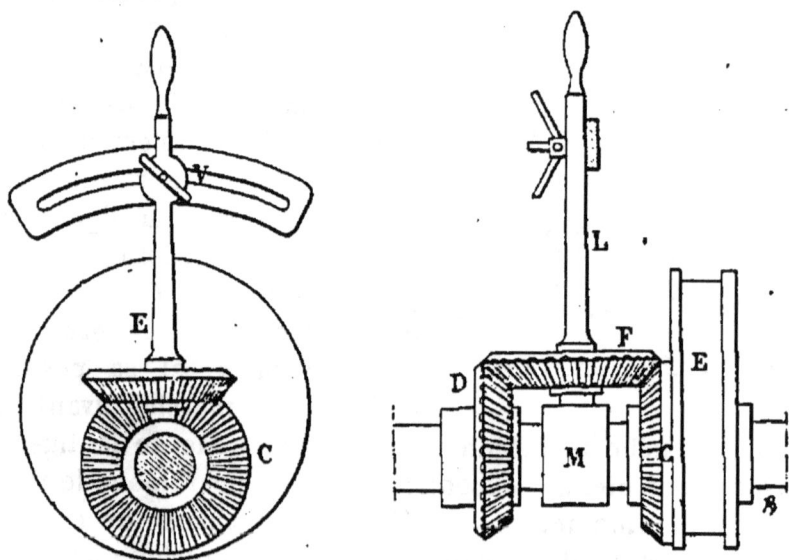

Fig. 194.

Cet appareil permet donc de réaliser à la main la *variation
de détente*. On pourra également s'en servir pour réaliser le
changement de marche.

Changement de calage par clavette filetée (*fig.* 195). —
L'excentrique E de commande est fou sur l'arbre, et son

moyeu M est prolongé par un manchon percé d'une ouverture hélicoïdale H dans laquelle s'engage le talon T d'une clavette en acier, qui peut se mouvoir longitudinalement dans une rainure R de l'arbre moteur parallèle à son axe ;

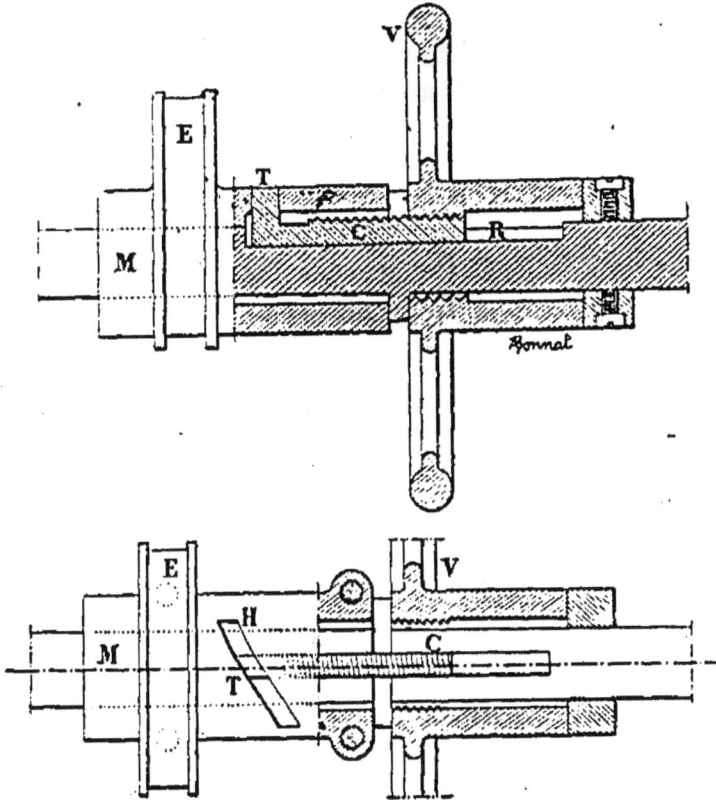

Fig. 195.

cette clavette est filetée sur sa face supérieure, de manière à pouvoir être déplacée dans sa rainure à l'aide d'un volant à vis V fixe en position. La rotation de ce volant entraîne le mouvement du talon T et la rotation du manchon M, par suite le changement de calage de l'excentrique.

Distribution à calage et course variables par le régulateur. — Système Armington et Sims. — On a déjà parlé de ce système de distribution quand on s'est occupé des organes régulateurs. On a vu que les masses pesantes MM' (*fig.* 124, p. 192), qui tendent à s'écarter de l'axe sous l'influence de la force centrifuge, agissent sur le collier C au moyen des bielles BB'. Une troisième bielle H, articulée à la masse M, peut agir sur l'anneau excentré, sur lequel on monte le collier d'excentrique qui commande le tiroir.

Les heurtoirs, garnis de caoutchouc T et T', limitent la course des masses pesantes qui sont, d'autre part, soumises à l'influence de ressorts antagonistes.

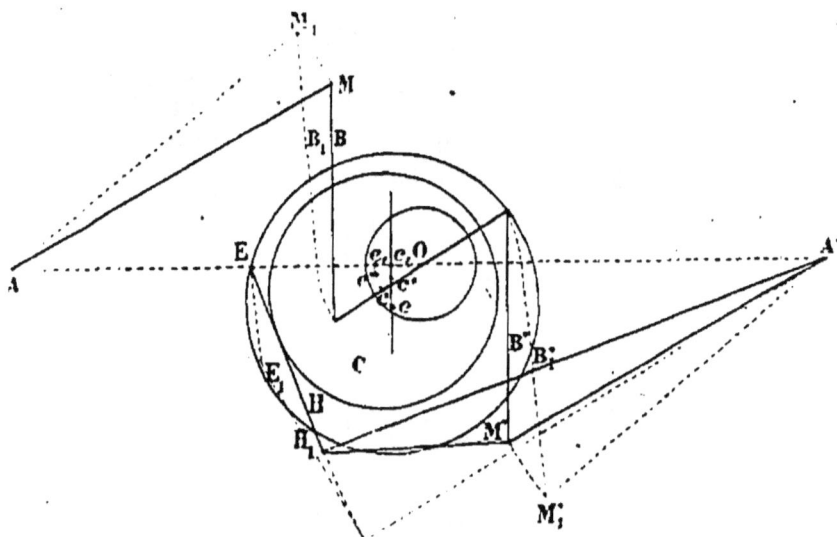

Fig. 196.

Soient O l'arbre moteur (fig. 196), e le centre du disque, et c celui de l'anneau excentré. Les points d'articulation des masses pesantes sont A, A'. Quand celles-ci sont en contact avec leurs heurtoirs, les points Oce occupent la position de la figure.

La vitesse diminuant, les masses se rapprochent : e vient en e' en décrivant un arc autour de O. Le point c, centre de l'anneau, tourne autour de e ; les longueurs et courses des leviers sont calculées de manière que la nouvelle position c' du point c se trouve sur la verticale de c ; on a de plus c'e' = ce. Ici le point e joue le rôle de centre d'excentricité d'un excentrique ordinaire. Le calage et la course varient avec les positions diverses des masses pesantes ; mais les centres d'excentricité restent sur la même verticale. On réalise donc

ainsi une épure semblable à celle de la coulisse de Gooch
Tous les cercles de Zeuner ont leur centre sur la même verticale et se coupent, indépendamment de l'origine, en un
même point k de la ligne OX (*fig.* 190). Les avances seront
donc constantes. On procède graphiquement pour déterminer
les bielles B, B', II en grandeur et en position; on cherche par
tâtonnement à obtenir le résultat cherché, après s'être donné
les points AA' et les rayons d'excentricité.

Sur la même épure, on pourrait vérifier que les avances
angulaires augmentent avec l'angle de calage pendant
que la course diminue, tandis que la période d'admission
diminue comme la course. On pourrait vérifier, de la même
manière, qu'il y a dans ce cas augmentation de la compression et de l'avance à l'échappement. On voit que, dans ce
système, la variation de détente est automatiquement réalisée
à chaque instant par le régulateur lui-même.

**Changement de marche et détente variable par excentrique
unique et coulisse.** — Parmi ces dispositifs, on peut citer les
systèmes de Pius Fink, de Heusinger de Waldegg ou de
Walschaerts et de Solms ou de Marshall.

Coulisse de Pius Fink (*fig.* 197). — L'excentrique moteur E
est calé à 180° de la manivelle, et son collier s'assemble à un

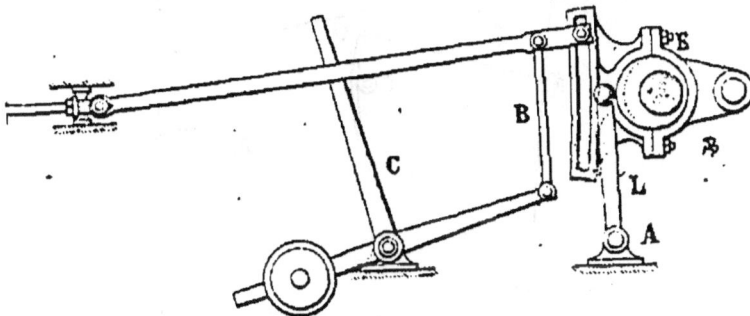

Fig. 197. — Coulisse de Pius Fink.

levier L oscillant autour de l'axe A. L'articulation de l'excentrique décrit donc un arc de cercle voisin de la ligne
des points morts. Au collier est fixée une coulisse dans
laquelle peut se déplacer le bouton de la bielle du tiroir. Le

déplacement de cette bielle s'effectue par l'intermédiaire d'une tige et d'un levier coudé à contrepoids. Les différentes positions du coulisseau dans la coulisse correspondent à diverses détentes. Suivant que le coulisseau est d'un côté ou de l'autre du point mort, la machine marche dans un sens ou dans l'autre.

Quand la machine marche toujours dans le même sens, on supprime la moitié inutile de la coulisse et on manœuvre le coulisseau dans la demi-coulisse à l'aide d'un volant à vis.

L'étude de cette coulisse démontre que les cercles de Zeuner ont encore leurs centres sur la même verticale, que par suite les avances sont constantes.

La coulisse Fink s'applique aux courses prolongées ; elle n'est, d'ailleurs, plus guère employée que dans certaines machines marines. Ce mécanisme s'use très rapidement, et les résultats se faussent au bout de peu de temps ; mais la disposition en est très simple et eut un certain succès à l'origine.

Coulisse d'Heusinger de Waldegg ou de Walschaert (fig. 198) — L'excentrique E est calé à 9 /° en retard sur la manivelle

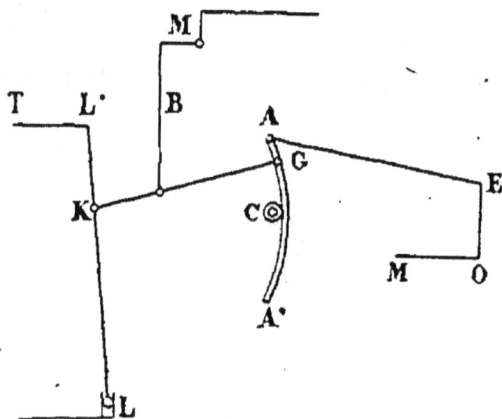

Fig. 198

OM et se trouve relié par la bielle EA à l'extrémité de la coulisse AA', qui oscille sur son milieu C. Le coulisseau G agit, par l'intermédiaire de la bielle GK, sur une troisième bielle oscillante LL', dont la glissière d'oscillation L est fixée

à la tête de la crosse du piston et dont l'autre extrémité agit
sur la tige du tiroir T.

Il faut évidemment qu'il y ait en L une glissière et non une
articulation fixe, sans quoi la bielle LL' ne pourrait se mouvoir.

Le déplacement du coulisseau s'effectue à la façon ordinaire par la bielle B et le levier coudé M relié au levier de
manœuvre. Le rayon de la coulisse est égal à la longueur de
la bielle KG; on vérifierait aisément que cette condition permet d'avoir des avances égales, quelle que soit la position du
coulisseau dans la coulisse, c'est-à-dire quelle que soit la
variation de détente.

La coulisse de Walschaert n'est qu'une modification de
celle d'Heusinger de Waldegg.

Coulisse de Solms et de Marshall (*fig.* 199). — Dans le système
Solms, l'excentrique OE calé à 90° de la manivelle OM, com-

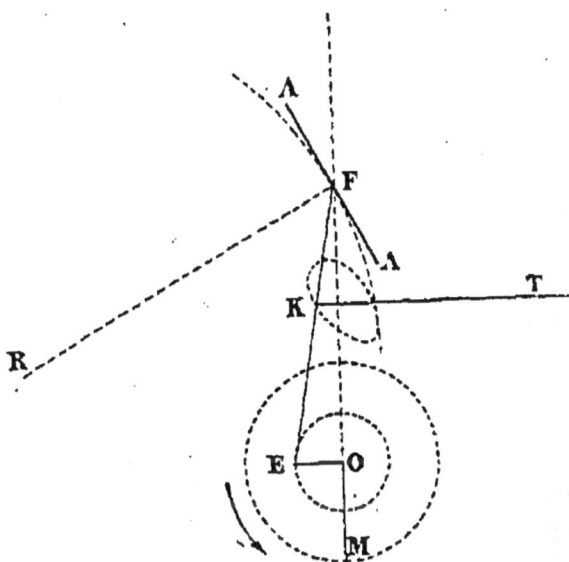

Fig. 199.

mande une barre EF, dont le point F est assujetti, par l'intermédiaire d'un coulisseau, à se mouvoir suivant une ligne
droite dans la coulisse rectiligne AA'. L'inclinaison de cette

coulisse par rapport à la verticale peut être modifiée à la main.

La bielle KT commande en K la bielle de la tige du tiroir. La position verticale de la coulisse correspond au point mort. Suivant qu'elle est située de part et d'autre, on obtient la marche dans un sens ou dans l'autre, ainsi que les divers degrés de détente. Le point F décrivant une droite et le point E un cercle, le point K décrit une courbe allongée.

Dans la coulisse de Marshall proprement dite, le point F, au lieu de décrire une ligne droite à l'aide de la coulisse AA', décrit un cercle autour d'un point R, le plus éloigné possible, de façon que l'arc décrit puisse se confondre avec la tangente. C'est le déplacement du point R qui produit les variations de détente.

La coulisse de Marshall est employée dans les machines marines.

§ 6. — DÉTENTE VARIABLE PAR TIROIR A RECOUVREMENTS COMMANDÉ SANS EXCENTRIQUE

Dans ces systèmes on a pris la commande du tiroir non plus sur un excentrique calé sur l'arbre moteur, mais sur la bielle motrice. On peut citer, dans cet ordre d'idées, les deux systèmes Pichault et Joy.

Distribution Pichault (*fig.* 200). — Dans la distribution Pichault, l'admission, la détente et l'échappement sont produits par trois tiroirs distincts manœuvrés par des mécanismes semblables constitués de la façon suivante :

En un point L fixe, par rapport à la manivelle MP, est articulée la bielle A qui actionne le levier ABC, oscillant autour du point B. Ce levier actionne la tige T du tiroir par l'intermédiaire de la petite bielle CD. Sous l'influence du mouvement de la bielle, le point L décrit une ellipse. La droite, qui joint les positions A_1A_2 du point A, correspondant aux points morts de la manivelle, doit passer par le milieu de

$L_1 L_2$, positions du point L aux mêmes instants. Dans ces conditions, le levier AB peut être considéré comme perpen

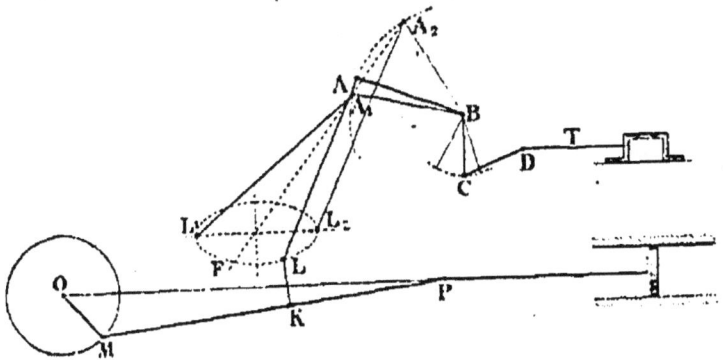

Fɪɢ. 200.

diculaire sur FA_2 dans la position moyenne ; de même, BC sera perpendiculaire à la direction de la glace du tiroir pour la même position.

Distribution à coulisse système Joy (*fig.* 201). — En un point K de la bielle motrice est articulée une bielle KL dont le

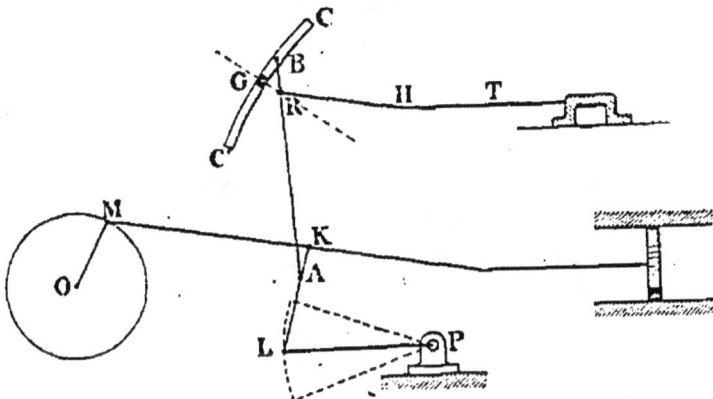

Fɪɢ. 201.

point L oscille autour du point fixe P à l'aide du levier LP. Au point A de KL s'articule la bielle AB dont l'extrémité B est guidée par un coulisseau dans la coulisse CC′, qui peut être orientée à la main autour du point G correspondant au point mort. En R s'articule la bielle RH qui commande la tige du tiroir. Comme le coulisseau B est en G quand la manivelle est au point mort, il s'ensuit qu'à ce moment l'orientation de la coulisse n'a point d'effet sur la distribution ; comme c'est alors la phase d'avance à l'admission qui a lieu, il en résulte qu'avec ce système les avances à l'admission sont constantes.

Ce système est, comme la distribution Marshall, fort employé dans les machines marines. Il a l'avantage d'avoir beaucoup d'indéterminées, de telle sorte qu'on peut facilement régler ses éléments pour satisfaire à la condition d'emplacement restreint qui se présente sur les bateaux et les locomotives.

Les coulisses de Walschaert, Marshall et Joy s'appliquent plus spécialement quand la glace du tiroir est placée dans un plan parallèle à l'arbre moteur. Si, au contraire, le plan de la glace du tiroir rencontre l'arbre moteur, l'emploi des coulisses à deux excentriques de Stephenson, de Gooch ou d'Allan est évidemment indiqué.

§ 7. — DISTRIBUTION A DÉTENTE VARIABLE PAR TIROIRS SUPERPOSÉS

Généralités. — Jusqu'à présent, tous les systèmes de distribution qui ont été examinés sont basés sur l'emploi du tiroir ordinaire à coquille muni de recouvrements. Quel que soit le dispositif employé pour réaliser la détente, celle-ci ne pourra jamais être poussée très loin, sans influencer les autres phases de la distribution, en particulier la compression et l'échappement anticipé. Cette influence, si la détente est élevée, devient nuisible.

Pour éviter cet inconvénient, les constructeurs, tout en conservant le tiroir à excentrique, muni de faibles recouvrements, afin de réaliser des compressions et avances à l'échappement convenables, ont limité l'admission et réglé, par suite, la détente à l'aide de tiroirs obturateurs supplémentaires glissant sur le dos du premier et interrompant, au moment voulu, l'arrivée de vapeur dans le cylindre.

Tout d'abord l'obturateur supplémentaire, tiroir ou soupape, a été placé, non pas sur le dos du tiroir, mais à l'entrée de la boîte à vapeur.

Détente Saulnier par obturateur sur la boîte à vapeur (*fig.* 202). — La glace du tiroir supplémentaire, qui est ici une simple plaque glissante, est très rapprochée du tiroir ordinaire à coquille. Elle est mue par un second excentrique qui doit être nécessairement calé en avance sur le premier pour produire la détente, laquelle sera d'autant plus élevée que l'angle sera plus grand. Cette plaque glissante peut, évidemment, être à orifices multiples, afin de diminuer la course.

Il faut remarquer que le volume V″ de la boîte à vapeur s'ajoute au volume V′ de l'espace mort ordinaire; le véritable espace mort sera donc V′ + V″.

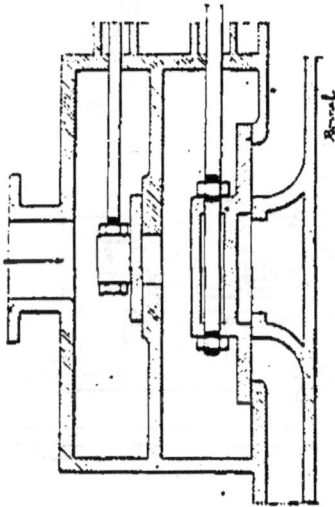

FIG. 202. — Détente Saulnier.

Il est très considérable; aussi a-t-on cherché à le diminuer en transformant le tiroir lui-même en boîte à vapeur.

Détente système Farcot (*fig.* 203). — Ce dispositif de détente, imaginé par M. Farcot père, remonte à 1838 environ. Dans ce système, les *plaques de détente* P, P′, appelées aussi *tuiles* ou *tuileaux*, sont directement placées sur le dos du tiroir T et sont maintenues sur ce dernier par la simple pression de la vapeur. L'espace mort V″ est ainsi beaucoup diminué, puisqu'il se réduit à la capacité S de la figure. Pour diminuer la course, les tiroirs supplémentaires P et P′ sont à orifices multiples. De légers ressorts R ajoutent leur effet à celui de la vapeur pour maintenir les plaques de détente sur le dos du tiroir, afin qu'elles ne se déplacent pas pendant un arrêt de la machine, par exemple. Les plaques, qui sont immobiles par elles-mêmes, sont écartées de leur position, d'une part, à l'aide de buttoirs fixes F F' placés aux extrémités de la boîte à vapeur et agissant sur les taquets T et T_4 des plaques, et, d'autre part, à l'aide d'un buttoir de position variable C fait en forme de came. Cette came, placée au centre, est reliée au régulateur et vient agir sur les taquets KK_4 des plaques de détente. Il faut, avant que l'arète du

Élévation.

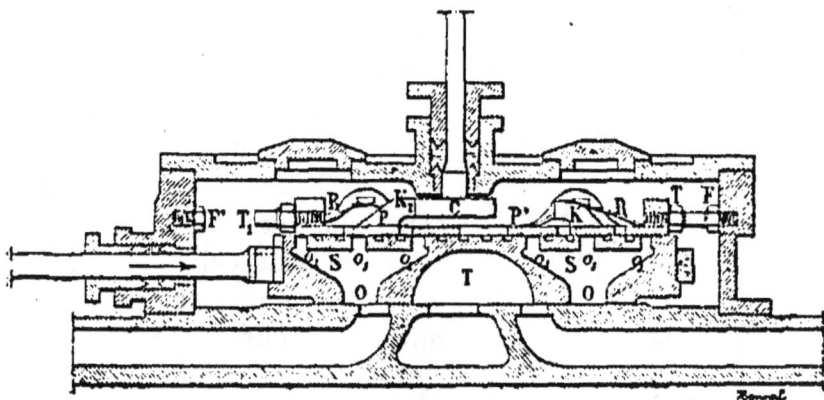

Plan.

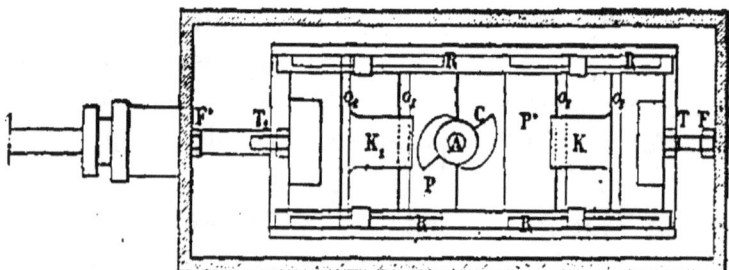

Fig. 203. — Tiroir à détente Farcot.

tiroir normal T ait découvert l'admission O, que la plaque de détente correspondante ait déjà découvert les orifices d'admission o_4, o_4, o_4; avant la fin de course du piston, les buttées F et F' devront donc avoir ramené les plaques de détente à leur vraie place, qui est celle pour laquelle les orifices d'admission sont découverts. La came centrale provoquera, au contraire, la fermeture des orifices o_4, o_4, o_4, en repoussant la plaque de détente, de manière à recouvrir ces derniers, produisant ainsi la détente. Le fonctionnement pendant une course est le suivant, en supposant que le piston marche de gauche à droite. L'admission côté gauche vient de finir, car la plaque P a heurté la came et les orifices sont fermés. La détente commence et la vapeur continue à pousser le piston à droite. Pendant ce temps le taquet de la plaque P' arrive au contact du buttoir F, qui va ramener la plaque dans sa position normale d'admission. Le tiroir normal T communique à ce moment avec l'échappement; puis, il commence sa course rétrograde, entraînant la plaque de détente prête pour l'admission; la compression s'effectue, puis l'admission anticipée. Enfin le taquet K vient au contact de la came C qui, provoquant la fermeture des orifices d'admission, produit la détente.

Si la came C tourne autour de son axe A, elle présentera devant les taquets K des génératrices plus ou moins rapprochées de cet axe et produira, par suite, la détente plus ou moins tard. On pourra donc, soit à l'aide du régulateur, soit à l'aide d'un appareil à main, changer à volonté la valeur de la détente.

Pour étudier le mouvement des tiroirs Farcot, on peut employer l'épure circulaire, l'épure de Zeuner ou la courbe en œuf. Si l'on emploie, par exemple, l'épure circulaire, le grand tiroir se trace à la façon ordinaire, en admettant une détente très faible (0,9 ou 0,95 de la course). On en déduit, comme d'habitude, la course et les recouvrements. On connaît pour ce tiroir la largeur des orifices O, côté glace; on en déduit la largeur des orifices o_1, o_1, o_1, côté dos, qui est d'ailleurs la même que celle des orifices de la plaque de détente. En effet, la somme des sections de ces derniers doit évidemment être égale à la section de O; en général, $\Sigma o_1 = 1,5.O$ pour atténuer l'effet du laminage. Soit AA' (fig. 204) l'axe de la glace du tiroir. On peut tracer les orifices du cylindre et du tiroir avec la valeur de leurs recouvrements. Pour tracer l'épure circulaire, on place le diamètre à l'aplomb de l'arête a d'un orifice, ce diamètre étant placé à une distance de AA' un peu supérieure à la demi-course; on fera avec TT' l'angle de calage α, et l'on aura la droite P'P sur laquelle on comptera les déplacements du

piston. On pourra donc marquer sur ce diamètre la position
du piston aux différents crans de détente; on aura ainsi les
points 1, 2, 3, etc., qui correspondent aux admissions de
$\frac{1}{10}$, $\frac{2}{10}$, $\frac{3}{10}$, etc. On trouvera immédiatement, en tenant

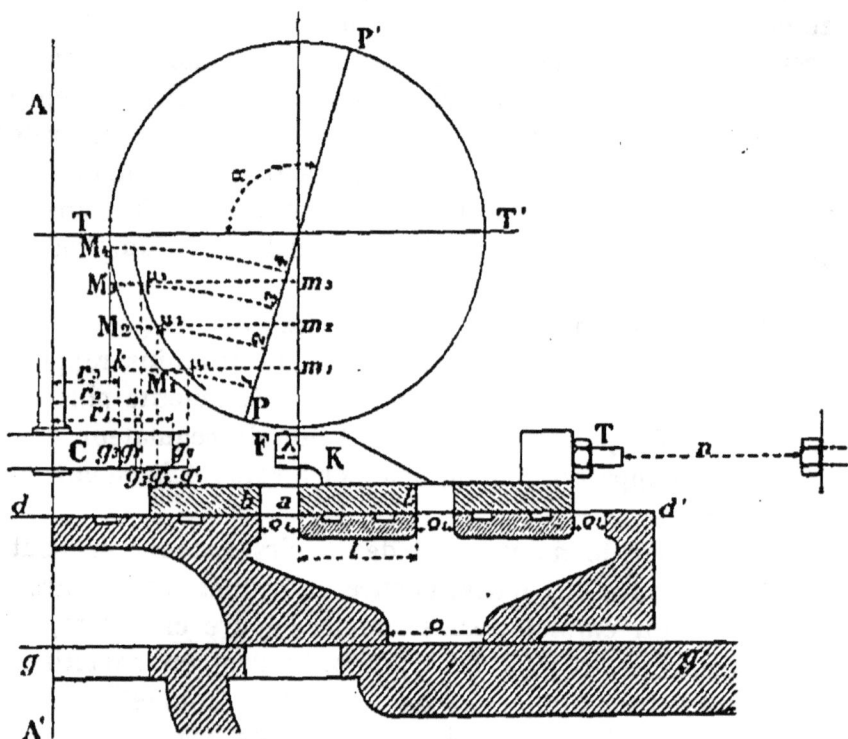

Fig. 204.

compte de l'obliquité de la bielle, les positions vraies des
manivelles en M_1, M_2, M_3. Pour que la détente voulue soit
réalisée, il faut que la tuile de détente ait refermé les orifices o_1, quand la manivelle se trouve au point correspondant
à ce degré de détente. Les déplacements du tiroir sont
comptés sur TT'; si l'on remarque que, pour refermer les
orifices o_1, les arêtes b du tiroir auront à parcourir la largeur o_1 desdits orifices, on verra sur l'épure que les chemins
que devra parcourir la tuile de détente auront, au lieu des
valeurs M_1m_1, M_2m_2, etc., les valeurs μ_1m_1, μ_2m_2, etc., obtenues en portant $M_1\mu_1 = M_2\mu_2 = o_1$.

Forme de la came. — Si on se donne la forme du buttoir K, et la distance de sa face de choc F à l'axe, on pourra facilement trouver la forme de la came C, destinée à réaliser les différentes détentes. Si la face F coïncidait avec l'arête a, les différentes génératrices de contact de la came seraient de suite obtenues en g'_1, g'_2, g'_3, projections de μ_1, μ_2, μ_3; mais, comme il y a entre les faces F et a un écart λ, les génératrices se trouvent reculées de la même quantité en g_1, g_2, g_3. Les distances r_1, r_2, r_3 des génératrices g_1, g_2, g_3 à l'axe AA' sont les divers rayons de la came, de sorte qu'on peut maintenant en tracer la forme en plan. Pour cela, on trace l'angle d'écart *abc* le plus considérable qu'on puisse imprimer à la came (*fig.* 205), et on le divise en autant de parties égales qu'il y a de détentes considérées; puis, sur chacune de ces divisions, on porte le rayon correspondant trouvé par l'épure précédente. On a ainsi la courbe de la came suivant *adefg*.

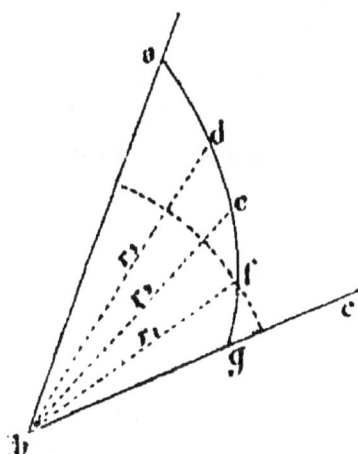

Fig. 205.

En refaisant la même construction de l'autre côté de l'épure pour la course rétrograde, on obtiendrait une courbe de came un peu différente de la précédente, mais ayant avec celle-ci quelque analogie.

Distance entre orifices. — On peut connaître la distance l minima qui doit exister entre les arêtes a et b de deux orifices consécutifs. En effet, il ne faut pas que le déplacement de la tuile, par rapport au tiroir, soit suffisant pour que l'un des orifices vienne à nouveau découvrir l'orifice voisin du dos du tiroir. Or le déplacement maximum que subira la tuile de détente, par rapport au tiroir, aura lieu évidemment pour la plus faible admission $\left(\frac{1}{10}\right.$, par exemple, correspondant au point M_1). Ce déplacement total est égal à

$km_1 — \mu_1 m_1 = k\mu_1$. En effet, pendant le trajet $m_1\mu_1$, la tuile accompagne le tiroir; elle heurte la came en μ_1, tandis que le tiroir se déplace encore de la longueur $\mu_1 k$; le déplacement relatif est donc bien $k_1\mu_1 = S$. Il convient d'ajouter à cette longueur un supplément de 8 à 10 millimètres pour assurer l'étanchéité de la fermeture. Donc on a : $l = S + 10$ millimètres. Quand le tiroir est dans sa position moyenne, la distance n existant entre le buttoir T et le heurtoir est évidemment égale à la demi-course ou au rayon d'excentricité, puisque c'est à fin de course du tiroir que la tuile a été mise en position pour l'admission, et que, depuis, elle a dû parcourir la demi-course.

Il faut remarquer qu'avec ce système de détente l'admission est limitée à un chiffre maximum qu'on ne peut dépasser; en effet, pour une admission égale aux $\frac{4}{10}$ de la course, la position M_1 de la manivelle est dans le voisinage de T (fig. 204). Cette position correspond donc à peu près au plus faible rayon de la came C et, par suite, à la détente maxima; donc, si la tuile de détente pouvait être arrêtée pour une position de la manivelle située au-delà de T et correspondant à une certaine valeur du rayon de la came de détente, il y aurait nécessairement eu, auparavant, une position pour laquelle une génératrice de la came de détente ayant le même rayon, aurait produit déjà l'arrêt de la tuile. Donc la détente se produira toujours dans le premier quadrant de la trajectoire de la manivelle.

Avec la détente Farcot, les détentes seront donc forcément très élevées, et les admissions très faibles et toujours inférieures ou, au plus, égales aux $\frac{4}{10}$ de la course du piston.

Si, cependant, on vient à tourner à la main la came, de façon à ce qu'elle présente devant le taquet K un rayon trop court pour que celui-ci la rencontre, la marche se fera à peu près à pleine admission, la tuile ne se déplaçant plus par rapport au tiroir, et la faible détente que peut produire le grand tiroir se faisant seule sentir. Il faut alors que la distance comprise entre la face F et l'axe AA' de la glace du tiroir soit au moins égale à la demi-course augmentée du rayon minimum de la came et d'un jeu de 4 à 5 millimètres, par exemple.

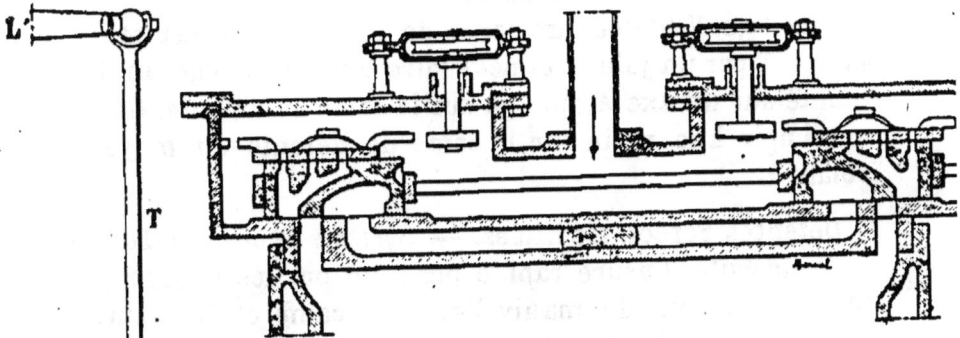

Fig. 206. — Tiroir Farcot à deux cames.

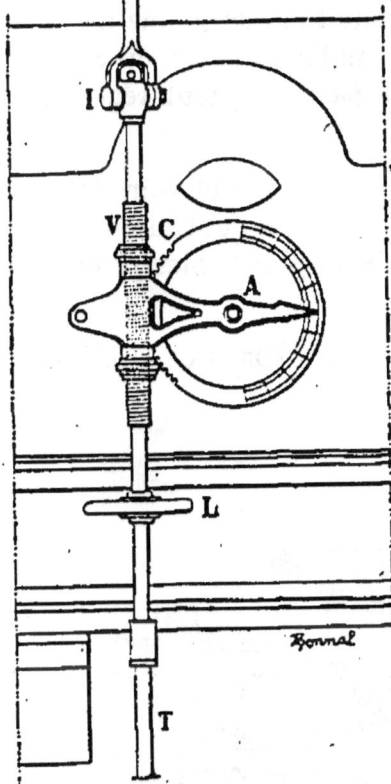

Fig. 207. — Commande de la came du tiroir Farcot.

Il faudra donc toujours veiller à ce que la face F du buttoir K soit à la distance voulue, afin que la machine puisse marcher à pleine admission.

Le système de distribution de Farcot ne peut servir aux machines rapides, à cause de l'importance et de la fréquence des chocs dus au fonctionnement de l'appareil. L'allure dépasse difficilement 80 tours à la minute.

Quand les détentes deviennent considérables, les cylindres augmentent et, par suite, les espaces morts. Pour éviter autant que possible cet inconvénient, on a fractionné la détente en deux parties reportées aux deux extrémités du cylindre, ainsi que l'indique la figure 206. Chaque tiroir est gouverné par une came spéciale.

La transmission de mouvement du modérateur à la came qui doit permettre la variation de détente en marche se fait de la façon suivante (fig. 207):

Le modérateur Farcot, décrit dans un précédent chapitre
(p. 182), est relié par un levier L' à la tige T, qui s'élève ou
s'abaisse selon son influence.

Une tige V filetée sur partie de sa longueur est reliée à
la tige T par un joint I et peut faire tourner un cadran denté
monté sur un axe A qui agit sur la came de détente. On peut
aussi agir à la main sur la came de détente au moyen du
volant L.

Détentes Farcot modifiées. — *Système Thomas et Laurens.*
— Pour éviter l'usure rapide produite par les chocs répétés
(quatre par tour de manivelle) de la came et des heurtoirs
le long d'une simple génératrice, MM. Thomas et Laurens
ont remplacé la came par un coin qui offre une surface de
choc bien plus considérable et qui subit par suite une usure
insignifiante. Les buttoirs K ont alors l'inclinaison du coin.
Ce système n'est malheureusement pas facilement réglable
par le régulateur. Aussi y a-t-on renoncé.

Système Hertay. — Dans le système *Hertay*, les buttoirs fixes
et le coin sont mus par un excentrique spécial, et l'admission
peut prendre toutes les valeurs depuis les plus faibles jusqu'à
l'admission totale.

Système de la Société de Pantin (*fig.* 208). — Dans ce système

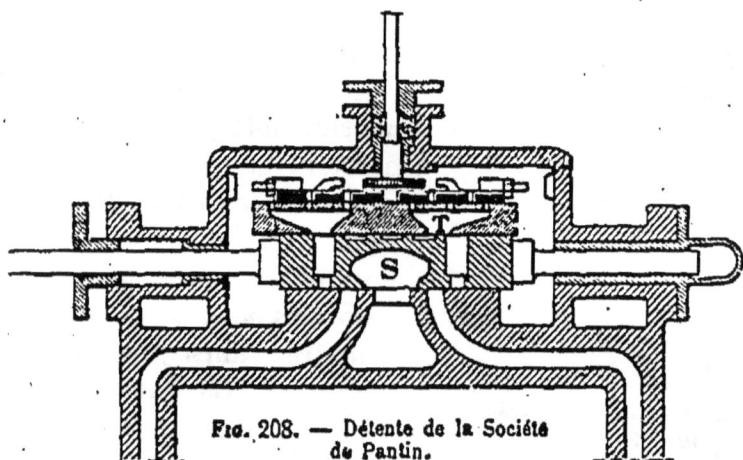

Fig. 208. — Détente de la Société
de Pantin.

on a interposé, entre le tiroir T et la glace, un troisième
tiroir S mû par un second excentrique circulaire.

Le tiroir S est établi pour introduction fixe de 0,9. Le tiroir T, accompagné de ses tuiles de détente constitue la distribution Farcot ordinaire.

L'épure de cette distribution montrerait que l'on peut obtenir des introductions beaucoup plus étendues qu'avec la détente Farcot ordinaire [1].

Tuiles de détente à excentriques. — Détente et systèmes dérivés Meyer. — Pour permettre les allures rapides, on a cherché à éviter complètement les rencontres de pièces et l'on a commandé les plaques ou tuiles de détente par un excentrique spécial.

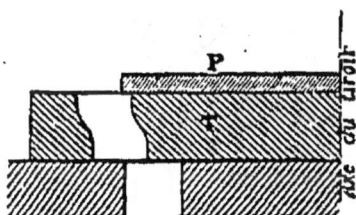

Fig. 209.

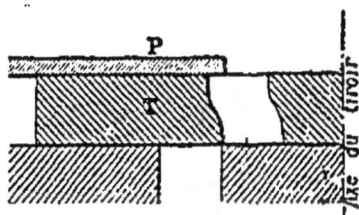

Fig. 210.

Deux cas sont à considérer suivant que la plaque de détente P découvre les orifices du tiroir principal T par ses arêtes extérieures comme dans la figure schématique 209, soit que l'admission se fasse pour les arêtes intérieures, comme dans la figure 210.

La première disposition permet les faibles admissions et, par suite, les grandes détentes.

La deuxième disposition convient, au contraire, aux grandes admissions de vapeur.

Premier cas. — Admission par les arêtes extérieures. — Si l'on considère l'épure circulaire du tiroir principal, on aura comme à l'ordinaire les diamètres TT' et PP' (*fig.* 211) faisant entre eux l'angle de calage. Le cercle représentera la trajectoire du bouton de manivelle motrice et du centre d'excentrique du tiroir de distribution comme d'habitude; mais, de

---

1 Voir *les Machines à vapeur actuelles*, de M. BUCHETTI.

plus, il représentera la trajectoire du centre d'excentrique-
de la tuile de détente.

Si cette dernière et le tiroir de distribution avaient même
angle de calage, il est évident que leurs positions respectives-
ne varieraient pas l'une par rapport à l'autre. Si, par exemple,
l'on suppose que, pour la position moyenne du grand tiroir,

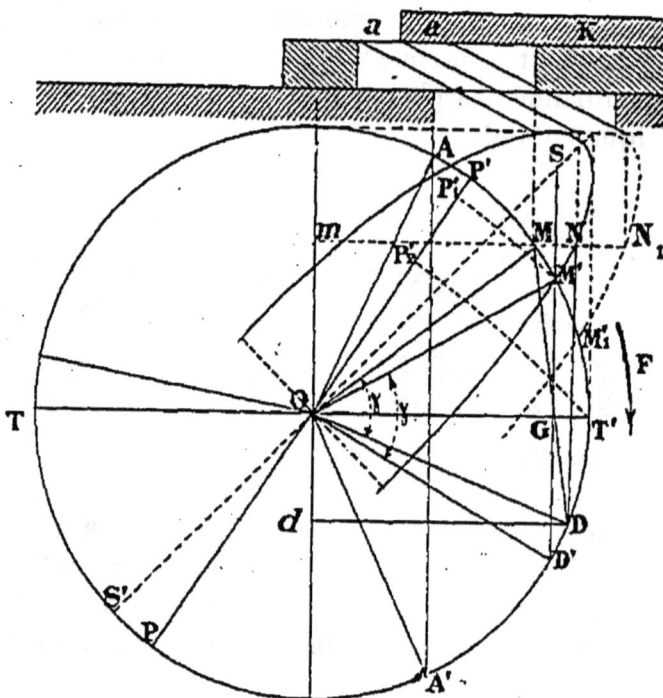

Fig. 211.

la tuile de détente obture les orifices de ce dernier, l'admission ne pourra jamais se produire. Pour qu'elle puisse avoir-
lieu, il faut nécessairement que l'excentrique de la tuile de
détente soit calé en avance sur celui du tiroir, afin que l'orifice soit largement démasqué, quand ce tiroir commencera
à ouvrir l'orifice d'admission de la glace.

En supposant que le mouvement se fasse dans le sens dela flèche F, pour une position M de l'excentrique-tiroir,
l'excentrique de détente sera, par exemple, en D, de telle-
sorte que $MOD = \gamma$.

Le tiroir de distribution s'étant déplacé de Mm depuis sa position moyenne et la tuile de détente s'étant déplacée de Dd, celle-ci aura découvert l'orifice ou tiroir de

$$Dd - Mm = MN.$$

Cette quantité MN, qui dépend évidemment de la position du point N, dépend aussi de la valeur de l'angle γ. La détente commencera à se produire quand la valeur de MN sera devenue nulle, fait qui se produira quand la corde MD sera devenue perpendiculaire à TT' suivant M'D'. Pour ces positions M' et D' des centres d'excentrique, les deux points M et N se confondent en M' qui est la position de la manivelle au moment de la détente.

On en déduira la position P', du piston, en tenant compte de l'obliquité de la bielle. La fraction d'admission aura donc été P'P',.

Si l'on cherche géométriquement le lieu des points N, en appelant ρ le rayon d'excentrique que l'on suppose commun aux deux tiroirs, on démontre que l'on a pour équation de ce lieu :

$$x^2 - 2xy \sin \gamma + y^2 = \rho^2 \cos^2 \gamma,$$

qui représente une ellipse dont le grand axe est incliné à 45°, c'est-à-dire se confond avec la diagonale du carré circonscrit au cercle d'excentrique.

Les demi-axes de cette ellipse a et b ont pour valeurs :

$$a = \rho \cos \frac{\gamma}{2} + \rho \sin \frac{\gamma}{2}$$

$$b = \rho \cos \frac{\gamma}{2} - \rho \sin \frac{\gamma}{2}.$$

Or :

$$\rho \cos \frac{\gamma}{2} = OG = GS, \qquad \rho \sin \frac{\gamma}{2} = M'G.$$

Donc :

$$a = GS + M'G = GS + GD' = D'S.$$

On peut donc tracer l'ellipse par points ; son axe est la diagonale SOS', et le point M' est évidemment un point de l'ellipse.

Si γ est nul, c'est-à-dire si les **deux excentriques** ont même calage, l'équation devient $x^2 + y^2 = \rho^2$, c'est le cercle d'excentricité. L'admission est toujours nulle.

Si γ augmente progressivement, l'ellipse s'aplatit de plus en plus; pour γ = 90°, l'équation devient :

$$(x - y)^2 = 0,$$

qui représente deux droites confondues suivant la diagonale SS'. Puis on retrouve les mêmes valeurs comptées à l'inverse.

On peut remarquer sur l'épure que la fraction d'admission théorique maxima sera obtenue quand la corde M'D' deviendra tangente au cercle en T'. L'admission aura lieu pendant la course P'P'$_2$ du piston, en tenant compte de l'obliquité de la bielle.

L'angle γ peut devenir au maximum théoriquement égal à AOA', le point A étant la position de la manivelle pour l'avance à l'admission; mais on voit qu'alors la détente a lieu quand la manivelle est en A, puisque AA' est perpendiculaire à TT'.

Le piston ne peut donc recevoir à ce moment de pression motrice.

Si, au contraire, l'angle γ est très petit, les détentes se produisent pour des positions de la manivelle voisines du point T et sont, par suite, moins considérables; mais les valeurs de MN sont toujours très faibles, et, par suite, les orifices très peu ouverts; il y a alors laminage de la vapeur, et le fonctionnement est défectueux.

Pratiquement la valeur de γ est généralement prise égale à 60°.

On voit donc, en résumé, que ce système de distribution ne permet que de faibles admissions. Les valeurs en sont comprises entre O et P'P'$_2$ au maximum, soit au plus $\frac{1}{6}$ environ à la course.

Deuxième cas. — Admission par les arêtes intérieures. — Un examen de l'épure analogue (*fig.* 212) au précédent mon-

trera que, pour que l'admission soit possible, il faut cette-
fois que l'excentrique de la plaque de détente soit en retard
sur l'excentrique du tiroir.

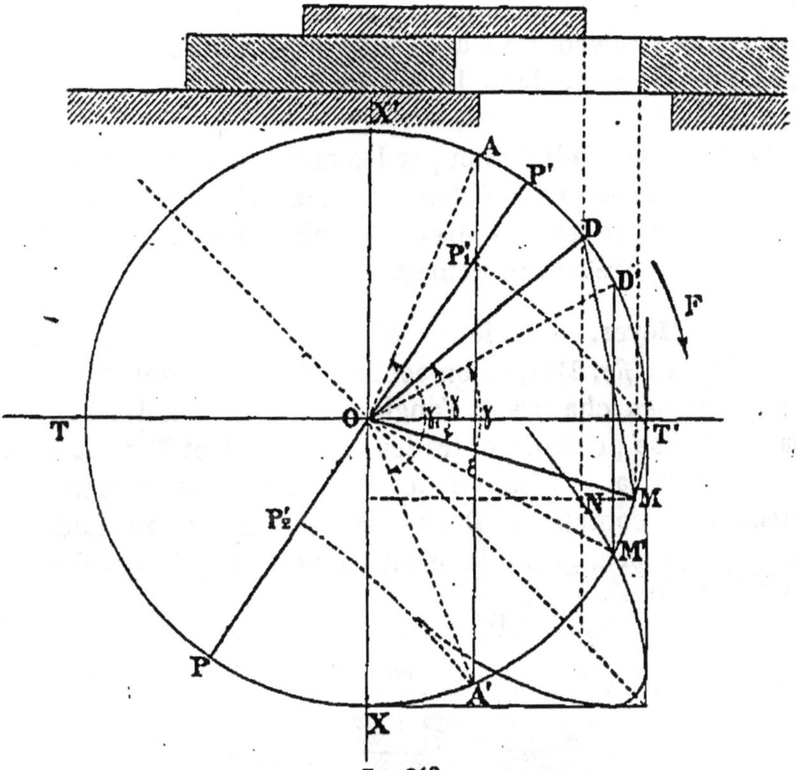

Fig. 212.

A la position M de la manivelle et de l'excentrique du tiroir
correspondra la position D de l'excentrique de détente, γ étant
l'angle de calage. La valeur de NM donne la quantité dont
sera découverte la lumière d'admission du tiroir. Pour un
angle de calage donné γ, la détente aura lieu quand DM sera
venu en DM' perpendiculairement à TT'. L'ellipse, lieu des
points N, se trouve avoir pour grand axe l'autre diagonale.
On remarque alors que les positions de la manivelle au
moment de la détente se trouveront dans l'arc T'X inférieur. L'arc parcouru pendant l'admission sera bien plus
considérable que dans le premier cas. Ce dispositif convient
donc aux faibles détentes et aux grandes admissions.

Le maximum AOA' = γ₁ de l'angle γ produit la détente

quand la manivelle est en A'. C'est précisément le point où le tiroir principal la produirait lui-même. A ce moment, la position du piston est P'_2. La plus faible admission correspond au point T'. La position correspondante du piston est P'_1. Donc théoriquement les admissions varieront de $P'P'_1$ à $P'P'_2$, cette dernière étant l'admission propre du tiroir normal, tandis que, dans le premier cas, elles variaient de O à $P'P'_1$.

Le système d'admission par les arêtes extérieures est fort employé; il a été réalisé dans le système Meyer et ses dérivés. Le tiroir Meyer est très rarement établi pour réaliser l'admission par les arêtes intérieures.

Tiroir Meyer. — Il faut d'abord remarquer, en considérant l'épure (*fig.* 211), qu'on pourra très facilement faire varier la détente en changeant l'angle de calage γ, la détente pouvant alors se produire entre les positions A et T' de la manivelle. Mais la réalisation de cette condition exigerait un mécanisme compliqué. Dans le système Meyer on modifie la détente en changeant la position des plaques de détente.

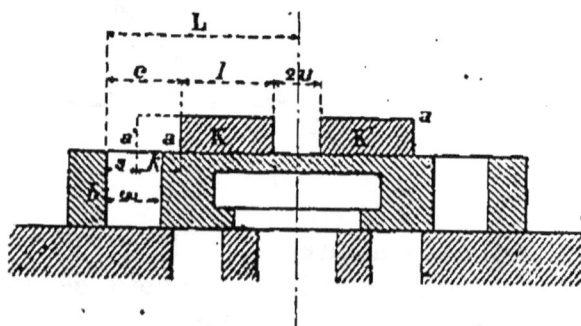

Fig. 213.

Dans la figure 211 on n'a étudié qu'un côté de la distribution, l'avant-cylindre. Pour l'arrière-cylindre, les résultats seraient identiques, et la même plaque K pourrait servir, par le déplacement de son autre arête, à réaliser l'admission voulue; mais il serait impossible alors de faire varier la position de ces arêtes des deux côtés dans le même sens, au moment où l'on voudrait réaliser la variation de détente. Aussi, dans le tiroir Meyer, a-t-on disposé deux plaques distinctes K, K'. une pour l'avant-cylindre et l'autre pour l'arrière (*fig.* 213). On peut alors les rapprocher ou les éloigner à volonté de l'axe de la glace, de manière à modifier également la distribution des deux côtés.

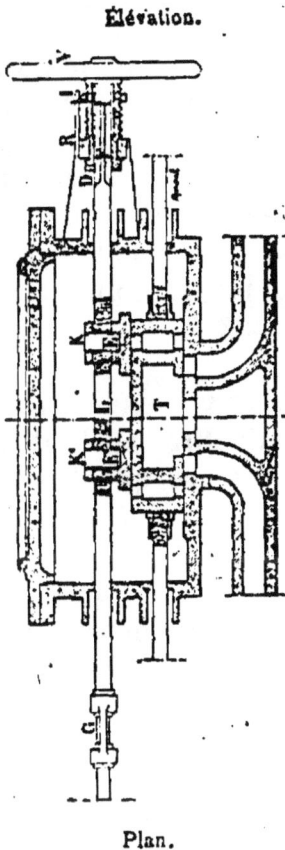

Élévation.

On peut en effet constater que l'on aura ainsi une variation de détente. Si l'on diminue, par exemple, l'écart 2*u* compris entre les deux plaques, ce qui revient à rapprocher l'arête α de l'axe de la glace, sur l'épure (*fig.* 211) l'arête *a* située à gauche viendra à droite en *a* par exemple ; les écarts de déplacement MN constatés entre la plaque et le tiroir deviendront MN + *aa*, et le point N viendra en N₁. Il en sera de même pour tous les points N, et l'ellipse se trouvera déplacée parallèlement à elle-même, dans le sens TT', d'une quantité égale à *aa*. La détente, au lieu de se produire pour la position M' de la manivelle, se produira pour le point M'₁ ; elle sera donc diminuée. Inversement, si l'on avait augmenté la distance 2*u*, on aurait eu une augmentation de détente.

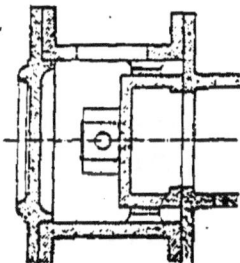

Plan.

Le tiroir de distribution est en T (*fig.* 214), les plaques ou tuiles de détente en KK'. Ces plaques sont mues au moyen de la tige L reliée à l'excentrique.

Fig. 214. — Tiroir Meyer.

L'entraînement des deux plaques se fait au moyen d'écrous E, E', filetés en sens inverse et exactement du même pas. Pour une position donnée, la distribution fonctionne comme si la plaque était unique ; mais, si l'on vient à tourner la tige L dans un sens ou dans l'autre, les deux écrous EE' et, par suite, les plaques qu'ils entraînent, se rapprochent ou s'éloignent en modifiant la détente. L'extrémité F de la tige L est carrée et s'engage dans la douille en bronze D d'un volant V, que l'on peut tourner à la main. La rotation du volant entraîne celle de la tige L et le déplacement des plaques ; un index I, vissé sur la partie filetée extérieure de la douille du volant, et qui se déplace longitudinalement dans une rainure R sans pouvoir tourner avec la douille, permet de fixer le cran de détente ; il suffit, pour cela, de le placer devant la division correspondante tracée au préalable. La liaison de la tige L avec la barre d'excentrique se fait au moyen d'un étrier, afin que le mouvement de rotation de la tige L ne se communique pas à la barre.

Enfin les écrous E, E' peuvent coulisser perpendiculairement à la glace du tiroir, de façon à permettre l'application automatique des plaques au fur et à mesure que l'usure augmente. Le jeu doit être évidemment nul dans le sens du déplacement du tiroir.

L'épure circulaire peut parfaitement s'appliquer à l'étude de la détente Meyer ; mais elle est quelque peu incommode, à cause du tracé des ellipses. L'épure de Zeuner, au contraire, est très commode à employer.

On a vu que l'on fixait généralement la position de l'excentrique des tuiles de détente en prenant pratiquement pour valeur de γ, angle de calage des deux excentriques, le chiffre de 60°. On peut aussi fixer la position de l'excentrique des tuiles de détente, en remarquant que, devant remplir deux rôles semblables pour la marche avant et la marche arrière, il devra être placé symétriquement par rapport aux positions qu'occuperaient les deux excentriques d'une coulisse supposée chargée de produire ces deux sens de marche. Or ces deux excentriques sont eux-mêmes placés symétriquement par rapport à la manivelle ; l'excentrique des tuiles de détente, dont le rayon devra, pour la symétrie, se trouver dirigé suivant la bissectrice de l'angle des deux excentriques supposés, serait donc en prolongement de la manivelle motrice. Si cet angle était fixé ainsi, les tuiles de détente auraient toujours leur mouvement dirigé en sens inverse de celui du piston.

Quelle que soit la manière dont l'angle γ est fixé, il faut, pour étudier la distribution, connaître le mouvement *relatif* des tuiles par rapport au tiroir de distribution.

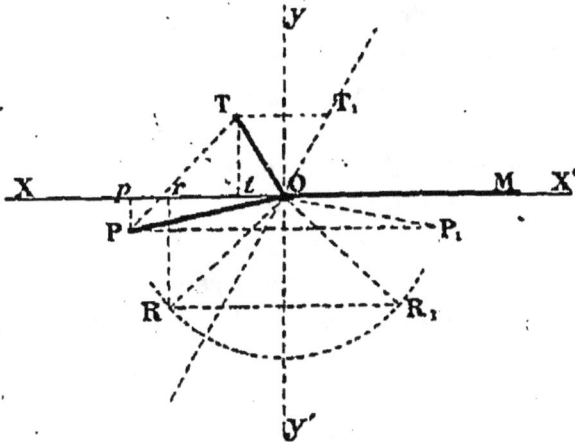

Fio. 215.

Pour cela, on considère les deux rayons d'excentricité OT et OP (*fig.* 215) des commandes du tiroir et des plaques de détente. Ils font entre eux l'angle γ. Les mouvements des extrémités des bielles de commande, dont on peut négliger l'obliquité, se font comme les mouvements des projections *t*, *p* sur la ligne XX' des points morts. Le mouvement relatif de *p* par rapport à *t*, c'est-à-dire des plaques par rapport au tiroir, est défini par la variation de la longueur *tp*. Or, si l'on complète le parallélogramme de OTP on obtient le point R dont la projection *r* sur XX' détermine la distance O*r* constamment égale à *tp*. Donc le mouvement relatif cherché peut être représenté à chaque instant par la projection *r* du point R, obtenu en construisant le parallélogramme PTOR. Le point R décrit le cercle OR d'un mouvement uniforme, puisque le triangle OTP est invariable. Ce mouvement relatif peut être considéré comme réalisé par un excentrique imaginaire de rayon OR. Le mouvement absolu de P est la résultante du mouvement d'entraînement T et du mouvement relatif R.

On peut tracer les cercles de Zeuner afférents à ces trois mouvements. Ces cercles ont, par rapport à la perpendiculaire yy' sur la ligne des points morts, leurs diamètres symétriques des rayons d'excentricité. Ils seront donc placés comme l'indique la figure 216 pour une position OM_0 de la manivelle. OT_1 donnera les déplacements du tiroir, OP_1 les déplacements des plaques, OR_1 les déplacements relatifs des plaques et du tiroir. On aura, comme on l'a dit, OR_1 égale et parallèle à T_1P_1. L'angle de calage de l'excentrique-tiroir est $\alpha = XOT_1$ et celui des deux excentriques est $\gamma = T_1OP_1$. Pour une position M de la manivelle, le déplacement du tiroir sera Ot, celui des plaques Op, et le déplacement relatif de ces dernières par rapport au tiroir sera Or. Cette longueur Or est égale à tp, puisque tp représente la différence des chemins parcourus par les deux tiroirs, c'est-à-dire leur écart relatif.

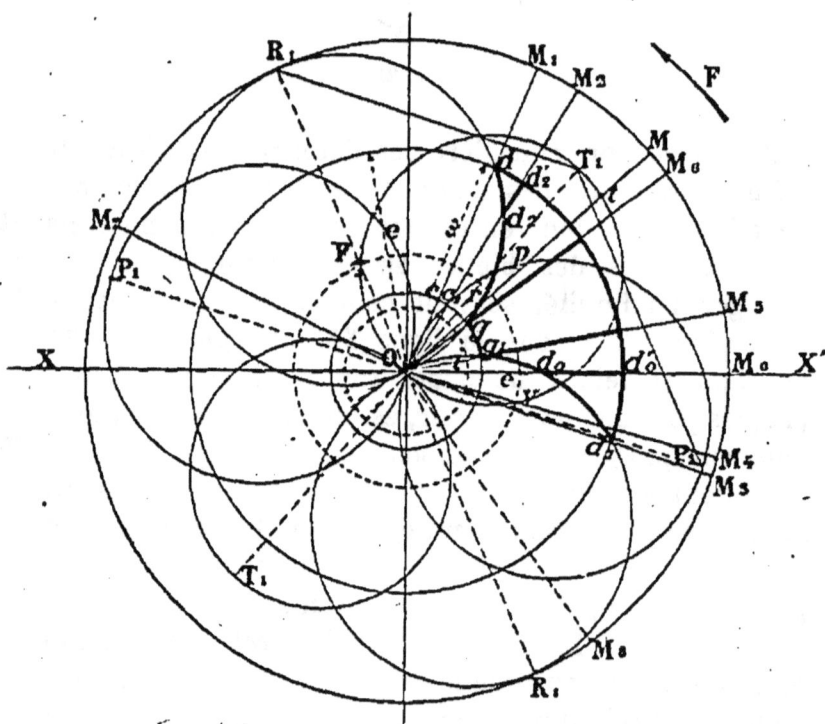

Fig. 216.

En se reportant maintenant à la figure 213, où les tiroirs sont représentés dans leur position normale moyenne, la distance entre l'arête externe a de la plaque de détente

et l'arête externe *b* de l'orifice du tiroir est *e*. Cette distance
e est fonction d'une position déterminée des plaques correspondant à un écart 2*u* entre elles.

Pour qu'il y ait détente, il faut que les deux arêtes *a* et *b*
viennent en contact, c'est-à-dire que le déplacement *relatif*
des deux tiroirs soit *e*. Ces déplacements se comptent sur les
cercles OR, (*fig.* 216). Si donc on trace, à l'échelle choisie, un
cercle O*d* de rayon *e*, l'intersection avec le centre OR, en *d*
déterminera la position OM, de la manivelle, pour laquelle la
détente aura lieu. En effet, l'écart relatif étant O*d* mesuré
sur l'épure, les arêtes *a* et *b* seront en contact, et l'admission cessera.

On peut savoir très facilement, pour une position de la
manivelle, la quantité dont l'orifice du tiroir peut être ouvert,
c'est-à-dire la section de passage offerte à la vapeur. En effet,
soit une position voisine OM$_2$ de la manivelle pour laquelle
l'écart relatif des arêtes *a* et *b* de la figure 213 est comptée
en O*d*$_2$ sur l'épure. L'arête *a* se trouve, par exemple, en *a'*.
L'écart *k* entre *a* et *a'* est égal à cette distance O*d*$_2$. La quantité
s dont l'orifice est ouvert est égale à $c - k = Od - Od_2 = d_2d'_2$.
Le maximum de *s* sera la largeur ω de l'orifice, quel que soit
l'écart. Si l'on trace sur l'épure un cercle O*c* tel que son rayon
O*c* soit égal à *e* — ω, on aura constamment, comme distance
entre les cercles O*d* et O*c*, la distance ω. Les sections de passage de la vapeur se compteront donc sur les segments de
rayons compris dans le quadrilatère curviligne *dd*$_1$*g*$_1$*g*, indiqué en traits forts sur l'épure. La quantité dont l'orifice de
distribution du tiroir est recouvert, c'est-à-dire ω — *s* sera
égale pour une position M$_2$ à $d'_2c_2 - d'_2d_2 = d_2c_2$ (*fig.* 216).

Cette remarque faite, pour se rendre compte du fonctionnement, on tracera les cercles, de rayons *e* et *i*, relatifs
aux recouvrements extérieurs et intérieurs du tiroir de
distribution, qui aura été établi lui-même pour une admission variant de 90 0/0 à 75 0/0 au maximum (on ne
reviendra pas sur la construction de cette épure, qui a
été suffisamment détaillée dans un paragraphe précédent). Pour la position M$_3$ de la manivelle, on voit que
la plaque va commencer à découvrir l'orifice, puisqu'une
valeur de S, comprise entre le quadrilatère curviligne, va

apparaître à partir du point d_1; mais le tiroir de distribution n'ouvrira que pour la position OM_1 de la manivelle déterminée par l'intersection v du cercle OT_1 avec le cercle de recouvrement extérieur. La position M_1 correspond à l'avance à l'admission. A partir de ce moment, les valeurs S de la section de passage de la vapeur augmentent jusqu'à la position M_5, pour laquelle S est maxima et égale à ω. La section de passage reste ainsi constante jusqu'en M_6, puis diminue graduellement jusqu'en M_4, moment où commence la détente. Pendant toute cette période, les écarts absolus des plaques, représentés par les segments de rayons compris dans le cercle OP_1, ont constamment diminué; ceux du tiroir, comptés dans le cercle OT_1, ont, au contraire, augmenté jusqu'en T_1. Les deux tiroirs marchaient donc en sens inverse de OP_1 à OT_1. La détente durera pendant l'arc M_2M_7; le point M_7 correspondant à l'échappement. Enfin l'échappement cessera en M_3, et la compression aura lieu jusqu'en M_4, bien que la plaque de détente ait déjà ouvert en M_3, puisque l'admission ne commence qu'en M_4. Toutes les phases peuvent donc être étudiées facilement sur l'épure.

Pour une valeur différente de $e = Od$, la position du point d changerait et la détente également; mais les autres phases peuvent rester les mêmes.

Il y a lieu de faire ici une remarque importante. M. Cornut a démontré que le rayon d'admission extrême OF coïncide avec le diamètre OR_1; en d'autres termes que OR_1 passe par le point F intersection du cercle OT_1 et du cercle de recouvrement extérieur. Pour la position R_1, le tiroir de distribution ferme l'admission lui-même. Les plaques de détente devront, dans tous les cas, fermer avant cette position R_1 de la manivelle. Le point R_1 lui-même donne la position limite à fermeture. La figure 213 montre que l'on a, d'une façon générale, pour l'expression de l'écart compris entre les arêtes a et b, relatif à une détente déterminée et dans la position moyenne:

$$e = L - l - u.$$

L'écart maximum correspond à u minimum et est, par suite, égal à $L - l$. Il correspond à la plus grande admission possible, c'est-à-dire à celle du tiroir même de distribution, par suite à la position R_1 de la manivelle. Cet écart maximum est OR_1, corde maxima ou diamètre du cercle OR_1.

On a donc :

$$OR_1 = L - l.$$

Si l'on trace un cercle de centre O avec $OR_1 = L - l$, comme rayon, on aura pour une position OM_1 quelconque de détente :

$$dM_1 = OM_1 - Od.$$

Or Od est l'écart e et $OM_1 = L - l$.
Donc :

$$dM_1 = L - l - e = u.$$

Donc les valeurs telles que dM_1, comptées sur les rayons correspondant aux diverses détentes, sont égales aux demi-écartements compris entre les plaques.

On pourra maintenant faire le tracé du tiroir. Celui du tiroir de distribution étant fait, on connaîtra son rayon ρ d'excentricité, et l'on aura $OT_1 = \rho$. Si l'on se donne l'angle de calage des excentriques égal à 60°, par exemple, on aura la direction de PP_1. Or on aura de suite la direction de OR_1 en joignant OF; on connaît en effet le point F, puisqu'on a pu déterminer les recouvrements du tiroir. Une parallèle à OR_1 menée par T_1 déterminera la valeur OP_1 du rayon ρ' d'excentricité des plaques. Si, au contraire, on s'était donné ρ' égal à $\frac{5}{4}$ ou $\frac{6}{3}$ de ρ, on aurait déduit l'angle γ de calage des deux excentriques l'un par rapport à l'autre.

Puis, on pourra mettre facilement en place les cercles des écarts relatifs. Si l'on marque alors la position M_1 de la manivelle correspondant à celle du piston pour une détente considérée donnée d'avance, on aura immédiatement, suivant Od, la valeur de e. Il faut connaître la longueur l des plaques de détente; cette longueur doit être telle que les plaques ne puissent jamais, pendant leur course, découvrir de nouveau l'orifice pour provoquer une nouvelle admission à fin de course il faut pour cela que la plaque puisse passer de la position d'admission minima à celle d'admission maxima.

Soit, par exemple, OM la position d'admission minima. Celle d'admission maxima et de détente minima sera évidemment OR_1. Dans le premier cas, l'écart relatif est Or; dans le second cas, c'est OR_1. La plaque doit donc pouvoir franchir la différence de ces écarts, soit $OR_1 - Or$, sans que l'orifice soit découvert.

Il suffit pour cela que la longueur de cette plaque soit au moins égale à cette différence augmentée de la largeur de l'orifice; on ajoute, de plus, un léger excès pour assurer l'étanchéité.

Donc, en résumé :

$$l = (OR_1 - Or) + \omega + \text{excès de 5 millimètres.}$$

Ayant l, on a de suite la valeur de L; en effet :

d'où :

$$L - l = OR_1 ;$$

$$L = OR_1 + l.$$

La détente Meyer ne comporte aucun choc de pièces; elle peut donc être employée quelle que soit la vitesse de rotation. La commande par le régulateur exige des mécanismes compliqués qui ont été cependant réalisés.

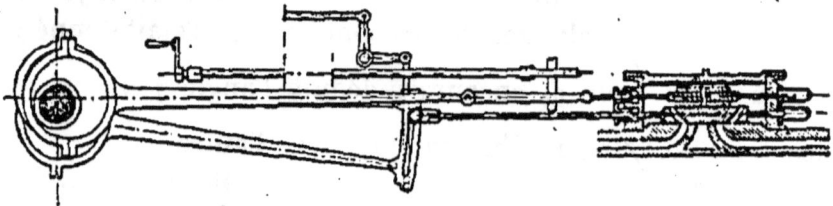

Fig. 217. — Changement de marche de la détente Meyer.

Le changement de marche s'obtient au moyen d'une coulisse à deux excentriques, ainsi que cela est indiqué sur la figure 217.

Tiroir Meyer modifié par Biétrix (fig. 218). — Dans ce système, les plaques de détente sont réunies en une seule; la

plaque est alors trapézoïdale, ainsi qu'on le voit en **P** sur la
figure ; la variation de détente s'obtient en faisant mouvoir
ce tuileau trapézoïdal perpendiculairement à son mouvement de va-et-vient. Comme les orifices d'admission du
tiroir, qui sont, bien entendu, parallèles aux côtés du trapèze, ne subissent pas ce déplacement, ce mouvement revient

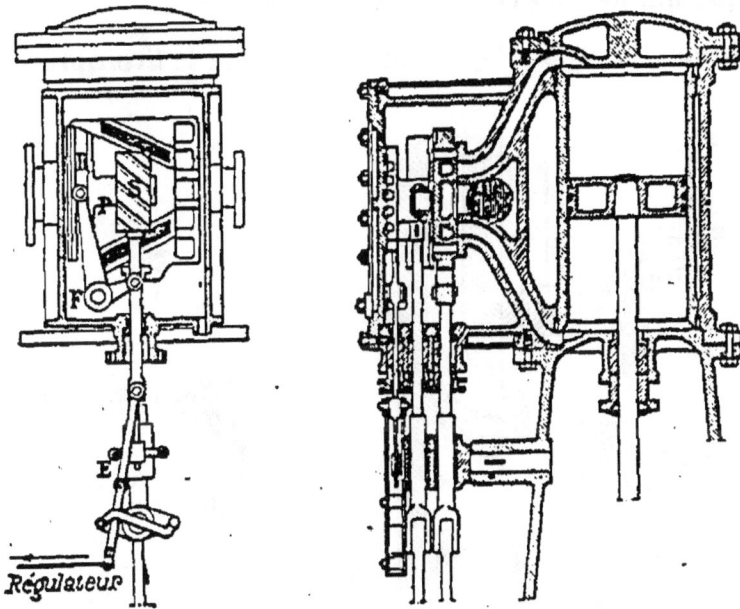

Fig. 218.

à rapprocher ou éloigner les arêtes du tuileau, comme dans
le tiroir Meyer. Comme l'excentrique qui commande le tuileau ne peut pas suivre ce dernier dans son mouvement de
variation, la transmission se fait par l'intermédiaire d'une
plaque **S** recevant le mouvement de l'excentrique et dans
laquelle peut s'engager une saillie de la plaque de détente,
de sorte que le mouvement se transmet malgré les déplacements perpendiculaires du tuileau. Les stries obliques,
visibles sur la figure, sont destinées à diminuer le frottement
de la plaque **S** sur le couvercle de la boîte à vapeur.

Le déplacement du tuileau **P** s'obtient par l'intermédiaire
d'un levier coudé coulissant dans la rainure **R** et oscillant
autour d'un axe extérieur fixe **F**. La tige de commande
est reliée au régulateur. Celui-ci, qui ne pourrait seul

déplacer le tuileau, agit sur un étrier E de la tige de commande qui est vu de profil sur la figure, et qui encadre une came placée sur la tige d'excentrique. Suivant que le régulateur écarte ou approche l'étrier, la came agit plus ou moins longtemps sur les buttées de l'étrier et provoque le déplacement du tuileau. C'est donc la puissance de l'excentrique qui déplace ce dernier, et non le régulateur.

Tiroir Rider (fig. 219). — On conçoit que le tiroir précédent

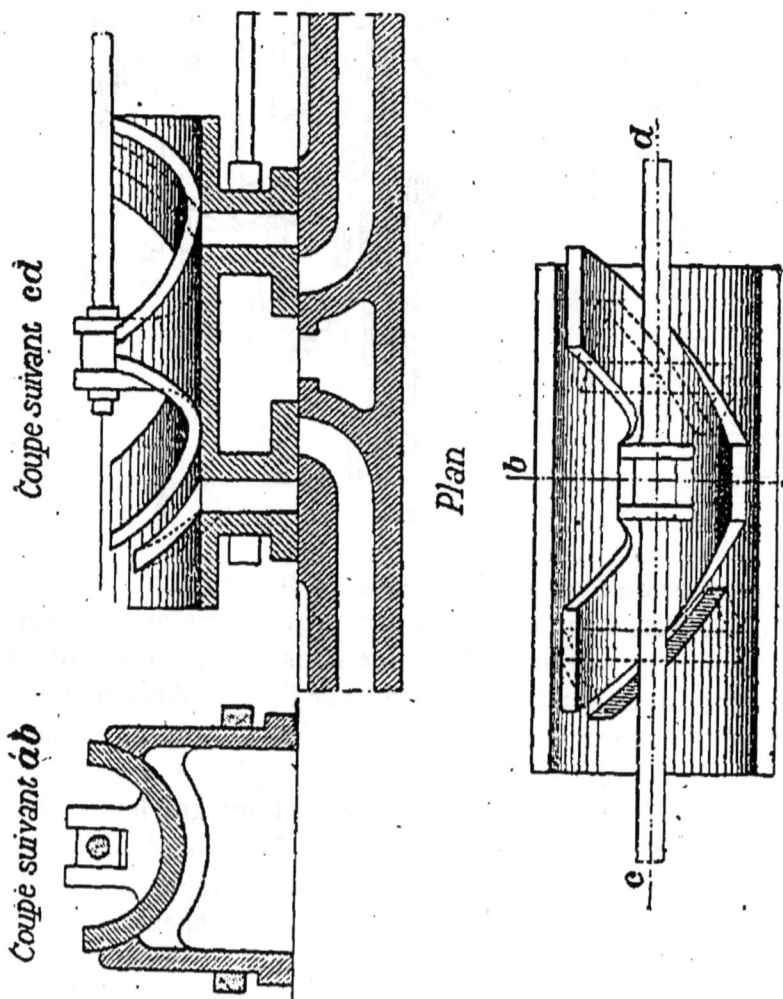

Fig. 219. — Tiroir Rider.

exige de grandes dimensions dès que l'on veut obtenir des

détentes étendues. Aussi, dans le tiroir Rider a-t-on imaginé
de réduire les dimensions qu'aurait alors exigées la boîte à
vapeur en faisant cylindrique le dos du tiroir de distribution.
Le développement se trouve ainsi augmenté. Le tiroir décrit
précédemment ne serait que ce tiroir cylindrique rendu
plan. Les arêtes extérieures, de même que les orifices du
tiroir de distribution, deviendront alors hélicoïdales, et le
tiroir, au lieu de se déplacer d'une façon rectiligne, oscillera
autour d'un axe (*fig.* 219), de façon à réaliser les variations
de détente.

Ce dispositif a l'avantage d'être très facilement réglable
par le régulateur. Il est d'ailleurs très répandu et remplace
avantageusement le tiroir Meyer.

Pour tracer ce tiroir, on suppose le tuileau développé et
l'on procède exactement comme pour le tiroir Meyer.

Distribution Marcel Déprez (*fig.* 220). — Un tiroir normal
BB' est surmonté d'une glissière CC', qui lui fournit la
vapeur par de larges orifices qui peuvent être fermés par les

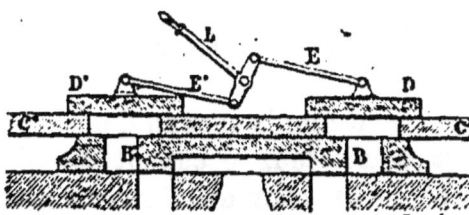

Fig. 220. — Tiroir Déprez.

plaques D et D', fixes pour une détente déterminée. La
position de ces plaques peut être modifiée par le mécanicien
par l'intermédiaire d'un levier de manœuvre L actionnant
un levier coudé et des bielles E', E'. On peut ainsi provoquer
l'écartement ou le rapprochement des plaques.

Le changement de marche s'effectue en tournant de 180°
l'excentrique du tiroir BB'; on a soin auparavant de maintenir les plaques fermées pour annuler la pression dorsale.

Distribution Polonceau (*fig.* 221). — Le tiroir normal et
la plaque de détente, qui glisse sur le dos de ce dernier,

sont mus chacun par une coulisse de Gooch. Ces deux coulisses sont manœuvrées par les deux mêmes barres d'excentrique.

La plaque de détente ne change plus de longueur, comme
dans la détente de Meyer, mais change de course.

Élévation

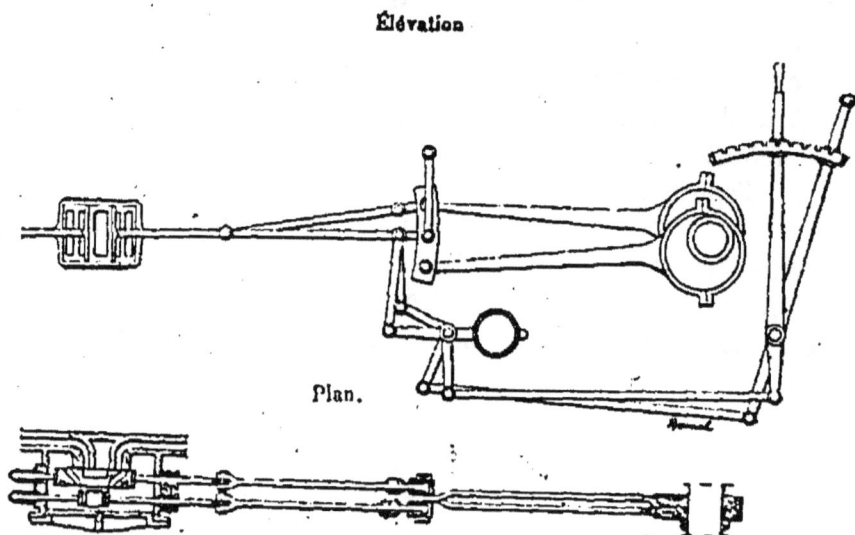

Plan.

Fig. 221. — Distribution Polonceau.

Les coulisseaux sont munis chacun d'un appareil de relevage. Si les deux coulisseaux occupent la même position
sur leur coulisse, il est clair que la distribution aura lieu
comme s'il n'y avait qu'un tiroir. Si le coulisseau de la
plaque est au point mort, et celui du tiroir à fond de coulisse, le tiroir parcourt sa course maxima et la plaque, à peu
près immobile, lui masque ses orifices. Si le coulisseau de la
plaque se dirige vers l'extrémité opposée de la coulisse, la
détente se produira plus tôt encore.

§ 8. — MACHINES A QUATRE DISTRIBUTEURS

Considérations générales. — Dans ces machines, la distribution est effectuée par quatre organes distincts, deux
pour l'admission et deux pour l'échappement. Ces organes

peuvent être à glissement; ce sont alors des *tiroirs plans* ou des tiroirs *cylindriques* analogues aux *robinets;* ou bien ils peuvent être à soulèvements; ce sont alors des *soupapes*.

Les distributeurs sont indépendants l'un de l'autre, et chacun a sa transmission spéciale ; on se trouve ainsi exempt des sujétions qu'entraîne la distribution à un seul tiroir. La fermeture des organes s'opère à l'aide de déclics permettant d'obtenir une occlusion très rapide, de façon à éviter les inconvénients dus au laminage de la vapeur. Comme autres avantages, on signalera la facilité de faire agir le régulateur sur la détente et la réduction de l'espace nuisible dans des proportions inconnues. La proportion devient 2 à 2,5 0/0 avec l'emploi de ces machines. Enfin la présence d'orifices spéciaux pour l'échappement diminue beaucoup les condensations, en évitant de faire passer la vapeur d'admission dans les conduites déjà refroidies pour l'échappement.

Les systèmes à quatre distributeurs sont donc divisés en trois classes :

Système à tiroirs cylindriques ;
— — plans ;
— à soupapes.

Dans la description qui va en être faite, quelques exemples seulement pourront être cités, car les dispositifs en sont très variés, renvoyant, pour l'étude de ces distributions, aux ouvrages spéciaux dans lesquels la question a été plus complètement traitée.

Machines à quatre tiroirs cylindriques oscillants. — Les tiroirs fonctionnent d'une façon analogue aux robinets. Ils sont mus par un excentrique, mais n'ont qu'une relation momentanée avec ce dernier; sitôt l'admission réalisée, les tiroirs sont abandonnés à eux-mêmes et ramenés brusquement à leur position de fermeture par des ressorts et des cylindres à air comprimé ou à vapeur.

Machines Corliss à rappel par ressorts (fig. 222). — La première machine Corliss paraît dater de 1850, mais ce n'est qu'en 1862 qu'elle fut réellement employée ; elle a été, depuis, perfectionnée par l'inventeur lui-même, qui en créa quatre systèmes, et par beaucoup d'autres constructeurs. La figure 222 représente le type connu sous le nom de type 1867. Les autres

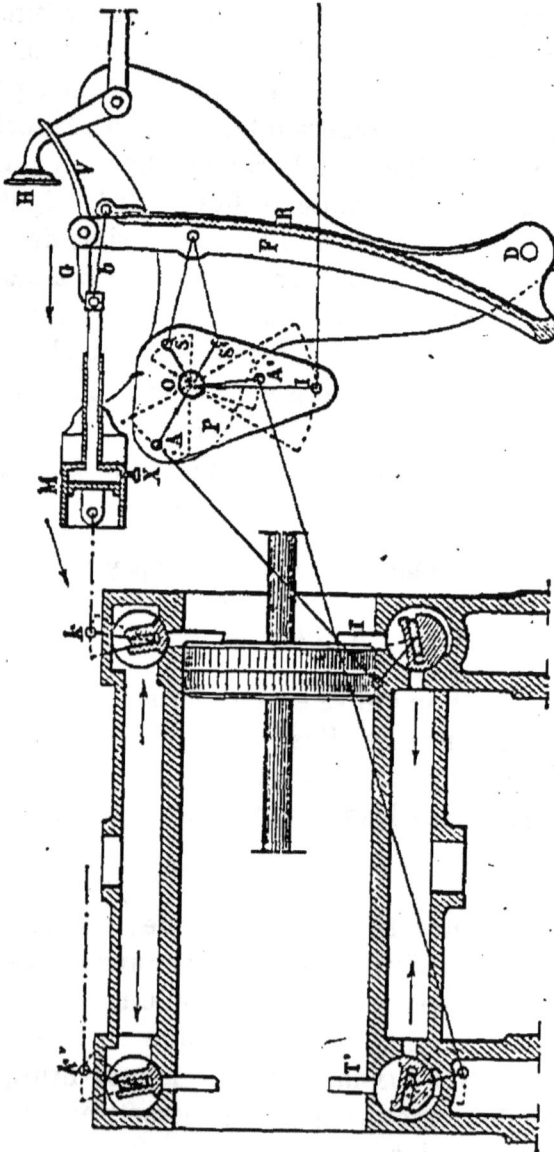

Fig. 222. — Distribution Corliss.

types sont d'ailleurs construits d'après les mêmes principes. L'excentrique attaque par la partie inférieure I un plateau **P** où sont fixés les deux points d'articulation A, A' des tiges qui commandent directement les tiroirs d'échappement T

et T' et les deux points d'articulation S et S' symétrique
par rapport à l'axe O d'oscillation du plateau. Les deux
articulations S et S' sont reliées par deux bielles à deux
pièces courbes en fonte F oscillant autour du point D.
Sur la figure, les deux pièces F sont placées en projection
l'une derrière l'autre ; ces pièces s'appellent les *sabres*, et
leur mouvement est transmis par les pièces G aux deux tiges
de commande des tiroirs, qui s'assemblent elles-mêmes,
en *k* et *k'*, avec les petites bielles, qui donnent un mouvement de rotation aux tiroirs ; chacun des deux points S et S'

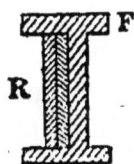

Fig. 223.

correspond donc, par l'intermédiaire d'un sabre,
d'une pièce G et d'une tige, avec un côté de
l'admission. Sur la partie convexe de chaque
sabre F, qui a une section en forme de II
(*fig.* 223), se trouve placé un ressort R qui est
libre à sa partie supérieure et fixe à la partie
inférieure. La partie supérieure libre du ressort est reliée par la petite-bielle *b* avec la
tige de commande du tiroir. Chaque pièce G peut osciller
autour d'un point, sommet
du sabre en fonte. Elle
peut abandonner la tige
du tiroir, ainsi que l'indique la figure 224, si une
touche II vient appuyer
sur la virgule V qui la termine. Elle prend en effet
alors la position indiquée
en pointillé sur la fi-
gure 224. On conçoit que,
si l'excentrique déplace le
plateau autour de O, les
points S et S' se dépla-
çant, les bielles partant de
S et S' agiront chacune
sur le sabre F, et la pièce
G, poussant dans le sens

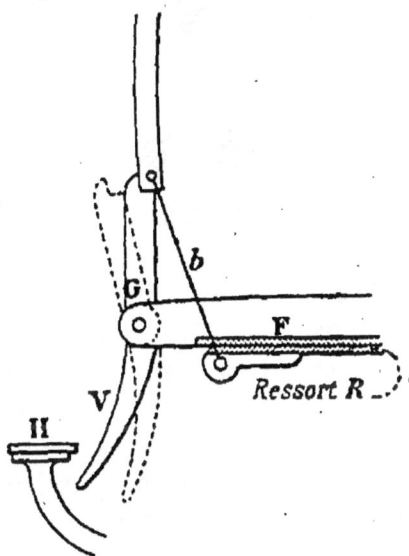

Fig. 224.

de la flèche la tige du tiroir, ouvrira l'admission du côté considéré. A un certain moment, la touche II abattra la virgule

de détente V, et le ressort R, agissant par l'intermédiaire de la bielle *b*, ramènera rapidement le tiroir à la position de fermeture. La détente commence alors. Pour chaque sabre, l'action du ressort est limitée par un cylindre à air comprimé M, dans lequel se meut un petit piston fixé à la tige de commande. A l'aller, l'air est aspiré derrière ce piston par une ouverture X réglable par une vis. Au retour, cet air, brusquement refoulé par l'action du ressort R, passe avec peine par l'ouverture et fait l'office de frein. On voit en même temps que le mouvement du plateau P entraîne l'ouverture et la fermeture des tiroirs d'échappement. Le moment de la fermeture des tiroirs d'admission est uniquement réglé par la position de la touche H et par la forme de la courbe de la virgule V de détente. Cette touche est reliée au modérateur, qui règle, par suite, l'admission suivant l'allure de la machine.

Fig. 225.

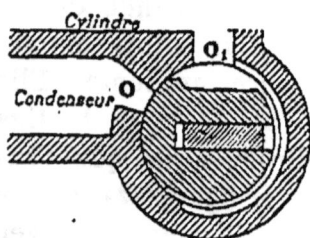

Fig. 226.

Les tiroirs ont une surface frottante cylindrique dont la dimension la plus considérable se trouve dans le sens perpendiculaire à l'axe du cylindre de la machine. L'axe T qui les commande (*fig.* 225) est rectangulaire sur une certaine longueur, celle qui est placée dans le tiroir même ; cette section devient ensuite cylindrique, sort à l'extérieur par un presse-étoupe, pour recevoir l'action des petites manivelles de commande. Dans le tiroir même, ces axes sont ajustés à frottement dans une rainure R, afin de permettre l'application sur la glace, malgré l'usure. En ce qui concerne l'échappement, comme la pression de la vapeur supérieure à celle du condenseur chasserait les tiroirs de la glace, on les fait

glisser devant l'orifice O regardant le condenseur au lieu
d'obturer l'orifice O₁ du cylindre (*fig.* 226). De cette façon,
la pression de la vapeur l'applique sur son siège. Pour ne

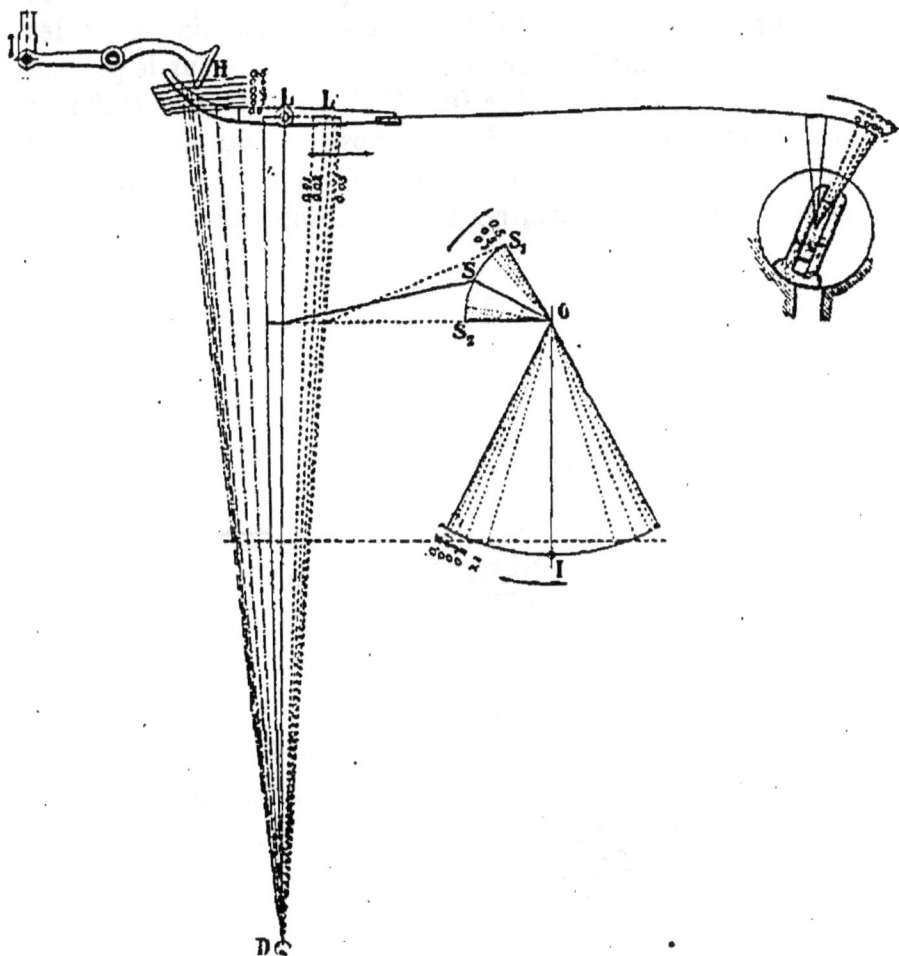

Fig. 227. — Epure de la distribution Corliss.

pas alors augmenter l'espace mort, le tiroir cylindrique
remplit presque complètement le volume de sa boîte. Les
orifices d'échappement étant placés à la partie inférieure de
la machine, on peut facilement évacuer les eaux de condensation avec la vapeur.

L'épure de la distribution se réduit à une épure de position des divers leviers (*fig.* 227).

Pour les différentes positions du piston aux divers crans de détente, la course étant divisée en dix parties, par exemple, on aura de suite les positions correspondantes de l'excentrique et, par suite, celles du point I d'attaque du plateau P, la longueur de la bielle d'excentrique étant fonction des dimensions de la machine. On aura immédiatement les positions du point S en se donnant sa position sur le plateau P ; de même, pour le sabre DL. C'est ainsi que de proche en proche on aura, pour les diverses positions du piston, celles du tiroir considéré. Les longueurs des bielles et leviers de commande se déterminent par comparaison avec des

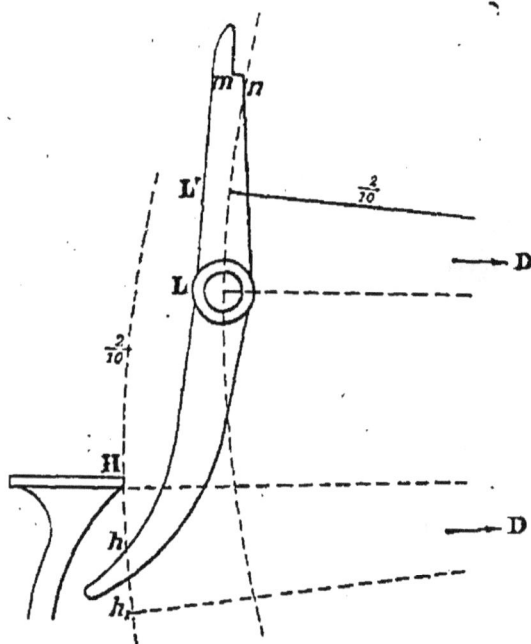

Fig. 226.

machines existantes, pour ne pas procéder par tâtonnements. L'excentrique est calé à 90° en avance sur la manivelle. On peut déterminer facilement la forme de la virgule V de détente. En effet, on connaît la levée du régulateur, par suite les positions extrêmes de la touche H pour l'admission complète et pour la plus grande détente. On peut diviser cette hauteur de déplacement en autant de parties qu'il y a de détentes considérées. Soit, par exemple,

H (*fig.* 228) la position occupée par l'arête du doigt de détente pour la détente 2. On saura, d'après l'épure des positions du piston et du tiroir, qu'à ce moment le point L sera en L', après avoir décrit un cercle autour du point D.

Le déplacement angulaire est LDL'. Il faudra donc qu'on ait le point h_1 de la virgule en une position telle que h_1DH$=$LDL' pour que le contact de H et de h ait lieu et que la virgule dégage la tige de commande. Mais il faut remarquer que la face mn met un certain temps à dégager cette tige, puisque cette face doit tourner de la longueur mn autour du point L. Il restera donc à porter h_1h proportionnel au déplacement angulaire de mn pour avoir la position vraie du point h. On pourra ainsi construire tous les points de la virgule de détente.

Il faudra s'assurer que le tiroir d'admission découvre suf-

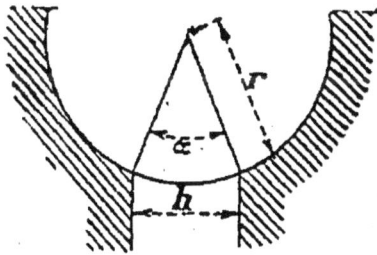

Fig. 229.

fisamment l'orifice pour donner une section suffisante au passage de la vapeur; cela dépend des longueurs de bielle ou du rayon du tiroir qu'il faudra régler par tâtonnement. Il faudra aussi disposer les leviers pour que la vitesse du tiroir soit maxima au moment de l'ouverture. Généralement on cherche à avoir l'ouverture totale de l'orifice d'admission pour la plus grande détente.

On connaît h (*fig.* 229), la hauteur de l'orifice; on connaîtra α, le déplacement angulaire minimum par l'épure; on en déduira

$$r = \frac{h}{2 \sin \frac{\alpha}{2}},$$ pour que la condition ci-dessus soit remplie.

Il faut remarquer que, l'excentrique étant calé à 90°, pour que les oscillations soient symétriques et la distribution identique des deux côtés, si la détente n'est pas produite au point mort de l'excentrique, celui-ci commence sa période de retour en ramenant le tiroir à la position de fermeture, et la détente ne se produit plus. La détente minima a donc lieu pour la position de l'excentrique au point mort, c'est-à-dire au milieu de la course. La valeur de cette détente est donc 2, et celle de l'admission maxima 0,5 ou $\frac{1}{2}$.

Élévation

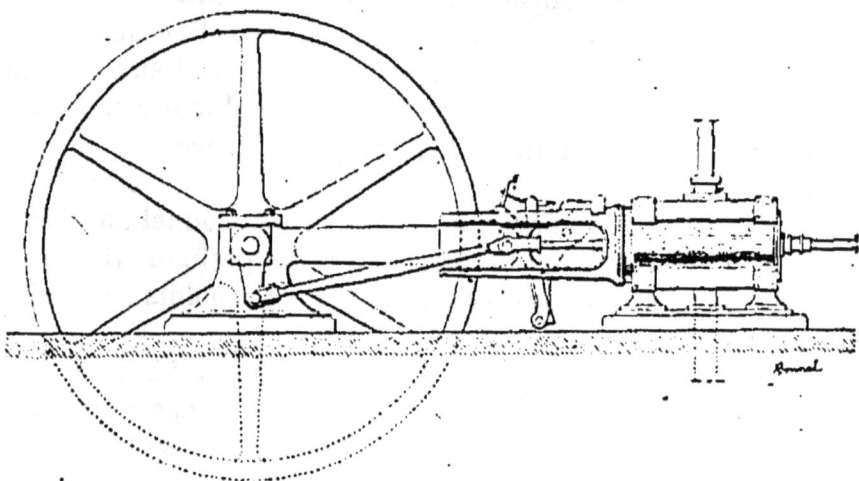

Plan

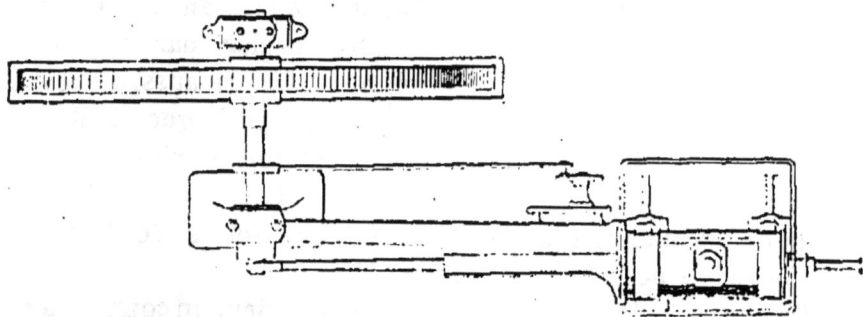

Fig. 230. — Machine Corliss.

Le massif qui supporte la machine (*fig.* 230) est de masse réduite. Son poids égale environ celui de la machine. Les deux points d'appui de cette dernière sont le cylindre et le palier-manivelle, qui est venu de fonte avec la pièce boulonnée sur le cylindre. Cette pièce est en partie cylindrique et porte les glissières dans lesquelles coulissent les patins de la tête du piston. C'est ce fourreau de fonte qui porte le mécanisme de distribution décrit.

Le type Corliss 1862, ainsi appelé parce qu'il figura, à cette
date, à l'Exposition de Londres, diffère quelque peu du précédent. Le mouvement est transmis aux tiges de commande
des tiroirs par un plateau P circulaire (*fig.* 231) que fait mou-

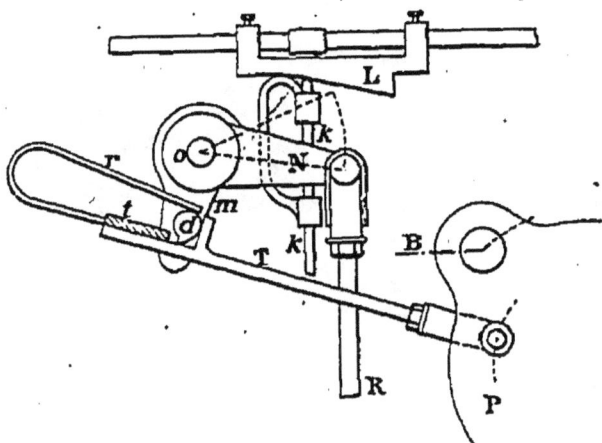

Fig. 231.

voir la barre d'excentrique B. La tige T de chaque tiroir
d'admission porte une touche *t* en acier trempé et un ressort
r qui applique constamment cette tige contre un ergot à
dent *d* qui est fixé sur la manivelle *m*, ou tiroir, dont l'axe est
en *o*. La touche *t*, entraînée par le mouvement du plateau et
de la tige, provoque le déplacement de l'ergot *d* en accro-
chant la dent, et l'admission s'ouvre. A un certain moment, la
tige *k* appuie sur la tige T et, en l'abaissant, dégage la dent.
Il y a alors rappel brusque produit par la manivelle N et la
tige R reliée à une pompe à air. La tige *k* est constamment
sollicitée par un ressort qui la soulève, tandis que le plan
incliné L, relié au régulateur, règle la hauteur de l'extrémité de la tige *k* et, par suite, l'instant où commence la détente.

Détente du Creusot à rappel par air raréfié (*fig.* 232). — Dans
ce système, l'excentrique agit, comme toujours, sur une
pièce qui commande la distribution et à laquelle sont fixées
.es bielles des tiroirs. Son ensemble est semblable à celui
de la détente Corliss dont elle n'est d'ailleurs qu'une modi-

fication ; elle n'en diffère que par le mécanisme d'admission.

Sur l'axe O du tiroir d'admission est monté un balancier *fou* B, relié à une extrémité par la tige T à la pièce de commande de la distribution.

A l'extrémité libre de ce balancier s'articule en E la petite manivelle EF, dont l'extrémité F forme un coulisseau qui peut glisser dans une coulisse GH oscillant autour du point H.

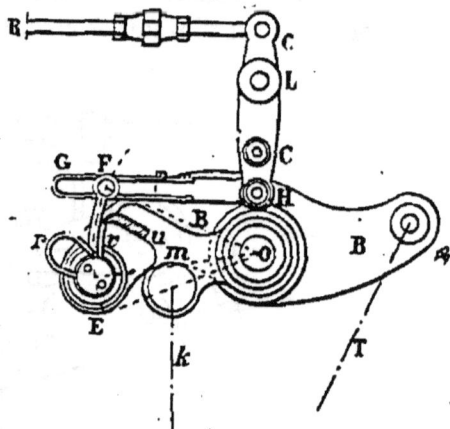

Fig. 232.

La petite manivelle EF porte un ergot d'accrochage *v*, qu'un ressort *r* tend à ramener constamment vers l'axe du tiroir de façon à le maintenir en prise avec l'ongle de détente *u* en acier trempé, fixé sur une manivelle *m* calée sur l'axe du tiroir. Cette manivelle *m* est reliée, par une bielle *k*, avec l'appareil de rappel. Le point H est fixe pour une détente déterminée, mais peut être déplacé par le régulateur qui agit sur le balancier C d'axe L, par l'intermédiaire de la tige R. La tige T agissant sur le balancier de façon à relever par exemple le point E, l'ergot *v* accroche l'ongle de détente *u* et produit l'admission ; mais, dans ce mouvement, la manivelle étant entraînée dans la rotation du balancier, le coulisseau F entraîne la coulisse GH qui tourne autour du point H. Le coulisseau F se dirige alors vers le point G de la coulisse. Quand il est arrivé à fond de course, la manivelle EF s'éloigne de la manivelle *m* ; l'ongle *u* est abandonné à lui-même, et le cylindre à air de rappel ramène brusquement le tiroir à la position de fermeture.

Ce cylindre à air (*fig.* 233) se compose, en réalité, de deux cylindres superposés de diamètres différents, dans lesquels se meuvent deux pistons reliés ensemble. Le petit piston inférieur fait le vide dans son corps de pompe, quand la tige *k* se soulève. Quand le déclenchement qui produit la détente s'opère, la pression atmosphérique abat brusquement le petit piston, ainsi que le grand. Le corps de pompe de

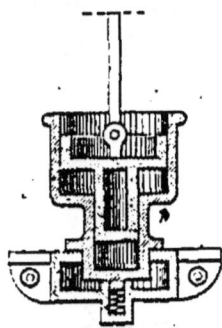

FIG. 233.

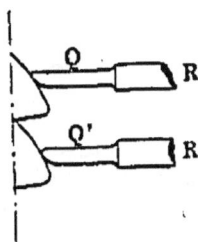

FIG. 233 *bis.*

celui-ci est percé d'ouvertures placées en hélice sur la surface, de sorte que l'air emprisonné à la montée sous ce piston trouve à la descente, pour s'échapper, une section automatiquement décroissante. Ce dispositif constitue un frein progressif très efficace.

Les tiges R de chaque distributeur sont maintenues constamment en contact avec deux cames reliées à la tige du régulateur et que celui-ci élève ou abaisse (*fig.* 233 *bis*). L'une des cames sert à l'admission avant, l'autre à l'admission arrière. Les deux tiges frottent sur ces cames par l'intermédiaire de couteaux Q, Q'; on conçoit que, suivant la hauteur des cames, la position du balancier CLC variera et, par suite aussi, les positions de la coulisse, de la bielle EF et la valeur de la détente. L'épure de la distribution se réduit, comme précédemment, à une épure de position très facile à faire; on cherche à avoir, pour les tiroirs d'admission, une ouverture rapide au commencement de l'introduction et une vitesse lente en se rapprochant du point de détente.

De même pour l'échappement, on cherche à obtenir une ouverture brusque et une fermeture rapide.

Détente Farcot avec rappel à vapeur (fig. 234). — L'excentrique agit toujours sur un plateau P où sont placées les bielles de commande de la distribution. En D se trouve l'ar-

ticulation de la bielle B du tiroir d'admission avant, par
exemple, dont l'axe est en O. L'extrémité C de la bielle B
peut osciller autour du point E, à l'aide de la manivelle EC,
qui reste toujours parallèle à la manivelle OF du tiroir. Les
points C et F sont réunis par l'intermédiaire de la pièce
rigide G, qui porte en H l'articulation de la virgule V de

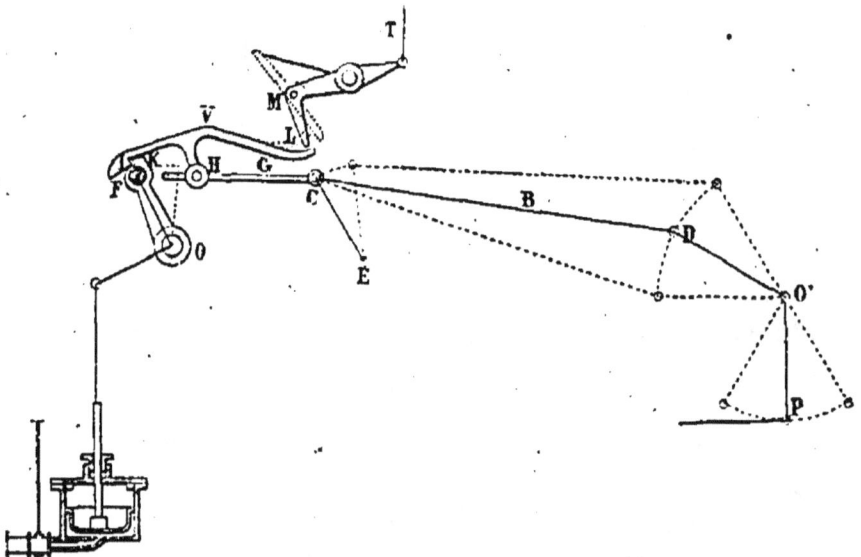

Fig. 234. — Ancienne détente Farcot.

détente. Celle-ci porte un ongle I capable d'accrocher l'ergot K de la manivelle du tiroir. La courbe L, qui termine
la virgule, peut recevoir, par l'intermédiaire du buttoir oscillant M, l'action du modérateur dont la tige est en T. Sous
l'influence de l'excentrique, la tige B provoque l'enclenchement de I et de K, et l'admission s'ouvre jusqu'à ce que
le doigt M, abattant la virgule de détente, dégage le cran I
et provoque la détente par le cylindre de rappel. Celui-ci
fonctionne par pression de vapeur. Les tiroirs du système
Farcot sont placés dans le couvercle du cylindre.

Depuis quelques années, la maison Farcot a simplifié son
système de détente de façon à condenser tous les organes
sur la tige du tiroir. La figure 235 donne le schéma de cette
nouvelle disposition.

Le plateau P, qui a un mouvement d'oscillation sous l'in-

fluence de la tige d'excentrique, porte quatre axes A, A', E, E'.
Aux deux premiers sont articulées les barres de commande
des tiroirs d'admission et aux deux derniers les barres des
tiroirs d'échappement.

La barre T, d'un tiroir d'admission, fait osciller autour de
la tige du tiroir, O- une double flasque BC, dont la partie
inférieure porte une ma-
nette CFD' articulée
en C, et rappelée contre
lui par un ressort R.

La tige du tiroir porte
une encoche saillante,
appelée plaque de dé-
tente D, qui, pendant la
période d'admission, est
en contact avec l'extré-
mité D' de la manette.
Elle porte aussi une ma-
nivelle OH, calée sur elle

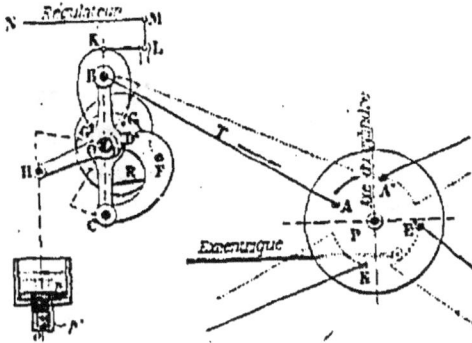

Fig. 235. — Nouvelle détente Farcot.

et dont le manneton s'articule avec la tige d'un rappel à air
raréfié. Ce rappel consiste en un double piston, un grand, p,
et un petit, p'; le corps de pompe de p' porte un petit orifice o
dont on peut régler l'ouverture par une vis.

Sur la tige du tiroir et en arrière de la double flasque BC
se trouvent deux excentriques fous, commandés l'un par la
tige coudée GK, l'autre par la tige G'K, tiges qui sont elles-
mêmes élevées ou abaissées par l'ensemble des leviers KLM
et par la tige MN que commande le régulateur.

Quand la tige T va de gauche à droite, la contre-plaque D'
enclenche la plaque de détente D et lui communique son
mouvement circulaire autour du centre de la tige O. Le
tiroir s'ouvre. La manette, portant en F une tige ou doigt
dont l'extrémité frotte sur le pourtour de l'excentrique de
détente G, s'écarte de la tige O, et il arrive un moment où la
contre-plaque déclenche la plaque de détente; alors le rappel, qui s'était élevé pendant l'ouverture du tiroir en faisant
le vide sous le piston p' et en aspirant l'air sous le piston p,
se trouve agir seul, sur le tiroir, et comme la pression atmosphérique agit sur la face supérieure du piston p diminuée

de la face inférieure du piston p', il est violemment chassé dans son corps de pompe et, entraînant le tiroir avec lui, il le ferme. L'air aspiré par le piston p' se comprime et s'échappe par l'orifice o, qui lui a permis d'entrer; il amortit ainsi le choc que produirait la descente violente du piston p.

La tige T revenant ensuite de droite à gauche, la double flasque BC fait remonter la manette assez haut pour que l'enclenchement se produise au moment où le mouvement va changer de sens.

L'excentrique G permet de faire varier la détente par le régulateur, car sa partie excentrée s'élevant en même temps que les boules du régulateur, fait déclencher plus tôt la plaque de détente et sa contre-plaque et, par suite, diminue la période d'admission.

L'autre excentrique G' marche en sens inverse du premier, et il a pour but de faire supprimer l'introduction dans le cas où les pièces de commande du régulateur viendraient à se rompre. Dans ce cas, les boules étant complètement tombées, la partie excentrée de G' se trouve en contact avec le doigt F et l'écarte assez de l'axe pour que l'enclenchement ne puisse pas se produire.

Détente Cail (fig. 236). — Une manivelle coudée MOM' est

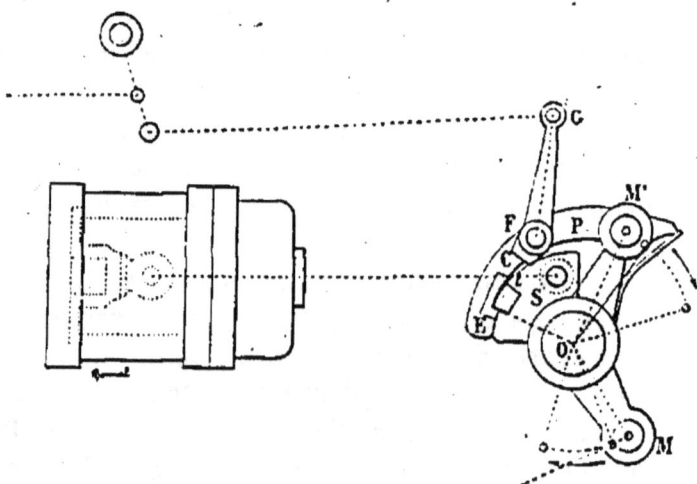

Fig. 236.

montée folle sur l'axe du tiroir, et son extrémité M' sert d'articulation à la pièce P, qui porte l'ongle E d'accrochage. Ce dernier peut enclencher la touche *t* de distribution fixée sur le secteur S calé sur l'arbre ; au point F de la pièce P est articulé un levier FG, terminé par une came C, qui peut appuyer sur la surface du secteur S, si le levier FG vient à tourner autour de F. A cet effet, ce levier est relié au modérateur, qui peut ainsi faire varier la détente, puisque l'action de la came sur le secteur provoque le relèvement de la pièce P et le dégagement de la touche *t*.

Détente Wheelock (*fig.* 237 et 238). — Cette distribution

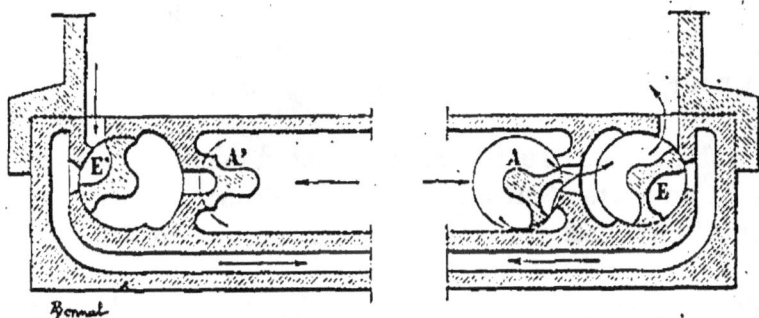

FIG. 237. — Détente Wheelock.

diffère complètement de celles déjà décrites. Les deux distributeurs d'admission et d'échappement, au lieu d'être indépendants l'un de l'autre, se commandent mutuellement.

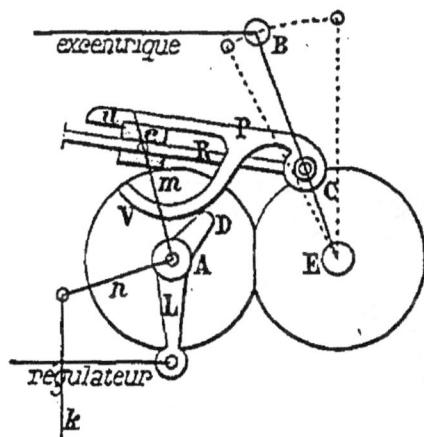

FIG. 238.

La figure 237 indique la disposition des tiroirs cylindriques ; A et A' sont les tiroirs d'admission ; on voit sur la figure que la vapeur passe par les deux côtés du tiroir. E et E' sont les tiroirs d'échappement. Sur la figure 238, l'axe E est celui du tiroir d'échappement, A celui de l'admission ; un balancier EB, calé sur l'axe E de l'échappement, reçoit le mou-

vement de l'excentrique manœuvrant ainsi le tiroir. Au point C
du balancier BE se trouve une articulation autour de laquelle
oscille d'abord la pièce P portant le cran u de détente, ensuite
la pièce R sur laquelle glisse le coulisseau c, articulé à l'extrémité de la manivelle m de commande du tiroir. La virgule V
de détente, fixée après la pièce P, peut venir butter contre la
came D, reliée au levier L commandé par le régulateur. Une
manivelle spéciale n est reliée par la tige k à l'appareil de
rappel ; le mouvement du balancier BE produit par l'excentrique provoque l'entraînement du cran u, du coulisseau et,
par suite, du tiroir ; l'admission a lieu jusqu'à ce que la
came D, rencontrant la virgule V, dégage le coulisseau et
abandonne le tiroir à l'effort de l'appareil de rappel. On se
sert pour ce dernier de contrepoids à ressort.

Machine à quatre tiroirs plans et à déclics. — Ces machines ne permettent pas de réduire l'espace mort dans des
proportions aussi grandes que les machines Corliss.

Machine de Quillacq (système Wheelock). — Ce système
n'est autre que le système Wheelock, précédemment décrit,
dans lequel les tiroirs cylindriques sont remplacés par des
tiroirs plans T et T' à orifices multiples.

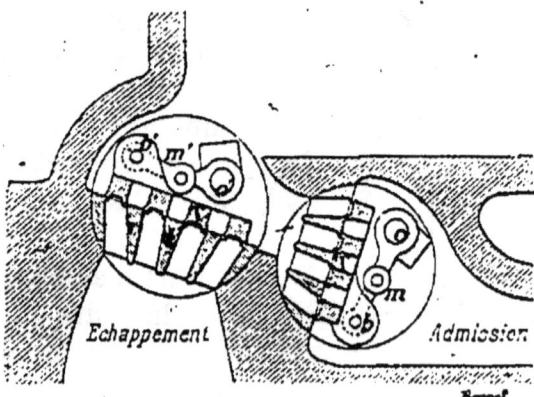

Fig. 239.

On voit sur la figure 239 la coupe suivant les axes des
tiroirs. Les glaces sont en forme de gril sur lequel glissent

les plaques obturatrices. Les axes rotatifs *o* et *o'* de manœuvre transforment leur mouvement de rotation en mouvement rectiligne du tiroir à l'aide des manivelles *om*, *o'm'* et des bielles *mb*, *m'b'*. Les surfaces de contact sont très faibles, de sorte que, les orifices étant un peu ouverts, la pression de la plaque sur la glace est très faible, et l'action du régulateur est facile. Ces tiroirs sont fixés au cylindre sans boulons ni joints. L'adhérence est due à la conicité seule. L'ensemble du tiroir et de sa transmission peut être très rapidement séparé du cylindre, à l'aide d'un coup de maillet, afin d'être visité.

Détente Wannieck et Kœppner (fig. 240). — Le cylindre est indiqué en C. Les tiroirs, au nombre de quatre, sont disposés

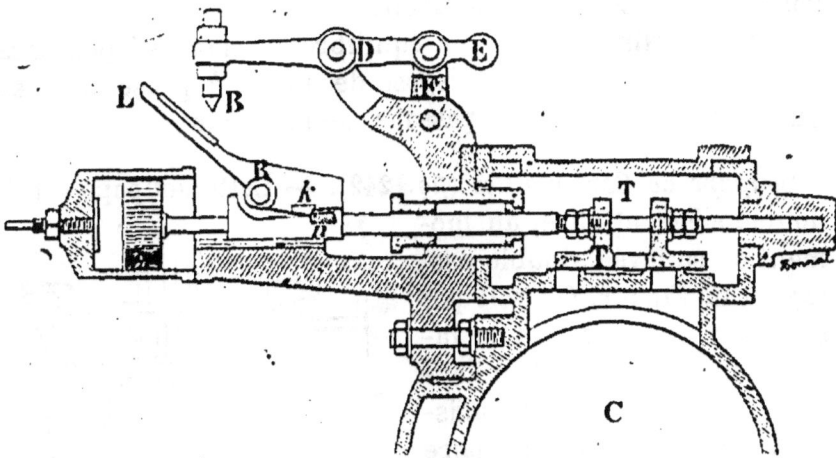

Fig. 240.

tels que celui indiqué en T sur la figure et se déplacent perpendiculairement à l'axe du cylindre. Deux sont situés en haut pour l'admission et deux en bas pour l'échappement. La touche de déclic se trouve en *k*. C'est par l'ergot *n* que se fait l'entraînement du tiroir.

Fig. 241.

Le point R reçoit d'un levier oscillant un mouvement horizontal alternatif, qui entraîne l'ergot *n* et le tiroir. Le déclenchement se produit par la rencontre du levier RL avec le buttoir B variable de position par le régulateur. Ce buttoir est fixé au levier BDE dont l'extrémité peut être élevée ou abaissée à l'aide du coin représenté en F en coupe, et dans la figure 241 en élévation. La tige GH qui porte ce coin peut être déplacée horizontalement par le régulateur; le coin soulève plus ou moins le buttoir B, et la valeur de la détente peut ainsi être déterminée.

Machines à quatre distributeurs à soupape. — Les soupapes employées dans les machines à quatre distributeurs se déplacent normalement à l'ouverture. Dans la distribution par tiroirs, l'effort constant à vaincre est celui du frottement, déterminé par la pression dorsale; dans les soupapes, la pression, une fois vaincue, s'établit par-dessous, et la soupape s'équilibre. Mais les corps étrangers ne sont pas aussi facilement expulsés qu'avec le tiroir.

Pour amortir les chocs, on équilibre les clapets à peu près complètement, et on les dispose de façon à présenter des ouvertures multiples au passage de la vapeur.

Soupape de Cornouailles (fig. 242). — Cette soupape est à double siège et offre, au moment de sa levée, double passage à la vapeur. On voit que sa forme est telle que la vapeur tend, d'une part, à l'appliquer sur son siège en agissant sur la surface annulaire AA', et, d'autre part, à la soulever en agissant en BB'. Suivant la valeur des rayons, on aura tel degré d'équilibrage que l'on voudra. Les couronnes d'appui, ou sièges, de la soupape doivent être très faibles; en général, on leur donne de 5 à 8 millimètres d'épaisseur. Ces soupapes se construisent en fonte dure.

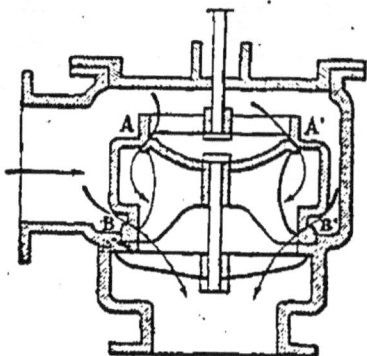

Fig. 242.

Soupape double américaine. — La figure 243 donne le dessin de cette soupape; on voit que le clapet inférieur est plus petit que le clapet supérieur, ce pour que l'ensemble des

deux clapets soit maintenu sur son siège et pour pouvoir
extraire la soupape.

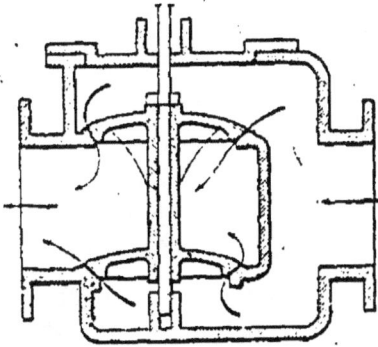

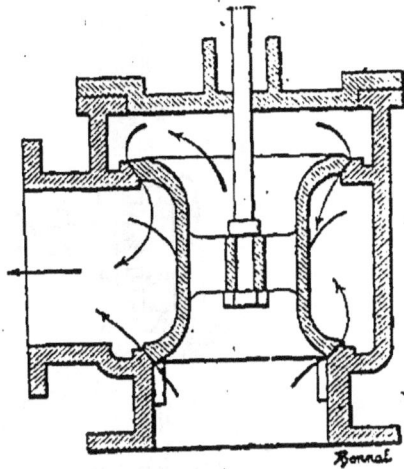

FIG. 243. — Soupape américaine.   FIG. 244. — Soupape à manchon.

Soupape à manchon (*fig.* 244). — Dans ce dispositif, c'est
le diamètre inférieur qui est le plus petit; la forme spéciale
des clapets est telle que la soupape est encore appliquée sur
son siège.

Machine Sulzer (*fig.* 245). — Dans ce système, les quatre
soupapes sont mues par une distribution à déclic; chaque
extrémité de cylindre est desservie par deux soupapes, l'une
supérieure pour l'admission, l'autre inférieure pour l'échappement.

Les espaces morts ne sont jamais aussi réduits qu'avec la
distribution Corliss.

Le cylindre est à enveloppe de vapeur E et protégé par
une enveloppe de bois B; les soupapes sont appliquées
sur leur siège par des ressorts antagonistes, R'. Les tiges T
et T' des soupapes portent de petites tables de buttées K, K',
sur lesquelles viennent agir les extrémités des leviers coudés MLN, M'L'N' oscillant autour de L et L'. Le levier M'L'N'
d'échappement est mû par la bielle N'S', suspendue au point
fixe U et terminée par un galet roulant G', sur lequel vient
agir périodiquement une came C, destinée à produire l'échap-

pement. Cette came est montée sur un axe O, parallèle au

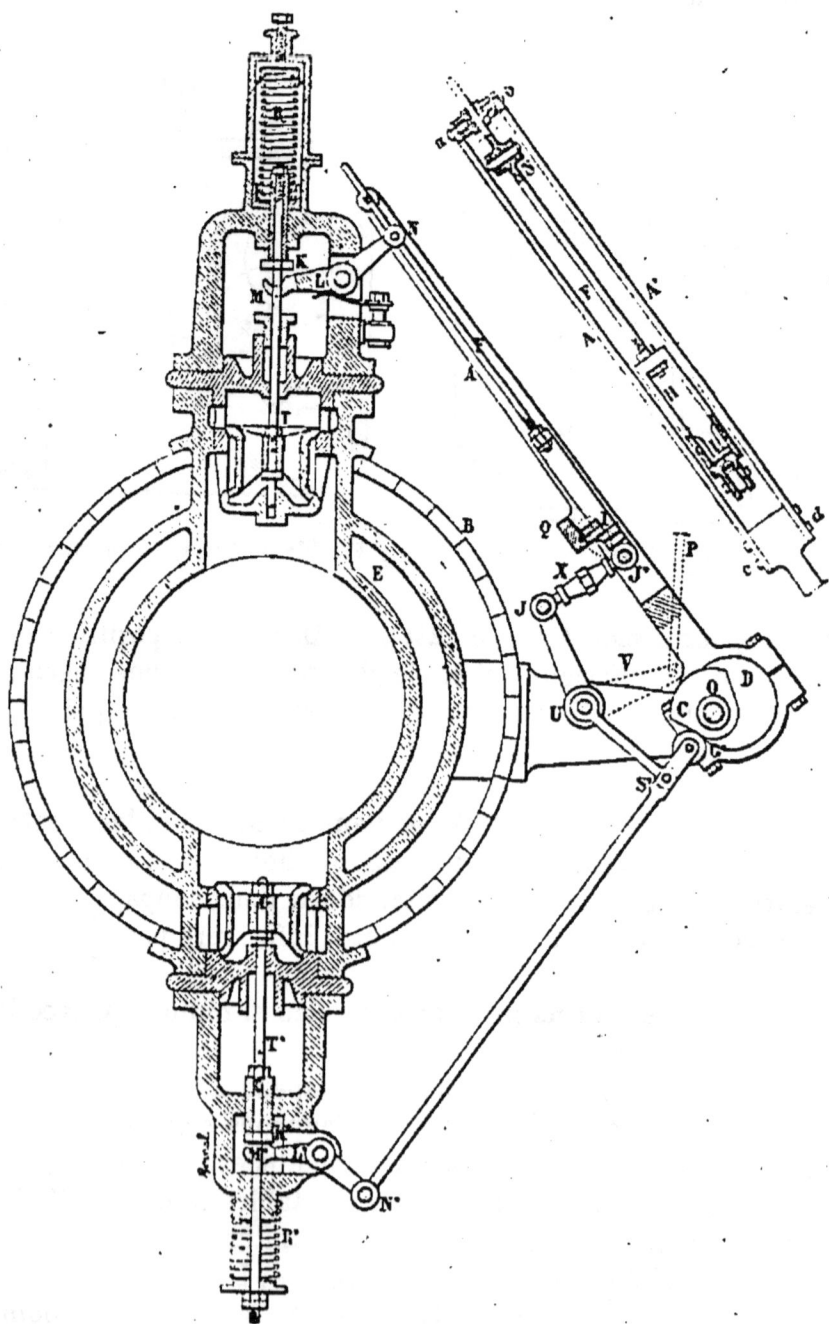

Fig. 245. — Soupape Sulzer.

cylindre, qui est mû par deux engrenages cylindriques égaux.

Sur ce même arbre, projeté en O, se trouve l'excentrique D, chargé de faire mouvoir les soupapes d'admission. La bielle de transmission est divisée en deux flasques AA', formant un cadre *abcd* et réunies par des entretoises *ab*, *cd*; dans l'entretoise *ab* coulisse une tige F portant une articulation N, placée à l'extrémité du levier MLN. La tige F est reliée à un étrier H portant la touche de détente I, qui est elle-même reliée à l'extrémité J de la manivelle JU, par la bielle de liaison JJ'. Celle-ci peut varier de longueur au moyen d'un écrou X pouvant rapprocher ou éloigner les points J et J' à volonté, au moyen de deux tiges filetées en sens inverse.

Le taquet d'entraînement est fixé aux flasques de la bielle en Q. C'est ce taquet qui, sous l'influence de l'action de l'excentrique, vient en contact avec la touche I et entraîne la tige F qui commande la soupape. Le mouvement de l'excentrique détermine, pour l'arête de contact du taquet Q, un mouvement elliptique modifié par le mouvement que peut prendre le point N. Pendant l'entraînement de la touche I par le taquet Q, le système se rapproche de l'axe O. Le taquet, dans son mouvement, tendra, au bout d'un certain temps, à abandonner la touche I, et la soupape sera brusquement ramenée sur son siège.

La rapidité de ce mouvement et l'importance du choc sont limités par un cylindre à air.

Il y a donc glissement entre la face inférieure du taquet Q et la face supérieure de la touche I. La longueur de ce glissement et, par suite, l'instant auquel commencera la détente, varieront évidemment avec les positions respectives de Q et de I. Si on déplace la touche I, on pourra donc faire varier la détente. Ce déplacement s'effectue à la main pour les grandes variations, à l'aide de l'écrou X.

En cours de marche, le régulateur peut agir sur la détente au moyen de la tige P et de la manivelle V qui, faisant tourner l'axe U, entraîne la rotation de la manivelle UJ et, par suite, le déplacement de la touche I.

Pour figurer sur une épure les différentes positions des organes de distribution, on trace en O *fig.* (246) le cercle d'excentrique; puis, connaissant les longueurs de la barre

AA' et la position du ta-
ces barres, longueurs qui
de conditions pratiques
ensions de a machine,
cilement l'ellipse décrite
par l'arête active du taquet R. On
suppose que l'extrémité de la barre
dédoublée du côté de la traverse ab
décrit la ligne droite xx'.

Les déplacements de la touche I,
quand elle est entraînée par le taquet, sont sensiblement parallèles à
cette même droite, tandis que, sous
l'influence du régulateur ou du réglage à la main, ces déplacements
lui sont sensiblement perpendiculaires et dirigés suivant yy'.

Aux positions 0, 1, 2, 3 de l'excentrique correspondront les points 0,
1, 2, 3 de l'arête du taquet sur l'ellipse. Cette arête rencontrera la
touche I quelque part sur yy'. On
voit donc que le choc se produit au
moment de la vitesse maxima de
l'excentrique qui, à ce moment, se
trouve au point 0 de sa course. Pour
cette raison, les vitesses de rotation
de cette machine seront peu élevées.
On voit de suite, sur cette épure,
quelles seront les valeurs de l'admission. Pour la position 4 de la
touche I sur yy', l'admission aura
lieu pendant le parcours 04 de l'ellipse et, en 4 de l'ellipse, la touche
sera abandonnée. La levée de la soupape est proportionnelle à la distance 44 comprise entre l'ellipse
et yy', puisque c'est la longueur dont
on déplace le point D du levier d'ac-

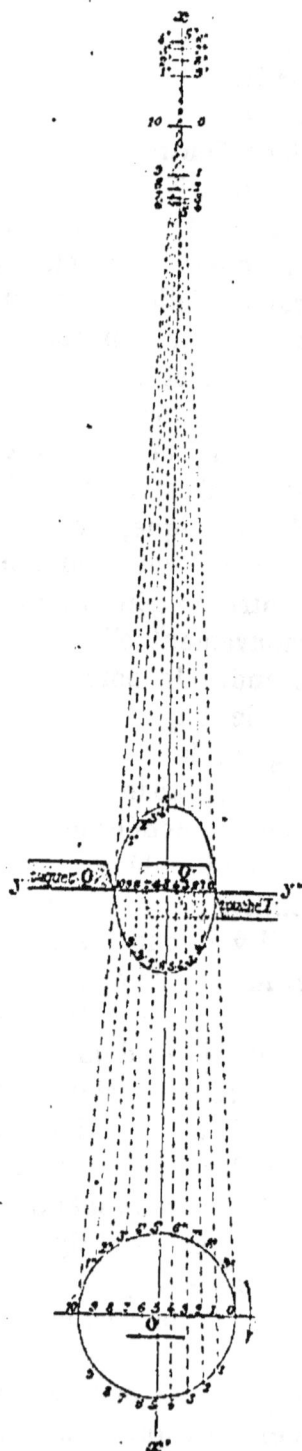

Fig. 246.

tion de la soupape. L'admission maxima est égale à la course entière, puisqu'on peut amener la touche jusqu'au point 10. La levée maxima de la soupape est proportionnelle à la hauteur 55 du demi-grand axe de l'ellipse. Si l'admission est entière, la section de passage diminue dans la deuxième partie de la course. On peut, sur le cercle d'excentrique, représenter les positions de la manivelle. Au moment où le centre d'excentrique est en 0 et où l'admission va commencer, le piston doit se trouver dans la position d'avance à l'admission. On aura donc, de suite, la position de la manivelle Les courses du piston se compteront sur la ligne 010 du cercle d'excentrique.

La levée de la soupape ne dépasse généralement pas 20 à 25 millimètres pour les grandes puissances, et 18 à 20 millimètres pour les petites.

Le diamètre des soupapes se prend généralement égal aux $\frac{3}{10}$ du diamètre du cylindre pour l'admission. Pour l'échappement, on augmente cette quantité d'une certaine valeur égale à 10 ou 15 millimètres.

Deuxième système Sulzer (fig. 247). — Sulzer modifia sa distribution et créa le type dit de 1878 qui est représenté en schéma sur la figure 247. L'arbre de commande est placé latéralement en O, la disposition générale étant d'ailleurs la même que précédemment. Sur cet arbre se meut un excentrique de rayon OA relié à une bielle AB suspendue en C à la bielle oscillante CD, D étant le point fixe. En E, sur la bielle AB, s'articule la tige EF commandant l'échappement. L'admission est réglée par les bielles GH et IC, cette dernière s'articulant simplement en C, tandis que la première s'articule à l'extrémité d'un levier coudé GBK dont le point K est lui-même relié par KL à l'extrémité d'un levier LMN coudé d'équerre et soumis à l'action du régulateur. Le point I, extrémité du levier CI, oscille autour du point fixe P à l'aide de la bielle PI; ce point I sert d'articulation au coude HIQ relié en H, à la tige GH. L'extrémité Q de ce coude agit sur le levier RS de la soupape dont l'axe est figuré en TT'. Sous l'influence de l'excentrique, la tige CI entraîne le coude HIQ et soulève la soupape ; mais l'influence de la tige GH provoque une rotation du coude autour du point I et force ce dernier à quitter l'extrémité R du levier de la soupape. Celle-ci se referme brusquement, et la détente commence. L'équerre LMN, en

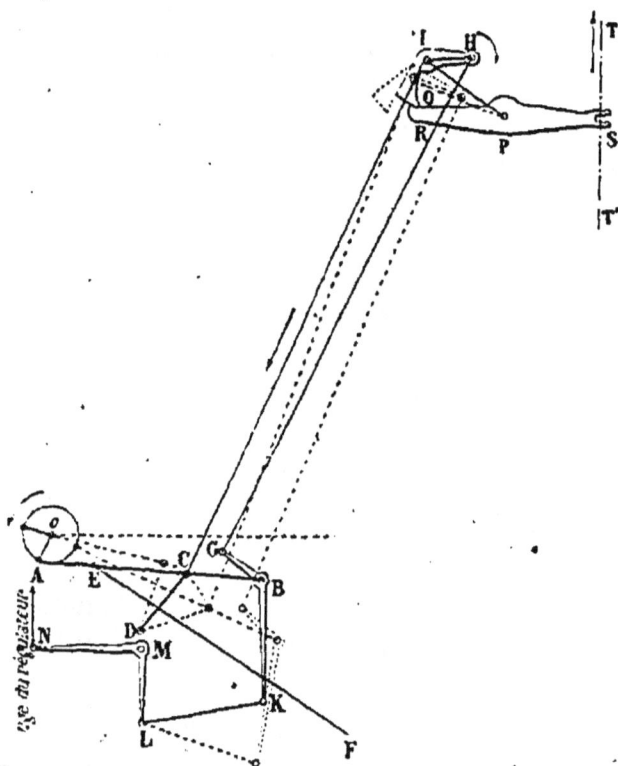

fio. 247

obéissant au régulateur, agit sur la tige GH par l'intermédiaire du coude GBK et modifie la détente. Avec ce dispositif, l'ouverture des soupapes est lente et sans choc; on peut alors marcher à des allures rapides pouvant aller jusqu'à 140 tours. L'inconvénient de ces machines réside dans la complication du mécanisme.

Système de la Société de l'Horme de Saint-Chamond. — La figure 248 indique la commande des soupapes.

Le levier MOP est fou sur l'axe O. Le bras OP constitue un

secteur muni d'une dent d'accrochage D. La manivelle ON,

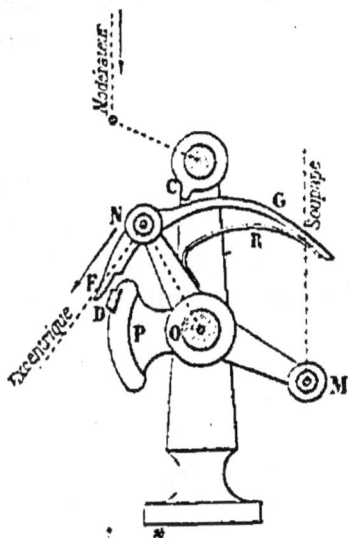

mue par l'excentrique, porte un déclic F, qui peut être amené au contact de la dent D à l'aide d'un ressort R agissant sur la queue G du déclic. La détente est réglable par le modérateur, par l'intermédiaire d'une came C qui, appuyant sur la queue G, peut vaincre l'action du ressort et dégager la dent de manière à permettre la fermeture brusque de la soupape.

Système Lecointe (fig. 249). — L'excentrique agit sur le levier L, qui commande une traverse T actionnant deux bielles pendantes B, B', réunies à deux autres bielles C, C', dont les

Fig. 248.

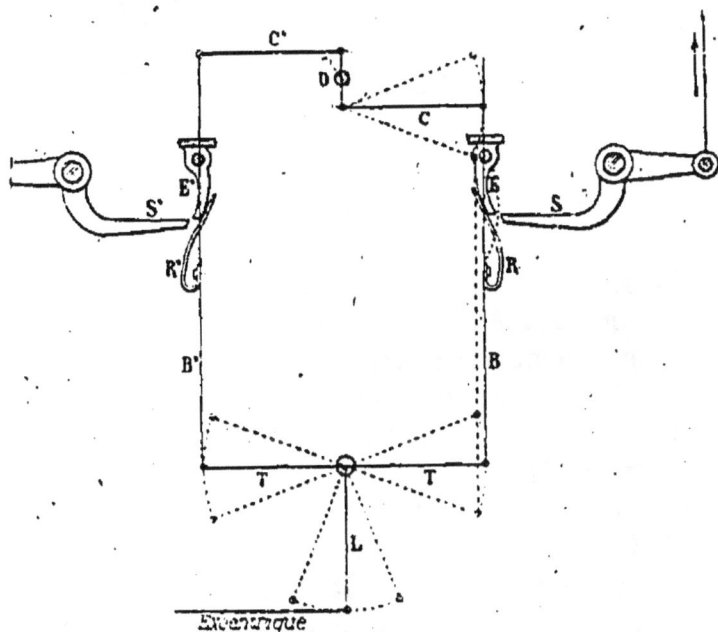

Fig. 249.

extrémités sont réunies à un balancier articulé autour du

point D. Les bielles pendantes portent les déclics E, E', pressés par les ressorts R, R' qui les amènent au contact des leviers S, S' manœuvrant les soupapes. Le régulateur, agissant en D, règle l'écart des bielles pendantes et, par suite, le plus ou moins de valeur de l'admission.

Machine d'extraction de la Société d'Anzin (fig. 250). — Une coulisse de Gooch G, manœuvrée par les barres d'excentrique E, E', actionne une tige de traction T qui commande un levier L, lequel fait mouvoir à son tour la bielle B. Celle-ci

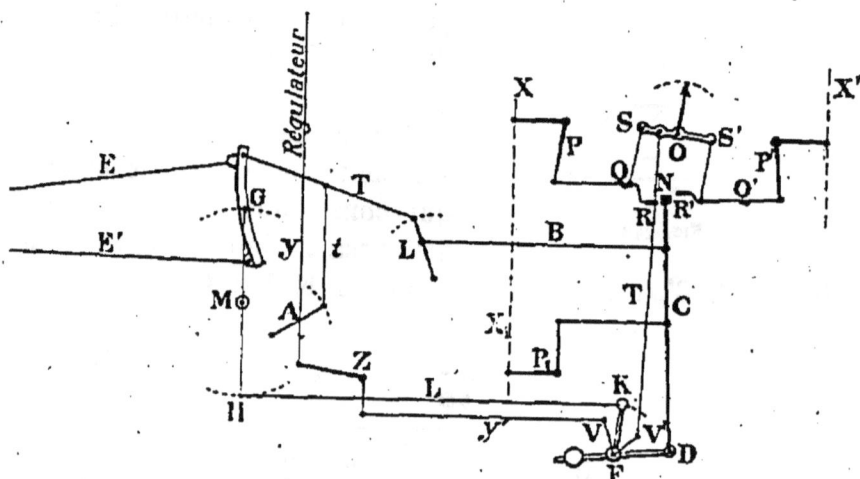

Fig. 250.

agit enfin sur le levier C, oscillant autour du point D. Ce point D forme lui-même l'extrémité d'un levier coudé DFK, mis en mouvement par la tringle L, actionnée par l'extrémité H du levier GH, articulé au point fixe M; et dont le mouvement est dû au léger va-et-vient du point de suspension G de la coulisse.

Les soupapes, dont les axes sont en XX', sont mues par les coudes P, P' articulés aux bielles Q, Q', qui sont munies de touches R, R'. Celles-ci peuvent être entraînées par le mouvement du taquet N, placé à l'extrémité du levier C. Les positions de R et de R' peuvent régler le moment où le taquet N les abandonne, de manière à produire la détente. A cet effet, la traverse SS' oscillant autour du point fixe O, et à

laquelle sont suspendues les extrémités des bielles Q, Q'
peut être inclinée plus ou moins à l'aide de la tringle T et
du petit levier coudé VV', qui est mis en mouvement par le

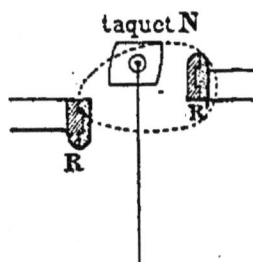

Fig. 251.

modérateur par l'intermédiaire
des tiges y et y' et du coude Z.

Le changement de marche nécessaire dans les machines de
mine s'obtient par la manœuvre
du levier A et de la tringle t.

Les soupapes d'échappement
telles que X_1 sont commandées
par la tringle C au moyen du
coude P_1.

On voit, sur la figure 251, la
forme du taquet N, et sa trajectoire, qui lui permet de repousser
à droite ou à gauche les touches
R et R', de façon à ouvrir les soupapes.

Si la machine est entraînée à
contre-vapeur par l'effort résistant, l'air aspiré par l'échappement se comprime dans le cylindre, mais ne peut s'échapper

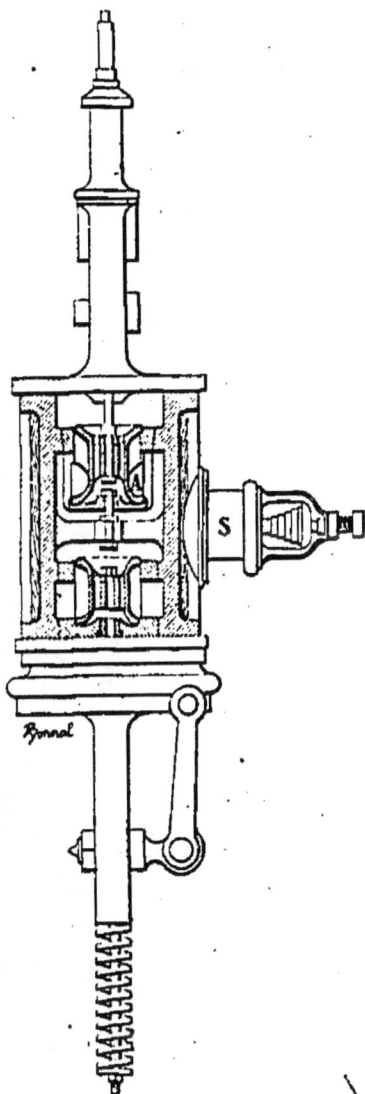

Fig. 252.

par les soupapes d'admission, en raison de leur construction;
le cylindre forme alors frein énergique. Quand l'air a atteint
une certaine pression, l'échappement se fait par des soupapes
spéciales. On voit sur la figure 252, en S, ces soupapes

d'échappement. On y voit aussi que les soupapes d'admission et d'échappement sont superposées l'une à l'autre et placées latéralement aux extrémités du cylindre. La soupape supérieure est celle d'admission.

La capacité A communique avec le cylindre. En cas d'excès de pression dans ce dernier, la soupape reste appliquée sur son siège, par suite de la différence des surfaces soumises à la pression.

Système Audemar (fig. 253 *et* 254). — La commande des soupapes est faite par un arbre à came creux Ó qui, pour

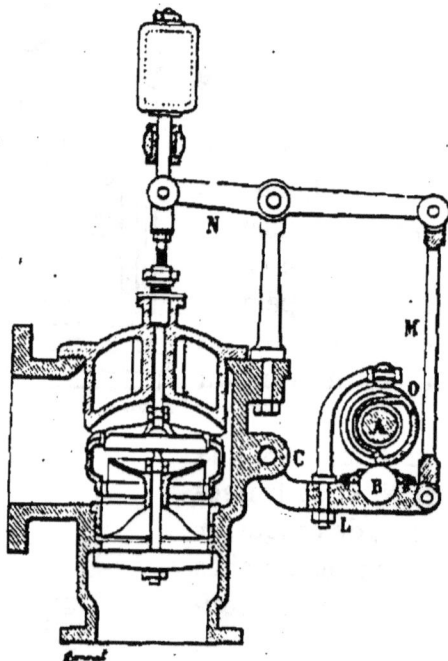

Fɪɢ. 253. — Détente Audemar.

le changement de marche, peut se déplacer latéralement en coulissant sur un arbre plein A, qui reçoit le mouvement de l'arbre moteur. Les cames agissent sur des buttées sphériques B, forçant ainsi le levier L à tourner autour de l'axe C et à soulever la soupape par l'intermédiaire de la tige M et du balancier N.

Dans ce systeme, les soupapes ne sont pas abandonnées au moment de la détente, mais sont *accompagnées* par la tige de commande.

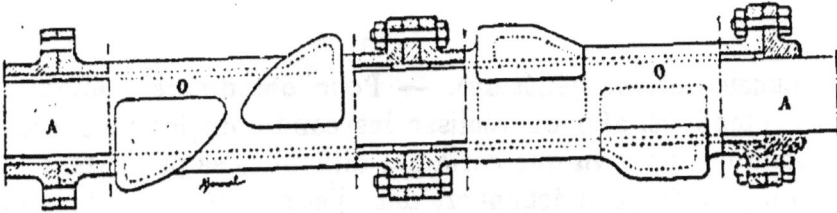

Fig. 254.

La figure 254 montre la disposition des cames sur l'arbre de commande 0.

Distributeurs à mouvement continu. — Ces appareils sont extrêmement rares. On aura l'occasion d'en citer un exemple à propos des distributeurs de machines à deux cylindre.

CHAPITRE VI

DISTRIBUTION ET DÉTENTE DANS LES MACHINES
A PLUSIEURS CYLINDRES

Considérations générales. — Pour obtenir des détentes f rt étendues, afin de réaliser les conditions les plus économiques, on a vu que certaines difficultés se présentent.

Au lieu de faire échapper, dans l'atmosphère ou dans le condenseur, la vapeur encore capable de travailler, on peut la considérer comme vapeur d'admission pour un deuxième cylindre dans lequel la vapeur pourra continuer son expansion. On arrive ainsi à un degré de détente qu'il eût été impossible d'obtenir avec un seul cylindre sans conduire à des dimensions exagérées. Si la vapeur est amenée immédiatement du premier cylindre dans le second, on réalise la *machine Woolf* imaginée par le constructeur anglais Arthur Woolf, en 1804. Si, au contraire, on établit un réservoir intermédiaire dans lequel on puisera la vapeur destinée au deuxième cylindre, on réalise la *machine compound* (composée). Cette dernière dénomination s'étend même aux machines Woolf, de sorte qu'on dit qu'une machine *compound* est du système *Woolf* ou du système à *réservoir intermédiaire*. En général, une machine à double expansion est une machine *compound*.

On peut pousser plus loin l'application de ce principe et faire des moteurs à trois cylindres ou à *triple expansion* appelés aussi *tri-compound*. Ces moteurs sont très employés dans la navigation.

Enfin on a réalisé des machines à *quadruple expansion* et exceptionnellement à *quintuple expansion*.

Certaines machines, bien qu'à trois cylindres, peuvent ne

réaliser que deux expansions de la vapeur ; le cas se produit, par exemple, quand deux cylindres d'expansion puisent dans le même réservoir intermédiaire. Il n'y a même qu'une expansion, si on ne fait pas de détente dans le premier cylindre à pleine pression.

Il est facile d'imaginer les différentes combinaisons que peuvent présenter ces moteurs dans cet ordre d'idées. La Marine militaire en offre d'ailleurs des exemples nombreux.

Outre les avantages résultant de l'augmentation de détente, les espaces morts diminuent avec le nombre des cylindres. Les fuites qui dépendent des différences de pressions sont moins intenses au pourtour du piston. De plus, la vapeur qui a passé par les fuites travaille dans le cylindre suivant. Il y a aussi diminution des condensations, puisque les expansions successives se produisent à des pressions peu différentes les unes des autres, ce qui diminue les refroidissements à l'échappement.

§1. — Étude du fonctionnement de la machine Woolf

Les machines Woolf peuvent être à balanciers ou à con-

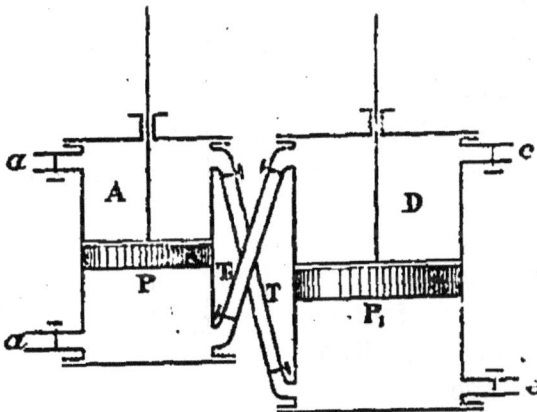

Fig. 255.

nexion directe. Si ce sont des machines à balanciers, les pistons des deux cylindres marchent évidemment dans le même sens ; mais, comme les articulations des tiges se trouvent en général en deux points différents du balancier, les courses sont différentes.

Si les machines sont à connexion directe, les courses sont égales, et les pistons marchent dans le même sens si les manivelles sont calées à 0° ; ils marchent en sens contraire si les manivelles sont calées à 180° l'une de l'autre.

D'une façon générale, le schéma d'une machine Woolf peut être représenté par le croquis ci-dessus (*fig.* 255). A et D sont les cylindres d'admission et de détente ; T et T, sont les conduits de communication des deux cylindres ; *a*, *a*, sont les conduits d'admission ; *e*, *e*, ceux d'échappement.

Le cylindre d'admission dans lequel la vapeur vient directement de la chaudière est appelé *petit cylindre* ou *cylindre à haute pression*, et l'autre est appelé *grand cylindre*, ou *cylindre de détente*, ou encore *cylindre à basse pression*.

Travail développé dans une machine Woolf. — Soit (*fig.* 256) une machine Woolf à deux cylindres de courses égales et dont les pistons ont pour surfaces Ω et Ω'. Si l'on suppose qu'on n'effectue aucune détente au petit cylindre, le petit piston de surface Ω fournit d'abord une course à pleine pression ; puis l'échappement se fait dans le second cylindre, de telle sorte que la pression sur le grand piston de surface Ω' de ce second cylindre devient la contre-pression au petit. A la fin de la course suivante, tout le volume de vapeur du petit cylindre se sera détendu dans le grand. La détente sera donc le rapport du volume du grand cylindre à celui du petit. Si L est la course commune, la valeur de cette

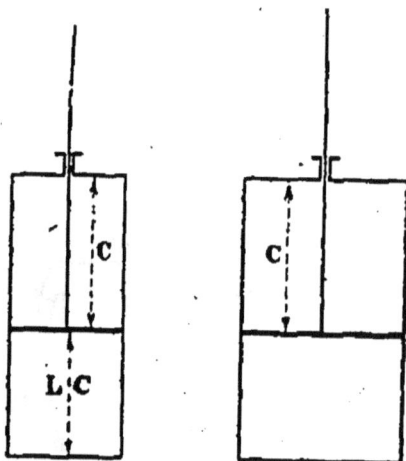

Fig. 256.

détente sera :

$$\frac{L\Omega'}{L\Omega} = \frac{\Omega'}{\Omega} = \gamma.$$

On peut évaluer la valeur de la pression P à un instant quelconque dans le grand cylindre. Cette pression est, comme on le sait, la contre-pression au petit cylindre.

Pour cela, on suppose la contre-pression nulle, pour simplifier, et l'on désigne par P_1 la pression d'admission de la vapeur.

Pour un point tel que la course parcourue au grand cylindre soit C, la course restant à parcourir du petit cylindre est $L - C$.

Le volume de vapeur enfermé derrière le piston au moment de l'échappement du petit cylindre dans le grand a pour valeur $L\Omega$ à la pression P_1. Après la course C ce volume est fractionné en deux parties, l'une $\Omega(L - C)$, l'autre $\Omega'C$, toutes deux à la pression P cherchée, et l'on a :

$$\Omega L P_1 = P[\Omega(L - C) + \Omega'C];$$

d'où l'on tire :

$$P = P_1 \frac{1}{1 + \dfrac{C}{L}(\gamma - 1)},$$

équation d'une hyperbole équilatère de coordonnées P et C.

En particulier pour $C = 0$, $P_0 = P_1$ et pour $C = L$, $P_1 = \dfrac{P_1}{\gamma}$.

La somme des efforts sur les pistons a pour valeur :

$$F = \Omega(P_1 - P) + \Omega'P = \Omega P_1 + P\Omega(\gamma - 1),$$

ou, en remplaçant P par sa valeur :

$$F = \Omega P_1 \left(1 + \frac{\gamma - 1}{1 + \dfrac{C}{L}(\gamma - 1)} \right).$$

C'est une hyperbole équilatère de coordonnées F et C.

Les efforts aux extrémités de la course sont :
Pour $C = 0$:

$$F_0 = P_1 \Omega \gamma;$$

Pour $C = L$:

$$F_L = P\Omega_1 \left(1 + \frac{\gamma - 1}{\gamma} \right).$$

On peut tracer cette courbe (*fig.* 257).
Pour $C = 0$, on a comme ordonnée d'origine :

$$oa = P_1 \Omega \gamma,$$

et pour $C = L$ comme ordonnée finale :

$$b_1 b = P_1 \Omega \left(1 + \frac{\gamma - 1}{\gamma} \right).$$

Pour avoir l'expression du travail, on rapportera la courbe à ses asymptotes en changeant de coordonnées; on aura :

$$C = a + C',$$
$$F = b + F',$$

C' et F' étant les nouvelles coordonnées.
Pour avoir b, il faut faire $C = \infty$; on a alors :

$$F = b = \Omega P_1.$$

On aura donc le nouvel axe $o'c'$ parallèle à oc et à une distance $b = oo_1 = \Omega P_1$.
Pour avoir a, il faut faire $F = \infty$.
Pour cela, il faut que l'on ait :

$$1 + \frac{C}{L}(\gamma - 1) = 0;$$

d'où on tire :

$$C = a = -\frac{L}{\gamma - 1}.$$

Cette valeur de a est négative. On aura donc le nouvel

axe $o'F$ parallèle à oF' et situé à une distance

$$a = o'o_1 = -\frac{L}{\gamma - 1},$$

portée à gauche de oF.

L'équation de l'hyperbole rapportée à ses asymptotes sera alors de la forme $CF = K$, ou bien :

$$FC' = (F - b)(C - a) = (F - \Omega P_1)\left(C + \frac{L}{\gamma - 1}\right).$$

ou bien en remplaçant C et F par leur valeur :

$$FC' = \left[\Omega P_1\left(1 + \frac{\gamma - 1}{1 + \frac{C}{L}(\gamma - 1)}\right) - \Omega P_1\right]\left(C + \frac{L}{\gamma - 1}\right).$$

Or $C + \dfrac{L}{\gamma - 1}$ peut s'écrire :

$$\frac{(\gamma - 1)C + L}{\gamma - 1} = L\left(\frac{\frac{C}{L}(\gamma - 1) + 1}{\gamma - 1}\right).$$

En remplaçant dans l'équation précédente et en simplifiant, on trouve finalement :

$$FC' = \Omega L P_1.$$

Les ordonnées F' représentant la somme des efforts sur les pistons, et les abscisses représentant les courses, la surface $oabb_1$ représentera le travail; elle se compose de o_1abb' et de $o_1b'b_1o$. Ces surfaces peuvent être évaluées; ab étant une courbe de détente, on sait que la surface o_1abb' s'obtiendra en faisant le produit du volume qui se détend par la pression initiale et par le logarithme népérien de la détente. On peut considérer, dans la figure $o'a_1abb'o'$ que le volume qui se détend est:

$$a_1a = \frac{\gamma - 1}{L},$$

et que la détente $= \dfrac{\text{volume final}}{\text{volume initial}} = \dfrac{\dfrac{L}{\gamma - 1} + L}{\dfrac{L}{\gamma - 1}} = \gamma.$

D'autre part, la pression initiale $= P_1\Omega\gamma - \Omega P_1 = P_1\Omega(\gamma - 1)$. On tire de là:

$$\text{Surf. } o_1abb' = P_1\Omega(\gamma - 1) \log \text{ nép } \gamma \times \frac{\gamma - 1}{L},$$

ou bien:

$$\text{surf. } o_1abb' = P_1\Omega L \log \text{ nép } \gamma.$$

D'autre part:

$$\text{surf. } o_1b'b_1o = P_1\Omega L.$$

Donc la valeur du travail a pour expression:

(A) $\varpi p = \text{surf. } oabb_1 = \text{surf. } o_1abb' + \text{surf. } o_1b'b_1o$
$$= P_1\Omega L (1 + \log \text{ nép } \gamma).$$

Comparaison de la machine Woolf avec la machine à cylindre unique. — La comparaison n'a sa raison d'être que si l'on envisage une machine à cylindre unique de détente et de pression initiale égales. La détente sera donc γ, et le volume d'admission sera celui du petit cylindre, c'est-à-dire ΩL. Le volume total occupé à fin de détente dans le cylindre unique sera donc $\Omega L\gamma$, c'est-à-dire $\Omega'L$, ou précisément la valeur du volume du cylindre de détente de la machine Woolf. Donc:

Le volume du grand cylindre de détente de la machine Woolf est égal à celui de la machine à cylindre unique fonctionnant dans les mêmes conditions de pression et de détente.

Par suite, la machine Woolf, à puissance égale, est plus volumineuse que celle à cylindre unique, puisqu'elle comporte, en plus le cylindre d'admission. Mais elle a l'avantage de diminuer les variations d'efforts exercés sur l'arbre.

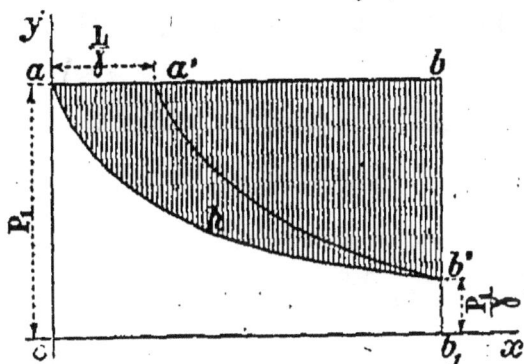

Au petit cylindre il y a pleine admission tout le long de la course ; la courbe des pressions est donc ab (*fig. 258*), oa étant égal à P_1. Le travail $oabb_1$, ainsi produit, doit être diminué de celui de la contre-pression, qui est la pression au grand cylindre. Au moment où l'échappement du petit cylindre qui forme l'admission au grand vient à commencer, la pression est P_1 dans le grand cylindre, puis elle diminue suivant l'hyperbole h, de manière à arriver à fin de course avec la valeur $b_1 b' = P_L = \dfrac{P_1}{\gamma}$. La courbe de contre-pression au petit cylindre ou de pression au grand est donc h.

Dans la machine à cylindre unique, l'admission aurait lieu sur une longueur aa' égale à $\dfrac{L}{\gamma}$, qui serait évidemment la fraction d'admission, puisque γ est la détente ; la pression à fin de course serait $\dfrac{P_1}{\gamma}$, valeur qui détermine le point b'. Donc la courbe serait $a'b'$.

Traçons maintenant la courbe des efforts dans les deux cas.

On a vu que, pour $C = 0$ dans la machine Woolf.

$$F_0 = P_1 \Omega \gamma = oa$$

à fin de course, $C = L$, on a :

(B) $$F_L = P_1 \Omega \left(1 + \frac{\gamma - 1}{\gamma} \right) = bb_1.$$

On a ainsi l'hyperbole équilatère k (*fig.* 259).

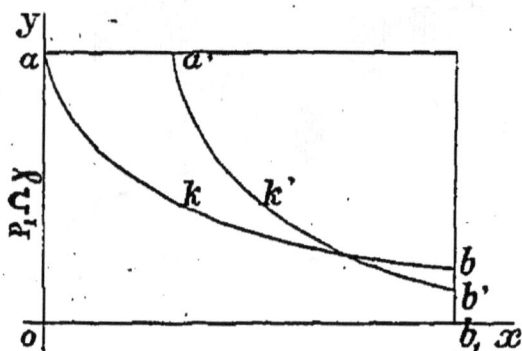

Fig. 259.

Pour une machine à cylindre unique, l'effort d'origine est égal à la pression initiale P_1, multipliée par la surface du piston. Or cette dernière est égale à la surface Ω' du piston du cylindre de détente. Donc l'effort d'origine est égal à $\Omega' P_1 = P_1 \Omega \gamma = oa$. La courbe part donc de a; l'effort, étant constant pendant toute l'admission, est représenté par la droite $aa' = \dfrac{L}{\gamma}$. L'effort final a pour valeur dans le cas du cylindre unique :

$$\Omega' \times \frac{P_1}{\gamma} = \Omega P_1.$$

Cette valeur est évidemment plus petite que celle de bb_1 (équation B), puisque le coefficient de ΩP_1 est plus grand que 1. On a donc le point b' au-dessous de b et la courbe $a'b'$. Les variations d'efforts dans une machine Woolf sont donc moindres aux deux extrémités de la course; la marche de ces machines est donc plus régulière.

Pour expression du travail pour une course dans une machine à cylindre unique, on a trouvé (p. 75) :

$$\tau p = V p_0 \left(1 + \log \text{nép} \frac{C_1}{C_0} - \frac{p'}{p_0} \frac{C_1}{C_0} \right),$$

$\frac{C_1}{C_0}$ étant la valeur de la détente, c'est-à-dire γ.

Or dans la machine Woolf on a :

$$V = \frac{\Omega' L}{\gamma} = \Omega L,$$

$$p_0 = P_1,$$

et l'on a supposé :

$$p' = 0$$

Donc :

$$\tau p = \Omega L P_1 (1 + \log \text{nép} \, \gamma).$$

C'est une expression identique à celle obtenue précédemment [équation (A), p. 349]. Donc les travaux produits par les deux types de machines sont les mêmes dans les mêmes conditions de fonctionnement.

La machine Woolf a l'avantage d'être plus régulière d'allure, l'inconvénient d'être plus encombrante.

Détente au petit cylindre. — On peut faire détendre un peu la vapeur dans le petit cylindre avant de l'admettre dans le grand.

Si γ' est la détente effectuée, l'admission initiale aura pour valeur $\frac{\Omega L}{\gamma}$, et la détente totale aura pour expression le quotient du volume final $\Omega' L$ ou $\gamma \Omega L$ par le volume initial, $\frac{\Omega L}{\gamma}$, c'est-à-dire $\frac{\gamma \Omega L}{\frac{\Omega L}{\gamma}} = \gamma'$.

Le volume de la machine à cylindre unique correspondante devrait être égal au produit du volume admis $\frac{\Omega L}{\gamma}$ par la détente totale $\gamma\gamma'$. Ce serait donc : $\dfrac{\Omega L}{\gamma}\,\gamma\gamma' = \Omega L\gamma = \Omega'\gamma$. Son volume serait encore celui du cylindre de détente.

La valeur de γ', détente au petit cylindre, devra toujours être limitée, sous peine de voir s'augmenter rapidement les dimensions de la machine; le petit cylindre étant un volume supplémentaire par rapport à la machine à cylindre unique. Il y a, au contraire, tout intérêt à augmenter γ.

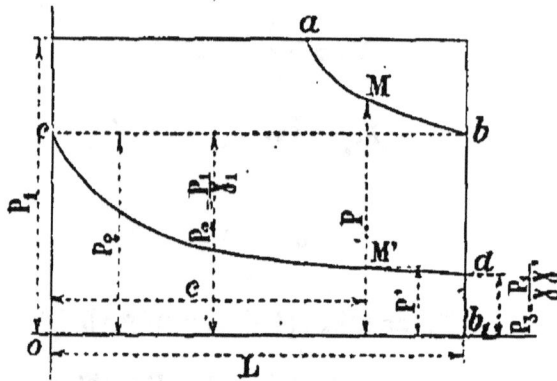

Fig. 260

Établissant de nouveau les courbes de pression et d'efforts, le petit cylindre donnera une courbe de détente ab (fig. 260) comme dans une machine à un cylindre.

La pression finale $bb_1 = P_2$ devient la pression initiale oc dans le grand cylindre, pour lequel on a l'hyperbole de détente cd.

On aura :

$$P_2 = \frac{P_1}{\gamma},$$

et

$$P_3 = \frac{P_2}{\gamma} = \frac{P_1}{\gamma\gamma'}.$$

La pression P en un point quelconque M, au bout d'une course c, a pour expression :

$$P = P_2 \times \frac{L}{c} = \frac{P_1}{\gamma} \times \frac{L}{c}.$$

D'un autre côté, on a vu que la pression P' correspondant au point M' avait pour expression :

$$P' = P_2 \cdot \frac{1}{1 + \frac{c}{L}(\gamma - 1)} = \frac{P_2}{\gamma} \times \frac{1}{1 + \frac{c}{L}(\gamma - 1)}.$$

On a donc les valeurs P et P' des pressions en un point quelconque.

En ce qui concerne les efforts, on a déjà eu pour expression de F :

$$F = \Omega P_1 \left(1 + \frac{\gamma - 1}{1 + \frac{c}{L}(\gamma - 1)} \right).$$

Ici P_1 devient P_2 et, en effectuant, on aura un terme :

$$\frac{P_2}{1 + \frac{c}{L}(\gamma - 1)} \times \Omega (\gamma - 1) = P'\Omega (\gamma - 1),$$

et l'on aura pour expression de l'effort :

$$F = \Omega P_1 + \Omega P' (\gamma - 1).$$

Pendant la période d'admission on aura .

$$F_1 = \Omega P_1 + \frac{\Omega P_1}{\gamma} \times \frac{\gamma - 1}{1 + \frac{c}{L}(\gamma - 1)}.$$

Pendant la période de détente au petit cylindre on aura :

$$F_2 = \Omega P + \Omega P' (\gamma - 1) = \Omega \frac{P_1}{\gamma} \frac{L}{c} + \frac{\Omega P_1}{\gamma} \times \frac{\gamma - 1}{1 + \frac{c}{L}(\gamma - 1)}$$

$$F_2 = \Omega \frac{P_1}{\gamma} \left[\frac{L}{c} + \frac{\gamma - 1}{1 + \frac{c}{L}(\gamma - 1)} \right]$$

On peut facilement calculer les efforts aux points remarquables.

On vérifierait alors que la différence des efforts extrêmes est plus faible quand on fait de la détente au petit cylindre que quand on n'en fait pas. Il suffit, d'une détente faible pour augmenter la régularité de l'allure.

Influence des espaces morts. — L'espace mort se compose :

1° De l'espace mort ordinaire afférent au petit cylindre ;

2° De l'espace mort ordinaire afférent au grand cylindre ;

3° Du volume de la conduite de jonction des deux distributeurs qu'on appelle l'*espace intermédiaire*.

1° *Espace mort des cylindres.* — Soit φ la fraction de volume représentant l'espace mort, supposée la même pour les deux cylindres.

S'il n'y a pas de détente au petit cylindre, la valeur de la détente est γ.

On appellera v le volume du petit cylindre, et V celui du grand.

Puisque $\gamma' = 1$, on a :

$$V = \gamma v.$$

Les espaces morts dans les deux cylindres ont pour valeur φv et $\gamma \varphi v$.

Le volume d'admission sera $v (1 + \varphi)$, et le volume final aura pour valeur le volume total du grand cylindre augmenté de l'espace mort du petit, c'est-à-dire :

$$V (1 + \varphi) + \varphi v = \gamma v \left[1 + \varphi \left(1 + \frac{1}{\gamma} \right) \right].$$

La détente aura donc pour valeur :

$$\frac{\text{volume final}}{\text{volume initial}} = \frac{\gamma \left[1 + \varphi \left(1 + \frac{1}{\gamma} \right) \right]}{(1 + \varphi)}.$$

Cette valeur de la détente est supérieure à γ, puisque le coefficient de γ est plus grand que l'unité. Donc pour $\gamma' = 1$, la détente *effective* est plus grande que la détente *nominale*. Le poids de vapeur devient alors, par analogie avec la formule déjà établie,

$$Q = \frac{\delta}{P_1} \times 270.000 \times \cfrac{1 + \varphi}{1 + (1+\varphi) \log \text{nép} \cfrac{\gamma\left[1 + \varphi\left(1 + \frac{1}{\gamma}\right)\right]}{1 + \varphi} - \frac{p'}{P_1}\gamma}.$$

Si, au contraire, on a $\gamma' > 1$, c'est-à-dire si l'on fait de la détente au petit cylindre, pour un volume initial v, le volume du petit cylindre sera $\gamma'v$, et l'espace mort aura pour valeur $\varphi\gamma'v$. Le grand cylindre aura pour volume $\gamma\gamma'v$ et pour espace mort $\varphi\gamma\gamma'v$. Le volume réel d'admission sera :

$$v + \varphi\gamma'v = v(1 + \varphi\gamma'),$$

et le volume final aura pour valeur :

$$\gamma\gamma'v(1 + \varphi) + \varphi\gamma'v = \gamma\gamma'v\left[1 + \varphi\left(1 + \frac{1}{\gamma}\right)\right].$$

La détente sera donc :

$$\frac{\text{volume final}}{\text{volume initial}} = \gamma\gamma' \frac{1 + \varphi\left(1 + \frac{1}{\gamma}\right)}{1 + \varphi\gamma'}.$$

Le coefficient $\gamma\gamma'$ (détente nominale) augmente quand γ' diminue.

Donc, en augmentant la détente au petit cylindre, la détente effective diminue. Le poids de vapeur devient :

$$Q' = \frac{\delta}{P_1} \times 270000 \times \cfrac{1 + \gamma'\varphi}{1 + (1+\gamma'\varphi) \log \text{nép} \, \gamma\gamma' \times \cfrac{1 + \varphi\left(1 + \frac{1}{\gamma}\right)}{1 + \gamma'\varphi} - \frac{p'}{P_1}\gamma\gamma'}.$$

2° *Espace intermédiaire*. — On a trouvé comme expression de la pression, en un point quelconque, la course étant c :

$$P = P_1 \cfrac{1}{1 + \frac{c}{L}(\gamma - 1)}.$$

Soit εv le volume de l'espace intermédiaire, ainsi exprimé en fonction du volume v du petit cylindre; on supposera qu'il n'y a pas de détente au petit cylindre, c'est-à-dire que $\gamma' = 1$. A fin de course du petit cylindre, la vapeur occupe le volume v à la pression d'admission P_1 et le volume εv de l'espace intermédiaire à la pression qui existait dans le grand cylindre au moment où le distributeur a fermé la communication. Soit ϖ cette pression. Quand l'obturateur donnera accès à la vapeur dans le grand cylindre, la vapeur occupera le volume $v + \varepsilon v$ à une pression P' inconnue, et l'on aura :

d'où :

$$v(1 + \varepsilon) P' = vP_1 + \varepsilon v\varpi;$$

$$P' = \frac{P_1 + \varepsilon\varpi}{1 + \varepsilon},$$

expression dans laquelle il n'y a que ϖ qui soit inconnue.

C'est la pression à fin de course au grand cylindre. Or, à fin de course au grand cylindre, la vapeur occupe le volume $V + \varepsilon v$ à cette pression ϖ

Mais

$$V = \gamma v.$$

Donc $\gamma v + \varepsilon v$ sera le volume à fin de course et à la pression ϖ, et l'on aura :

$$v(1 + \varepsilon) P' = (\gamma v + \varepsilon v) \varpi;$$

d'où l'on tire :

$$(1 + \varepsilon) P' = (\gamma + \varepsilon) \varpi.$$

En remplaçant P', on a :

$$(1 + \varepsilon) \frac{P_1 + \varepsilon\varpi}{1 + \varepsilon} = \gamma + \varepsilon) \varpi;$$

d'où :

$$P_1 + \varepsilon\varpi = \gamma\varpi + \varepsilon\varpi,$$

ou bien enfin :

$$\varpi = \frac{P_1}{\gamma},$$

valeur qui a déjà été trouvée comme pression finale et qui n'est, par suite, pas modifiée par l'espace intermédiaire.

On trouve alors pour valeur de la pression P' :

$$P' = P_t \, \frac{\gamma(1 + \varepsilon)}{\gamma + \varepsilon}.$$

Quelle est la pression P en un point quelconque de la course ?

Comme on l'a vu, le volume initial est $v + \varepsilon v$ à la pression P'.

Après une course c, le volume sera devenu :

$$v + \varepsilon v - c\Omega \text{ au petit cylindre}$$
$$\text{et } c\Omega' \text{ ou } c\gamma\Omega \text{ au grand cylindre.}$$

La somme de ces deux volumes est à la pression P cherchée, et on pourra écrire :

$$v(1 + \varepsilon)P' = [v(1 + \varepsilon) - c\Omega + c\gamma\Omega]P.$$

Or :

$$c\Omega = \frac{v}{L}c;$$

d'où :

$$v(1 + \varepsilon)P' = v\left[1 + \varepsilon + \frac{c}{L}(\gamma - 1)\right]P.$$

En remplaçant P' par sa valeur et en réduisant, on aura :

$$P = \frac{P_t \times (\gamma + \varepsilon)}{\gamma\left[(1 + \varepsilon) + \frac{c}{L}(\gamma - 1)\right]}.$$

Pour $c = 0$:

$$P_0 = \frac{P_t}{\gamma} \times \frac{\gamma + \varepsilon}{1 + \varepsilon}.$$

Pour $c = L$:

$$P_L = \frac{P_t}{\gamma} \times \frac{\gamma + \varepsilon}{(1 + \varepsilon)(\gamma - 1)}.$$

On peut alors tracer la courbe des pressions (*fig.* 261)

Elle commence en M' pour :

$$oM' = P' = P_1 \frac{\gamma(1 + \varepsilon)}{\gamma + \varepsilon}.$$

La pression finale a pour valeur $RN' = \dfrac{P_1}{\gamma}$. La courbe sera l'hyperbole équilatère M'N'.

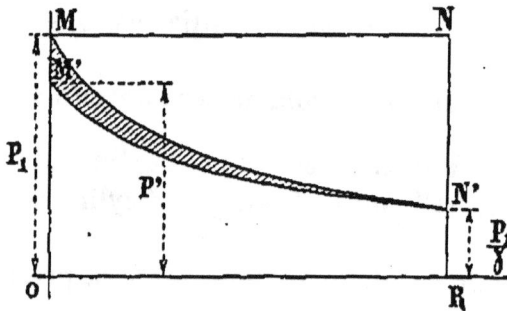

Fig. 261.

Si l'espace intermédiaire était nul, on aurait l'hyperbole MN', l'ordonnée finale étant la même, et l'ordonnée initiale oM égale à P_1.

Dans le cas où l'espace intermédiaire est nul, le travail total est égal à :

$$\mathfrak{G} = MNN' \times \Omega + MN'Ro \times \Omega'.$$

Si, au contraire, l'espace intermédiaire a une certaine valeur, le travail total aura pour expression :

$$\mathfrak{G}_1 = MNN' \times \Omega + MN'M' \times \Omega + M'N'Ro \times \Omega';$$

et l'on aura :

$$\mathfrak{G} - \mathfrak{G}_1 = MN'M' (\Omega' - \Omega) = MN'M' \times \Omega (\gamma - 1).$$

La présence de l'espace intermédiaire amène donc une perte. Cette perte augmente quand l'espace intermédiaire augmente, et diminue quand la détente augmente au petit cylindre. Il y a donc lieu, pour cette nouvelle raison, de faire de la détente au petit cylindre, sans toutefois en exagérer la valeur, puisque le petit cylindre est un volume additionnel.

Détente au grand cylindre. — On a reconnu que, pour atténuer et même supprimer la perte produite par la présence de l'espace intermédiaire, il fallait effectuer une certaine détente au grand cylindre. Dans ces conditions, la communication entre les deux cylindres étant supprimée et le petit piston continuant sa course, la vapeur se comprime dans l'espace intermédiaire.

Si P_1 est la pression initiale et que l'on veuille comprimer la vapeur dans l'espace intermédiaire, de manière à lui faire acquérir une pression p' supérieure à la pression finale normale $\frac{P_1}{\gamma}$ qui a été trouvée, on reconnaît, par l'étude analytique de la perte due à l'espace intermédiaire, que la détente à faire au grand cylindre est toujours indépendante de la pression initiale P_1. Elle est donc fixe.

En particulier, on peut déterminer la détente au grand cylindre de manière que la pression p' de la vapeur comprimée dans l'espace intermédiaire devienne égale à P_1 ; le calcul démontre alors que la perte est annulée et que la détente au grand cylindre doit avoir pour valeur $\frac{1 + \varepsilon}{1 + \gamma\varepsilon}$.

Il faut remarquer que, dans ces conditions, le petit piston est, à la fin de la course, en équilibre de pression. L'effort total est alors celui du piston de détente seul ; comme on le sait, il est le même que celui d'une machine à cylindre unique. On perd donc le bénéfice de la régularité d'effort qui avait été constatée précédemment.

Résumé. — Si on résume ce que l'on a dit sur les machines Woolf, on voit qu'en définitive :

Le petit cylindre est un volume additionnel et qu'à égalité de puissance la machine Woolf est notablement plus encombrante que la machine à cylindre unique ;

Le petit cylindre doit être doté d'une détente peu étendue ;

Le grand cylindre doit être doté d'une détente fixe, destinée à supprimer ou, au moins, à atténuer la perte due à l'espace intermédiaire ;

Les valeurs extrèmes des efforts présentent une différence moindre que dans les machines à cylindre unique, à moins que l'on ne supprime complètement la perte due à l'espace intermédiaire.

En général, si on ne fait pas de détente au petit cylindre, on ne peut guère, avec les machines Woolf, dépasser la détente cinq. Au-delà de ce chiffre, la différence de diamètre des deux cylindres devient considérable : ce qui entraîne à des difficultés de mécanisme. Pour augmenter le chiffre de détente, on fait alors de la détente au petit cylindre, et l'on rend souvent cette dernière variable par le régulateur, afin que la détente totale soit réglable en marche. Quoi qu'il en soit, la détente sera toujours au moins égale au rapport des deux cylindres, sans pouvoir descendre au dessous ; l'échelle de détente est donc bien plus restreinte que dans la machine à cylindre unique

§ 2. — Dispositions des diverses machines Woolf

A l'origine des machines Woolf, c'est le dispositif à balancier qui a été adopté. La figure 262 donne une vue d'ensemble de ce genre de machine aujourd'hui abandonné.

Les tiges des pistons s'articulaient en des points différents du balancier, qui parcouraient des chemins différents ; les cylindres et les courses des pistons n'étaient pas de mème longueur.

Les distributeurs étaient des robinets ou des tiroirs. L'échappement du grand cylindre s'opérait dans un condenseur placé à un niveau inférieur aux cylindres. Les pistons attaquant un balancier marchaient nécessairement dans le même sens.

Aujourd'hui les machines Woolf attaquent directement la manivelle par l'intermédiaire d'une bielle et affectent tantôt la disposition horizontale, tantôt la disposition dite *pilon*, qui a déjà été décrite dans les machines à cylindre unique.

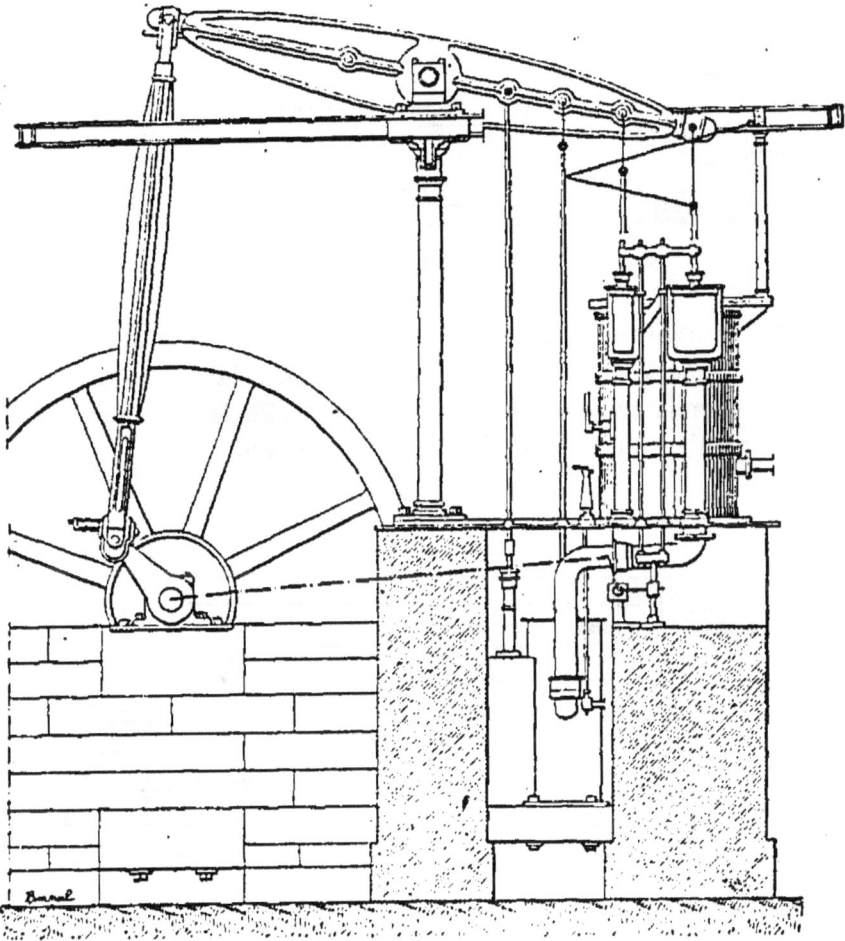

Fig. 262. — Machine Woolf à balancier.

L'une ou l'autre de ces deux dispositions générales présente elle-même plusieurs variétés qui sont les suivantes.

Cylindres côte à côte. — Que la machine soit du système horizontal ou du système pilon, les deux cylindres peuvent être placés côte à côte et attaquer l'arbre moteur de différentes façons.

1° *Système à bielle unique.* — La figure 263 représente ce dispositif.

Les deux tiges de piston actionnent la même traverse T sur laquelle est articulée la bielle B actionnant la manivelle M.

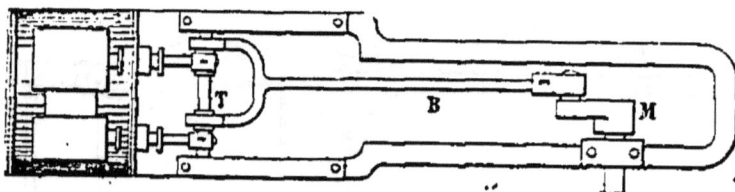

Fig. 263.

Il faut avoir soin d'établir la bielle de manière que l'articulation soit au point d'application de la résultante des efforts; mais comme, en définitive, ces efforts sont variables, le point d'application varie pendant une cylindrée.

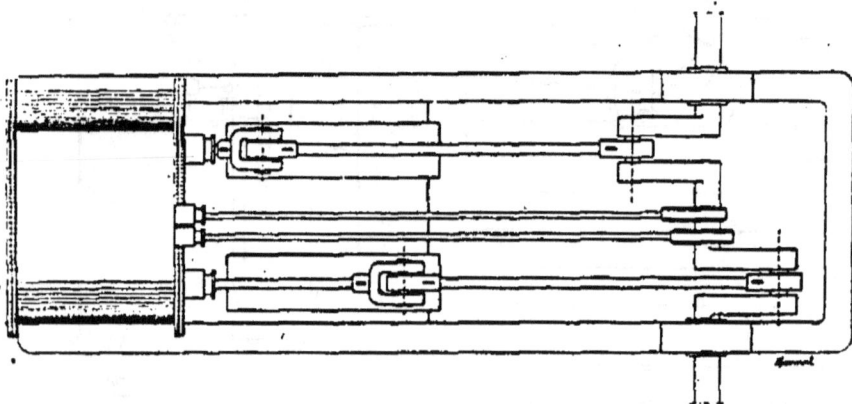

Fig. 264.

2° *Système à double bielle* (fig. 264). — Chaque tige de piston actionne une bielle, et chacune de ces bielles agit à son tour sur un coude de l'arbre moteur. Entre les deux coudes, l'arbre est supporté par un palier. Cet arbre est généralement construit en deux parties; on double le coude pour prévenir les ruptures qui seraient à craindre avec un coude unique.

La plupart du temps les boîtes de distribution sont placées au-dessus des cylindres et non latéralement, car l'espace intermédiaire diminue avec cette disposition.

Si les deux cylindres fonctionnent dans les mêmes conditions de détente, les deux boîtes de distribution peuvent
être réduites à une seule.

Cylindres en tandem. — Les axes des deux cylindres sont
en prolongement l'un de l'autre, qu'il s'agisse du type horizontal ou du type pilon.

L'arbre moteur peut être actionné de différentes façons
ci-après indiquées.

1° *Système à cylindre à fond commun, à pistons indépendants.* — On voit que, dans ce dispositif (*fig.* 265), le fond F
est commun au petit et au grand cylindre.

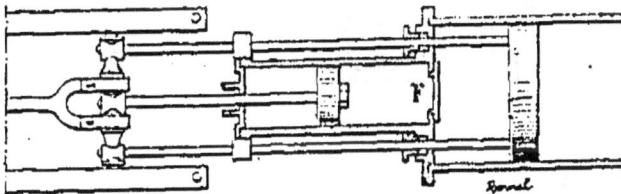

Fig 265.

Le piston du grand cylindre porte deux tiges d'action
qui passent latéralement au petit cylindre. Les trois tiges
actionnent une bielle unique, ce qui n'offre ici aucun inconvénient, puisqu'il y a évidemment symétrie dans les efforts.

2° *Système à cylindres à fond commun et à pistons solidaires*
(*fig.* 266). — Les deux cylindres ont encore un fond F commun; mais ici la tige du petit piston est reliée invariablement au grand piston, et c'est la somme des efforts produits
par la vapeur sur le grand piston que les tiges d'action de
ce dernier sont chargées de transmettre à l'arbre moteur
par l'intermédiaire d'une traverse et d'une bielle. Ce système
permet de placer latéralement le distributeur, ce qui ne
pouvait se faire avec le dispositif précédent, par suite de la
présence des tiges du piston de détente; mais il présente
l'inconvénient d'avoir un presse-étoupe intérieur qui n'est
pas visitable, ce qui peut amener des fuites persistantes.

Certaines machines Woolf ont été disposées suivant ce

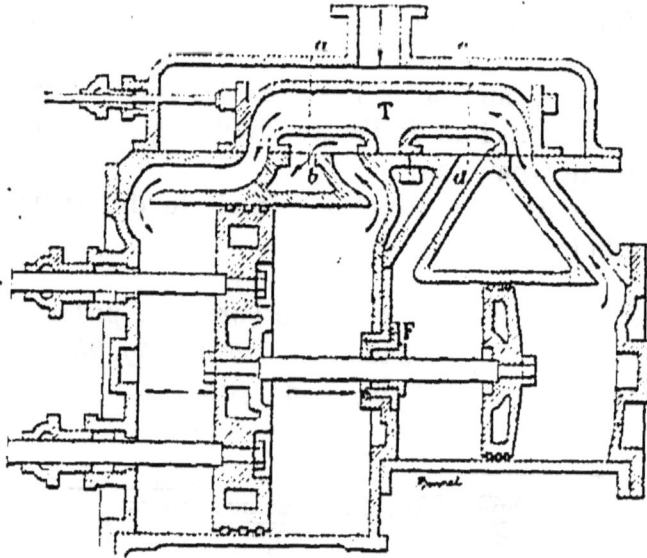

Fig. 266.

système, mais à simple effet.

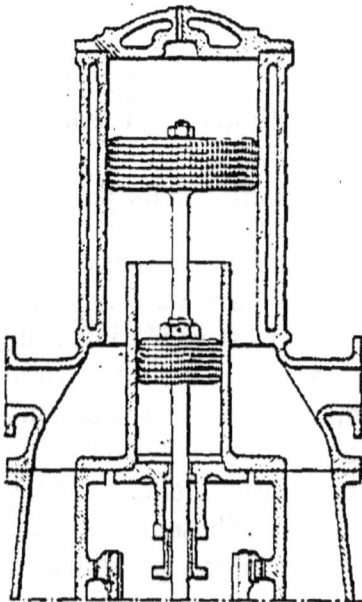

Fig. 267.

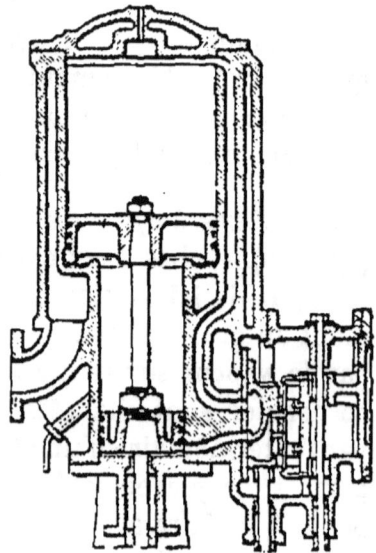

Fig. 268.

Les deux cylindres sont disposés comme précédemment;

mais le fond supérieur du petit, le fond inférieur du grand, sont ouverts sur l'échappement. Les pistons sont solidaires. Le distributeur est placé sur le côté ; il se compose d'un tiroir ordinaire pour l'échappement et d'un tiroir à détente pour l'admission ; celui qui est représenté (*fig.* 267 et 268) est du système Farcot. La détente au petit cylindre est variable par le régulateur. Un conduit fait communiquer l'échappement du petit cylindre avec la partie supérieure du grand cylindre.

Le diagramme pour une course complète est le même que pour une machine Woolf à double effet.

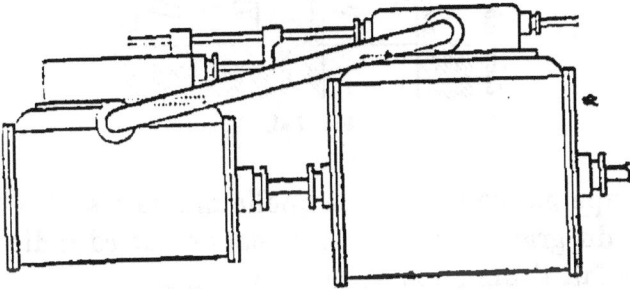

Fig. 269.

3° *Cylindres séparés et pistons à tiges uniques* (*fig.* 269). — Les deux cylindres, tout en conservant le même axe, sont placés à une certaine distance l'un de l'autre ; chaque piston ne possède qu'une seule tige ; les deux pistons sont solidaires et la bielle est unique. Ce type représenté dans la figure 269 est le meilleur et le plus répandu.

On a vu que les manivelles pouvaient être calées soit à 0° l'une de l'autre, soit à 180°. Ce dispositif a l'avantage de diminuer l'effort que l'arbre moteur exerce sur ses paliers, car les deux efforts moteurs sont ici de sens différents. La commande du distributeur se trouve simplifiée, et l'espace intermédiaire est notablement diminué.

Distributeurs des machines Woolf. — Tous les systèmes de distribution ou de détente sont applicables aux machines Woolf, comme aux machines à cylindre unique ; la figure 270 donne un dispositif à tiroir unique adopté pour les machines en tandem du deuxième système. La figure 266 qui précède donne la position du tiroir pendant l'échappement de la vapeur du petit cylindre dans le grand.

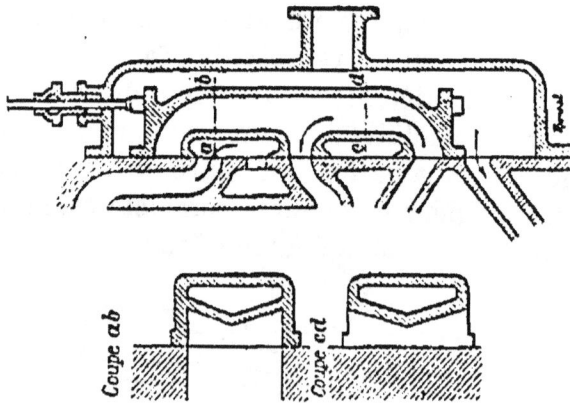

Fig. 270.

La coupe par *ab* indique de quelle manière se fait l'échappement du grand cylindre ; et la coupe par *cd* indique comment se fait l'admission au petit cylindre.

Tiroir Trick modifié pour machine côte à côte. — La figure 271 représente un tiroir Trick modifié pour servir à la distribution de deux cylindres Woolf, placés côte à côte. A est la

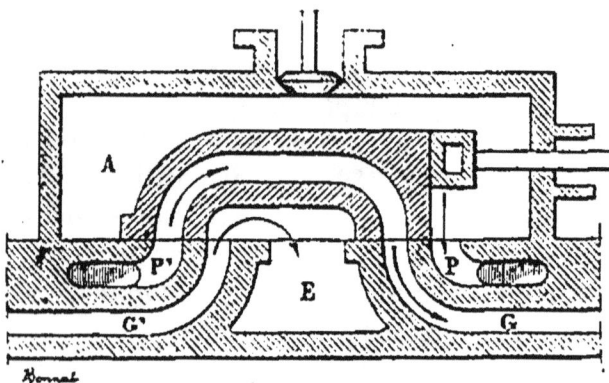

Fig. 271.

boîte d'admission de vapeur ; E, l'échappement au condenseur.

Les conduites P et P communiquent avec le petit cylindre.

Distributeur à mouvement continu système Biétrix (fig. 272).

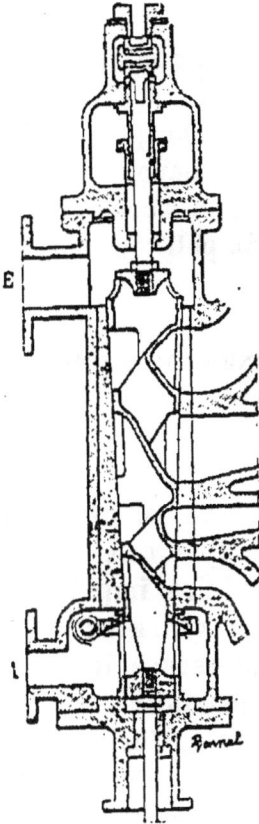

— Le distributeur est une sorte de robinet animé d'un mouvement de rotation *continu* et faisant autant de tours que l'arbre moteur.

Le mouvement est donné au robinet distributeur par des engrenages hélicoïdaux. La vapeur arrive en A, et l'échappement se fait en E, à l'autre extrémité, après avoir traversé le robinet dans sa longueur et s'être rendue, par suite de la disposition spéciale des cloisons, dans le petit cylindre à haute pression de la machine. La rotation continue du robinet amène successivement la communication nécessaire entre les divers cylindres. On évite ainsi les inconvénients du mouvement alternatif; les variations dans la distribution peuvent se faire avec la plus grande facilité, soit au régulateur, soit à la main.

Fig. 272.

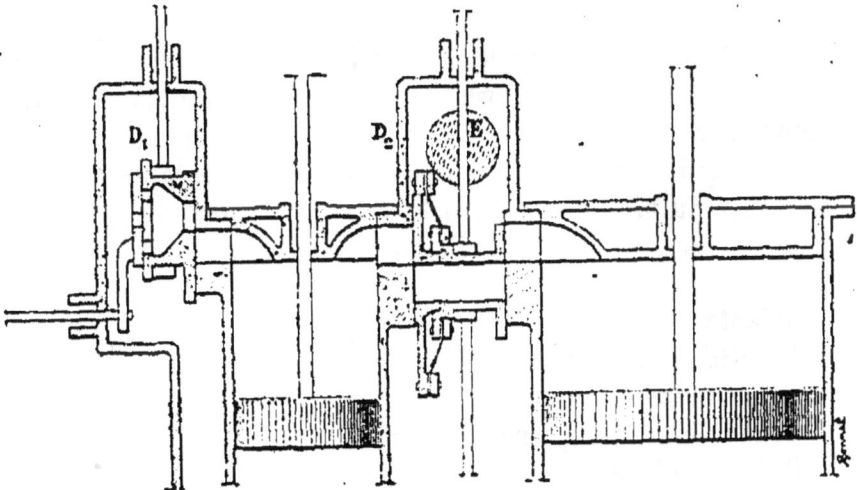

Fig. 273.

Tiroirs Quéruel (*fig.* 273). — Le distributeur D_1, du petit cylindre, peut être quelconque, du système Farcot, par exemple, comme sur la figure.

Le distributeur D_2, du grand cylindre, est à doubles glaces parallèles et oscille entre les deux cylindres.

Les deux orifices ont même hauteur et des largeurs différentes pour satisfaire à l'admission et à l'échappement, qui s'effectue par la capacité E. Un diaphragme d'acier maintient constamment le tiroir sur la glace du petit cylindre.

§ 3. — FONCTIONNEMENT DES MACHINES COMPOUND A RÉSERVOIR INTERMÉDIAIRE

On a vu que le principe de la machine compound à réservoir intermédiaire était le même que celui de la machine Woolf, mais qu'au lieu de conduire immédiatement dans le grand cylindre la vapeur provenant du petit cylindre on enferme cette vapeur dans un espace intermédiaire où elle est puisée comme dans une chaudière.

A cet effet, les manivelles, au lieu d'être calées à 0 ou à 180°, comme dans les machines Woolf, sont calées à 90° ; de cette façon, les deux pistons ne sont pas ensemble à fin de course, et la vapeur doit attendre dans le *réservoir intermédiaire* le moment de son introduction au grand cylindre.

Diagramme. — Dans le réservoir intermédiaire, la pression doit théoriquement rester constante pendant la marche; souvent la vapeur y est réchauffée pour éviter les condensations qui amèneraient des abaissements de pression. La pression du réservoir intermédiaire constituera la pression d'admission du grand cylindre et la contre-pression du petit.

Soient :

k, cette pression ;

v, le volume du petit cylindre ;

V, le volume du grand cylindre ;

Et R, le volume du réservoir intermédiaire.

Comme tout le volume v du petit cylindre à la pression
d'échappement p_2 se rend dans ce réservoir, on doit avoir :

$$Rk = p_2 v,$$

d'où :

$$R = \frac{p_2 v}{k}.$$

Or le cylindre de détente doit aspirer complètement,
comme volume d'admission V_0, le volume R. On aura donc :

$$V_0 = \frac{p_2 v}{k}. \qquad \text{ou bien :} \qquad k = \frac{p_2 v}{V_0}.$$

Envisageant graphiquement le cycle parcouru (*fig. 274*),
l'horizontale ab_1 représente la contre-pression k au petit

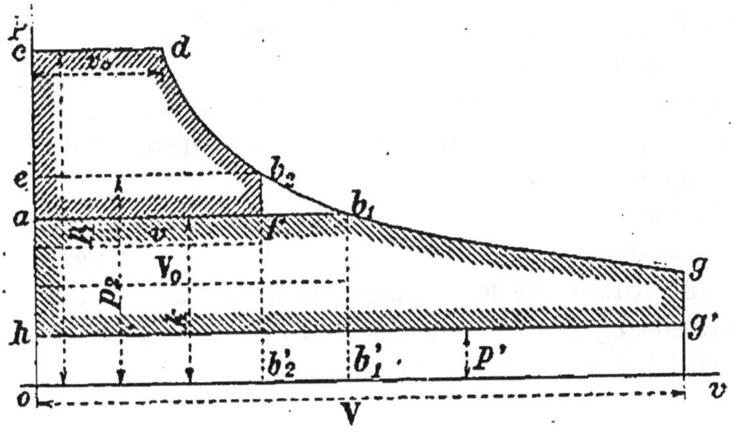

Fig. 274.

cylindre. La pression d'admission au petit cylindre était
$oc = p_1$, le cycle décrit par la vapeur dans ce dernier se
composera de la droite d'admission cd, l'adiabatique hyper-
bolique db_2 de détente jusqu'à la pression p_2 d'échappement et de la chute de pression $b_2 f$ de p_2 à k au réservoir
intermédiaire. La longueur af représente le volume v du
cylindre, et le travail est représenté par l'aire cdb_2fa.

Le grand cylindre aspire un volume d'admission $V_0 = ab_1$
par exemple, à la pression k la vapeur se détend ensuite

suivant l'hyperbole b_1g, et le diagramme se ferme par la chute gg' au condenseur et la ligne de contre-pression $g'h$. Le travail produit est représenté par l'aire $ab_1gg'h$, la longueur hg' représentant le volume V du cylindre de détente.

Or, si on se reporte à l'équation $k = \dfrac{p_2 v}{V_0}$, qui peut s'écrire :

$$kV_0 = p_2 v,$$

on remarque sur la figure que $k = b_1b'_1$ et $V_0 = ab_1$ et que :

$$p_2 = b_2b'_2 \qquad \text{et} \qquad v = eb_2.$$

On a donc :

$$b_1b'_1 \times ab_1 = b_2b'_2 \times eb_2 = \lambda.$$

Les deux points b_2 et b_1 sont donc sur la même hyperbole de détente dg dont l'équation est : $pv = \lambda$.

On voit que, par rapport à une machine à cylindre unique, fonctionnant dans les mêmes conditions de volume et de pression, il y aura une perte de travail représentée par le triangle b_2fb_1.

Pour annuler cette perte, il faut tout simplement faire coïncider les points b_2 et b_1, c'est-à-dire faire $v = Vo$; en d'autres termes, il faut que le volume d'admission au cylindre de détente soit égal au volume du petit cylindre. Dans ces conditions, l'équation précédente devient :

$$k = p_2,$$

c'est-à-dire que la pression au réservoir intermédiaire est égale à la pression d'échappement du petit cylindre ; il n'y aura donc, au moment de l'échappement au réservoir intermédiaire aucune chute de pression.

Volumes des cylindres. — Pour produire le même travail et réaliser le diagramme ci-dessus, on peut donner à v ou Vo une infinité de valeurs, et, par suite, aux deux points confondus b_1,b_2 une position quelconque sur l'hyperbole de détente ; sa position est en effet indéterminée. Si les points b_1, b_2 confondus en b viennent en d, on a :

$$V_0 = v = v_0.$$

Le travail du petit cylindre est nul, et le grand cylindre seul donne le travail en fonctionnant comme cylindre unique. Si b vient en g, le grand cylindre fonctionne à pression constante gg', et le petit cylindre effectue toute la détente. On voit donc qu'il est nécessaire ici de faire de la détente aux deux cylindres. Pour en déterminer les chiffres, il faut fixer la position du point $b\,(b_1 b_2)$. Pour cela, on s'impose la condition d'obtenir un travail égal sur les deux manivelles.

Le diagramme ci-dessus peut être considéré comme représentant celui d'une machine à cylindre unique, qui fonctionnerait dans les mêmes conditions de température et de pression que la machine compound considérée. L'expression du travail est, comme on le sait,

$$\mathfrak{G} = v_0 p_1 \left(1 + \log \text{nép} \frac{V}{v_0} - \frac{p'}{p_1} \times \frac{V}{v_0} \right),$$

$\dfrac{V}{v_0}$ représente la détente totale.

p_1 est la pression d'admission, et v_0 le volume d'admission.
p' est la contre-pression.

Le travail au petit cylindre aura pour expression, en appelant γ' la détente, et k la contre-pression existant au réservoir intermédiaire :

$$\mathfrak{G}_{pc} = v_0 p_1 \left(1 + \log \text{nép} \, \gamma' - \frac{k}{p_1} \gamma' \right).$$

Mais $k = p_2$, puisqu'on suppose que la perte est annulée. Or :

$$p_2 = \frac{p_1}{\gamma'}.$$

Donc on a :

$$\mathfrak{G}_{pc} = v_0 p_1 \left(1 + \log \text{nép} \, \gamma' - 1 \right) = v_0 p_1 \log \text{nép} \, \gamma'.$$

Si le travail est égal sur les deux manivelles, on doit avoir :

$$\mathfrak{G}_{pc} = \frac{\mathfrak{G}}{2}.$$

ou bien :

$$v_0 p_1 \log \text{nép } \gamma' = \frac{v_0 p_1}{2}\left(1 + \log \text{nép } \frac{V}{v_0} - \frac{p'}{p_1} \times \frac{V}{v_0}\right).$$

On tire de cette équation la valeur à donner à la détente γ à faire au petit cylindre, quand on connaît la pression d'admission, la détente totale et la contre-pression, et l'on a :

$$\log \text{nép } \gamma' = \frac{1}{2}\left(1 + \log \text{nép } \frac{V}{v_0} - \frac{p'}{p_1} \times \frac{V}{v_0}\right),$$

ou bien, en logarithmes vulgaires,

$$2,3026 \times \log \gamma' = \frac{1}{2}\left(1 + 2,3026 \log \frac{V}{v_0} - \frac{p'}{p_1} \times \frac{V}{v_0}\right),$$

ou définitivement :

$$\log \gamma' = 0,217 + \frac{\log \dfrac{V}{v_0}}{2} - 0,217 \frac{p'}{p_1} \times \frac{V}{v_0}.$$

Si γ est le rapport des deux cylindres $= \dfrac{V}{v}$, γ' étant la détente au petit cylindre $= \dfrac{v}{v_0}$, la détente totale aura pour valeur :

$$\frac{V}{v_0} = \gamma\gamma'.$$

Le cylindre de détente aura les mêmes dimensions que celui de la machine à cylindre unique correspondante, c'est-à-dire $v_0\gamma\gamma'$.

Une fois déterminée la détente γ' à faire au petit cylindre, on aura de suite la valeur du volume v de ce dernier :

$$v = \gamma' v_0.$$

On a ainsi le volume v du petit cylindre en fonction de v_0, volume d'admission, que l'on détermine en fonction du travail à fournir.

Il est à remarquer que l'on pourrait chercher graphiquement cette valeur, en divisant en deux parties égales et par tâtonnements le diagramme total. On obtiendrait ainsi la ligne *ab* cherchée, qui déterminerait le volume du petit cylindre.

Les dimensions des cylindres sont ainsi établies théoriquement.

Pratiquement, il est utile de laisser toujours entre la pression d'échappement du petit-cylindre et la pression d'admission du grand cylindre une certaine différence qui permet à la vapeur de s'écouler de l'un dans l'autre. Pour cette raison, on ne prend pas pour valeur de la détente au petit cylindre la valeur de γ', mais une valeur inférieure.

La détente effective sera donc inférieure à la détente nominale, et la perte sera représentée par le triangle b_2fb_1, envisagé précédemment, et le diagramme serait celui de la figure 274.

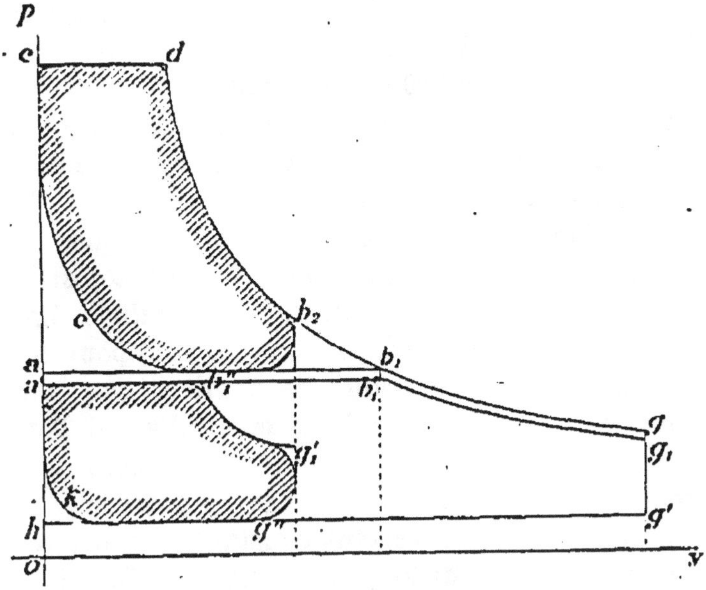

Fig. 275.

Le diagramme pratique est représenté sur la figure 275 : ab_1 représente la pression au réservoir intermédiaire ; le chiffre de cette pression s'y abaisse toujours plus ou moins, par suite de la condensation et des résistances, et l'on a ainsi le niveau

$a'b'_1$ comme pression d'admission au grand cylindre. Le diagramme du grand cylindre devient $a'b'_1g_1g'h$. Quand on relève les diagrammes aux indicateurs de pression, les courses sont évidemment égales, bien que les volumes soient inégaux. Il s'ensuit que les diagrammes sont égaux en longueur, suivant l'axe des volumes; l'échelle sera simplement différente pour chacun d'eux. Si l'on tient compte des échappements anticipés et des périodes de compression que l'or ménage toujours, ainsi que dans les machines à cylindre unique, on aura pour le grand cylindre un diagramme offrant l'allure de la courbe $a'b''_1g'_1g''k$ et pour le petit cylindre la courbe cdb_2c.

Il faut remarquer qu'en réalisant une détente inférieure à la détente γ' on avait diminué le travail du petit cylindre seul, tout en maintenant constant le travail du grand; on supprimait ainsi l'avantage de l'égalité de travail sur les deux manivelles. La perte de pression $b_1b'_1$ au réservoir intermédiaire diminue à son tour le travail du grand cylindre et rétablit sensiblement l'équilibre.

Cette perte atteint $0^{kg},20$ en moyenne.

Le volume du réservoir intermédiaire doit être compris entre deux et trois fois le volume du petit cylindre pour que la pression soit maintenue sensiblement constante.

La répartition du travail sur les deux manivelles change profondément, quand on fait varier la détente, si la machine a été établie pour une détente déterminée. En effet, le diagramme réalisé étant $abcde$ (fig. 276) pour le petit cylindre et $fghij$ pour le grand, de manière que le travail soit à peu près égal sur les deux manivelles, si l'on veut augmenter la détente, la fraction d'admission, qui était représentée par ab, devient ab'. Les volumes ed du petit cylindre et fg du grand restant constants, les diagrammes deviennent $ab'c'd'e'$ pour le petit cylindre et $fg'h'ij$ pour le grand. On voit qu'alors le travail est plus considérable sur le petit piston que sur le grand, la perte K restant sensiblement la même.

Le moyen de remédier à cet inconvénient est de diminuer la fraction d'admission au grand cylindre, ce qui élève la pression du réservoir intermédiaire. La limite minima du volume d'admission, Vo, au grand cylindre sera alors $e'd'$, c'est-à-dire le volume v du petit cylindre. On aura alors des diagrammes tels que ceux indiqués en traits forts sur la figure 276. On pourrait même égaliser complètement les

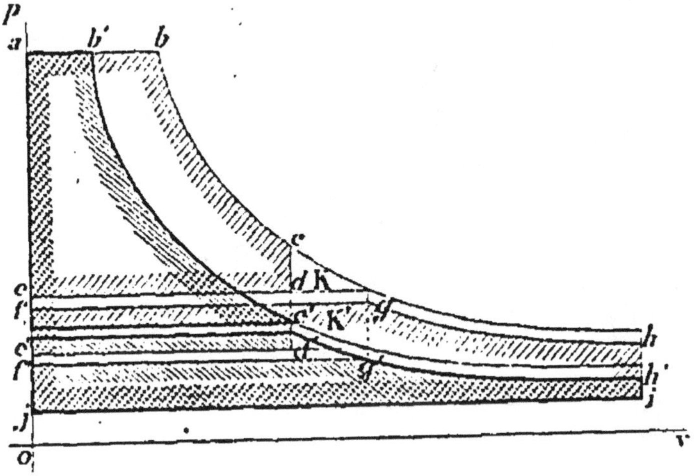

Fig. 276.

diagrammes, à condition de faire Vo inférieur à ce volume; mais alors la pression au réservoir intermédiaire deviendrait supérieure à celle de la pression au petit cylindre à fin de détente, ce qui amènerait un travail résistant sur le petit piston et, par suite, des chocs.

Il faut donc influer sur les deux distributions pour égaliser le travail, quand on augmente la détente. On diminue l'introduction au grand cylindre jusqu'à un certain minimum qui est la valeur du volume v du petit cylindre.

Si, au lieu d'augmenter la détente, on la diminue afin d'augmenter le travail, les diagrammes qui étaient représentés par les surfaces $abcde$ et $fghij$, sensiblement égales, deviennent $ab'c'd'e$ et $f'g'h'ij$; le grand cylindre fournit un travail bien plus considérable que le petit.

On pourra rétablir l'égalité, à condition d'augmenter l'admission au grand cylindre, le volume du petit restant constant; mais on voit de suite que la perte augmentera considérablement. En effet les diagrammes deviennent tels que ceux indiqués en traits forts sur la figure 277, et l'on voit que le triangle K, qui représente la perte, est considérablement augmenté en surface.

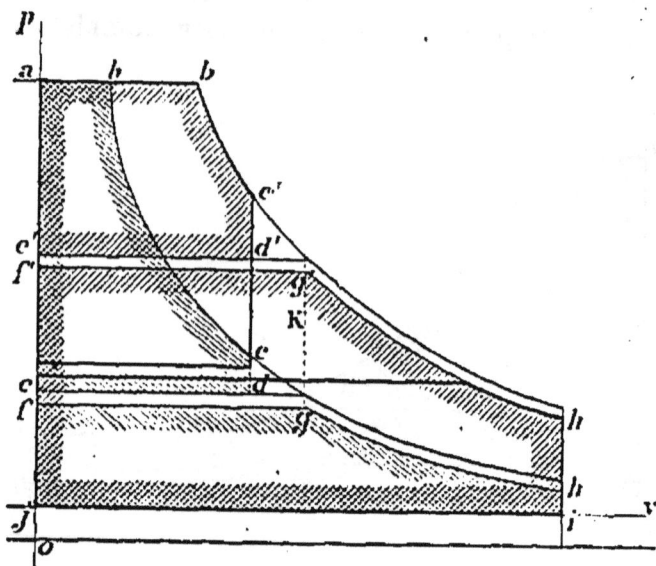

Fig. 277.

En résumé, quelle que soit l'étendue de la détente totale, les machines compound à réservoir intermédiaire sont toujours munies de détentes partielles faibles. En général, le grand cylindre est muni d'une détente fixe pour éviter les complications.

Les distributeurs sont très simples; ce sont presque toujours des tiroirs à détente réglable par coulisses.

On emploie les machines compound dans l'industrie et dans la locomotion marine ou terrestre. Leur application aux locomotives est relativement récente.

§ 4. — DISPOSITIONS DIVERSES DES MACHINES COMPOUND A RÉSERVOIR INTERMÉDIAIRE

Les machines compound à réservoir intermédiaire peuvent présenter les mêmes dispositions d'ensemble et de détails que les machines Woolf; c'est ainsi qu'elles peuvent affecter les dispositions en tandem, côte à côte, pilons, etc.

On n'insistera pas sur les descriptions déjà faites, et on se bornera à citer quelques dispositions variées des deux cylindres.

Machine à cylindres parallèles séparés. — La figure 278

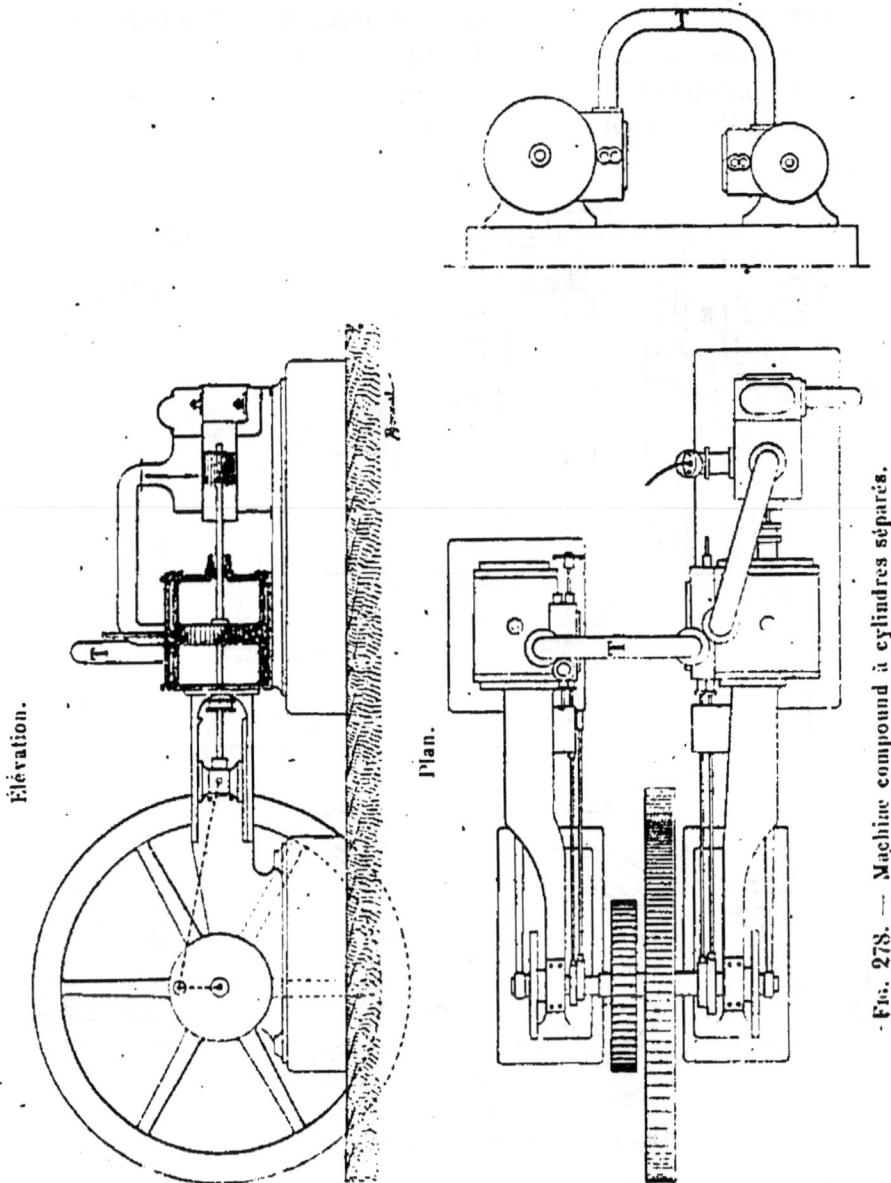

Élévation.

Plan.

FIG. 278. — Machine compound à cylindres séparés.

représente une machine compound dans laquelle les cylindres sont nettement séparés l'un de l'autre.

Le réservoir intermédiaire est constitué par le tuyau de communication T des deux cylindres.

Les tiroirs de distribution sont placés à l'extérieur et sont, par suite, très facilement visitables.

Le volant et l'engrenage de transmission sont placés entre les deux paliers de support de l'arbre moteur, qui est actionné aux extrémités par l'intermédiaire de deux plateaux-manivelles.

Le condenseur et sa pompe à air actionnée en tandem sont placés à l'arrière du cylindre de détente.

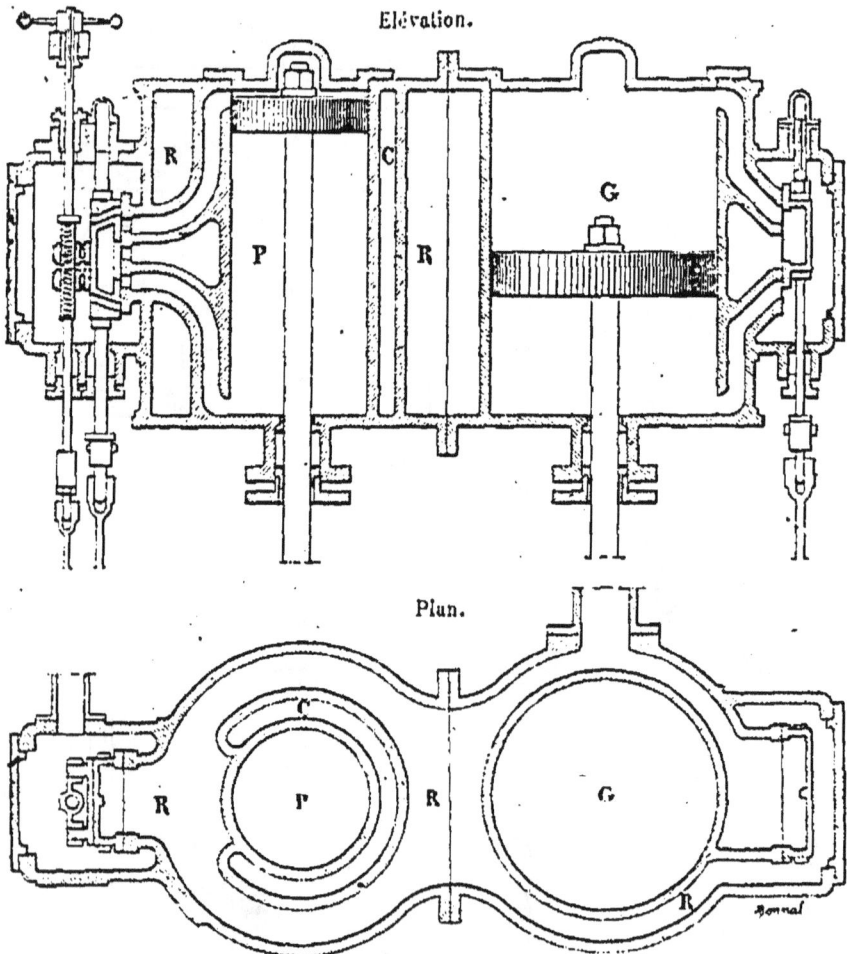

Fig. 279. — Machine compound du Creusot.

Cylindres parallèles juxtaposés. — 1° *Distributeurs extérieurs.* — La machine compound de 50 chevaux du Creusot (*fig.* 279) donne un exemple de cette disposition. Le petit cylindre P est muni d'une détente Meyer variable; et le grand cylindre G, d'une distribution fixe par tiroir à coquille.

Le petit cylindre P est entouré d'une chemise de vapeur C environnée elle-même d'une enveloppe concentrique R, qui constitue le réservoir intermédiaire. Ce dernier forme lui-même enveloppe de vapeur autour du grand cylindre. Les deux distributeurs sont extérieurs et, par suite, facilement visitables.

2° *Distributeurs intérieurs.* — Dans ce dispositif représenté sur la figure 280, les deux tiroirs sont placés dans le réservoir intermédiaire lui-même.

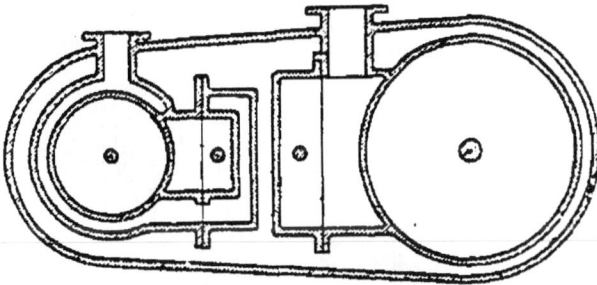

Fig. 280.

Dans ces conditions, les deux excentriques de commande sont placés entre les manivelles motrices, ce qui évite un allongement de l'arbre moteur, indispensable dans le cas précédent.

L'inconvénient de cette disposition est l'impossibilité de visiter les distributeurs.

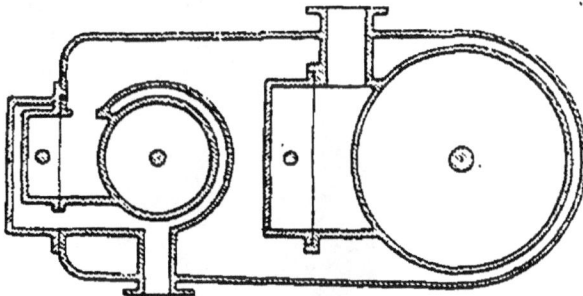

Fig. 281.

3° *Système mixte.* — La figure 281 donne le croquis d'un

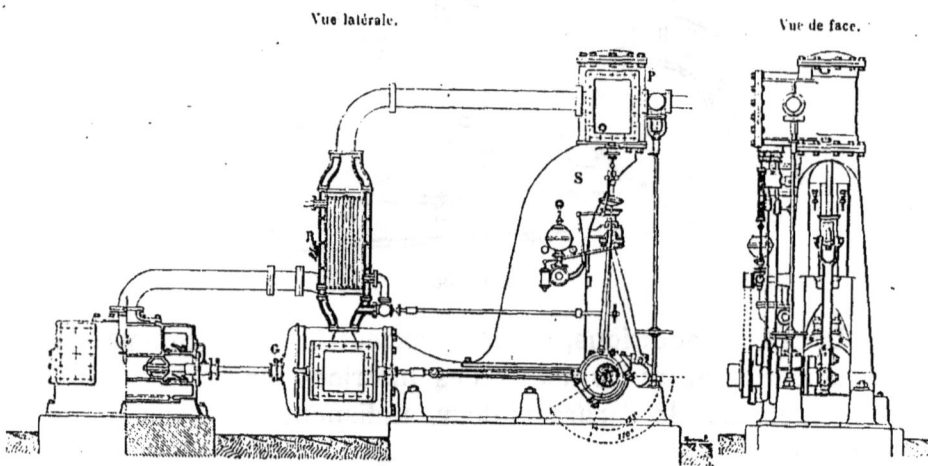

Vue latérale.

Vue de face.

Fig. 282. — Machine compound de Biétrix.

dispositif, dans lequel on a partagé les avantages et les inconvénients du précédent. Dans ce cas, en effet, un des tiroirs seul, celui du cylindre de détente, est disposé à l'intérieur. Celui du petit cylindre reste à l'extérieur, et l'arbre conserve du moins une de ses extrémités libre. Cette disposition entraîne des difficultés de construction et de réglage.

Cylindres perpendiculaires séparés. — **Machines de Biétrix** (*fig.* 282). — Dans cette machine, le petit cylindre P est placé verticalement sur un support spécial S relié au bâti. Le cylindre de détente G est horizontal et surmonté d'un réchauffeur tubulaire R constituant une partie du réservoir intermédiaire. Ce réchauffeur est entouré d'une chemise de vapeur.

Les bielles motrices des deux cylindres sont articulées sur un bouton de manivelle unique. La vapeur pouvant, dans cette machine, être admise au petit ou au grand cylindre à l'aide d'un dispositif spécial, la mise en marche peut s'effectuer quelle que soit la position de la manivelle. On ferme, après le départ, le tuyau donnant accès à la vapeur dans le grand cylindre.

Le condenseur, muni de sa pompe à air actionnée en tandem par le cylindre de détente, est situé à l'arrière

Cylindres concentriques. — On a essayé aussi un dispositif consistant à disposer les deux cylindres concentriquement l'un à l'autre (*fig.* 283). Le petit cylindre était naturellement placé à l'intérieur avec un piston à tige unique, tandis que le grand cylindre portait un piston annulaire muni d'un certain nombre de tiges placées régulièrement. Le nombre des garnitures est ainsi considérable ; le cylindre de détente acquiert un grand diamètre, et les fuites sont importantes.

Machine de M. Max Westphal (*fig.* 284). — Cette machine est à cylindre unique et comporte trois pistons P_1, P_2 et P_3. Les pistons P_1 et P_3 sont solidaires ; la tige t de P_1 se bifurque extérieurement de façon à former le cadre cc, qui rejoint le piston P_3 par l'intermédiaire de la tige creuse ou fourreau f.

C'est dans ce fourreau que coulisse la tige *hh* du troisième piston.

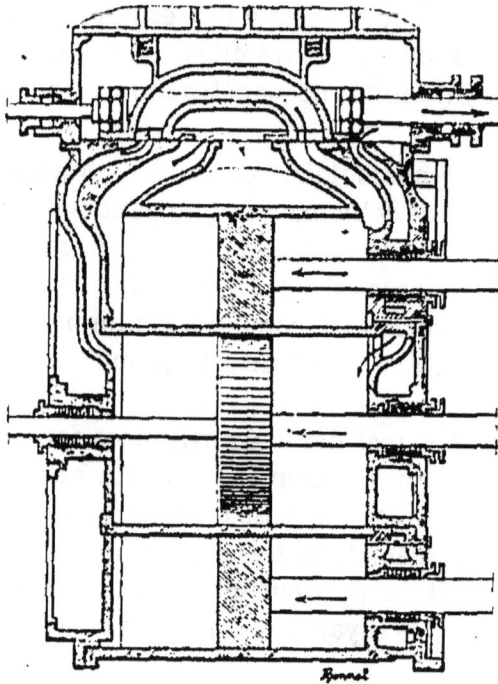

Fɪɢ. 283. — Machine compound à cylindres concentriques.

La pleine pression et la première détente s'opèrent entre les fonds et les pistons P_1 et P_3 ; la détente finale s'opère

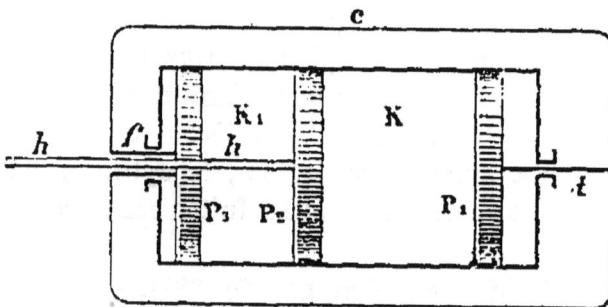

Fɪɢ. 284.

dans les espaces K et K_1 compris entre les pistons P_1 et P_3 et le piston P_2.

Dans certaines machines puissantes on dédouble le cylindre de détente et on répartit également le travail sur les deux manivelles en les plaçant à 120° l'une de l'autre.

En outre, beaucoup de machines compound sont munies de dispositifs permettant d'isoler les cylindres de manière à les faire agir isolément et de transformer ainsi la machine en deux moteurs séparés.

§ 5. — Machines a triple et a multiple expansion

Les moteurs à triple expansion et, en général, à multiple expansion ne sont que le résultat de l'extension du principe des machines Woolf ou compound. Le promoteur des machines à triple expansion est l'ingénieur français Benjamin Normand (1871). Après plusieurs essais de constructeurs anglais en 1874 et 1876, John Elder lança, en 1882, un navire qui fit deux fois le trajet d'Amsterdam à Java. Enfin, en 1885, la Compagnie transatlantique française adopta le moteur à triple expansion pour ses paquebots *Champagne* et *Bretagne*. Ces moteurs, peu répandus comme machines fixes, ont pris une extension considérable dans la Marine par suite de leur faible consommation de charbon. En général, on ne dépasse pas quatre expansions ; le moteur à *triple expansion*, ou *tricompound*, est le plus répandu.

Ces moteurs peuvent fonctionner soit d'après le système Woolf, soit d'après le système à réservoir intermédiaire, soit enfin d'après un système mixte.

La vapeur est admise dans un cylindre à *haute pression*, dans lequel elle se détend une première fois ; elle poursuit sa détente dans le deuxième cylindre à *moyenne pression* et l'achève dans le cylindre à *basse pression*. Il n'est pas nécessaire qu'il y ait des *réservoirs intermédiaires*.

Les admissions faites sont de 0,6 à 0,8 de la course, mais les pressions d'admission sont très élevées (9 à 10 kilogrammes).

Les détentes totales peuvent atteindre 12 et 14, tandis que, en étudiant la machine à cylindre unique, on a constaté qu'il n'y avait pas intérêt à prolonger la détente au-delà de 9 volumes. Cela tient à ce que les détentes partielles, dans les machines à expansion multiple, étant très faibles pour chaque cylindre, les différences extrêmes de pression et de température sont également faibles, ce qui diminue considérablement les condensations à l'admission.

La dépense de charbon par cheval-heure descend à 750 grammes dans les bonnes machines à triple expansion, tandis qu'elle se maintient aux environs de 1 kilogramme pour les machines à un cylindre.

La théorie des moteurs à multiple expansion se ferait d'une façon identique à celle des moteurs Woolf ou compound.

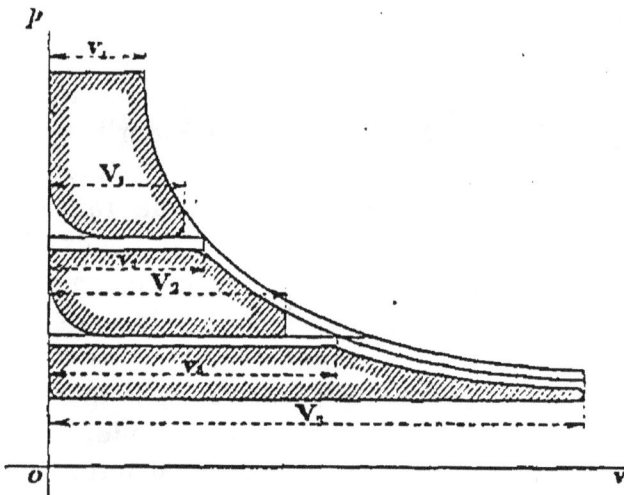

Fig. 285.

Si, par exemple, les trois cylindres sont placés côte à côte, les manivelles seront calées à 120° l'une de l'autre; on déterminera les dimensions des cylindres, de manière à avoir un travail égal sur les trois manivelles, en divisant le diagramme (fig. 285) en trois parties, d'une manière analogue à celle employée pour les machines compound.

On détermine ainsi les volumes V_1, V_2, V_3 des cylindres et les volumes v_1, v_2, v_3 des admissions successives. Les écarts indiqués entre les trois noyaux des diagrammes repré-

sentent les chutes de pression qui peuvent avoir lieu pendant
le passage de la vapeur d'un cylindre à l'autre.

Dispositions diverses des machines à triple expansion. —
Les machines à triple expansion affectent généralement la
disposition dite « pilon ». La position relative des cylindres
est très variable, mais les cas les plus fréquents sont les suivants :

*Cylindres placés côte à côte (fig. 286). — Machine à triple
expansion du* Portugal. — Les trois cylindres à haute,
moyenne et basse pression
sont de même longueur. Les
manivelles sont calées à 120°
l'une de l'autre, et les sections
des pistons sont telles que le
travail soit sensiblement le
même sur chaque manivelle.
L'arbre a l'inconvénient d'être
long ; il est composé de parties
semblables facilement rem-
plaçables. Ce dispositif est très

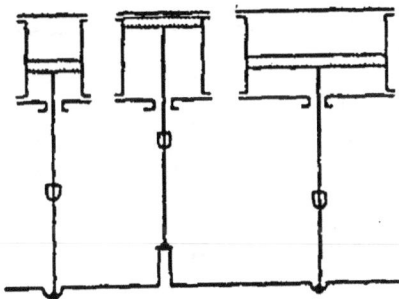

Fig. 286.

employé dans les grands paquebots.

La machine du navire *le Portugal*, des Messageries maritimes, donne un exemple connu de ce dispositif (*fig.* 287).

Le cylindre à haute pression est à détente variable, et son
tiroir est indépendant de la mise en route générale.

Les distributeurs des cylindres à moyenne et à basse
pression sont commandés par coulisse. Les cylindres à haute
et moyenne pression n'ont qu'un seul tiroir ; le cylindre à
basse pression a deux tiroirs semblables, à cause du grand
volume de vapeur qui y circule. Il y a deux condenseurs ;
les pompes à air sont commandées par le cylindre à
moyenne pression et les pompes de circulation par une
machine spéciale. Les trois cylindres possèdent des enveloppes
de vapeur.

Pour la marche arrière, on fait arriver directement la
vapeur dans le cylindre à moyenne pression, et l'on supprime
le fonctionnement du cylindre à haute pression.

Type à deux manivelles et trois cylindres. — Dans ce type
représenté sur le schéma (*fig.* 288),
les deux cylindres à moyenne et à
haute pression agissent sur la même
manivelle et fonctionnent en Woolf.

Les cylindres à moyenne et à
basse pression fonctionnent avec
réservoir intermédiaire. Le cylindre
à basse pression agit seul sur la
deuxième manivelle, qui est calée
à 90° par rapport à la première.

*Type à deux manivelles et à quatre
cylindres.* — La figure 289 représente ce dispositif. Le cylindre à
basse pression est dédoublé, et chacun des deux nouveaux
cylindres est accouplé en tandem, l'un avec le cylindre à
haute, et l'autre avec le cylindre à moyenne pression.

Ce type s'emploie pour de grandes détentes.

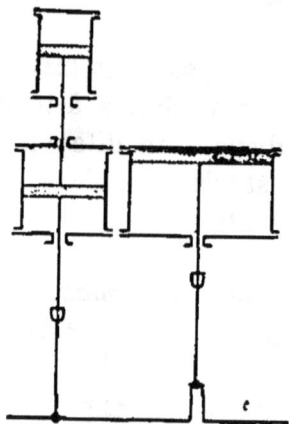

Fio. 288

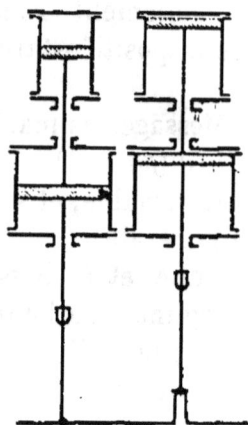

Fio. 289.

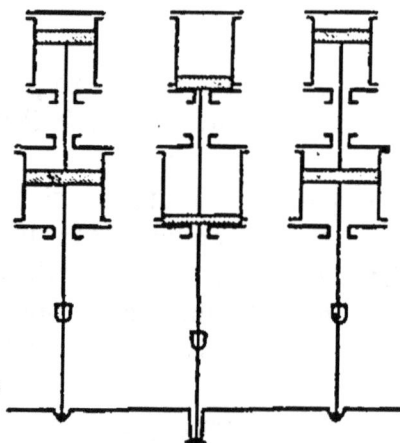

Fio. 290.

Type à six cylindres et à trois manivelles (*fig.* 290). — C'est
e type des grands paquebots (*Champagne, Bretagne*).

Il y a un cylindre à haute pression, deux à moyenne et
trois à basse pression. Les deux cylindres à moyenne pression sont accouplés en type Woolf avec les cylindres à basse

pression correspondants, et en réservoir intermédiaire avec
le troisième cylindre à basse pression. Le cylindre à haute
pression et les deux cylindres à moyenne pression fonctionnent comme avec réservoir intermédiaire.

Dans les ports où, pour faire machine arrière, on peut
transformer chaque machine en machine Woolf, en cas
d'avaries à l'une des machines, il y en a toujours deux qui
subsistent.

Machine Willans. — Le type Willans est à trois cylindres à
simple effet, superposés (*fig.* 291); les trois tiges sont en pro-

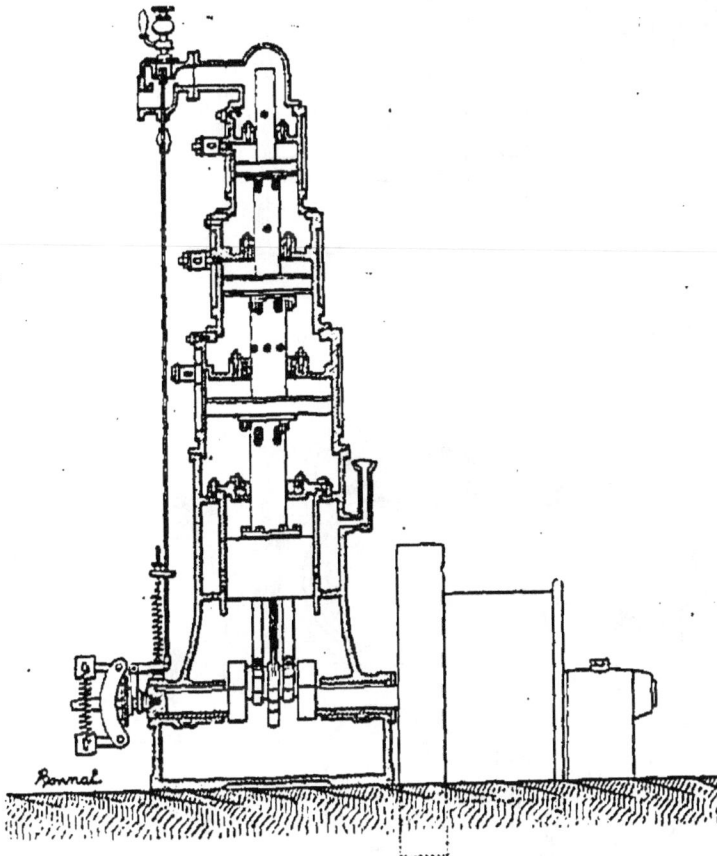

Fig. 291. — Machine Willans, à triple expansion.

longement e portent à la fois les pistons et les distributeurs
actionnés par un excentrique. Un compresseur d'air équilibre

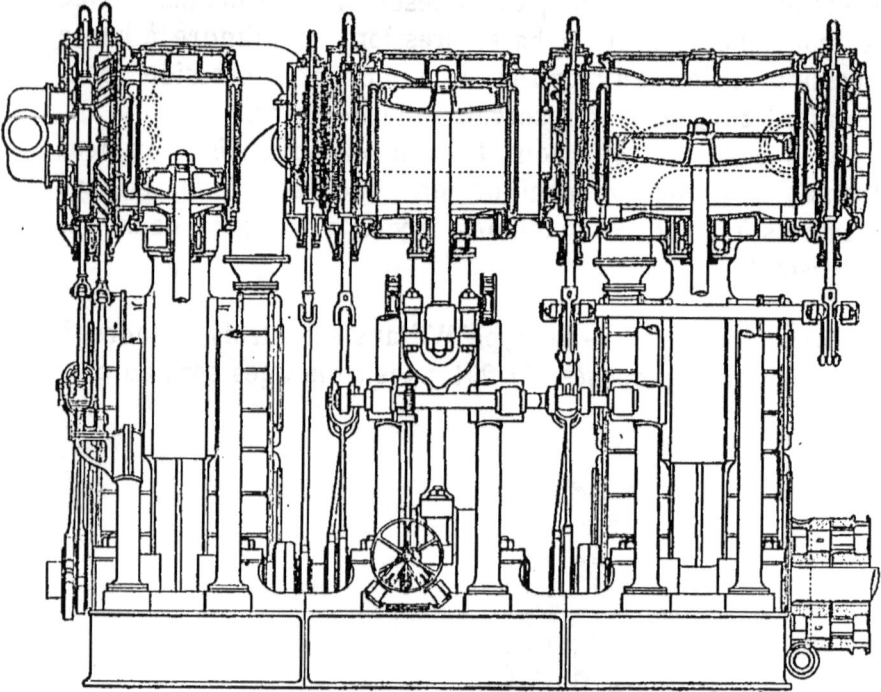

Plan

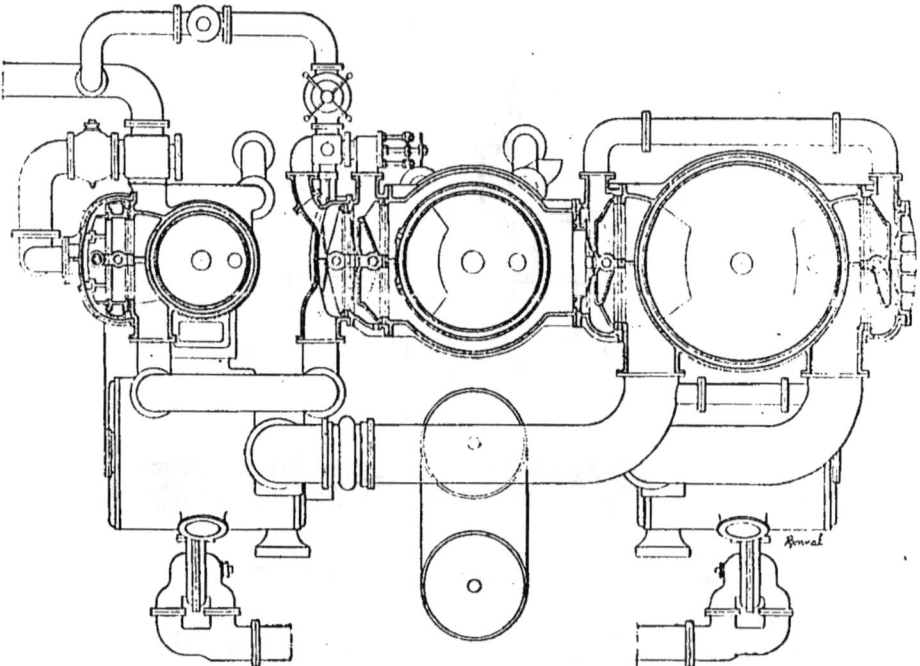

FIG. 287. — Machine à triple expansion du *Portugal*.

les efforts d'inertie produits par le mouvement alternatif des pistons, sans que l'on ait recours à l'inertie.

Machine Carels. — Dans la disposition Carels construite dans le type Sulzer, les trois pistons ont même axe, comme l'indique la figure 292.

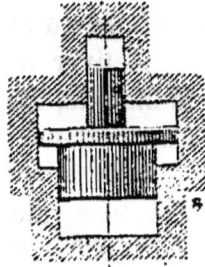

Machines rayonnantes. — Dans d'autres types, les cylindres sont disposés horizontalement suivant les rayons d'une étoile ; tels sont les moteurs Schmid et Mason, Wilson, etc.

Fig. 292

Machines à multiple expansion. — Ces machines ne sont pas encore très répandues.

Dans les machines à quadruple expansion, les cylindres sont généralement placés deux à deux côte à côte, en tandem ; mais on peut imaginer, dans cet ordre d'idées, toutes les combinaisons possibles.

§ 6. — ÉTABLISSEMENT D'UNE MACHINE A VAPEUR POUR UNE PUISSANCE DONNÉE

Pour établir une machine à vapeur d'une puissance donnée, il y a deux cas à considérer, suivant qu'on veut une machine à un seul cylindre ou une machine compound.

Quand l'économie de combustible doit primer l'économie d'installation et d'entretien, on donne la préférence à une machine compound ; dans le cas contraire, on choisit une machine à un seul cylindre.

Quel que soit le type adopté, on décide ensuite si la machine devra être à condensation ou sans condensation. La condensation ne sera possible que si l'on peut disposer d'une quantité d'eau suffisante. Lorsqu'elle ne peut pas être appliquée, la machine fonctionne à échappement libre, et l'on peut remédier aux conditions peu économiques de ce fonctionnement par l'emploi de la vapeur d'échappement pour faire du chauffage à vapeur, échauffer l'eau d'alimentation, activer le tirage de la cheminée, afin d'en réduire les dimensions, etc.

La condensation détermine une contre-pression h', de $0^{kg},1$ à $0^{kg},2$; la marche à échappement libre donnera, au contraire, une valeur légèrement supérieure à $1^{kg},033$, c'est-à-dire $1^{kg},050$ à $1^{kg},100$.

I. — Machine a cylindre unique

Dimensions du cylindre. — La puissance de la machine devant être de N chevaux, le travail utile à obtenir sera :

$$\mathfrak{T}_u = 75\text{N} \text{ kilogrammètres par seconde ;}$$

et le travail nominal, à produire dans le ou les cylindres, sera donné par la relation :

$$\mathfrak{T}_u = k\mathfrak{T}_p.$$

Or on a vu (p. 79) que :

$$\mathfrak{T}_p = \text{CH} \times \frac{2n}{60},$$

C étant le volume du cylindre en mètres cubes, H la pression moyenne en kilogrammes par mètre carré de la surface du piston, H (p. 80) :

$$H = h\, \frac{z_0}{z}\left(1 + \log \text{ nép } \frac{z}{z_0}\right) - h',$$

et n le nombre de tours par minute.

Donc on a :

$$C = \frac{30 \times 75\text{N}}{k\text{H}n}.$$

La valeur du coefficient k dépend de la puissance et du fonctionnement de la machine. On la détermine par comparaison avec des machines existantes, semblables au type choisi ; le tableau ci-après donne quelques-unes de ces valeurs.

PUISSANCE de la machine	VALEURS DE k POUR UNE MACHINE	
	sans condensation	à condensation
Chevaux		
3 à 5	0,60	»
6 à 12	0,67 à 0,72	0,60 à 0,65
12 à 30	0.73 à 0,77	0,66 à 0,70
30 à 50	0,78 à 0,82	0,71 à 0,75
60 à 100	0,83 à 0,85	0,78 à 0,82
100 à 150	»	0,83 à 0,85
150 et au delà	»	0,90

Le nombre de tours n doit être aussi grand que le permet l'application de la machine.

La pression moyenne H dépend de la pression de la vapeur d admission h, de la détente $\frac{z}{z_0}$ et de la contre-pression h'.

La pression h est celle de la vapeur dans le générateur diminuée de la perte de charge due au frottement dans les conduites. Elle est de $4^{kg},5$ à 5 kilogrammes par centimètre carré dans la machine à condensation.

La détente $\frac{z}{z_0}$ est donnée par le rapport de la pression d'admission h à la pression finale; celle-ci atteint généralement la valeur: $\frac{5}{4} h'$. Donc:

$$\frac{z}{z_0} = \frac{4}{5} \cdot \frac{h}{h'}.$$

Connaissant le volume C du cylindre, on calcule le diamètre de l'alésage d et la course l du piston. Pour cela, on se donne le rapport d, qui varie suivant le système de distribution employé. Avec les distributeurs aux extrémités du cylindre, on peut allonger la course du piston et prendre :

$$\frac{l}{d} = 2 \text{ à } 2,5.$$

Pour une machine à un seul tiroir, on prend :

$$\frac{l}{d} = 1,2 \text{ à } 1,6.$$

En combinant ce rapport avec la formule :

$$C = \frac{\pi d^2}{4}\, l,$$

on obtient le diamètre de la course du piston.

Section des orifices d'admission et d'échappement. — La section S des orifices s'obtient par la formule :

$$\frac{S}{\omega} = \frac{v}{K_1},$$

ω étant la section du cylindre.

v, la vitesse moyenne du piston :

$$v = \frac{ln}{30};$$

et K_1, un coefficient variable de l'admission à l'échappement. et avec le degré de détente.

Pour une admission de 0,80 à 0,75 :

$K_1 = 30$ pour les orifices d'admission et d'échappement;

pour une détente de 8 à 10 :

$K_1 = 40$ pour les orifices d'admission,
$K_1 = 30$ —   d'échappement.

Consommation de charbon et de vapeur par cheval-heure. — Le poids de vapeur s'obtient par la formule :

$$Q = K' \frac{\delta}{4} \cdot \frac{270.000}{1 + \log \text{nép} \frac{z}{z_0} - \frac{h'}{h} \frac{z}{z_0}},$$

K' étant un coefficient ayant comme valeurs :

1° Pour les machines { avec enveloppe de vapeur : 1,20
     sans condensation : { sans   —   —   1,35 à 1,40
2° Pour les machines { avec   —   —   1,25 à 1,30
     à condensation : { sans   —   —   1,45.

La dépense en charbon s'obtient en divisant le poids de vapeur Q par le pouvoir vaporisateur U du combustible :

$$P = \frac{Q}{U}.$$

U ayant pour valeurs :

5kg,5 à 7 kilogrammes pour les chaudières à bouilleurs;
8   à 9   —   —   tubulaires.

Organes de régularisation. — La puissance d'une machine étant rarement constante, il faut étudier ses organes en considérant la diminution ou l'augmentation du travail résistant.

Quand la résistance diminue, on peut augmenter la détente; mais, si cette diminution devient considérable et que l'augmentation de détente soit insuffisante, il faut réduire la pression de la vapeur ou le nombre de tours. On ne peut réduire le nombre de tours que lorsque l'application particulière de la machine le permet. On peut aussi combiner ces trois moyens.

Si la résistance augmente, il faut diminuer la détente, ou augmenter la pression de la vapeur, ou augmenter le nombre de tours, ou combiner ces trois moyens. Chacun de ces procédés n'est évidemment applicable que dans certaines limites.

II. — MACHINE COMPOUND

Les manivelles étant calées à 180°, la machine est une machine Woolf; calées à 90°, c'est une machine à réservoir intermédiaire.

Le nombre de tours, la pression de la vapeur, la détente et la contre-pression se déterminent d'une manière identique à celle de la machine à cylindre unique. La pression doit y être plus élevée; la plus économique est de 6 kilogrammes à 6kg,50 par centimètre carré.

Le travail nominal est identique à celui de la machine à

cylindre unique. Cependant les valeurs du coefficient k doivent être augmentées de 5 0/0.

Le grand cylindre a les mêmes dimensions que celui de la machine à cylindre unique.

Machines Woolf. — Soient :

C', le volume du petit cylindre, en mètres cubes ;

C,   —   grand   —   —

$\dfrac{z}{z_0}$, la détente totale ;

D', le diamètre du petit cylindre, en mètres ;

D,   —   grand   —   —

β', la détente au petit cylindre ;

Et β, le rapport des volumes des deux cylindres.

Si l'on ne fait pas de détente au petit cylindre : $\beta' = 1$, et l'on a :

$$C' = V_0 = C \frac{z}{z_0}$$

ou :

$$\frac{\pi D'^2}{4} = \frac{\pi D^2}{4} \frac{z}{z_0} ;$$

d'où :

$$D' = D \sqrt{\frac{z}{z_0}}.$$

Si l'on fait de la détente au petit cylindre, $\beta' > 1$; on a :

$$C' = \beta' V_0 ;$$

d'où :

$$D' = D \sqrt{\beta' \frac{z}{z_0}}.$$

Le rapport des deux cylindres β varie de 2,5 à 5 ; il est le plus souvent égal à 4 et dépend du système de distribution appliqué aux cylindres.

Le travail est inégalement réparti sur les deux pistons, et

il est assez difficile d'arriver à une égalité sur ces deux organes. On le calcule facilement, d'après les formules établies à la page 349.

Si $\beta' = 1$, le travail du petit cylindre est:

$$l\omega H \left(1 - \frac{1}{\beta - 1} \log \text{nép } \beta\right);$$

celui du grand cylindre est:

$$l\omega H \left(\frac{\beta - 1}{\beta} \log \text{nép } \beta - \frac{h'}{h} \beta\right).$$

Si $\beta' > 1$, l'égalité du travail peut être atteinte en calculant β' par la formule de la page 373; mais, comme la pression initiale est généralement plus élevée que 5 kilogrammes, on trouve pour β' une valeur trop grande. Alors on augmente le volume du petit cylindre, dont le travail est plus faible que celui du grand cylindre. Mais, quoi qu'on fasse, le travail n'est pas égal sur les deux manivelles, celui du grand cylindre étant toujours plus grand que celui du petit cylindre.

Quand le travail résistant varie, on ne peut faire varier la puissance qu'en augmentant la détente au petit cylindre, car on a vu, page 360, que la détente au grand cylindre doit rester fixe. Il en résulte que, lors de ces variations, il est impossible de maintenir la même répartition du travail dans les deux cylindres.

Les espaces morts doivent être réduits autant que possible, bien que leur importance soit faible et se fasse seulement sentir, quand la détente β' au petit cylindre augmente.

Il faut annuler l'influence de l'espace intermédiaire entre les deux cylindres, surtout dans les machines en tandem. Pour cela, on calcule l'admission au grand cylindre par la formule:

$$i = \frac{\alpha + 1}{1 + \alpha\beta},$$

α étant le volume de l'espace intermédiaire en fonction du volume du petit cylindre.

Machine à réservoir intermédiaire. — Le travail doit être réparti également sur les deux pistons. Pour cela, on peut employer deux méthodes :

1º On calcule le volume du grand cylindre à l'aide des formules ordinaires, et celui du petit cylindre à l'aide de la méthode graphique, en traçant le diagramme comme pour la machine à cylindre unique, et en divisant ce diagramme en deux parties égales, par une parallèle à l'axe des volumes (Voir page 374) :

$$\log \text{nép } \beta' = 0{,}217 + \frac{1}{2} \log \frac{z}{z_0} - 0{,}217 \frac{h'}{h} \frac{z}{z_0}.$$

2º Ayant calculé le volume du grand cylindre, comme dans la première méthode, on calcule la détente β' à faire au petit cylindre à l'aide de la formule (p. 373).

On modifie la détente β' ainsi trouvée pour laisser un excédent de pression du côté de l'échappement du petit cylindre, afin de vaincre les résistances passives dans ce cylindre, et laisser une chute de pression au réservoir inter-médiaire.

Le volume C′ du petit cylindre est ensuite donné par :

$$C' = \beta' V_0,$$

et celui du grand cylindre, par

$$C = V_0 \frac{z}{z_0}.$$

Longueur et diamètre du cylindre. — Les volumes des cylindres étant connus, on détermine leur diamètre d et leur longueur l, en prenant, en ce qui concerne le grand cylindre, pour rapport de ces deux dimensions, une valeur voisine de l'unité. Ce rapport évite de donner au petit cylindre une longueur exagérée.

III. — MACHINES A CYLINDRES MULTIPLES

Elles se calculent d'après les méthodes relatives au système dont elles se rapprochent le plus (Woolf ou à réservoir intermédiaire).

Le grand cylindre est toujours d'un volume égal à celui de la machine à cylindre unique.

CHAPITRE VII

CONDENSATION DE LA VAPEUR

On sait que la condensation amène dans le fonctionnement de la machine à vapeur une grande économie ; elle augmente la puissance de la machine pour une consommation de vapeur donnée, ou bien elle diminue le poids de vapeur consommé pour une puissance déterminée.

On a vu précédemment que la condensation pouvait se faire de deux manières : *par mélange*, c'est-à-dire en amenant la vapeur au contact immédiat de l'eau froide, par exemple, et *par surface*, en amenant la vapeur dans des espaces dont les parois sont refroidies continuellement par de l'eau froide.

On étudiera successivement ces deux modes de condensation.

§ 1. — CONDENSATION PAR MÉLANGE

Le dispositif primitif de Newcommen et celui plus perfectionné de Watt ont déjà été décrits dans l'*historique* de la machine à vapeur.

Si l'on se reporte à la figure 8, donnant les dispositions d'ensemble de la machine Watt à double effet, on trouve en R le condenseur avec sa prise d'eau *t*, réglable par un robinet ; en P est la pompe à air qui enlève continuellement l'eau affluente et la plus grande partie de l'air dissous primitivement dans cette eau, et qui a été mis en liberté sous l'influence de l'abaissement de pression.

La figure 293 reproduit en coupe théorique les diverses parties du condenseur. Le condenseur se trouve en C, et son arrivée d'eau en A ; l'eau est projetée en pluie à l'aide d'une pomme d'arrosoir. La pompe à air se trouve en P latéralement au condenseur. Elle comporte généralement un *clapet de pied* S et un *clapet de tête* S_1 ; mais, théoriquement, l'un ou l'autre de ces clapets peut être supprimé. Leur présence simultanée assure seulement le vide au con-

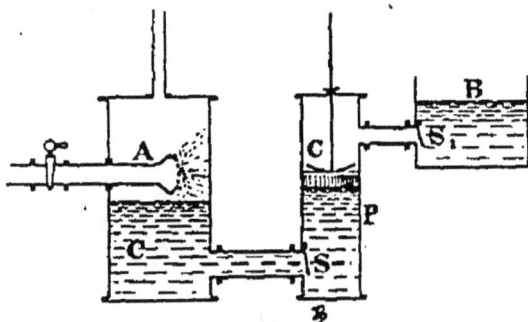

FIG. 293.

denseur. Les clapets C sont les clapets intermédiaires portés par le piston de P, comme dans une pompe aspirante élévatoire ordinaire. Le fonctionnement de la pompe est d'ailleurs le même que celui d'une pompe ordinaire ; le fluide expulsé est ici un mélange d'eau, d'air et de vapeur condensée.

L'eau expulsée est souvent reprise par la *pompe alimentaire* dans la bâche d'expulsion B pour être renvoyée à la chaudière.

DESCRIPTION DES DIVERS TYPES DE POMPE A AIR

Voici quelques exemples de dispositifs de pompes à air. Au point de vue du fonctionnement, les pompes à air peuvent être à simple ou à double effet ; au point de vue de la disposition, elles peuvent être verticales, inclinées ou horizontales.

Pompe à air verticale de Brown (fig. 294). — Le système comprend deux corps de pompe fonctionnant à simple effet. L'aspiration se fait en A, et le refoulement en R. Les clapets d'aspiration s, s, sont en caoutchouc et viennent s'appliquer sur une grille circulaire suffisamment serrée, afin de rester plans pendant le refoulement. Leur levée est réglée par le buttoir tt.

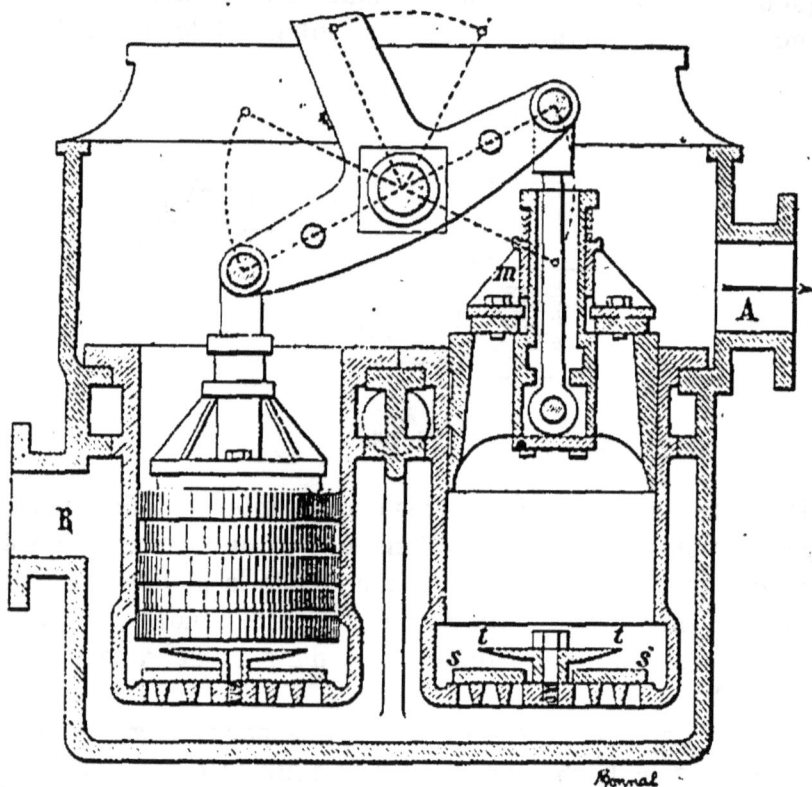

Fig. 294. — Pompe à air Brown.

Les clapets de refoulement sont annulaires et restent plans pendant leur levée ; le mouvement est guidé par un manchon à nervures m glissant le long de la tige même du piston.

Pompe verticale Welhyer et Richemond (fig. 295). — Le dispositif est le même que le précédent, avec cette particularité, toutefois, que, pour augmenter la section de passage, les clapets sont étagés à l'aspiration, comme au refoulement.

Pompe à air verticale du Creusot (fig. 296). — Le corps de pompe est ici muni d'un clapet de pied p et d'un clapet de

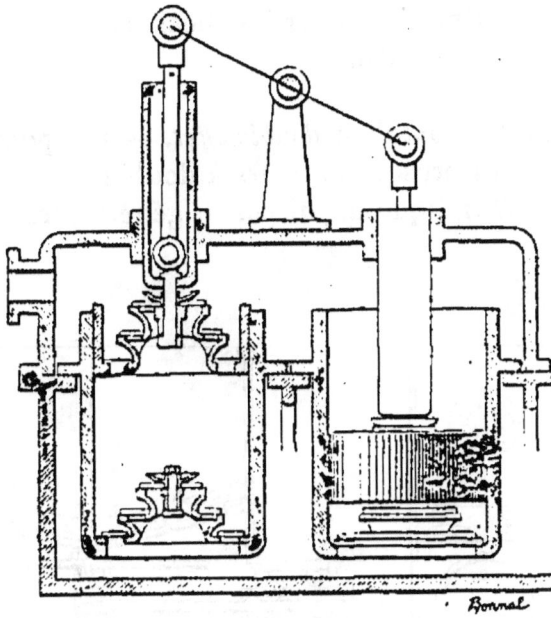

Fig. 295. — Pompe à air Wehyer et Richemond.

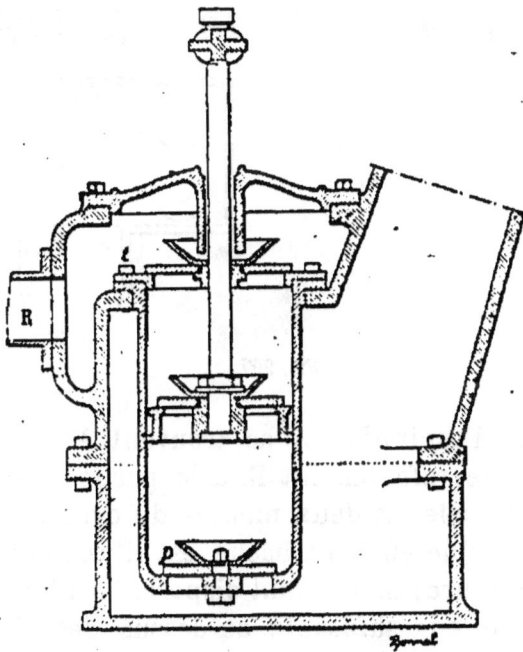

Fig. 296. — Pompe à air du Creusot.

tête *t*. La tubulure d'échappement R comporte un matelas
d'air qui est destiné à atténuer les chocs, mais qui peut aussi
favoriser les rentrées d'air.

Pompe à air horizontale à double effet. — Les pompes à air
horizontales sont presque toujours à double effet.

La figure 297 indique un dispositif général, fréquemment
employé.

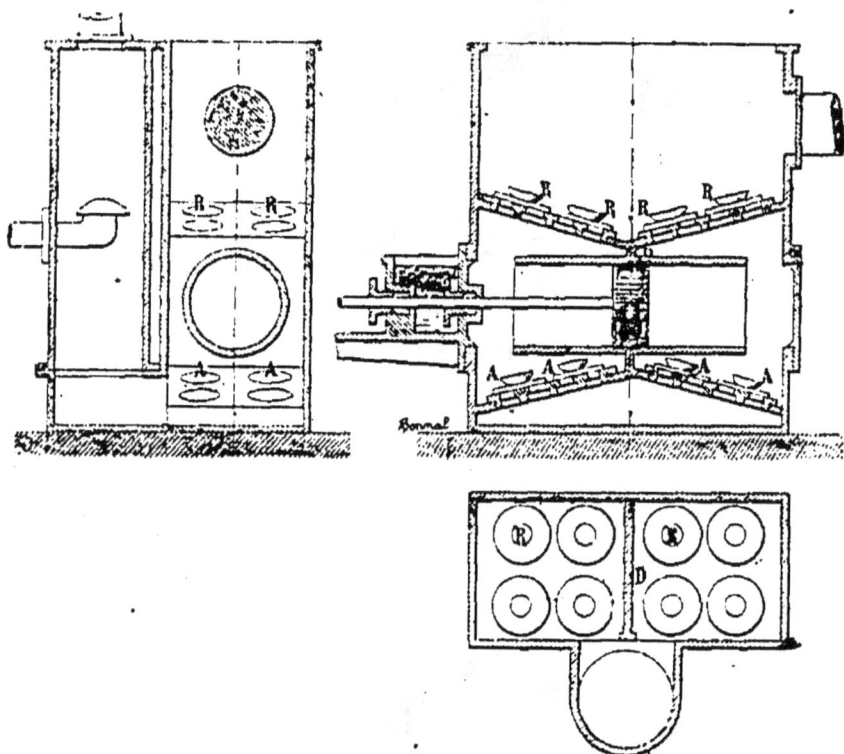

Fig. 297.

Les clapets d'aspiration A se trouvent à la partie inférieure; ceux de refoulement R, à la partie supérieure. Un
diaphragme D isole les deux moitiés du cylindre et permet
la marche à double effet. La bâche est librement ouverte à
la partie supérieure; mais il faut disposer l'orifice d'échappement à une hauteur suffisante au-dessus des clapets pour
que les rentrées d'air ne puissent pas se produire. Pour
éviter ces rentrées d'air au pourtour de la tige du piston, on

installe un dispositif spécial qui permet d'entourer d'eau les presse-étoupes, afin de remplacer les rentrées d'air par des rentrées d'eau. Ce détail est d'ailleurs commun à la plupart des systèmes de pompes de ce genre.

Les autres pompes à air horizontales ne diffèrent de la précédente que par les dispositions relatives des clapets d'aspiration ou de refoulement et du piston ou par le système de clapets employés.

Dans une disposition récente, la Maison Farcot emploie deux groupes de clapets d'aspiration : l'un à la partie basse du condenseur, l'autre à la partie haute. Le premier donne passage à l'eau, et l'autre à l'air. Le vide est sensiblement amélioré.

Clapets transatlantiques. — On remplace fréquemment les clapets en caoutchouc sur grille par des clapets métalliques en cuivre rouge dits *clapets transatlantiques (fig. 298).*

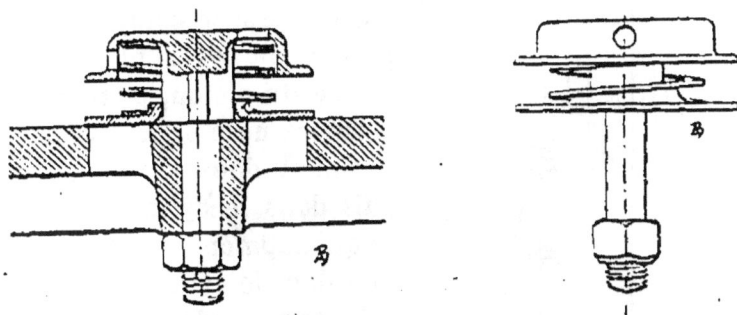

Fig. 298. — Clapet transatlantique.

Ce clapet est plan et annulaire ; le bord intérieur est relevé et peut glisser sur la partie cylindrique d'un boulon à quatre nervures. Le clapet est maintenu fermé par un ressort qui se loge, à la montée, dans une cloche fixée au boulon et limitant également la course du clapet. Ces clapets, qui peuvent avoir de $0^m,04$ à $0^m,05$ de diamètre, ne font aucun bruit et produisent un vide excellent

COMMANDE DE LA POMPE A AIR. — DISPOSITIONS DIFFÉRENTES DU CONDENSEUR ET DE LA POMPE

Les dispositifs de commande des pompes à air sont très variés. Ils peuvent s'appliquer à des pompes verticales, inclinées ou horizontales.

Commande directe. — La commande peut être effectuée par un simple prolongement de la tige du piston à vapeur; mais, si l'on ne prend certaines précautions, il peut se produire des chocs très violents, par suite de la différence de vitesse existant en certains points de la course entre le piston et l'eau affluente. Pour éviter cet inconvénient, le piston à air est noyé pendant toute la course. En outre, l'espace compris entre les presse-étoupes est plus grand que la tige du piston, pour que cette dernière ne plonge pas alternativement dans la pompe à air, puis dans le cylindre à vapeur, ce qui augmenterait la condensation dans le cylindre.

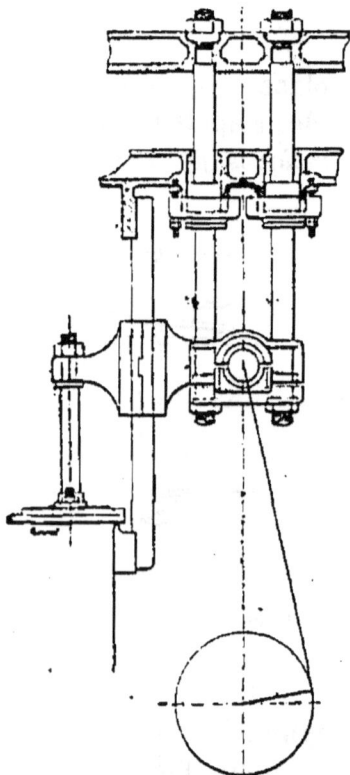

La commande peut aussi s'effectuer par la traverse même du piston, comme l'indique la figure 299, dans laquelle la tige du piston est dédoublée et porte sur le palier de tête de bielle un coulisseau rattaché à la tige du piston de la pompe à air qu'il commande. La glissière de ce coulisseau est fixée au couvercle de la pompe à air.

Fig. 299.

Commande par leviers et balanciers. — La figure 300 représente un dispositif de commande directe pour pompe hori-

zontale, à l'aide d'un balancier oscillant dans un plan vertical autour d'un axe situé sous le bâti; ce balancier est
attaché par bielles à la traverse du piston à vapeur.

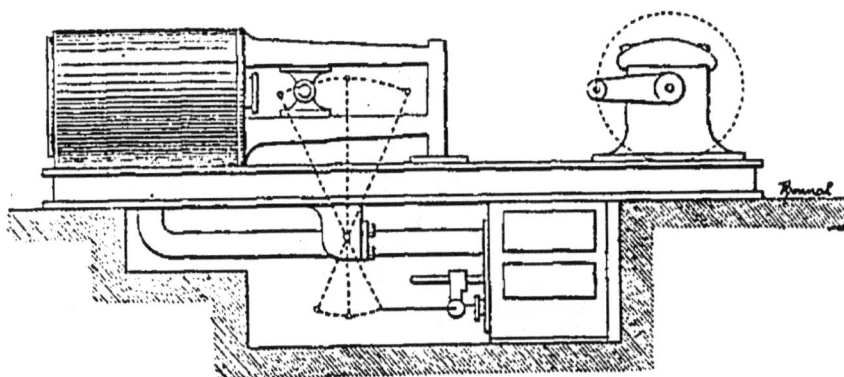

FIG. 300.

Dans la figure 301, la pompe à air est verticale, et la commande est prise sur le manneton de la manivelle. La pompe

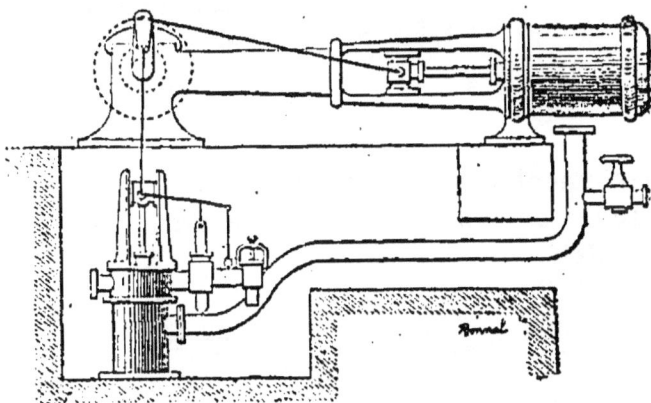

FIG. 301.

alimentaire est mue elle-même par l'intermédiaire d'un
balancier oscillant commandé par la traverse du piston de la
pompe à air.

Les pompes à air des machines-pilons peuvent aussi être
commandées par balanciers, ainsi que l'indique la figure 302,
qui se comprend à simple inspection.

Enfin, dans la figure 303, on aura un exemple de commande

de la pompe à air du système Brown, qui a été décrite ci-
dessus. Ici le prolongement de la tige du piston à vapeur

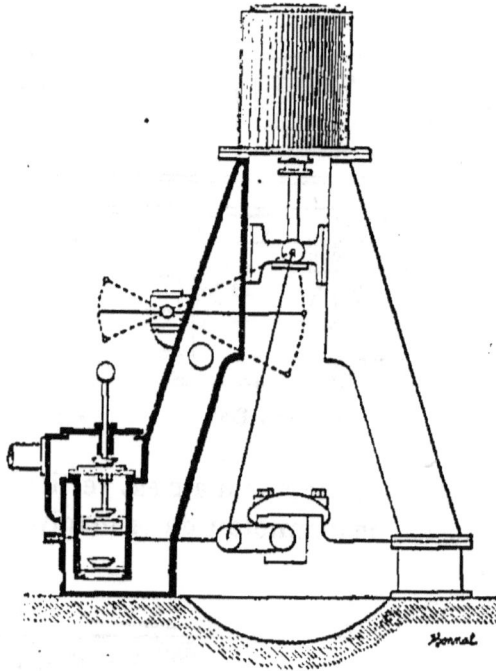

Fig. 302.

agit directement sur la branche verticale d'un balancier en **T**,
dont les deux branches horizontales commandent les pompes
à simple effet.

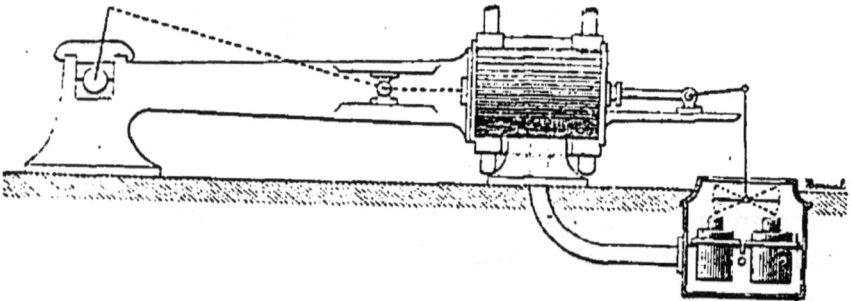

Fig. 303.

Le prolongement de la tige du piston porte une glissière
qui se meut le long d'un coulisseau spécial.

La disposition des pompes à air par rapport au cylindre peut évidemment varier beaucoup ; il faut cependant disposer les choses de manière à permettre une visite constante et facile des clapets, et, par suite, rendre la pompe à air facilement accessible.

Le départ du conduit d'échappement au condenseur devra toujours être placé à la base du cylindre même, s'il doit ensuite se relever pour rejoindre le condenseur. Cela permet à l'eau condensée de faire retour au condenseur. Si la conduite se relève, on place un purgeur automatique au point le plus bas.

Quand une usine comporte un certain nombre de machines voisines, on emploie quelquefois un condenseur commun.

Cette disposition est parfois très avantageuse ; mais, si les canalisations deviennent un peu longues, il est difficile de les conserver suffisamment étanches.

ÉTUDE DU FONCTIONNEMENT DU CONDENSEUR

Quantité d'eau à injecter. — Une fois le régime établi au condenseur, le fonctionnement dépend évidemment de la pression de la vapeur dans l'appareil, qui résulte elle-même de la température θ de ce dernier. Or cette température θ ne pourra jamais être plus basse que celle de l'eau affluente ; comme on va le voir, elle lui sera même toujours supérieure.

La machine envoie par seconde un poids de vapeur p, qui contient une quantité de chaleur $p\lambda$ ($\lambda = 606,5 + 0,305 T$). Le condenseur reçoit, de son côté, dans le même temps, un poids d'eau réfrigérante P à la température t. Si θ est la température au condenseur, il est clair que l'on a :

$$p(\lambda - \theta) = P(\theta - t) ;$$

en d'autres termes, la chaleur gagnée par l'eau égale celle perdue par la vapeur.

Pour que la pression au condenseur soit le plus faible possible, il faut que la température soit le plus faible possible, c'est-à-dire que $\theta = t$, température de l'eau affluente.

Or on a

$$\frac{P}{p} = \frac{\lambda - \theta}{\theta - t}.$$

Si $\theta = t$ on a :

$$\frac{P}{p} = \infty.$$

Il faudrait donc un **poids infini d'eau** pour avoir au condenseur la température t. Si l'on suppose connues les quantités $p\lambda$ et t, il reste deux variables P et θ.

Pour une température déterminée t de l'eau, on pourra construire une courbe des variations de $\dfrac{P}{p}$ pour différentes valeurs données à θ, température du condenseur.

Pour un rapport $\dfrac{P}{p}$ constant, la température et la pression du condenseur vont naturellement en augmentant avec la température de l'eau réfrigérante. En moyenne, pour $t = 15°$, on prend $\dfrac{P}{p} = 30$, pour une température de 35° au condenseur.

En prenant de l'eau à 15°, par exemple, on verrait qu'à partir d'une température de 35° au condenseur le rapport $\dfrac{P}{p}$ et, par suite, la quantité d'eau augmenteraient très rapidement, si l'on voulait encore diminuer la température et, par suite, la pression au condenseur.

La condensation est, en général, assurée dans de bonnes conditions, quand on dispose de 1 mètre cube d'eau pour 3 chevaux-vapeur.

Introduction de l'eau au condenseur. — Il est assez difficile d'envoyer la quantité d'eau exacte à chaque échappement de vapeur. Aussi laisse-t-on une certaine quantité d'eau dans le condenseur même.

Le réservoir est placé à un niveau inférieur au condenseur, pour que l'eau ne rentre pas dans la machine au moment des arrêts.

Si l'eau est prise dans un puits, l'aspiration peut se faire directement jusqu'à 7 mètres environ. Il est bon d'avoir une pompe spéciale qui relève l'eau dans un réservoir quand le niveau d'aspiration est à une profondeur plus grande que 7 mètres.

Volume de la pompe à air. — L'eau affluente contient de l'air qui se dégage dans le condenseur à une pression h'.

A chaque cylindrée, la machine envoie au condenseur un volume de vapeur V (y compris l'espace mort), à une densité δ. Cette vapeur condensée a un volume V'; son poids est donc de V' kilogrammes, et l'on a par suite :

$$V' = V\delta.$$

Étant donné que $\dfrac{P}{p} = \rho$, le volume d'eau réfrigérante sera :

$$V_1 = \rho V\delta.$$

C'est ce volume V_1 qui contient en dissolution une fraction $\dfrac{1}{n}$ d'air dissous à la température t de l'eau et à la pression atmosphérique H. Le volume d'air est donc $\dfrac{V_1}{n}$.

Ce même volume d'air introduit dans le condenseur est ramené à la pression h' et à la température θ de ce dernier. Il est donc :

$$\frac{V_1}{n}\frac{H}{h'}\left[1 + \alpha(\theta - t)\right].$$

Une partie de ce volume se dégage dans le condenseur; mais il reste pour le volume d'eau V_1 du condenseur une certaine fraction $\dfrac{1}{n_1}$ d'air dissous.

La quantité d'air dégagée sera donc :

$$\frac{V_1}{n}\frac{H}{h'}\left[1 + \alpha(\theta - t)\right] - \frac{V_1}{n_1}.$$

Les fractions $\dfrac{1}{n}$ et $\dfrac{1}{n_1}$ sont égales en moyenne à $\dfrac{1}{20}$.

Le volume d'air dégagé est donc :

$$V_2 = \frac{V_i}{20} \left\{ \frac{H}{h'} [1 + \alpha(\theta -)] - 1 \right\}.$$

Soit C le volume du condenseur ; avant l'arrivée de vapeur et d'eau, ce volume est à la pression h' ; après l'arrivée de vapeur et d'eau et le dégagement d'air, ce volume C devient :

$$C - (V' + V_i + V_2) \text{ à la pression } h'_i,$$

et l'on a :

$$Ch' = [C - (V' + V_i + V_2)] \, h'_i.$$

Le rôle de la pompe à air est de ramener par son volume propre ce volume à la pression normale h'. Soit A le volume de la pompe à air ; on doit donc avoir :

$$[C - (V' + V_i + V_2) + A] h' = [C - (V' + V_i + V_2)] h'_i = Ch';$$

d'où l'on tire :

$$A = V' + V_i + V_2.$$

En remplaçant V', V_i, V_2 par leurs valeurs, on a :

$$A = V\delta \left[1 + \rho + \frac{\rho}{20} \left(\frac{H}{h'} [1 + \alpha(\theta - t)] - 1 \right) \right],$$

V étant le volume d'une cylindrée de la machine, y compris l'espace mort.

Ce volume A est le volume d'une cylindrée de pompe à air, si la pompe est à double effet.

Si elle est à simple effet, ce volume A doit évidemment être doublé.

Enfin il faut tenir compte du rendement mécanique de la pompe, qui peut être pris égal à 0,75, de sorte que l'on a :

Pour une pompe à simple effet :

$$A_i = \frac{2V\delta}{0.75} \left[1 + \rho + \frac{\rho}{20} \left(\frac{H}{h'} [1 + \alpha(\theta - t)] - 1 \right) \right];$$

pour une pompe à double effet :

$$A_2 = \frac{V\delta}{0,75}\left[1 + \rho + \frac{\rho}{20}\left(\frac{H}{h'}[1 + \alpha(\theta - t)] - 1\right)\right].$$

La densité δ de la vapeur devra être prise ici la plus forte possible, c'est-à-dire devra correspondre à la pression maxima d'échappement, soit pour la marche à pleine admission.

Travail dépensé par la pompe à air. — Ce travail se compose de deux parties : celle destinée à expulser le mélange d'air et de vapeur et celle destinée à l'évacuation de l'eau.

La formule précédente donnant le volume d'une pompe à simple effet peut se décomposer en deux parties :

1° Volume d'air et de vapeur :

$$A_1' = \frac{2V\delta}{0,75}\frac{\rho}{20}\left\{\frac{H}{h'}[1 + \alpha(\theta - t)] - 1\right\};$$

2° Volume d'eau :

$$A_1'' = \frac{2V\delta}{0,75}(1 + \rho).$$

Or l'évacuation se fait par ordre de densité.

L'air qui se trouvait à la pression h' est évacué le premier et passe à la pression H de l'atmosphère. Il est donc comprimé.

L'eau est ensuite évacuée et passe de la pression h du condenseur à la pression atmosphérique.

Cette pression h est égale à la pression h' de l'air augmentée de celle h'' provenant de la vapeur d'échappement.

Le travail nécessaire à comprimer le volume A_1' d'air à la pression h, au volume B_1', à la pression H, est exactement le même que celui qui serait fourni par ce même volume d'air B_1', se détendant de la pression H à la pression h' sous le volume A_1'. Ce travail a, comme on le sait, pour expression :

$$\mathfrak{T}_1' = B_1'H \log \text{nép} \frac{H}{h'}$$

et comme on doit avoir :

$$B_1' H = A_1' h',$$

il en résulte que l'on a :

$$\mathfrak{C}_1' = A_1' h' \log \text{nép } \frac{H}{h'}.$$

Le volume d'eau reste constant, mais passe de la pression h à la pression H. Le travail nécessaire à son expulsion sera donc :

$$\mathfrak{C}_2' = A_1'' (H - h).$$

Le travail résistant de la pompe à air sera donc :

$$\mathfrak{C}' = \mathfrak{C}_1' + \mathfrak{C}_2' = A_1' h' \log \text{nép } \frac{H}{h'} + A_1'' (H - h),$$

et cela pour un tour de la machine.

Si on appelle H_1 l'ordonnée moyenne du diagramme, et V le volume du cylindre (qui diffère du précédent par l'espace mort), on aura pour expression du travail pour un tour :

$$\mathfrak{C} = V (H_1 - h), \quad \bullet$$

h étant la contre-pression au condenseur.

Le travail réel produit aura donc pour un tour la valeur $\mathfrak{C} - \mathfrak{C}'$, et pour une course la valeur $\dfrac{\mathfrak{C} - \mathfrak{C}'}{2}$, soit :

$$\frac{\mathfrak{C} - \mathfrak{C}'}{2} = V (H_1 - h) - \frac{\mathfrak{C}'}{2},$$

soit encore :

$$V H_1 - \left(V h + \frac{\mathfrak{C}'}{2} \right).$$

Le terme soustractif entre parenthèse représente le travail résistant réel, y compris le travail de la pompe à air. Ce travail peut être mis sous la forme $V h_1$, et l'on aura :

$$V h_1 = V h + \frac{\mathfrak{C}'}{2};$$

d'où on tire :

$$h_1 = h + \frac{\mathfrak{C}'}{2V},$$

$$h_1 = h' + h'' + \frac{\mathfrak{C}'}{2V},$$

Cette pression h_1 sera la contre-pression réelle.

Pratiquement, pour une pompe à simple effet, la pompe à air a pour volume $\frac{1}{8}$ du volume du cylindre de détente. Pour une pompe à double effet, le volume est évidemment $\frac{1}{16}$ du cylindre de détente.

Le volume du condenseur est généralement compris entre la moitié du volume du cylindre de détente et sa totalité. Au-delà de ce chiffre, le vide est difficile à maintenir. Ce volume dépend, d'ailleurs, de la forme de la machine.

§ 2. — CONDENSATION PAR SURFACE

La condensation par surface est exclusivement employée dans la Marine, de manière à ne pas mêler l'eau de mer à l'eau d'alimentation provenant de la vapeur condensée. Cette eau de mer amènerait effectivement des incrustations qu'il faudrait alors combattre par le procédé des *extractions*, décrit dans le volume de *Chaudières à vapeur*. Ce procédé n'est d'ailleurs plus applicable au-delà de 2 ou $2^{kg},5$ de pression. Cette pression est fort peu économique ; on emploie aujourd'hui au moins 5 kilogrammes de pression.

La condensation par mélange est préférée dans la navigation fluviale, puisqu'on y a facilement de l'eau douce. Par contre, on emploie aussi la condensation par surface quand on a des eaux acidulées et corrosives.

TYPES DE CONDENSEURS PAR SURFACE

Condenseur à faisceau tubulaire vertical de Hall (fig. 304). — Ce condenseur se compose d'une capacité divisée en trois parties. La partie intermédiaire, beaucoup plus considérable, contient l'eau réfrigérante qui circule autour d'un faisceau tubulaire reliant les deux autres parties de la capacité.

La vapeur arrive à la partie supérieure du condenseur et passe dans les tubes où elle se condense ; l'eau produite se rassemble à la partie inférieure et sert à l'alimentation.

L'eau réfrigérante traverse en diagonale la partie intermédiaire de bas en haut. La circulation est donc mal assurée, et une partie du faisceau reste inutilisée. Les tubes de cuivre sont, de plus, sujets à des obstructions dues aux dépôts provenant des graisses du cylindre, dépôts qui ont, en outre, l'inconvénient de diminuer la conductibilité des tubes.

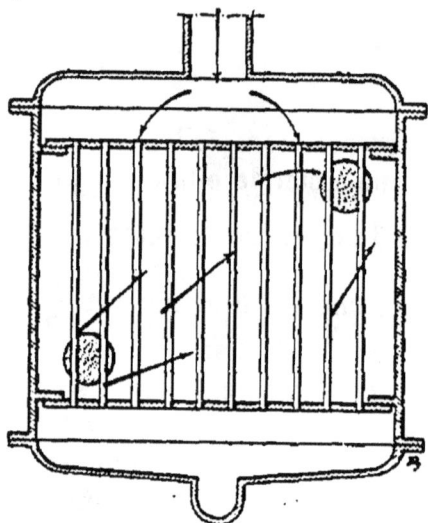

Fig. 304. — Condenseur de Hall.

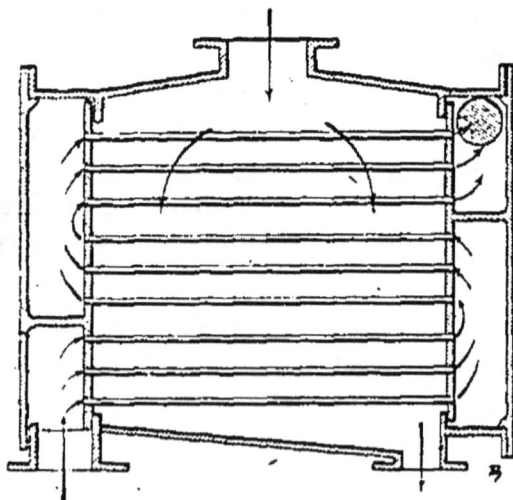

Fig. 305. — Condenseur John Elder.

Condenseur à faisceau horizontal de John Elder — Dans ce

système (*fig.* 305), la vapeur circule autour des tubes à la place de l'eau, et l'eau circule dans l'intérieur des tubes; cette circulation est rendue méthodique au moyen de chicanes, disposées dans les capacités placées en avant et en arrière du faisceau tubulaire et dans lesquelles l'eau change de direction.

Tous les tubes sont ici parfaitement utilisés.

Ils sont étamés de façon à rendre moins adhérents les dépôts de graisses qu'on peut enlever, d'ailleurs, en les faisant fondre au moyen d'un jet de vapeur qui les expulse au dehors.

Fixation des tubes du faisceau. — Plusieurs systèmes sont employés pour fixer sur les plaques tubulaires les tubes à eau.

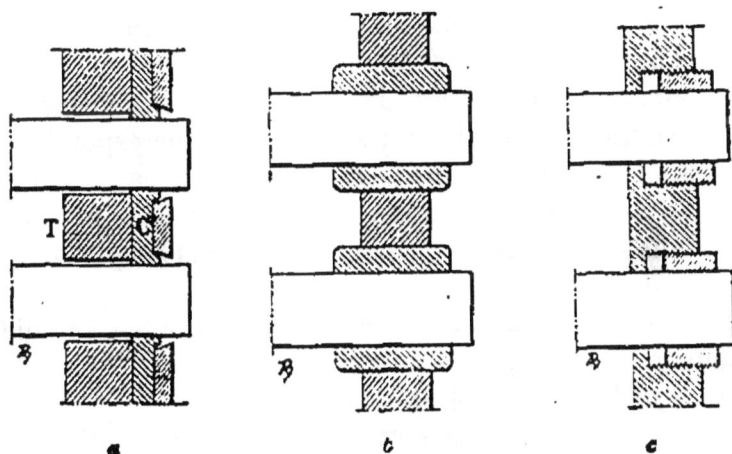

Fig. 306.

La figure 306 (*a*) ci-dessus représente un système dans lequel les tubes ont un diamètre inférieur à celui des trous de la plaque tubulaire T.

Sur cette plaque est appliquée une plaque en caoutchouc C, percée de trous plus petits que les tubes et serrée sur la plaque tubulaire par une plaque de bronze.

Ce montage a l'inconvénient de rendre les tubes dépendants les uns des autres.

Dans le dispositif indiqué par la figure 306 (*b*), la plaque tubulaire est percée de trous plus grands que le diamètre des tubes. Le joint est fait par un tampon annulaire en bois de chêne qui, en se gonflant, rend l'assemblage étanche, mais qui peut se dessécher pendant les arrêts prolongés.

Enfin la figure 306 (c) représente un système d'assemblage dans lequel le joint est obtenu au moyen d'une sorte de presse-étoupe dont la garniture peut être serrée par une rondelle filetée. Ce dispositif rend les tubes indépendants les uns des autres et permet de les remplacer.

Les tubes employés sont en laiton étamé et ont de 2 à 2^{cm},5 de diamètre et de 1/2 à 1 millimètre d'épaisseur.

Accessoires. — L'eau provenant de la condensation est, en général, reprise par une pompe à air qui la renvoie à une bâche spéciale, d'où la pompe alimentaire la refoule dans la chaudière; mais on prend soin de neutraliser auparavant, au moyen d'un lait de chaux, les graisses provenant du cylindre, et qui pourraient provoquer des accidents graves.

La pompe de circulation d'eau froide dans le faisceau a le même volume qu'aurait la pompe à air correspondant à la condensation par mélange. Elle est mue par son moteur spécial, pour que l'on puisse faire circuler l'eau au condenseur pendant les arrêts et manœuvres dans les ports.

Détermination de la surface refroidissante. — Le poids de vapeur p envoyé par seconde contient une quantité de chaleur $p\lambda$ ($\lambda = 606,5 + 0,305T$).

Le poids x d'eau à faire circuler par seconde contient $x\theta$ calories, θ étant sa température à l'entrée au condenseur.

Si t est la température extérieure des tubes réfrigérants, la quantité de chaleur que contiendra l'eau de condensation provenant du poids p de vapeur sera pt, et la quantité de chaleur perdue par la vapeur condensée sera :

$$p(\lambda - t).$$

Si θ_1 est la température de sortie de l'eau, la chaleur gagnée par le poids x de celle-ci sera :

$$x(\theta_1 - \theta).$$

et, comme la chaleur perdue par la vapeur égale celle gagnée par l'eau, on aura :

$$(1) \qquad p(\lambda - t) = x(\theta_1 - \theta).$$

Cette chaleur a traversé le faisceau tubulaire. Si S est la surface de ce dernier, et C son coefficient de conductibilité, cette quantité de chaleur aura pour expression :

$$SC\varpi,$$

ϖ étant la différence des températures des deux faces.

On prendra, pour température des faces, la moyenne des températures extrêmes, c'est-à-dire $\dfrac{T + t}{2}$ du côté de la vapeur et $\dfrac{\theta + \theta_1}{2}$ du côté de l'eau, et l'on aura :

$$(2) \qquad p(\lambda - t) = SC\left(\frac{T + t}{2} - \frac{\theta + \theta_1}{2}\right) = x(\theta_1 - \theta).$$

De (1) on tire :

$$\frac{x}{p} = \frac{(\lambda - t)}{(\theta_1 - \theta)}.$$

Cette quantité $\dfrac{x}{p}$ représente l'eau nécessaire par 1 kilogramme de vapeur.

D'autre part, l'équation (2) peut s'écrire :

$$\frac{S}{p} = \frac{\dfrac{2}{C}(\lambda - t)}{T + t - \theta - \theta_1}.$$

Cette valeur de $\dfrac{S}{p}$ représente la surface condensante nécessaire par kilogramme de vapeur envoyée par le cylindre de détente.

Les valeurs de $\dfrac{x}{p}$ et de $\dfrac{S}{p}$ peuvent être calculées, si l'on se donne la pression et, par suite, la température d'échappement, c'est-à-dire T, d'où l'on déduit λ, et si l'on connaît C.

Ce coefficient de conductibilité, qui est établi dans les

tables pour des conditions spéciales de stabilité, diffère de ce chiffre par suite de la marche intermittente du conden seur. On peut admettre que $C = 0^{cal},144$ par seconde et par mètre carré, soit :

$$0,144 \times 3600 = 518 \text{ calories par heure et par mètre carré.}$$

Pour diverses valeurs choisies de t, on aura alors diverses séries de valeurs de $\frac{x}{p}$ et de $\frac{S}{p}$ que l'on pourra comparer.

Pratiquement la surface condensante, qui est coûteuse et encombrante, doit être le plus petite possible; au contraire, la quantité d'eau réfrigérante, surtout en mer, peut être très grande, la position du condenseur au-dessous du niveau de la mer permettant de faire passer avec une force infime une grande quantité d'eau dans les tubes.

Le maximum d'économie correspond à $\frac{x}{p} = 70$; car, à partir de ce moment, le rapport $\frac{S}{p}$ est à peu près constant.

Dans ce cas $\frac{S}{p} = \frac{28}{1000}$.

La quantité de vapeur qui sera condensée par unité de surface sera $\frac{p}{S} = 36$ kilogrammes environ.

Un bon condenseur à surface doit donc condenser 36 kilogrammes de vapeur par mètre carré et par heure.

Le poids d'eau nécessaire à la condensation de 1 kilogramme de vapeur, qui est ici de 70 kilogrammes, serait moitié moindre dans le condenseur à mélange.

CLASSIFICATION ET ÉTUDE DES MACHINES A PISTON ET A MOUVEMENT ALTERNATIF, AU POINT DE VUE DU GENRE DE TRAVAIL QU'ELLES ONT A PRODUIRE.

Diverses catégories des machines à piston. — Dans les différents chapitres qui précèdent on s'est occupé surtout des machines à mouvement alternatif et à cylindre fixe, considérées comme moteurs d'usines.

Ces machines à vapeur peuvent avoir d'autres applications, qu'on peut classer dans les catégories suivantes :

1º Machines fixes destinées à fournir la force motrice ;

2º Machines non fixes pour force motrice, ou *locomotives;*

3º Machines destinées à la mise en mouvement des liquides et des gaz ;

4º Machines spéciales pour mouvement de rotation ;

5º Machines pour chocs, — *marteaux-pilons;*

6º Machines de locomotion, — *locomotives* sur rails ou routes, — machines marines ;

7º Servo-moteurs.

Les machines de la première catégorie peuvent comporter toutes les combinaisons de détail qui ont été étudiées précédemment. Ces machines varient avec chaque constructeur, et leur énumération complète est presque impossible. Leur fonctionnement dérive toujours des mêmes principes, et l'étude particulière de chaque type sera toujours facile.

Dans les machines destinées à la mise en mouvement des liquides et des gaz, on n'examinera que quelques dispositifs spéciaux.

Enfin on ne s'occupera pas des machines de locomotion

sur rails, sur routes ou marines, qui forment le sujet de volumes spéciaux de la *Bibliothèque du Conducteur* [1].

§ 1. — Locomobiles

Les locomobiles sont des machines à vapeur ordinaires, qui font corps avec leur générateur à vapeur et qui peuvent être transportées sur les points d'utilisation.

Leurs applications sont fort nombreuses. Elles sont employées dans l'agriculture, dans les travaux publics, dans l'industrie.

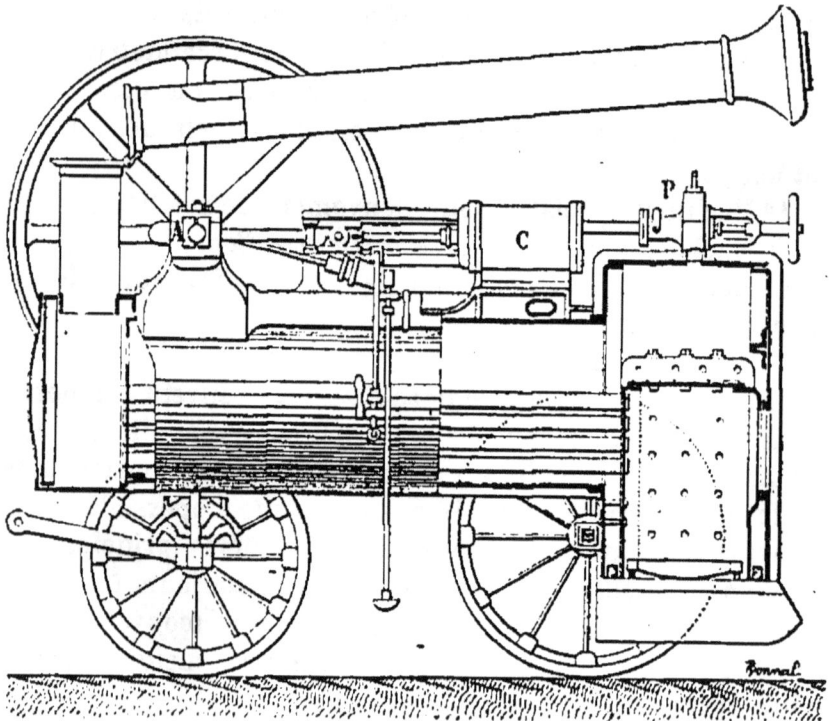

Fig. 307. — Locomobile Guyot-Sionnest et Chaligny.

Les machines destinées à l'agriculture exigent évidemment une grande robustesse d'organes ; les appareils de distribu-

---

[1] *Locomotives, Matériel roulant*, de M. Maurice Demoulin ; — *Tramways et Automobiles*, de MM. Aucamus et Galine ; — *Applications de l'Electricité*, de M. Dacremont.

tion doivent être très simples, afin de se prêter à des réparations faciles. Ces machines sont sans condensation, et l'on emploie la vapeur d'échappement pour provoquer le tirage forcé, comme dans les locomotives. La figure 307 donne la disposition d'un type de locomobile dû à MM. Guyot-Sionnest et Chaligny. La machine à vapeur proprement dite est fixée sur un bâti en fonte placé sur la chaudière. Le cylindre est en C, et la boîte du tiroir, invisible sur la figure, se trouve en arrière. Le robinet de prise de vapeur est en P. En A se trouve l'arbre moteur portant la poulie-volant. L'alimentation pouvant se faire avec des eaux très calcaires, on dispose le plus souvent dans la chaudière à vapeur des foyers amovibles, afin d'en opérer plus facilement le nettoyage.

Les locomobiles d'industrie étant déplacées rarement, on remplace les roues par des supports fixes; les appareils de distribution peuvent être plus compliqués, et on peut appliquer la condensation. On obtient alors des locomobiles se rapprochant des machines fixes et qu'on appelle pour cette raison machines mi-fixes.

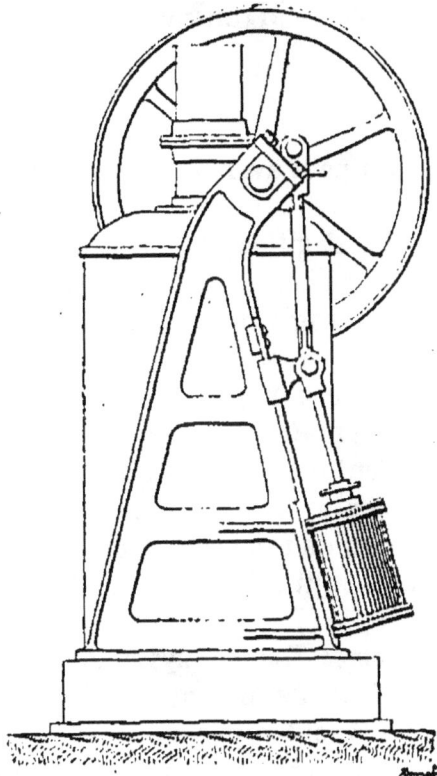

Fig. 308.

Dans certains cas, les locomobiles mi-fixes sont verticales ; le croquis (*fig.* 308) représente un type dans lequel le cylindre, fixé sur un bâti en fonte, est placé presque verticalement. Ce type vertical n'est guère adopté que pour les faibles puissances.

Dans certaines machines mi-fixes et afin de donner plus

de stabilité à l'ensemble, le cylindre et la transmission sont fixés sur un socle disposé à la base de l'ensemble. Ce dispositif, qui exige une fosse spéciale pour la poulie-volant, a l'avantage de mettre le cylindre à l'abri du voisinage immédiat de la chaudière et permet d'éviter ainsi certaines détériorations.

§ 2. — MACHINES DESTINÉES A LA MISE EN MOUVEMENT DES LIQUIDES ET DES GAZ

On peut avoir à refouler ou à aspirer des liquides ou des gaz.

S'il s'agit de liquides, les appareils rentrent dans la série des pompes et autres appareils à faire mouvoir les liquides.

S'il s'agit de gaz, on distingue les *machines soufflantes*, les *compresseurs d'air* et les *ventilateurs aspirants ou soufflants*. On n'aura pas à s'occuper ici de l'étude des appareils proprement dits provoquant le mouvement du fluide, mais seulement des moteurs qui actionnent ces appareils.

La plupart de ces moteurs n'offrent pas de particularités dignes de remarque; on signalera seulement les deux suivants, qui offrent une distribution de vapeur particulière.

Pompe Tangye (système Cameron) (*fig.* 309). — Dans ce système de pompe, l'arbre, la bielle, la manivelle et le volant sont supprimés.

Le piston de la pompe est un prolongement du piston à vapeur. L'appareil de distribution, bien que n'étant pas commandé par un excentrique, est cependant automatique. Le tiroir T est à double coquille et porte deux oreilles pouvant être actionnées par la tige S, qui porte deux pistons P, P' à ses extrémités. Deux conduits C, C', débouchent sur les fonds du cylindre dans deux capacités L et L'. Deux pistons M et M' ferment ces capacités et portent des buttoirs saillants qui peuvent être repoussés par le piston moteur A. Si le piston se dirige dans le sens de la flèche, il finira par toucher le buttoir M', ce qui permettra aux pistons P et P' de se déplacer de gauche à droite pour donner accès à la vapeur sur la face

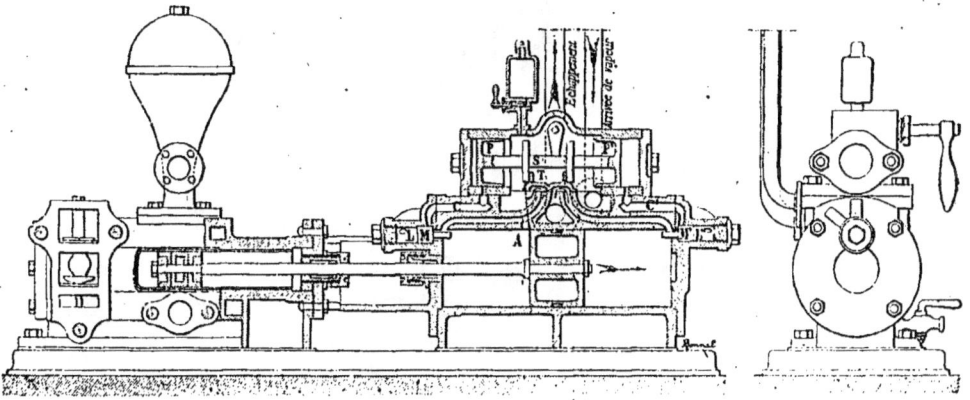

Fig. 309. — Pompe Tangye.

opposée du piston. Au bout d'un certain temps et pendant la course opposée, le piston M' revient en place sous l'influence de la pression, et le jeu de l'appareil recommence.

Pompe Selders. — Dans ce dispositif, le tiroir est commandé par un balancier en forme de **T** qui commande le déplace-

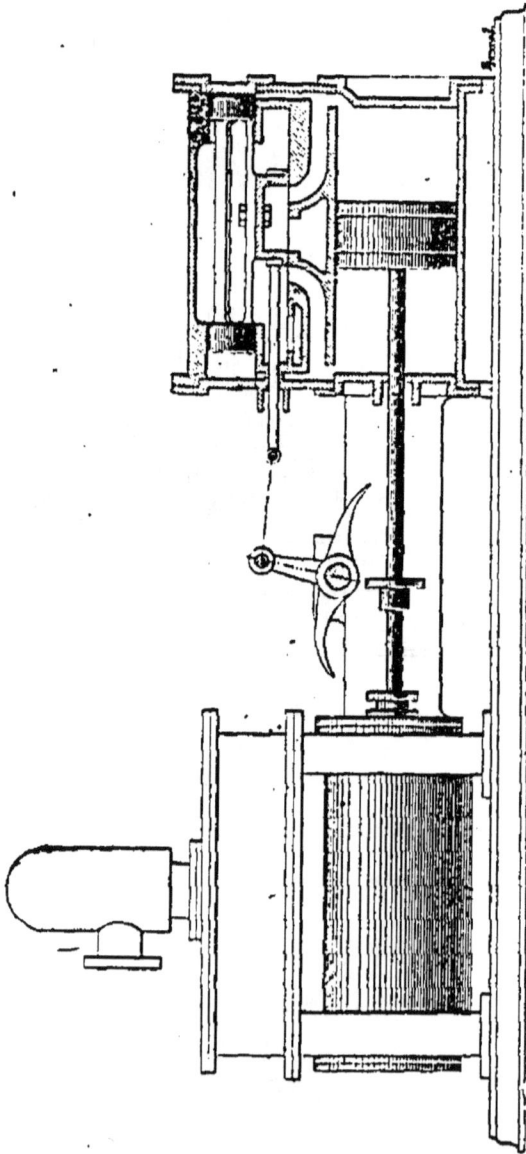

Fig. 310. — Pompe Selders.

ment aux extrémités de la course. Le tiroir est relié à un double piston sur lequel agit la vapeur. Dès que le mouvement du tiroir est commencé, la vapeur agit sur les pistons pour achever le mouvement.

Chevaux et pompes alimentaires. — Les machines de cette catégorie ont été décrites dans le volume spécial concernant les chaudières à vapeur.

§ 3. — MACHINES POUR MOUVEMENTS DE ROTATION RAPIDES

On comprend sous cette dénomination, les machines qui sont destinées plus spécialement à la commande des essoreuses, des dynamos, des treuils, etc.

Les essoreuses à vapeur sont très souvent commandées directement. La vitesse de rotation pouvant atteindre un chiffre très considérable, on emploie généralement la distribution par tiroirs équilibrés.

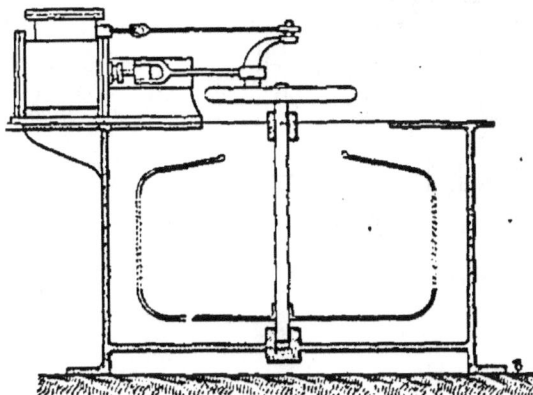

Fig. 311.

La figure 311 donne un exemple de machine commandant une essoreuse.

Les machines de commande des dynamos doivent posséder des vitesses invariables voisines de 400 tours à la minute. Il s'ensuit qu'il est nécessaire d'équilibrer avec soin tous les organes en mouvement. On emploie généralement les régulateurs agissant sur l'excentrique, tels que les régulateurs

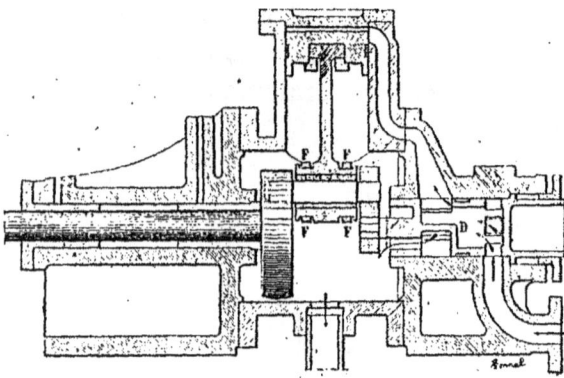

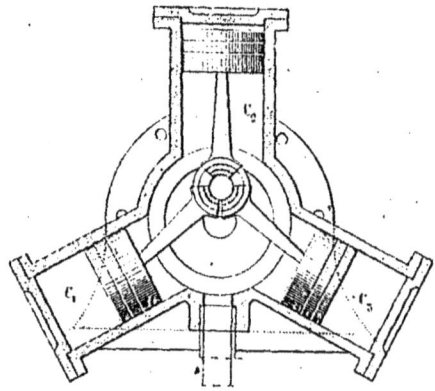

Fig. 312. — Machine Brotherhood.

Armington qui ont été étudiés précédemment. La distribution, dans ces machines, se fait par pistons équilibrés.

Machine à simple effet de Brotherhood (fig. 312). — Cette machine peut s'employer de préférence, quand il s'agit de faire mouvoir des appareils à marche intermittente, tels que les treuils. Ceux-ci exigent, en effet, qu'on puisse partir à toutes les positions de la manivelle.

La machine Brotherhood se compose de trois cylindres à simple effet C_1, C_2, C_3, placés à 120°. Les tiges des pistons, qui forment bielles s'articulent au corps par le moyen d'une rotule et s'assemblent toutes trois sur une même manivelle.

Ces tiges sont continuellement comprimées et pressent le manneton de la manivelle unique sur une portion seulement de sa circonférence. Les têtes de ces bielles sont, d'ailleurs, reliées extérieurement entre elles par des frettes F. L'appareil de distribution D est mis en mouvement par un prolongement du manneton de la manivelle. C'est une sorte de tiroir à coquille cylindrique dont les lumières passent successivement devant les conduits de distribution se rendant sous chacun des trois pistons moteurs. L'admission a lieu pendant les $\frac{75}{100}$ de la course.

Machine à simple effet de Westinghouse (fig. 313). — Cette machine est, comme la précédente, à simple effet, ce qui, pour les grandes vitesses, supprime les chocs destructifs que ne manqueraient pas de produire les machines à double effet.

Dans ce moteur le cylindre de distribution est au milieu, en D; et les deux cylindres moteurs M, M sont latéraux au premier. La partie hachurée représentée au milieu de la figure, en F, coupe en biais le cylindre de distribution. Les fonds sont disposés de manière à se briser au-delà d'une certaine pression (14 kilogrammes par centimètre carré). Les cylindres sont ouverts à la partie inférieure.

Le tiroir à piston livre passage à la vapeur par un espace annulaire et se rend au-dessus des pistons moteurs. L'excentrique qui fait mouvoir ces tiroirs est sensible à l'action du régulateur et agit sur la compression et sur la détente. Les bielles résistent à la compression. Leurs têtes, ainsi que l'arbre coudé plongent dans un bain d'huile. On atteint facilement,

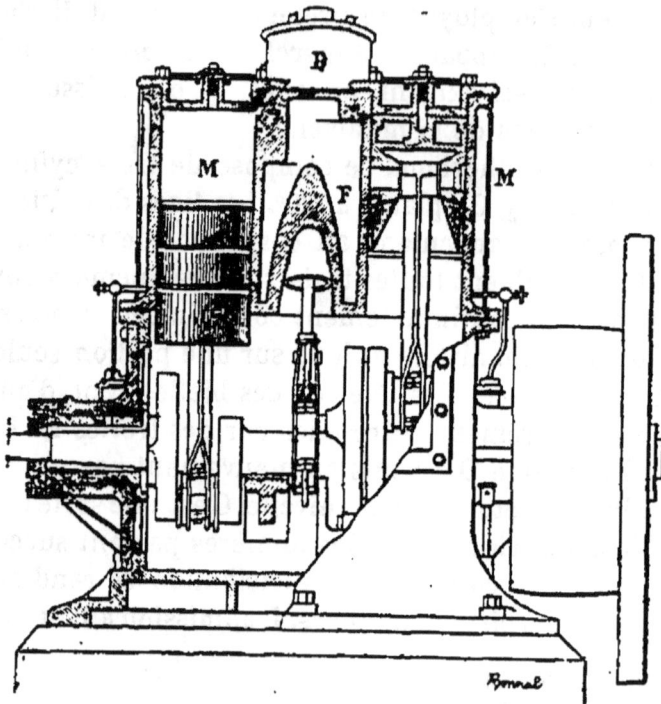

FIG. 313. — Machine Westinghouse.

avec cette machine, des vitesses de 1.000 tours; on a même réalisé le chiffre de 3.000 tours. Mais il a fallu sacrifier l'économie à la simplicité; la dépense atteint, en effet, 15 kilogrammes de vapeur par cheval et par heure.

§ 4. — MACHINES A VAPEUR POUR CHOCS

Les machines à vapeur destinées à produire des chocs portent le nom de marteaux-pilons. Ces appareils furent simultanément imaginés par Bourdon, en France, et par Nasmith, en Angleterre, en 1849.

La disposition des marteaux-pilons varie avec les usages auxquels ils sont destinés. S'il s'agit de faire subir à la masse de métal à forger des modifications profondes, on se sert de marteaux possédant un poids considérable et lancés avec une vitesse faible. On réalise ainsi les marteaux-pilons à *simple effet* dans lesquels la vapeur sert seulement à soulever la masse frappante pour la laisser retomber ensuite, par son propre poids, sur la pièce à forger. S'il faut agir seulement à l'extérieur de la masse, on se sert de marteaux de poids faibles, lancés avec une vitesse plus considérable, et l'on emploie alors les marteaux-pilons à *double effet*, dans lesquels la pression de la vapeur s'ajoute au poids de la masse.

Enfin on termine le travail à l'aide de marteaux-pilons à *double effet asservis*.

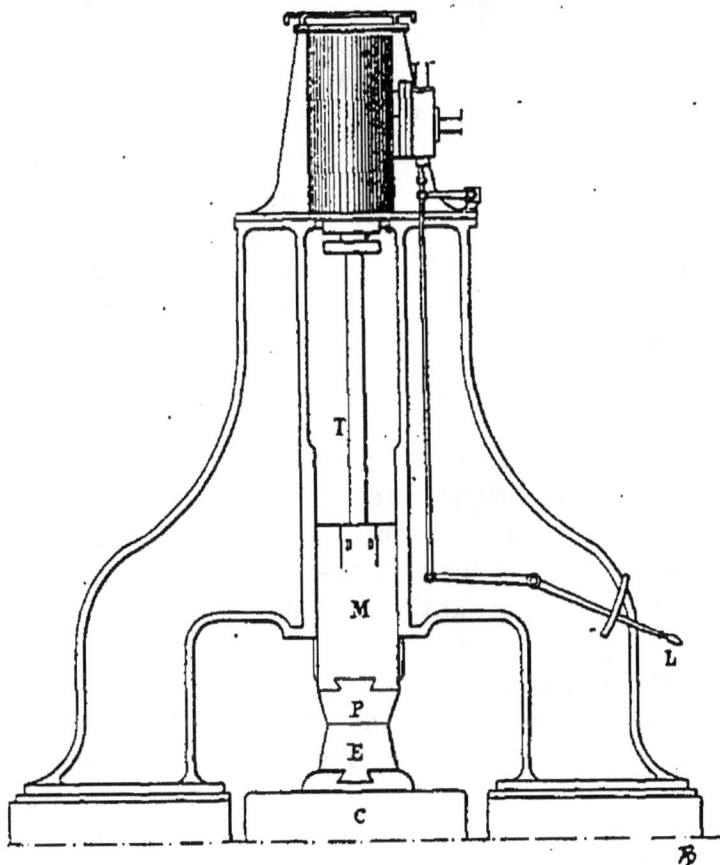

Fig. 314. — Marteau-pilon à simple effet.

Marteau-pilon à simple effet. — La figure 314 représente un marteau à simple effet. Le marteau M se compose de deux parties : le *mouton* en fonte, et la *panne* P en fer. L'enclume E s'assemble sur une pièce de fonte C appelée *chabotte*, qui repose elle-même sur la fondation. Le mouton est relié par

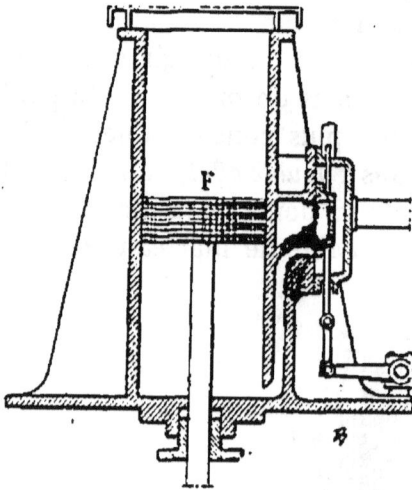

Fig. 315.

une tige T au piston à vapeur F (*fig.* 315). Le tiroir de distribution est manœuvré à l'aide du levier L disposé à proximité du sol. Ce tiroir est à coquille ordinaire. La vapeur peut passer sous le piston et le soulever, ainsi que le mouton. L'ensemble retombe ensuite par son propre poids.

Dans un autre système, qui n'est qu'une variante du précédent, on a augmenté l'effet utile du marteau en fermant le cylindre à sa partie supérieure. Deux soupapes de rentrée d'air et d'échappement sont alors ménagées sur le couvercle.

L'air, comprimé au moment de la levée du piston, ajoute sa force élastique à l'action de la pesanteur et augmente la chute. La soupape de rentrée d'air permet de rétablir la pression atmosphérique dans le cylindre pendant la descente du piston, si la pression descend au-dessous d'elle ; la soupape d'échappement permet de régler le degré de compression de l'air pendant la levée du piston.

Marteau-pilon automatique de Nasmith (*fig.* 316). — Dans ce système, la tige T du tiroir porte un cadre C relié à un ressort R, de rappel, B étant une butée fixe. Le cadre C peut être commandé par le levier L, articulé sur un manchon dont la hauteur est réglable sur une tige S parallèle à celle du tiroir. Le levier L peut être actionné lui-même par le taquet A fixé au mouton. La tige prolongée du tiroir porte un taquet K retenu par un levier à crochet MN oscillant autour d'un axe fixé sur le bâti et pouvant être actionné par un balancier PP, qui agit à chaque choc du marteau, quand, par l'effet de l'inertie, la partie lourde P tend à continuer son mouvement.

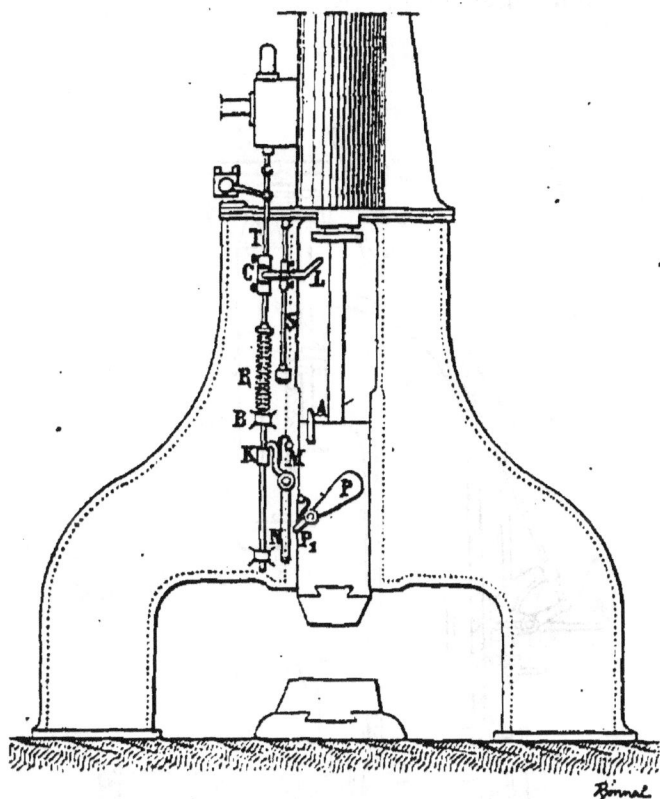

Fig. 316. — Marteau-pilon de Nasmith.

A chaque coup de marteau, le balancier PP, déclenche le levier MN et la tige du tiroir qui, sous l'action du ressort, ouvre l'admission ; le marteau s'élève jusqu'à ce que l'action du taquet A sur le levier L, en abaissant le cadre C, ouvre à nouveau l'échappement, tout en mettant en prise le levier MN et le taquet K, afin de permettre la manœuvre suivante. Le marteau peut donc fonctionner automatiquement ; la hauteur de chute est réglée par la position du levier L.

Marteau à double effet de Farcot (*fig.* 317). — La tige carrée du piston P est forgée avec lui. Le bâti A est creux et rempli de vapeur, et la section du piston est calculée pour que ce dernier soit toujours levé. L'arrivée de vapeur se fait par en haut. Le choc sera donc produit par le poids du marteau, augmenté de la pression supérieure et diminué de la pression inférieure.

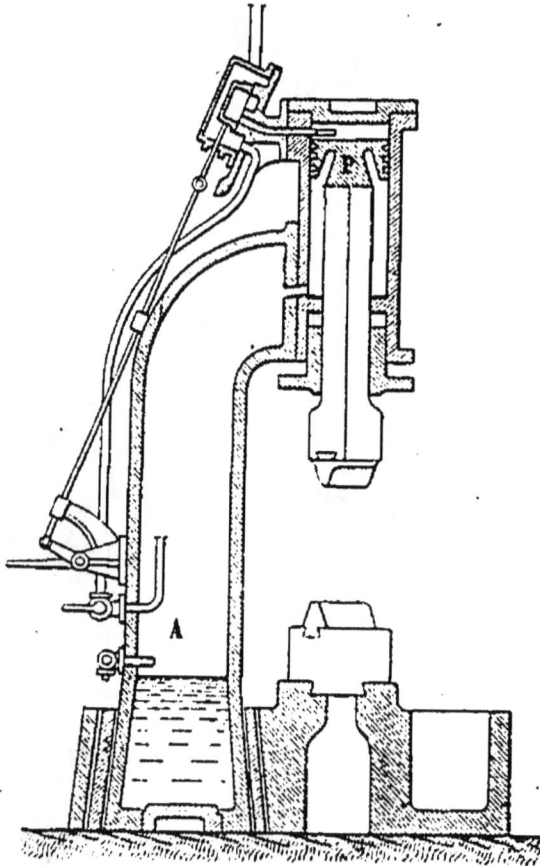

Fig. 317. — Marteau-pilon de Farcot.

Ces marteaux sont construits suivant trois grandeurs correspondant à trois puissances différentes. Les masses agissantes ont 300, 600 et 2.000 kilogrammes; et les courses, 0m,50, 0m,80 et 0m,90. La chabotte est ici fondue avec le bâti.

Marteaux asservis à double effet de Sellers (fig. 318 à 321). — Ces marteaux servent à terminer l'ouvrage. Ils agissent superficiellement sur les pièces forgées.

Les deux faces du piston sont desservies par un tiroir à double coquille T (*fig.* 319).

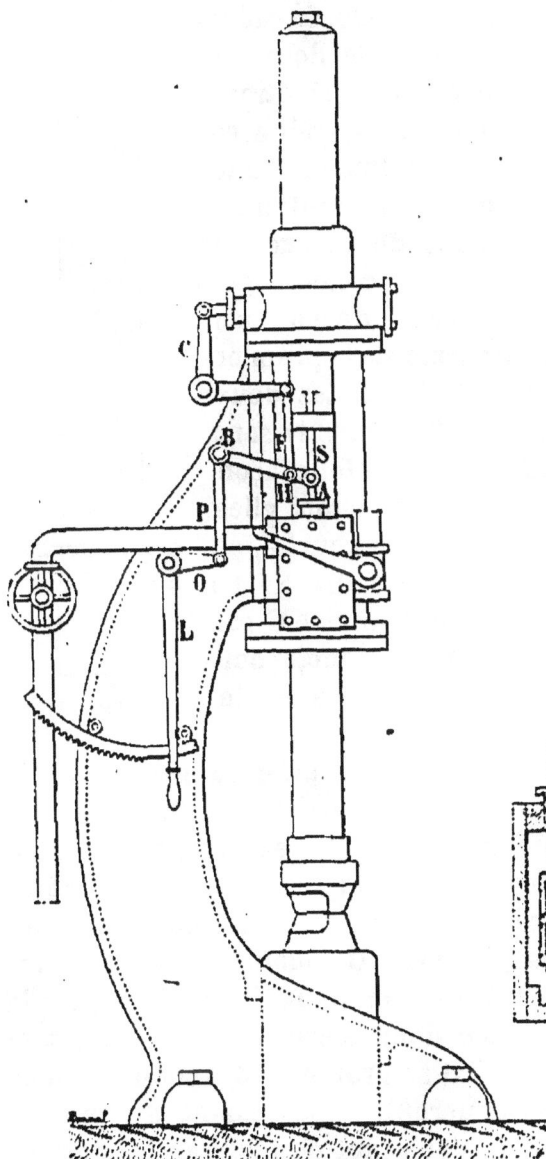

Fig. 318. — Marteau-pilon de Sellers.

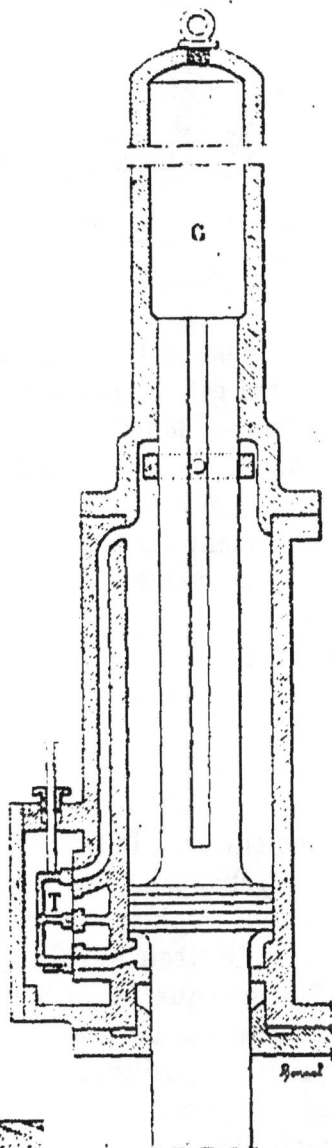

Fig. 319

La tige S de ce tiroir (*fig.* 318) est articulée à l'extrémité d'un balancier AB, suspendu à la tige F, et dont l'extrémité B porte une bielle pendante P. reliée au levier de manœuvre L

qui se meut sur un secteur. La tige F est articulée à l'extrémité du levier coudé C, relié à un cadre intérieur K, que

l'on voit en plan sur
la figure 320. Ce cadre
ovale porte deux te-
nons D, D, pénétrant
dans deux rainures
longitudinales que
porte le prolonge-
ment de la tige du
piston ; celle-ci pé-
nètre dans un

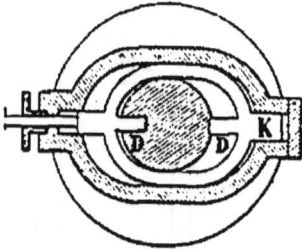

Fig. 320.

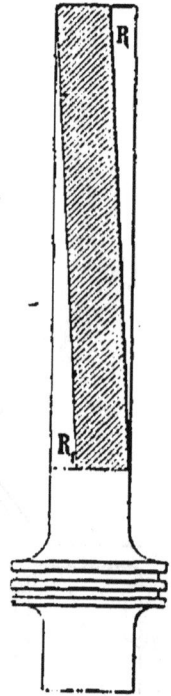

deuxième cylindre G qui surmonte le premier
et qui est de diamètre inférieur. Ces deux
rainures longitudinales R, R₁ (*fig.* 321) sont
parallèles et inclinées sur l'axe de telle façon
que, pendant le mouvement du piston, elles
déplacent les tenons de droite à gauche, ou
réciproquement, ainsi que le cadre K. La
vapeur peut pénétrer dans le cylindre G par
les deux rainures R. Elle agira donc, pour
produire la descente, sur la surface totale
du piston.

Fig. 321.

Si l'on déplace, vers la droite, le levier de manœuvre, le
balancier AB oscille autour de son articulation H, momenta-
nément fixe ; le tiroir T montant, la vapeur soulève le piston,
et l'échappement a lieu au dessus ; mais alors les rainures
R font déplacer le cadre et, par l'intermédiaire des leviers, le tiroir s'abaisse, le point B jouant le rôle de point
fixe, puisque le levier L est maintenu immobile après la
manœuvre. Le piston reste donc élevé, le tiroir étant à sa
première position. Si cet état se prolonge, des condensations
se produiront qui provoqueront l'abaissement du piston ;
mais alors les rainures R, déplaçant de nouveau le cadre K,
amèneront la réouverture de l'admission et, par suite, le
relèvement. Il s'ensuivra une série d'oscillations.

En ramenant la manette à sa position, on enverra la vapeur
au-dessus du piston et on projettera, par suite, le marteau sur
l'enclume.

Si l'on ouvre rapidement le levier L au maximum, le tiroir se trouvera à sa position haute maxima pendant que le piston sera au bas de sa course ; celui-ci sera projeté en haut, et le jeu des rainures ramènera de suite le tiroir à sa position basse maxima ; la vapeur passant au-dessus du piston précipitera alors le marteau sur l'enclume, tandis que le tiroir est ramené à la position haute, et ainsi de suite. Le fonctionnement devient donc *automatique*.

Ce marteau permet d'obtenir, à volonté, le fonctionnement à la main et le fonctionnement automatique.

La position du levier de manœuvre permet de régler l'importance de l'effet à produire.

§ 5. — SERVO-MOTEURS

Les *servo-moteurs*, ou *moteurs asservis*, viennent en aide au mécanicien, afin de lui permettre de faire des manœuvres pour lesquelles sa force corporelle serait insuffisante. Ces appareils exigent, pour se mettre en marche, un effort insignifiant ; dès que l'action du mécanicien cesse sur eux, non seulement leur action propre cesse, mais elle devient antagoniste et annihile la force vive emmagasinée, de manière que l'appareil mis en marche par le servo-moteur s'arrête avec une précision instantanée. Ces appareils sont fort employés dans la Marine. C'est M. Joseph Farcot qui a porté ces appareils au degré de précision voulu. Les dispositifs en sont extrêmement variés. Le type suivant est basé sur les mouvements respectifs d'une vis et de son écrou.

Treuil servo-moteur de Farcot-Duclos (*fig.* 322 et 323). — L'arbre qu'il s'agit de faire mouvoir est l'arbre O, commandé par l'intermédiaire de la roue hélicoïde R et de la vis sans fin S. Il est actionné par deux cylindres à vapeur C, C', desservis chacun par l'un des tiroirs cylindriques équilibrés T, T' représentés figure 323. Les patins de ces tiroirs étant sans recouvrements, la détente de la vapeur est nulle. La vapeur peut arriver par *a* et sortir par *b*, et inversement. Les tiroirs cylindriques sont eux-mêmes desservis par un distributeur D, qui permet le passage de la vapeur par un quelconque des

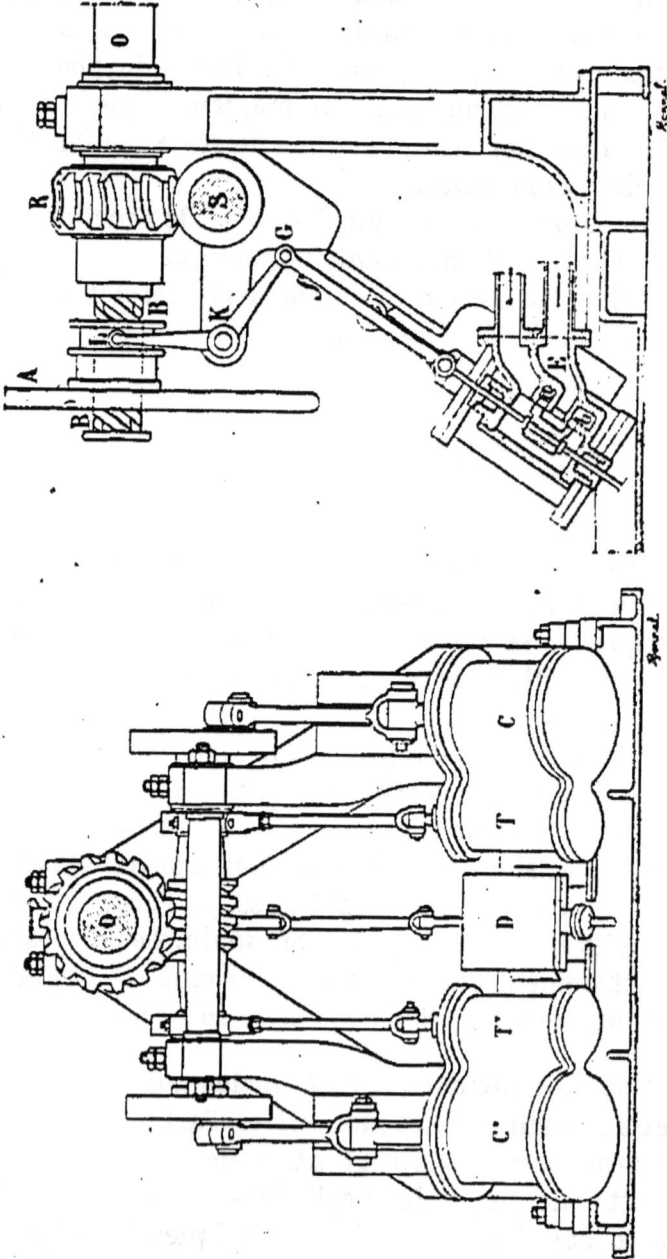

Fig. 322. — Servo-moteur Farcot-Duclos

trois orifices *a*, *b*, E, correspondant avec *a*, *b*, ou l'échappement. La tige *f* du distributeur s'articule à un levier coudé GKL, oscillant autour de K et relié à un manchon mû par le volant A. Le volant et le manchon forment écrous sur la vis B. En tournant le volant, la vis étant immobile, il se déplace à droite, entraîne le levier coudé et la tige f du distributeur, qui ouvre l'admission en b, par exemple; la machine se met alors en marche. Si l'on abandonne le volant, la vis, qui a pris un mouvement de rotation, l'entraîne avec elle et replace le distributeur D dans sa position primitive, par suite à l'arrêt. La machine s'arrête. Pour que le mouvement se continue, il faut laisser au volant un mouvement ayant une vitesse angulaire égale à celle de la vis.

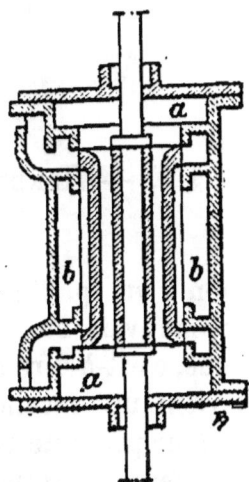

Fio. 323.

Si le mouvement primitif du volant s'était opéré en sens inverse, le mouvement de l'arbre se serait également produit en sens inverse.

Dans un autre système de servo-moteur, on agit sur le calage des excentriques, au lieu d'agir sur le renversement de l'échappement. La position moyenne correspond à l'arrêt; l'admission s'opère en changeant le calage, par suite de la rotation du volant. Si le mouvement doit continuer, on doit, comme précédemment, tourner le volant.

CHAPITRE IX

RENDEMENT, COMPARAISON ET CHOIX DES MACHINES CONDUITE ET ENTRETIEN

———

§ 1. — RENDEMENT ET COMPARAISON DES MACHINES

On a vu (p. 93) que la machine à vapeur, qui paraît être un mauvais moteur si on considère son rendement théorique, c'est-à-dire la chute de chaleur à partir du zéro absolu, devient un excellent moteur si on considère la chute de chaleur produite entre les limites réelles de température de la vapeur produite et du condenseur.

En d'autres termes, une bonne machine moyenne actuelle dépense 1 kilogramme de houille par cheval-heure, lequel peut produire en moyenne 8 kilogrammes de vapeur; si l'on tient compte du rendement du générateur, égal à 0,85 par exemple, ce chiffre descend à $0,85 \times 8 = 6^{kg},8$.

A 5 atmosphères, la température θ de la vapeur égale 152°, et l'on a :

$$\lambda = 606,5 + 0,305\,\theta = 652 \text{ calories.}$$

La chaleur totale pratiquement produite par 1 kilogramme de houille sera donc :

$$6^{kg},8 \times 652 = 4.434 \text{ calories.}$$

Comme le cheval-heure produit représente 270.000 kilogrammètres, le travail produit par 1 calorie sera :

$$\mho = \frac{270.000}{4.434} = 61 \text{ kilogrammètres, au lieu de 425.}$$

Le rendement théorique aura pour valeur :

$$R = \frac{61}{425} = 0,14.$$

Il descend à 0,10 ou 0,12 pour les machines moins perfectionnées.

Le rendement pratique, au contraire, se déduira de la chute $t_1 - t_0$ de température, qui sera, en supposant au condenseur une température t_0 de 50°,

$$t_1 - t_0 = 152 - 50 = 102°.$$

On a vu que, dans le cycle de Carnot, on ne peut théoriquement recueillir par calorie dépensée que :

$$425 \times \left(\frac{T_1 - T_0}{T_1}\right)$$

c'est-à-dire :

$$425 \times \left(\frac{a + t_1 - a + t_0}{a + t_1}\right),$$

ou bien :

$$425 \frac{(t_1 - t_0)}{273 + t_1};$$

ce qui donne :

$$425 \times \frac{102}{273 + 152} = 115 \text{ kilogrammètres.}$$

Le rendement pratique devient donc :

$$R_1 = \frac{61}{115} = 0,53.$$

Ce coefficient tient compte de toutes les pertes dues au fonctionnement, du rendement du générateur, de l'impossibilité de réaliser le cycle théorique, et enfin des résistances passives qui prennent naissance dans les organes de transmission compris entre le piston et l'arbre moteur.

On voit de suite que le meilleur moyen d'augmenter le rendement de la machine est d'augmenter la chute de température $t_1 - t_0$.

Or t_0 est généralement fixé. On ne peut, en effet, descendre au-dessous d'une certaine température au condenseur ; le minimum oscille entre 40 et 50° environ. C'est donc en augmentant t_1 qu'on peut améliorer le rendement de la machine. Ce résultat peut s'obtenir en prenant de la vapeur à très haute pression ; malheureusement les fuites augmentent alors considérablement, ce qui compense l'amélioration du fonctionnement.

Surchauffe de la vapeur. — On peut aussi augmenter la température sans augmenter la pression, en surchauffant la vapeur. Cette surchauffe a lieu dans un récipient séparé de la chaudière et placé, en général, dans les boîtes ou conduits de fumée.

On se rapproche, de cette manière, du fonctionnement théorique des gaz parfaits, car le fluide s'éloigne de la saturation. Pour réaliser encore mieux cet état, la surchauffe doit se faire, de préférence, loin de la masse liquide de la chaudière ; dans les machines à double et triple expansion, on surchauffe souvent la vapeur pendant son trajet d'un cylindre à l'autre.

Indépendamment de la chaleur perdue des fumées qu'on récupère ainsi en partie, le cycle parcouru par la vapeur surchauffée se rapproche plus de celui de Carnot. Les courbes adiabatiques sont, en particulier, plus facilement réalisées ; car, avant d'arriver à son point de saturation, c'est-à-dire au moment où elle perdra brusquement de sa chaleur en se condensant au contact des parois, il restera à la vapeur une latitude assez considérable, pendant laquelle elle perdra très peu de chaleur. Mais, sa température étant assez instable, à cause de sa faible capacité calorifique, les isothermes se réaliseront plus imparfaitement.

En réalité, la surchauffe de la vapeur ne donne pas l'économie qu'on pourrait en attendre ; on peut d'ailleurs le montrer par un exemple.

Un kilogramme de vapeur à 5 atmosphères de pression occupe un volume $v = 0^{m3},387$ à une température t de 152°, et contient, comme on l'a vu, 652 calories.

Si la température est portée par la surchauffe à $t_1 = 300°$, par exemple, le volume nouveau v_1 qu'occupera cette vapeur sera :

$$v_1 = v\,\frac{1 + at_1}{1 + at} = 0,387 \times \frac{1 + (\alpha \times 300)}{1 + (\alpha \times 152)} = 0,528.$$

Le rapport :

$$\frac{v_1}{v} = \frac{0,528}{0,387} = 1,36.$$

Si la pression reste la même, on paraît donc avoir gagné 36/100 sur le premier mode ; mais on a dépensé de la chaleur pour la surchauffe.

Pour monter de 152° à 300°, la chaleur spécifique de la vapeur étant 0,48, il a fallu :

$$(300 - 152) \times 0,48 = 71 \text{ calories.}$$

La chaleur totale contenue dans la vapeur sera donc :

$$652 + 71 = 723 \text{ calories.}$$

Le même volume $0^{m3},528$ de vapeur saturée, qui serait nécessaire pour produire le même travail, devrait peser $1^{kg},36$ et contiendrait, par suite, un nombre de calories égal à :

$$1,36 \times 652 = 887 \text{ calories.}$$

On fait donc un bénéfice avec la vapeur surchauffée.

Le rapport de ces deux chiffres donne :

$$\frac{723}{887} = 0,81.$$

On n'emploie donc que les 0,81 de la vapeur nécessaire, ce qui fait un bénéfice de 0,19, en supposant une marche à pleine pression.

Mais la marche à pleine pression n'est pas économique ; il est plus rationnel d'examiner ce que devient l'économie due à la surchauffe dans le cas d'une machine à détente. On peut s'en rendre compte facilement à l'aide d'un diagramme.

La longueur ab (fig. 324) représentant le volume de vapeur

saturée admis normalement, le même poids de vapeur surchauffée sera représenté par le volume $ab' = 1,36ab$. La
courbe bd est la courbe de la loi de Mariotte, tandis que
$b'c$ est la courbe adiabatique des gaz parfaits, qui descend
plus rapidement et qui rencontrera la première en c, point

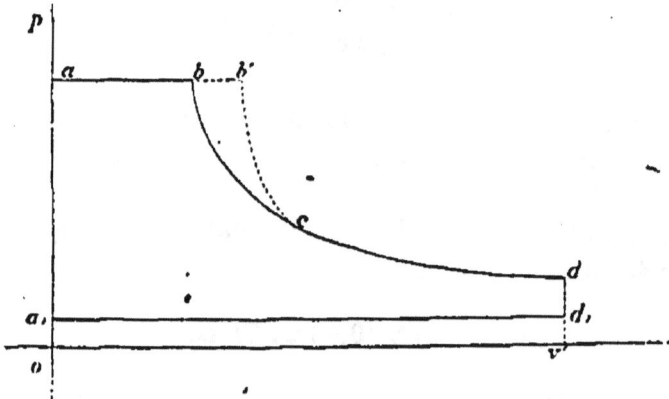

Fig. 324.

correspondant à la température et à la pression de la vapeur
saturée; à partir du point c, la détente se continuera suivant
la courbe cd de la loi de Mariotte. On voit que, pour la dépense
supplémentaire de chaleur, le bénéfice réalisé demeure
faible.

La surchauffe de la vapeur donne cependant de bons
résultats, en ce sens qu'elle évite les condensations à l'admission et permet d'avoir de la vapeur sèche à fin de détente.

On a vu comment, à l'aide du frein de Prony ou des divers
systèmes d'indicateurs, on pouvait déterminer la puissance
d'une machine à vapeur. Comme on sait déterminer par le
calcul quelle doit être théoriquement la puissance de la
machine, il s'ensuit que l'on peut facilement établir son rendement.

On déterminera par les formules le poids de vapeur consommée et, en admettant que 1 kilogramme de houille donne
de 6 à 8 kilogrammes de vapeur, on en déduira le poids de
combustible consommé.

§ 2. — Conduite et entretien des machines

Mise en marche. — La première précaution à prendre pour mettre une machine en marche consiste à se débarrasser des eaux de condensation qui peuvent s'y trouver ou qui se produiront, dès que l'on aura donné accès à la vapeur dans le cylindre. L'eau, en effet, étant incompressible, peut amener la rupture des fonds si elle se trouve en quantité suffisante.

Quand la machine est à pleine pression, si la machine est verticale ou inclinée, le piston est amené dans la partie haute du cylindre, sans toucher le fond. Les eaux de condensation s'évacueront par le robinet purgeur inférieur.

Les cylindres horizontaux portent en général un purgeur aux deux extrémités, de sorte que les eaux condensées s'écoulent de part et d'autre, chassées par la vapeur. S'il n'y avait qu'un seul robinet d'un côté, on ferait arriver la vapeur le ce côté.

Une fois que la lubrification des pièces de connexion a été partout bien opérée, on ouvre les robinets purgeurs, puis, lentement, la prise de vapeur sur la chaudière. On sait en effet (Voir volume des *Chaudières*) que l'ouverture brusque d'une prise de vapeur peut amener, dans certains cas, l'explosion de la chaudière; de plus, cette manière de procéder provoque une ébullition tumultueuse, qui amène de grands entraînements d'eau, très préjudiciables, comme on le sait, à une bonne marche. Il faut d'ailleurs éviter l'échauffement trop brusque des conduites, car des ruptures pourraient se produire. La prise étant ouverte, on ouvre lentement le modérateur qui donne accès à la vapeur dans le cylindre, les robinets purgeurs restant toujours ouverts. Ceux-ci dégagent de la vapeur humide d'abord, puis de la vapeur sèche; la machine se met lentement en marche, puis la vitesse s'accélère et devient normale, et on ferme les robinets purgeurs.

On met alors en marche le condenseur. Pour cela, on ouvre graduellement le robinet d'injection d'eau froide, et la vapeur d'échappement se condense. Quelquefois on prend la précaution d'envoyer au condenseur un jet de vapeur destiné à dilater l'air qu'il contient et qui s'échappe par la pompe à air ; cette vapeur arrive par un tuyau spécial de la chaudière, ou bien sort de l'échappement. En aspergeant le condenseur d'eau froide, le vide se produit et le condenseur fonctionne.

Arrêt du moteur. — On ferme d'abord la prise de vapeur de la chaudière, afin qu'il n'y ait pas condensation dans les conduites ; l'on ferme l'injection au condenseur, car sans cela l'eau monterait dans le cylindre à vapeur, aspirée par le piston ; ce qui amènerait des ruptures à la remise en marche. On ouvre ensuite les purgeurs, et l'on ferme le robinet du modérateur qui donne accès à la vapeur dans le cylindre.

Conduite de la machine. — Pendant la marche, la vitesse doit conserver la valeur normale pour laquelle la machine a été établie, sans quoi l'usure augmente rapidement. En réalité, la vitesse peut varier entre des limites déterminées d'avance, mais qu'il faut éviter de dépasser.

On doit maintenir les parties frottantes parfaitement lubrifiées, sans toutefois qu'il y ait excès d'huile. Le manque de lubrification des organes se constate de suite à l'échauffement important qu'ils subissent ; un *grippement* se manifeste par un bruit aigu et strident.

Le grippement peut se produire à l'intérieur du cylindre. Il faut alors le graisser, mais le moins possible, car les huiles jointes à certaines matières colorantes, comme le campêche que l'on ajoute aux eaux des chaudières pour éviter l'entartrage, forment des sortes de laques qui obstruent les conduits. Dès qu'une pièce chauffe, on la refroidit d'abord légèrement par un courant léger d'eau froide, puis plus efficacement. Souvent même des robinets d'eau sont disposés à proximité des points sujets à l'échauffement.

Les *chocs* et *claquements* qui peuvent se produire pendant la marche proviennent du jeu des articulations ou de l'eau de condensation accumulée dans le cylindre.

Dans ce dernier cas, il suffit de purger.

Quand les chocs se produisent aux extrémités de la bielle,

il faut serrer les coussinets. Si les coussinets se touchent, il faut les changer ou les limer en conséquence.

Si les chocs se produisent au clavetage du volant, ce qui est très préjudiciable à la machine, on manœuvre les boulons de serrage. Un coussinet qui s'échauffe doit être enlevé, vérifié, débarrassé des corps étrangers qui obstruent les conduits et canaux de graissage et alimenté d'huile propre.

Si les chocs sont intérieurs au cylindre, même après une purge complète, cela peut tenir au jeu produit à la jonction de la tige et du piston. Il faut alors refaire l'ajustage après avoir démonté la machine.

Si les chocs ont lieu par le piston à fin de course, il peut y avoir un défaut dans la distribution par le tiroir. En général, des repères permettent de s'assurer de ce fait ; sinon, il convient d'assurer le réglage du tiroir ou de l'appareil de distribution.

Cette opération doit se faire évidemment d'après l'épure de distribution faite pour la marche normale.

La tige du tiroir est réglable, et l'on détermine sa longueur en plaçant l'excentrique de commande et le tiroir dans leurs positions correspondantes extrêmes, suivant la détente normale à obtenir. On cale alors l'excentrique sur l'arbre.

En cours de marche, le mécanicien exercé peut voir, à la simple allure du volant ou du régulateur, si la machine marche ou non dans de bonnes conditions.

Indépendamment de ces indications, on munit souvent les machines d'*indicateurs de vitesse* ou, autrement dit, de *tachymètres* et de *métronomes*.

Les premiers sont de simples compteurs de tours.

Les seconds sont des pendules composés d'un poids suspendu à un fil de soie de longueur telle que les oscillations correspondent au nombre de coups de piston ; une table, dressée une fois pour toutes, permet de régler cette longueur, suivant le nombre des oscillations à faire.

On a vu, en étudiant les divers modes de distribution, comment on pouvait en régler les détails.

Entretien. — La machine doit toujours être tenue d'une façon parfaitement propre ; aussitôt après l'arrêt, le mécanicien nettoie toutes les pièces pendant qu'elles sont chaudes. Les démontages se font également pendant que les pièces sont chaudes, car les boulons sont très difficiles à desserrer après refroidissement.

Le nettoyage ne doit pas être superficiel, mais doit atteindre toutes les surfaces frottantes, afin d'enlever les corps étrangers, les cambouis, etc., qui favorisent les grippements et l'usure.

Ces nettoyages fréquents sont la meilleure garantie de conservation de la machine.

§ 3. — GRAISSAGE

On admet que le travail de frottement produit dans une machine se compose d'une constante due au *frottement à vide*, augmentée d'une quantité variable avec la pression et qu'on appelle *frottement en charge*. D'après M. Churston, au contraire, ce travail s'accroît avec la vitesse, mais reste indépendant de la pression, à condition que les surfaces soient bien lubrifiées.

Quoi qu'il en soit, le graissage convenable des pièces de machine est très important ; outre qu'il diminue de beaucoup le frottement, il évite les grippements des surfaces, ainsi que les jeux des pièces.

Il faut avoir soin de calculer toutes les pièces des machines de manière que les surfaces de contact soient suffisantes pour que la pression qui s'exerce entre elles n'expulse pas les lubrifiants.

Lubrifiants. — Les lubrifiants sont les corps gras solides ou liquides. Leur origine est animale, végétale ou minérale.

Les corps gras solides, suifs et graisses pâteuses, s'emploient surtout dans les chemins de fer ; la chaleur déterminée par le frottement les amène à l'état liquide.

Les corps gras liquides s'emploient partout. Parmi les huiles, les unes sont animales (huile de baleine), les autres végétales (colza, lin, arachides, etc.), les dernières minérales (huiles lourdes de pétrole, vaseline, pétroléine, valvoline, etc.).

Ces dernières tendent à se répandre beaucoup. Elles ont le grand avantage de ne pas se résinifier ni attaquer les métaux. De plus, elles délayent les cambouis, au lieu d'en former, et maintiennent la machine très propre. Elles évitent la formation de savons gras dans les chaudières. Enfin elles se congèlent moins facilement.

On étudie et l'on essaye les huiles chimiquement et mécaniquement dans des laboratoires spéciaux. Les grandes administrations qui emploient de grandes quantités de matières lubrifiantes imposent dans leurs marchés certaines conditions dont le cahier des charges, adopté par la ville de Paris, et reproduit plus loin, donne un exemple.

Graisseurs. — Les graisseurs sont placés sur les différents organes des machines à vapeur. Ils peuvent être *intermittents*, si le mécanicien les fait manœuvrer lui-même, ou *automatiques*, si c'est le fonctionnement même de la machine qui provoque la lubrification.

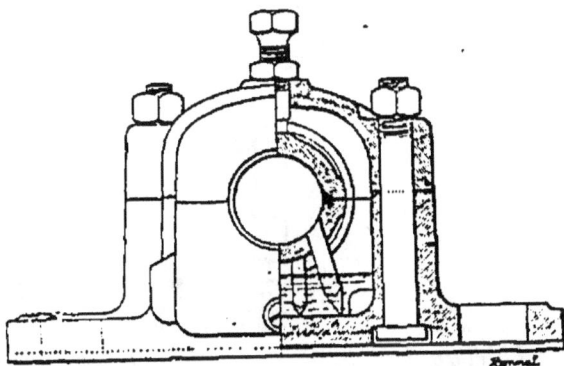

Fig. 525.

S'il s'agit du graissage d'un arbre, on peut employer tous les systèmes de paliers graisseurs décrits dans un autre volume, avec pattes d'araignées, disques releveurs, pinceaux de graissage, etc.

On emploie aussi la capilarité qui élève l'huile dans des

mèches de coton ou des joncs poreux jusqu'au point à graisser (*fig.* 325).

Dans d'autres cas, le graisseur est hermétiquement clos, et c'est la pression de la vapeur qui provoque l'écoulement de l'huile.

Toutes les fois qu'on le peut, on fait baigner dans un bain d'huile la pièce à lubrifier.

Quelquefois on graisse à l'huile ou à l'eau *glycérinée* sous pression ; dans ce cas, les surfaces frottantes sont réellement séparées l'une de l'autre par le lubrifiant, ce qui rend extrêmement faible le coefficient de frottement.

Les figures 326 et 327 représentent des graisseurs simples à huile dont le fonctionnement s'explique de lui-même.

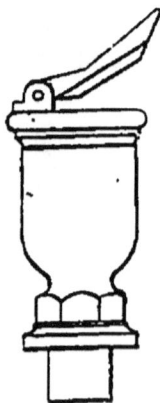

Fig. 326.

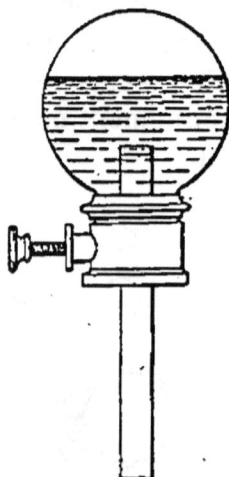

Fig. 327.

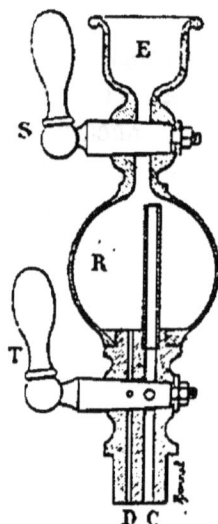

Fig. 328.

Graisseur Thiébaut (*fig.* 328). — L'huile se verse dans l'entonnoir E et se transvase dans le réservoir R par le robinet S, tandis que le robinet T est fermé.

Ce dernier peut faire communiquer le réservoir R avec la vapeur par les conduits C, D.

Il se produit un courant descendant d'huile en D, tandis que la vapeur établit sa pression sur la surface du liquide. C'est donc un graisseur *discontinu* qui ne fonctionne que sous la main du mécanicien.

Graisseur Bourdon-Hamelle (fig. 329). — Ce graisseur permet de voir passer les gouttes de lubrifiants que l'on mêle à la vapeur, pour assurer le graissage du cylindre par exemple.

L'huile est introduite par l'entonnoir E dans le réservoir clos R. La vapeur, arrivant par le conduit V, peut passer, à l'aide d'un robinet par le tube T, dans le serpentin S où elle se refroidit. L'eau condensée descend, par l'intermédiaire du robinet U, dans le tube K, et s'accumule au fond du réservoir R. Là, elle soulève l'huile de ce dernier et la refoule dans le tube M en vertu de la pression hydrostatique. Cette huile passe alors par le robinet L dans le tube de cristal N, qui est rempli d'eau et où l'on voit les gouttes s'élever une à une. De là l'huile est refoulée par le tube A dans le tube d'arrivée de vapeur V où le mélange s'opère avec cette dernière de manière à la rendre lubrifiante.

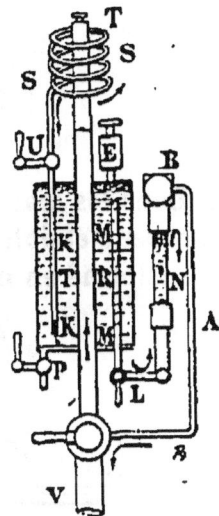

Fig. 329.

Le réglage du débit dans le tube A s'opère par une vis B. La vitesse d'écoulement peut se régler d'ailleurs à l'aide des robinets. En P se trouve un robinet de purge qui permet l'évacuation de l'excès d'eau condensée accumulée dans le graisseur.

Il y a donc là un exemple de graisseur *continu automatique.*

Les deux exemples cités suffisent pour se rendre compte du fonctionnement de ces appareils. Les systèmes imaginés sont d'ailleurs extrêmement nombreux, et on ne peut ici en aborder l'étude complète.

MACHINES OSCILLANTES. — MACHINES ROTATIVES MACHINES SANS PISTON A PRESSION DIRECTE

§ 1. — MACHINES OSCILLANTES

Dans les machines examinées jusqu'à présent, le cylindre à vapeur était fixe, et le mouvement alternatif du piston était transformé en mouvement circulaire au moyen d'une bielle.

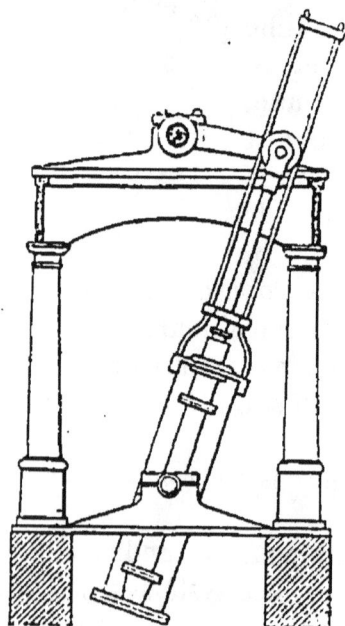

Fig. 330.

On a cherché à supprimer la bielle, qui est un inconvénient. Pour cela, on a donné au cylindre un mouvement d'oscillation autour d'un axe, de façon à permettre l'articulation directe de la tige du piston avec la manivelle. On a ainsi créé la *machine oscillante*. Au début, on prit pour centre d'oscillation la base de l'axe du cylindre, créant ainsi les machines dites à *rotules*. L'influence de la pesanteur du système mobile se fait alors sentir pendant l'oscillation, ralentissant le départ pour accélérer l'arrivée; ces machines n'eurent pas de succès.

En 1825, François Cavé construisit la machine oscillante qui porte son nom et qui se répandit rapidement. L'axe de rotation de cette machine se trouve au milieu de la hauteur du cylindre, c'est-à-dire sensiblement à la hauteur du centre de gravité du système mobile.

La figure 330 représente le type classique de la machine oscillante de Cavé. La distribution se fait par l'intermédiaire du seul point fixe du cylindre, c'est-à-dire du tourillon. Il s'ensuit qu'il y a des fuites par les joints des axes et des irrégularités dans la distribution.

Ces machines offrent cependant encore certains avantages dans la Marine ou dans les endroits fort encombrés, à cause du peu d'emplacement qu'elles occupent.

Machine de Schmidt (fig. 331). — Le cylindre est oscillant; mais la distribution, au lieu de se faire par l'axe d'oscillation, se fait par un tiroir T fixé au cylindre et oscillant avec lui. La glace G est cylindrique et présente trois orifices, l'un A pour l'admission, et les deux autres E, pour l'échappement.

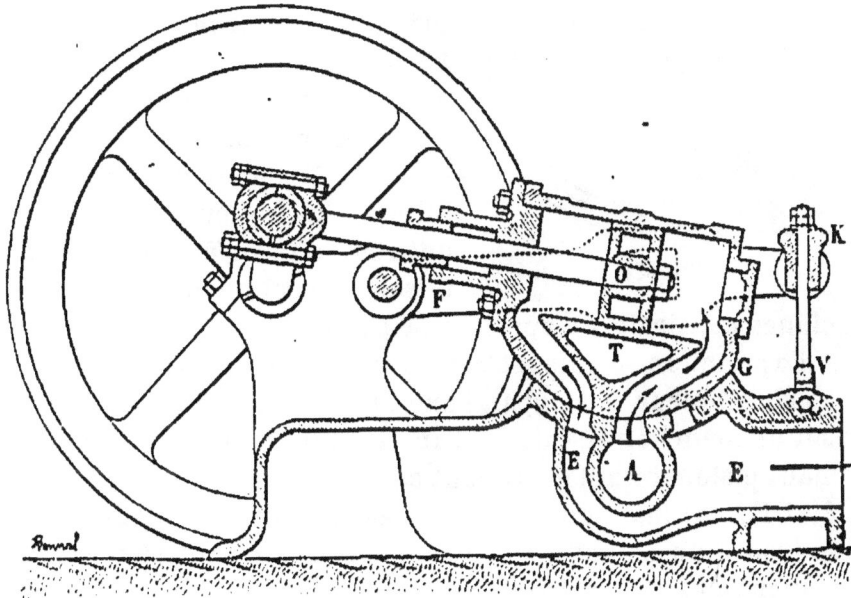

Fig. 331. — Machine de Schmidt

Le cylindre, muni de son distributeur, est appliqué sur la glace par deux axes d'oscillation O, passant dans les orifices de deux flasques **F**, réunies par une traverse qui assure le contact à l'aide d'une vis de pression **V**. Cette machine permet d'obtenir des mouvements de rotation rapides.

§ 2. — MACHINES ROTATIVES

Dans les machines rotatives, la paroi mobile qui subit la pression de la vapeur et la transmet à l'arbre moteur n'est plus un piston se déplaçant parallèlement à lui-même, mais bien une cloison rectangulaire tournant autour d'un de ses côtés.

Il suffit alors que ce piston spécial soit monté sur l'arbre moteur même, pour qu'on puisse immédiatement supprimer la tige du piston, la bielle et la manivelle. En résumé, le mécanisme de transmission est supprimé. On supprime ainsi les refroidissements et condensations dues aux entrées et sorties de la tige, les vibrations, les points morts. Malheureusement les fuites et les frottements produits ont rendu jusqu'à présent inutilisables, pratiquement, les machines construites d'après ce principe.

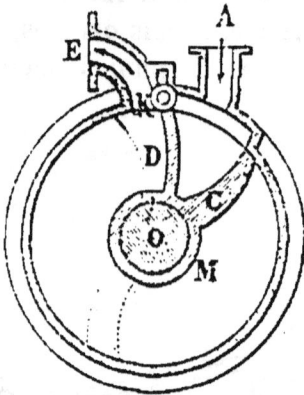

FIG. 332.

La première en date est la machine rotative de Watt (*fig.* 332). L'arbre moteur O occupait l'axe du cylindre à vapeur et portait un manchon M, calé sur l'arbre, muni d'une cloison C formant piston rotatif et frottant contre les parois du cylindre ; A et E sont les tubulures d'arrivée et d'échappement. En D se trouve un diaphragme articulé en K, formant joint sur le manchon et qui peut, à un moment donné, se loger dans une cavité disposée à cet effet ; le piston C peut repousser lui-même le diaphragme et le loger dans sa rainure. Après le passage du piston, le diaphragme retombe et l'admission s'ouvre ; quand C arrive au contact de D, l'échappement s'ouvre. On voit qu'il y a toujours un arc mort qui est franchi par le volant.

Machine Pillener et Hill (*fig.* 333). — Cette machine est composée de deux cylindres C, C, se coupant suivant deux génératrices communes. L'arrivée de vapeur se fait en A à la partie inférieure et l'échappement en E ; le distributeur, qui est un robinet oscillant, est situé en D.

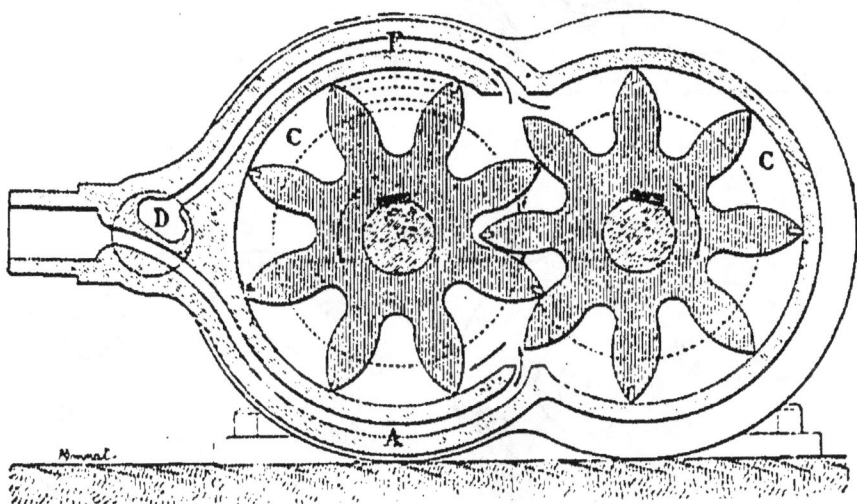

Fig. 333.

Les cloisons mobiles ou pistons sont deux engrenages épicycloïdaux formant joints étanches sur le cylindre. Il s'ensuit que la vapeur rencontre, en cas de fuite, une série de volumes successifs, dans lesquels elle peut se détendre. L'usure des organes de cette machine est assez considérable.

Machine de Behrens (*fig.* 334 à 340). — C'est une des machines rotatives ayant eu le plus de vogue. Elle comporte deux arbres moteurs réunis par des engrenages égaux, de façon à se commander l'un l'autre. La figure 334 représente le piston rotatif P venu de

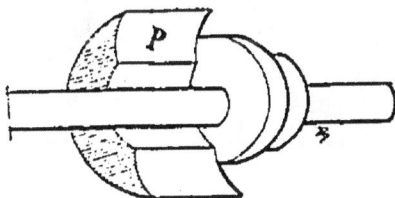

Fig. 334.

fonte avec un manchon s'emboîtant dans le couvercle. Le

piston laisse un vide entre lui-même et l'arbre moteur, et ce

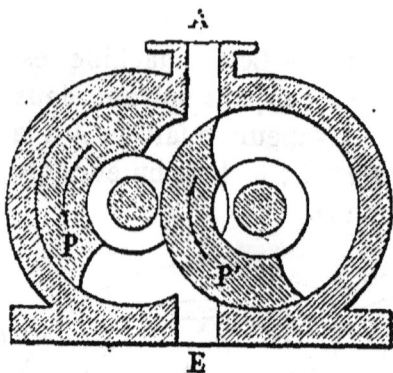

Fig. 335.

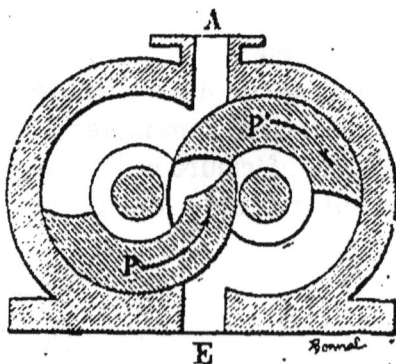

Fig. 336.

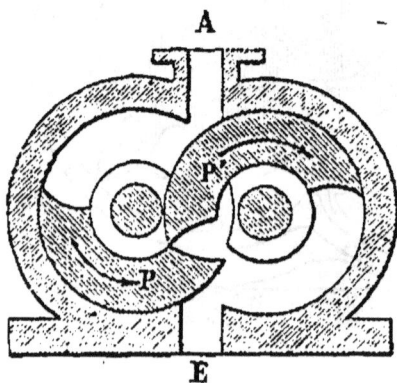

Fig. 337.

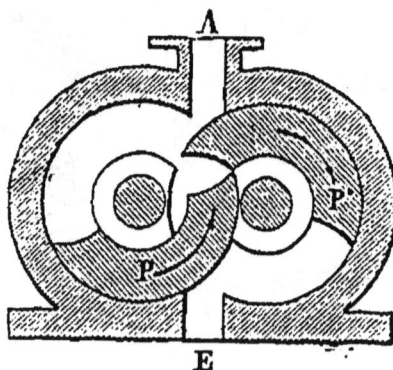

Fig. 338.

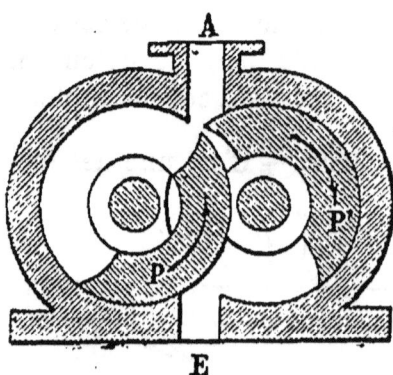

Fig. 339.

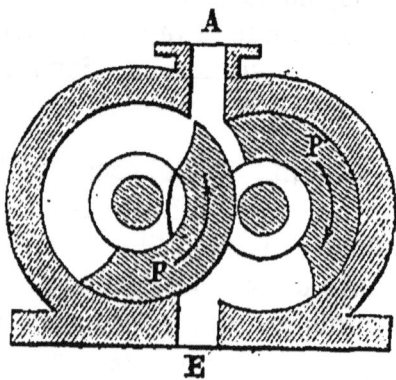

Fig. 340.

vide est combié par un manchon venu de fonte avec un des couvercles.

Ces manchons portent, entre les deux arbres, des évidements cylindriques destinés au passage des pistons rotatifs.

Les figures 335 à 340 représentent les diverses phases d'une rotation.

Sur la figure 335, le piston P est moteur, A étant l'admission,-E l'échappement. Dans la figure 336, le piston P' livre à l'échappement le volume de vapeur qui l'avait fait mouvoir précédemment. Dans la figure 337, une certaine quantité de vapeur d'échappement s'emprisonne dans la capacité médiane ; puis dans la figure 338, le piston P' devient moteur, tandis que P devient équilibré, ses deux faces supportant la même pression. Les mêmes phases se reproduisent alors pour le piston P'.

Moteur rotatif Filtz (*fig.* 341). — Ce moteur se compose :

1° D'un piston P en forme de poulie à âme pleine dont le moyeu est calé sur l'arbre de la machine ;

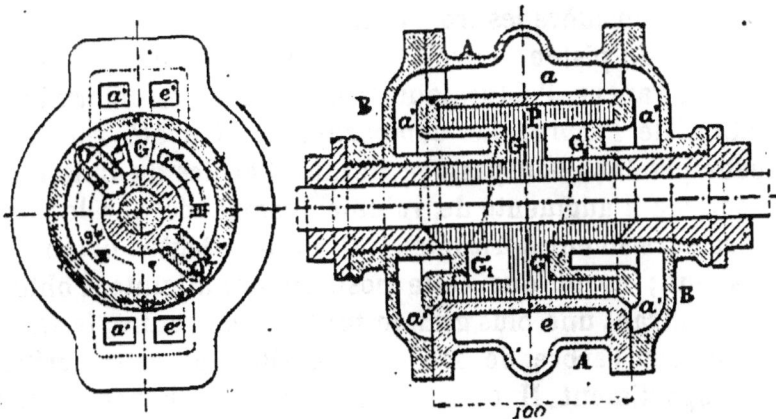

Fig. 341.

2° D'un cylindre alésé au diamètre extérieur du piston et ayant même axe que lui ; ses deux fonds sont constitués par des couronnes de largeur égale à l'intervalle compris entre le moyeu et la jante du piston, et dont la surface est non pas plane, mais hélicoïdale ; elle est composée, pour chaque fond, de deux demi-hélicoïdes ayant mêmes extrémités aux sommets d'un même diamètre. Chacun des deux fonds a ainsi l'aspect de deux demi-filets de vis à pas de sens contraire. Par suite de cette forme, les fonds ont deux génératrices G, G', en contact avec l'âme du piston, et deux autres, G₁, G'₁, près du bord de la jante. Ces génératrices sont diamétralement opposées, de sorte que l'intervalle entre les fonds est constant sur tout le pourtour du cylindre;

3° De deux obturateurs mobiles O, O', situés dans un même plan diamétral du cylindre et pouvant glisser dans deux fentes pratiquées dans l'âme du piston; ils ont pour longueur la distance comprise entre les fonds, de telle sorte que, pendant la rotation du piston, ils divisent constamment avec les génératrices G et G' chacun des deux espaces libres du cylindre en trois parties, et ils subissent des déplacements parallèles à l'axe, par suite de la forme hélicoïde des fonds.

Chacun des fonds présente deux orifices, l'un, a, à droite de la génératrice G, communiquant avec la conduite d'amenée de vapeur, l'autre, e, pour l'échappement. Par rapport à la génératrice G', l'orifice d'admission est à gauche, et celui d'échappement à droite.

Si l'on considère les trois compartiments I, II et III formés d'un côté du piston, on voit que, dans le compartiment I, où arrive la vapeur, l'obturateur O est poussé et détermine la rotation de l'arbre. Le compartiment II a été rempli de vapeur pendant son passage devant l'orifice d'admission a, et, comme il augmente de volume jusqu'à ce que les deux obturateurs soient horizontaux, il y a une légère détente de la vapeur; avant que cette position soit atteinte, l'obturateur O' offrant une plus grande surface que l'autre, la vapeur fait tourner l'arbre de son côté. Au-delà de cette position, le compartiment II communique avec l'échappement. Le compartiment III est à l'échappement.

Les mêmes phases se reproduisent sur l'autre face du piston, mais elles sont diamétralement opposées. Par suite, la machine travaille comme si elle était à deux cylindres avec manivelles à 180°.

Comme il n'y a pas de points morts, un volant est inutile.

Si l'on fait passer la vapeur d'échappement dans une seconde machine plus grande que la première, on a ainsi un moteur rotatif compound.

Dans cette machine, les fuites sur les fonds sont relativement considérables; la dépense de vapeur est également très élevée. Néanmoins on a employé ces machines, pendant longtemps, à la mise en mouvement de pompes rotatives destinées à l'épuisement des cales de navires. Les deux appareils, pompes et machines, étaient montés sur le même arbre.

Dans les machines en bon état, la consommation de vapeur atteint 5 à 6 kilogrammes ; elle arrive au chiffre de 8 kilogrammes pour les machines moins bien soignées. Les autres machines rotatives atteignent 10 kilogrammes et au-dessus. Bien que les résultats obtenus aient été jusqu'à présent médiocres, on peut dire que les machines rotatives dérivent d'un principe excellent et qu'il serait désirable d'en poursuivre la réalisation pratique.

§ 3. — MACHINES OU LA VAPEUR AGIT PAR PRESSION DIRECTE SANS L'INTERMÉDIAIRE D'UN PISTON

Dans cette catégorie de machines on ne rencontre guère que les *monte-jus* et les *pulsomètres*.

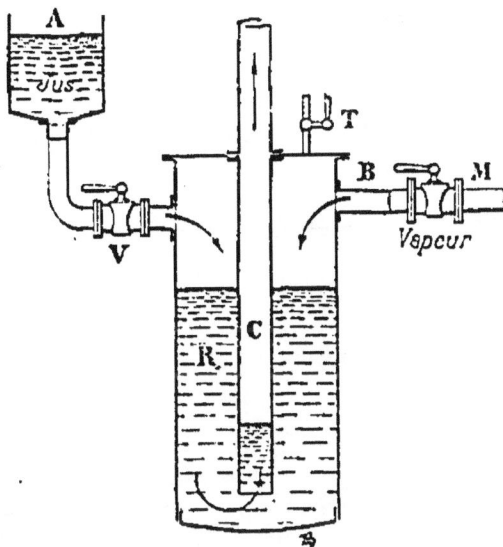

FIG. 341 *bis.*

En principe, un *monte-jus* se compose d'un réservoir R

(*fig.* 341 *bis*) communiquant, d'une part, avec le réservoir A contenant le liquide qu'il s'agit d'élever et, d'autre part, avec la chaudière à vapeur par la conduite B. La colonne ascendante C descend jusqu'au fond du réservoir; T est un robinet de purge d'air. Le jus étant introduit par le robinet V dans le réservoir R, il suffit d'ouvrir le robinet M pour donner passage à la vapeur qui, pressant sur la surface du liquide, la force à s'élever dans la colonne montante.

Pulsomètres. — Les pulsomètres ne sont qu'un perfectionnement de l'antique machine de Savery (Voir *Historique*). Ils ont déjà été décrits dans le volume *Chaudières à vapeur*. Ces appareils présentent, sur les autres machines à élever l'eau, de grands avantages au point de vue de la facilité d'installation, de la rusticité et du facile entretien de leurs organes. Ils ont l'inconvénient d'exiger une dépense considérable de vapeur. Cette dépense peut atteindre deux ou trois fois celle d'une pompe ordinaire.

CHAPITRE XI

MACHINES OU LA VAPEUR AGIT PAR SA PUISSANCE VIVE

Dans cette catégorie de machines se trouvent les injecteurs et les éjecteurs, d'une part, et les turbines à vapeur, de l'autre.

§ 1. — INJECTEURS ET ÉJECTEURS

Soit une capacité C, munie d'une tubulure F et d'un tuyau T, terminé par une base B qui se recourbe dans l'axe de la tubulure F ; si l'on envoie par le tuyau T un jet de vapeur, celui-ci se mélangera d'air qu'il entraînera, provoquera une dépression dans la capacité C; par suite, un appel d'air aura lieu de l'extérieur et, si la capacité C correspond avec une enceinte contenant un liquide ou un gaz, il pourra y avoir appel du fluide dans cette capacité et projection dans la tubulure F qui y fait suite.

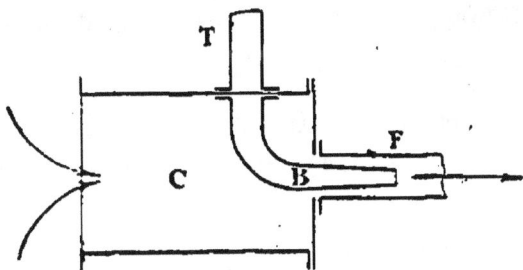

Fig. 342.

C'est le principe des injecteurs et des éjecteurs ; il a reçu des applications fort nombreuses.

On provoque ainsi un tirage très actif dans les cheminées

de hauteur insuffisante, à l'aide d'un jet de vapeur. C'est le
procédé employé en particulier dans les locomotives et dans
les chaudières marines. Dans le premier cas, le jet est intermittent et produit par la vapeur d'échappement du cylindre ;
dans le second cas, la vapeur est empruntée à la chaudière, et
le jet injecté est continu.

Certains monte-jus, dans lesquels le liquide à élever ne
doit pas être en contact avec la vapeur, sont également basés
sur ce principe.

Injecteur Giffard. — L'injecteur Giffard, dont le principe
est identique, a permis l'alimentation des locomotives en
cours de route. Auparavant on employait pour le même objet
la pompe alimentaire ; mais il fallait alors, dans les gares,
faire marcher la locomotive pour pouvoir mettre les pompes
alimentaires en marche.

Les détails de construction et le fonctionnement du
Giffard, ont été décrits avec détails dans le volume de
Chaudières à vapeur (p. 360).

Éjecteur Friedmann (*fig. 343*). — La vapeur arrive par
l'ajutage A. L'eau ou le fluide à entraîner est aspiré par la

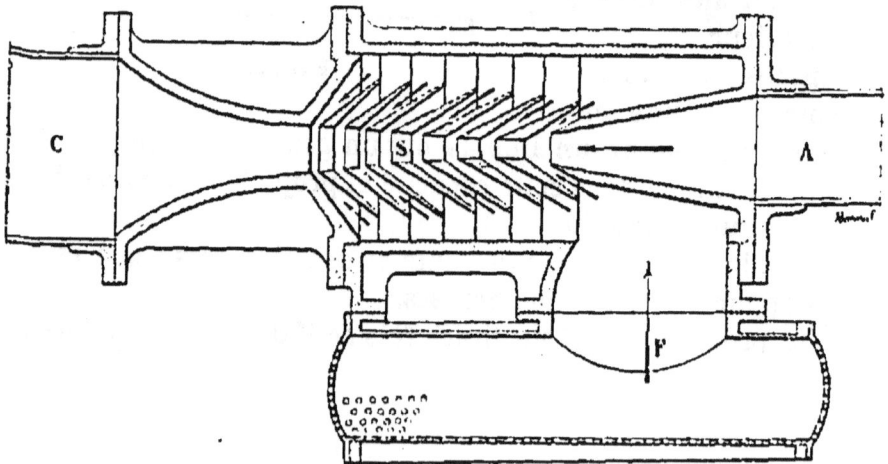

Fig. 343.

tubulure F et passe entre les parois des cônes concentriques,
dont les ouvertures de sortie forment un canal S à section

croissante, de manière à ne pas provoquer de perte de charge. La sortie du fluide s'effectue par la tubulure C.

Les cônes de Friedmann atténuent la perte de force vive due au choc de la vapeur et de l'eau, en offrant à la veine fluide des sections croissantes et en augmentant ainsi la quantité d'eau mise en jeu; la perte de force vive, d'ailleurs transformée en chaleur, est directement proportionnelle au rapport des vitesses de la vapeur et de l'eau et inversement proportionnelle au rapport de leur masse.

Un éjecteur Friedmann à huit cônes peut élever 300.000 litres d'eau par heure à 9 mètres de hauteur.

Souffleur Kœrting (*fig.* 344). — Ici le fluide mis en mouvement est l'air.

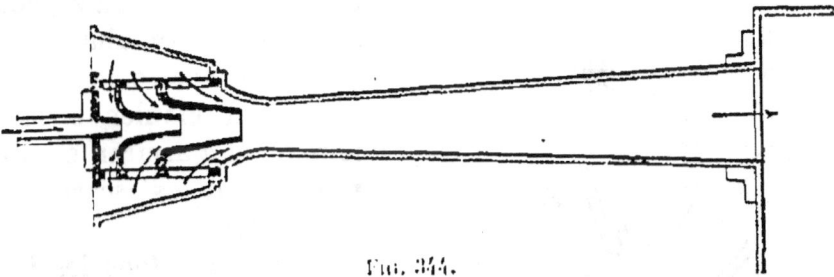

Fig. 344.

Cet appareil, dont le fonctionnement s'explique à simple inspection de la figure, s'adapte au cendrier des foyers de chaudières, de manière à activer le tirage.

Condenseur Kœrting (*fig.* 345). — L'eau arrive par l'extré-

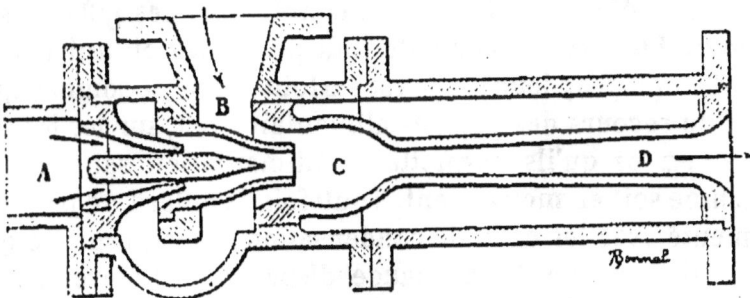

Fig. 345.

mité A, en charge sur l'appareil de 4 à 6 mètres. La vapeur

arrive latéralement par la tubulure B et s'échappe avec l'eau
par un double ajutage conique convergent divergent CD,
dont l'extrémité est tenue noyée ; on comprend aisément que
la force vive de la lame d'eau jaillissant par l'espace annulaire des cônes directeurs et dont la pression s'augmente du
vide au condenseur détermine le mouvement dans le tube D
contre la pression atmosphérique.

Éjecteur d'escarbilles. — Dans les transatlantiques on
jette à la mer les escarbilles provenant du foyer des chaudières et, pour cette opération, on emploie des éjecteurs
spéciaux, tels que l'éjec-
teur *Robertson*, représenté
sur la figure 346. La vapeur
arrive par la tubulure A et
jaillit circulairement, de
manière à refouler verticalement et à aspirer continuellement les escarbilles
à expulser.

En général, tous les in-
jecteurs et appareils simi-
laires sont peu économi-
ques, car ils nécessitent
une consommation consi-

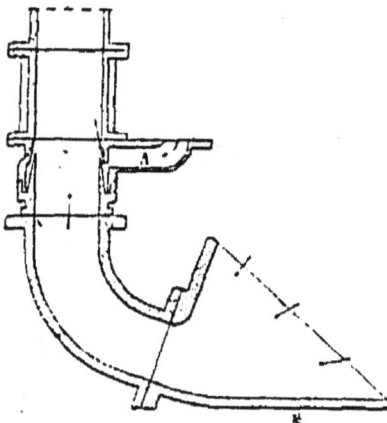

Fig. 346.

dérable de vapeur. Mais leur grande facilité d'emploi, d'entretien, leur petit volume, leur légèreté et leur prix modique
les font préférer, malgré cet inconvénient. Les giffards sont
aujourd'hui des instruments indispensables et universellement employés ; leur usage est surtout précieux comme appareils de secours des pompes alimentaires, et, sur les locomotives, en ce qu'ils permettent l'alimentation sans que la
machine soit en mouvement. Toutefois le giffard ne peut être
alimenté avec les eaux de condensation ; et la propriété qu'il
a de donner de l'eau chaude dispense ordinairement de
l'emploi parallèle d'un réchauffeur d'eau d'alimentation.

La quantité d'eau envoyée par un injecteur, établi dans de
bonnes conditions, est donnée avec une approximation suffi-

sante dans la pratique par la formule empirique suivante :

$$Q = 0,95\omega \sqrt{P},$$

dans laquelle Q représente le nombre de litres d'eau débités par seconde; ω, la section minima en centimètres du tube divergent ; et P, la pression à la chaudière en kilogrammes par centimètre carré.

§ 2. — Turbines a vapeur

Il faut remonter à l'an 120 avant Jésus-Christ pour trouver à l'état d'embryon le principe de la turbine à vapeur, dans l'éolipyle (porte du Vent) de Héron d'Alexandrie. Dans cet appareil (décrit p. 4), c'est la réaction de la vapeur qui, s'échappant dans l'air, agit sur la paroi des tubes d'échappement et provoque la rotation de la boule. C'est le principe même des turbines.

Dans les machines à vapeur ordinaires à piston, ce dernier est toujours animé d'une vitesse faible et oppose à chaque instant une résistance égale à la pression de la vapeur. Ce sont, en résumé, des machines à pression, analogues aux machines hydrauliques à colonne d'eau.

Dans les turbines, au contraire, on laisse prendre à la vapeur une certaine force vive en la laissant se détendre, et l'*énergie cinétique* ainsi créée est utilisée au moyen d'une roue à aubes, absolument analogue aux roues-turbines hydrauliques.

Les pressions élevées sous lesquelles on utilise la puissance de la vapeur d'eau lui donnent des vitesses énormes ; les vitesses que prendront les turbines à vapeur pour utiliser complètement l'énergie cinétique du fluide seront donc très considérables. Comme ce n'est que dans ces dernières années que le besoin de ces vitesses élevées s'est fait sentir, pour la commande des machines électriques par exemple, il ne faut

pas s'étonner que, jusqu'à présent, les moteurs à réaction
ne se soient pas plus développés.

Ces appareils ont l'avantage de produire un effort constant et toujours dans le même sens ; il n'y a plus d'espace
nuisible, ni de condensations dues au mouvement alternatif
des moteurs à pression. Par contre, les forces centrifuges
sont énormes, et les appareils se prêtent mal à l'emploi du
condenseur.

Turbine Dumoulin (*fig.* 347). — Sur l'arbre mobile se
trouve un disque fixe divisé en quatre secteurs par les conduits
d'admission et d'échappement. La vapeur passe d'abord du

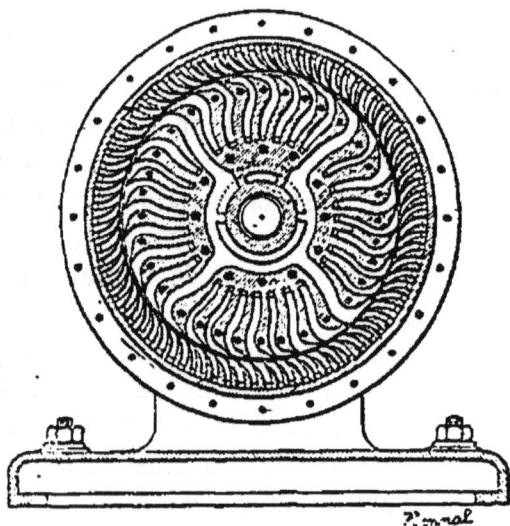

Fig. 347.

disque fixe dans les canaux de la couronne mobile, puis
revient de là dans le disque fixe par un autre canal, et
ainsi de suite jusqu'à huit fois. Pendant ces huit passages
successifs, la vapeur s'est détendue complètement, à peu
près jusqu'à la pression atmosphérique.

Turbine Parsons. — L'appareil se compose d'un grand
nombre de couronnes alternativement fixes et mobiles
(*fig.* 348), composées d'aubes et de contre-aubes analogues à

celles des turbines hydrauliques. Toutes ces couronnes sont montées sur l'arbre moteur horizontal et placées dans l'intérieur d'un cylindre horizontal.

La vapeur, dirigée par les aubes des couronnes directrices, abandonne une partie de sa force vive sur les aubes mobiles, puis passe dans une nouvelle couronne directrice qui augmente sa vitesse ; elle repasse dans une nouvelle turbine, et ainsi de suite. Le passage complet de la vapeur dans toutes les turbines, au nombre d'une cen-

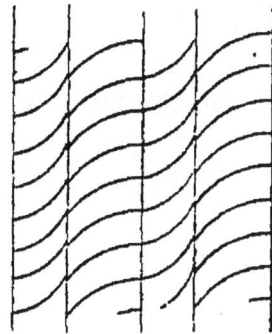

Fixe Mobile Fixe Mobile

FIG. 348.

taine, demande à peine 1/50 de seconde. La vapeur sort de l'appareil avec une vitesse à peu près nulle. La vitesse des couronnes mobiles atteint 10.000 tours par minute en marche normale et peut s'élever jusqu'à 20.000 tours. Les pièces doivent être exactement centrées et équilibrées, étant données les énormes vitesses atteintes.

Turbine à vapeur de Laval (*fig. 349 à 352*). — Dans les deux exemples qui précèdent, la vapeur n'est pas amenée

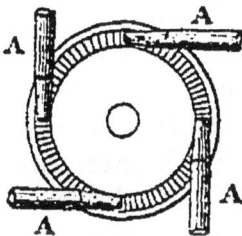

FIG. 349.

détendue à la turbine, mais y arrive, au contraire, avec toute sa pression. Ce n'est que dans les passages successifs dans les aubes mobiles qu'elle se détend progressivement, abandonnant à la roue réceptrice jusqu'à la totalité de sa force vive.

FIG. 350.

Il y avait toujours une plus ou moins grande quantité de vapeur perdue par les jeux, par suite de la pression existant toujours dans l'appareil.

Dans la turbine de M. de Laval, au contraire, la vapeur est entièrement détendue quand elle arrive au contact des aubes mobiles. Cette détente permet à la vapeur d'acquérir une force vive égale au travail qu'elle aurait développé sur un piston par détente graduelle. C'est cette force vive qui est recueillie intégralement par les aubes.

La turbine de Laval est analogue à la turbine d'Euler à axe horizontal et à introduction partielle. L'introduction se fait au moyen d'un ou de plusieurs ajutages AAA (*fig.* 349 et 3 50) d'axe faiblement inclinés sur le plan de la roue.

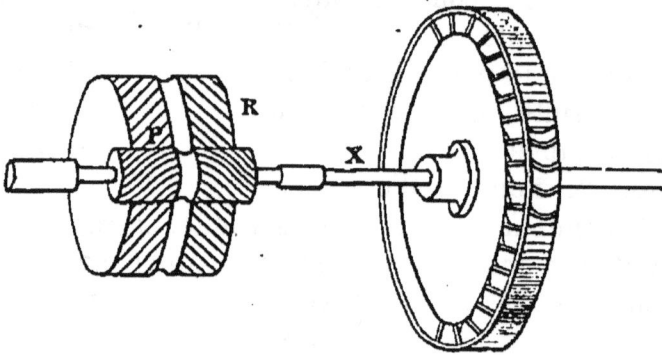

Fig. 351.

La vapeur, qui entre avec une vitesse considérable par une des faces de la roue entre les aubes, ressort, par l'autre face, avec une vitesse à peu près nulle. Le tracé des aubes est d'ailleurs déterminé d'après cette condition.

Le corps de la turbine est monté sur un axe en acier X (*fig.* 351) reposant, à ses extrémités, sur deux coussinets, et tourne dans une chambre (*fig.* 3 52) portant le conduit de distribution de vapeur D et les ajutages en bronze directeurs de la vapeur. La détente s'opère dans ces ajutages et dans la partie comprise entre la valve d'introduction de vapeur et l'orifice du tube-distributeur.

Sur l'arbre principal est placé le pignon P (*fig.* 351), qui transmet l'effort. Ce pignon est à denture double hélicoïdale et engrène avec une roue dentée à chevrons dont les dents sont inclinées à 45°, pour empêcher les mouvements longitudinaux. L'ensemble du pignon et de la roue dentée chargée de réduire la vitesse dans le rapport voulu est renfermé dans une enveloppe de fonte E, dans laquelle la circulation de l'huile est assurée de façon à réaliser un graissage continu.

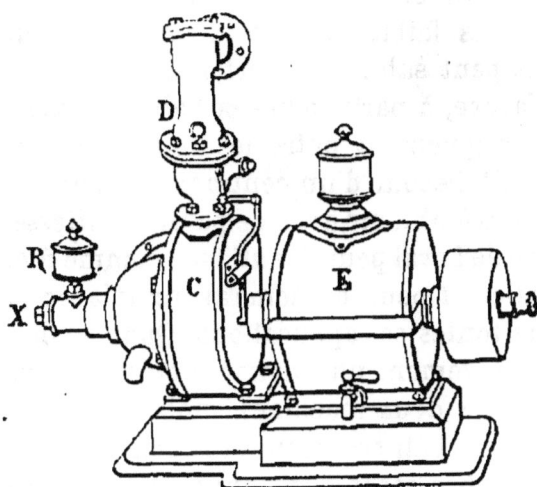

Fig. 352. — Turbine de Laval.

Suivant les machines, les ajutages peuvent être au nombre de 4, 6 ou 8, et chacun d'eux peut être obturé par des valves manœuvrées à la main de l'extérieur, de manière à réduire à la moitié, au tiers, au quart, etc., la puissance maxima de la machine. Chaque ajutage fonctionnant isolément d'une manière indépendante, le réglage de la puissance se fait très facilement, et la consommation par cheval est à peu près la même à fraction de charge ou à pleine puissance.

Un régulateur à force centrifuge de forme cylindrique R agit sur la soupape d'admission.

La vitesse de sortie de la vapeur des ajutages peut aller de 735 à 890 mètres, quand la pression varie de 4 à 10 atmosphères, l'échappement ayant lieu à l'air libre, et de 1.070 à 1.187 mètres quand la pression de la vapeur varie également de 4 à 10 atmosphères, et que l'échappement se fait dans un condenseur à 10° d'atmosphère de pression. Dans ces conditions, la vitesse linéaire de la turbine peut varier de 175 à 400 mètres par seconde, et le nombre de tours peut aller de 7.500 à 8 000 par minute. Ces vitesses sont les plus considérables qui aient été atteintes.

La force vive seule étant utilisée et le principal facteur de cette force étant la vitesse, les dimensions des organes en mouvement pourront être très faibles, car l'effort tangentiel demeurera très faible. L'arbre lui-même est de très petit diamètre et peut subir une certaine flexion. Cette flexion permet à l'arbre, à partir d'une certaine vitesse, de se maintenir, sans grippement entre les coussinets de ses paliers, sans qu'il soit besoin d'un centrage mathématique, impossible d'ailleurs à obtenir avec de pareilles vitesses.

La turbine de Laval peut être utilisée comme moteur d'usine ou de chantier et peut, en général, remplacer la machine à vapeur dans toutes ses applications. Quand elle doit servir à mettre en mouvement une dynamo ou une pompe rotative par exemple, les deux machines motrice et opératoire sont disposées sur un bâti commun, et la commande se fait directement par l'arbre secondaire qui porte les engrenages.

TROISIÈME PARTIE

MACHINES THERMIQUES
EMPLOYANT UN AUTRE INTERMÉDIAIRE QUE LA VAPEUR D'EAU

Dans l'*historique* des machines thermiques (p. 19) on a vu comment sont définies les différentes catégories de moteurs employant comme intermédiaire un autre agent que la vapeur d'eau.

On peut les résumer ainsi :

Moteurs à air chaud.	Combustion extérieure au cylindre.		Chapitre XII.
	Combustion dans le cylindre.	Moteur à gaz.	Chapitre XIII.
		— à pétrole.	Chapitre XIV.
		— à poussière de charbon.	
Moteurs à gaz ou vapeurs diverses.		Acide carbonique.	Chapitre XV.
		Vapeurs combinées d'eau et d'un autre gaz.	
		Gaz ammoniac.	
		Vapeur de pétrole.	

Fulmi-moteurs ou moteurs à explosif.
Moteurs solaires.

On étudiera plus spécialement les moteurs à air chaud, à combustion extérieure au cylindre, sous le nom de *moteurs à air chaud*, puis les *moteurs à gaz* et les *moteurs à pétrole*; et l'on donnera, sous le titre de *moteurs thermiques divers*, quelques indications sur les autres moteurs énumérés ci-dessus.

CHAPITRE XII

MOTEURS A AIR CHAUD

—

§ 1. — Théorie des moteurs a air chaud

Si l'on suppose 1 kilogramme d'air enfermé sous un piston dans un cylindre, cet air, étant soumis à l'action d'une source chaude, s'échauffera et se dilatera ; il se développera donc un *travail interne* et un *travail externe*. Le *travail interne* sera équivalent à la *chaleur sensible* seule ; puisque dans les gaz parfaits, le travail de désagrégation des molécules n'existe pas. Si la quantité de chaleur que l'on communique à ce kilogramme d'air est juste suffisante pour que sa température reste constante pendant la dilatation, elle ne produira que du *travail externe* immédiatement utilisable sur le piston ; toute la chaleur sera donc transformée en travail.

Ce phénomène ne pourra avoir lieu que si la source chaude est assez considérable pour que le gaz, en s'échauffant, n'abaisse pas sa température, et que si les échanges de chaleur sont instantanés.

De ce travail produit il faudra retrancher le travail nécessaire pour ramener le kilogramme d'air à son état physique primitif, après lui avoir fait parcourir le cycle le plus avantageux, au point de vue du travail produit.

On a vu que le plus avantageux des cycles parcourus entre deux températures extrêmes est celui de Carnot. Ce cycle est théoriquement irréalisable, car l'isothermie et l'adiabaticité parfaites sont impossibles à obtenir.

On sait, d'après le théorème du coefficient économique maximum, que le rendement aura en tous les cas pour limite :

$$\rho = \frac{T_0 - T_1}{T_0} = 1 - \frac{T_1}{T_0};$$

T_0 et T_1 étant les températures extrêmes de l'évolution, il faudra donc, quoi qu'il arrive, chercher à diminuer T_1 et à augmenter T_0.

Évolution de l'air chaud suivant un cycle de Carnot. — Quel est le fonctionnement général d'un moteur à air chaud?

L'air se trouve dans un réservoir indéfini à une pression p_1 et maintenu à une température t_1. On en fait pénétrer 1 kilogramme, par exemple, dans le cylindre où il occupe un volume v_1.

Comme on a d'une façon générale :

$$pv = Rt,$$

on aura :

$$v_1 = \frac{Rt_1}{p_1}.$$

On sait que pour l'air R = 29,272 (p. 29).

Le travail développé est alors $\mathfrak{G}_1 = oabb'$ (*fig.* 353) = p_1v_1. C'est la phase de *pleine pression*.

A partir de ce moment se produit une *détente isotherme*. Le cylindre est séparé du réservoir; l'air se dilate et la source de chaleur continue à agir sur lui de manière que la température reste constante et égale à t. Le volume devient alors v_2, et la valeur de la détente est de $\frac{v_2}{v_1} = d_1$.

On a vu que, le long de cette *isotherme*, le travail a pour valeur :

$$\mathfrak{G}_2 = Rt_1 \log \text{nép} \frac{v_2}{v_1} \quad \text{(p. 42)},$$
$$\mathfrak{G}_2 = Rt_1 \log \text{nép} d_1.$$

Il est représenté par l'aire $bcc'b'$.

On supprime alors l'action de la source calorifique, et l'air

se détend suivant l'adiabatique cd pour acquérir le volume v_3
La détente nouvelle sera $\dfrac{v_3}{v_2} = d_2$. Dans cette évolution, le gaz passe de la température t_1 de la source chaude à la température t_2 du réfrigérant.

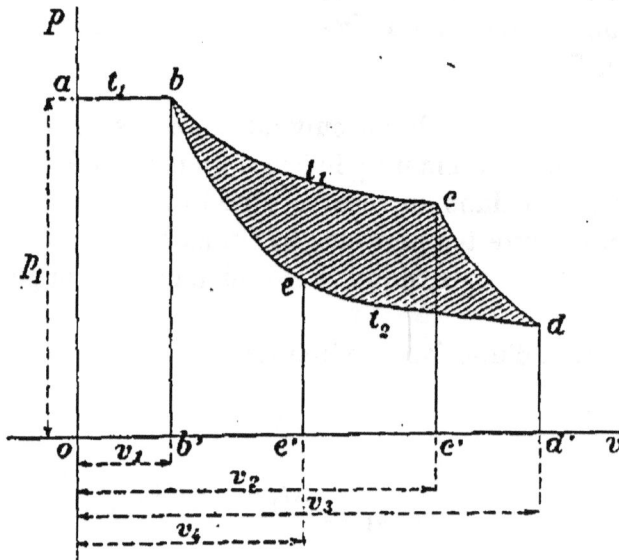

Fig. 353.

On sait qu'on a :

$$\frac{t_2}{t_1} = \left(\frac{v_2}{v_3}\right)^{\gamma-1}.$$

La détente d_2 a donc pour expression :

$$d_2 = \frac{v_3}{v_2} = \left(\frac{t_1}{t_2}\right)^{\frac{1}{\gamma-1}}.$$

On sait (p. 43) que, dans cette évolution, le travail a pour valeur :

$$\mathfrak{S}_3 = \frac{R}{\gamma-1}(t_1 - t_2).$$

Il est représenté par l'aire $cdd'c'$.

A ce moment, la détente réelle D est:

$$D = d_1 d_2 = \frac{v_3}{v_1}.$$

Le volume v_3 est, en fonction du volume V_2:

$$v_3 = v_2 \left(\frac{t_1}{t_2}\right)^{\frac{1}{\gamma-1}}.$$

Jusqu'à présent l'effort a été moteur.

A partir de ce moment, l'effort devient résistant; l'air subit une compression pendant la course rétrograde, et l'effort nécessaire est fourni par la machine elle-même, à laquelle on emprunte une partie de la puissance fournie par la cylindrée suivante. Si la machine était à simple effet, c'est le volant qui provoquerait le refoulement de l'air.

La première phase de la course rétrograde est une *compression isotherme* à la température t_2, pendant laquelle le volume est ramené du volume v_3 au volume v_4, tandis que le réfrigérant enlève constamment de la chaleur au kilogramme d'air en évolution pour maintenir la température t_2 constante.

Le volume v_4 est tel qu'on doit avoir, en vertu du cycle de Carnot (p. 49) :

$$\frac{v_3}{v_2} = \frac{v_4}{v_1};$$

d'où :

$$v_1 = \frac{v_1 v_3}{v_2}.$$

Le travail a pour valeur :

$$\tau_4 = R t_2 \text{ log nép } \frac{v_3}{v_4} = R t_2 \text{ log nép } \frac{v_2}{v_1}$$

ou :

$$\tau_4 = R t_2 \text{ log nép } d_1.$$

Ce travail est représenté par l'aire *edd'e'*.

Vient ensuite la *compression adiabatique*, pendant laquelle le réfrigérant n'agit plus, tandis que le gaz revient de la température t_2 à la température t_1, et que le volume passe de v_4 au volume primitif v_1.

Dans cette évolution, le travail a pour valeur, comme précédemment :

$$\tau_5 = \frac{R}{\gamma - 1} (t_1 - t_2).$$

La compression a pour valeur la même valeur que la détente précédente d_3.

Le travail est représenté par l'aire $bee'b'$.

A ce moment, le cylindre communique avec le réservoir auquel l'air fait retour après achèvement de son cycle ; le piston développera, pour refouler cet air dans le cylindre, un travail $p_1 v_1$ représenté par l'aire $abb'o$.

Si l'on résume les six phases dans le tableau suivant, on aura :

PHASES	AIRE	EXPRESSION DU TRAVAIL
Pleine pression............	$oabb'$	$\tau_1 = + p_1 v_1$
Détente isotherme........	$bcc'd'$	$\tau_2 = + R t_1 \log$ nép d_1
Détente adiabatique........	$cdd'c'$	$\tau_3 = + \frac{R}{\gamma - 1} (t_1 - t_2)$
Compression isothermie...	$edd'e'$	$\tau_4 = - R t_2 \log$ nép d_1
Compression adiabatique...	$bee'b'$	$\tau_5 = - \frac{R}{\gamma - 1} (t_1 - t_2)$
Refoulement au réservoir..	$abb'o$	$\tau_6 = - p_1 v_1$
TRAVAIL TOTAL......	aire $bcde$	$\tau = R \log$ nép $d_1 (t_1 - t_2)$

Donc le travail d'une machine à air chaud réalisant un *cycle de Carnot* a pour valeur :

ou :

$$\tau = R (t_1 - t_2) \log \text{ nép } d_1,$$

ou bien :

$$\tau = 29{,}272 (t_1 - t_2) \, 2{,}3026 \log d_1,$$

$$\tau = 67{,}402 (t_1 - t_2) \log d_1,$$

pour une cylindrée.

Évolution de l'air chaud suivant d'autres cycles. — Dans l'expression précédente du travail on ne voit apparaître que la chute de température et la valeur de la détente isotherme. La détente adiabatique n'apparaît pas, car le travail qu'elle a produit a été intégralement absorbé par la compression adiabatique qui a suivi. Pendant cette détente et cette compression adiabatiques, la quantité de chaleur restait constante, et l'entropie était nulle à chaque instant.

Mais il est bien évident que, si les évolutions entre les températures t_1 et t_2, au lieu de se faire suivant deux adiabatiques, se faisaient suivant deux courbes quelconques, mais dépendantes l'une de l'autre, de telle façon que les travaux se compensent comme précédemment, le résultat économique serait exactement le même, comme avec le cycle de Carnot. Au lieu d'avoir, tout le long des adiabatiques, l'entropie nulle, ce sera l'entropie totale qui sera nulle, c'est-à-dire qu'en définitive la somme de chaleur absorbée ou fournie pendant les évolutions qui remplaceront les adiabatiques du cycle de Carnot sera nulle. Dans ces conditions, le nouveau cycle parcouru par l'air sera formé, d'une part, par les deux isothermes ordinaires; d'autre part, par deux courbes dont la première pourra être arbitraire, à condition que la seconde soit déterminée de manière à présenter avec la première une entropie totale nulle.

Par exemple, quand l'air sera soustrait à l'action de la source calorifique, au lieu de descendre de la température t_1 à la température t_2 dans une enceinte adiabatique, d'ailleurs difficilement réalisable, il pourra être mis en communication avec un milieu refroidissant, qui lui abaissera graduellement sa température de t_1 à t_2.

Mais ce nouveau milieu sera chargé non plus d'absorber définitivement cette chaleur, mais de l'emmagasiner pour la restituer à l'évolution de compression qui suivra. Ce sera un régénérateur.

Une infinité de cycles répondent aux conditions posées plus haut; mais il en est de plus remarquables les uns que les autres.

Le cycle sera toujours composé de deux isothermes t_1 t_2 (*fig.* 354 et 355).

Si la détente qui suit la détente isotherme s'effectue à volume constant, suivant la parallèle V (*fig.* 354) à l'axe des

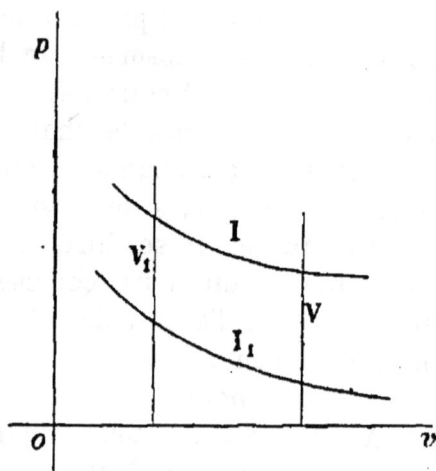

Fio. 354.

pressions, l'évolution correspondante devra s'effectuer aussi à volume constant, suivant la parallèle V_i à *op*, pour que l'entropie totale soit nulle.

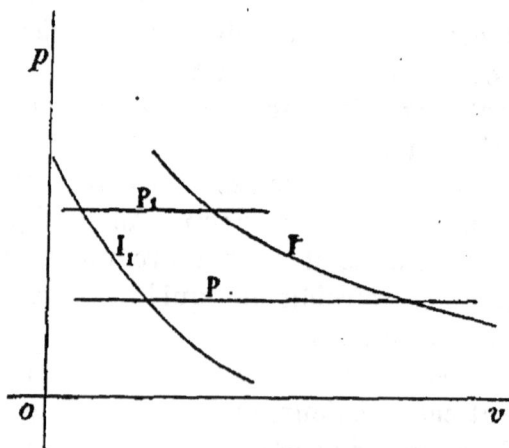

Fio. 355.

Si, au contraire, l'évolution s'effectue à pression cons tante P_i (*fig.* 355), la contre-évolution correspondante devra aussi s'effectuer à pression constante P.

Ces deux cycles ont été réalisés dans deux machines différentes.

§ 2. — Description des moteurs a air chaud

Machine de Stirling (*fig.* 356). — Cette machine a été imaginée en 1816 par Robert Stirling, et perfectionnée par Jame Stirling.

Un cylindre C, terminé par un fond sphérique F, porte une double enveloppe E, à l'intérieur de laquelle se meut un piston P très volumineux et rempli de matière peu conductrice de la chaleur, telle que du plâtre, par exemple.

Ce piston présente une paroi hémisphérique s'emboîtant dans le fond du cylindre C.

Dans la double enveloppe qui fait, à l'aide de trous percés dans sa paroi intérieure, communiquer les parties supérieure et inférieure du cylindre, sont disposés des tubes de verre, en grand nombre et fort serrés les uns contre les autres, qui constituent le régénérateur. A la partie supérieure du cylindre sont

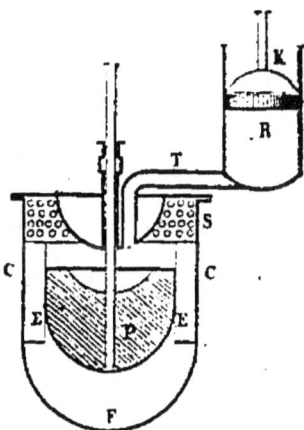

Fig. 356.

placées les spires d'un serpentin S, parcouru par un courant d'eau froide qui sert de réfrigérant.

Du sommet du cylindre C part un tube T qui communique avec le cylindre R, dans lequel se meut le piston K récepteur et transmetteur du travail.

Le piston P reçoit son mouvement alternatif de la machine même. A un moment déterminé, si l'on suppose que le piston redescende, l'air, qui est à la température t, est refoulé par l'intermédiaire de la double enveloppe au-dessus du piston P et perd la chaleur qu'il contenait au contact des tubes de verre. Il achève ensuite de se refroidir au contact du serpentin supérieur et redescend à la température t_2. Il faut remarquer que, dans cette évolution, le *volume reste constant*.

Le gaz s'étant contracté par suite de son refroidissement, le piston K descend et comprime l'air qui conserve, au contact du serpentin, la même température; la phase de *compression isotherme* à la température t_2 est ainsi réalisée. Mais, pendant ce temps, le piston P remonte par le fait du mécanisme, et l'air, qui était passé au-dessus du piston, est aspiré sous ce piston en sens contraire et retraverse le régénérateur en lui empruntant la chaleur qu'il lui avait abandonnée. Pendant ce temps, le *volume reste constant.*

En se réchauffant, l'air s'est dilaté et, par suite, le piston récepteur K s'est soulevé; mais, pendant la dilatation, l'air a conservé sa même température, et l'on a réalisé ainsi la *détente isotherme* qui termine le cycle parcouru.

Dans cette machine, le cycle réalisé n'est donc pas un cycle de Carnot; il se compose de deux isothermes et de deux parallèles à l'axe des pressions, puisque les deux évolutions qui ferment le cycle s'opèrent à volume constant. On réalise ainsi l'une des hypothèses énoncées plus haut.

L'air qui remplit le tube T et le cylindre récepteur ne rend aucun service actif; il sert ici seulement d'intermédiaire.

Machine de Franchot ('855). — Cette machine se compose

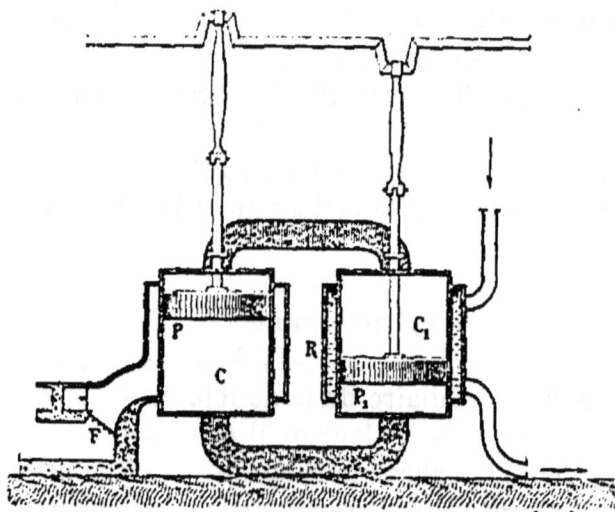

Fig. 357. — Machine à air chaud de Franchot.

de deux cylindres C, C, placés côte à sôte (*fig.* 357), le pre-

mier entouré par les flammes d'un foyer F, le second
par une enveloppe d'eau froide R.

Les pistons sont reliés à deux manivelles calées à 90°,
celle du piston chaud étant en avance sur celle du piston
froid.

Les fonds supérieurs et inférieurs de ces cylindres sont
réunis par deux conduits remplis de toiles métalliques servant de régénérateurs.

Le piston P du cylindre C, en descendant, refoule l'air dans
le cylindre C_1 ; cet air se refroidit graduellement jusqu'à la
température t_2. Inversement l'air contenu dans le cylindre C_1
passe dans le cylindre C, en s'échauffant au contact du conduit de communication. Il s'échauffe de nouveau et reste
prêt à travailler dans la course suivante.

Sous son apparence simple, la machine de Franchot réalise
un cycle très compliqué ; mais l'étude analytique de ce cycle
montre qu'il réalise le coefficient économique maximum.

M. Kyder a, dans ces derniers temps, modifié heureu-
sement la machine de Franchot dans ses dispositions mécaniques, tout en conservant le même principe.

Machine d'Ericsson (1852). — Deux cylindres C, C_1 (*fig.* 358)
sont superposés l'un à l'autre.

Dans le premier se meut un piston P à face inférieure con-
cave et rempli de plâtre ou de matière peu conductrice.
Ce piston est relié par les tiges t au piston P_1, qui se meut
dans le cylindre C_1, dont la section est égale aux $\frac{2}{3}$ de celle du
cylindre C. La tige K transmet le travail. Une soupape S,
s'ouvrant du dehors au dedans, communique avec l'atmosphère ; une soupape U, s'ouvrant inversement, communique
avec une capacité M ; R est un régénérateur composé de toile
métallique qui est en communication avec la capacité M par
le tube L et avec le cylindre C par le tube N. Enfin les soupapes V, V_1, qui s'ouvrent du dehors en dedans, peuvent mettre
en communication le régénérateur avec l'extérieur ou avec la
capacité M ; elles sont commandées par un mécanisme spécial.

Quand le piston P est au bas de sa course, les soupapes U

et V_t sont ouvertes, tandis que les soupapes S et V sont fermées, le réservoir M étant rempli d'air comprimé à une
demi-atmosphère ; la section du piston P étant supérieure
à celle du piston P_t, ces deux pistons sont soulevés ; l'air
situé au-dessus de P_t traverse la soupape U, le réservoir M,
le tuyau L, la soupape V_t, le régénérateur R et arrive sur le
piston P où il est échauffé par un foyer. Cette évolution se
fait donc à *pression constante*.

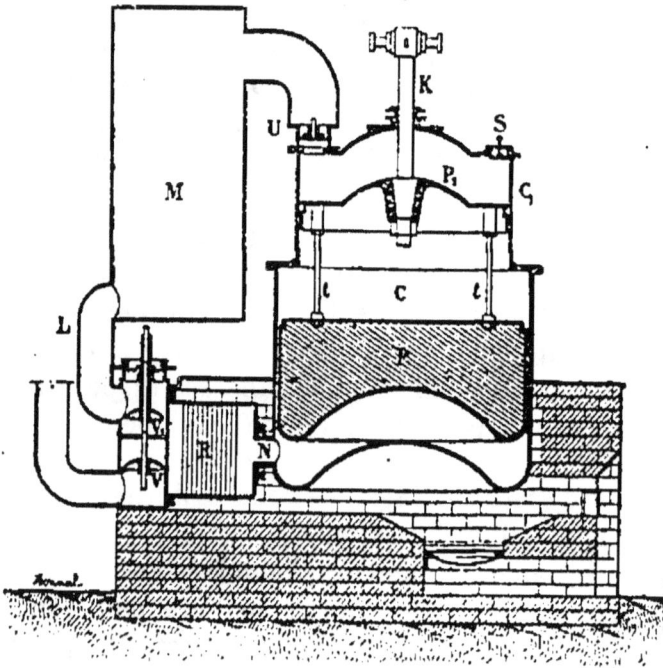

Fig. 358. — Machine à air chaud d'Ericsson.

Avant que le piston P arrive au sommet de sa course, la
soupape V_t se ferme ; l'air échauffé sous le piston se dilate
à température constante (*évolution isotherme*), fait monter le
piston et comprimer à température constante l'air situé au-
dessus de P_t et dans le réservoir M (*évolution isotherme*).

La fermeture de V_t est faite à un moment tel que l'air
comprimé en M atteigne une pression d'une demi-atmosphère, quand le piston est au sommet de sa course.

A ce moment, la soupape V s'ouvre, l'air situé au-dessous
du piston peut s'échapper dans l'atmosphère en traversant
d'abord le régénérateur R, auquel il abandonne une partie de

va chaleur, puis la soupape V. Le piston P descend sous l'action de son poids et chasse l'air au dessous (*évolution à pression constante*). Pendant cette descente, l'air extérieur entre au-dessus de P, par la soupape S, et la soupape U se referme automatiquement.

Le cycle parcouru se compose cette fois de deux isothermes et de deux lignes de pression constante, parallèles à l'axe des volumes. Ce cycle est un de ceux indiqués plus haut; il réalise, comme on l'a vu, le coefficient économique maximum.

Machine de Laubereau (*fig.* 359). — Plusieurs types dif-férents de machines ont été présentés par l'inventeur, mais ils ne diffèrent que par la disposition des organes; leur principe est le même. La figure représente la coupe d'un type récent. Il se compose d'un grand cylindre C fait en deux parties, chauffé dans sa partie inférieure par le foyer F et refroidi dans sa partie supérieure par le réfrigé-rant R.

Dans le haut du cylindre se meut le piston récepteur P à frottement étanche relié à l'arbre par une bielle et une manivelle.

D'autre part, le piston Q, chargé d'une couche de plâtre, se meut dans le cylindre avec un jeu assez important. Ce piston est disposé en forme de cloche montant et descendant autour du dôme cylindrique du foyer. Il est relié à un cadre mû par un excentrique

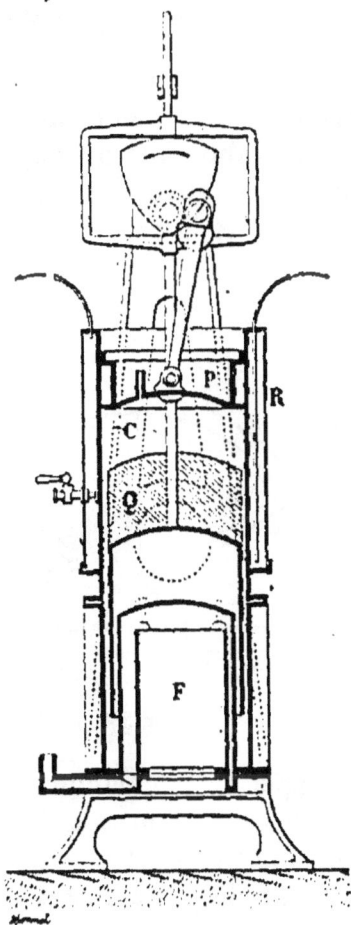

Fig. 359. — Machine à air chaud de Laubereau.

triangulaire empruntant son mouvement à la machine.

L'air qui subit l'évolution thermique est obligé de circuler dans le jeu précité pour passer en lame mince et s'échauffer au contact du foyer de la partie supérieure à la partie inférieure du piston.

L'air, étant emmagasiné dans la partie supérieure du cylindre au contact du réfrigérant, se contracte et tend à abaisser le piston P ; le piston Q étant lui-même relevé à ce moment par l'excentrique, l'air froid est refoulé sous le piston Q. Il s'ensuit alors que le piston P tend à remonter en entraînant l'arbre moteur. Le même air sert indéfiniment; un volant est chargé de régulariser la marche.

Cette machine est privée de régénérateur.

Machine de Belou (*fig.* 360). — Dans la machine à air chaud ou aéromoteur de Belou, on évite la perte de chaleur considérable due au départ des gaz chauds dans la cheminée, en envoyant directement dans le cylindre à air les produits de la combustion.

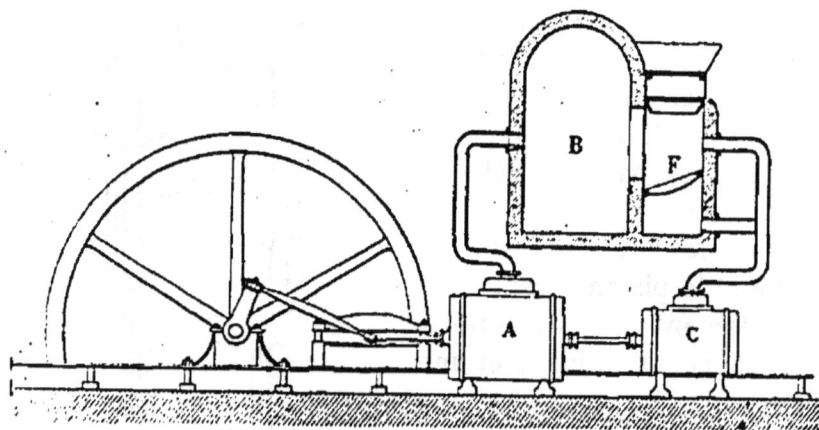

Fig. 360. — Machine à air chaud de Belou.

L'appel de la cheminée est remplacé par une pompe de compression empruntant son mouvement à la machine et qui réalise le tirage forcé par insufflation de l'air sur le foyer. A est le cylindre à air, et C la pompe de compression insufflant l'air par deux conduits dans le foyer F, que l'on peut charger par une trémie à sas. B est la boîte à feu où se déposent les escarbilles et poussières avant de se rendre dans la boîte de distribution du cylindre à air chaud.

Cette machine, bonne en principe, est sujette à des grippements dus aux frottements entre surfaces chaudes, et à des
détériorations de garnitures.

Les machines à air chaud de Hock à injection de vapeur
et de Bénier dérivent du même principe que l'*aéromoteur
Belou*.

Aéromoteur de Bénier (*fig*. 361). — Le foyer F est directement placé à la base du cylindre ; P est le piston en forme
de plongeur.

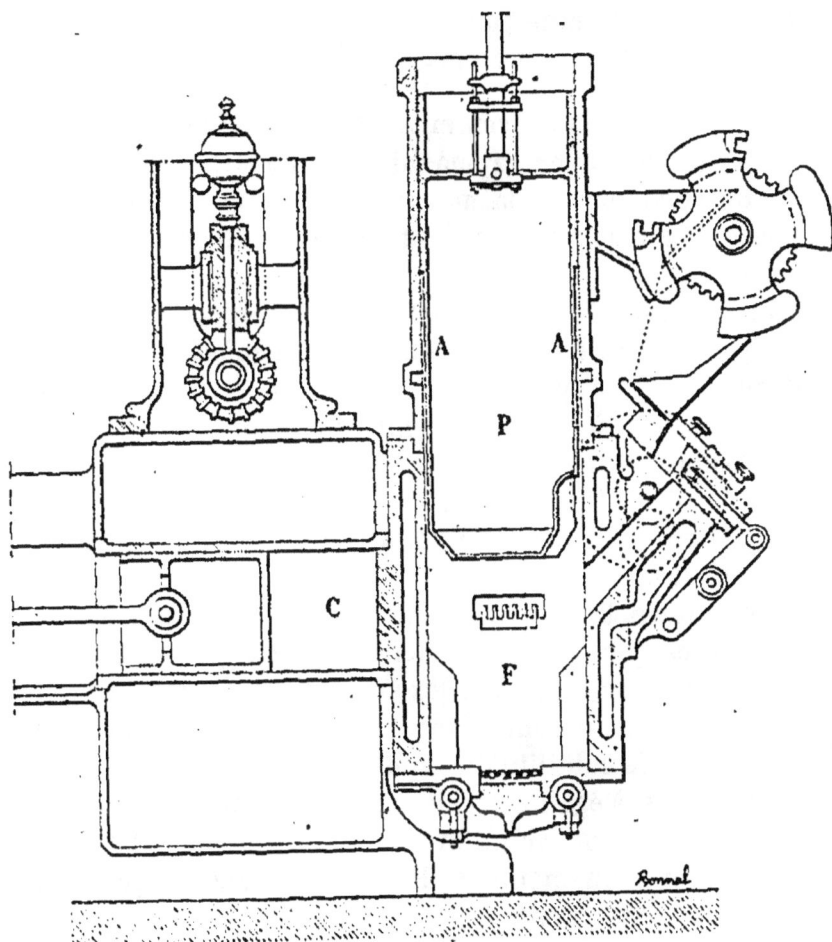

Fig. 361. — Machine à air chaud de Bénier.

La pompe de compression, mise en mouvement par des
organes appropriés, est située en C. Elle envoie, d'une part,

de l'air au-dessous du foyer et, d'autre part, autour du piston plongeur, dans une gaine creuse annulaire A pour précipiter les matières solides entraînées et provoquer le refroidissement du piston et en favoriser la lubrification. Un distributeur à coke, placé sur le côté de l'appareil, règle l'arrivée de combustible.

L'air chauffé par le foyer F acquiert de ce fait une tension qui soulève le piston P et fait mouvoir l'arbre moteur par l'intermédiaire d'un balancier. A la descente, une soupape d'évacuation donne issue aux produits de la combustion ; cette soupape est mue par une transmission empruntant son mouvement à l'arbre moteur.

Avantages et inconvénients de la machine à air chaud. — Comparaison avec la machine à vapeur. — Rendement. — Si on la compare à la machine à vapeur, on doit reconnaître que la machine à air chaud présente un certain nombre d'avantages.

L'air, en effet, se trouve partout de composition constante et ne coûte rien. L'eau, convenablement épurée, ne s'obtient qu'au prix de travaux coûteux.

Les machines à air chaud sont rapidement en pression ; leurs explosions n'ont que des résultats insignifiants, tandis que celles des générateurs à vapeur sont généralement terribles, si on en excepte toutefois les chaudières tubulaires inexplosibles.

Au contraire, l'air chaud présente plusieurs inconvénients : il détruit les garnitures et calcine les graisses, provoquant ainsi des grippements entre les surfaces frottantes. Les joints des machines à air sont d'une étanchéité difficile à réaliser, étant donnée la subtilité du fluide.

D'autre part, à égalité de puissance, les moteurs à air chaud sont beaucoup plus volumineux que les moteurs à vapeur ; les frottements augmentent de ce fait même, ce qui tend à diminuer le rendement.

Le rendement théorique d'un moteur à air chaud aura toujours pour limite $1 - \dfrac{T_1}{T_0}$.

Or T_1, température absolue du réfrigérant, correspondra à la température $\theta = 10°$ en général. On aura :

$$T_1 = 273 + 10 = 283°.$$

D'autre part, on ne peut dépasser une température de 250 à 280° dans les cylindres à air chaud, sous peine de voir les parois se détériorer rapidement.

Donc $T_0 = 273 + 280 = 553°$ au maximum. Il en résulte pour rendement maximum :

$$R = 1 - \frac{283}{553} = 0,5 \text{ environ.}$$

Mais ce chiffre ne donne pas le rendement réel, car il se rapporte au cas où l'on aurait réalisé le cycle de Carnot. De ce fait, ce chiffre doit être multiplié par un coefficient fractionnaire spécial. Si, de plus, on tient compte encore du rendement du foyer et de l'influence des résistances passives, la fraction d'utilisation par les moteurs à air chaud de la chaleur théorique disponible dans le combustible employé descend à 10 0/0 environ.

C'est le rendement effectif que donne également la machine à vapeur. Les deux genres de moteurs ont donc économiquement même valeur.

En ce qui concerne le rendement du moteur à air chaud, on a fait valoir, en faveur de ce dernier, ce fait que les gaz parfaits, l'air en particulier, n'exigent pas de travail interne et qu'à température constante toute la chaleur était transformée en travail externe. L'eau, en effet, absorbe un certain travail interne pour se transformer en vapeur ; mais il faut bien remarquer que, si l'on envisage le cycle fermé qu'elle parcourt depuis son entrée dans la chaudière jusqu'à son retour à l'injecteur par la pompe à air et la bâche à eau chaude, toute l'énergie interne dépensée pour la transformation en vapeur se retrouve intégralement au retour, après le cycle achevé, quel que soit d'ailleurs ce cycle.

Cette objection en faveur des aéromoteurs tombe donc d'elle-même.

Pour augmenter le rendement des aéromoteurs, il y aurait intérêt à augmenter la chute de température $T_0 - T_1$, en augmentant T_0 par exemple, et c'est en cela que résiderait la véritable supériorité de ces appareils sur les machines à vapeur. Pour les gaz parfaits, la pression croît proportionnellement à la température, de sorte que, si, à 0°, cette pression est de 1 atmosphère, elle sera de 2 atmosphères seulement à 273°, de 3 atmosphères à 546°, etc., tandis que, pour obtenir ces températures, la vapeur devrait déjà avoir acquis des pressions énormes et industriellement irréalisables. Si l'on pouvait donc dépasser, dans l'avenir, la limite de 250 à 280°, qu'on ne peut aujourd'hui franchir dans le moteur à air chaud, le rendement de ce dernier augmenterait notablement et deviendrait supérieur à celui du moteur à vapeur.

Les moteurs à air chaud à combustion extérieure au cylindre, ou aéromoteurs proprement dits, après avoir joui d'une certaine vogue, sont aujourd'hui à peu près abandonnés, excepté en Amérique où on les emploie encore.

Il n'en est pas de même des moteurs à air chaud à gaz et à pétrole, dans lesquels la combustion se fait dans le cylindre même.

CHAPITRE XIII

MOTEURS A GAZ

---

§ 1. — INDICATIONS SUR LE FONCTIONNEMENT THÉORIQUE DES MOTEURS A GAZ

Généralités. — Dans les moteurs à air chaud on a vu que le combustible destiné à échauffer l'air qui devait développer l'effort moteur était brûlé dans une capacité spéciale où, du moins, que le foyer était distinct du cylindre. Dans les moteurs à gaz, à pétrole et à poussières de charbon, le combustible gazeux, liquide ou solide, est amené avec l'air dans le cylindre même où s'effectue la combustion. Chaque cylindrée est alors chauffée instantanément.

Dans les moteurs à gaz, le combustible peut être un gaz quelconque : l'*oxyde de carbone des gazogènes*, le *gaz oxhydrique*, le *gaz à l'eau*, les *gaz des gazogènes* peuvent être employés. Ce dernier même a été l'objet d'essais assez heureux dans ces derniers temps. Mais le gaz le plus employé est le *gaz d'éclairage*, que la canalisation déjà existante pour l'éclairage permet d'employer à domicile, pour les plus petites forces.

La première machine à gaz d'éclairage a été brevetée, en 1799, par l'ingénieur Lebon.

Dans la machine à gaz actuelle, l'échauffement de l'air ne se produit pas par *combustion*, mais par *détonation* du gaz, à cause de la grande rapidité de propagation de l'onde explosive comparée à celle d'inflammation.

Il se produit, pendant cette explosion, des phénomènes complexes encore mal connus. La dissociation semble y jouer un rôle important, de même que l'influence des parois qui, étant conductrices, tendent à diminuer la température maxima. Les courbes adiabatiques sont alors complètement faussées; pour améliorer le fonctionnement, il y a intérêt à conserver les parois aussi chaudes que possible et, par suite, à mener le piston à une allure très rapide.

Une compression préalable du mélange joue un rôle très favorable. Le gaz inerte, qui est mélangé à la partie utile du mélange, agit comme modérateur de température, tout en travaillant effectivement sur le piston par sa dilatation. La température s'abaissant, par suite de la présence de ce gaz inerte, l'influence des parois en est d'autant diminuée.

Les phénomènes réalisés dans l'intérieur des cylindres étant fort compliqués, on ne peut appliquer que très approximativement les lois de la thermodynamique aux machines à gaz.

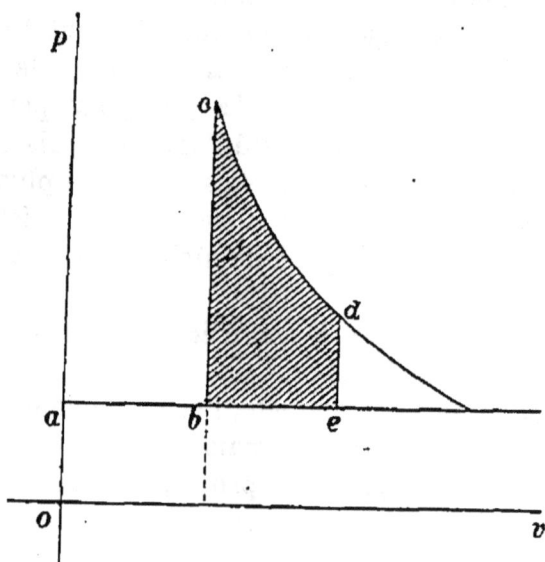

Fig. 362.

D'une façon générale, on peut admettre que le mélange détonant parcourt le cycle fermé de la figure 362.

On commence par admettre, dans le cylindre moteur, un

volume v de mélange, représentant, par exemple, le volume de l'unité de poids à la pression atmosphérique p. On a ainsi l'horizontale ab.

L'explosion se produit à volume constant et porte la pression de p à p_1, suivant la ligne verticale bc.

La détente se produit de suite suivant l'adiabatique cd.

L'échappement à l'atmosphère fait redescendre le fluide à la pression p à volume constant, suivant la verticale de; enfin, durant la course rétrograde, se produit un effort résistant pendant lequel le fluide est refoulé à pression constante p, dans l'atmosphère, suivant l'horizontale eb.

Le travail est alors représenté par l'aire $bcde$.

Données sur la combustion du gaz dans le cylindre. — La composition moyenne du gaz d'éclairage est très approximativement la suivante :

	FORMULE	TENEUR pour 100	POIDS spécifique	GAZ SIMPLES		
				C	H	O
Oxyde de carbone......	CO	20 0/0	1,124	42,56		57,44
Hydrogène protocarboné.	C^1H^4	13 0/0	1,275	75	25	
Hydrogène bicarboné....	C^2H^4	67 0/0	0,727	85,7	14,3	

Ce gaz renfermera, par suite, en poids :

Carbone................ 70 0/0
Hydrogène............. 18 0/0
Oxygène................ 12 0/0

Il aura pour poids spécifique $0^{kg},850$, et pour volume spécifique $1^{m3},20$.

On peut trouver facilement sa puissance calorifique en appliquant la loi de Dulong (Voir *Chaudières à vapeur*, p. 25), dont la formule est :

$$Q = 8.080\,C + 34.462 \left(H - \frac{O}{8} \right).$$

$$Q = 8.080 \times 0,7 + 34.462 \left(0,18 - \frac{0,12}{8} \right) = 11.342 \text{ cal. par kilogr.}$$

La puissance calorifique du *mètre cube* de gaz sera donc de :

$$11.342 \times 0,85 = 9.641 \text{ calories.}$$

Il convient de réduire quelque peu le nombre de calories par kilogramme pour tenir compte du travail moléculaire absorbé par la séparation des atomes de ces éléments. Le pouvoir calorifique de 1 kilogramme de gaz d'éclairage descend alors à 10.500 calories environ.

Température de l'explosion. — Le charbon exige 2,7 fois son poids d'oxygène pour se transformer en acide carbonique. Si on se reporte aux quantités précitées de carbone, d'oxygène et d'hydrogène que le gaz contient pour 100, on verra que le poids d'oxygène nécessaire pour transformer tout le carbone en acide carbonique et tout l'hydrogène en eau aura pour valeur :

$$(2,7 \times 0,70) + (0,18 \times 8) - 0,12 = 3^{kg},20 \text{ d'oxygène.}$$

Or l'air renferme en poids 23,13 d'oxygène et 70,87 d'azote.

Par suite, pour brûler 1 kilogramme de gaz, il faudra dépenser un poids d'air égal à :

$$\frac{3,20 \times 100}{23,13} = 13^{kg},83 \text{ d'air,}$$

qui contiendra un poids d'azote égal à :

$$\frac{13,83 \times 76,87}{100} = 10^{kg},63.$$

Le poids spécifique de l'air est de $1^{kg},293$ à 0° et à la pression atmosphérique. Donc le volume absolu de l'air nécessaire pour brûler 1 kilogramme de gaz aura pour valeur :

$$\frac{13^{kg},83}{1,293} = 10^{m3},69 \text{ d'air.}$$

D'un autre côté, le poids spécifique du gaz étant $0^{kg},85$, le volume d'air à dépenser pour brûler 1 mètre cube de gaz sera de :

$$10^{m3},69 \times 0^{kg},85 = 9^{kg},08.$$

L'air nécessaire à la combustion occupera donc un volume neuf fois supérieur à celui du gaz lui-même, ou, en d'autres termes, celui-ci occupera un dixième seulement du volume total.

On peut obtenir maintenant le poids absolu des produits de l'explosion, qui sont l'acide carbonique, la vapeur d'eau et l'azote inerte.

Si l'on envisage le mélange de 1 kilogramme de gaz et de $13^{kg},83$ d'air, on sait déjà que le poids d'azote est de $10^{kg},63$.

Celui d'acide carbonique sera de :

$$0,70 \, (1 + 2,7) = 2^{kg},59,$$

et celui d'eau sera de :

$$0,18 \times (1 + 8) = 1^{kg},62.$$

La somme des poids des trois corps donne bien le poids total du mélange.

Or les valeurs des chaleurs spécifiques à pressions constantes des gaz en présence sont respectivement :

Pour l'acide carbonique....... $C_1 = 0^{cal},216$
Pour la vapeur d'eau .... $C_2 = 0 \quad 481$
Pour l'azote................. $C_3 = 0 \quad 244$

La chaleur spécifique du mélange aura donc pour valeur :

$$C = \frac{(2,59 \times 0,216) + (1,62 \times 0,481) + (10,63 \times 0,244)}{14^{kg},83} = 0^{cal},265.$$

On en peut déduire la chaleur spécifique à volume constant dont on a besoin, puisque l'on suppose que c'est à *volume constant* que se produit l'explosion.

On a vu, en effet (p. 35), que la relation qui lie les chaleurs spécifiques C et c à pression et à volume constants est :

$$\frac{C - c}{R} = A;$$

d'où :

$$C - c = RA,$$

formule dans laquelle $A = \dfrac{1}{E} = \dfrac{1}{424} = 0,0023585$.

D'autre part, de la formule

$$pv = RT$$

on tire :

$$R = \dfrac{pv}{T}.$$

Ici p est la pression atmosphérique, soit 10.333 kilogrammes par mètre carré ; v est le volume du mélange détonant à cette pression et au zéro absolu ; $T = -273°$.

On peut facilement trouver ce volume v.

En effet, le mélange des produits de l'explosion contiendra, comme on l'a vu,

```
10ks,63 d'azote pesant.............. 1ks,25 le mètre cube
 2  59 d'acide carbonique pesant... 1  98      —
 1  62 de vapeur d'eau pesant..... 0  80      —
```

Le volume v de 1 kilogramme des produits de l'explosion aura donc pour valeur :

$$v = \dfrac{\dfrac{10,63}{1,25} + \dfrac{2,59}{1,98} + \dfrac{1,62}{0,80}}{14^{ks},83} = 0^{m3},80,$$

et, par suite :

$$R = \dfrac{pv}{T} = \dfrac{10.333^{k} \times 0,80}{273}$$

$$c = C - RA = 0,265 - \dfrac{10.333^{kg} \times 0,80}{273} \times 0,0023585,$$

$$c = 0,265 - 0,071 = 0^{cal},194.$$

On peut vérifier, en passant, que la valeur du rapport $\dfrac{C}{c}$ est de :

$$\dfrac{C}{c} = \dfrac{0,265}{0,194} = 1,36.$$

Cette valeur diffère donc de la constante $d = 1,41$, que l'on a trouvée pour les gaz parfaits.

Ayant la valeur de c, on peut trouver la température de combustion ; en effet, on sait désormais que les 14^{kg},83 de mélange détonant fourniront 10.500 calories en s'échauffant à volume constant avec une chaleur spécifique de 0,194.

En appliquant la formule :

$$Q = pc(t - t'),$$

on aura pour valeur de la température d'explosion :

$$t = \frac{10.500}{14,83 \times 0,194} = 3.650° \text{ environ,}$$

en supposant que la température initiale t' soit de 0°. Ce serait la température des gaz, si la combustion était parfaite et complète, sans dissociation et en supposant les parois parfaitement adiabatiques.

En réalité, il n'en est pas ainsi : la chaleur spécifique ne demeure même pas constante aux températures élevées. Toutes ces considérations interviennent pour abaisser considérablement la température, qui serait d'ailleurs beaucoup trop élevée pour les appareils.

Si l'on recommençait le calcul qui précède, en supposant que la quantité d'air, au lieu d'être strictement celle nécessaire à la combustion, fût notablement plus élevée, on verrait le chiffre de la température s'abaisser considérablement.

Pression produite par l'explosion. — Si l'on suppose que l'explosion s'effectue à volume constant, on aura pour équations des deux états extrèmes :

$$pv = RT \quad \text{et} \quad p'v = RT' ;$$

d'où l'on déduit :

$$\frac{p'}{p} = \frac{T'}{T}.$$

Si la température initiale est de 0°, on aura :

$$\frac{p'}{p} = \frac{3.650}{273} = 13 \text{ environ.}$$

Comme $p = 1$ atmosphère, la pression due à l'explosion atteindrait 13 atmosphères.

En réalité, comme pour la température, la pression maxima reste fort au-dessous de ce chiffre, parce que la température T' est elle-même bien inférieure à l'hypothèse

Régime de l'explosion. — Compression — D'après les expériences de MM. Berthelot et Vieille, le changement brusque de constitution chimique d'un mélange explosif, qui constitue la détonation, se propage sous forme d'*onde explosive* par un mouvement ondulatoire. La vitesse est la même, que les gaz soient à pressions ou à volumes constants. La vitesse de la flamme est la même que celle de l'onde explosive. Les vitesses de détonation atteignent et dépassent 2.500 mètres par seconde, pour certains mélanges explosifs.

La présence des gaz inertes dans le mélange détonant peut empêcher l'explosion et la transformer en inflammation simple.

Quand la température théorique de l'explosion s'abaisse au-dessous de 1.700°, l'explosion n'a plus lieu.

Au contraire, une compression du mélange fait passer du régime de combustion à celui d'explosion.

La compression augmente la vitesse de propagation de la flamme et diminue le refroidissement par les parois. De plus, elle augmente le rendement, comme on peut s'en convaincre.

Si l'on suppose, en effet, que l'on comprime adiabatiquement le gaz dans le rapport $\frac{1}{K}$, on aura :

$$\frac{v_0}{v_1} = K.$$

On a eu (p. 40) pour une détente ou compression adiabatique :

$$\frac{T_1}{T_0} = \left(\frac{v_0}{v_1}\right)^{\gamma-1}.$$

Or :

$$\frac{v_0}{v_1} = K;$$

d'où :

(1) $$T_1 = T_0 K^{\gamma-1}.$$

Donc la nouvelle température sera T_1.

Le travail sera (p. 41) :

$$\mathfrak{E}_1 = \frac{c}{A}(T_1 - T_0).$$

Si q est la capacité calorifique de 1 kilogramme du mélange qui détone à volume constant, la température maxima sera :

$$T_2 = T_1 + \frac{q}{c}.$$

Après l'explosion commence la détente adiabatique; la température finale s'obtiendra de la même façon que l'équation (1) ci-dessus, mais en remarquant qu'il s'agit d'une détente au lieu d'une compression, et l'on aura :

$$T_3 = T_2 \left(\frac{1}{K}\right)^{\gamma-1}.$$

Le travail aura pour expression :

$$\mathfrak{E}_2 = \frac{c}{A}(T_2 - T_3).$$

Et l'on aura pour travail réel :

$$\mathfrak{E} = \mathfrak{E}_2 - \mathfrak{E}_1 = \frac{c}{A}(T_0 - T_1 + T_2 - T_3).$$

et comme :

$$T_2 - T_1 = \frac{q}{c},$$

on a :

$$\varpi = \frac{c}{A}\left(T_0 - T_3 + \frac{q}{c}\right).$$

Si on évalue T_3, l'on a :

$$T_3 = \left(T_1 + \frac{q}{c}\right)\left(\frac{1}{K}\right)^{\gamma-1} = \left(T_0 K^{\gamma-1} + \frac{q}{c}\right)\left(\frac{1}{K}\right)^{\gamma-1} = T_0 + \frac{q}{c}\left(\frac{1}{K}\right)^{\gamma-1}.$$

En remplaçant et en remarquant que c disparaît, on a :

$$\varpi = \frac{q}{A}\left[1 - \left(\frac{1}{K}\right)^{\gamma-1}\right],$$

expression dans laquelle T augmente si on augmente K, c'est-à-dire la compression du mélange.

Le principe de la compression signalé par Lebon, en 1801. a été affirmé par Wright (1833), par Milon (1861) et par M. de Rochas en 1862. Il a été industriellement réalisé par Otto, dans sa fameuse machine de 1877.

Dans les moteurs à gaz, l'allure de l'inflammation participe à la fois de la combustion et de la détonation. Cela dépend d'ailleurs d'influences multiples, telles que la compression du mélange, le rayonnement des parois, la vitesse, l'allumage, etc.

La pression maxima, dans une machine où l'inflammation des gaz se fait dans de bonnes conditions, est atteinte en $\frac{1}{10}$ de seconde ; elle s'abaisse ensuite, sans que l'on puisse déterminer le point précis du maximum.

Quand la vitesse du piston augmente, le maximum s'éloigne du point de départ du piston ; la flamme ne peut suivre le piston. C'est là un régime défectueux qui cause une perte de travail.

La *dissociation*, c'est-à-dire la décomposition en leurs éléments des gaz du mélange détonant, peut se produire sous l'influence de hautes températures. Alors la combustion s'arrête, ainsi que l'accroissement de température. Enfin l'influence des parois paraît être considérable ; il semble important d'opérer la détente avec rapidité, pour affaiblir cette influence.

Classification des moteurs à gaz. — Suivant que le mélange détonant n'est pas ou est comprimé avant son inflammation dans le cylindre, on divise les machines à gaz en deux catégories:

Machines sans compression;

Machines à compression.

Dans la première catégorie on rencontre une division spéciale de moteurs, dans laquelle le gaz subit, au contraire, une *dilatation* et qu'on appelle les *machines atmosphériques*, et ensuite les divers types de moteurs sans compression préalable.

Dans la deuxième catégorie on divise les moteurs à compression en deux classes : ceux à *explosion sous pression constante*, et ceux à explosion *sous volume constant.*

Enfin une troisième catégorie comprend divers moteurs particuliers, tels que les *moteurs à double effet, compound, aux gaz pauvres*, etc.

§ 2. — MOTEURS A GAZ SANS COMPRESSION

Dans les moteurs de cette catégorie, d'une façon générale, il se produit quatre phases, qui sont :

1° L'aspiration du mélange tonnant à la pression atmosphérique ;

2° L'explosion à volume constant ;

3° La détente ;

4° L'évacuation des produits brûlés.

Les trois premières phases constituent la course motrice; et la dernière, la course rétrograde résistante.

On a reconnu que leur travail était inférieur à celui des moteurs à compression. En revanche, l'influence des parois est moindre, et leur mécanisme plus simple, ce qui tend à augmenter leur rendement.

Machines atmosphériques. — Dans ces machines, la détente est poussée à l'extrème, de telle façon que la pression finit par s'abaisser au-dessous de la pression atmosphérique, de sorte que, pendant l'expulsion des gaz, la pression devient motrice, au lieu d'être résistante.

Dans ces conditions, le diagramme affecte la forme ci-contre (*fig.* 363); AA' étant la ligne de pression atmosphérique, le mélange est d'abord aspiré pendant la course *ob*, à une pression un peu inférieure à l'atmosphère ; l'explosion fait ensuite

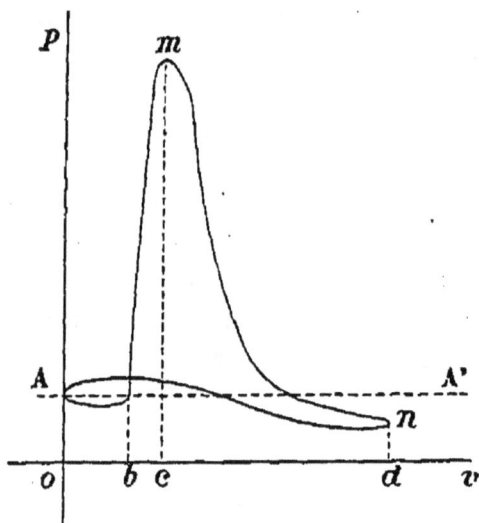

Fig. 363.

monter la pression à son maximum *m* pendant la course *bc*; la détente se produit, et la pression s'abaisse à *dn*, inférieure à la pression atmosphérique ; puis, pendant l'expulsion de gaz, la pression remonte pour atteindre et dépasser la pression atmosphérique.

Le type du moteur atmosphérique est la machine *Otto et Langen*.

Machine Otto et Langen (*fig.* 364 et 364 *bis*). — Dans cette machine, le cylindre est vertical et entouré à sa base par une enveloppe réfrigérante. La distribution du gaz se fait à la partie inférieure, et l'inflammation est produite par un bec de gaz spécial. La tige du piston est une crémaillère qui engrène avec une roue dentée R, placée sur l'arbre moteur (*fig.* 364 *bis*). Cette roue est fixée à l'arbre de telle façon que le piston transmette tout le travail à l'arbre à la descente et rien à la montée. A cet effet, elle porte intérieurement un rochet, qui peut coincer à la descente des rouleaux d'acier A, tandis qu'il les

laisse libres à la montée. Ces rouleaux entraînent le moyeu
fixé sur l'arbre.

La distribution est commandée par un arbre auxiliaire, mû
par un engrenage de
diamètre égal à celui
placé sur l'arbre mo-
teur. Cet arbre O porte
deux excentriques E, E',
montés fous sur l'arbre :
l'un commande le dis-
tributeur, l'autre a pour
fonction de relever lé-
gèrement le piston pour
aspirer le mélange ex-
plosif. A cet effet, celui-
ci agit sur un levier L,
oscillant autour du point
fixe P, qui soulève lui-
même un taquet de la
crémaillère, et celle-ci
elle-même pendant $\frac{1}{10}$
de la course, volume re-
présentant l'admission.
Un dispositif assez com-
pliqué permet de ne
produire le mouvement
des excentriques que
pendant une période
déterminée de la course.

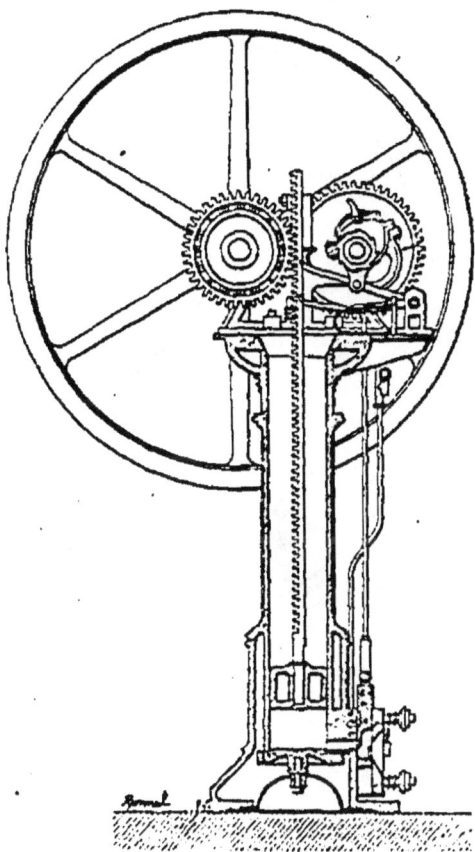

Fig. 364.— Moteur à gaz Otto et Langen.

La détonation lance violemment le piston à la partie supérieure ; la pesanteur seule détruit la force vive communiquée.
On sait que, pendant cette ascension, le piston n'entraîne
pas l'arbre moteur ; l'action serait d'ailleurs beaucoup trop
brutale. La pression diminue pendant la détente et descend
jusqu'à la valeur de la pression atmosphérique ; par sa force
vive, le piston dépasse ce point et la pression diminue encore.
Quand le piston est arrivé au sommet de sa course, il faut
que toute la puissance vive soit transformée en travail et que

Je piston soit arrêté. A la descente, la pression atmosphérique agit et rend doucement le travail de la montée, tandis que l'échappement des gaz se produit par la partie inférieure.

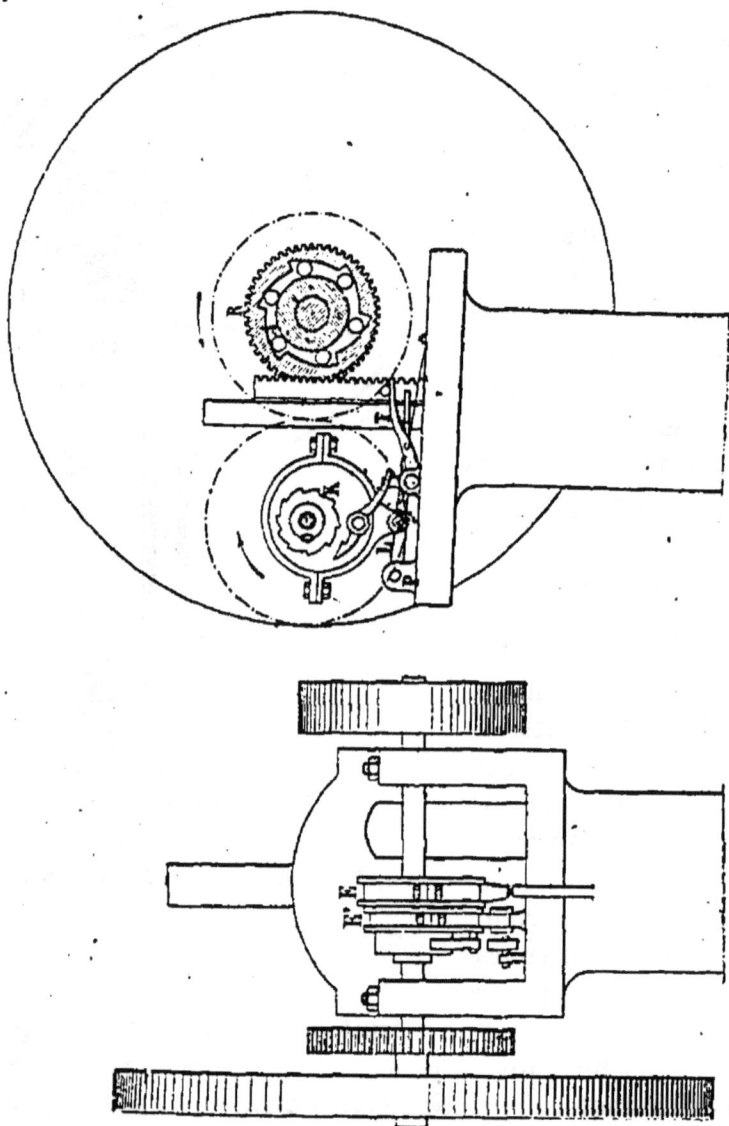

FIG. 364 bis. — Machine à gaz Otto et Langen.

Ce moteur, qui consomme moins de 1 mètre cube de gaz à l'heure, même pour de très petites forces, a été en faveur à son apparition. Son mécanisme est compliqué, et sa marche bruyante. Il est à peu près abandonné aujourd'hui.

Moteurs sans compression proprement dite. — Dans ces
machines, les dépressions qui peuvent se produire à certaines périodes du fonctionnement sont très peu importantes.
L'aspiration du mélange explosif a lieu pendant 30 à 40 0/0
de la course directe ; la détonation a lieu, et la détente qui
suit se produit jusque dans le voisinage de la pression atmosphérique ; enfin l'évacuation des produits brûlés a lieu pendant la course rétrograde.

Moteur Bischop (fig. 365). — Ce moteur est très employé,
même pour les plus petites forces, car il descend jusqu'à
1/20 de cheval et même au-dessous.

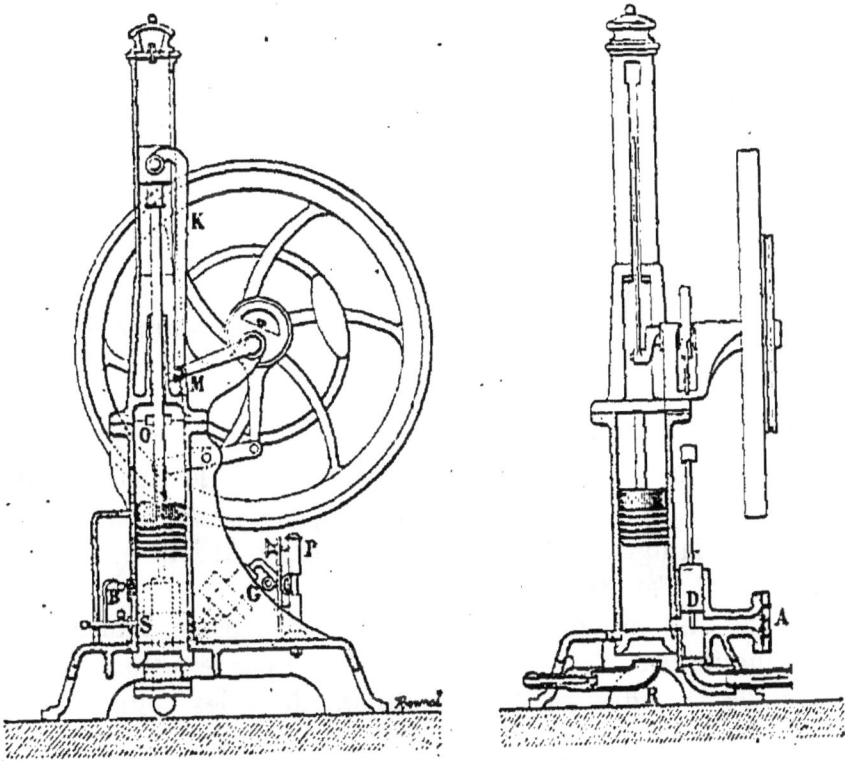

Fig. 365. — Moteur à gaz Bischop.

L'arrivée d'air s'opère par l'orifice A, et l'arrivée de gaz se
fait en G ; D est le distributeur mélangeur.

Le réglage s'opère par la pince P agissant sur le tube de
caoutchouc d'amenée.

Quand l'alimentation s'interrompt par la transmission, un bec de gaz B provoque l'explosion ; c'est le mouvement ascendant du piston qui aspire un dard de flamme dans le cylindre.

Cette explosion ferme les clapets de A et de G. Le piston est brusquement lancé en avant et guidé par un coulisseau dans son ascension ; la bielle pendante K et la manivelle M transmettent le mouvement à l'arbre moteur. La partie supérieure du cylindre communique avec l'atmosphère par l'ouverture O.

Les diverses pièces sont équilibrées et disposées le plus favorablement possible, pour que l'effort brusque transmis ne les détruise pas. S est un bec de gaz allumé d'une façon permanente et destiné à rallumer le bec B, si celui-ci venait à s'éteindre par le fait de l'explosion. M est un réchauffeur, qui élève la température des parois au moment de la mise en marche. L'excès de chaleur des parois est enlevé par des ailettes qui favorisent la déperdition. Avant la fin de la course directe, le distributeur D ouvre l'échappement à l'extérieur pour préparer l'évacuation.

La lubrification du cylindre est produite par les dépôts dus à l'explosion.

Ce moteur, pour de très petites forces, consomme de 500 à 700 litres de gaz par cheval-heure.

Moteur Sombard (1879) (*fig.* 366 et 367). — Dans ce moteur, l'air et le gaz arrivent séparément, et les gaz brûlés s'échappent par un tiroir T, dont la glace est représentée en plan sur la figure 367 ; le gaz arrive en *g*, et l'air en *a* et *a'*, de part et d'autre de *g*.

A l'admission, les orifices du tiroir T se placent au-dessus des lumières *a*, *a'*, *g*. Le mélange, aspiré par le piston, s'élève dans le cylindre en tourbillonnant dans les canaux *c* du tiroir.

A la descente du piston, le tiroir découvre l'orifice E d'échappement et ferme l'admission.

La commande du tiroir se fait à l'aide d'un arbre coudé *m* vu en pointillé sur la figure 366.

L'allumage s'effectue au travers d'un clapet par un injecteur a chalumeau.

On voit que ce moteur est avec quelques modifications, une
variante du moteur Bischop.

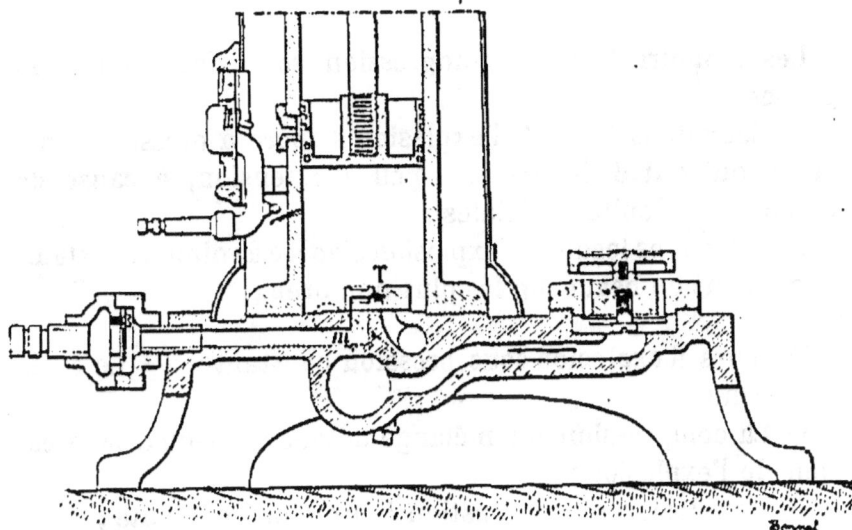

Fig. 366. — Moteur Sombard.

Le moteur Bischop et ses dérivés (Sombard, Andrew, etc.)
sont très faciles à entretenir et à conduire. Ces appareils,

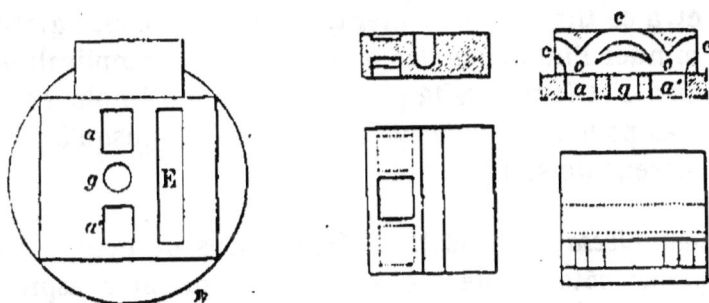

Fig. 367.

malgré les efforts de leurs constructeurs pour les adapter
aux puissances importantes, paraissent surtout destinés aux
petites forces.

§ 3. — MOTEURS A COMPRESSION

Les moteurs à gaz à compression se divisent en deux classes :

1° Ceux dans lesquels l'explosion s'opère à pression constante, qui ont d'ailleurs pris peu d'extension, à cause de certaines difficultés spéciales ;

2° Ceux dans lesquels l'explosion s'opère à volume constant, et qui sont de beaucoup les plus nombreux.

Moteurs à explosion sous pression constante. — Le cycle comprend :

1° La compression du mélange détonant jusqu'à la pression de l'explosion ;

2° L'explosion ou combustion à pression constante ;

3° La détente adiabatique ;

4° L'échappement à l'atmosphère.

La compression du mélange s'effectue adiabatiquement; il s'ensuit que le cycle est compris entre deux adiabatiques et deux droites parallèles à l'axe des volumes.

La température de la combustion atteint dans ces moteurs un chiffre moins élevé que dans les moteurs à volume constant, et, à ce titre, ils présentent, sur ces derniers, l'avantage de diminuer l'influence des parois. Mais la complication du mécanisme et la nécessité presque absolue d'employer deux cylindres pour réaliser le cycle, ont empêché jusqu'à présent ces appareils de se répandre.

Moteur Livesay (fig. 368). — Deux corps de pompe A et B sont placés côte à côte; le piston Q du premier aspire de l'air par l'orifice *a* et le refoule sous le piston *déplaceur* S, puis dans la capacité C. Une pompe à gaz R, latérale à l'appareil, refoule à son tour du gaz dans la capacité C, dès que le piston Q est au bas de sa course. L'air et le gaz, se trouvant dans la capacité C, y forment un mélange détonant. Ce mélange est enflammé, à peu près au moment où le piston de la pompe R est à la moitié de sa course, par un allumeur K.

Le mélange enflammé effectue sa détente, à pression sensiblement constante, dans la capacité C et dans la chambre voisine G en matériaux réfractaires. De là le mélange passe sous le piston P du deuxième cylindre B, et réalise l'effort moteur. Les produits de la combustion s'échappent par la soupape L.

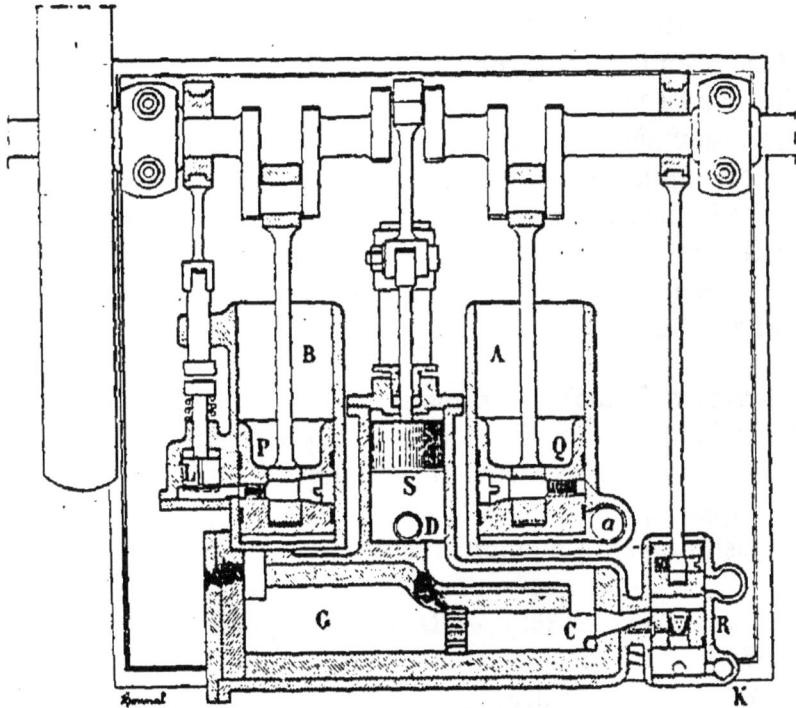

Fig. 368. — Moteur Livesay.

La chambre G remplie de briques réfractaires fait l'office d'un véritable *régénérateur*, car l'orifice L d'échappement n'est ouvert que durant la moitié de la course, et pendant l'autre moitié, l'air chaud est refoulé dans la capacité G. Quand cette capacité est échauffée suffisamment, on supprime l'arrivée de gaz, et la machine devient une machine à air chaud.

Moteurs à explosion sous volume constant. — Le cycle parcouru par le mélange comprend :

1° L'aspiration du mélange;

2° Sa compression;

3° L'explosion instantanée ;

4° La détente ;

5° L'échappement.

La compression et la détente étant supposées s'effectuer suivant des adiabatiques, le cycle est compris entre deux adiabatiques et deux parallèles à l'axe des pressions.

Ces moteurs se subdivisent en deux groupes :

Le premier comprend des machines à deux cylindres, dont l'un sert de *compresseur*, et l'autre de *récepteur*.

Le deuxième groupe comprend des machines à cylindre unique, qui, étant obligées de remplir le même office que les précédentes, ne peuvent avoir qu'une course motrice pour quatre courses simples, c'est-à-dire tous les deux tours; aussi les appelle-t-on parfois machines à quatre temps ou à quart d'effet.

Moteurs à double cylindre. — Ces moteurs réalisent une explosion par tour ; ils se composent de deux cylindres, l'un servant de compresseur du mélange, l'autre de récepteur. Ces appareils présentent de nombreux types différents, de dispositions extrêmement variées.

Moteur Niel (fig. 369). — Dans cet appareil le gros piston P aspire du mélange détonant contenu dans un réservoir R placé sous le cylindre. A cet effet, l'entaille E, faite dans le fourreau, permet au gaz de passer dans le cylindre; puis le fourreau E ferme l'ouverture O, et le piston P, continuant sa course, aspire de l'air par le conduit C et du gaz par la soupape G. Les deux fluides se mélangent par le diffuseur *d* avant de se rendre au cylindre. Enfin le tiroir T ferme l'orifice d'accès du gaz, et le piston P n'aspire plus que de l'air. Quand commence la course rétrograde, cet air aspiré passe à l'arrière du piston-fourreau F, par C et H, jusqu'en K et s'échappe en L au dehors, avec une partie des gaz de la combustion; l'échappement se ferme alors, et le piston comprime

en K le mélange qui y est rentré, tandis que P refoule par O
le reste du mélange dans le réservoir R.

Élévation. Plan et Coupe verticale

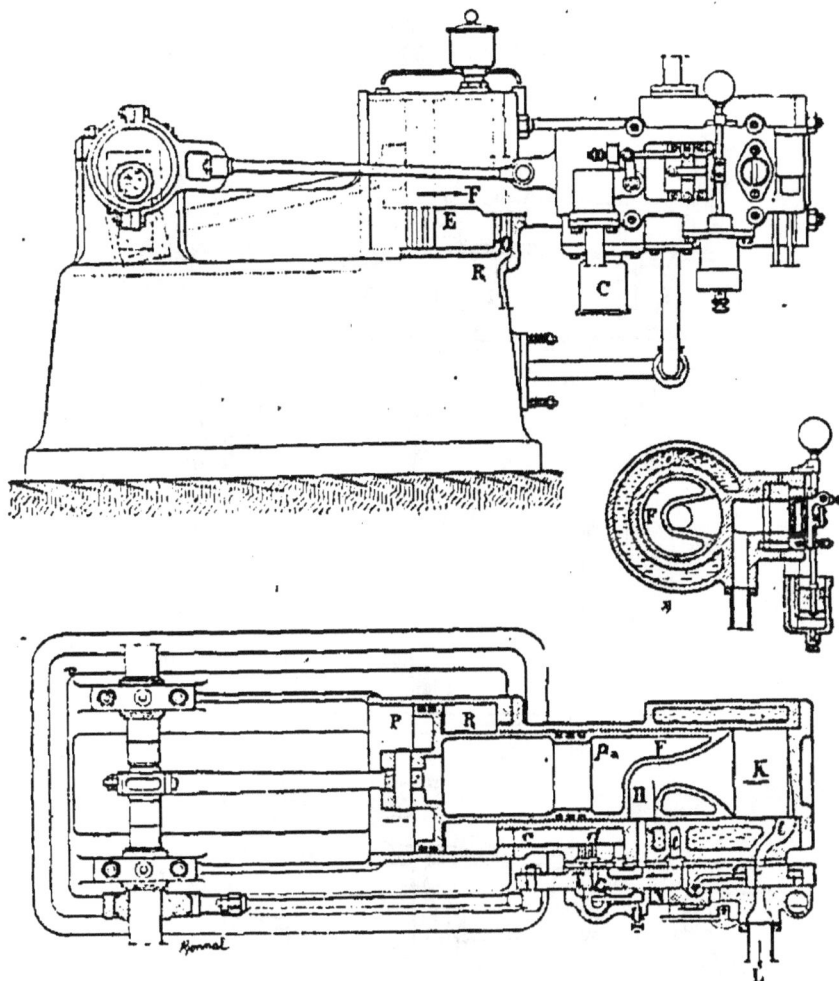

Fig. 369. — Moteur Niel.

L'explosion a lieu en K, et le piston-fourreau F reçoit et
transmet l'effort moteur. Le piston P recommence à aspirer dans le réservoir R pour la cylindrée suivante. N est un
tiroir qui, par le régulateur, peut être plus ou moins reculé
sur le tiroir de distribution T, de manière à donner, à un certain moment, accès dans le réservoir R à une certaine quantité du mélange détonant; le chemin suivi est indiqué par

les lettres *t*. Ce tiroir est ramené en place, quand le tiroir T revient en avant.

Ce moteur a cet avantage, sur les machines du même type, de permettre une détente très étendue.

Moteur Dugald Clerk (fig. 370). — Dans ce moteur le gaz

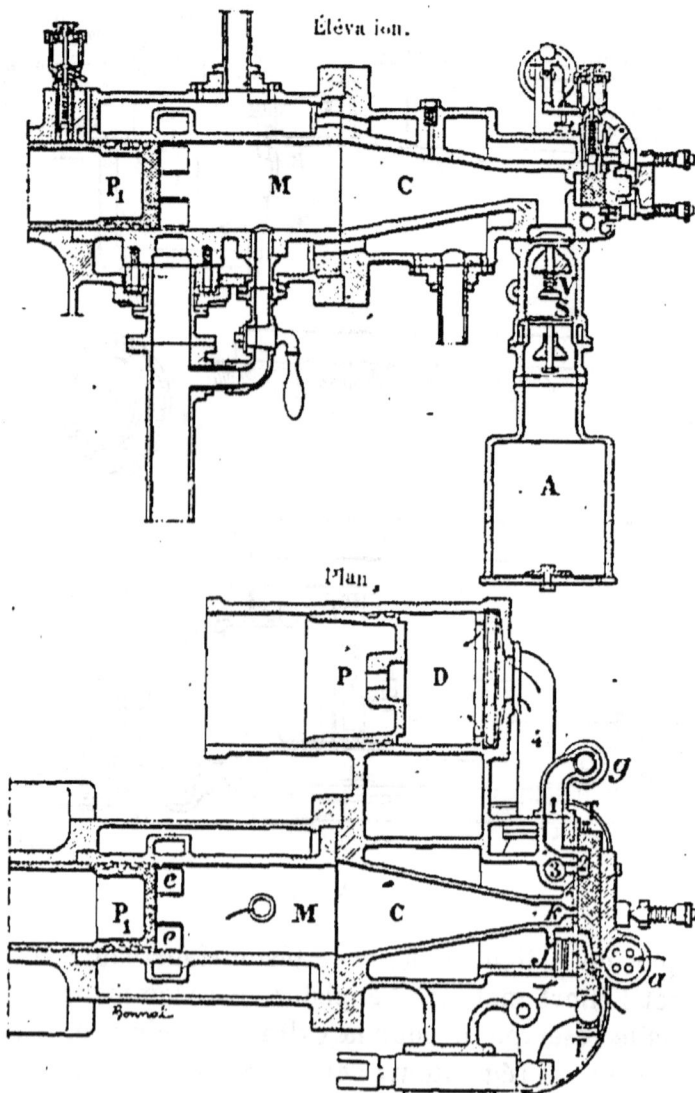

Fig. 370. — Moteur Dugald Clerk.

est aspiré par un conduit *g* et suit le chemin 1, 2, 3, 4. en

passant par la soupape S, puis il se mélange à l'air de façon
à former le mélange détonant. C'est par un espace annulaire,
étranglé pour supprimer le tourbillonnement, qu'il pénètre
dans le cylindre déplaceur D. Le volume d'air et de gaz
mélangés, nécessaire à l'explosion, est ainsi aspiré pendant
la moitié environ de la course du piston déplaceur P.

Pendant la fin de la course, ce même piston continue à
aspirer de l'air seul, comme précédemment, par l'intermédiaire de la capacité A. Le tiroir T a fermé l'arrivée du gaz.
Cet air, admis pendant la dernière moitié de la course, est
censé se juxtaposer au mélange sans s'y mêler.

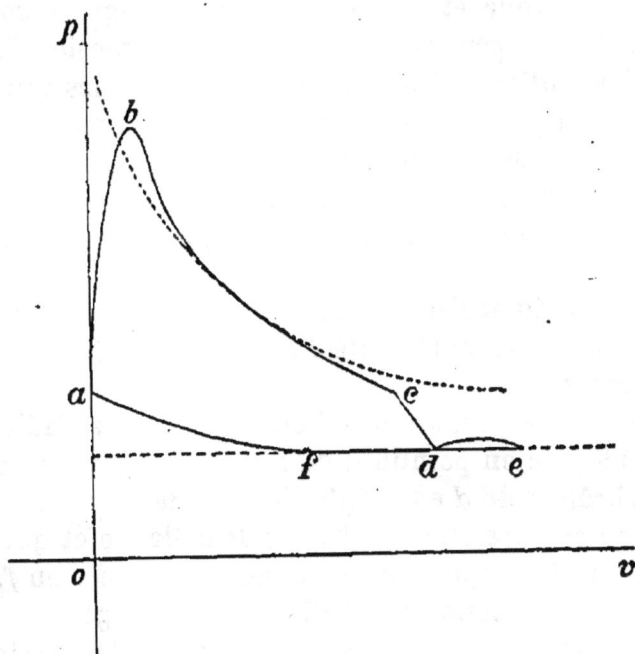

Fig. 370 bis.

Dans la course rétrograde, cet air non mélangé est refoulé
dans le cylindre moteur M pendant la moitié de la course
arrière du piston déplaceur D, qui correspond à la deuxième
moitié de la course avant du piston moteur P_1. Cet air arrive
par 4jk et chasse devant lui les gaz brûlés de la course précédente.

Pendant la demi-course finale du piston D, correspondant

à la demi-course initiale arrière du piston P$_1$ moteur, le mélange explosif est aspiré par le même chemin.

En ce qui concerne le piston moteur P, la *course avant* comprend l'explosion du mélange comprimé, précédé d'une couche d'air pur ou de mélange pauvre; ensuite détente suivie d'échappement anticipé par les ouvertures *c* que le piston découvre avant d'avoir terminé sa course. La fin de la *course avant* sert à l'admission de l'air refoulé par le piston déplaceur P.

Au commencement de la *course arrière* s'achève l'échappement des gaz brûlés mêlés à l'air, qui sert de véritable *nettoyeur*. Pendant ce temps, l'entrée du mélange explosif continue et s'achève, et ce mélange se comprime ensuite peu à peu dans la chambre d'explosion C, que la valve V maintient close. En *a* se trouvent les brûleurs de Bunsen, qui provoquent l'explosion du mélange.

Le tiroir T est commandé par l'intermédiaire d'un excentrique et d'un renvoi de sonnette.

La figure 370 *bis* représente le diagramme d'une machine Clerk.

Le point *a* étant l'état initial du gaz au moment de l'explosion, la ligne *ab* représente l'explosion à volume sensiblement constant.

De *b* en *c* se produit la détente qui croise l'adiabatique réelle indiquée en pointillé; de *c* en *d*, échappement anticipé des gaz brûlés; de *d* en *e*, introduction de l'air chassé par la pompe de compression qui balaye le mélange et qui achève de produire l'échappement et le nettoyage de *c* en *f*. Enfin, de *f* en *a*, compression adiabatique du mélange.

Ce diagramme est réalisé par l'indicateur de pression, sensiblement comme l'indique la figure.

Le moteur Clerk, très répandu, peut être considéré comme le type des moteurs à compression à volume constant et à double cylindre.

Moteur Seraine pour petites forces (fig. 371). — Le cylindre moteur M est situé au-dessus du cylindre de compression C à la descente, le piston moteur aspire en M le mélange détonant qu'il refoule ensuite dans le compresseur C. De là le gaz passe à l'allumeur A, qui l'enflamme. Les puissances de ce

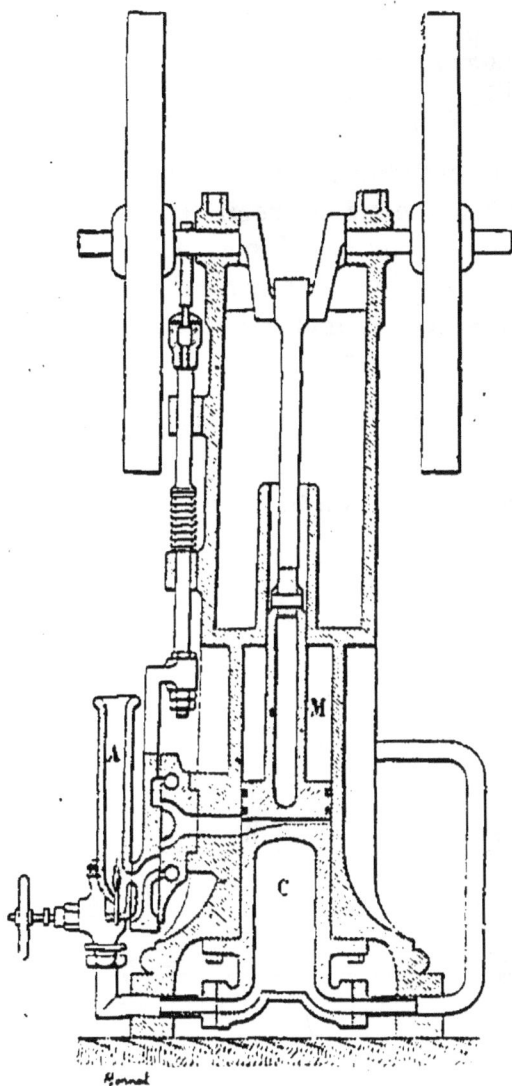

Fig. 371. — Moteur Seraine.

moteur peuvent descendre jusqu'à quelques kilogrammètres.

Moteurs à cylindre unique. — Ces machines ne peuvent fournir qu'une course motrice pour quatre courses simples. Il s'ensuit la nécessité d'avoir une vitesse considérable et un volant important, à moins d'accoupler deux machines semblables à manivelles parallèles.

Les quatre phases du cycle comprennent chacune une course. Ce sont :

Aspiration du mélange ;
Compression du mélange ;
Explosion, détente, échappement anticipé ;
Fin de l'échappement.

Le type de ces machines est la machine Otto, apparue en 1877, qui réalisa pour la première fois et définitivement le moteur à gaz et à compression véritablement industriel. C'est Otto, qui, le premier, établit ainsi le principe du moteur à quatre temps, lequel marque une date dans l'histoire des moteurs à gaz.

Machine Otto (fig. 372). — Dans cette machine, le piston laisse à l'arrière du cylindre C (fig. 373), dans lequel il se meut, un volume égal au tiers du volume total.

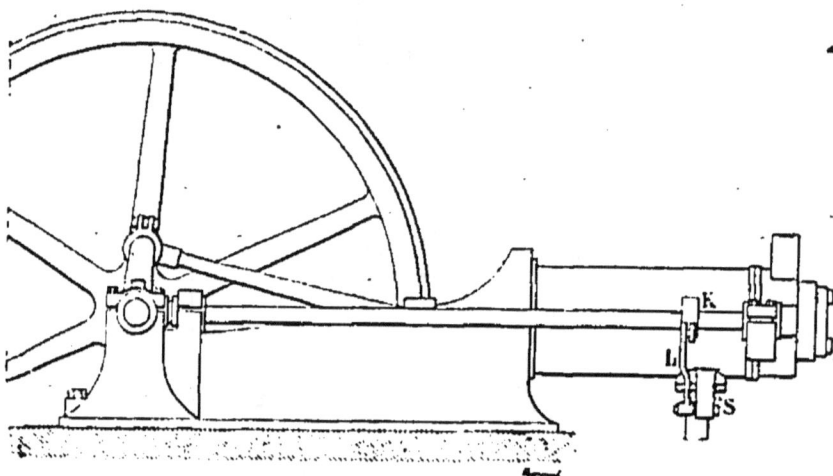

Fig. 372. — Moteur Otto.

Pendant la *course avant n° 1* se produit l'aspiration du mélange sensiblement à la pression atmosphérique ; dans la *course arrière n° 1*, le tiroir ferme l'admission, et le mélange explosif est comprimé par l'action du volant ; cette pression atteint 2 kilogrammes ; dans la *course avant n° 2*, l'explosion et la détente se produisent, suivies d'un échappement anticipé des produits de la combustion ; enfin, dans la *course arrière n° 2*, se produit la fin de l'échappement.

Le cylindre est en *porte-à-faux ;* le tiroir TT se meut sur
le fond du cylindre perpendiculairement à l'axe. Il est commandé par un arbre latéral parallèle à cet axe et qui fait

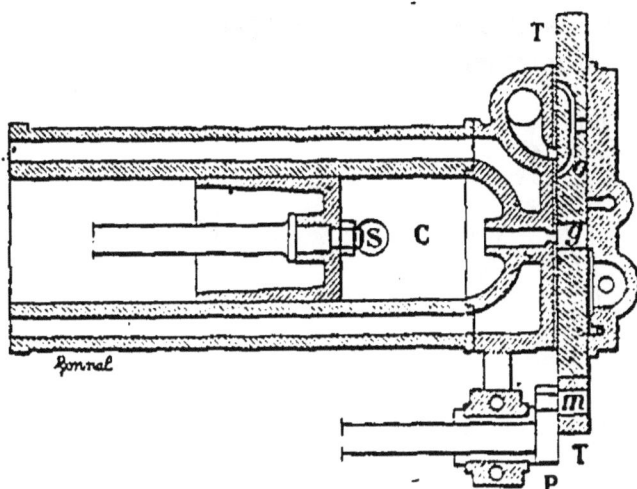

Fig. 373.

deux fois moins de tours que l'arbre moteur, afin de ne
remettre le tiroir en position que tous les deux tours. Une
came K de cet arbre entraîne un levier L, qui fait fonctionner

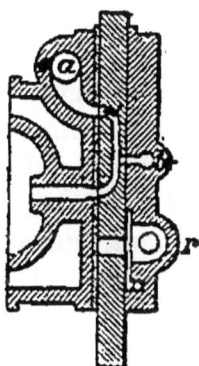

Fig. 374.

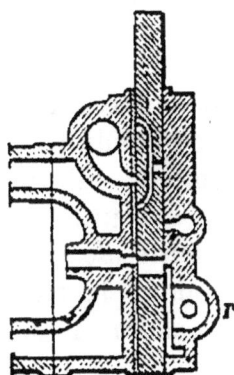

Fig. 375.

la soupape S d'échappement. Le tiroir de distribution glisse
entre deux contre-plaques. Il porte deux ouvertures : l'une
o, double, sert à l'introduction du mélange de gaz et d'air

l'autre, g, sert à l'inflammation du mélange gazeux. On voit sur la figure 374 l'arrivée d'air en a et de gaz en b ; en r (fig. 375) on voit que le fond du cylindre est en communication avec le brûleur r qui sert à l'inflammation.

Le tiroir est mis en mouvement par un plateau-manivelle P, à l'aide du manneton m.

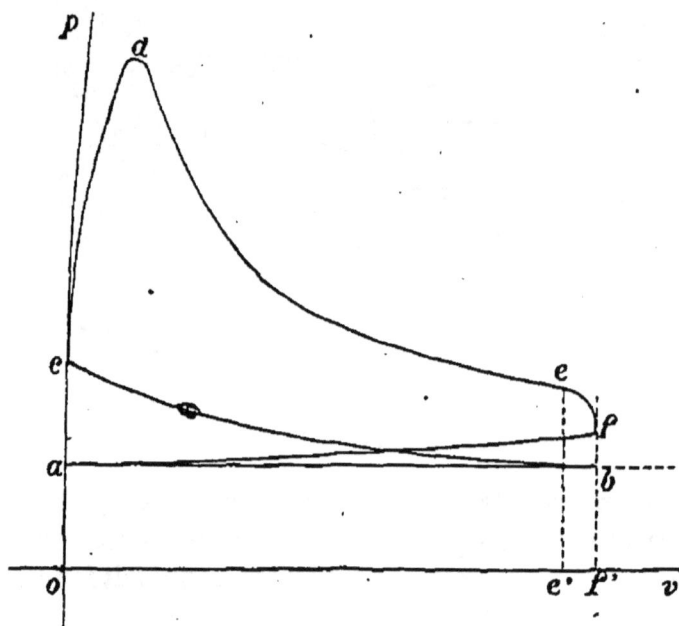

FIG. 376.

Le cycle parcouru est représenté par la figure 376. Suivant ab se produit l'aspiration à la pression atmosphérique sensiblement ; suivant bc, a lieu la compression pendant la course suivante ; puis l'explosion cd à volume constant, et la détente de suivie de l'échappement, suivant cf, qui dure pendant le parcours ef' du piston et qui fait tomber la pression à un chiffre un peu supérieur à celui de l'atmosphère. La deuxième course rétrograde ou quatrième course simple achève enfin l'échappement suivant la ligne fa qui ferme le cycle.

L'allumage dans le moteur Otto a ceci de remarquable que, la pression étant plus grande dans le cylindre qu'à l'extérieur, la flamme du brûleur serait refoulée au dehors.

Aussi a-t-on disposé les choses de manière à transporter à l'aide du tiroir T une flamme sous pression. A cet effet, un *brûleur intermittent* fournit à la lumière du tiroir une certaine quantité de gaz qui s'enflamme au passage devant un *brûleur permanent*, et qui est transportée entre les deux contre-plaques jusqu'à l'orifice central d'admission et d'allumage. Un trou d'équilibre permet d'établir la pression du cylindre dans l'intérieur de la lumière contenant le gaz incandescent, avant la communication avec le cylindre.

Un régulateur à force centrifuge règle, à l'aide d'une came, l'arrivée du gaz, en agissant sur la soupape d'admission ; il peut arriver à supprimer celle-ci complètement, si la machine s'emballe.

Le moteur Otto est très répandu ; sa puissance varie de 1/8 de cheval à 100 chevaux et au-dessus, avec une consommation de 600 à 800 litres de gaz par cheval et par heure. Il demeure comme le type de la machine à gaz véritablement pratique, et il a servi de modèle, du moins en principe, à presque tous les autres moteurs.

On construit aussi des moteurs Otto à deux cylindres, qui réalisent une explosion par tour et ont, par suite, une plus grande régularité de rotation.

Machine Delamare-Debouteville (fig. 377 à 378). — Ces machines fonctionnent généralement au gaz Dawson, obtenu par décomposition de la vapeur d'eau surchauffée.

Le cylindre C est en porte-à-faux et muni d'une enveloppe réfrigérante R. L'air arrive par A, et le gaz par le tube G ; le mélange s'effectue dans la sphère A, dans laquelle le gaz passe quand le piston est à la fin de sa course arrière. La soupape S, qui permet l'accès du gaz, est actionnée par le levier L, mû lui-même par la commande du tiroir qui donne accès au mélange détonant dans le cylindre.

Le mélange aspiré par le piston pénètre par l'orifice O ; à cet effet, le volant donne le travail nécessaire. A la course suivante, le mélange se comprime jusqu'à occuper 23 à 25 0/0 du volume primitif, s'il s'agit de gaz Dawson, et de 30 0/0, s'il s'agit de gaz d'éclairage.

Quand la compression est effectuée, la lumière I du tiroir

se place devant l'allumeur F, et l'explosion a lieu. Elle est produite par une étincelle électrique continue fournie par une bobine d'induction.

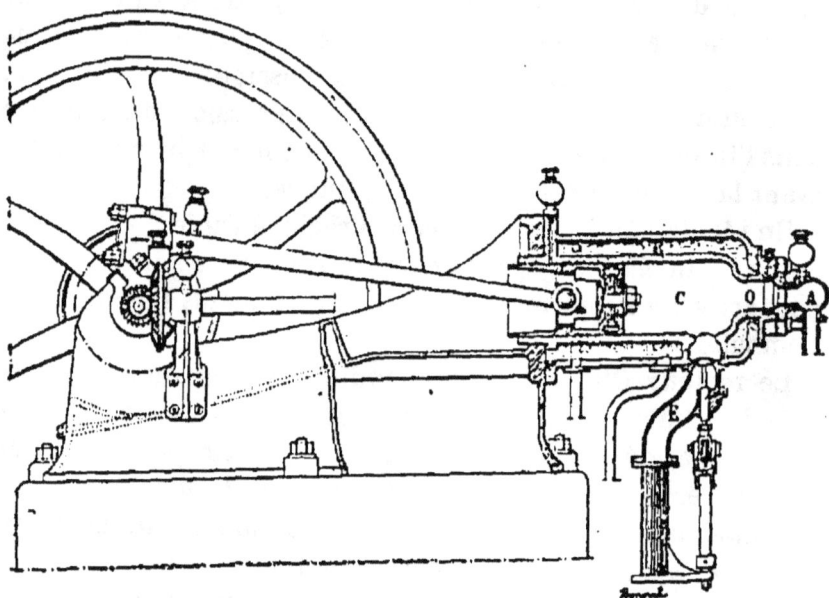

Fig. 377. — Machine Delamare-Debouteville.

La détente étant effectuée, l'échappement se fait par le conduit E, qu'une soupape mue par un arbre latéral, découvre au moment voulu.

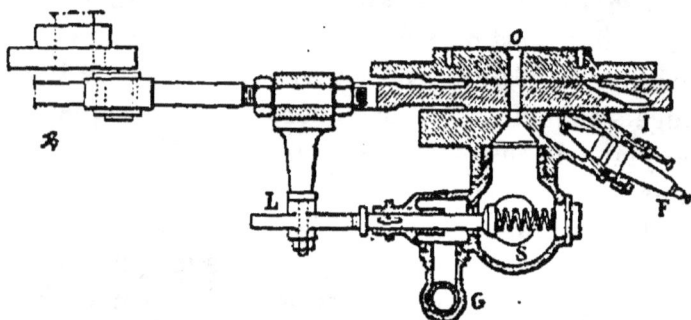

Fig. 377 bis.

Un régulateur à pendule agit sur l'extrémité du levier L, qui détermine lui-même l'ouverture ou le maintien de l'occlusion de la soupape S d'arrivée de gaz. Si le tiroir marche trop vite

quand la machine s'emballe, le levier échappe la soupape
qui ne s'ouvre pas.

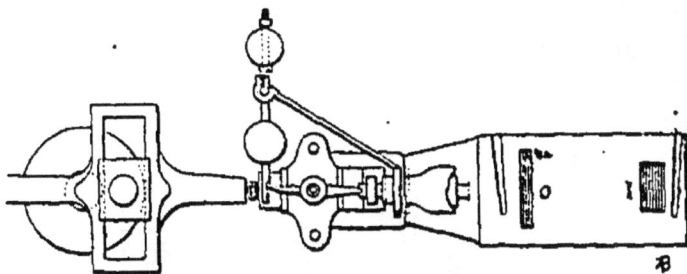

Fig. 378.

Le diagramme de cette machine est de même nature que
celui de la machine Otto ci-dessus décrite.

Moteur Lenoir (fig. 379). — Le moteur à compression de

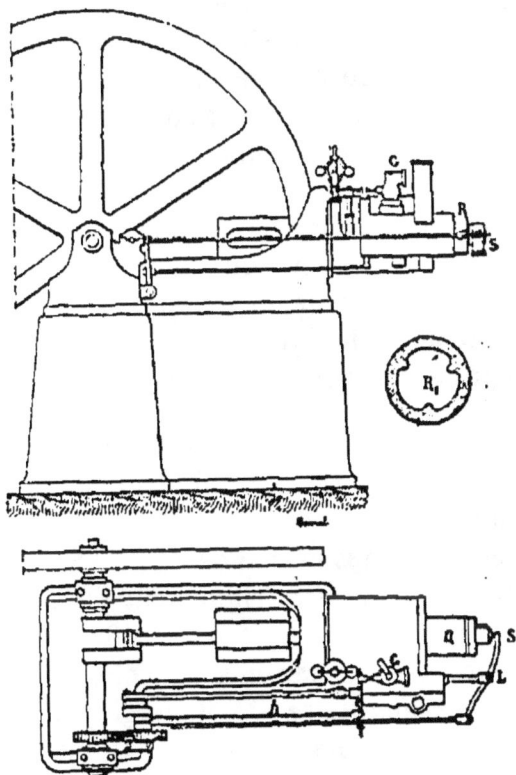

Fig. 379. — Moteur Lenoir.

Lenoir comporte un réchauffeur R, lequel est disposé en

prolongement du cylindre moteur. La coupe de ce cylindre est indiquée en R$_1$; on voit qu'il est muni intérieurement d'ailettes rayonnantes. Cet organe entretient le cylindre à température élevée ; la compression facilite ainsi l'inflammation, bien que le gaz employé ait une teneur faible.

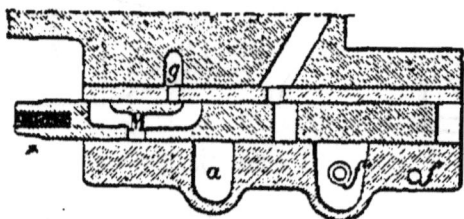

Fig. 380.

L'échappement s'effectue par la soupape S, commandée par le levier L et la tige T, actionnée par un arbre auxiliaire qui fait également mouvoir le distributeur.

L'allumage, analogue à celui du moteur Otto, se fait par un transport de flamme sous pression.

La figure 380 donne le croquis du tiroir, on reconnaît en *a* l'arrivée d'air, et en *g* l'arrivée degaz ; en *f* et *f'*, les brûleurs. Le mélange s'effectue dans la chambre M. Le régulateur est à force centrifuge et agit sur un balancier qui, en soulevant le levier de commande de la soupape de prise de gaz G, actionné lui-même périodiquement par la machine, permet à ce levier d'agir ou non sur cette soupape.

Moteur de la Compagnie parisienne du Gaz (fig. 381). — Ce moteur date de 1891. Il est vertical et à quart d'effet, comme les précédents. En G se fait l'arrivée de gaz, en M l'aspiration et le mélange, en E l'échappement.

L'allumage s'effectue électriquement à l'aide d'une pile, d'une bobine de Rhumkorff et d'un inflammateur F ; L est le levier d'admission de gaz mis en action par une came C fixée sur l'arbre auxiliaire O ; R est le levier d'échappement mû de la même façon. Cet arbre O, mû à son sommet par l'arbre moteur à l'aide d'engrenages coniques, porte également un régulateur à force centrifuge qui soulève ou abaisse la came d'action, de manière à lui faire échapper, au moment où la vitesse s'accroît, le levier L de commande de la soupape d'admission de gaz. Une enveloppe réfrigérante S empêche un échauffement trop important du cylindre. Le

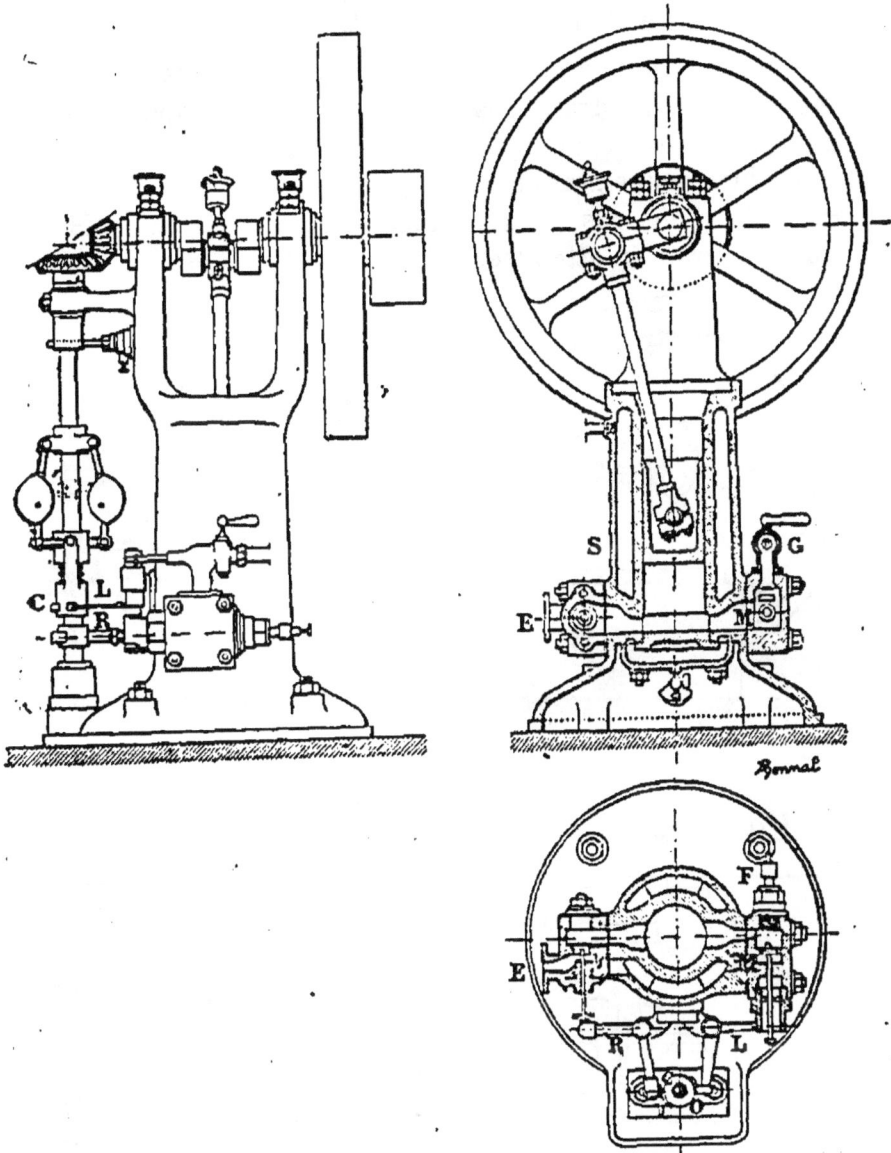

Fig. 381. — Moteur de la Compagnie du gaz.

moteur représenté fournit 1/2 cheval à 400 tours. Il consomme $1^{m3},13$ de gaz par cheval-heure ; la compression atteint 5 kilogrammètres.

§ 4. — Moteurs divers

Cette catégorie de moteurs comprend les moteurs compound et les moteurs à double effet.

Moteurs compound. — Ces moteurs présentent théoriquement les mêmes avantages que les moteurs compound à vapeur, c'est-à-dire une plus grande régularité de marche et une usure moins grande des organes. Jusqu'à présent cependant ils n'ont pas paru donner les résultats satisfaisants qu'on pouvait en attendre.

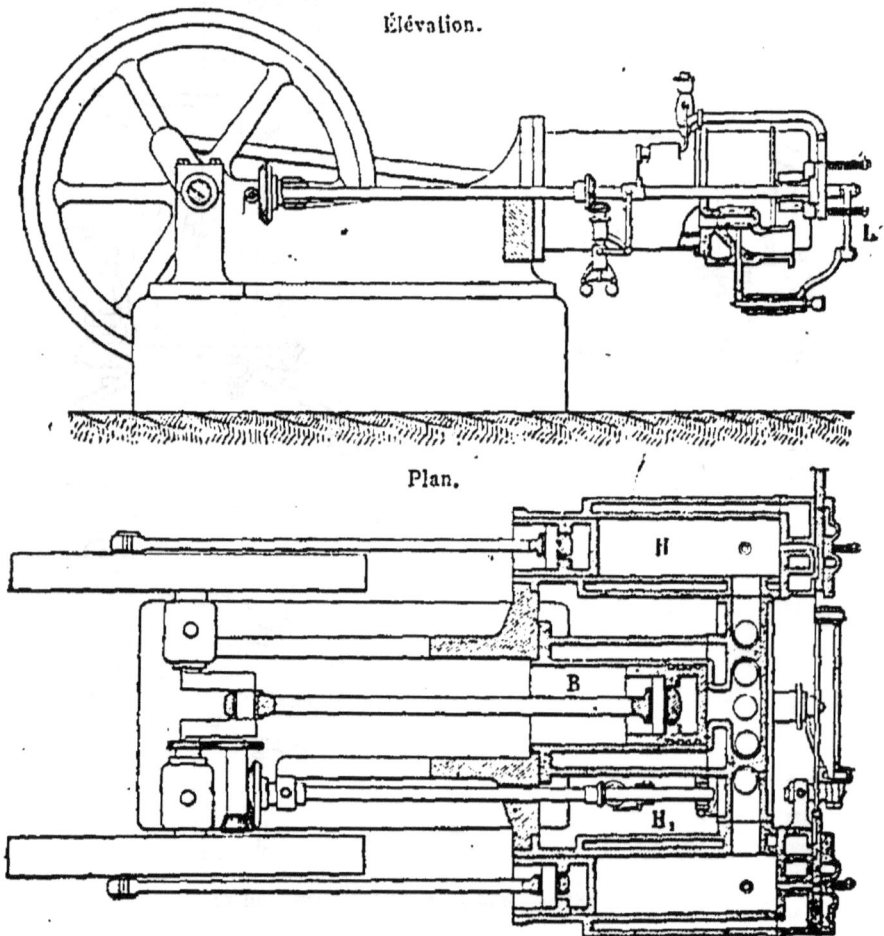

Élévation.

Plan.

Fig. 382. — Machine à gaz compound Otto.

Moteur Otto compound (*fig.* 382 et 383). — Les deux cylindres H,

H₁ sont à haute pression; le cylindre B, à basse pression. Le piston de ce dernier est conjugué aux deux autres de manière qu'il accomplisse sa première course motrice pendant que le piston du cylindre H accomplit le refoulement en B des produits brûlés de la course accomplie, et que le piston du cylindre H₁ accomplit la compression du mélange.

Pendant la deuxième course motrice, c'est le contraire qui a lieu. Dans ces conditions, il y a un coup de piston moteur à chaque tour du moteur, qu'il vienne de H, de H₁ ou de B.

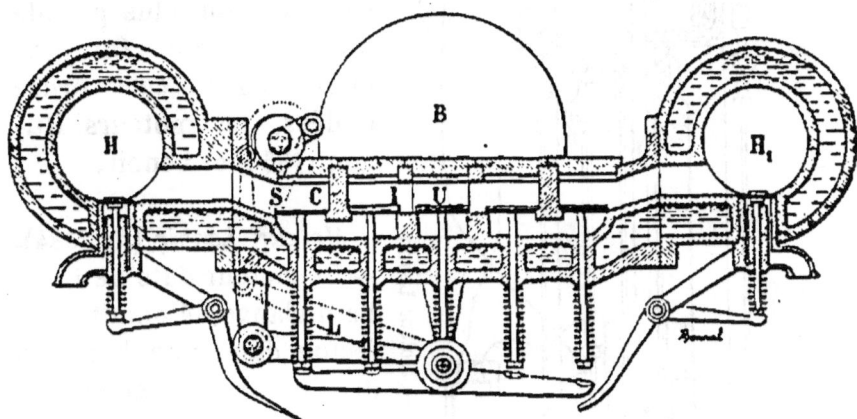

Fig. 383.

Les produits brûlés passent de H en B par le conduit C (fig. 383) à travers les soupapes S, I, l'une de détente, l'autre de retenue. L'échappement de I se fait par la soupape U, mue par un levier coudé spécial L. Les soupapes S et I sont mues par des cames et des jeux de leviers appropriés. Les soupapes de retenue s'ouvrent avant les soupapes de détente et de suite après la fermeture anticipée de la soupape d'échappement U, de sorte que la pression de l'échappement existe sous les soupapes de détente et facilite leur levée.

Les distributions du gaz et de l'air sont faites à l'aide de tiroirs semblables à ceux de la machine Otto déjà décrits.

Moteurs à double effet. — Les moteurs à double effet ont l'avantage de présenter un encombrement moindre que les moteurs à simple effet; mais ils exigent, pour le piston, une garniture, ce qui est un inconvénient. De plus, l'action des parois est très importante, l'échauffement étant très considérable.

On a renoncé aux machines à double effet sans compression, malgré leur régularité, leur rendement étant très faible.

Les machines à double effet à compression ont un rendement plus élevé ; mais elles présentent une complication plus grande du mécanisme. On peut citer, dans cet ordre d'idées, les moteurs Hugon (1865) et Lenoir.

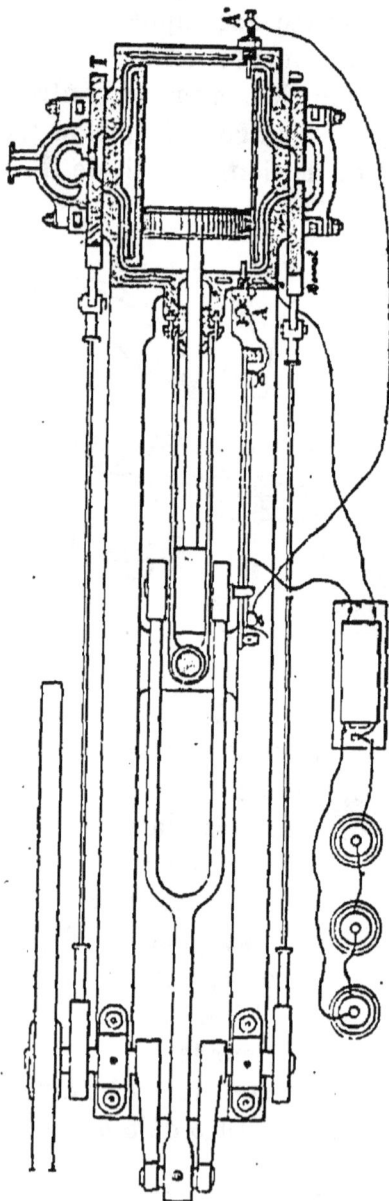

Moteur Lenoir (*fig.* 384). — Ce moteur date de 1877. Le mélange détonant s'effectue dans une boîte de distribution spéciale, et l'inflammation a lieu par une étincelle électrique. Le tiroir T effectue la distribution tantôt d'un côté, tantôt de l'autre du piston ; le tiroir U sert à l'échappement. L'allumage se fait par les deux bornes A et A' à l'extrémité desquelles jaillit l'étincelle électrique sous l'action d'un commutateur mû par la machine même. Une circulation d'eau froide rafraîchit continuellement le cylindre.

Fig. 384. — Moteur Lenoir.

Emploi des gaz pauvres. — Les gaz pauvres sont produits par la décomposition de la houille dans les gazogènes.

Suivant que l'on fait intervenir ou non la vapeur d'eau, on obtient les *gaz à l'air* ou les *gaz à l'eau*. Entre ces deux extrêmes prennent place une série de gaz de compositions variables. Parmi eux se trouve le gaz Dowson, fort employé, surtout en Angleterre, pour faire fonctionner les machines à gaz.

La plupart des gazogènes peuvent fabriquer chacun des deux gaz fondamentaux ou leurs intermédiaires; mais les gaz d'air sont très peu appliqués aux moteurs, car ils sont trop peu inflammables. Ils contiennent, en général, de 30 à 35 0/0 de gaz combustible en volume, et leur puissance calorifique, qui est quatre à cinq fois inférieure à celle du gaz d'éclairage, ne dépasse pas 1.000 à 1.200 calories au mètre cube.

Les gaz les plus employés sont les gaz à l'eau dont la puissance calorifique atteint 1.500 calories (gaz Dowson). Pour les forces moyennes, la puissance calorifique de la houille ainsi distillée apparaît, en dernière analyse, mieux utilisée que dans les machines à vapeur.

En perfectionnant les gazogènes et les moteurs, on pourrait encore augmenter les rendements de ces derniers. Dès maintenant on arrive à construire couramment des moteurs à gaz de 200 chevaux, qui luttent avantageusement, grâce à l'emploi des gaz pauvres, avec les machines à vapeur.

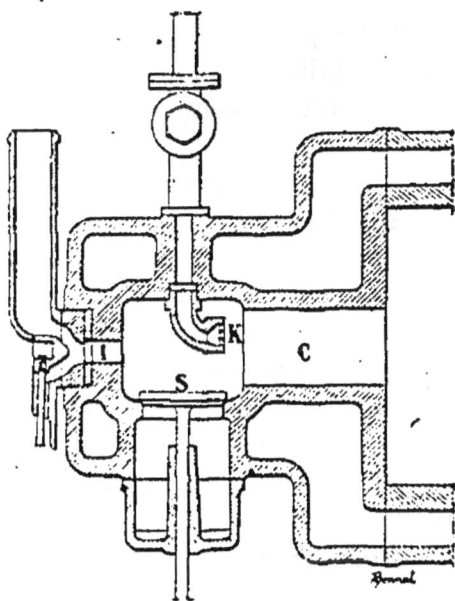

Fig. 385.

Dans ces grands moteurs, la chaleur des gaz brûlés pourrait amener des explosions; aussi les refroidit-on, en général, par des injections de vapeur ou d'eau avant l'échappement. La figure 385 indique le dispositif imaginé par Otto.

S est la soupape d'admission du mélange; I, la lumière

d'inflammation ; K est l'injecteur d'eau pulvérisée qui envoie
un jet dans le canal C d'admission au cylindre.

La dépense de ces moteurs à gaz pour grande force
descend à 0ᵏˢ,700 par cheval-heure effectif. On cite même
des moteurs du type Otto fonctionnant au gaz Dowson, dont
la dépense en anthracite est descendue à 450 grammes par
cheval-heure.

Ce n'est que dans quelques années, quand le temps aura
permis d'apprécier la résistance de ces moteurs à gaz, que
l'on pourra juger de leur valeur relativement aux machines
à vapeur.

Emploi simultané du gaz et de la vapeur d'eau. — On
s'est proposé d'utiliser la chaleur perdue par les parois,
ainsi que celle emportée par les gaz brûlés qui s'échappent,
en lui faisant produire une certaine quantité de vapeur
qu'on envoie ensuite dans le cylindre moteur à gaz ou
dans un cylindre séparé. On espérait qu'indépendamment de
l'effort moteur produit cette vapeur servirait à atténuer les
chocs.

Les divers moteurs réalisés dans ce but n'ont pas donné
de résultats supérieurs à ceux des moteurs de compression
bien établis.

En résumé les moteurs à gaz paraissent dériver de plus
en plus du type *Otto* à quart d'effet, ou à quatre temps,
c'est-à-dire à cylindre unique et à compression.

L'utilisation des gaz pauvres et leur application aux
grands moteurs de 100 chevaux et au-dessus se répandent
de plus en plus et permettent de lutter avec la machine à
vapeur.

Les moteurs à gaz résolvent, du moins provisoirement, le
problème de la distribution de la force motrice et prennent
un développement de plus en plus grand, malgré la concurrence que leur fait l'électricité.

CHAPITRE XIV

MOTEURS A PÉTROLE

En principe, le moteur à pétrole est, comme le moteur à gaz, une machine à air chaud dans laquelle chaque cylindrée est chauffée séparément par une injection de pétrole pulvérisé. En d'autres termes, le combustibe, que l'on introduit dans le cylindre moteur lui-même, est un liquide et non un gaz. Au lieu d'envoyer séparément dans le cylindre l'air et le pétrole, on peut les y envoyer simultanément en *carburant* l'air, c'est-à-dire en l'imprégnant préalablement de vapeur de pétrole ; dans ce cas, le moteur à pétrole fonctionne de la même manière qu'une machine à gaz. Les deux systèmes équivalent toujours, en définitive, à une carburation.

Les moteurs à pétrole peuvent, de même que les moteurs à gaz, fonctionner avec ou sans compression. Ceux de la dernière catégorie sont peu nombreux ; en général tous les moteurs à pétrole sont à *compression*. La plupart sont à cylindre unique, par suite à *quatre temps* ou à *quart d'effet ;* l'évolution suit le cycle d'Otto des machines à gaz. Il en est cependant dans lesquels la compression s'effectue dans un cylindre spécial.

§ 1. — Données sur les pétroles et leur emploi dans les moteurs

Le pétrole, ou huile de pierres, est une huile minérale de composition très variable que l'on trouve toute formée dans la nature sous forme de sources souterraines ou jaillissantes.

Ces sources ont été découvertes et exploitées pour la première fois, en Pensylvanie, vers 1859.

Le pétrole, tel qu'il sort des puits, est formé d'une série d'hydrocarbures plus ou moins volatils et qui se séparent les uns des autres par distillation fractionnelle. On extrait ainsi des essences, des gazolines, des huiles lampantes, des carbures variés et de l'hydrogène. Ce sont les gazolines et les huiles lampantes qui sont surtout employées dans les moteurs.

Les pétroles doivent s'enflammer au-dessus de 35° pour pouvoir être considérés comme étant sans danger.

Les gazolines sont généralement plus inflammables.

La puissance calorifique de 1 kilogramme de pétrole atteint en moyenne 10.000 calories.

La quantité d'air nécessaire à la combustion est extrêmement variable et doit se régler par tâtonnements.

Les *schistes* et *goudrons de gaz* donnent par distillation des huiles pouvant produire également des gazolines, des naphtes et de la paraffine. La carburation de l'air par ces huiles lourdes est plus difficile que par les gazolines et huiles extraites du pétrole.

Tant qu'on n'a en vue que la production de petites forces, on peut effectuer la *carburation* de l'air soit dans le prolongement même du cylindre, soit dans son voisinage ; le meilleur moyen consiste alors à pulvériser, à chaque course motrice la quantité voulue de pétrole $\left(\dfrac{1}{12.000}\right.$ environ du volume d'air) et à vaporiser le mélange dans un réchauffeur à la température de 500°. Ce réchauffeur est chauffé par les gaz de l'échappement, ou par une flamme extérieure, ou bien encore par la chaleur de la combustion.

S'il s'agit, au contraire, de forces supérieures à 30 chevaux, les carburateurs ou pulvérisateurs deviennent difficiles à installer. On se sert alors de gazogènes fabriquant des gaz d'huiles, indépendants du moteur. Il en existe un certain nombre de types dont on trouvera la description dans les ouvrages spéciaux [1].

[1] Gustave RICHARD, *Nouveaux moteurs à gaz et à pétrole.*

Parmi les gaz ainsi fabriqués qui sont les plus employés, on citera : le *gaz Hirzel*, extrait des huiles de schistes : le *gaz Mansold*, extrait des résidus d'huile de paraffine d'Écosse; le *gaz Krieger*, qui s'obtient par carburation à chaud, à l'aide d'injection de gazoline, etc.

§ 2. — CARBURATION, VAPORISATION, PULVÉRISATION

Les carburateurs, vaporisateurs et pulvérisateurs sont des appareils chargés d'effectuer le mélange du pétrole avec l'air nécessaire à sa combustion.

Quels que soient les noms qu'ils portent, ce sont toujours des carburateurs; cependant on réserve plus volontiers ce nom pour les appareils indépendants du cylindre de détente et destinés à préparer, *au préalable*, le mélange d'air et de pétrole.

Carburateurs extérieurs. — *Carburateur Delamare (fig. 386).* — Le pétrole renfermé dans le réservoir R descend par un robinet inférieur sur une toile *t*, où il reçoit

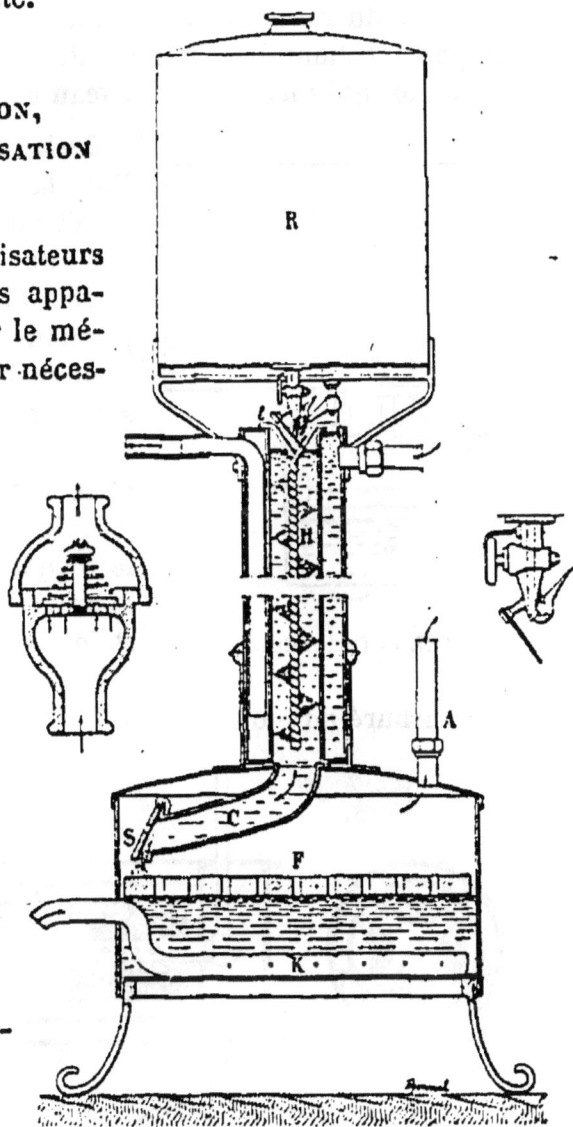

FIG. — 386. Carburateur Delamare.

l'action d'un jet léger d'eau chaude qui facilite sa vaporisation. Le mélange d'air, d'eau et de pétrole tombe le long d'une hélice H en crin, jusque dans le conduit C qu'obture un clapet de pied S ; F est un flotteur qui empêche les éclaboussements de liquide. L'air saturé de vapeurs de pétrole est aspiré à travers une soupape par le tuyau A qui se dirige vers le cylindre. Le jet de pétrole peut être modéré à sa sortie du réservoir R, et même arrêté par l'action d'un tampon T actionné par le régulateur lui-même. Le tube K est un siphon qui maintient le niveau constant.

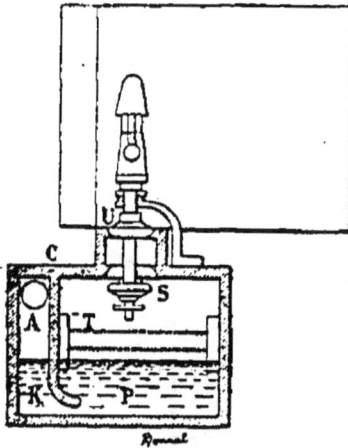

FIG. 387. — Carburateur Roots.

Carburateur Roots (fig. 387). — Dans la caisse C se trouve, en P, le pétrole. Au-dessus de la surface du liquide se trouve une double toile métallique T. L'aspiration ayant lieu en A par le moteur, l'air qui pénètre par la soupape S est obligé de franchir la double toile T et la cloison K et se charge ainsi de vapeur de pétrole. Si la machine s'emballe, le régulateur ferme la soupape S et ouvre la soupape supérieure U, solidaire de la première Cette manœuvre supprime l'arrivée d'air carburé au moteur et ne fait rentrer que de l'air pur

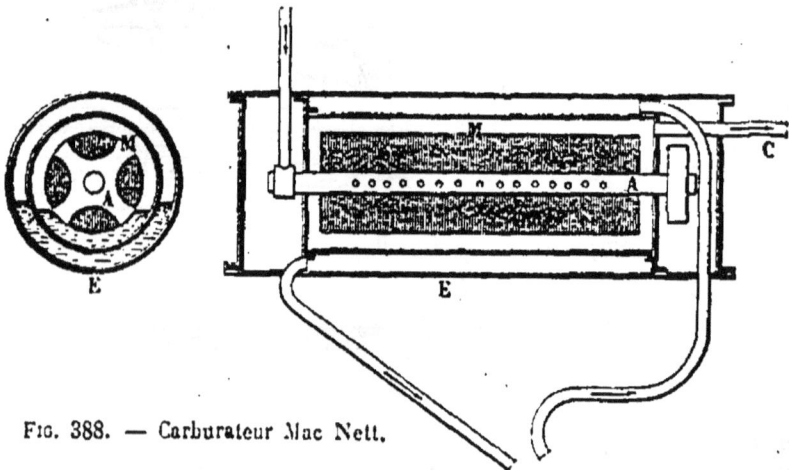

FIG. 388. — Carburateur Mac Nett.

Carburateur Mac Nett (fig. 388). — L'appareil se compose

d'un arbre creux A, percé de trous, dans lequel arrive l'air à carburer. Il est entouré par un cylindre en toiles métalliques M qui tourne dans le bain de pétrole contenu dans le cylindre-enveloppe E ; l'air carburé sort en C. L'ensemble est chauffé par une circulation d'eau provenant du moteur.

Carburateur Capitaine et Brunler (*fig.* 389). — Dans cet appareil, la carburation de l'air est obtenue au moyen d'un *éjecteur* E dans lequel on lance un jet de pétrole vaporisé par le cône C ; à cet effet, un serpentin S, recevant le pétrole refoulé en *r*, vaporise ce dernier à l'aide d'une couronne de flammes alimentées elles-mêmes par une petite dérivation *d* prise sur le tube *t*. L'air aspiré autour du cône *c* se mêle

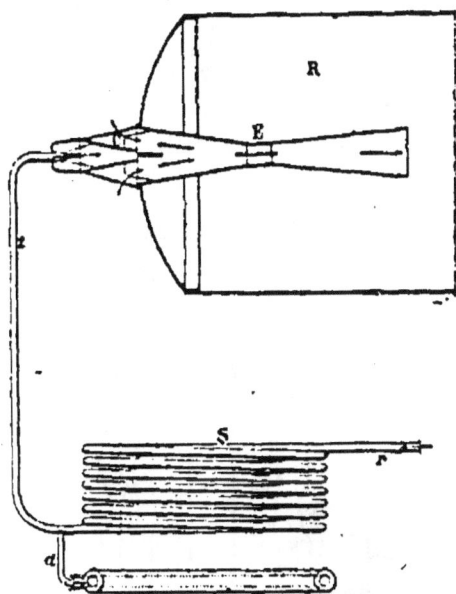

Fig. 389. — Carburateur Capitaine et Brunler.

au pétrole et le mélange s'accumule dans le réservoir R qui sert de réserve au moteur.

Carburateur Rotten (*fig.* 390). — Ce carburateur est consti-

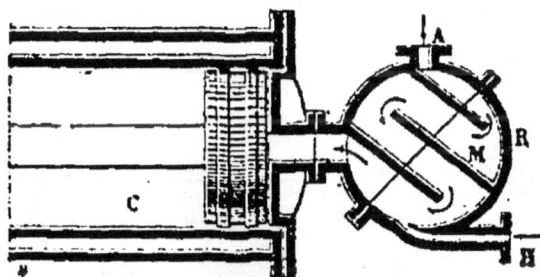

Fig. 390. — Carburateur Rotten.

tué par un échauffeur R placé à la suite du cylindre C. L'arri-

vée d'air et de pétrole se fait par l'ouverture A, et le mélange
arrive sur les chicanes M, qui sont portées à haute températu-
ture. La vaporisation a lieu, et l'allumage se fait en H avant
l'entrée dans le cylindre.

D'autres exemples se rencontreront dans les descriptions
des machines à pétrole
elles-mêmes.

**Pulvérisateurs et vapo-
risateurs.** — Les pulvérisateurs ou vaporisateurs sont
destinés à carburer l'air
dans des chambres conti-
guës au cylindre moteur
et communiquant directe-
ment avec lui, au lieu d'en
être absolument distinctes.

Vaporisateur Smyers
(*fig.* 391). — L'aspiration
du moteur s'effectue par M;
le pétrole est aspiré par le
conduit A autour de l'ai-
guille I qui se trouve dans
l'axe du canal d'arrivée.
L'air pénètre dans une enveloppe K concentrique à
ce dernier et le mélange est

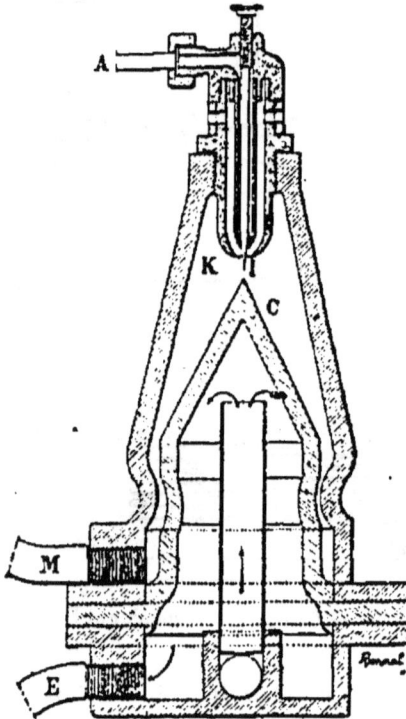

Fig. 391. — Vaporisateur Smyers.

projeté sur le cône C, chauffé par les gaz brûlés qui s'échappent en E et sur lequel sont disposés des copeaux de cuivre.

Pulvérisateur Humes (*fig.* 392). — L'air arrive par le canal A;

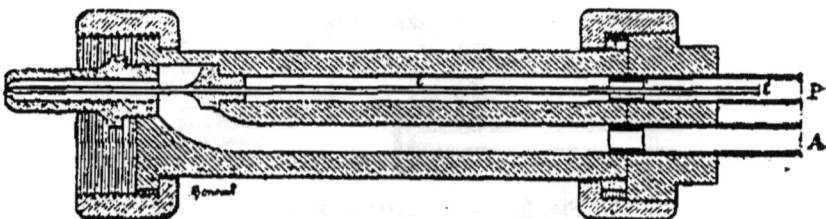

Fig. 392. — Pulvérisateur Humes.

le pétrole, par le tube étroit *t*, disposé dans l'axe du tube **P.**

L'air, arrivant obliquement au pétrole, pulvérise ce dernier, et le mélange est emmagasiné dans un réservoir qui dessert le cylindre moteur.

Pulvérisateur Priestman (*fig.* 393). — Fondé sur le même principe que le précédent, il présente sur lui certaines amé-

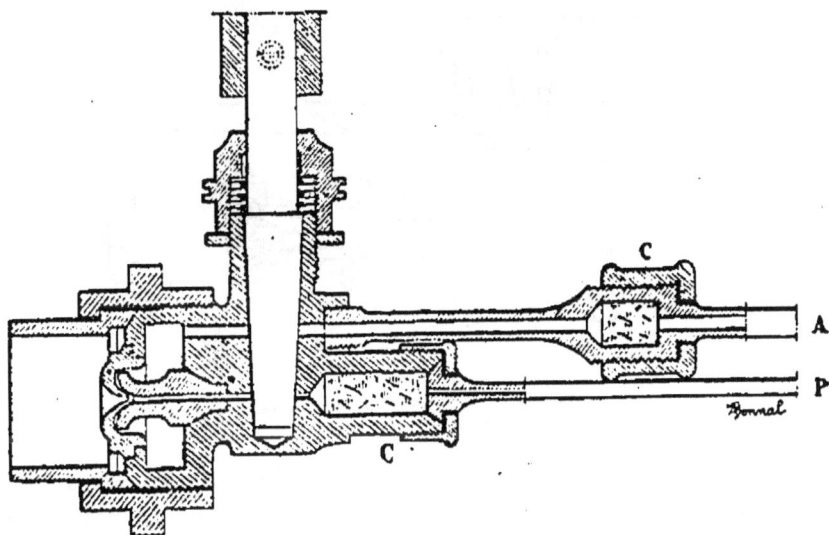

Fig. 393. — Pulvérisateur Priestman.

liorations. Le pétrole arrive en P, et l'air en A; ils sont soumis, avant leur mélange, à un filtrage sur du coton disposé dans de petites chambres CC situées sur leur trajet. Le robinet manœuvrable par le régulateur, règle l'admission de pétrole et d'air. Les deux fluides se rencontrent sous des directions opposées, ainsi que l'indique la figure. Des modifications ont été apportées par l'inventeur lui-même à ce dispositif (*fig.* 393 *bis*).

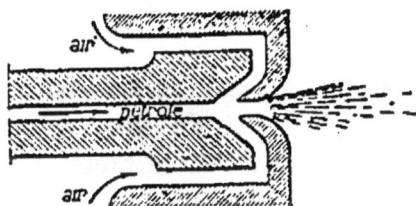

Fig. 393 *bis*.

Vaporisateur Grob (*fig.* 394). — Le vaporisateur est placé latéralement à la chambre de compression M; le pétrole

arrive en P, l'air en A. La soupape S, mue par le coin C, et
le levier L, qui est actionné par le moteur, laissent passer,
à chaque aspiration du moteur, une certaine quantité des

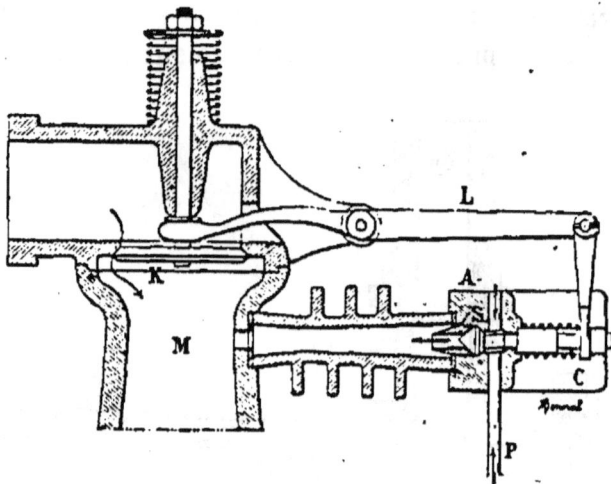

Fig. 394. — Vaporisateur Grob.

deux fluides, qui se pulvérisent et se mélangent au sortir
de la buse de projection. Le complément d'air nécessaire à
la combustion est introduit par la soupape K, mue, à chaque
cylindrée, par le même levier L.

§ 3. — DESCRIPTION DES MOTEURS A PÉTROLE

Moteurs sans compression. — Ainsi qu'il a été dit, les
moteurs à pétrole sans compression sont peu nombreux :
on ne citera que le moteur Rouart, qui n'est autre que le
moteur Bischop, décrit déjà au chapitre des *Machines à gaz*
(p. 501) et modifié pour servir de moteur à pétrole.

Moteur Bischop modifié par M. Rouart (fig. 395). — Le
cylindre moteur A, fermé complètement à sa partie supérieure, sert de pompe foulante pour envoyer de l'air comprimé dans le réservoir R par l'intermédiaire de la soupape ; cet air sert à alimenter l'allumeur H qui provoque

l'inflammation de l'air carburé. Le piston moteur refoule
en même temps l'air dans le carburateur K, qui alimente le
cylindre moteur. La communication avec l'atmosphère est

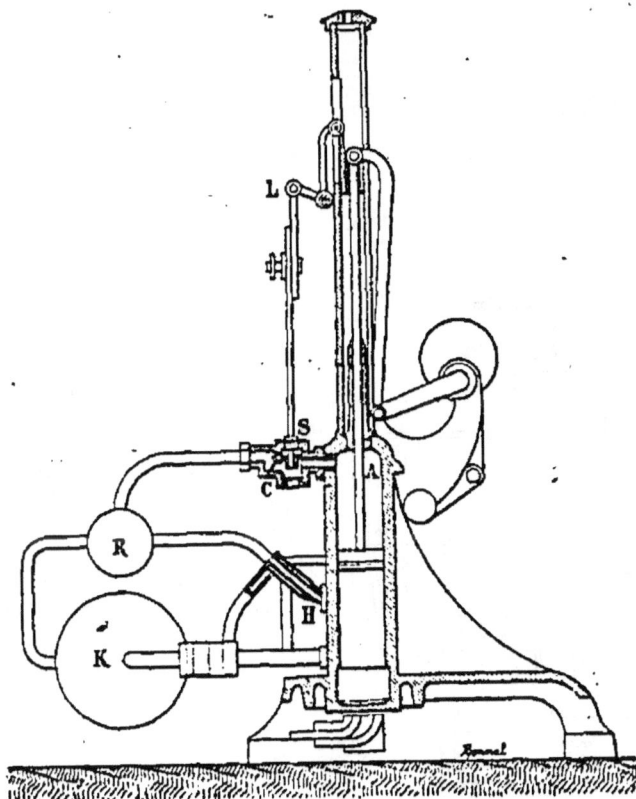

Fig. 395. — Moteur Bischop-Rouart.

effectuée par l'intermédiaire de la soupape S et des leviers L,
actionnés par la tige du piston et par des buttoirs appropriés.

Moteurs à compression. — Les moteurs à compression sont
très nombreux et dérivent du principe des moteurs à gaz
à compression, qui ont été décrits dans le chapitre précédent. Quelques exemples seront cités qui formeront un
résumé de l'état actuel de perfectionnement de ces moteurs.
La plupart accomplissent la compression dans le cylindre
moteur même et fonctionnent, par suite, à quatre temps en
décrivant le cycle du moteur à gaz d'Otto.

Moteur à pétrole Otto (fig. 396 et 397). — Le type de 1890,

qui est le plus récent, se compose d'un cylindre moteur M, d'un réservoir à pétrole P à niveau constant.

Élévation.

Vue en bout.

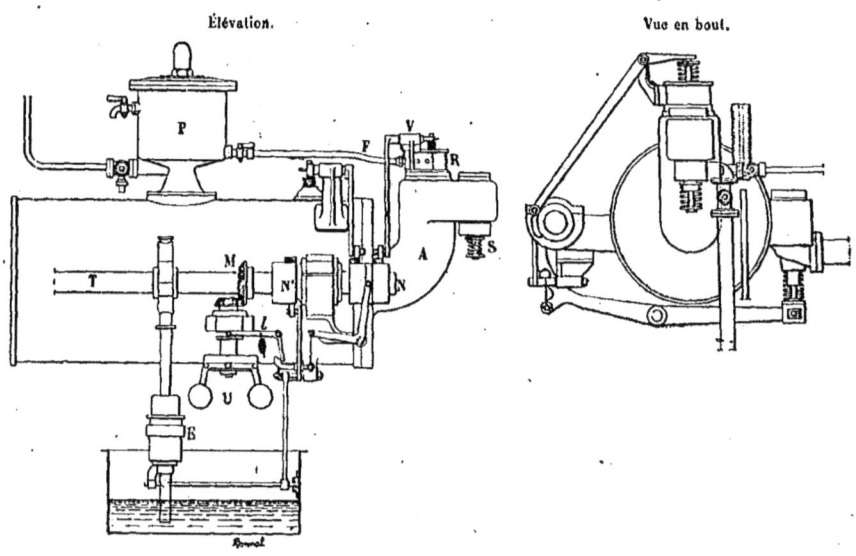

Fig. 396. — Moteur à pétrole Otto.

L'air carburé arrive en A, dans un conduit qui n'est pas refroidi.

Coupe transversale.

Coupe longitudinale.

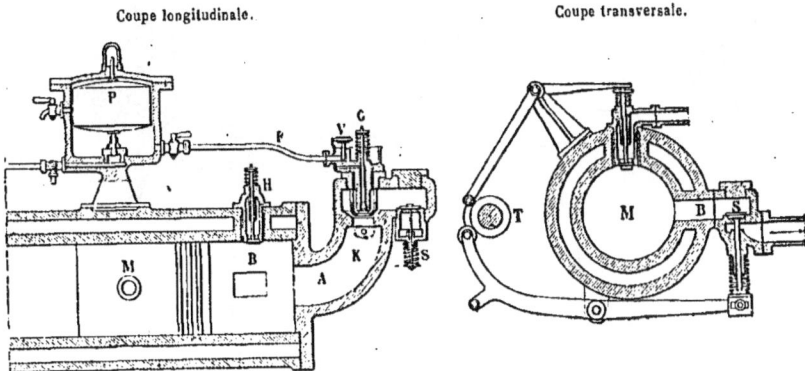

Fig. 397. — Moteur à pétrole Otto.

L'air complémentaire de la combustion arrive en B par l'intermédiaire d'une soupape S, mue par un levier qui est actionné lui-même par un arbre T parallèle au cylindre et mû par la machine.

L'allumage se fait en K dès l'arrivée du mélange. Le pétrole arrivant par le tuyau F est pulvérisé par l'appareil R, après avoir passé par la vis V, à limbe gradué, qui sert au réglage. L'air arrive par la soupape S, et le mélange s'effectue dans le pulvérisateur, dès que la soupape G est ouverte.

Le manchon N commande les soupapes d'admission G et H de l'air ; N' est la came qui manœuvre l'échappement ; E est la pompe de circulation d'eau, manœuvrée par un excentrique prenant son mouvement sur l'arbre latéral T.

Élévation

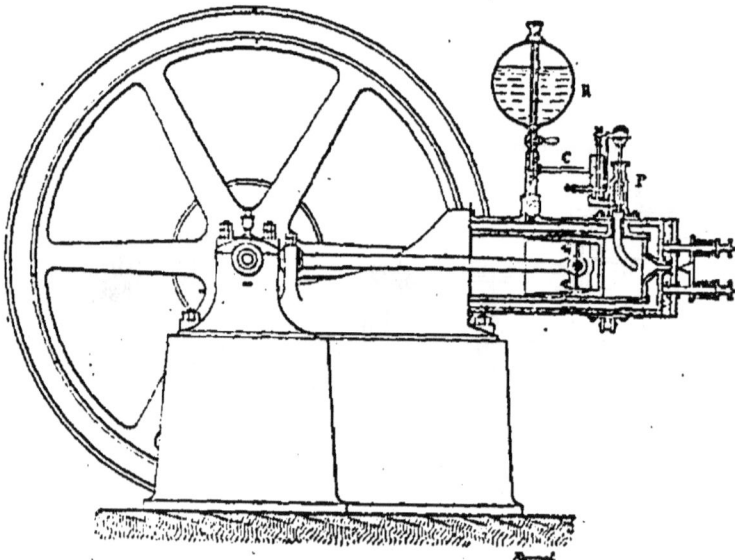

Plan.

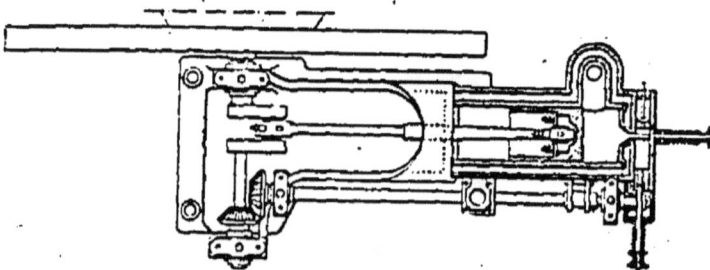

Fig. 398. — Moteur Spiel.

Le régulateur à force centrifuge U, mû par engrenages coniques, agit par l'intermédiaire du levier l et d'une série de leviers, sur les manchons des cames d'admission et d'échappement, de manière à maintenir l'échappement ouvert et l'admission fermée ; en même temps il arrête la pompe de circulation d'eau E, pour que la température se maintienne uniforme dans le cylindre.

Moteur Spiel (fig. 398). — Le fluide combustible employé dans ce moteur est la benzoline, ou essence d'huile de pétrole ; il est contenu dans le réservoir R, alimenté par une pompe à main.

Le conduit C conduit la benzoline au pulvérisateur P qui est actionné par la machine même. L'explosion est provoquée par un transport de flamme sous pression, analogue à ceux qui ont été décrits pour les moteurs à gaz.

Moteur Hargreaves (fig. 399). — Dans ce type de moteur,

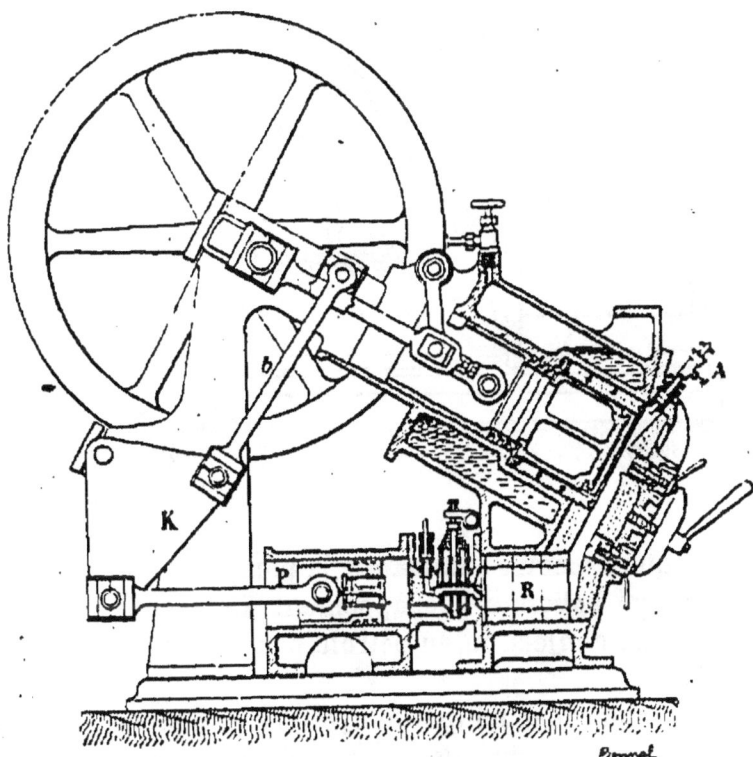

Fig. 399. — Moteur Hargreaves.

le cylindre est incliné ; le pétrole arrive par le pulvérisateur A,

après avoir été refoulé par une petite pompe latérale M
(*fig.* 400) actionnée par la machine. L'air est refoulé par une
pompe P actionnée par la machine par l'intermédiaire de la
bielle *b* et du plateau oscillant K. Cet air traverse la soupape S et s'imprègne, au passage, de vapeur d'eau empruntée
à la double enveloppe réfrigérante, puis passe dans le régénérateur R et arrive enfin au contact du pétrole.

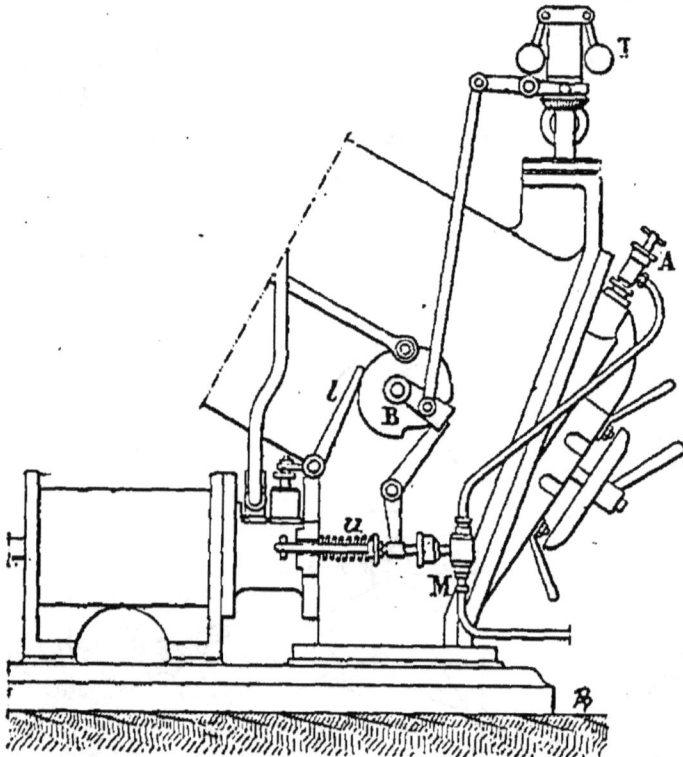

FIG. 400.

Un disque à cames commande la pompe d'injection M et
le levier *l* qui actionne l'échappement. Le régulateur T agit
sur la pompe d'injection du pétrole par l'intermédiaire d'un
levier B.

Il faut remarquer ici que le cylindre est tapissé dans sa
partie inférieure de briques de plombagine mêlées de goudron. Le régénérateur R se compose de crayons plongés au
rouge dans une dissolution de sel de platine qui, paraît-il,
favorise l'achèvement de la combustion des gaz.

Machine Brayton (fig. 401). — Cette machine, dont la figure 401 présente le type de 1890, donne un coup par tour du volant. Elle est munie d'une pompe de compression d'air et d'une pompe à pétrole.

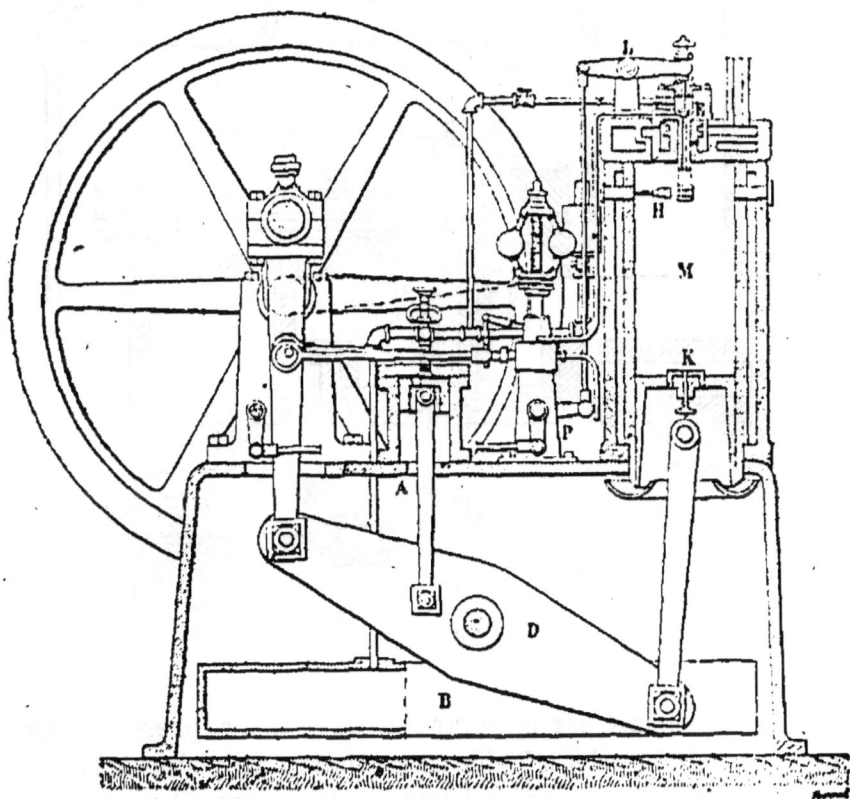

Fig. 401. — Moteur Brayton.

On sait en effet que la compression doit avoir lieu en dehors du cylindre moteur, si l'on veut avoir un coup par tour du volant.

La pompe à air est en A; celle à pétrole, en P.

Les deux fluides arrivent par deux tubes parallèles dans une petite chambre C (*fig.* 402), fermée par une soupape S manœuvrée par le levier L. Ce même levier commande également la soupape d'échappement E, qui a pour guide le tube même d'injection T. Le piston moteur porte une soupape K (*fig.* 401) qui sert à l'admission du complément d'air nécessaire à la combustion du mélange, ainsi qu'à l'expulsion des gaz brûlés.

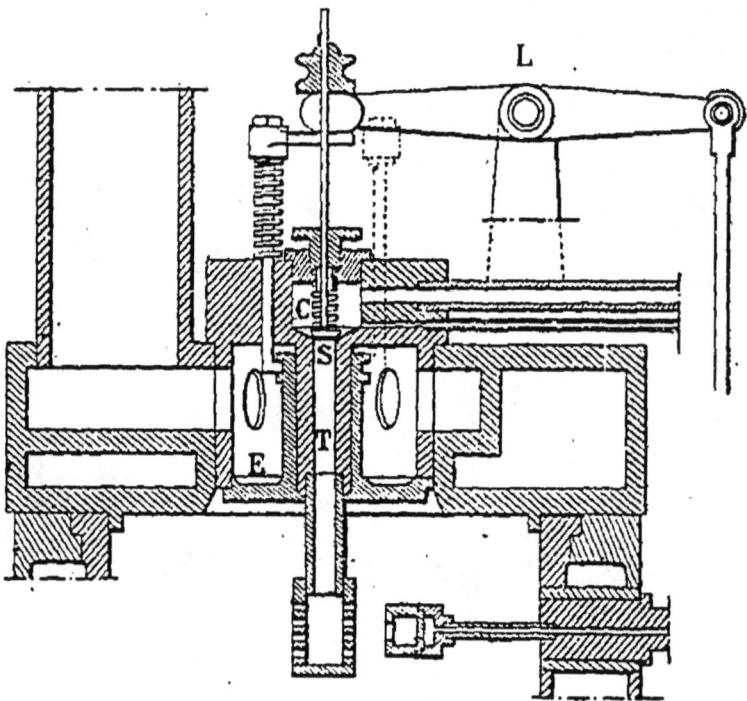

FIG. 402.

L'air comprimé par la pompe A régularise sa pression dans un réservoir inférieur B. La transmission du piston à l'arbre moteur est réalisée par un balancier D, sur lequel sont prises les transmissions nécessaires aux manœuvres des pompes et des soupapes.

Moteur Priestman (*fig. 403*). — Le cylindre moteur se trouve en C; P est une pompe de compression à simple effet, qui fait un tour sur deux du moteur, et qui comprime l'air dans le réservoir R, en même temps qu'elle refoule le pétrole qui y est contenu jusque dans le pulvérisateur K. Cet appareil a été décrit plus haut (p. 531). Le pétrole pulvérisé traverse le vaporisateur du réchauffeur V, indiqué en pointillé sur la figure.

C'est dans ce réchauffeur qu'arrive, au moment de l'aspiration du piston moteur, l'air nécessaire à la formation du mélange détonant. Le pétrole arrive enfin au cylindre moteur. L'allumage de l'explosif se fait au moyen d'une étincelle

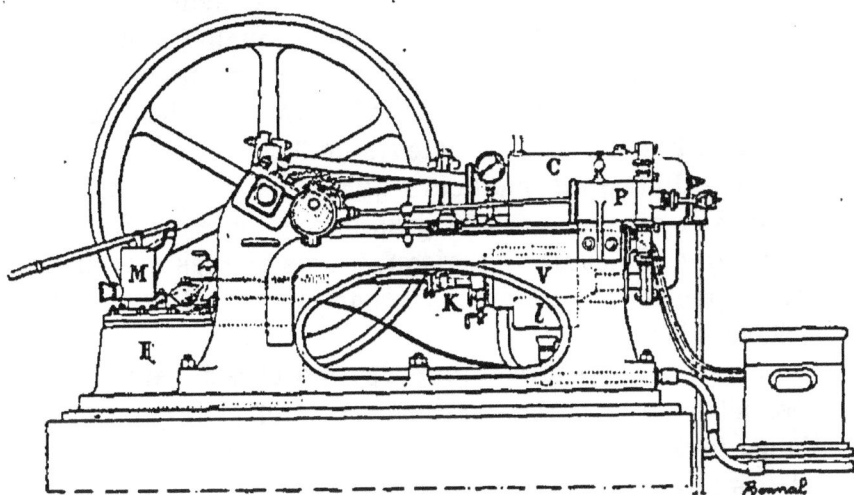

Fig. 403. — Moteur Priestman.

électrique fournie par une pile au bichromate que l'on renouvelle toutes les vingt-quatre heures environ. La lampe *l* sert à chauffer, à la mise en train, le vaporisateur V, de même

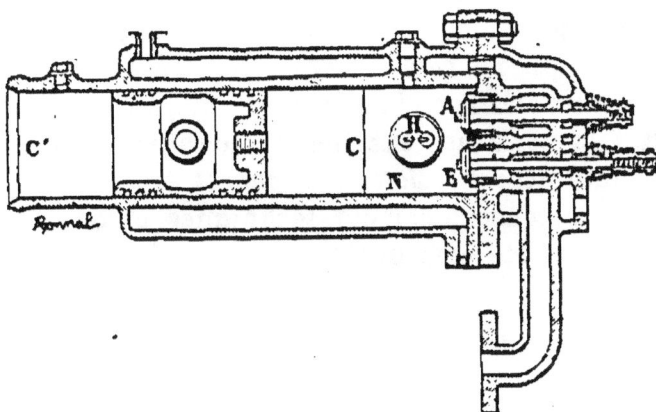

Fig. 404.

que la pompe à main M sert à la compression de l'air dans le réservoir à pétrole R au moment de la mise en marche.

Le détail du cylindre moteur est donné par la figure 404.

Le piston se meut entre C et C' ; N est la chambre de compression. Le cycle réalisé est le cycle à quatre temps d'Otto, déjà étudié pour les machines à gaz. Les soupapes A et E servent à l'admission et à l'échappement; H figure l'allumeur électrique avec ses deux bornes entre lesquelles jaillit l'étincelle. Les combustibles employés dans ce moteur sont des huiles lampantes ; la consommation descend à 450 grammes par cheval-heure avec des moteurs de 5 chevaux.

Ces résultats sont meilleurs que ceux obtenus avec les machines à vapeur, car 450 grammes d'huile équivalent à 550 grammes de charbon environ, tandis que les machines à triple expansion consomment encore jusqu'à 700 grammes de charbon par cheval.

On arrêtera ici l'énumération des moteurs à pétrole dont les variétés sont nombreuses, mais ne diffèrent que par des détails, tous dérivant à peu près du même principe. Ces moteurs ont pris, dans ces dernières années, un développement considérable, par suite de leur application à la locomotion sur routes. On les emploie aussi fréquemment pour la navigation fluviale.

En terminant, on remarquera que, étant donné le cadre restreint de cet ouvrage, cette question des machines thermiques à gaz et à pétrole, laquelle tend à devenir de jour en jour plus importante, a dû être traitée assez rapidement. Les lecteurs qui désireraient avoir des renseignements plus complets sur l'état actuel de la question pourront consulter avec fruit la série des excellents ouvrages de M. *Gustave Richard*, intitulés: *les Moteurs à gaz et à pétrole*, auxquels les quelques renseignements techniques et descriptifs de ce chapitre ont été empruntés.

CHAPITRE XV

MACHINES THERMIQUES DIVERSES

---

§ 1. — MOTEURS A AIR CHAUD

Moteur à air chaud à poussière de charbon. — Dans ce moteur, le combustible, au lieu d'être gazeux comme dans les machines à gaz, ou liquide comme dans les machines à pétrole, est solide et se compose de combustible finement pulvérisé et injecté dans le cylindre, de manière à chauffer isolément chaque cylindrée. On ne parlera que pour mémoire de ce système de moteur aujourd'hui abandonné. Les premiers essais en sont dus à Niepce, qui imagina ainsi une machine fonctionnant au lycopode pulvérisé. Des essais ont été faits en Amérique; ils n'ont donné des résultats à peu près satisfaisants qu'avec les houilles grasses.

§ 2. — MOTEURS A GAZ ET VAPEURS DIVERS

Machine à acide carbonique (*fig.* 405). — L'acide carbonique liquide possédant une tension de vapeur considérable, *Brunel* eut l'idée de le faire servir comme intermédiaire dans une machine thermique. Cet essai, repris par *Ghilliano et Cristin*, en 1855, fut réalisé de la façon suivante:

L'acide carbonique liquéfié est renfermé dans le cylindre C très épais pour résister à la pression considérable qui se développe.

Ce cylindre est chauffé dans un bain-marie B jusqu'à 90°. Le gaz, se dégageant, exerce son action sur le cylindre moteur M, puis est refoulé par le piston moteur dans un serpentin S entouré d'eau froide. De là une pompe de compression le prend et le refoule dans le cylindre C, où l'évolution du gaz s'achève. Il faut remarquer que la quantité d'acide carbonique employée est toujours la même ; il suffit simplement de remplacer la partie qui se perd.

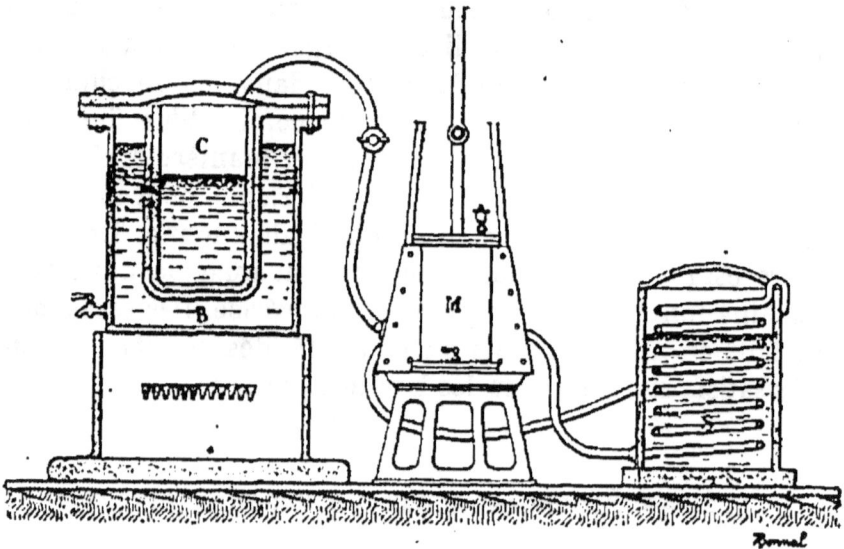

Fig. 405. — Machine à acide carbonique de Ghilliano et Cristin.

Les températures extrêmes de l'évolution du gaz étant très rapprochées, on sait que le rendement ne peut être élevé dans ce moteur ; de plus, les pressions considérables qui s'y développent le rendent dangereux.

Ce système, repris sans succès par plusieurs inventeurs, ne paraît pas devoir donner de bons résultats.

Machines à vapeurs combinées d'eau et d'un autre gaz. — Les machines fondées sur ce principe sont, en réalité, formées de deux machines, disposées de telle façon que le condenseur de l'une forme le générateur de la suivante.

On choisit comme réfrigérant au condenseur un liquide beaucoup plus volatil que l'eau, de manière que la chaleur restant dans la vapeur d'eau d'échappement puisse vaporiser ce liquide et développer ainsi une pression suffisante pour qu'il devienne à son tour agent moteur d'un piston.

On a ainsi combiné l'eau et le chloroforme (Lafont), le sulfure de carbone (Ellis), l'éther (du Tremblay).

Le grand inconvénient que présente l'emploi de ces gaz est leur extrême inflammabilité ou leurs propriétés asphyxiantes. De plus, ils attaquent les garnitures ; les pertes deviennent très préjudiciables.

D'ailleurs, en principe, le rendement sera toujours le même que si on évolue avec un seul gaz entre les mêmes limites de température.

Ces machines ont l'avantage d'occuper, à égalité de puissance, moins de place que les machines à vapeur d'eau ; au point de vue thermique, les courbes adiabatiques sont mieux réalisées.

Néanmoins leurs autres inconvénients les ont fait abandonner.

Rien n'empêche, d'ailleurs, d'étendre le principe de ces machines, en imaginant une série de moteurs alimentés par des gaz de plus en plus volatils ; cette conception n'a jamais été réalisée pour plus de deux moteurs.

Machine à gaz ammoniac. — Ces machines reposent sur un principe tout autre que celui de la dilatation d'un gaz sous l'influence de la chaleur. On profite ici de la rapidité que possède le *gaz ammoniac* à se dissoudre dans l'eau, qui en absorbe environ 750 fois son volume à la température ordinaire.

Le cycle parcouru se conçoit de la façon suivante : La solution ammoniacale étant chauffée, l'ammoniaque se dégage ainsi qu'une certaine quantité de vapeur d'eau, laquelle travaille en même temps que le gaz dans le cylindre moteur. Après l'échappement de ce dernier, le gaz ammoniac arrive dans un condenseur à surface où il se dissout de nouveau pour y être ensuite aspiré et refoulé dans le générateur, afin de parcourir un nouveau cycle.

Ces machines, qui ont été l'objet d'essais nombreux, n'ont pas donné les résultats attendus.

On a imaginé de combiner l'action solaire avec les machines à ammoniaque, pour utiliser le calorique rayonné. En se basant sur le même principe, on a aussi essayé d'autres gaz : l'acide chlorhydrique, l'éther, etc. ; ces gaz, étant moins solubles que l'ammoniaque dans l'eau, paraissent devoir donner des résultats inférieurs.

Machines à vapeur de pétrole. — Dans ces machines, le pétrole n'est pas employé comme combustible destiné à échauffer l'air, mais fonctionne absolument comme la vapeur d'eau. C'est toujours la même quantité de pétrole qui, théoriquement, évolue. Ce moteur a donné de mauvais résultats au point de vue de l'économie.

§ 3. — Moteurs a explosif ou fulmi-moteurs

Ces moteurs sont fondés sur l'expansion énorme que prennent certains corps explosifs à la suite de leur transformation chimique, sous l'influence d'un agent ou d'une cause extérieure quelconque.

L'idée de se servir des explosifs comme intermédiaires moteurs remonte à une époque éloignée et aura peut-être beaucoup d'avenir, mais n'a pas encore reçu d'application vraiment pratique.

La *sonnette balistique* imaginée par M. *Thomas Shaw*, ingénieur américain, est fondée sur ce principe.

Le mouton destiné à enfoncer les pilotis fait détoner, par sa chute, une cartouche placée dans un canon approprié disposé sur la tête du pieu. Le pieu s'enfonce, tandis que le mouton, fonctionnant comme projectile, est projeté en l'air et va se raccrocher au déclic.

Dans le même ordre d'idées, on a imaginé des machines dans lesquelles l'explosif était fabriqué dans la machine même, au moment de l'emploi. Telle est la machine de MM. Wolf et Pietzcker, dont la description est empruntée au volume des *Machines* de M. Haton de la Goupillière, d'après le *Bulletin de la Société d'Encouragement pour l'Industrie nationale*.

Le piston P (*fig.* 406) est fixe, et le cylindre C, en forme de cloche, est mobile; c'est lui qui transmet le mouvement à l'arbre A par bielle et manivelle. Au centre du piston P se trouve une coupelle k, dans laquelle arrivent par les tubes t, t_1, t_2, l'acide sulfurique, l'acide azotique et la glycérine nécessaires à la fabrication de la nitroglycérine employée comme

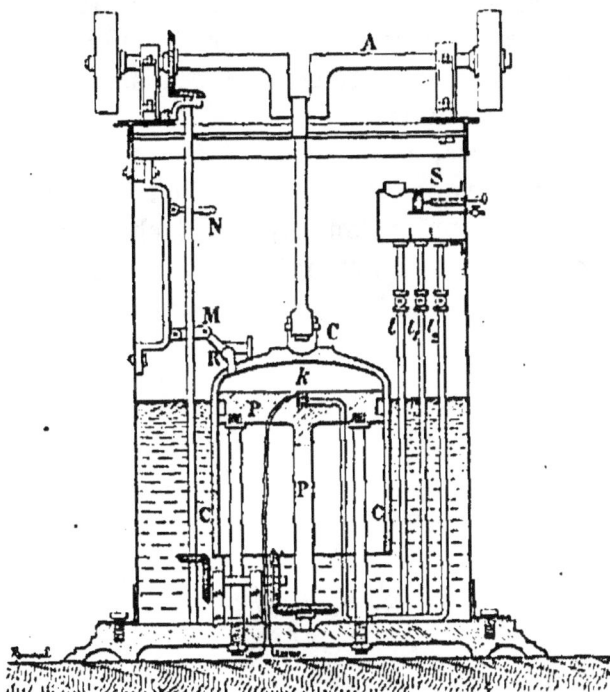

Fig. 406. — Moteur à nitroglycérine, de Wolf et Pietzcker.

explosif. Le centre du piston tourne, à cet effet, sous l'influence d'une transmission par engrenages devant les canaux d'arrivée des liquides, de manière à les réunir tous trois au centre de la coupelle. L'inflammation est produite par des commutateurs électriques, qui tournent avec l'arbre lui-même. L'échappement s'effectue par le robinet R sous l'action des taquets M et N, mus par une tringle qui prend son mouvement sur l'arbre.

§ 4. — Moteurs solaires

La chaleur envoyée directement par le soleil est certaine-
ment la source d'énergie la moins susceptible de s'épuiser
dont on puisse disposer. Mais, malgré l'énorme intérêt qu'il y
aurait à trouver un moyen d'utiliser directement cette puissance, les essais de moteurs solaires réalisés jusqu'à présent
sont restés rudimentaires.

Dans nos climats, 1 mètre carré de surface, exposé normalement aux rayons solaires, reçoit par minute une quantité de chaleur représentant environ 1 cheval-vapeur ; il est
bien évident que les régions intertropicales seraient privilé-
giées sur ce point.

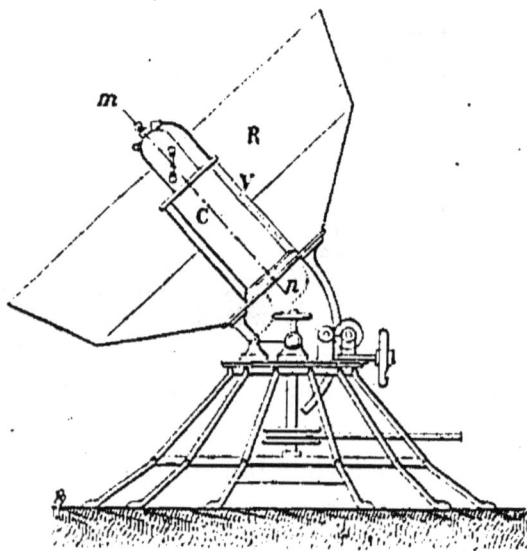

Fig. 407. — Machine solaire de Abel Pifre.

La question a d'ailleurs été posée depuis fort longtemps,
et l'on trouve même des vestiges de recherches dans les ouvrages de Héron d'Alexandrie. Tour à tour Porta (xvie siècle),
Salomon de Caus (xviie siècle), Kircher, Evans, et plus tard
Ericsson s'occupèrent de la question sans la résoudre.

Actuellement le seul appareil ayant donné des résultats pratiques est la machine à réflexion de *Mouchot*, perfectionnée par *Abel Piffre*, qui permet de développer de faibles puissances.

Le principe de cet appareil consiste à recueillir les rayons solaires sur un grand réflecteur polyédrique R (*fig.* 407) et à les concentrer sur l'axe *mn*. Suivant cet axe est disposée une petite chaudière cylindrique à vapeur d'eau C. La surface de cette chaudière est noircie, de manière à lui donner le pouvoir absorbant maximum; elle est, de plus, enveloppée d'un manchon en verre V qui, comme on le sait, concentre encore les rayons calorifiques. La vapeur dégagée actionne une machine rotative, susceptible, par exemple, de faire mouvoir une pompe ou tout autre appareil. Le réflecteur est monté de manière à pouvoir suivre le soleil pendant son mouvement, afin de recueillir le maximum de calorique possible. Malgré l'ingéniosité de ses dispositions, cette machine ne recueille, au maximum, que 1/20 de cheval par mètre carré.

CHAPITRE XVI

ACHAT, INSTALLATION, RÉCEPTION ET ENTRETIEN DES MACHINES THERMIQUES

---

§ 1. — ACHAT

L'achat d'une machine thermique peut se faire : soit de gré à gré, soit par voie d'adjudication.

Achat de gré à gré. — De gré à gré, l'acheteur peut soit choisir lui-même ou avec le concours d'un ingénieur, dans les ateliers d'un constructeur, la machine qu'il désire, soit demander à un constructeur déterminé une machine remplissant certaines conditions, décrites aussi complètement que possible. Dans le premier cas, l'acheteur seul est responsable des défauts, cachés ou non, que pourrait avoir sa machine; tandis que, dans le second cas, c'est le vendeur qui en est responsable pendant un temps fixé d'un commun accord.

Ces deux modes d'achat sont, pour ainsi dire, des modes extrêmes; il en existe d'intermédiaires en raison de la combinaison de leurs obligations respectives. Ainsi, une opération de gré à gré peut se faire avec convention de responsabilité du constructeur en cas de mauvais rendement, de mauvaise qualité ou de défauts reconnus à la machine pendant un délai fixé.

Achat par adjudication. — Lorsqu'il s'agit d'une machine un peu importante, on procède à son achat par voie d'adjudication.

L'adjudication consiste à faire appel à un certain nombre de constructeurs désignés d'avance ou à tous les constructeurs d'une ville, d'une nation ou de plusieurs nations différentes, à leur exposer dans un *programme* net, précis et complet, les conditions que la machine désirée doit remplir, à leur faire connaître, dans un *cahier des charges*, les obligations auxquelles ils seront soumis, et à leur demander des *propositions fermes* relativement à la construction, au fonctionnement, au rendement, à la consommation et au prix de cette machine.

Il faut donc établir d'abord un programme, c'est-à-dire indiquer exactement les conditions dans lesquelles la machine devra fonctionner; son but, sa marche, soit à vitesse constante ou variable, soit avec ou sans changement de marche, soit à puissance constante ou variable; sa force maxima en chevaux de 75 kilogrammètres, et sa consommation maxima en vapeur à une pression déterminée.

Puis, dans le cahier des charges, on indique le délai de livraison, celui de l'installation, les conditions des essais de réception et le mode de paiement.

Pour mieux faire comprendre la composition de ces deux pièces, on en donnera un exemple.

AGRANDISSEMENT DE L'USINE ÉLÉVATOIRE A VAPEUR D'IVRY

CONCOURS POUR LA CONSTRUCTION ET L'INSTALLATION DES NOUVEAUX MOTEURS ET DES POMPES

PROGRAMME ET CAHIER DES CHARGES

ARTICLE PREMIER. — **Objet du concours.** — Le présent programme et cahier des charges a pour objet la construction et l'installation des moteurs et des pompes à établir à l'usine élévatoire d'Ivry pour élever 600 litres par seconde, soit sur le réservoir de Villejuif, soit sur celui de Charonne.

ART. 2. — **Hauteur du refoulement.** — La hauteur ascensionnelle réelle totale pourra varier entre 55 mètres et 63^m,20, suivant l'état du fleuve ; le plan d'eau dans le puisard d'aspiration pouvant descendre au plus bas étiage à la cote 25^m,80 au-dessus du niveau de la mer, et s'élever exceptionnellement en temps de grande crue à la cote 34 mètres, et l'altitude d'arrivée au réservoir étant fixée à la cote 89 mètres.

L'élévation manométrique calculée en tenant compte de la perte de charge résultant du passage de l'eau dans les conduites ascensionnelles restera inférieure à 70 mètres.

ART. 3. — **Dispositions générales.** — Les nouveaux moteurs et leurs pompes seront installés dans un bâtiment à construire en prolongement de la salle des machines existante. Le plan annexé au présent programme indique l'étendue que devra occuper le bâtiment des machines à construire. La disposition d'ensemble qui y est figurée n'a d'autre valeur que celle d'un simple renseignement et n'a rien d'obligatoire ni pour l'Administration, ni pour les concurrents.

Mais il est dès à présent arrêté que le sol de la salle des machines sera établi au même niveau que celui de la salle existante, c'est-à-dire à la cote 35^m,70.

ART. 4. — **Consistance de l'entreprise.** — L'entreprise comprend la fourniture, le transport et la pose des moteurs et du système élévatoire depuis la tubulure de prise de vapeur sur les chaudières et la prise d'eau dans le puisard jusqu'à la tubulure de raccordement avec la conduite de refoulement à la sortie du réservoir d'air.

Elle comporte la fourniture de tous les appareils accessoires, de ceux de contrôle et de sûreté, tels que manomètres de pression et de vide, niveaux d'eau et d'air, compteurs de coups de piston, etc., et, en général, de tous les accessoires et organes nécessaires au bon fonctionnement des moteurs et des pompes, ou réclamés par une installation soignée, de telle sorte qu'il n'y ait à pourvoir à aucune omission.

Le cylindre à vapeur de chaque machine, ainsi que les pompes, seront disposés de manière à se prêter couramment à des relevés de diagrammes, et un indicateur de Watt sera fourni par le constructeur.

Enfin il sera tenu de fournir les clefs, tarauds et filières pour tous les diamètres employés qui devront présenter le pas en usage au service municipal de Paris.

ART. 5. — **Disposition des moteurs et pompes.** — L'installation comprendra trois machines élévatoires, entièrement distinctes et pouvant fonctionner chacune isolément.

Les pièces correspondantes des moteurs et des pompes devront être absolument semblables entre elles afin de faciliter les rechanges.

Toutes les parties des moteurs et des pompes devront être aisément accessibles, de sorte qu'en tout temps la visite, le nettoyage, le graissage et le démontage des pièces, ainsi que les réparations puissent se faire sans difficulté.

Les pompes, volants et condenseurs devront être mis conséquemment à l'abri des crues.

La vitesse moyenne des pistons des pompes élévatoires devra être modérée et ne pouvoir atteindre $1^m,20$ par seconde que dans le cas de pistons plongeurs à extrémités effilées fonctionnant dans des corps de pompe de forme renflée, dans lesquels la vitesse de l'eau ne devra pas dépasser $0^m,60$ par seconde.

Le mouvement des clapets devra être rendu apparent.

Le régulateur de chaque machine devra être disposé pour que le produit de ses pompes puisse varier de 150 à 200 litres par seconde.

Il est bien entendu que chaque concurrent aura la faculté de présenter plusieurs combinaisons.

Art. 6. — **Maximum de consommation à garantir.** — Les concurrents devront garantir un maximum de consommation de vapeur par heure et par force de cheval de 75 kilogrammètres mesurés en eau élevée.

Ce maximum ne devra pas dépasser $9^k,500$ en marche normale, les chaudières étant timbrées à 6 kilogrammes.

La constatation des résultats obtenus sera faite conformément aux stipulations de l'article 19 ci-après.

Art. 7. — **Délais d'exécution.** — Le constructeur sera tenu, à moins d'ordre contraire, de commencer le montage dix mois après la notification de l'arrêté préfectoral rendant définitive l'approbation du marché.

A partir du commencement du montage, il aura un nouveau délai de six mois pour mettre les moteurs et les pompes en bon état de fonctionnement.

Art. 8. — **Plans et devis à fournir.** — Les concurrents devront déposer, en même temps que leurs soumissions :

1° Les plans, coupes et élévations des appareils et les dessins détaillés de la distribution de vapeur, des pistons et des clapets ; ces dessins seront soigneusement cotés et suffisants pour permettre une appréciation exacte du système proposé ;

2° Un devis estimatif indiquant le poids approximatif des diverses pièces, les calculs de consommation et de résistance, les pressions maxima que supporteront les principales pièces frottantes;

3° Un mémoire explicatif décrivant et justifiant les dispositions et les dimensions proposées, et particulièrement l'explication du réglage de la détente par le régulateur dans les diverses charges.

Les dessins devront être accompagnés de l'étude complète des massifs de fondation et des bâtiments, quoique ces travaux ne fassent pas partie de l'entreprise.

Art. 9. — Certificats de capacité. — Quinze jours au moins avant celui qui sera fixé par le Préfet de la Seine pour le dépôt des soumissions, les constructeurs-mécaniciens qui voudront concourir devront déposer entre les mains de l'ingénieur chargé de la direction des eaux, n° 4, avenue Victoria, à Paris, les certificats de capacité constatant, suivant l'usage, les travaux du même genre qu'ils ont précédemment exécutés, la manière dont ils ont rempli leurs engagements et les conditions dans lesquelles se sont effectués les règlements de comptes.

Ces certificats, visés pour communication par le directeur des eaux, seront soumis à la Commission spéciale chargée, par arrêté préfectoral, de l'examen des propositions présentées par les concurrents.

Art. 10. — Dépôt des soumissions. — Le jour fixé par le Préfet de la Seine, chacun des concurrents déposera sur le bureau de la Commission spéciale :

1° Un premier pli cacheté renfermant un acte par lequel le soumissionnaire s'engagera à verser à la Caisse municipale, dans les trois jours qui suivront la décision favorable de l'Administration, une somme de vingt-cinq mille francs (25.000 francs) à titre de cautionnement, et, en outre, une soumission conforme au modèle de l'affiche et qui portera le prix à forfait auquel le soumissionnaire s'engage à faire la fourniture, le transport et la pose des machines, ainsi que le maximum de la consommation de vapeur qu'il entend garantir, comme il a été dit à l'article 6;

2° Un second pli cacheté contenant le détail des projets, dessins, devis et mémoires, dont il a été parlé à l'article 8.

La Commission arrêtera séance tenante et fera connaître aux soumissionnaires la liste des concurrents qui, ayant fourni des certificats de capacité jugés suffisants, et satisfait aux conditions précédemment énumérées, seront définitivement appelés à prendre part au concours.

Art. 11. — Désignation de l'adjudicataire. — La Commission examinera ensuite les divers projets et, dans le délai de six semaines, elle les transmettra avec ses propositions au Préfet de la Seine, qui désignera l'adjudicataire

L'Administration ayant à mettre en balance le maximum de consommation garanti, les dépenses d'établissement, tant pour les machines que pour les bâtiments, les avantages des divers projets au point de vue de l'entretien, etc., ne sera liée dans son choix ni par les conditions de prix, ni par aucune autre circonstance ; les concurrents évincés ne pourront exercer aucun recours contre sa décision, ni réclamer aucune indemnité, à quelque titre que ce soit.

Dans les trois jours qui suivront la notification de la décision prise par l'Administration, et conformément à l'engagement qu'il aura pris, l'entrepreneur déposera à la Caisse municipale son cautionnement qui sera fourni en rentes sur l'État ou en obligations de la ville de Paris, ou en titres au porteur au cours moyen de la veille du jour du dépôt. L'entrepreneur en touchera les arrérages. Il acquittera au même moment les frais d'impression des cahiers des charges, programme et plans, ceux d'affiches et d'expédition, et les droits de timbre, d'enregistrement et autres auxquels le marché pourrait donner lieu.

Les pièces produites par les autres soumissionnaires leur seront immédiatement restituées, ainsi que leurs projets, devis et mémoires.

Art. 12. — **Atlas des dessins d'exécution.** — Dans le délai de deux mois après l'approbation de la soumission, le constructeur devra fournir en triple expédition l'atlas complet des dessins d'ensemble et de détail de toutes les parties des machines, des pompes et de la tuyauterie, sous peine par chaque jour de retard d'une retenue de 10 francs qui sera opérée sur le premier paiement.

Après l'achèvement des travaux, ces atlas seront rectifiés, s'il y a lieu, ou remplacés par d'autres, de façon que l'Administration reste nantie d'une triple statistique rigoureusement exacte des machines qui font l'objet de l'entreprise. Tous ces dessins devront être exécutés à une échelle décimale suffisante et cotés avec soin, de manière que la construction des massifs et autres ouvrages, ainsi que le remplacement des diverses pièces des machines puissent s'effectuer sans indécision ni recherche.

Ils devront, par leur format régulier, se prêter à un groupement en atlas.

Art. 13. — **Modifications au projet.** — Le constructeur ne pourra apporter en cours d'exécution aucune modification aux dispositions du projet accepté, à la forme et au poids des principales pièces, à la nature des matériaux employés, etc. etc., sans en informer les ingénieurs et sans en avoir obtenu l'autorisation écrite.

Cette autorisation laissera d'ailleurs intacte sa responsabilité au point de vue du bon fonctionnement et du rendement des machines.

Art. 14. — **Exécution des travaux.** — Tous les ouvrages seront loyalement exécutés dans toutes leurs parties et composés de matériaux de la meilleure qualité.

L'entrée des usines ou des ateliers où les diverses parties des machines seront travaillées et ajustées, sera toujours accordée aux ingénieurs de la ville ou à leurs délégués qui pourront y faire, aux frais du constructeur, les épreuves d'usage pour s'assurer de la qualité et de la résistance des matériaux employés.

Tous les appareils accessoires seront des meilleurs types ; ils devront d'ailleurs être soumis à l'acceptation des ingénieurs.

Art. 15. — **Retenue en cas de retard.** — Dans le cas où le constructeur viendrait à dépasser les délais qui lui sont accordés par l'article 7 du présent cahier des charges, il lui sera fait une retenue de cinquante francs (50 francs) par jour de retard, sans qu'il soit besoin d'une mise en demeure préalable.

Art. 16. — **Réception provisoire.** — Lorsque le constructeur aura déclaré que les machines sont en bon état de marche, il sera fait une première série d'essais sous la direction des ingénieurs, pour reconnaître si le système est en état de fonctionner convenablement.

Dès qu'à la suite de ces essais les machines auront pu fournir quinze jours consécutifs de marche normale, il sera procédé par les ingénieurs à la réception provisoire.

Le constructeur supportera tous les frais de ces premiers essais, tels que personnel des mécaniciens et autres ouvriers, huile, graisse, chiffons, éclairage, etc., etc., sauf la production de la vapeur qui sera fournie par l'Administration.

Art. 17 — **Délai de garantie.** — Le délai de garantie sera de deux ans après la réception provisoire.

Pendant le délai de garantie, le constructeur restera complètement responsable du bon fonctionnement de ses appareils et devra remplacer à ses frais toute pièce qui viendrait à manquer, soit par vice de construction ou de pose, soit par mauvaise qualité de la matière, soit par insuffisance dans les dimensions.

Les réparations devront toujours être faites de manière à n'apporter aucune gêne dans la régularité du service.

Toute avarie survenue aux appareils pendant le délai de garantie sera réparée d'office aux frais du constructeur, si celui-ci néglige de faire sans délai les réparations nécessaires et après qu'un procès-verbal circonstancié de l'avarie aura été dressé et lui aura été notifié.

ART. 18. — Constatation de la consommation moyenne de vapeur. — A dater de la réception provisoire et pendant le délai de garantie, la marche de chaque machine sera constatée par des bulletins quotidiens semblables à ceux en usage dans le service des machines élévatoires. Ces bulletins porteront l'indication du poids de charbon consommé par cheval en eau élevée et par heure et serviront à calculer le poids moyen de vapeur d'eau consommée.

Toutefois les résultats ainsi obtenus ne seront considérés que comme des indications et seront contrôlés par des expériences contradictoires de marche et de consommation de vapeur, qui seront faites pendant la durée du délai de garantie, à des époques indéterminées.

Ces expériences, qui seront au moins au nombre de trois et auront chacune une durée minima de dix heures consécutives, serviront à déterminer la consommation de vapeur par force de cheval et par heure en eau élevée.

La moyenne de la consommation de vapeur ainsi obtenue sera considérée comme consommation normale et servira de base pour l'application des pénalités, s'il y a lieu.

Pendant toute la durée du délai de garantie, le constructeur ou son délégué sera constamment admis dans toutes les parties de l'usine.

ART. 19. — Pénalités. — Au cas où la consommation moyenne de vapeur en marche normale par force de cheval et par heure mesurée en eau élevée, dépasserait le chiffre maximum auquel l'entrepreneur aura consenti, il sera fait sur le prix de la fourniture une retenue de six francs (6 francs) par cheval et par hectogramme de vapeur dépensés en sus du maximum soumissionné, et ce, pour les dix premiers hectogrammes.

Si la consommation moyenne dépassait de plus de 1 kilogramme le maximum soumissionné, il serait fait par hectogramme, en sus des dix premiers, une retenue de douze francs (12 francs) par cheval.

Enfin, si la consommation moyenne était supérieure à 9^{k},500, les machines pourraient être refusées. Le constructeur serait alors tenu de les enlever dans le délai qui lui serait fixé, et il devrait restituer tous les acomptes qu'il aurait reçus. Son cautionnement serait alors acquis à la ville.

ART. 20. — Mode de paiement. — Il sera délivré au constructeur au fur et à mesure de l'avancement des travaux, des acomptes sur le prix qu'il aura consenti. Avant le commencement de la pose ces acomptes ne pourront pas dépasser les trois dixièmes du prix total (3/10), et ils devront être justifiés par des états de situation dressés contradictoirement et qui constitueront d'ores et déjà pour la ville un droit de propriété.

Ils atteindront au plus les six dixièmes (6/10) avant les premiers essais de mise en marche.

Il sera délivré un acompte de deux dixièmes (2/10) à la réception provisoire et les deux derniers dixièmes (2/10) seront payés, s'il y a lieu, à l'expiration du délai de garantie.

Art. 21. — **Application de pénalités.** — Dans le cas où, par suite de l'application des clauses de l'article 19, la ville aurait à exercer un recours contre l'adjudicataire, les quatre dixièmes (4/10) du prix et le cautionnement lui resteraient acquis jusqu'à concurrence des sommes dont ledit adjudicataire serait débiteur d'après le décompte qui serait établi par les ingénieurs, sans préjudice des poursuites qu'elle pourra exercer contre lui.

La ville aura le droit, afin de se couvrir, de faire vendre, après l'accomplissement des formalités voulues en pareil cas, les titres de rente ou obligations déposés en cautionnement.

Art. 22. — **Élection de domicile.** — L'adjudicataire sera tenu d'élire domicile à Paris et d'avoir à ce domicile un représentant agréé par l'Administration auquel toutes communications et notifications seront valablement faites.

Art. 23. — **Retenue de 1 0/0 pour les asiles.** — Une retenue de 1 0/0 sera faite à l'adjudicataire sur le montant total des travaux, en exécution du décret du 8 mars 1855, relatif à l'établissement et à la dotation des asiles de Vincennes et du Vésinet.

Art. 24. — **Clauses et conditions générales.** — En tout ce à quoi il n'est pas formellement dérogé par le présent programme et cahier des charges, l'adjudicataire sera soumis aux clauses et conditions :

1° Du cahier des charges imposées aux entrepreneurs des ponts et chaussées par arrêté ministériel du 10 février 1892 ;

2° Du cahier des charges imposées aux entrepreneurs du service municipal par arrêté préfectoral en date du 4 août 1879.

Le présent programme et cahier des charges dressé par l'Inspecteur des Machines, soussigné

Signé :

Vu et adopté par le Directeur des Eaux,

Signé

Choix de l'adjudicataire. — En matière de machines, on ne déclare pas toujours adjudicataire le constructeur qui offre le plus bas prix, comme cela se fait en matière de terrassements ou de maçonnerie. On considère les garanties que présentent les concurrents sur la qualité de leurs produits antérieurs, l'élégance ou la simplicité de leurs projets, la robustesse de leurs pièces, la composition de leurs mécanismes, les précautions prises pour assurer le bon fonctionnement, la surveillance, l'entretien et le remplacement des organes, le minimum de consommation qu'ils garantissent, les frais de graissage et de surveillance, etc. Et l'on déclare adjudicataire celui qui réunit le mieux toutes ces conditions.

Prix des machines. — Le prix de revient d'une machine se compose de la valeur des matériaux employés et de la main-d'œuvre nécessaire à sa fabrication.

Pour des machines de même puissance, la valeur des matériaux diffère peu; mais la main-d'œuvre varie en raison de la complication des mécanismes, c'est-à-dire suivant que les machines sont à un ou plusieurs cylindres, à condensation ou non, avec ou sans changement de marche, etc.

Pour des machines de puissances différentes, le prix de la matière première n'est pas proportionnel à la force, quoiqu'il augmente sensiblement en même temps qu'elle, en raison de l'accroissement de matière nécessaire pour résister à l'augmentation des efforts. Mais la main-d'œuvre augmente dans de bien moins grandes proportions. Par conséquent le prix des machines n'est pas tout à fait proportionnel à leur puissance.

Le tableau de la page 581 indique les prix moyens par cheval pour certaines puissances et pour certains types de machines, établis par M. P. Sauvage, ingénieur des Mines.

§ 2. — INSTALLATION DES MACHINES

L'installation d'une machine comprend:
1° La construction de ses massifs de fondations;
2° La pose et l'assemblage des pièces mécaniques.

Construction des massifs. — Les massifs de machines, devant résister surtout par leur poids aux efforts statiques et dynamiques des machines, doivent constituer des ouvrages monolithes. Ils se font en maçonnerie de pierre de taille, de moellon, de meulière ou simplement en béton. Ils doivent reposer eux-mêmes soit sur un bon sol vierge, soit sur la roche.

Dans le cas d'emploi de pierre de taille, les massifs peuvent être, suivant leur importance, d'un seul ou de plusieurs morceaux hourdés en chaux hydraulique ou ciment et assemblés les uns aux autres par des crampons en fer.

Si l'on emploie des moellons, il est préférable de ne pas constituer des assises régulières, sauf sur les parements, afin de ne pas provoquer des plans de rupture et de les hourder en ciment plutôt qu'en chaux hydraulique pour que les joints puissent résister davantage aux efforts de traction.

Avec la meulière, dont les aspérités forment avec le mortier des liaisons sûres, on constitue des massifs monolithes. Le blocage doit être fait en têtes de chats, c'est-à-dire en plaçant les pierres debout et non à plat, afin de ne créer nulle part des plans de rupture. Le mortier de ciment de Portland, doué d'une grande résistance à l'arrachement, est préférable à tout autre pour le hourdis des meulières.

Pour des machines peu importantes, on fait des massifs économiques en béton de chaux hydraulique ou de ciment. Dans des caisses en bois, installées à l'emplacement des massifs, on coule le béton et, après dessiccation complète, on obtient des massifs monolithes, moins résistants que ceux en meulière, mais suffisants quand les machines ne causent pas d'importantes vibrations, comme les machines rotatives, par exemple.

Dans les massifs il faut percer après coup, ou ménager pendant leur exécution, des trous pour le passage des boulons de fondation. Ce percement après coup est indispensable quand on emploie des pierres de taille, ou bien il peut être pratiqué dans les autres maçonneries quand les boulons ont peu de longueur ($0^m,40$ à $0^m,50$); mais, quand cette dimension dépasse $0^m,50$, il est préférable de ménager le trou en construisant le massif. A cet effet, on dispose, à l'emplacement des trous, des tuyaux en zinc d'un diamètre supérieur de 40 à 50 millimètres à celui de la tige du boulon, et l'on maçonne autour. Les tuyaux en zinc sont implantés très exactement après avoir fait un tracé exact sur un plancher en bois installé au niveau supérieur du massif. Les tuyaux sont introduits dans des trous du plancher, placés verticalement au moyen du fil à plomb; leur base est scellée au plâtre et leur tête maintenue par le plancher, de sorte que les maçons ne puissent les déplacer. Quand arrive le moment où le plancher gêne les ouvriers, on l'enlève après avoir entretoisé solidement toutes les têtes de tuyaux au moyen de barrettes en bois. Il est bien évident que la tête des tuyaux doit être placée le plus exactement possible, afin que l'orifice supérieur corresponde avec celui de la machine.

Quand les boulons n'ont que 1 à 2 mètres de longueur, il suffit d'implanter exactement leur pied et de les sceller au plâtre après les avoir plombés au fil à plomb.

Les massifs étant terminés, on vérifie si les trous sont bien exacts.

Pose et assemblage des pièces de machines. — Pour la mise en place, on emploie des *lignes d'axe*, le *niveau*, le *compas*, la *règle* et l'*équerre* et des *piges*.

On figure dans l'espace l'axe du cylindre et celui de l'arbre à l'aide de fils de laiton, d'acier ou de soie, attachés à une extrémité et tendus à l'autre au moyen de poids connus, afin de pouvoir calculer la flèche qu'ils ont en un point quelconque de leur longueur, lorsque celle-ci doit atteindre 8 à 10 mètres.

On peut encore figurer cet axe au moyen de poteaux espacés de 1 à 2 mètres les uns des autres et munis de disques percés d'un trou de 1 à 2 millimètres de diamètre. En plaçant un disque à chacune des extrémités de la ligne, on vise par l'un une lumière placée derrière l'autre et l'on place les mires intermédiaires de façon à voir la lumière par tous leurs orifices. Ceux-ci fournissent une série de points très exacts entre lesquels on peut tendre des fils dont la flèche est négligeable.

La perpendicularité des axes est vérifiée au moyen

d'équerres en acier très exactes et suffisamment longues, et leur parallélisme au moyen de piges dont la longueur égale leur distance.

Les axes étant tracés, on amène ceux des pièces en coïncidence avec eux par tâtonnements au moyen d'un compas ou d'une pige en tôle, découpée en secteur circulaire, que l'on promène autour de l'axe. C'est ainsi qu'on place le cylindre et les paliers de l'arbre.

Lorsque des trépidations font osciller des lignes d'axe verticales, tracées par des fils tendus librement par un fil à plomb, on évite les oscillations en plongeant l'extrémité du plomb dans un petit récipient d'huile, dont la viscosité les annihile.

Pour vérifier si des mouvements du sol ou de la maçonnerie ne font pas gauchir les machines, les constructeurs placent aux bâtis des repères contre lesquels on peut appliquer la règle et le fil à plomb.

Pendant le montage, il est bon d'examiner attentivement les pièces, de rechercher leurs défauts apparents et de vérifier si leurs dimensions sont bien conformes à celles des dessins fournis. En même temps on mesure exactement la longueur et le diamètre des cylindres, des pompes à air, des pompes alimentaires, la course de leurs pistons et l'espace mort du cylindre à vapeur.

§ 3. — RÉCEPTION DES MACHINES

La réception des machines se fait :
1º Par essais à froid;
2º Par examen à l'arrêt;
3º Par examen en marche;
4º Par essais à chaud.

Essais à froid. — Les essais à froid ne se font que dans les ateliers de construction, sur les pièces isolées, au moyen de l'eau et de la presse hydraulique.

Les organes qui reçoivent la vapeur à la pression de la

chaudière, comme les boîtes à tiroir, les cylindres à haute pression et leurs enveloppes, etc., sont essayés à une pression égale à la pression d'essai des chaudières. Ceux qui reçoivent de la vapeur détendue sont essayés à la pression normale des chaudières. Enfin le condenseur et la pompe à air ne sont essayés qu'à une pression de $1^{kg},5$ à 2 kilogrammes par centimètre carré.

Il est bon d'essayer les conduits d'amenée de vapeur à une pression supérieure de 15 kilogrammes à la pression de la vapeur.

Ces essais à froid étant assez coûteux et non obligatoires, les constructeurs les font rarement; ils se contentent d'examiner minutieusement les pièces et de vérifier leurs dimensions et de boucher les trous de soufflure au moyen de goujons; ce procédé peut se tolérer pour les machines de faible puissance, mais il est imprudent de s'en contenter pour les machines de plus de 100 chevaux.

Examen de la machine pendant l'arrêt. — Cet examen n'a pour but que de rechercher les défauts apparents des pièces, de vérifier les dimensions principales, d'examiner les inconvénients que peuvent présenter les formes ou les emplacements des organes, de rechercher si le graissage est suffisamment établi, etc. En un mot on cherche à se rendre compte si la machine est bien construite conformément aux plans fournis, ou, dans le cas où elle est achetée toute construite, si elle est en état de bon fonctionnement.

Examen de la machine en marche. — L'examen à l'arrêt est insuffisant pour se former une opinion sérieuse sur l'établissement de la machine, car il ne permet pas de reconnaître le degré d'usure des axes ou des coussinets. Pendant la marche, au contraire, cette reconnaissance est plus facile ; l'usure des axes se manifeste par des chocs ou des déplacements relatifs des coussinets par rapport aux axes; les pièces dont le graissage est mal établi s'échauffent et se sentent à la main.

Essais à chaud. — Les essais à chaud consistent à reconnaître le fonctionnement de la vapeur dans le cylindre, à déterminer la puissance nominale et la puissance effective de la machine, sa consommation de vapeur et de charbon par cheval-heure.

Le fonctionnement de la vapeur se reconnaît au moyen d'un indicateur (Voir chap. ıv) L'examen de la courbe du diagramme montre si la machine est bien réglée, c'est-à-dire si les déplacements relatifs du tiroir et du piston sont exacts.

La puissance nominale, ou indiquée, de la machine se détermine à l'aide du diagramme, comme cela est indiqué page 76. Pendant plusieurs heures, quelquefois une journée entière, on relève des diagrammes à raison de un par quart d'heure et, à chaque relevé, on note le nombre de tours par minute, ainsi que la pression de la vapeur aux chaudières et au cylindre.

La puissance effective, ou disponible sur l'arbre, se mesure au frein de Prony (p. 80), ou directement lorsque le travail utile est facilement mesurable, comme dans les machines élévatoires ou les moteurs électriques.

On obtient la quantité de vapeur consommée par cheval-heure en mesurant la quantité d'eau vaporisée par les chaudières pendant la durée de l'essai. Il faut évidemment qu'il n'y ait aux chaudières et aux conduites aucune fuite de vapeur; par conséquent il ne faut pas que les soupapes de sûreté crachent pendant l'essai. En outre, il faut amener le niveau de l'eau au même point à la fin et au commencement de l'essai.

Soient P le poids d'eau vaporisé pendant n heures, et F la puissance utile moyenne en chevaux développée par seconde; le poids de vapeur consommé par cheval-heure sera:

$$p = \frac{P}{nF}.$$

Pour déterminer le poids de charbon brûlé par cheval-heure, on pèse le charbon consommé pendant l'essai en prenant soin que l'état du feu soit le même à la fin qu'au commencement. Il faut que le feu soit très bien conduit afin d'assurer une combustion complète; quelquefois on repasse les escarbilles sur la grille. Si Q est le poids de charbon brûlé pendant n heures, la quantité brûlée par cheval-heure sera :

$$q = \frac{Q}{nF}.$$

Cette quantité dépend évidemment de la température de l'eau d'alimentation; il faut donc la mesurer fréquemment pendant l'essai. Puis, dans le calcul de q, on augmente Q de façon à supposer l'eau prise à 0°. A cet effet, soient :

$$t_1, \qquad t_2, \qquad t_3, \qquad t_4, \qquad \ldots$$

les températures de l'eau d'alimentation pour les poids :

$$p_1, \qquad p_2, \qquad p_3, \qquad p_4, \qquad \ldots$$

et T la température de l'eau à la pression de marche de la chaudière. La chaleur fournie par le combustible est :

$$M = \Sigma p \, [606,5 + 0,305 (T - t)],$$

t étant la température de l'eau d'alimentation.

Si l'eau avait été prise à 0°, cette quantité de chaleur aurait été :

$$M_0 = 606,5P + 0,305T;$$

et le poids de combustible correspondant aurait été :

$$Q_0 = Q \frac{M_0}{M}.$$

Par suite, le poids brûlé par cheval-heure est :

$$q_0 = \frac{Q}{nF} \times \frac{M_0}{M}.$$

On mesure aussi la quantité d'eau condensée dans les conduites de vapeur et dans les enveloppes de cylindre, ce qui peut fournir d'utiles indications sur le degré d'isolement de ces organes et sur l'économie de charbon qu'on pourra réaliser par le retour de ces eaux de purge dans les chaudières.

A l'aide d'un calorimètre ou d'un appareil Brocq (Voir

Chaudières à vapeur, p. 404), on détermine aussi la quantité d'eau entraînée par la vapeur; on est ainsi renseigné sur le fonctionnement de la chaudière.

Enfin on pèse les cendres et l'on mesure la température et la composition des gaz qui s'échappent dans la cheminée, afin de se rendre compte de la façon dont la combustion a été opérée.

Toutes ces expériences sont enregistrées dans un tableau semblable à celui ci-contre, afin de condenser les résultats et d'éviter les erreurs.

NATURE DES EXPÉRIENCES	RÉSULTATS DES ESSAIS				OBSERVATIONS
	n° 1	n° 2	n° 3	n° 4	
Date de l'essai..................					
Durée de l'essai.................					
Essais de puissance Nombre de tours par minute.....					
Pression de la vapeur à son entrée dans le cylindre............					
Pression moyenne aux cylindres : { HP...... MP..... BP......					
Puissance indiquée en chevaux de chacun des cylindres : { HP...... MP...... BP......					
Puissance totale en chevaux.....					
Poids du frein, en kilogrammes..					
Puissance effective en chevaux...					
Rendement mécanique...........					
Puissance absorbée par les frottements.......................					
Essais de consommation Pression : { moyenne effective, au manomètre, en kg par cm² atmosphérique........ absolue aux chaudières.					
Eau consommée en kilog. : { par heure .... par heure et par cheval indiqué.. par heure et par cheval effectif...					
Température en degrés C. { de la vapeur............. de l'eau d'alimentation dans la bâche.............. de l'eau d'alimentation à l'entrée au réchauffeur... de l'eau d'alimentation à la sortie du réchauffeur.... des gaz perdus..........					
Charbon brûlé, en kilog. : { par heure.......... par cheval-heure indiqué par cheval-heure effectif...					
Poids d'eau vaporisée par kilog. de charbon...............					
Poids de vapeur consumé en kilog. : { par cheval-heure indiqué....... par cheval-heure effectif.......					

Usine de

le —————

EXPÉRIENCE DE RENDEMENT

faite le

pendant *heures sur 1* **machine**

Machine

Durée de l'expérience...
Commencée à ....
Terminée à............

CYLINDRE A VAPEUR

Diamètres { du piston............. / de la tige avant....... / de la tige arrière ......

Sections { du piston.. :...... / de la tige avant....... / de la tige arrière ......

Section utile du piston { à l'avant.. / à l'arrière.

Course du piston ....

Introduction { Course moyenne { avant.. / arrière. / Volumes { avant.. / arrière.

Espaces nuisibles par rapport au cylindre.

Heure de la prise des diagrammes	Numéros des diagrammes	Pression de la vapeur		Tension du condenseur		Température de l'eau		Effort moyen par centimètre carré sur le piston d'après le diagramme		Nombre de tours pendant l'expérience	Travail indiqué en chevaux-vapeur sur le cylindre	Hauteur ascensionnelle		Totale	Litres montés par seconde d'après le volume effectif	Travail effectué en chevaux d'après le volume effectif des pompes	Rapport du travail indiqué sur le cylindre au travail effectif des pompes
		Dans la chaudière	Dans la conduite après le détendeur de vapeur	Pendant l'introduction d'après le diagramme	d'après l'indicateur	d'après le diagramme en kilogr.	froide	de condensation	avant	arrière			Indiquée au manomètre du réservoir d'air	Différence de l'aspiration au manomètre de refoulement				
				avant	arrière	En mm de mercure	En kilogr	avant	arrière											

POMPES ÉLÉVATOIRES

Diamètres
- du piston..............
- de la tige avant.......

Sections
- du piston.............
- de la tige avant.......

Section utile du piston
- à l'avant...
- à l'arrière..

Course du piston .. ..

- Volume engendré à l'avant........
- — à l'arrière ....
- — par tour.........
- Volume réel admis...............
- Rapport des deux volumes ....

Heures de la prise des diagrammes	Numéros des diagrammes	CHARBON BRULÉ		CENDRES et mâche-fers	EAU VAPORISÉE, UTILISÉE OU PERDUE						RAPPORT de la vapeur utilisée à l'eau vaporisée	OBSERVATIONS
		Pendant l'expé-rience	Par heure et par cheval effectif		Pendant l'expé-rience	Con-densée, recueillie aux purges avant l'entrée dans le cylindre	En vapeur sèche utilisée sur les cylindres	Par heure et par cheval				
								Indiquée sur le piston de vapeur	Effectif sur les pompes			

§ 4. — Surveillance et entretien des machines

La surveillance des machines consiste à se rendre compte de leur fonctionnement, c'est-à-dire de la quantité de matières qu'elles consomment, du travail de la vapeur dans le cylindre et du travail utile disponible sur l'arbre.

L'entretien a pour but de toujours maintenir la machine en bon état, en graissant, nettoyant, visitant et remplaçant convenablement les organes.

Quantité de matières consommées. — Les matières consommées comprennent les huiles, graisses, chiffons, peintures, minium, caoutchouc, amiante, balais, etc.

Par une comptabilité d'entrée et de sortie de matières, on connaît la consommation et le reste en magasin à un moment quelconque. A cet effet, on emploie un journal de magasin et un grand-livre.

La sortie des matières étant répartie entre la marche normale et l'entretien (garnitures et joints, outillage et réparation de pièces), on peut connaître la répartition de la dépense.

Naturellement il ne faut employer que des matières de bonne qualité. Leur achat peut être fait de gré à gré ou par adjudication; dans ce dernier cas, les qualités exigées sont inscrites dans un cahier des charges, dont un type est fourni par celui qui est indiqué ci-après.

DIRECTION DES EAUX

CAHIER DES CHARGES

POUR L'ADJUDICATION

de la fourniture des Huiles, Graisses, Objets d'épicerie, Corderie
et Articles de Peinture
pour la Direction des Eaux pendant trois années

CHAPITRE I

Objet de l'entreprise et mode d'adjudication

ARTICLE PREMIER. — *Objet de l'adjudication.* — L'adjudication a
pour objet la livraison aux usines, ateliers et magasins dépendant
de la Direction des Eaux de   et situés dans les départe-
ments de   , des fournitures d'huiles, graisses, objets
d'épicerie, corderies et articles de peinture pendant les trois années.

ART. 2. — *Division en quatre lots et importance de l'adjudication.*
— L'adjudication sera divisée en quatre lots.

Le premier lot comprendra les huiles à brûler et à graisser, dont
la dépense annuelle est évaluée approximativement à   Fr.

Les quantités d'huile à fournir chaque année peuvent être évaluées approximativement aux chiffres ci-contre, donnés à simple
titre de renseignement :

Huile de colza épurée............ ..	kilogrammes
Huile d'olive neutre à graisser..... .	—
Huile de naphte, type n° 0..........	—
— type n° 00.........	—
— dite *Valve Oil*......	—

Le second lot comprendra les suifs, chandelles, bougies et
articles divers d'épicerie énumérés au bordereau des prix dont la
dépense annuelle est évaluée à....................... Fr.

Le troisième lot comprendra les fournitures de brosserie, de
corderie, énumérées au bordereau; la dépense annuelle sera
de.. Fr.

Le quatrième lot s'appliquera aux articles de peinture mention-
nés au bordereau; la dépense annuelle sera de.......... Fr.

Toutefois ces chiffres ne sont donnés qu'à titre de renseignement et pour servir de base à la perception des droits d'enregistrement.

Les adjudicataires ne seront, dans aucun cas, admis à réclamer à raison des différences en plus ou en moins qui pourraient exister entre ces indications et les dépenses réellement faites en exécution des ordres des ingénieurs et inspecteurs du Service.

ART. 3. — *Lieux de livraison.* — Les différents endroits où les livraisons auront lieu sont les suivants :

. . . .

Les entrepreneurs pourront exceptionnellement être invités à faire des livraisons sur les autres points qui leur seront indiqués.

ART. 4. — *Formalités d'adjudication.* — Nul ne sera admis à concourir, s'il n'a été inscrit, en vue de la nature de la fourniture à soumissionner, sur la liste d'admissibilité dressée par la Commission spéciale instituée par l'arrêté préfectoral du conformément à la délibération du Conseil municipal en date du

Dix jours au moins avant la date fixée pour l'adjudication, chacun des concurrents ayant sollicité son inscription sur la liste devra adresser au Préfet de   une déclaration écrite sur papier timbré, faisant connaître ses nom, prénoms, domicile, date et lieu de naissance.

A cette déclaration sera joint un extrait du casier judiciaire ayant au plus une année de date. Cette déclaration lui sera remise la veille du jour de l'adjudication, après avoir été revêtue, s'il y a lieu, du visa de l'Administration attestant que le fournisseur ou l'association ouvrière de qui elle émane a été admis, par la Commission d'admissibilité, à concourir pour la présente adjudication.

Cette pièce, ainsi complétée, devra être produite au bureau d'adjudication en même temps que la soumission, sous peine d'élimination.

La soumission devra être conforme au modèle de l'affiche et ne contenir aucune autre condition.

Elle comprendra implicitement tous les objets d'un même lot et seulement les objets de ce lot.

Elle devra exprimer en toutes lettres, en francs et décimes, sans fraction de décime, la proportion pour 100 francs du rabais proposé sur le prix des fournitures.

Les soumissionnaires devront avoir leur domicile ou élire domicile à   où tous les actes relatifs à l'exécution du marché leur seront valablement notifiés.

Dans le cas où la même personne soumissionnerait plusieurs lots, elle devra déposer une soumission pour chaque lot, et chaque soumission sous une enveloppe distincte.

ART. 5. — *Cautionnement.* — Les adjudicataires devront, au plus tard dans les trois jours qui suivront l'adjudication, déposer à la Caisse un cautionnement dont la valeur est fixée au trentième de l'évaluation annuelle de la dépense.

Le cautionnement sera fourni, soit en rentes sur l'État, soit en obligations de ` , au cours moyen de la veille du jour du dépôt; l'adjudicataire en touchera les arrérages. Les titres seront au porteur; ils devront être remplacés, en cas d'amortissement ou de conversion, par des titres de même nature et ayant une valeur égale à celle précédemment déposée.

Le cautionnement ne sera remboursé aux adjudicataires qu'autant qu'ils auront justifié avoir acquitté la totalité des droits d'enregistrement auxquels ils sont assujettis par la loi, d'après le montant définitif des fournitures réellement faites.

CHAPITRE II

Qualité des fournitures et livraisons

ART. 6. — *Huiles à brûler et à graisser.* — Les huiles à brûler et à graisser seront claires, limpides, sans mélange; après un repos de quarante-huit heures, elles ne devront donner aucun dépôt solide ou en suspension.

Leur point d'inflammabilité sera constaté au moyen de l'appareil Blazy et Luchaire et leur fluidité par l'ixomètre L. Barbey.

Elles ne devront contenir aucun acide libre, minéral ou gras, c'est-à-dire être parfaitement neutres et ne renfermer aucune trace d'eau.

Toutes les huiles seront livrées, tare nette, sans aucuns frais de transport ni barillage; les barils seront repris par le fournisseur.

L'huile à brûler de colza épurée devra produire une lumière belle et sans fumée, ne formant pas de champignons à la mèche.

L'huile d'olive à graisser aura une densité mesurée à 20° comprise entre 0,905 et 0,910.

La teneur en goudron, déterminée par l'acide sulfurique à 66° (1/20 du volume de l'huile en opérant à la température de 70°), ne devra pas dépasser 8 0/0 du volume de l'huile.

Elle ne devra pas dégager de vapeurs inflammables à une température inférieure à 180° et essayée sous la pression constante de 0m,10 de liquide à la température de 35°; elle ne devra pas avoir plus de 100° de fluidité (soit un débit de 100 centimètres cubes à l'heure mesurée à la température de l'expérience.

L'huile de pied de bœuf aura une densité mesurée à 20°, comprise entre 0,905 et 0,910.

La teneur en goudron, déterminée par l'acide sulfurique à 66°
(1/20 du volume de l'huile en opérant à la température de 70°), ne
devra pas dépasser 5 0/0 du volume de l'huile.

Elle ne devra pas dégager de vapeurs inflammables à une température inférieure à 200°.

Essayée sous la pression constante de 0^m,10 de liquide, à la température de 35°, elle ne devra pas avoir plus de 120° de fluidité
(soit un débit de 120 centimètres cubes à l'heure, mesuré à la
température de l'expérience).

L'huile de pied de mouton pour graissage de petits mouvements
aura une densité mesurée à 20°, comprise entre 0,905 et 0,910.

La teneur en goudron, déterminée par l'acide sulfurique à 66°
(1/20 du volume de l'huile en opérant à la température de 70°), ne
devra pas dépasser 5 0/0 du volume de l'huile.

Essayée sous la pression constante de 0^m,10 de liquide, à la
température de 35°, elle ne devra pas avoir plus de 160° de fluidi-
dité (soit un débit de 160 centimètres cubes à l'heure, mesuré à
la température de l'expérience).

Elle ne devra pas dégager de vapeurs inflammables à une température inférieure à 230°.

L'huile minérale à graisser les mouvements sera du type de
l'huile de naphte naturelle de Russie pure, sans aucun mélange
d'huile de schiste ou de bog-head, ni d'huiles végétales ou animales d'aucune espèce, ni de résine.

Elle comprendra deux types qui seront désignés sous les numé-
ros 0 et 00.

Le type numéro 0 aura une densité mesurée à 20°, comprise
entre 0,900 et 0,905.

La teneur en goudron, déterminée par l'acide sulfurique à 66°
(1/20 du volume de l'huile en opérant à la température de 70°) ne
devra pas dépasser 10 0/0 du volume de l'huile.

Elle ne devra pas dégager de vapeurs inflammables à une température inférieure à 180°.

Essayée sous la pression constante de 0^m,10 de liquide, à la
température de 35°, elle ne devra pas avoir plus de 65° de fluidité
(soit un débit de 65 centimètres cubes à l'heure, mesuré à la température de l'expérience).

Le type numéro 00 aura une densité mesurée à 20°, comprise
entre 0,905 et 0,910.

La teneur en goudron, déterminée par l'acide sulfurique à 66°
(1/20 du volume de l'huile en opérant à la température de 70°), ne
devra pas dépasser 10 0/0 du volume de l'huile.

Elle ne devra pas dégager de vapeurs inflammables à une température inférieure à 190°.

Essayée sous la pression constante de 0^m,10 de liquide, à la
température de 35°, elle ne devra pas avoir plus de 30° de fluidité

(soit un débit de 30 centimètres cubes à l'heure, mesuré à la température de l'expérience).

L'huile minérale pour graissage de cylindres à vapeur sera du type d'huile de naphte américaine, dite Valve-Oil, naturelle, sans aucun mélange.

La densité, mesurée à 40°, sera comprise entre 0,870 et 0,875.

Elle ne devra pas dégager de vapeurs inflammables à une température inférieure à 250°.

La teneur en goudron, déterminée par l'acide sulfurique à 66° (1/20 du volume de l'huile en opérant à la température de 70°), ne devra pas dépasser 5 0/0 du volume de l'huile.

Essayée sous la pression constante de 0ᵐ,10 de liquide, à la température de 70°, elle ne devra pas avoir plus de 70° de fluidité (soit un débit de 70 centimètres cubes à l'heure, mesuré à la température de l'expérience), ni plus de 200° de fluidité à la température de 100°. (soit un débit de 200 centimètres cubes à l'heure, mesuré à la température de l'expérience).

Art. 7. — *Chiffons.* — Les chiffons devront être en toile d'une très grande propreté, sans couture ni superposition ; tout chiffon ayant moins de 0ᵐ,20 sur 0ᵐ,20 ou l'équivalent sera refusé.

Art. 8. — *Cordes, ficelles, éponges.* — Les cordes et ficelles devront être faites avec du chanvre peigné premier brin.

Elles seront livrées dans un état de dessiccation complète ; si elles ont encore de l'humidité au moment de la livraison, elles seront mises à sécher et ne seront reçues que pour le poids constaté après dessiccation.

Les cordes seront de premier choix et devront pouvoir subir sans déformation ni éraillure une charge de 3 kilogrammes par millimètre carré de section ; s'il y a doute sur la qualité, la charge sera poussée jusqu'à la rupture et la livraison refusée, si cette rupture se produit sous une charge inférieure à 5 kilogrammes par millimètre carré de section.

Les éponges devront être non feutrées, parfaitement sèches et complètement débarrassées de sable et objets étrangers avant d'être reçues et pesées.

Art. 9. — *Types.* — Pour chacune des fournitures à adjuger, sauf pour les objets qui ne sont pas susceptibles de conservation, il est déposé au magasin central du Service des types destinés à servir de point de comparaison dans les réceptions ultérieures desdites fournitures.

Tout concurrent sera admis à les visiter avant l'adjudication, et l'adjudicataire devra, immédiatement après la séance où sera prononcée l'adjudication en sa faveur, reconnaître les types ou échantillons préalablement adoptés pour servir de base à son marché.

Il apposera sur ces types, en regard du cachet du Service
, son cachet ou sa signature et signera un procès-verbal qui
sera dressé pour rendre compte de l'opération.

En cas d'altération de ces types ou échantillons pendant la
durée du marché, l'inspecteur aura la faculté de les renouveler au
moyen d'un prélèvement opéré sur la dernière livraison admise.
Ces nouveaux types ou échantillons seront reconnus dans la
forme indiquée ci-dessus.

ART. 10. — *Réceptions.* — Les fournitures seront reçues provisoirement aux usines ou dépôts par les chefs de ces établisse-
ments tous les jours, de sept heures à onze heures du matin et de
une heure à six heures du soir, dimanches et fêtes exceptés.

Les chefs d'établissement auront à reconnaître si les marchandises sont de premier choix et en tout cas conformes aux types
déposés, enfin si elles ont toutes les qualités requises.

S'il y a doute sur ces qualités, notamment en ce qui concerne
les huiles, cordes, blanc de céruse et minium, il sera sursis à la
réception jusqu'à ce que des essais aient été faits, soit au labora-
toire avant l'emploi, soit par l'emploi même.

Si l'une ou l'autre de ces épreuves donne de mauvais résultats,
la livraison tout entière sera refusée. La partie de cette livraison
déjà employée ne sera pas payée à l'adjudicataire.

ART. 11. — *Délais de livraison.* — Les commandes de marchandises se feront à époques irrégulières et par quantités variables
suivant les besoins. Elles seront signées par les ingénieurs ou inspecteurs de service.

Dans tous les cas, les livraisons doivent être faites :

1° Pour les objets qui se trouvent habituellement dans le com-
merce, dans un délai de cinq jours à partir de la réception de la
commande par l'entrepreneur;

2° Pour les fournitures de marchandises non courantes, dans un
délai maximum de quinze jours à partir de la même date.

ART. 12. — *Achat d'office en cas de retard.* — Si les adjudicataires ne remplissent pas, dans les délais fixés, les demandes qui
leur auront été adressées, ou s'ils n'ont pas remplacé dans les
mêmes délais les quantités refusées, il pourra être pourvu de
suite, et sans autre forme qu'une notification de l'ingénieur ou de
l'inspecteur faite vingt-quatre heures à l'avance, à l'achat d'office
des espèces et quantités requises qui n'auront pas été livrées.

L'excédent du prix sera à la charge des entrepreneurs et porté
en défalcation sur leurs décomptes.

ART. 13. — *Invariabilité des prix.* — Il est expressément entendu
que les prix portés au bordereau comprennent tous droits et frais,

sauf ceux de pesée, et ne pourront subir de changement dans aucun cas.

Les entrepreneurs ne pourront notamment élever aucune réclamation à raison des variations que les impôts, les droits d'octroi, de douane, de transport, etc., viendraient à subir pendant la durée de l'entreprise.

ART. 14. — *Réserve au profit de l'Administration.* — L'Administration se réserve expressément le droit de faire fournir à d'autres qu'aux entrepreneurs tous les produits de composition ou de fabrication spéciales qui, par leurs qualités ou propriétés, répondraient mieux que les matières indiquées au bordereau des prix, à l'entretien et au graissage des machines.

Les entrepreneurs ne pourront élever de ce fait aucune espèce de réclamation.

ART. 15. — *Tenue des attachements.* — Les objets fournis seront inscrits sur les carnets des agents du Service. Les entrepreneurs ou leurs commis se mettront à leur disposition pour accepter par écrit les quantités portées sur les carnets, et cela trois jours au plus après qu'ils en auront été requis par un ordre de service; faute de quoi, il sera fait mention sur les pièces de l'ordre de service de l'absence des entrepreneurs, et les attachements qui faisaient l'objet de l'ordre de service seront considérés comme acceptés.

ART. 16. — *Payement par acomptes.* — Le payement des fournitures sera fait par acomptes jusqu'à concurrence des 9/10 de la dépense faite par année; le dernier dixième, retenu comme garantie, sera payé dans le premier trimestre de l'année suivante.

ART. 17. — *Droits d'enregistrement.* — Les adjudicataires seront tenus, à peine de nullité du marché, d'acquitter, dans les trois jours qui suivront celui de l'adjudication, le montant des droits de timbre, d'enregistrement et autres auxquels l'adjudication aura donné lieu.

ART. 18. — *Clauses générales.* — Les adjudicataires seront d'ailleurs soumis aux clauses et conditions générales imposées aux entrepreneurs des Ponts et Chaussées par décision du Ministre des Travaux publics, en date du 16 février 1892, en tout ce à quoi il n'est plus spécialement dérogé par le présent cahier des charges.

BULLETIN QUOTIDIEN DU TRAVAIL DES MACHINES

DIRECTION DES EAUX

MACHINES

USINE D

Journée du 189

NUMÉROS DES MACHINES	MISE en MARCHE	ARRÊT	DURÉE DE MARCHE	CONDENSEUR		NOMBRE DE TOURS			
				TEMPÉRATURE	PRESSION	A LA FIN	AU COMMENCEMENT	DIFFÉRENCE	PAR MINUTE
Machine nº 1....									
— nº 2....									
— nº 3....									
— nº 4....									
— nº 5....									
— nº 6....									
TOTAUX...									

NUMÉROS	ALLUMAGE	
DES CHAUDIÈRES	HEURES	DURÉE
Chaudière n° 1.		
— n° 2.		
— n° 3.		
— n° 4.		
— n° 5.		
— n° 6.		
— n° 7.		
— n° 8.		
— n° 9.		
— n° 10.		
— n° 11.		
— n° 12.		

Charbon brûlé
Allumage

Relevé par le soussigné,

le   189 .

Vérifié par le chef de section,

le   189 .

Altitude { à l'arrivée...
de l'eau { au départ....

ÉLÉVATION RÉELLE.....

Altitude du manomètre.....
— de l'eau aspirée....

DIFFÉRENCE...
Colonne manométrique......

ÉLÉVATION MANOMÉTRIQUE.....

Nombre de tours...........
Litres montés par tour......

Mètres cubes montés.......
Élévation manométrique.....

Kilogrammètres...

Litres par seconde.

Charbon brûlé.

270000

0000

Kilog^{mes}.

CHARBON
par cheval
et par heure

OBSÉRVATIONS

Puissance indiquée et puissance utile. — De temps en temps on relève des diagrammes pour vérifier la distribution de la vapeur (p. 243) et déterminer la puissance indiquée (p. 76). On fait aussi des essais au frein (p. 80), qui donnent le rendement de la machine et indiquent l'importance des frottements. Pour des machines élévatoires, on peut déterminer journellement le travail utile *en eau montée* et la consommation de charbon par cheval-heure, ainsi que le montre la reproduction ci-contre de la feuille dressée journellement dans chacune des usines élévatoires de la ville de Paris.

Entretien des machines. — Avant toute mise en marche, les machines doivent être en parfait état de propreté; les graisseurs doivent être remplis d'huile et tous les robinets doivent bien fonctionner.

Pendant la marche, le machiniste renouvelle l'huile dans les graisseurs, s'assure que les pièces frottantes ne s'échauffent pas, règle le débit de l'huile dans les graisseurs automatiques, met avec la burette de l'huile dans les parties dépourvues de graisseurs, essuie les pièces graissées par l'huile usée, nettoie le parquet ou le dallage de la salle, recueille l'huile qui a servi pour la filtrer à chaud à travers un tamis et la réemployer dans des organes d'importance secondaire.

Si la machine fonctionne jour et nuit, elle est arrêtée chaque matin pendant un quart d'heure ou une demi-heure pour remplir les graisseurs inaccessibles pendant la marche et nettoyer les organes en mouvement.

Après chaque arrêt, on nettoie la machine et on la remet en état de bien fonctionner au premier signal.

Si l'arrêt doit durer quelques jours, les pièces polies sont préservées de l'oxydation par un enduit gras obtenu en les frottant avec des chiffons imbibés d'huile épaisse. S'il doit durer plusieurs mois, pour éviter de renouveler l'enduit précédent toutes les semaines, on recouvre les pièces d'une couche de blanc de céruse à l'huile ou de blanc d'Espagne délayé dans de l'huile à graisser.

Ces enduits s'enlèvent facilement au moment de la mise en marche à l'aide d'essence minérale, d'essence de térébenthine ou d'huile de pétrole.

NATURE ET PUISSANCE DES MACHINES	PRIX par cheval mis en place	KILOGR. de charbon par cheval-heure	LITRES d'eau par cheval-heure	DÉPENSE d'huile par cheval-heure	DÉPENSE en main-d'œuvre par cheval-heure pour une marche de 10h par jour	DÉPENSE TOTALE par cheval-heure comprenant l'intérêt d'amortissement du capital pour une marche de 10h par jour
Machine portative de 1 cheval, sans condensation....................	1.500 à 2.000	5 »	30	0,012	0,10	0,36
Locomobile de 5 chevaux, sans condensation.	600 à 1.090	3,5	20	0,012	0,06	0,215
— 10 chevaux, sans condensation.	500 à 800	3 »	20	0,012	0,05	0,175
Machine Corliss de 50 chevaux } sans condensation.	400 à 600	2,2	14	0,002	0,012	0,09
{ à condensation....	500 à 700	1,7	300	0,002	0,012	0,10
Machine mi-fixe compound de 50 chevaux } sans condensation.	500 à 600	2 »	14	0,002	0,012	0,08
{ à condensation....	500 à 700	1,5	300	0,002	0,012	0,09
Machine Corliss horizontale de 100 chevaux, à condensation....	500 à 600	1,5	300	0,002	0,007	0,07
Machine compound 500 chevaux à condensation...........	200 à 300	1 »	300	0,002	0,004	0,05

NATURE DES DÉPENSES	MOTEUR D'UN CHEVAL pour une marche de 1.000 heures par an	MOTEUR DE 10 CHEVAUX pour une marche de 2.200 heures par an
Prix de revient du moteur installé......................	1200 francs	6.000 francs
Gaz, à 0,20 le mètre cube......	$0^{m3},900 \times 1.000^h \times 0^f,20 = 180^f$	$6^{m3},000 \times 2.200^h \times 0^f,20 = 2.640^f$
Eau, à 0,30 — —	$0^{m3},020 \times 1.000^h \times 0^f,30 = 6^f$	$0^{m3},200 \times 2.200^h \times 0^f,30 = 132^f$
Entretien et réparations......	$0^f,01 \times 1.000^h \times = 10^f$	$0^f,01 \times 2.200^h \times 10^{ch} = 220^f$
Amortissement et intérêts....	Amortissement en 10 ans } 150^f Intérêts à 5 0/0	Amortissement en 20 ans } 450^f intérêts de 2 1/2 0/0
Graissage..................	$0^f,007 \times 1.000 = 7^f$	$0^f,007 \times 2.200^h \times 10^{ch} = 154^f$
Dépense annuelle........	353^f	3.596^f
Dépense par cheval-heure.....	$\dfrac{353}{1.000} = 0^f,353$	$\dfrac{3.596}{10 \times 2.200} = 0^f,163$

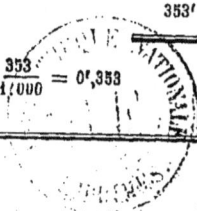

TABLE DES MATIÈRES

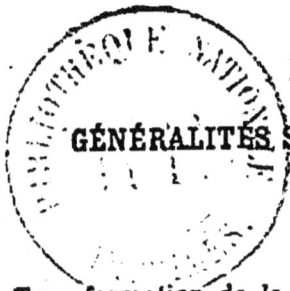

PREMIÈRE PARTIE

GÉNÉRALITÉS SUR LES MACHINES THERMIQUES

Pages.

Préliminaires   1

Transformation de la chaleur en travail. — Intermédiaires employés...   2

CHAPITRE I

HISTORIQUE DES MACHINES THERMIQUES

§ 1. — La machine à vapeur

Historique..............   4
Machine de Savery   9
    —   de Newcommen   10
    —   à simple effet de Watt   13
    —   à double effet de Watt   15

§ 2. — Machines thermiques employant un autre agent que la vapeur

Machines à vapeurs combinées d'eau et d'éther...........   20
    —   à air chaud..   20
Moteurs à gaz et à pétrole.............................   21
Machines thermiques diverses..........................   22
Fulmi-moteurs..   23
Moteurs solaires......   23

CHAPITRE II

LA THERMODYNAMIQUE APPLIQUÉE AUX MACHINES THERMIQUES

Préliminaires..........   26

§ 1. — État d'un gaz. — Évolution

Pages.

Représentation graphique de l'évolution d'un gaz............   29

§ 2. — Chaleur absorbée par une transformation élémentaire quelconque d'un gaz

Expression du travail d'un gaz qui se dilate................   32
Représentation graphique du travail externe..............   33

§ 3. — Premier principe de la thermodynamique...   34

§ 4. — Des diverses lignes d'évolution

1° Ligne de volume constant......................   36
2° Ligne de pression constante....................   37
3° Courbe isotherme ou de température constante.....   37
4° Courbe adiabatique ou de chaleur constante. — Equation de Laplace.......................   38
Travail des gaz dans leurs diverses évolutions.............   41
1° A volume constant............................   41
2° A pression constante..........................   42
3° A température constante (évolution isothermique).   42
4° A chaleur constante (évolution adiabatique).......   42
Variation de la température dans la détente adiabatique....   43
Evolution suivant un cycle fermé......................   44
Cycles réversibles...............................   45
Entropie......................................   46
Cycle de Carnot................................   47

§ 5. — Deuxième principe de la thermodynamique ou principe de Carnot

Théorème du coefficient économique....................   50
Coefficient économique maximum......................   51

§ 6. — Évolution de la vapeur d'eau suivant un cycle de Carnot

Détente adiabatique de la vapeur.....................   57
Expérience de Hirn   60
Formules approximatives et renseignements utiles...   63

DEUXIÈME PARTIE

MACHINES A VAPEUR

Classification

Pages.

1° Machines à pression.................................. 66
2° Machines fonctionnant par la puissance vive de la vapeur.. 67

CHAPITRE III

ÉTUDE DU FONCTIONNEMENT D'UNE MACHINE A VAPEUR A MOUVEMENT ALTERNATIF DÉTERMINATION DES DIMENSIONS

§ 1. — Travail accompli par la vapeur dans le cylindre

Expression de la puissance d'une machine................ 69
Cycle réalisé par la vapeur dans le cylindre......... 70
Expression du travail d'une machine à établir............ 72
Expression du travail d'une machine existante............ 76

§ 2. — Appareils destinés à la mesure du travail des machines

Mesure du travail effectif au frein....................... 80
Indicateurs de pression.................................. 83
Indicateur Watt 83
— Garnier...................................... 84
— Richard 86
— Richard Thompson....................... 87
Planimètre d'Amsler 89

§ 3. — Quantité de vapeur dépensée pour produire le travail

Expression du poids de vapeur dépensée................. 91
Influence de la détente, de la pression initiale et de la contre-pression sur le poids de vapeur dépensée............... 92
Rendement théorique d'une machine à vapeur............. 93

§ 4. — Étude des pertes inhérentes au fonctionnement
de la machine

Pages.

Pertes dues à l'existence de l'espace mort................... 95
Modification du diagramme en tenant compte de l'espace mort... 96
Expression de la détente............................. 97
Expression du travail.............................. 98
Poids de vapeur dépensé............................ 99
Emploi de la compression. — Avance à la fermeture de l'échappement.................................. 101
Poids de vapeur employé en tenant compte de la compression.. 104
Perte par l'eau entraînée mécaniquement 105
Perte due à l'eau condensée dans les conduites et dans le cylindre.. 106
Pertes dues aux pénétrations des tiges de piston et de tiroir.. 107
Perte due aux fuites 107
Perte due au fonctionnement de la vapeur dans le cylindre. 109
Enveloppes de vapeur.............................. 110
Vapeur surchauffée................................ 111
Résumé des pertes................................. 111

§ 5. — Calcul des dimensions du cylindre
d'une machine à cylindre unique

Première expression du volume du cylindre..... 112
Deuxième expression   —   — 113
Détermination du nombre de tours N..................... 114

CHAPITRE IV

ORGANES DE LA MACHINE A VAPEUR A MOUVEMENT ALTERNATIF ET A CYLINDRE UNIQUE

§ 1. — Types des machines à cylindre unique

Machines à balancier................................. 120
Machines marines à balanciers inférieurs doubles..... 121
Machines à balancier d'équerre....................... 122
Balancier américain................................ 124

Pages.

Machines à connexion directe...................... 124
A. Machines verticales........................... 125
  Machine Saulnier........................... 125
    —   à bielles en retour.................. 127
    —   Maudslay........................ 127
    —   Beslay........................ 130
    —   pilons........................ 130
B. Machines inclinées........................ 131
C. Machines horizontales...................... 131
  Machine à arbre coudé...................... 132
    —   à manivelle...................... 133
    —   horizontales à bielles en retour.......... 134
    —   actionnant un arbre vertical............ 135
    —   à pistons sans tiges ou machines à fourreau. 135
    —   mi-fixes........................ 136
    —   diverses........................ 137

§ 2. — Fondations et bâtis des machines

Fondations................................ 137
Bâti.................................... 138

§ 3. — Des cylindres à vapeur. — Construction et dispositions diverses

Métaux employés et construction.................. 139
Cylindres sans enveloppe....................... 139
Cylindres à enveloppes de vapeur................. 140
Dimensions du cylindre........................ 144
Purgeurs................................ 144

§ 4. — Pistons et garnitures

Corps du piston............................. 146
Garnitures de piston.......................... 147
  Piston Lancastre.......................... 147
  Garniture Ramsbottom...................... 148
  Piston Sulzer............................ 149
Épaisseur des pistons......................... 149
Mise en place des pistons...................... 149
Pistons à circulation de vapeur.................. 150
Tiges de pistons............................ 151
Presse-étoupes, ou stuffing-box 151
  Garniture Brockett........................ 152
    —   Kubler.......................... 153
  Graissage des presse-étoupes................. 153

§ 5. — Organes de transmission

		Pages.
Balanciers et parallélogrammes articulés		154
Parallélogramme de Watt		155
Crosse et glissières du piston		156
Bielles et manivelles, arbres coudés		160
Arbres coudés		162
Manivelle		161
Excentriques et cames		162
Cames		163

§ 6. — Organes de régularisation

Volant		164
Calcul d'un volant		165
Exemples		169
Régulateurs ou modérateurs		175
— à force centrifuge		175
— Porter		179
Isochronisme		180
Régulateurs paraboliques		180
— Farcot à bielles croisées		182
— de Buss ou régulateur Cosinus		185
Cataractes		187
Cataracte à air		187
— à huile		188
Compensateur Denis		189
Régulateurs à force centrifuge et à ressort		191
Poulies régulatrices système Armington		191
Régulateur Larivière à air raréfié		193
Mode d'action des régulateurs		194

CHAPITRE V

ÉTUDE DES DIVERS SYSTÈMES DE DISTRIBUTION ET DE DÉTENTE DES MACHINES A CYLINDRE UNIQUE

§ 1. — Orifices et conduits de distribution

Résumé		199
Influence des conduits de distribution sur la valeur de l'espace mort		199

Pages.

§ 2. — Classification des divers systèmes d'appareils
distributeurs   202

§ 3. — Distribution par tiroirs à recouvrements commandés
par excentrique circulaire. — Détente fixe

Tiroirs à orifices multiples..............................   207
    Tiroir Allen Trick.................................   208
Tiroirs compensés.......................................   208
    Tiroir Dawe..   209
    — à dos percé.....................................   209
    — à piston compensateur...........................   209
Tiroirs équilibrés.......................................   210
    Tiroir cylindrique..................................   210
    — en D...   211
Excentriques de commande des tiroirs....................   211
Commande par contre-manivelle..........................   212
Tiroir normal. — Détente nulle.   213
    — à avance angulaire et à recouvrements...........   217
Influence des recouvrements...   218
Épure circulaire de Rech ou Reuleaux...................   221
Influence de la variation des recouvrements............   224
    — de l'angle de calage............................   226
    — de la course du tiroir..........................   228
    — de l'obliquité de la bielle.....................   229
Diagramme polaire de Zeuner...........................   231
    — elliptique de Reech et Fauveau. — Courbe en œuf.   239
Influence des phases de la distribution sur le diagramme...   243
Admission et échappement anticipés.....................   243
Détente..   246
Compression..   247
Construction d'un tiroir à recouvrements destiné à produire
une détente fixe.......................................   248
Diagramme..   252

§ 4. — Tiroirs à recouvrements commandés par deux excentriques
et par coulisses. — Changement de marche. — Cran d'arrêt et
détente variable.

Détente variable. — Changement de marche. — Cran d'arrêt.   254
Marche à contre-vapeur.................................   256
Changement de marche à deux excentriques par becs-de-cane.   258
    — cran d'arrêt et détente variable par
coulisses..   261
Coulisses à bielles ouvertes   265

Pages.

Coulisses à bielles croisées...................................... 266
— de Stephenson 266
Tracé graphique.. 271
Bielle de suspension de la coulisse............................ 273
Coulisse de Gooch ou renversée................................ 274
— d'Allan et Trick...................................... 276

§ 5. — Tiroir à recouvrements commandé par excentrique unique avec dispositifs réalisant la détente variable et le changement de marche ou l'une de ces deux conditions seulement:

Changement de marche par excentrique à toc.................. 278
— de l'angle de calage par engrenages coniques. 279
— de calage par clavette filetée.................. 279
Distribution à calage et course variables par le régulateur système Armington et Sims................................. 280
Changement de marche, détente variable par excentrique unique et coulisse.. 282
Coulisse de Pius Fink.. 282
Coulisse d'Heusinger de Waldegg ou de Walschaert......... 283
— de Solms et de Marshall........................... 284

§ 6. — Détente variable par tiroir à recouvrements commandé sans excentrique

Distribution Pichault.. 285
— à coulisse système Joy....................... 286

§ 7. — Distribution à détente variable par tiroirs superposés

Généralités... 287
Détente Saulnier par obturateur sur la boîte à vapeur....... 288
Détente système Farcot... 288
Forme de la came... 292
Distance entre orifices... 292
Détentes Farcot modifiées -- Système Thomas et Laurens. 295
Système Nertay... 295
Système de la Société de Pantin................................ 295
Tuiles de détente à excentriques. — Détente et systèmes dérivés (Meyer)... 296
Premier cas. -- Admission par les arêtes extérieures....... 296
Deuxième cas. — — intérieures....... 299
Tiroir Meyer.. 301
Tiroir Meyer modifié par Biétrix.............................. 309
Tiroir Rider.. 311
Distribution Marcel Déprez..................................... 312
Distribution Polonceau... 312

§ 8. — Machines à quatre distributeurs

Pages.

Considérations générales............................. 313
Machines à quatre tiroirs cylindriques oscillants........... 314
    Machines Corliss à rappel par ressorts............... 314
    Détente du Creusot à rappel par air raréfié.......... 322
    Détente Farcot avec rappel à vapeur................ 325
    Détente Cail.................................... 327
    Détente Wheelock............................... 328
Machines à quatre tiroirs plans et à déclics............... 329
    Machine de Quillacq (système Wheelock)........... 329
    Détente Wannieck et Koeppner.................... 330
Machines à quatre distributeurs à soupapes............... 331
    Soupape de Cornouailles......................... 331
    Soupape double américaine....................... 331
    Soupape à manchon 332
    Machine Sulzer................................. 332
    Deuxième système Sulzer........................ 336
    Système de la Société de l'Horme de Saint-Chamond.. 337
    Système Lecointe............................... 338
    Machine d'extraction de la Société d'Anzin 339
    Système Audemar............................... 341
Distributeurs à mouvement continu...................... 342

CHAPITRE VI

DISTRIBUTION ET DÉTENTE DANS LES MACHINES
A PLUSIEURS CYLINDRES

Considérations générales............................. 343

§ 1. — Étude du fonctionnement de la machine de Woolf

Travail développé dans une machine de Woolf........... 345
Comparaison de la machine Woolf avec la machine à cylindre
    unique....................................... 349
Détente au petit cylindre............................. 352
Influence des espaces morts........................... 355
    1° Espace mort des cylindres..................... 355
    2° Espace intermédiaire......................... 356
Détente au grand cylindre............................. 360
Résumé.. 360

§ 2. — Dispositions des diverses machines de Woolf

Pages.
Cylindres côte à côte.................................... 362
    1° Système à bielle unique........................... 362
    2° Système à double bielle 363
Cylindres en tandem................................... 364
    1° Système à cylindres à fond commun. à pistons indépendants.. 364
    2° Système à cylindre à fond commun et à pistons solidaires....... 364
    3° Cylindres séparés et pistons à tiges uniques........ 366
Distributeurs des machines Woolf...................... 366
Tiroir Trick modifié pour machines côte à côte....... 367
Distributeur à mouvement continu, système Biétrix......... 368
Tiroirs Queruel......... 369

§ 3. — Fonctionnement des machines compound à réservoir intermédiaire

Diagramme... 369
Volumes des cylindres....................................... 371

§ 4. — Dispositions diverses des machines compound à réservoir intermédiaire

Machine à cylindres parallèles séparés..................... 378
Cylindres parallèles juxtaposés... 379
    1° Distributeurs extérieurs............................ 379
    2° Distributeurs intérieurs............................ 380
    3° Système mixte...................................... 380
Cylindres perpendiculaires séparés, machine de Biétrix..... 382
Cylindres concentriques.................................... 382
Machine de M. Max Westphal................................. 382

§ 5. — Machines à triple et à multiple expansions

Dispositions diverses des machines à triple expansion....... 386
Cylindres placés côte à côte. Machines à triple expansion du Portugal 386
Type à deux manivelles et à trois cylindres................ 387
Type à deux manivelles et à quatre cylindres............... 387
Type à six cylindres et à trois manivelles................. 387
Machine Willans... 388

Pages.

Machine Carels..................................... 389
Machines rayonnantes............................. 389
Machines à multiple expansion.................... 389

§ 6. — Établissement d'une machine à vapeur
pour une puissance donnée

I. — Machine à cylindre unique.................... 390
    Dimensions du cylindre..................... 390
    Section des orifices d'admission et d'échappement... 392
    Consommation de charbon et de vapeur par cheval-
    heure...................................... 392
    Organes de régularisation 393
II. — Machine compound............................ 393
    Machine Woolf.............................. 394
    Machine à réservoir intermédiaire......... 396
    Longueur et diamètre du cylindre 396
III. — Machines à cylindres multiples 397

CHAPITRE VII

CONDENSATION DE LA VAPEUR

§ 1. — Condensation par mélange

Description des divers types de pompe à air............. 399
    Pompe à air verticale de Brown..................... 399
    Pompe verticale Wehyer et Richemond.............. 400
    Pompe à air verticale du Creusot................... 400
    Pompes à air horizontales à double effet.......... 402
    Clapets transatlantiques........................... 403
Commande de la pompe à air. — Dispositions différentes du
condenseur et de la pompe........................... 404
    Commande directe................................... 404
    Commande par leviers et balanciers............. 404
Étude du fonctionnement du condenseur................. 407
    Quantité d'eau à injecter.......................... 407
    Introduction de l'eau au condenseur................ 408
    Volume de la pompe à air........................... 409
    Travail dépensé par la pompe à air................. 414

§ 2. — Condensation par surface

	Pages.
Types de condenseurs par surface	413
Condenseur à faisceau tubulaire-vertical de Hall	413
Condenseur à faisceau horizontal de John Elder	414
Fixation des tubes du faisceau	415
Accessoires	416
Détermination de la surface refroidissante	416

CHAPITRE VIII

CLASSIFICATION ET ÉTUDE DES MACHINES A PISTON ET A MOUVEMENT ALTERNATIF AU POINT DE VUE DU GENRE DE TRAVAIL QU'ELLES ONT A PRODUIRE.

Diverses catégories de machines à piston	419

§ 1. — Locomobiles

	420

§ 2. — Machines destinées à la mise en mouvement des liquides et des gaz

Pompe Tangye, système Cameron	422
Pompe Selders	424
Chevaux et pompes alimentaires	425

§ 3. — Machines pour mouvements de rotation rapides

Machine à simple effet de Brotherhood	427
Machine à simple effet de Westinghouse	427

§ 4. — Machines à vapeur pour chocs

Marteau-pilon à simple effet	429
Marteau-pilon automatique de Nasmith	430
Marteau à double effet de Farcot	431
Marteaux asservis à double effet de Sellers	432

§ 5. — Servo-moteurs

Treuil servo-moteur de Farcot-Duclos	435

CHAPITRE IX

RENDEMENT, COMPARAISON ET CHOIX DES MACHINES

§ 1. — Rendement et comparaison des machines

Pages.

Surchauffe de la vapeur... 440

§ 2. — Conduite et entretien des machines

Mise en marche.. 443
Arrêt du moteur... 444
Conduite de la machine.. 444
Entretien.. 445

§ 3. — Graissage

Lubrifiants... 446
Graisseurs.. 447
Graisseur Thiébaut.. 448
Graisseur Bourdon-Hamelle....................................... 449

CHAPITRE X

MACHINES OSCILLANTES. — MACHINES ROTATIVES. — MACHINES SANS PISTON A PRESSION DIRECTE

§ 1. — Machines oscillantes

Machine de Schmidt.. 451

§ 2. — Machines rotatives

Machine Pillener et Hill... 453
Machine de Behrens.. 453
Moteur rotatif Fillz.. 455

§ 3. — Machines où la vapeur agit par pression directe sans l'intermédiaire d'un piston

Pulsomètres 458

CHAPITRE XI

MACHINES OÙ LA VAPEUR AGIT PAR SA PUISSANCE VIVE

§ 1. — Injecteurs et éjecteurs

Pages.

Injecteur Giffard...................................	460
Ejecteur Friedmann................................	460
Souffleur Kœrting....	461
Condenseur Kœrting................................	461
Ejecteur d'escarbilles.............................	462

§ 2. — Turbines à vapeur

Turbine Dumoulin..................................	464
— Parsons...................................	464
— à vapeur de Laval	465

TROISIÈME PARTIE

MACHINES THERMIQUES EMPLOYANT UN AUTRE INTERMÉDIAIRE QUE LA VAPEUR D'EAU

CHAPITRE XII

MOTEURS A AIR CHAUD

§ 1. — Théorie des moteurs à air chaud

Évolution de l'air chaud suivant un cycle de Carnot........	471
Évolution de l'air chaud suivant d'autres cycles............	475

§ 2. — Description des moteurs à air chaud

Machine de Stirling................................	477
Franchot	478

Pages.

Machine d'Ericsson.. 479
  — de Laubereau....................................... 481
  — de Belou.. 482
Aéromoteur de Bénier....................................... 483
Avantages et inconvénients de la machine à air chaud. —
  Comparaison avec la machine à vapeur. — Rendement... 484

CHAPITRE XIII

MOTEURS A GAZ

§ 1. — Indications sur le fonctionnement théorique des moteurs à gaz

Généralités........ 487
Données sur la combustion du gaz dans le cylindre........ 489
Température de l'explosion.. 490
Pression produite par l'explosion.......................... 493
Régime de l'explosion. — Compression..................... 494
Classification des moteurs à gaz........................... 497

§ 2. — Moteurs à gaz sans compression

Machines atmosphériques.................................... 497
Machine Otto et Langen 498
Moteurs sans compression proprement dits.............. 501
Moteur Bischop.. 501
Moteur Sombard... 502

§ 3. — Moteurs à compression

Moteurs à explosion sous pression constante............. 504
Moteur Livesay........ 504
Moteurs à explosion sous volume constant............... 506
Moteurs à double cylindre................................ 506
  Moteur Niel 506
  Moteur Dugald-Clerk 508
  Moteur Seraine pour petites forces.................. 510
Moteurs à cylindre unique................................ 511
  Machine Otto... 512
  Machine Delamarre-Debouteville.......... 515
  Moteur Lenoir........ 517
  Moteur de la Compagnie parisienne du Gaz.......... 518

§ 4. — Moteurs divers

Pages.

Moteurs compound.. 520
     Moteur Otto compound................................. 520
Moteurs à double effet...................................... 521
     Moteur Lenoir... 522
Emploi des gaz pauvres..................................... 522
Emploi simultané du gaz et de la vapeur d'eau............. 524

CHAPITRE XIV

MOTEURS A PÉTROLE

§ 1. — Données sur les pétroles et leur emploi
dans les moteurs   525

§ 2. — Carburation, vaporisation, pulvérisation

Carburateurs extérieurs. — Carburateur Delamarre........ 527
     Carburateurs Roots.................................... 528
     Carburateur Mac-Nett................................. 528
     Carburateur Capitaine et Brunler..................... 529
     Carburateur Rotten................................... 529
Pulvérisateurs et vaporisateurs............................ 530
     Vaporisateur Smyers.................................. 530
     Pulvérisateur Humes.................................. 530
     —   Priestman 531
     Vaporisateur Grob.................................... 531

§ 3. — Description des moteurs à pétrole

Moteurs sans compression.................................. 532
     Moteur Bischop modifié par M. Rouart................ 532
Moteurs à compression.................................... 533
     Moteur à pétrole Otto................................ 534
     —   Spiel 537
     —   Hargreaves 537
     Machine Brayton...................................... 539
     Moteur Priestman 540

CHAPITRE XV

MACHINES THERMIQUES DIVERSES

§ 1. — Moteurs à air chaud

Pages.

Moteurs à air chaud et à poussière de charbon............ 543

§ 2. — Moteurs à gaz et à vapeurs divers

Machine à acide carbonique.................................... 543
Machines à vapeurs combinées d'eau et d'un autre gaz..... 544
Mac` le à gaz ammoniac...................................... 545
Machine à vapeur de pétrole.......`.......................... 546

§ 3. — Moteurs à explosif ou fulmi-moteurs   546

§ 4. — Moteurs solaires   548

CHAPITRE XVI

ACHAT, INSTALLATION, RÉCEPTION ET ENTRETIEN DES MACHINES THERMIQUES

§ 1er. — Achat

Achat de gré à gré.. 550
  — par adjudication... 550

AGRANDISSEMENT DE L'USINE ÉLÉVATOIRE A VAPEUR D'IVRY

Concours pour la construction et l'installation des nouveaux moteurs et des pompes

Programme et cahier des charges 551
Choix de l'adjudicataire................................... 559
Prix des machines... 559

§ 2. — Installation des machines

Construction des massifs................................... 560
Pose et assemblage des pièces de machines............... 561

§ 3. — Réception des machines

	Pages.
Essais à froid	562
Examen de la machine pendant l'arrêt	563
— — en marche	563
Essais à chaud	563

§ 4. — Surveillance et entretien des machines

Quantité de matières consommées	570

DIRECTION DES EAUX

Cahier des charges pour l'adjudication de la fourniture des huiles, graisses, objets d'épicerie, corderie et articles de peinture pour la direction pendant les années.....

CHAPITRE I. — Objet de l'entreprise et mode de l'adjudication.	571
CHAPITRE II. — Qualité des fournitures et livraisons	573
Bulletin quotidien du travail des machines	578
Puissance indiquée et puissance utile	580
Entretien des machines	580
Prix de revient des machines à vapeur d'après M. P. Sauvage, ingénieur des Mines	581
Prix de revient des moteurs à gaz, d'après Alheilig et Roche	582

TOURS. — IMPRIMERIE DESLIS PÈRE, R. ET P. DESLIS.

PROGRAMME DES VOLUMES
DE LA COLLECTION

La table complète des matières de chacun des volumes ainsi que l'indication des prix est envoyée franco sur demande.

GÉNÉRALITÉS (24 vol.)

1 Mathématiques (2° édition).
2 Mécanique, hydraulique et thermodynamique (2° édition).
3 Chimie et physique appliquées.
4 Résistance des matériaux T. I.
5 Résistance des matériaux T. II.
5 bis T. III.
Topographie. Etudes et opérations sur le terrain.
6 1er vol. : Instruments.
7 2° vol. : Méthodes.
8 Travaux graphiques.
9 Maçonneries.
10 Bois et métaux.
11 Tracé et terrassements.
12 Fouilles et fondations.

13 Droit civil.
14 Droit administratif général.
15 Economie politique et statistique.
16 Droit commercial et industriel.
17 Procédure civile et droit pénal.
18 Exécution des travaux-publics.
19 Organisation des services de travaux publics.
20 Comptabilité des travaux publics et tenue des bureaux.
21 Comptabilité départementale, vicinale, communale et commerciale.
22 Rôle social et économique des voies de communication.
23 Rapport de service.
24 Hygiène.

SPÉCIALITÉS

SECTION I. — Chaussées et ponts (4 vol.)

25 Ponts en maçonnerie.
26 Ponts en bois et en métal.

27 Routes et chemins vicinaux.
28 Législation de la voirie et du roulage.

SECTION II. — Service municipal (5 vol.)

29 Voie publique.
30 Distribution des eaux.
31 Egouts. — Assainissement.

32 Plantations, jardins et promenades.
33 Eclairage (2° édition).

SECTION III. — Navigation (7 vol.)

34 Fleuves et rivières navigables.
35 Rivières canalisées et canaux.
36 Ports maritimes, 1er volume.
37 Ports maritimes, 2° volume.

38 Exploitation des ports.
39 Zoologie. Pisciculture.
40 Législation des eaux.

SECTION IV. — Chemins de fer et tramways (7 vol.)

41 Construction et voie.
42 Locomotive et matériel roulant.
43 Exploitation technique.
44 Exploitation commerciale.

45 Tramways et automobiles (2° édit.)
46 Législation des chemins de fer et tramways.
47 Contrôle des chemins de fer.

Section V. — Mines. — Machines (7 vol.)

48 Géologie et minéralogie appliquées.
49 Exploitation des mines (2ᵉ édit.).
50 Chaudières à vapeur.
51 Machines à vapeur.

52 Machines hydrauliques.
53 *Législation et contrôle des mines.*
54 *Législation et contrôle des appareils à vapeur.*

Section VI. — Constructions civiles, administratives et militaires (7 vol.)

55 Architecture.
56 Charpente et couverture.
57 Menuiserie, serrurerie, plomberie, peinture, vitrerie.

58 Fumisterie, chauffage et ventilation
59 Devis et évaluations.
60 Edifices publics pour villes et villages.

61 *Législation du bâtiment.*

Section VII. — Agriculture (6 vol.)

62 Agriculture.
63 Hydraulique agricole.
     1ʳᵉ et 2ᵉ parties (2ᵉ édition).
64 Id. 3ᵉ partie.

65 Hydraulique agricole.
     4ᵉ à 8ᵉ partie.
66 Génie rural.
67 *Code rural.*

Section VIII. — Électricité. — Photographie (3 vol.)

68 Théorie et production de l'électricité.

69 Applications industrielles de l'électricité.

70 Photographie. Reproduction des dessins.

Section IX. — Sciences militaires (2 vol.)

71 Génie.

72 Sciences et arts militaires.

CONDITIONS DE PAIEMENT

Collection complète (73 vol.). Prix 1.400 francs payable 350 francs à la commande, le solde en 6 versements trimestriels de 175 francs ou 18 versements de 60 francs, la dernière mensualité étant seulement de 30 francs. (*Escompte de 10 0/0 pour paiement au comptant.*)

Partie technique. — Certains clients, moins intéressés aux 19 volumes traitant des questions de droit et d'administration (indiqués en italique sur le programme), peuvent acquérir la partie technique seule (54 vol.) qui est fournie au prix de 1.200 francs payable 300 francs à la commande et le solde en 6 versements trimestriels de 150 francs ou 18 versements mensuels de 50 francs. (*Escompte de 10 0/0 pour paiement au comptant.*)

Collection partielle (10 vol. et au-dessus). — Une réduction de 10 0/0 est accordée aux clients faisant une commande de 10 à 19 vol. ; cette réduction est portée à 15 0/0 à partir de 20 volumes. — Le 1/4 du montant de la commande est payable immédiatement, le solde en 3 versements trimestriels égaux. (*Escompte de 5 0/0 pour paiement au comptant.*)

Expédition. — Les ouvrages sont expédiés contre remise de mandat-poste ou valeur sur Paris du montant du 1ᵉʳ versement auquel doit être ajouté celui des frais de port. Ceux-ci s'élèvent, pour la France et les Colonies, à 10 0/0 environ du prix fort des volumes et pour l'étranger, à 15 0/0.

TOURS, IMPRIMERIE DESLIS-PÈRE, R. ET P. DESLIS, 6, RUE GAMBETTA.

www.ingramcontent.com/pod-product-compliance
Lightning Source LLC
Chambersburg PA
CBHW031719210326
41599CB00018B/2438